VDI-Buch

Weitere Bände in dieser Reihe
http://www.springer.com/series/3482

Christopher Marc Schlick • Michael Schenk
Dieter Spath • Walter Ganz
(Hrsg.)

Produktivitätsmanagement von Dienstleistungen

Modelle, Methoden und Werkzeuge

Springer Vieweg

Herausgeber
Christopher Marc Schlick
Insitut für Arbeitswissenschaft der RWTH Aachen University
Aachen
Deutschland

Dieter Spath
Institut für Arbeitswissenschaft und Technologiemanagement der Universität Stuttgart
Stuttgart
Deutschland

Michael Schenk
Fraunhofer-Institut für Fabrikbetrieb und -automatisierung
Magdeburg
Deutschland

Walter Ganz
Fraunhofer-Institut für Arbeitswirtschaft und Organisation
Stuttgart
Deutschland

Die Darstellung von manchen Formeln und Strukturelementen war in einigen elektronischen Ausgaben nicht korrekt, dies ist nun korrigiert. Wir bitten damit verbundene Unannehmlichkeiten zu entschuldigen und danken den Lesern für Hinweise.

Die dieser Veröffentlichung zugrundeliegenden Vorhaben wurden mit Mitteln des Bundesministeriums für Bildung und Forschung (BMBF) unter den Förderkennzeichen 01FL10050–01FL10052, 01FL10066–01FL10069 sowie 01FL10008–01FL10011 gefördert und vom Projektträger im Deutschen Zentrum für Luft- und Raumfahrt e. V. (PT-DLR) betreut. Die Verantwortung für den Inhalt dieser Veröffentlichung liegt bei den Autoren.

VDI-Buch
ISBN 978-3-642-45070-9
ISBN 978-3-642-45071-6 (eBook)
DOI 10.1007/978-3-642-45071-6

Die Deutsche Nationalbibliothek verzeichnet diese Publikation in der Deutschen Nationalbibliografie; detaillierte bibliografische Daten sind im Internet über http://dnb.d-nb.de abrufbar.

Springer Vieweg

Gedruckt auf säurefreiem und chlorfrei gebleichtem Papier

Springer-Verlag Berlin Heidelberg ist Teil der Fachverlagsgruppe Springer Science+Business Media (www.springer.com)

Grußwort des DLR-Projektträgers

Die Betrachtung der Produktivität prägt die industrielle Entwicklung, da sie ein zentrales Maß für die Ergiebigkeit der Erzeugung von Gütern und Dienstleistungen darstellt. Substantielle Produktivitätssteigerungen konnten durch Innovationen zunächst in der Agrarwirtschaft und später in den unterschiedlichen Phasen der industriellen Revolution erzielt werden.

Die westlichen Industriestaaten befinden sich seit den 1970er Jahren in einem Strukturwandel hin zu Dienstleistungsgesellschaften. Mit der steigenden Bedeutung des Dienstleistungssektors steigt auch das Bedürfnis nach einer förderlichen Gestaltung der Dienstleistungssysteme. Die Analyse und Messung der Produktivität wurde jedoch bisher vernachlässigt.

Das Bundesministerium für Bildung und Forschung (BMBF) hat diese Problematik und den damit einhergehenden Forschungsbedarf frühzeitig erkannt und die entsprechende Förderinitiative „Produktivität von Dienstleistungen" ins Leben gerufen. Im Förderzeitraum 2009 bis 2014 wurden zahlreiche Verbundprojekte unterstützt, welche praxisrelevante Instrumente zur Produktivitätsmessung und -gestaltung entwickelt und prototypenhaft in Unternehmen und Organisationen erprobt haben.

Dabei verfolgte das BMBF zwei Ziele: Erstens die Untersuchung der Übertragbarkeit von Konzepten und Methoden aus der Sachgüterindustrie, zweitens die Entwicklung neuer Methoden und Instrumente für Unternehmen, welche gezielt dabei unterstützen, die Produktivität betrieblicher Dienstleistungen zu analysieren und zu optimieren. Dabei standen die folgenden drei thematischen Schwerpunkte im Fokus der Betrachtung:

1. Konzeptionell-analytische Durchdringung der Dienstleistungsproduktivität: Es sollten vor allem die Funktions- und Wirkungszusammenhänge von Dienstleistungsproduktivität untersucht werden, um ein einheitliches Verständnis aufbauen zu können.
2. Messung und Beurteilung der Dienstleistungsproduktivität: Hierbei sollten spezifische Mess- und Bewertungsverfahren für unterschiedliche Typen von Dienstleistungen entwickelt werden.
3. Gestaltung der Dienstleistungsproduktivität: Es sollten Vorgehensmodelle zur Entwicklung und Erbringung neuer produktiver Dienstleistungen konzipiert und erprobt werden.

Aus den vom BMBF geförderten Verbundprojekten gehen die vorliegenden Beiträge hervor:

- Aestimo – Methoden-Set zur Messung und Bewertung der Produktivität wissensintensiver produktnaher Dienstleistungen für Investitionsgüterhersteller,
- ProLoDi – Produktivitätslogiken komplexer Dienstleistungen und
- WiDiPro – Wissensintensive industrielle Dienstleistungen weltweit produktiv erbringen.

Diese Beiträge untersuchen jeweils einen der drei aufgezeigten Aspekte und geben Antworten auf unterschiedliche Fragestellungen aus Wissenschaft und Praxis. Dabei zeigte sich, dass die Produktivität als komplexes Konstrukt zwischen Effizienz und Effektivität aus einer objektiven und subjektiven Perspektive einer ganzheitlichen Betrachtung bedarf. Des Weiteren konnten Methoden zum Produktivitätsmanagement identifiziert werden, welche die spezifischen Merkmale wissensintensiver Dienstleistungen besser erfassen als bisher. Schließlich wurden spezifische Modellierungs-, Simulations- und Optimierungskonzepte entwickelt, welche Unternehmen dabei unterstützen, die Produktivität von Dienstleistungen und implizit die Dienstleistungsorganisation im Voraus zu bewerten und zu gestalten.

Die in diesem Buch vorgestellten Konzepte, Methoden und Instrumente leisten somit einen substanziellen Beitrag zu einem besseren Verständnis der Produktivität von Dienstleistungen und stellen für Unternehmen und Organisationen ein direkt verwertbaren „Werkzeugkoffer“ dar. Ferner unterstützen die entwickelten Software-Werkzeuge Dienstleistungsmanager in der systematischen und gleichzeitig nachhaltigen Entwicklung ihrer Organisation sowie der flexiblen Gestaltung und der Koordination der Arbeitsprozesse.

Unser Dank gilt allen Projektbeteiligten für die konstruktive und effektive Zusammenarbeit in den Projekten und darüber hinaus. Die gewonnenen Erkenntnisse und Erfahrungen mögen auch in weiteren Unternehmen erfolgreich angewandt werden.

Annette Rautenberg, Klaus Zühlke-Robinet
Deutsches Zentrum für Luft- und Raumfahrt e. V. (DLR)
Projektträger „Innovative Arbeitsgestaltung und Dienstleistung“, Bonn

Vorwort der Herausgeber

Dienstleistungen bilden heutzutage einen zentralen Eckpfeiler für Wohlstand, Wachstum und Beschäftigung. Insbesondere wissensintensive Dienstleistungen wie Forschung und Entwicklung oder technische Beratung besitzen in Deutschland als „Hochlohnland" mittlerweile einen hohen Stellenwert, da sie Unternehmen maßgeblich unterstützen, innovative Produkte und Prozesse hervorzubringen sowie kontinuierlich zu verbessern und sich auf diese Weise im scharfen internationalen Wettbewerb zu behaupten. Um auf globalen Märkten auch in Zukunft erfolgreich bestehen zu können, ist es also erforderlich, nachhaltig innovativ aber auch gleichzeitig produktiv zu sein.

Als Technologieführer in verschiedenen wertschöpfungsstarken Branchen ist Deutschland auf diese Art von „Wissensarbeit" dringend angewiesen. Die Wettbewerbsfähigkeit der in diesem Segment tätigen Unternehmen ist bei steigendem Lebensstandard der Beschäftigten und einem latenten Mangel an Fachkräften vor allem durch eine Steigerung der Produktivität zu sichern. Aufgrund der Komplexität auf mikroökonomischer Ebene ist die Produktivität im Dienstleistungssektor im Vergleich zum produzierenden Gewerbe jedoch nicht so einfach zu erfassen und zu bewerten. Dies ist unter anderem auf die enge Integration des Kunden und das oft allein in Form von Modellen und Dokumenten repräsentierte Wissen zurückzuführen. Hinzu kommt das Erfahrungswissen der Beschäftigten. Demnach ist die Produktivität lediglich mit Einschränkungen mit Hilfe klassischer betriebswissenschaftlicher Methoden optimierbar. Es ist also von höchstem Interesse, Dienstleistungsproduktivität deutlich tiefer als bisher konzeptionell und analytisch zu durchdringen sowie neue Methoden und Werkzeuge zu entwickeln, die speziell für die Planung, Steuerung und Koordination von wissensintensiven Dienstleistungsprozessen konzipiert sind. Auf diese Weise soll auch ein Beitrag zur Auflösung des vielzitierten „Produktivitätsparadoxon" geleistet werden, welches besagt, dass insbesondere im Dienstleistungssektor keine positive Korrelation zwischen Investitionen in Informations- und Kommunikationstechnologie sowie der Produktivität auf Unternehmensebene zu bestehen scheint.

Daher begrüßen die Herausgeber, dass eine große Initiative des Bundesministeriums für Bildung und Forschung ausschließlich das Themenfeld der Produktivität von Dienstleistungen in den Fokus gerückt und verschiedenartige anwendungsorientierte Forschungsvorhaben in diesem Bereich gefördert hat. Zur Steigerung der Produktivität von dienstleistenden Unternehmen sind unterschiedliche Perspektiven zu berücksichtigen. Eine zentrale Aufgabe der Forschung ist alle relevanten Sichtweisen zu identifizieren, intelligent zu interpretieren, in modellhafter Form zu verdichten und für die praktische Anwendung des Produktivitätsmanagements in Unternehmen zu erschließen.

Der erste Teil dieses Buches widmet sich vor allem dieser Aufgabe und zeigt sowohl anhand umfangreicher theoretischer Überlegungen als auch auf Grundlage von Expertenurteilen aus verschiedenen Anwendungsdomänen, wie Dienstleistungsproduktivität verstanden wird und welche Faktoren in einem korrespondierenden Modell für die praktische Anwendung zwingend berücksichtigt werden sollten. Das im Rahmen des Projektes ProLoDi (Produktivitätslogiken komplexer Dienstleistungen) entwickelte Produktivitätsmodell ermöglicht eine ganzheitliche Betrachtung von Dienstleistungen entlang einer vollständigen Wertschöpfungskette. Hierbei werden sowohl quantitative als auch qualitative Faktoren integriert und mit Perspektiven aus Dienstleister- und Kundensicht verknüpft.

Im zweiten Teil widmen sich die Autoren den Werkzeugen und Methoden zur Messung und Bewertung der Produktivität auf unterschiedlichen Ebenen mit dem Ziel, praktikable Lösungen speziell für die Investitionsgüterindustrie bereit zu stellen. Dabei wurde im Projekt Aestimo (Methoden-Set zur Messung und Bewertung der Produktivität wissensintensiver produktnaher Dienstleistungen für Investitionsgüterhersteller) u. a. ein Planspiel entwickelt, mit dem Dienstleistungsmanager die Auswirkungen strategischer Entscheidungen auf die Produktivität direkt erfahren und reflektieren können. Ferner wird ein Vorgehensmodell zur Auswahl und Entwicklung eines unternehmensspezifischen Leistungsmesssystems vorgestellt.

Die Gestaltung der Dienstleistung selbst steht im dritten Teil im Mittelpunkt der Betrachtung. Dabei werden domänenspezifisch adaptierte sowie neu entwickelte Methoden und prototypenhaft implementierte Softwareanwendungen vorgestellt. Ziel ist es, computergestützte Assistenzsysteme zur Steigerung der Produktivität zu entwickeln, prototypenhaft zu implementieren sowie im Unternehmen zu evaluieren. Die in WiDiPro (Wissensintensive industrielle Dienstleistungen weltweit produktiv erbringen) entwickelten Methoden fokussieren sowohl die produktive Erbringung von Dienstleistungen auf übergeordneter Ebene als auch die konkrete Angebotserstellung, Prozesssteuerung und Fortschrittkontrolle. Neuartige Algorithmen aus dem Projekt WiDiPro und ProLoDi zeigen Möglichkeiten zur Simulation und Optimierung von Dienstleistungsprozessen auf, welche im Unternehmen bislang aufgrund einer unzureichenden Formalisierung und ungenügenden Datenlage noch unberücksichtigt bleiben mussten.

Durch die mit Teilnehmern aus Wissenschaft und Wirtschaft paritätisch besetzten Verbundprojekte sowie durch die interdisziplinäre Ausrichtung der beteiligten Forschungseinrichtungen konnte sowohl die hohe Praxisrelevanz der entwickelten Modelle und Methoden als auch die Neuartigkeit und Originalität der Ergebnisse sichergestellt werden.

Ein besonderer Dank gilt daher den Mitarbeiterinnen und Mitarbeiter der beteiligten Unternehmen für ihr hervorragendes Engagement, die vielen äußerst fruchtbaren Fachgespräche sowie die umfangreiche Bereitstellung von Daten zur Validierung und Überprüfung der entwickelten Methoden und Werkzeuge. Des Weiteren gilt unser Dank den beteiligten Wissenschaftlerinnen und Wissenschaftlern für ihre vielfältigen Kreativleistungen, die konsequente und erfolgreiche Anwendung der entwickelten Konzepte sowie die Übernahme der Autoren- bzw. Koautorenschaft für die entsprechenden Fachkapitel. Nicht zuletzt möchten wir dem Bundesministerium für Bildung und Forschung sowie dem Projektträger im Deutschen Zentrum für Luft- und Raumfahrt – Bereich Innovative Arbeitsgestaltung und Dienstleistungen – für die hervorragende Betreuung der Forschungsvorhaben und die übergeordnete Lenkung unserer gemeinsamen Forschungsaktivitäten danken.

Die Herausgeber wünschen eine anregende Lektüre und freuen sich auf weitere fachliche Diskussionen im überaus spannenden Forschungsfeld der Produktivität von Dienstleistungen.

Aachen, Magdeburg, Stuttgart im Sommer 2015

Inhaltsverzeichnis

Autorenverzeichnis

Cassian F. Behlau Institut für Arbeitswissenschaft der RWTH Aachen University, Aachen

Thomas Dengler Fraunhofer-Institut für Fabrikbetrieb und -automatisierung IFF, Geschäftsfeld Logistik- und Fabriksysteme, Magdeburg

Sönke Duckwitz Institut für Arbeitswissenschaft der RWTH Aachen University, Aachen

Jörg von Garrel SRH Fernhochschule Riedlingen, Riedlingen

Max Hoederath Institut für Arbeitswissenschaft der RWTH Aachen University, Aachen

Kerstin Heinisch JH3k GmbH, Staig

Ralf Jahnel Avacon AG, Salzgitter

Lisa Koch Ingenics AG, Ulm

Peter Lehmacher InfraServ GmbH & Co. Knapsack KG, Hürth

Marco Linke Fraunhofer-Institut für Fabrikbetrieb und -automatisierung IFF, Geschäftsfeld Logistik- und Fabriksysteme, Magdeburg

Mirko Marutzki Fraunhofer-Institut für Fabrikbetrieb und -automatisierung IFF, Geschäftsfeld Logistik- und Fabriksysteme, Magdeburg

Oliver Manz QLEO Science GmbH, Aachen

Susanne Mütze-Niewöhner Institut für Arbeitswissenschaft der RWTH Aachen University, Aachen

Alexander Nielen Porsche AG, Stuttgart-Zuffenhausen

Andreas Petz Institut für Arbeitswissenschaft der RWTH Aachen University, Aachen

Alexander Rannacher Institut für Arbeitswissenschaft der RWTH Aachen University, Aachen

Cornelia Rittler Ingenics AG, Ulm

Christopher M. Schlick Institut für Arbeitswissenschaft der RWTH Aachen University, Aachen

Christina Schmalz Deutsche Post Lehrstuhl für Optimierung von Distributionsnetzwerken, Aachen

Peter Steiger Kohlbecker/Architekten und Ingenieure, Gaggenau

Robert Stranzenbach Institut für Arbeitswissenschaft der RWTH Aachen University, Aachen

Flavius Sturm Universität Stuttgart-Institut für Arbeitswissenschaft und Technologiemanagement, Stuttgart

Sven Tackenberg Institut für Arbeitswissenschaft der RWTH Aachen University, Aachen

Ines Weidenhaupt Institut für Arbeitswissenschaft der RWTH Aachen University, Aachen

Einleitung 1

Sönke Duckwitz, Sven Tackenberg und Christopher M. Schlick

1.1 Forschungsschwerpunkt Dienstleistungsproduktivität des Bundesministeriums für Bildung und Forschung

Obwohl der Dienstleistungssektor mit knapp 70 % einen wesentlichen Beitrag zum deutschen Bruttoinlandsprodukt leistet, setzten sich in der Vergangenheit Wissenschaftler und Praktiker mit der Thematik der Produktivitätsbeurteilung und -gestaltung von Dienstleistungssystemen nur am Rande auseinander (Baumgärtner und Bienzeisler 2007). Diese Forschungslücke wurde vom Bundesministerium für Bildung und Forschung (BMBF) erkannt und durch die Veröffentlichung der Bekanntmachung „Produktivität von Dienstleistungen" adressiert. Ziel dieser Förderrichtlinie war es, „sowohl die theoretischen Grundlagen der Produktivität von Dienstleistungen als auch die Messung, Bewertung und Gestaltung der Produktivität von Dienstleistungen in der Praxis näher" zu untersuchen. Dabei wurden drei Themenbereiche fokussiert, die in ihrer Gesamtsicht eine umfassende theoretische Auseinandersetzung mit dem Konstrukt der Dienstleistungsproduktivität, aber auch die Entwicklung von praxisgerechten Mess- und Gestaltungswerkzeugen ermöglichen:

S. Duckwitz (✉)
Institut für Arbeitswissenschaft der RWTH Aachen University,
Bergdriesch 27, 52062 Aachen, Deutschland
E-Mail: s.duckwitz@iaw.rwth-aachen.de

S. Tackenberg
Institut für Arbeitswissenschaft der RWTH Aachen University,
Bergdriesch 27, 52062 Aachen, Deutschland
E-Mail: s.tackenberg@iaw.rwth-aachen.de

C. M. Schlick
Institut für Arbeitswissenschaft der RWTH Aachen University,
Bergdriesch 27, 52062 Aachen, Deutschland
E-Mail: c.schlick@iaw.rwth-aachen.de

C. M. Schlick et al. (Hrsg.), *Produktivitätsmanagement von Dienstleistungen*,
DOI 10.1007/978-3-642-45071-6_1

1. Konzeptionelle und analytische Durchdringung
2. Produktivität messen und bewerten
3. Produktivität steigern und gestalten.

Das BMBF förderte im Zeitraum von 2010 bis 2014 mehr als 30 anwendungsorientierte Verbundprojekte in diesen drei Themengebieten. Das vorliegende Buch stellt einem Abschlussbericht vergleichbar die erzielten Ergebnisse und akkumulierten Erfahrungen von drei Verbundprojekten dar (Abb. 1.1), die jeweils eines der drei Themengebiete im Schwerpunkt abdecken und deren Ergebnisse in Form von Modellen, Methoden und Werkzeugen einen umfassenden Überblick zum Themenkomplex der Dienstleistungsproduktivität bieten.

1.2 Problemstellung und Zielsetzung der Verbundprojekte

1.2.1 ProLoDi – Produktivitätslogiken komplexer Dienstleistungen

Das Geschäft mit industriellen Dienstleistungen hat für Unternehmen in den letzten Jahren zunehmend an Bedeutung gewonnen und ist heute häufig ein wesentlicher Bestandteil im Leistungsportfolio. Mit dem Wachstum der wirtschaftlichen Bedeutung von Dienstleistungen gewinnt die Frage nach der Produktivität von Dienstleistungen an Relevanz. Dienstleistungsproduktivität stellt eine elementare Quelle des Wohlstands in einer Dienst-

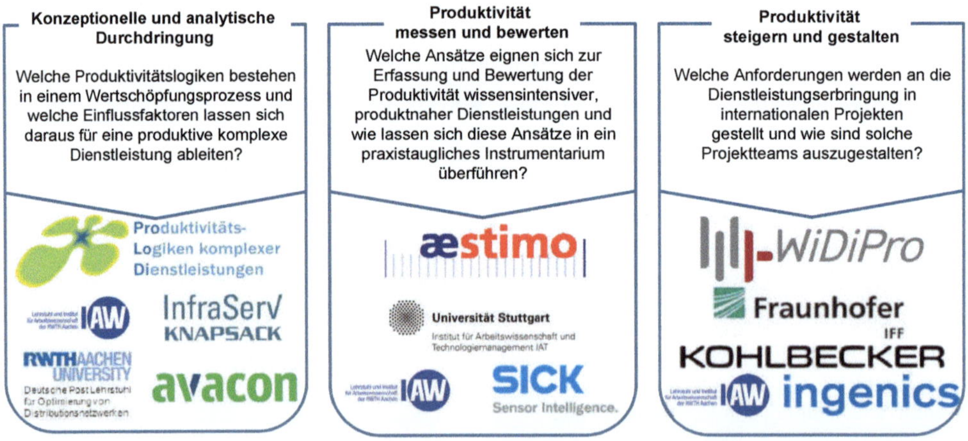

Abb. 1.1 Thematische Einordnung und Leitfragen der drei Verbundprojekte „Produktivitätslogiken komplexer Dienstleistungen (ProLoDi) ", „Methoden-Set zur Messung und Bewertung der Produktivität wissensintensiver produktnaher Dienstleistungen für Investitionsgüterhersteller (Aestimo) " sowie „Wissensintensive industrielle Dienstleistungen weltweit produktiv erbringen (WiDiPro) "

leistungsgesellschaft dar, bildet aber auch die wesentliche Voraussetzung für Innovation und Diffusion von neuen Dienstleistungen (Ganz et al. 2006). Die Konzepte zur Produktivitätsmessung und -steuerung in der Sachgüterproduktion lassen sich aber aufgrund der Unterschiede zwischen diesen beiden Domänen nicht ohne weiteres auf Dienstleistungen übertragen (Johnston und Jones 2003). Eine zentrale Herausforderung bei der Bestimmung von Produktivitätslogiken bei Dienstleistungen ist daher die exakte Bestimmung der Einflussfaktoren, deren Wechselbeziehungen untereinander sowie der Größen, die die Produktivität determinieren. Dabei stellen sich insbesondere die Ermittlung, Steuerung und Optimierung der Dienstleistungsproduktivität als schwierig heraus, da diese zu einem Großteil von externen Faktoren abhängen. Die Gesamtproduktivität einer Dienstleistung resultiert daher erst aus dem Zusammenwirken von drei im Leistungsprozess enthaltenen Teilproduktivitäten (Ganz et al. 2006):

- Die Leistung, die der Dienstleistungserbringer eigenständig erbringt.
- Die Leistung, die der Kunde eigenständig erbringt.
- Die Leistung, die Kunde und Dienstleister gemeinsam im Prozess erbringen.

Produktivitätslogiken für Dienstleistungen basieren demnach auf einem Komplex von Einflussfaktoren, die von Akteuren direkt, indirekt oder ggf. auch gar nicht beeinflusst werden können. Bis dato fehlte es aber an theoretisch fundierten und zudem praxistauglichen Methoden und Werkzeugen zur transparenten Beschreibung der Produktivitätslogiken bei der Dienstleistungserbringung. Daher basierten Aussagen über die Produktivität einer bestehenden Dienstleistung oder zukünftiger Dienstleistungssettings zu Beginn oftmals allein auf dem Erfahrungswissen der involvierten Akteure. Ziel des Projektes ProLoDi (Förderkennzeichen 01FL10050–01FL10052) – angesiedelt im Themenbereich der konzeptionellen und analytischen Durchdringung – war deshalb die grundlegende Identifizierung, Beschreibung und Optimierung von Produktivitätslogiken in komplexen hybriden Wertschöpfungsprozessen. Zur Erreichung dieser Projektziele wurden grundlegende Einflussfaktoren auf die Produktivität wissensintensiver, komplexer Dienstleistungen durch Literaturanalysen und Expertenbefragungen erhoben (siehe Kap. 2) und darauf aufbauend ein generisches Produktivitätsmodell für komplexe Dienstleistungen entwickelt und empirisch validiert (siehe Kap. 3). Zudem wurden ein Optimierungsalgorithmus sowie ein Simulationsmodell zur produktivitätsorientierten Ausgestaltung komplexer Dienstleistungsprojekte entwickelt und erprobt (siehe Kap. 13).

Als Verbundpartner waren am Projekt ProLoDi das Institut für Arbeitswissenschaft der RWTH Aachen als Konsortialführer, der Deutsche Post Lehrstuhl für Optimierung von Distributionsnetzwerken der RWTH Aachen sowie die Unternehmenspartner InfraServ GmbH & Co. Knapsack KG und Avacon AG beteiligt.

1.2.2 Aestimo – Methoden-Set zur Messung und Bewertung der Produktivität wissensintensiver produktnaher Dienstleistungen für Investitionsgüterhersteller

Das Verbundprojekt Aestimo (Förderkennzeichen (01FL10066–01FL10069) aus dem Themenfeld „Produktivität messen und bewerten" basierte auf der Feststellung, dass Dienstleistungen prinzipiell ein hohes Wachstumspotenzial aufweisen, welches durch die Messung und Bewertung der Produktivität von Dienstleistungen besser ausgeschöpft werden kann. Dem gegenüber standen eine eingeschränkte Verbreitung sowie auch ein eingeschränktes Verständnis für entsprechende Mess- und Bewertungsmethoden, insbesondere im produzierenden Gewerbe. AESTIMO hatte sich somit als übergreifendes Ziel gesetzt, durch die Entwicklung und den Praxistest entsprechender Methoden und Werkzeuge einen wesentlichen Beitrag zur Messung, Bewertung und Gestaltung der Dienstleistungsproduktivität zu liefern. Hierbei wurde der Fokus auf wissensintensive, industrielle Dienstleistungen im Investitionsgütersektor gelegt, da diese für die nachhaltige wirtschaftliche Entwicklung Deutschlands einen hohen Stellenwert besitzen. Die gesetzten Projektziele wurden durch die Entwicklung eines systemdynamischen Modells zur Erklärung der Einflussgrößen und Untersuchung ihrer Einflüsse auf die Dienstleistungsproduktivität und deren Wechselwirkungen untereinander (siehe Kap. 5) sowie eines auf diesem Modell basierenden Planspiels zur Sensibilisierung von „Entscheidern" für die Notwendigkeit der Messung und Bewertung der Dienstleistungsproduktivität (siehe Kap. 6) erreicht. Dieses Planspiel eignet sich auch zum Training, da es die Wirkung von Maßnahmen auf die Produktivität bei der Erbringung von Dienstleistungen spielerisch erfahrbar macht. Um Unternehmen eine Unterstützung bei der Messung und Bewertung ihrer Dienstleistungsproduktivität zu bieten, wurde zudem die Aestimo-Toolbox entwickelt, die sich an einem vierstufigen Phasenschema orientiert und für jede dieser Phasen entsprechende Methoden und Werkzeuge bereitstellt (siehe Kap. 7).

Verbundpartner im Projekt Aestimo waren als Konsortialführer das Institut für Arbeitswissenschaft und Technologiemanagement IAT der Universität Stuttgart und als weiterer Forschungspartner das Institut für Arbeitswissenschaft der RWTH Aachen beteiligt. Praxispartner war die SICK AG.

1.2.3 WiDiPro – Wissensintensive industrielle Dienstleistungen weltweit produktiv erbringen

Zur weiteren wissenschaftlichen Durchdringung des dritten Themenfelds „Produktivität steigern und gestalten" wurde schließlich das Verbundprojekt WiDiPro (Förderkennzeichen 01FL10008–01FL10011) durchgeführt. Hintergrund des Projektes war die Herausforderung, dass in den vergangenen Jahren immer mehr Unternehmen dazu übergegangen sind, wissensintensive Dienstleistungen nicht mehr ausschließlich durch eigene, sogenannte „Inhouse" Kapazitäten abzubilden, sondern diese von global agierenden Dienstleistern am Markt einzukaufen (Seshasai und Gupta 2004). Der Erfolg von komplexen wissensintensiven Dienstleistungen deutscher Anbieter wird dabei maßgeblich durch die Produktivität der internen wie externen Kooperationsbeziehungen bestimmt. Auf Ebene der Teams sowie der Mitarbeiter und Mitarbeiterinnen führt gerade diese hochgradige Vernetzung im Prozess der Dienstleistungserbringung – insbesondere beim Export von Dienstleistungen – und die damit verbundene Informationskomplexität zu einer hohen Belastung und Beanspruchung des Menschen. Von dieser Beanspruchung sind sowohl die Dienstleistungserbringer als auch die Dienstleistungsempfänger betroffen. Dies hat somit einen unmittelbaren Einfluss auf die Produktivität. So kennt jeder Akteur in wissensintensiven Tätigkeiten die berufliche Situation, in der durch das ungeplante bzw. unerwartete Eintreffen von Informationen, wie durch das situationsspezifisch notwendige Sammeln und Aggregieren von Informationen oder die Teilnahme an Meetings, der eigentliche Arbeitsfluss gestört wird. Auf diese Weise nimmt die Produktivität hinsichtlich der zu bearbeitenden Aufgabe (Dienstleistungserbringungsprozess) ab. Insbesondere bei global zu erbringenden Entwicklungsdienstleistungen können die Auftraggeber die Anforderungen infolge dessen (bspw. beim Fabrik-/Gebäudeneubau oder -umbau) erst sehr spät spezifizieren, sodass ein kontinuierlicher Informations- und Handlungsfluss nicht gewährleistet ist. Unsichere Planungsgrundlagen bewirken daher eine erhöhte Anzahl an Planungsänderungen bzw. Störungen im Prozess der Leistungserbringung und damit eine Reduzierung der Dienstleistungsproduktivität. Vor dem Hintergrund des geschilderten Handlungsbedarfs fehlt es Unternehmen bislang an einem Instrumentarium zur systematischen Gestaltung und Steigerung der Produktivität bei der Entwicklung und Erbringung neuer Dienstleistungen – insbesondere beim Dienstleistungsexport. Ziel des Projektes WiDiPro war daher die Gestaltung und Steigerung der Produktivität in kreativ angelegten und zugleich komplexen, wissensintensiven Dienstleistungsprozessen durch innovative Methoden und Instrumente. Zu diesem Zweck wurden die spezifischen Faktoren zur Gestaltung von Produktivität identifiziert und deren Zusammenhänge in einem Metamodell wissensintensiver industrieller Dienstleistungen beschrieben (siehe Kap. 4). Die Besonderheiten der Modellierung von wissensintensiven Dienstleistungen wurden durch die Entwicklung eines Metamodells für die Auswahl und Bewertung von Sprachen zur Modellierung von Dienstleistungsprozessen aufgezeigt und die Vorzüge der Modellierungssprache K3 zur Modellierung wissensintensiver Dienstleistungen dargestellt (siehe Kap. 8). Zur gezielten Steuerung wissensintensiver Dienstleistungsprojekte wurde ein Controllingansatz auf Basis des Earned Value Managements entwickelt. Dieser Ansatz ermöglicht dem Dienstleister als auch dem Kunden, den aktuellen (Fertigstellungs-)Wert einer über einen langen Zeitraum zu erbringenden Dienstleistung, bspw. eines Fabrikplanungsprojektes, zu einem spezifischen Betrachtungszeitpunkt zu messen und ggf. Maßnahmen einzuleiten (siehe Kap. 9). Da wissensintensive Dienstleistungen auf dem Fachwissen von Experten beruhende Leistungserbringungsprozesse sind, bilden die Arbeitsprozesse und die individuelle Arbeitsorganisation der involvierten Arbeitspersonen die Grundlage, damit eine wissensintensive Dienstleistung produktiv erbracht werden kann. Im Rahmen von WiDiPro wurde deshalb ein Softwarewerkzeug zur personenindividuellen Messung der Produktivität einer Dienstleistungserbringung entwickelt und evaluiert (siehe Kap. 10). Zur Unterstützung der Angebotserstellung für wissensintensive Dienstleistungen wurde zudem ein aktororientiertes Simulationsmodell weiterentwickelt, dessen Potenziale anhand einer Fallstudie aufgezeigt werden (siehe Kap. 11). Weitere Werkzeuge, die die Messung und Beurteilung der Dienstleistungsproduktivität unterstützen, wurden in einer WiDiPro-Toolbox zusammengefasst (siehe Kap. 12). Diese Werkzeuge stellen eine Grundlage für das Ableiten von Gestaltungsmaßnahmen zur nachhaltigen Steigerung der Dienstleistungsproduktivität dar.

Das Konsortium im Projekt WiDiPro bestand aus dem Fraunhofer Institut für Fabrikbetrieb und-automatisierung (IFF) als Konsortialführer, dem Institut für Arbeitswissenschaft der RWTH Aachen, der Ingenics AG sowie der Kohlbecker Gesamtplan GmbH.

1.3 Stand der Forschung zur Dienstleistungsproduktivität bei Projektbeginn

Die Steigerung der Dienstleistungsproduktivität im Bereich der wissensintensiven Dienstleistungen stellt eine zentrale ökonomische und wirtschaftspolitische Herausforderung des 21. Jahrhunderts dar (Drucker 1993). Zwar sind Methoden und Werkzeuge zur Bestimmung der Produktivität im Dienstleistungssektor bereits in früheren wissenschaftlichen Ansätzen behandelt worden (Heaton 1977; Blois 1984; Sherman 1984; Potts 1988; Shaw 1988; Corsten 1994; Reichwald und Möslein 1995; Ojasalo 1999; Johnston und Jones 2003; Lasshof 2005), dennoch ist es bis heute nicht gelungen, ein ganzheitliches und allgemein akzeptiertes Verständnis von Dienstleistungsproduktivität zu entwickeln (Ganz et al. 2006; Baumgärtner und Bienzeisler 2007).

Der Begriff der Produktivität spielt in der Betriebswirtschaftslehre seit ihrer Gründung als Wissenschaftsdisziplin eine besondere Rolle und ist auch in der ingenieurwissenschaftlich geprägten Betriebswissenschaft zentral. Daher finden sich vielfältige Ansätze zur Produktivitätsbewertung. Dennoch ist es bisher nicht gelungen, einen einheitlichen Ansatz zur Begriffserklärung und ein umfassendes methodisches Konzept zum Produktivitätsmanagement zu entwickeln. Allgemein ausgedrückt beschreibt die Produktivität das Verhältnis von Output und Input der eingebrachten Produktionsfaktoren bzw. nach Gutenberg die „Ergiebigkeit der betrieblichen Faktorkombination" (Zirpins 2007).

Der Begriff der Produktivität ist dabei inhaltlich abzugrenzen von den Begriffen der Effektivität und der Effizienz. Bei Effizienz geht es im Wesentlichen darum, „Dinge" richtig zu tun und bei Effektivität darum, die richtigen „Dinge" zu tun. Die Effizienz einer Tätigkeit wird dabei als Verhältnis des mengenmäßigen Outputs zum mengenmäßigen Input aufgefasst, dessen Ergebnis in Beziehung zu einem zu definierenden Standard gestellt wird. Die Bestimmung von Produktivität bedient sich dem gleichen Quotienten, der aber nicht in Bezug auf einen Standard, sondern zum Vergleich zwischen Leistungsprozessen, respektive Leistungseinheiten herangezogen wird (Ganz et al. 2006). Unter Produktivität kann somit die differentielle Ergiebigkeit der betrieblichen Faktorkombination verstanden werden, die sich bei in Wechselwirkung stehenden Dienstleistungsprozessen einstellt.

Da der Kunde bei Dienstleistungen eine ambivalente Position einnimmt, bei der er einerseits am Wertschöpfungsprozess beteiligt ist, andererseits die (gemeinsam mit dem Dienstleister) erbrachte Leistung empfängt, beeinflusst er somit maßgeblich den Wert des Outputs, also die Produktivität. Ein Produktivitätsmanagement von Dienstleistungen verlangt daher nach neuen Konzepten und Vorgehensweisen, die diese Rückkopplungsbeziehung zu berücksichtigen vermögen. Da die Kundenintegration in diesem Zusammenhang eine entscheidende Rolle für die Produktivität der Dienstleistung einnimmt, sind neben anbieterbezogenen besonders nachfragerbezogene Einflussgrößen zu berücksichtigen (Garrel und Peters 2009).

Zu Beginn der drei Verbundvorhaben fanden sich jedoch in der Literatur kaum konkrete Fallstudien zur Dienstleistungsproduktivität. Das zentrale Problem bei der quantitativen Bestimmung der Produktivität von Dienstleistungen ist, dass die exakte Ermittlung von Input und Output schwierig ist, weil sowohl die Ausprägungen des Inputs als auch des Outputs mit latenten Unsicherheiten behaftet ist. So ergeben sich für die Bestimmung der Produktivität von Dienstleistungen insbesondere Herausforderungen hinsichtlich der Erfassung von In- und Outputs, der Berücksichtigung von kundenbezogenen Wertschöpfungsanteilen, der Regulierung von Kapazitäts- und Nachfrageschwankungen sowie der Berücksichtigung der Dienstleistungsqualität und Kundenzufriedenheit.

Grönroos und Ojasalo (Grönroos und Ojasalo 2004) definieren die Dienstleistungsproduktivität als Funktion der internen Effizienz, der externen Effizienz und der sog. Kapazitätseffizienz. Basis dieses Erklärungsmodells ist eine dreiteilige Einteilung des Dienstleistungsprozesses in:

- „Backoffice", in welchem der Anbieter die Leistung quasi unabhängig vom Kunden produzieren kann,
- „Service Encounter", wo Anbieter und Kunde in direkter Interaktion aufeinander treffen und dem
- „Selfservice", anhand welcher der Kunde isoliert vom Anbieter auf Basis der vorhandenen Infrastruktur zu eigenständigen Erstellung der Dienstleistung befähigt wird.

Beeinflussen dabei die Inputs der Dienstleister die ersten beiden Punkte direkt sowie Punkt drei indirekt, können die Inputs des Kunden die letzten beiden Punkte direkt sowie den ersten indirekt steuern. Die Kombination der Inputs bestimmt dabei die *interne Effizienz* des Dienstleisters, also die Effektivität der Erzeugung des Outputs auf Basis einer bestimmten Ausprägung von Produktionsfaktoren in Relation zu einem Standard. Die *externe Effizienz* (auch Outputqualität) gibt an, inwiefern die vom Kunden wahrgenommene Dienstleistungsqualität (anhand einer vorgegebenen Anzahl von Produktionsfaktoren) erreicht und verbessert werden kann. Diese wird somit durch die Kundeninteraktion bzw. den Dienstleistungsprozess und das Dienstleistungsergebnis beim Kunden bestimmt und mündet mit dem Eindruck des Kunden über das Unternehmen in der vom Kunden (subjektiv) wahrgenommenen Dienstleistungsqualität. Die *Kapazitätseffizienz* (auch Outputquantität) wiederum wird durch die Effizienz der Produktionskapazität anhand der Auslastung durch den Kunden (Anteil der von Kunden abgerufenen Kapazität zur Dienstleistungserbringung) bestimmt (Baumgärtner und Bienzeisler 2007).

Gerade hinsichtlich des unsicheren Informationsgehaltes und des hohen Interaktionsgrades sowie der daraus resultierenden spontanen Planungsänderungen, die vor allem im Dienstleistungsprozess bei global zu erbringenden Entwicklungs- und Planungsdienstleistungen vorzufinden sind, besitzt das Konzept jedoch gewisse Mängel.

Das durch empirische Studien untermauerte Produktivitätsparadoxon, das einen fehlenden oder gar negativen Wirkzusammenhang zwischen Investition in die Informations- und Kommunikationstechnologie und der Produktivität auf unternehmerischer Ebene beschreibt (Strassmann 1990), bildet die Ausgangssituation für das Konzept der Dienstleistungsproduktivität von Johnston & Jones (Johnston und Jones 2003). Das Konzept leitet zwei verschiedene Produktivitäten her: 1) Anbieter- und 2) Kundenproduktivität. Diese sind als tendenziell gegenläufige Prozesse im Sinne eigener Teilrationalitäten zu betrachten und können nur approximativ optimiert werden (Baumgärtner und Bienzeisler 2007). Einen weiteren bedeutenden Ansatz stellt das Konzept von Corsten (Corsten 1994) dar. Es differenziert zwei Produktivitäten, 1) die Produktivität der Leistungsbereitschaft, 2) die Produktivität der Endkombination und berücksichtigt dabei erstmalig explizit eine Kundenintegrativität.

Forschungsprojekte wie Int-PEM (Borchert et al. 2008) – Erarbeitung und Implementierung eines branchenspezifischen, kennzahlengestützten Performance Measurement Instrumentariums – oder KorServ (Ahlert et al. 2008) – Entwicklung monetärer und immaterieller Nutzenpotenziale aus Kundensicht – befassen sich aufgrund der Ausrichtung der jeweiligen Projekte sowie der Komplexität des Untersuchungsgegenstandes nur am Rande mit dem Aspekt der Dienstleistungsproduktivität.

Insgesamt bleibt festzuhalten, dass trotz früher wissenschaftlicher Ansätze (Heaton 1977; Blois 1984; Sherman 1984; Potts 1988; McLaughlin und Coffey 1990) und der dargelegten aufbauenden Ansätze die Entwicklung eines allgemeingültigen Verständnisses der Dienstleistungsproduktivität sowie korrespondierender Modelle bislang ausgeblieben ist. Daher ist ein theoretisch valides sowie praxisorientiertes und -erprobtes Produktivitätsmanagement für wissensintensive Dienstleistungen besonders wichtig. Hierzu liefert das vorliegende Werk innovative Beiträge und stellt neue Modelle, Methoden und Werkzeuge vor, mit denen zum einen eine umfassende Beschreibung und Erklärung der Dienstleistungsproduktivität in wissensintensiven Dienstleistungssystemen ermöglicht wird und zum anderen eine produktivitätsfördernde Gestaltung von Dienstleistungssystemen unterstützt wird.

1.4 Aufbau des Buches und Überblick über die Einzelbeiträge

Die Beiträge dieses Buches folgen der Struktur der Förderrichtlinie. Im ersten Teil sind in den Kap. 2 bis 4 diejenigen Beiträge zu finden, die sich mit einer **konzeptionellen und analytischen Durchdringung der Dienstleistungsproduktivität** befassen. Die anhand einer explorativen Studie ermittelten Einflussfaktoren auf die Produktivität von wissensintensiven Dienstleistungen (siehe Kap. 2) bilden dabei die Grundlage zur Entwicklung eines ganzheitlichen Modells zur Produktivitätsbestimmung, das anhand einer umfangreichen empirischen Studie validiert wurde (siehe Kap. 3). In einem weiteren Kapitel wird eine Beschreibungsgrundlage zum umfassenden Konstrukt der Produktivität wissensintensiver industrieller Dienstleistungen durch zwei (Meta-)Modelle dargestellt. Diese gehen explizit auf die Spezifika wissensintensiver industrieller Dienstleistungen ein und stellen so einen ganzheitlichen Ansatz zur Charakterisierung und Verbesserung der Dienstleistungsproduktivität dar.

Im zweiten Teil des Buches werden Konzepte, Methoden und Werkzeuge vorgestellt, mit denen Unternehmen in die Lage versetzt werden, die **Produktivität** ihrer Dienstleistungen **messen und bewerten** zu können. Ein System-Dynamics Modell wird in Kap. 5 präsentiert, das wesentliche Wirkzusammenhänge aufzeigt und quantitativ abbildet, die die Messung und Bewertung der Produktivität wissensintensiver technischer Supportdienstleistungen ermöglichen. In Kap. 6 wird ein Planspiel vorgestellt, das auf dem System-Dynamics Modell basiert und insbesondere Führungskräfte anhand eines Fallbeispiels für die Thematik der Dienstleistungsproduktivität sensibilisiert. In dem Planspiel werden Auswirkungen strategischer Managemententscheidungen auf die Produktivität einer Dienstleistungserbringung spielerisch erlebbar. Ein Vorgehensmodell, das Unternehmen bei der strukturierten Implementierung eines Systems zur Leistungsmessung unterstützt, wird in Kap. 7 präsentiert. Dieses Modell ist speziell zur Messung und Bewertung der Produktivität wissensintensiver Funktionsbereiche geeignet und bietet Methoden und Instrumente an, die den zielgerichteten Aufbau eines Messsystems für die Dienstleistungsproduktivität wesentlich bereichern.

Der dritte Teil des Buches widmet sich schließlich der Frage, mit welchen Methoden und Instrumenten Unternehmen unterschiedlicher Dienstleistungsbranchen ihre **Produktivität steigern und gestalten** können. In Kap. 8 wird hierzu zunächst ein Metamodell für die Auswahl und Bewertung von Sprachen zur Modellierung von Dienstleistungsprozessen entwickelt. Anschließend wird die Modellierungssprache K3 erläutert und es werden die Vorzüge dieser Modellierungssprache gegenüber anderen kontrollflussorientierten Modellierungssprachen diskutiert. In wissensintensiven Dienstleistungsprojekten stellt ein effektives Controlling einen wesentlichen Erfolgsfaktor für die produktivitätsorientierte Steuerung dar. Ein Controllingansatz für solche Dienstleistungen auf Basis des Earned Value Managements (EVM) wird in Kap. 9 vorgestellt. Der Ansatz ermöglicht es dabei sowohl dem Dienstleister als auch dem Kunden den aktuellen (Fertigstellungs-)Wert einer komplexen, über einen langen Zeitraum zu erbringenden Dienstleistung zu einem spezifischen Betrachtungszeitpunkt zu messen und so frühzeitig gestaltend einzugreifen. Mit der Betrachtung der individuellen Arbeitsorganisation bei der Erbringung wissensintensiver Dienstleistungen und der damit verbundenen Produktivität jeder einzelnen Arbeitsperson widmet sich Kap. 10 einem weiteren Aspekt einer umfassenden Produktivitätsgestaltung. Mitarbeiterinnen und Mitarbeitern wird hier mit einem softwaregestützten Werkzeug zur individuellen Arbeitsanalyse ein geeignetes Instrument zur Beurteilung der

Effektivität und Effizienz ihrer Handlungen zur Verfügung gestellt. Erkenntnisse aus dem Praxiseinsatz des gesamten Instrumentariums in einer empirischen Studie zeigen dabei erfolgshemmende Faktoren auf, aus denen sich Maßnahmen zur produktivitätssteigernden Organisationsgestaltung ableiten lassen. Um bereits frühzeitig produktivitätshemmende Faktoren zu erkennen und deren Einfluss zu minimieren, wird in Kap. 11 ein Simulationswerkzeug vorgestellt. Dieses Simulationswerkzeug kann in der Phase der Angebotserstellung dazu genutzt werden, eine auf historischen Daten zu Arbeitsprozessen basierende Kostenkalkulation durchzuführen und zudem die Risiken der Dienstleistungserbringung anhand von What-If-Analysen quantitativ zu bewerten. In Kap. 12 wird eine Toolbox präsentiert, die mehrere Werkzeuge bereitstellt, die für die nachhaltige Produktivitätssteigerung eingesetzt werden können. Hierbei wird die Data Envelopment Analysis (DEA) zur Effizienzanalyse eingesetzt, ein strukturiertes Risikomanagement führt zu einer produktivitätsorientierten Dienstleistungsgestaltung und mit einem Werkzeug auf Basis des Quality Function Deployments wird die Integration des Kunden bereits während des Erstellungsprozesses der geforderten Leistung sichergestellt. Das abschließende Kap. 13 stellt ein Optimierungsmodell und ein Simulationswerkzeug vor, welches dem Dienstleister bei der Planung einer komplexen Dienstleistung als Entscheidungsunterstützung dient. In enger Zusammenarbeit mit Partnerunternehmen sind das Optimierungs- und Simulationsmodell entwickelt worden, deren Einsatzpotenziale anhand von Fallbeispielen mit Dienstleistungsprojekten präsentiert werden.

Literatur

Ahlert, D., Heußler, T., Michaelis, M., Möller, K., Schwab, C., & Seiter, M. (2008). Instrumente zur Quantifizierung des Kundennutzens als Basis für die Preisfindung bei hybriden Produkten. *Controlling, 20,* 473–487.

Baumgärtner, M., & Bienzeisler, B. (2007). *Dienstleistungsproduktivität – Konzeptionelle Grundlagen am Beispiel interaktiver Dienstleistungen.* Stuttgart: Fraunhofer IRB Verlag.

Blois, K. (1984). Productivity and effectivness in service firms. *Service Industries Journal, 4*(3), 45–60.

Borchert, M., Heinen, E., & Zühlke-Robinet, K. (Hrsg.). (2008). *Kompetenzentwicklung in kleinen und mittleren Unternehmen – Voraussetzung für erfolgreiche Internationalisierung von Unternehmen.* Ingolstadt: Verlag Dr. Jochem Heizmann.

Corsten, H. (1994). Produktivitätsmanagement bilateraler personenbezogener Dienstleistungen. In H. Corsten & W. Hilke (Hrsg.), *Dienstleistungsproduktion.* Wiesbaden: Gabler.

Drucker, P. (1993). Dienstleistung und Produktivität. In H. Simon (Hrsg.), *Industrielle Dienstleistungen* (S. 51–65). Stuttgart: Schäffer-Poeschel Verlag.

Ganz, W., Bienzeisler, B., & Tombeil, S. (2006). Dienstleistungsproduktivität – Konturen eines Forschungsfeldes. In *Moderne Dienstleistungen – Impulse für Innovation, Wachstum und Beschäftigung. Beiträge der 6. Dienstleistungstagung des BMBF.* Frankfurt a. M.: Campus-Verlag.

Garrel, J. von, & Peters, S. (2009). Fazit und Ausblick. In M. Schenk & C. M. Schlick (Hrsg.), *Industrielle Dienstleistungen und Internationalisierung* (S. 493–501). Wiesbaden: Gabler Verlag.

Grönroos, C., & Ojasalo, K. (2004). Service productivity – Towards a conceptualization of the transformation of inputs into economic results in services. *Journal of Business Research, 57*(4), 414–423.

Heaton, H. (1977). *Productivity in service organizations – Organizing for people*. New York: McGraw-Hill.
Johnston, R., & Jones, P. (2003). Service productivity: Towards understanding the relationship between operational and customer productivity. *International Journal of Productivity and Performance Management, 55*(3), 201–213.
Lasshof, B. (2005). *Produktivität von Dienstleistungen: Mitwirkung und Einfluss des Kunden*. Hagen: Deutscher Universitätsverlag.
McLaughlin, C., & Coffey, S. (1990). Measuring productivity in service. *International Journal of Service Industry Management, 1*(1), 46–64.
Ojasalo, K. (1999). *Conceptualizing productivity in service*. Helsinki: Hanken School of Economics.
Potts, G. (1988). Raising productivity in customer services. *Long Range Planning, 21*(2), 15–22.
Reichwald, R., & Möslein, K. (1995). Wertschöpfung und Produktivität von Dienstleistungen? Innovationsstrategien für die Standortsicherung. Arbeitsbericht Nr. 6 (September) des Lehrstuhls für Allgemeine und Industrielle Betriebswirtschaftslehre der Technischen Universität München.
Seshasai, S., & Gupta, A. (2004). Global Outsourcing of Professional Services. MIT Sloan Working Paper No. 4456-04; Eller College Working Paper No. 1019-05.
Shaw, W. N. (1988). Productivity improvement: An important issue for private and public sector organizations. *International Journal of Operations and Production Management, 25*(3), 42–53.
Sherman, D. (1984). Improving the productivity of service businesses. *Sloan Management Review, 25*(3), 11–23.
Strassmann, P. A. (1990). *The business value of computers*. New Canaan: Information Economics Press.
Zirpins, C. (2007). *Interaktionsorientierte Komposition virtueller Dienstleistungsprozesse*, Dissertationsschrift, Hamburg.

2 Dienstleistungsproduktivität aus Unternehmensperspektive – Ergebnisse semistrukturierter Leitfadeninterviews

Sönke Duckwitz, Andreas Petz, Christina Schmalz, Ralf Jahnel, Peter Lehmacher und Christopher M. Schlick

2.1 Zielsetzung

Zur Annäherung an den Themenkomplex der Dienstleistungsproduktivität und der angestrebten Entwicklung eines generischen Produktivitätsmodells für komplexe Dienstleistungen wurde im Rahmen des Projektes ProLoDi eine Literaturanalyse durchgeführt. Existierende

S. Duckwitz (✉)
Institut für Arbeitswissenschaft der RWTH Aachen University,
Bergdriesch 27, 52062 Aachen, Deutschland
E-Mail: s.duckwitz@iaw.rwth-aachen.de

A. Petz
Institut für Arbeitswissenschaft der RWTH Aachen University, Bergdriesch 27,
52062 Aachen, Deutschland
E-Mail: a.petz@iaw.rwth-aachen.de

C. Schmalz
Deutsche Post Lehrstuhl für Optimierung von Distributionsnetzwerken,
Kackertstraße 7, 52072 Aachen, Deutschland
E-Mail: schmalz@dpor.rwth-aachen.de

R. Jahnel
Avacon AG, Watenstedter Weg 75, 38229 Salzgitter, Deutschland
E-Mail: Ralf.Jahnel@avacon.de

P. Lehmacher
InfraServ GmbH & Co. Knapsack KG, Chemiepark Knapsack, 50351 Hürth, Deutschland
E-Mail: peter.lehmacher@infraserv-knapsack.de

C. M. Schlick
Institut für Arbeitswissenschaft der RWTH Aachen University,
Bergdriesch 27, 52062 Aachen, Deutschland
E-Mail: c.schlick@iaw.rwth-aachen.de

C. M. Schlick et al. (Hrsg.), *Produktivitätsmanagement von Dienstleistungen*,
DOI 10.1007/978-3-642-45071-6_2

Dienstleistungsproduktivitätsmodelle wurden hierbei anhand eines theoriebasierten Evaluationsschemas bewertet, Schwachstellen der Modelle herausgearbeitet und spezifische Anforderungen an eine Modellentwicklung ermittelt (siehe hierzu Petz et al. 2011). Die Analyse der bestehenden Literatur zeigt, dass weiterer Forschungsbedarf hinsichtlich einer ganzheitlichen Definition der Dienstleistungsproduktivität besteht. Insbesondere zeigt sich dieser Bedarf in einer häufig unzureichenden Berücksichtigung des Dienstleistungsnachfragers, der einen großen Einfluss auf den Erbringungsprozess aufweist und somit bei der Produktivitätsbetrachtung detailliert berücksichtigt werden muss. Um Ansatzpunkte für eine Produktivitätsverbesserung geben zu können, müssen zudem Stellgrößen herausgearbeitet werden, die vom Dienstleistungsanbieter direkt beeinflusst werden können und so eine nachhaltige Produktivitätssteigerung ermöglichen. Hierbei sollten – neben quantitativen Einflussfaktoren – insbesondere auch qualitative Faktoren berücksichtigt werden. Für eine anwendungsorientierte Konzeptentwicklung ist es zudem erforderlich, Messgrößen zu entwickeln, die eine einfache Produktivitätsbewertung und -beurteilung zulassen. Die Herausforderung liegt in der Entwicklung eines Konzeptes, das eine unternehmensspezifische Ableitung von Kennzahlen ermöglicht.

Aufgrund des hohen Abstraktionsgrads existierender Produktivitätsmodelle auf der einen Seite und der Heterogenität von Dienstleistungen auf der anderen Seite, existiert keine anerkannte und allgemeingültige Darstellung von Einflussfaktoren auf die Dienstleistungsproduktivität. In einem ersten Schritt wurden daher im Projekt ProLoDi Experten der beteiligten Unternehmenspartner – InfraServ GmbH & Co. Knapsack KG sowie Avacon AG – in semistrukturierten Leitfadeninterviews zu dieser Thematik befragt. Dabei standen bei der InfraServ GmbH & Co. Knapsack KG wissensintensive Dienstleistungsprojekte im Bereich der Entwicklung verfahrenstechnischer Anlagen sowie verfahrenstechnischer Prozesse im Vordergrund. Bei der Avacon AG wurden im Bereich des technischen Netzservices sowohl Wartungs- und Instandhaltungsdienstleistungen als auch Projektvorhaben zum Netzausbau betrachtet.

Die explorative Studie in Form einer Expertenbefragung verfolgte das Ziel, einerseits die unabhängig ermittelten Rechercheergebnisse zu validieren und andererseits das bereits bestehende Wissen zu ergänzen. Des Weiteren ermöglichten die Leitfadeninterviews den wissenschaftlichen Verbundpartnern der RWTH Aachen detaillierte Einblicke in das Dienstleistungsgeschäft der Unternehmen und führten bei den Befragten zu einer Sensibilisierung hinsichtlich der Bedeutung der Produktivitätsbetrachtung ihrer Dienstleistungen. Die mithilfe der Befragung identifizierten Faktoren und Zusammenhänge sollten als wesentlicher Baustein der Ableitung universell verwendbarer Kriterien der Produktivität wissensintensiver Dienstleistungen dienen und in die Modellentwicklung einfließen (siehe Kap. 3).

2.2 Methodik

2.2.1 Aufbau des Interviewleitfadens

Die Expertenbefragung wurde als semistrukturiertes Leitfadeninterview mit offenem Antwortformat konzipiert. Der erstellte Interviewleitfaden fokussierte dabei die Themenschwerpunkte „Definition und Bestimmung der Dienstleistungsproduktivität" sowie „Einflussfaktoren auf die Produktivität" entsprechend einer phasenbasierten Unterteilung des Dienstleistungserbringungsprozesses. Die formulierten Items lassen sich in fünf Fragenkategorien gliedern: 1) Allgemeine Angaben über die Befragte bzw. den Befragten, 2) Detaillierte Dienstleistungsbeschreibung, 3) Details zur jeweilig ausgeführten Dienstleistungsart, 4) Produktivität von Dienstleistungen und 5) Unterstützungsbedarf.

Im ersten Fragenblock wurden die Funktion der Befragten in der Organisation, das Qualifikationsniveau sowie die Berufserfahrung erfragt. Anschließend sollte der/die Befragte eine spezifische Dienstleistung detailliert beschreiben. Dabei wurden die grundlegenden Phasen einer typischen Dienstleistungserbringung erfragt, die Zusammenarbeit bzw. Kommunikation intern sowie extern mit dem Nachfrager analysiert und Besonderheiten bei der Dienstleistungserbringung betrachtet.

Der dritte Fragenblock beschäftigte sich zunächst mit der Planung der Dienstleistung. Aufgrund der Heterogenität der von den Befragten erbrachten Dienstleistungen (Prozessentwicklung in der Verfahrenstechnik, Projektmanagement bei einem Energieversorger sowie Instandhaltung von Strom- und Gasnetzen) wurden hier zwei Versionen des Interviewleitfadens eingesetzt, deren Items sich entweder auf einen zu erstellenden Projektplan oder auf einen Einsatzplan für die Monteure bezogen. Die Befragten sollten hierbei Auskunft darüber geben, welche Merkmale einen guten Projekt- bzw. Einsatzplan beschreiben, wie die Kapazitäts- und Ressourcenplanung erfolgt und welche Werkzeuge oder Methoden sie zur Erstellung eines zielführenden Projekt- bzw. Einsatzplans einsetzen.

Die Produktivität der von den Befragten erbrachten Dienstleistungen stand im Zentrum des vierten Fragenblocks. Dieser bezog sich beispielsweise darauf, was die Teilnehmer unter Dienstleistungsproduktivität verstehen, wie sie üblicherweise versuchen die Produktivität ihrer Dienstleistungen zu messen und zu steigern sowie welche Faktoren sich positiv oder negativ auf die Produktivität der Dienstleistungserbringung auswirken.

Der letzte Teil des Leitfadeninterviews beinhaltete Fragen zum Unterstützungsbedarf. Es wurde erfragt, welche Methoden und gegebenenfalls auch Softwaresysteme die Befragten nutzen, um die Dienstleistungserbringung zu erleichtern. Zudem wurde erfasst, für welche Probleme sie sich weitere Methoden, Werkzeuge oder Instrumente wünschen.

2.2.2 Teilnehmer

Insgesamt haben an der Befragung 32 Mitarbeiterinnen und Mitarbeiter der Projektpartner teilgenommen. 24 der Befragten waren Mitarbeiter der Avacon AG und acht Teilnehmer waren bei der InfraServ GmbH & Co. Knapsack KG beschäftigt. Um einen ganzheitlichen Eindruck zu gewinnen, wurden Akteure aus verschiedenen Abteilungen und Ebenen der Unternehmenshierarchie befragt. Sowohl das höhere Management als auch Mitglieder der unteren Führungs- sowie Projektbearbeitungsebene haben so an der Leitfadeninterviewstudie teilgenommen. Voraussetzung für die Teilnahme war die aktive Beteiligung der

Mitarbeiter an zentralen Dienstleistungsprozessen in den betrachten Dienstleistungsbereichen (Anlagen- und Prozessentwicklung bzw. Wartung/Instandhaltung und Planungsprojekte im technischen Netzservice) der Unternehmen. Alle Befragten beteiligten sich freiwillig und ohne Entlohnung an der Studie.

Hinsichtlich des Qualifikationsniveaus befanden sich unter den Befragten zehn Ingenieure, 13 Personen mit einem Meisterbrief und neun Personen mit einem Abschluss einer technischen Ausbildung. Zwei Drittel der Interviewteilnehmer konnten eine Berufserfahrung von über 20 Jahren aufweisen. Von den übrigen Teilnehmern befanden sich acht bereits seit zehn bis 20 Jahren in ihrem Betrieb und zwei seit fünf bis zehn Jahren.

2.2.3 Durchführung der Leitfadeninterviews

Die Leitfadeninterviews fanden an mehreren Terminen Mitte 2011 und Anfang 2012 jeweils vor Ort bei den Projektpartnern statt. Für die Befragung wurden separate Räume zur Verfügung gestellt, sodass ein ungestörter Ablauf gewährleistet wurde. Die Leitfadeninterviews wurden von den wissenschaftlichen Verbundpartnern der RWTH Aachen durchgeführt und protokolliert. Nach einer Begrüßungsphase, in der sich die Interviewer vorstellten und das Ziel des Gespräches erläuterten, erfolgte die semistrukturierte Befragung anhand des Interviewleitfadens, welche pro Person ca. 1,5 h dauerte.

2.2.4 Qualitative Inhaltsanalyse

Die in den Leitfadeninterviews gewonnenen schriftlich dokumentierten Aussagen wurden entsprechend der qualitativen Inhaltsanalyse nach dem Ansatz von Mayring (2010) ausgewertet und analysiert. Gegenstand der qualitativen Inhaltsanalyse ist die systematische und intersubjektiv überprüfbare Textanalyse, die der Interpretationsbedürftigkeit und Bedeutungsfülle sprachlichen Materials gerecht wird (Mayring 2010). Im Gegensatz zur quantitativen Inhaltsanalyse sollen nicht allein zahlenmäßige Zusammenhänge herausgearbeitet werden; die Ergebnisse müssen auch nicht repräsentativ für eine Grundgesamtheit sein und sind es bei der vorliegenden Gelegenheitsstichprobe auch nicht. Der Zweck besteht vielmehr darin, eine große Materialmenge auf ein überschaubares Maß zu reduzieren und die wesentlichen Inhalte herauszustellen. Somit eignet sich diese Auswertungsmethode insbesondere für explorative Forschung.

Eine präzise qualitative Inhaltsanalyse verlangt ein genaues Ablaufmodell von Interpretationsverfahren nach expliziten Regeln. Das grundsätzliche Vorgehen gliedert Mayring (2010) in acht Schritte (Abb. 2.1).

Nach der Formulierung der Fragestellung und der Bestimmung der Materialstichprobe müssen zunächst die Analyseeinheiten bestimmt werden. Der kleinste zu analysierenden Textteil (Materialbestandteil), der einer Kategorie zugeordnet werden kann, wird durch die Kodiereinheit spezifiziert, während die Kontexteinheit den größten zu analysierenden

Abb. 2.1 Ablaufmodell der qualitativen Inhaltsanalyse nach Mayring (2010)

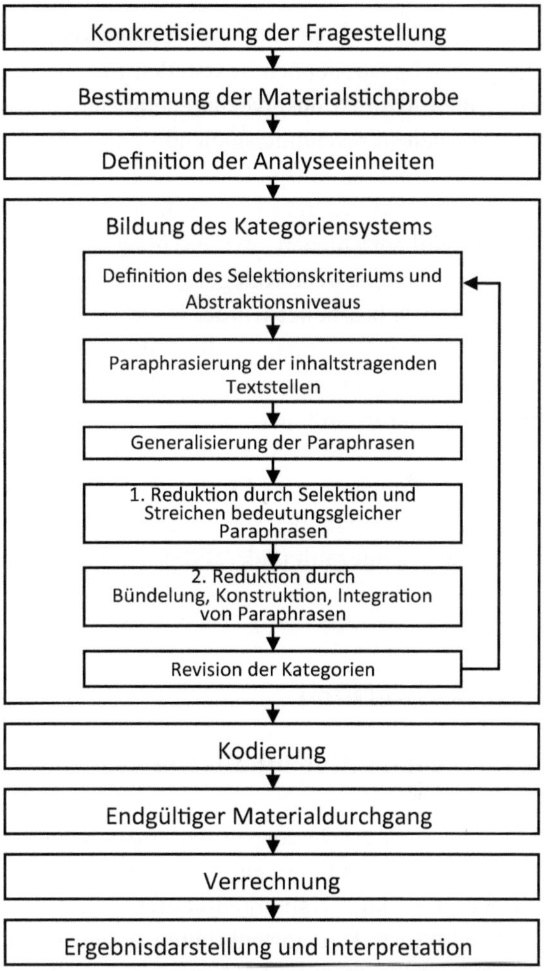

Textteil, der einer Kategorie zugeordnet werden kann, darstellt. Die Auswertungseinheit legt fest, welche Textbestandteile nacheinander ausgewertet werden. Im darauf folgenden Schritt wird das Kategoriensystem, d. h. die Textelemente, deren Häufigkeit bestimmt werden soll, aufgestellt. Dieses wird im Wechselverhältnis zwischen der Theorie (Fragestellung) und dem vorhandenen Material entwickelt sowie nach bestimmten Konstruktions- und Zuordnungsregeln definiert. Während der Analyse werden die Kategorien immer wieder überarbeitet und iterativ geprüft.

Für die Kategorienbildung müssen zunächst das Selektionskriterium sowie das Abstraktionsniveau bestimmt werden. Das Selektionskriterium gibt hierbei das Material an, welches Ausgangspunkt der Kategorienbildung sein soll, schließt also Unwesentliches und vom Thema Abweichendes aus. Das Abstraktionsniveau legt fest, wie konkret bzw. abstrakt eine Kategorie sein soll.

Daraufhin wird das Material durchgearbeitet und die Kategorien werden gebildet, indem die inhaltstragenden Textstellen paraphrasiert und anschließend diese Paraphrasen unter dem Abstraktionsniveau generalisiert werden. In einer ersten Reduktion des Materials werden so bedeutungsgleiche Paraphrasen selektiert und gestrichen. Die zweite Reduktion erfolgt durch Bündelung, Konstruktion und Integration von Paraphrasen auf dem angestrebten Abstraktionsniveau. Jedes Mal, wenn eine Textstelle das Selektionskriterium erfüllt, wird entschieden, ob diese unter die bereits gebildeten Kategorien fällt (Subsumption) oder ob eine neue Kategorie zu bilden ist. Nachdem auf diese Weise ein großer Teil des Materials bearbeitet wurde, sollte eine Revision der Kategorien erfolgen. Das heißt, es muss geprüft werden, ob die Kategorien dem Ziel der Analyse entsprechen und das Selektionskriterium und das Abstraktionsniveau sinnvoll gewählt wurden oder eventuell angepasst werden müssen.

Mit Hilfe des so gebildeten Kategoriensystems folgt anschließend die Kodierung, welche den wiederholten Prozess der Materialsichtung beschreibt. In der Verrechnung werden letztendlich die endgültigen Häufigkeiten der Nennungen je Kategorie pro Person zusammengezählt und verglichen. Abschließend werden die Ergebnisse dargestellt und interpretiert.

2.3 Auswertung

2.3.1 Qualitative Inhaltsanalyse

Die gewonnenen Daten wurden entsprechend der vorgestellten Methodik einer Häufigkeitsanalyse unterzogen. Um diese durchführen zu können, wurde eine Kategorisierung des Materials vorgenommen. Hierbei wurde eine Kombination aus deduktiver und induktiver Kategorienbildung angewandt. Die induktive Vorgehensweise wurde gewählt, da nicht in erster Linie eine vorab definierte Theorie bestätigt werden sollte, sondern vielmehr aus dem gesammelten Material „verallgemeinernde" Aussagen extrahiert werden sollten. Die Kategorienbildung hatte aber auch einen deduktiven Anteil, da die Kategorien entsprechend der in der Literatur etablierten Begriffsdefinitionen von Produktivität und Dienstleitung bestimmt wurden. Passende Textpassagen konnten so zielgerichtet zugeordnet werden. Die für eine Kategorienbildung vorab zu erstellenden Analyseeinheiten, die für das Durcharbeiten des gesammelten Materials erforderlich sind, wurden wie folgt definiert: Die Kodiereinheit, also der kleinste zu analysierende Textteil, der einer Kategorie zugeordnet werden kann, ist im vorliegenden Fall durch die einfache Wortnennung spezifiziert. Ein vollständiger Satz inklusive aller Nebenstrukturen stellt den größten zu analysierenden Textteil, der einer Kategorie zugeordnet werden kann, und somit die Kontexteinheit dar. Die Reihenfolge der Auswertungseinheiten entspricht der Gliederung des Fragebogens. Das Abstraktionsniveau wurde folgendermaßen festgelegt: Die Äußerungen über die verschiedenen Aspekte der Dienstleistungsproduktivität sollten möglichst allgemein, aber dennoch

Tab. 2.1 Beispiel einer induktiven Kategorienbildung anhand des Begriffs „Effizienz“

Abschnitt	Frage	Nr.	Paraphrase	Generalisierung	Reduktion
4	4.1.	1	Im Rahmen der Möglichkeiten Auftrag zügig abwickeln	Aufwand reduzieren	*K1) Effizienz* ist Reduzierung des Aufwandes (bei konstantem Ertrag) Maximierung des Verhältnisses von Ertrag und Aufwand Störungsfreies Arbeiten
4	4.1.	2	Möglichst viel erreichen in möglichst wenig Zeit	Ertrag maximieren, Aufwand reduzieren	
4	4.1.	3	Keine Unterbrechungen	Störungsfreies Arbeiten	
4	4.1.	4	Maximaler Erfolg mit minimalem Einsatz	Ertrag maximieren, Aufwand reduzieren	

unternehmensspezifisch sein. Entsprechend der oben beschriebenen Vorgehensweise wurden im nächsten Schritt einzelne Aussagen paraphrasiert und verallgemeinert, um so durch Selektion, Streichen, Bündelung, Konstruktion und Integration von Paraphrasen die Kategorien zu bilden. Tabelle 2.1 zeigt ein Beispiel einer induktiven Kategorienbildung anhand des Begriffs „Effizienz“.

Anschließend wurden die Aussagen erneut den gebildeten Kategorien zugeordnet und deren Häufigkeiten gezählt (Abb. 2.2). So können Aussagen darüber getroffen werden, wie oft eine Person Aspekte der Kategorie erwähnt hat und wie hoch der Anteil aller Befragten ist, der dieselbe Kategorie genannt hat. In Bezug auf die vorliegende Untersuchung lassen sich dementsprechend zentrale Erfolgsfaktoren für die Produktivität einer Dienstleistung identifizieren und entsprechend der Häufigkeiten gewichten.

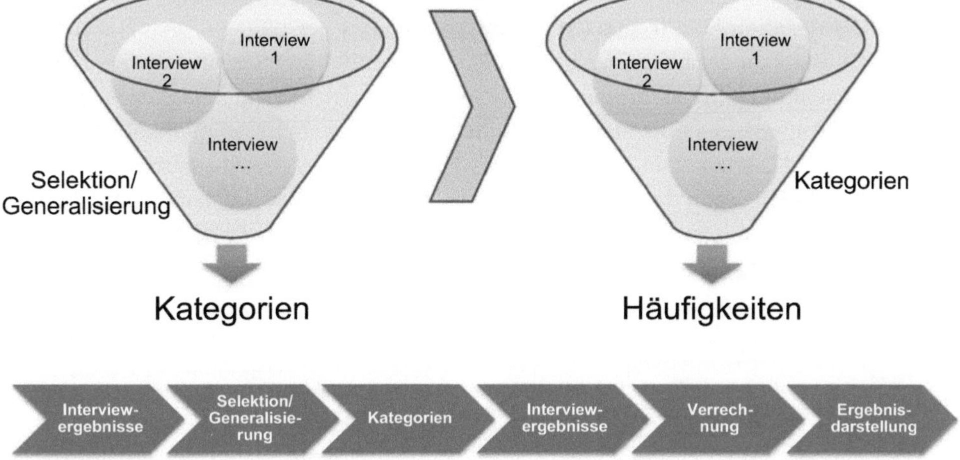

Abb. 2.2 Kategorienbildung und Häufigkeitsermittlung

Bei der Ergebnisdarstellung ist zu beachten, dass einige Fragen nicht allen Interviewteilnehmern gestellt wurden, sodass bei einzelnen Fragen die maximal mögliche Nennungsanzahl niedriger ist als 32. Dieses ist darin begründet, dass durch die sich deutlich voneinander unterscheidenden Dienstleistungsarten, die die Interviewteilnehmer ausführen, einige Fragen für bestimmte Teilnehmer nicht relevant waren und somit im Interview übergangen wurden.

2.3.2 Unternehmensübergreifende Ergebnisse

Dienstleistungsphasen
Als erstes Ergebnis wurden die grundlegenden Phasen einer Dienstleistung und die sie begrenzenden Meilensteine identifiziert (Abb. 2.3). Die Antworten der Befragten ließen sich den klassischen Dienstleistungsphasen zuordnen. Die Ergebnisse der Analyse zeigen, dass die Dienstleistungen in den beiden Unternehmen häufig durch eine Kundenanfrage (13 Nennungen bei 32 Interviewteilnehmern) ausgelöst werden. Es gibt jedoch auch Dienstleistungen (insbesondere in der Instandhaltung und Wartung), für die nicht eine explizite Anfrage beim Dienstleistungserbringer eingeht, sondern die regelmäßig in fest definierten Intervallen auszuführen sind. Als nächster Schritt wird ein Angebot für die Dienstleistungserbringung erstellt (20/32) und dem Nachfrager unterbreitet. Nach Auftragserteilung (23/32) findet eine Planung der Dienstleistungserbringung (20/32) statt. Die eigentliche Leistungserbringung folgt in der Phase der Dienstleistungserbringung (26/32). Nach einer Abnahme der Leistung (13/32) erfolgt in der Abschlussphase (15/32) die Rechnungsstellung.

Erfolgsfaktoren und Hemmnisse
Als häufig auftretendes Problem im Dienstleistungserstellungsprozess wurde eine schlechte Arbeitsorganisation (23/30) genannt. Diese ist insbesondere dann problematisch, wenn zu viele Beteiligte an der Erbringung mitwirken und somit viele Schnittstellen vorhanden sind, die Zuständigkeiten nicht klar definiert sind oder der Entscheidungsfreiraum stark begrenzt ist. Außerdem stellte sich die interne als auch externe Kommunikation (17/30) als problematisch heraus. Die Integration des Nachfragers in den Dienstleistungserbringungsprozess beschrieben 9 von 30 Personen als schwierig. Weitere Nennungen häufiger Probleme bezogen sich auf unvorhersehbare Ereignisse (6/30), nicht benutzerfreundliche Software (5/30) und eine unflexible Preisgestaltung (4/30).

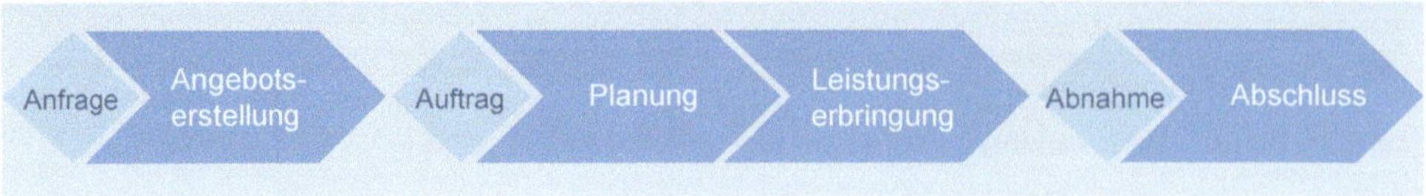

Abb. 2.3 Dienstleistungsphasen

Die Befragten erwähnten, dass sie mit dem Kunden hauptsächlich über den persönlichen Kontakt zusammenarbeiten (13/32) und die Kommunikation als informell (20/24) und partnerschaftlich (13/24) zu beschreiben ist. Fast alle der Befragten versuchen, Änderungswünsche des Kunden während der Dienstleistungserbringung zu berücksichtigen (30/32). Dabei wird zumeist ein individuelles Lösungsverhalten (12/32) angewandt. Häufig geht die Berücksichtigung der Änderungswünsche zudem mit einer Extrakostenzuweisung (14/32) einher.

Dienstleistungsplanung

Die Erstellung eines adäquaten Projekt- bzw. Einsatzplans hat für 26 der Befragten einen hohen bis sehr hohen Anteil am Dienstleistungserfolg. Wichtige Merkmale, die die Güte eines Projekt- bzw. Einsatzplans ausmachen, sind eine gute Arbeitsorganisation (Struktur- und Ablaufplanung, 24/32), sowie eine genaue Termin- (20/32) und Kostenplanung (7/32). Als Ziele bei der Planung einer Dienstleistung werden Termintreue (11/20), eine gleichmäßige Mitarbeiterauslastung (9/20), Kundenzufriedenheit (7/20) und die Qualität des Leistungsergebnisses (6/20) genannt.

Für die Erstellung eines Projekt-/Einsatzplanes werden hauptsächlich MS Office Anwendungen (15/20), SAP (8/20), Smallworld (7/20) und Avaplan (6/20) genutzt. Schwachstellen sehen die Befragten in der Bedienung dieser Tools, welche als kompliziert empfunden wird (9/24) und sehr zeitaufwendig in der Benutzung ist (3/24). Außerdem werden die Daten nicht immer aktuell bereitgestellt (4/24) und müssen in mehreren Datenbanken gepflegt werden (5/24).

Dienstleistungsproduktivität

Die Dienstleistungsproduktivität wird als die Kombination von Effizienz (29/32), Effektivität (24/32) und Kundenzufriedenheit (19/32) definiert. Effizienz wird als das optimale Verhältnis zwischen Aufwand und Ertrag spezifiziert, wohingegen die Effektivität insbesondere auf die Einhaltung der Vorgaben und Ziele abstellt. Dabei werden Effizienz und Effektivität als nach innen gerichtete Erfolgsmaße angesehen, wohingegen Kundenzufriedenheit nach außen orientiert ist. Bei der Kundenzufriedenheit stehen die Wahrnehmung und Wünsche des Kunden im Fokus. Diese Erwartungen gilt es, durch eine reibungslose und qualitativ hochwertige Erbringung zu befriedigen.

Beurteilt wird die Produktivität einer Dienstleistung überwiegend anhand eines Soll-Ist Vergleichs. Dafür werden meist klassische Größen wie Zeit (16/32), Kosten (17/32) und Qualität (4/32) zugrunde gelegt. Eine qualitative Bewertung erfolgt über persönliche Gespräche oder Gruppengespräche (11/32) sowie über die Messung der Kundenzufriedenheit in Kundengesprächen (4/32).

Als Faktoren mit positiver Auswirkung auf die Dienstleistungsproduktivität wurden eine gute Arbeitsorganisation (23/32), hohe Qualifikation bzw. das Wissen (16/32) und hohe Motivation der Mitarbeiter (15/32), gute Kundenbeziehungen (14/32) sowie eine gute Software (7/32) genannt.

Faktoren, welche sich hemmend auf die Dienstleistungsproduktivität auswirken, stellen hingegen aus Sicht der Befragten eine schlechte Arbeitsorganisation (27/32), Störungen (16/32), mangelnde Kundenintegration (9/32), fehlende Motivation (8/32) und fehlendes Wissen (4/32) sowie eine unzureichende Kommunikation (4/32) dar.

Dementsprechend zielen Maßnahmen zur Produktivitätssteigerung auf die Arbeitsorganisationsgestaltung (21/32), die Mitarbeiterqualifizierung (24/32), die Motivationsförderung (9/32) und die Förderung der Zusammenarbeit (12/32) ab.

2.3.3 Unternehmen im Vergleich

Die oben dargestellten allgemeinen Ergebnisse der Interviews zeigen auf, dass es Unterschiede im Antwortverhalten der Teilnehmer gibt. In einer weiterführenden Analyse wurde deshalb der Unterschied der Analyseergebnisse zwischen den beiden beteiligten Unternehmen untersucht. Ziel war es, herauszufinden, ob unternehmensspezifische Antwortmuster erkennbar sind, oder ob das Analyseergebnis weitgehend unternehmensunabhängig und damit eher ein personenindividuelles Antwortverhalten darstellt. Dabei wird in diesem Abschnitt der Fokus auf den Themenbereich der Dienstleistungsproduktivität gelegt, da dieser den für das Gesamtprojekt zentralen Gegenstandsbereich repräsentiert. Hinsichtlich der Frage, wie Dienstleistungsproduktivität von den Interviewteilnehmern definiert wird, zeigt sich ein ähnliches Ergebnis zwischen den beiden Unternehmen (Abb. 2.4).

Auf die Frage, welche Faktoren einen positiven Einfluss (Abb. 2.5) bzw. einen negativen Einfluss (Abb. 2.6) auf die Dienstleistungserbringung haben, zeigen sich deutliche Unterschiede, bspw. im Bereich der Beurteilung der Wichtigkeit der Erfahrung und Kompetenz der Mitarbeiterinnen und Mitarbeiter, aber auch Gemeinsamkeiten, bspw. im Bereich der Beurteilung der Wichtigkeit der Arbeitsorganisation.

Die Arbeitsorganisation und Kundenintegration werden in beiden Unternehmen als wesentliche, sowohl positive als auch negative Faktoren im Hinblick auf die Dienstleistungs-

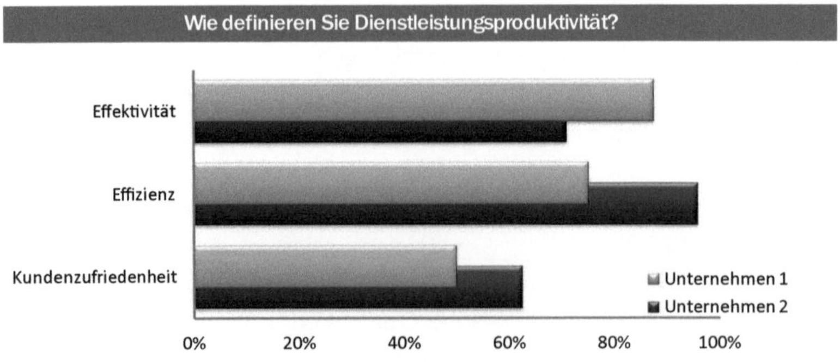

Abb. 2.4 Definition der Dienstleistungsproduktivität aus Unternehmenssicht

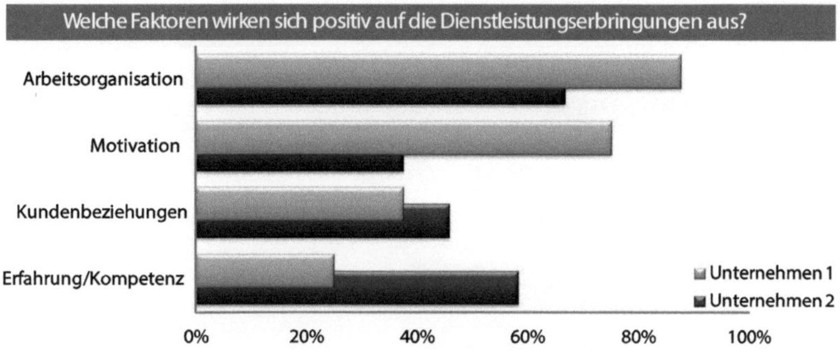

Abb. 2.5 Positiv wirkende Einflussfaktoren auf die Dienstleistungserbringung

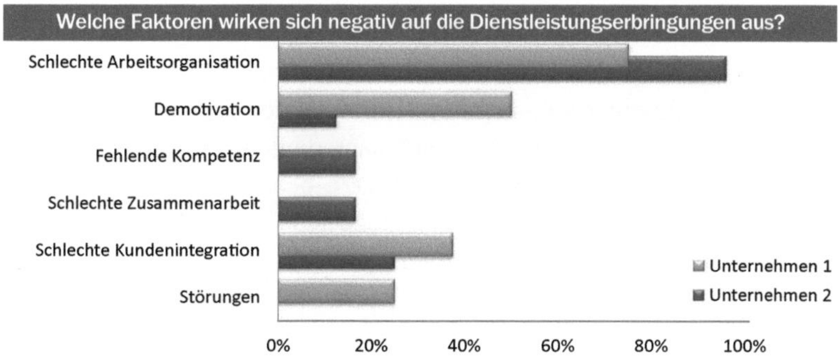

Abb. 2.6 Hemmende Faktoren der Dienstleistungserbringung

erbringung angesehen. Sie tragen also maßgeblich zu einer produktiven Erbringung der Dienstleistung bei.

Der Einfluss der Qualifikation (Erfahrung/Kompetenz) sowie der Motivation auf den Erbringungsprozess der Dienstleistungen werden hingegen deutlich unterschiedlich bewertet. Im Unternehmen 2 erhält hierbei die Motivation (Nennung eines positiven Einflusses durch 75 % der Befragten von Unternehmen 1 und 38 % der Befragten von Unternehmen 2) gegenüber der Qualifikation der Mitarbeiterinnen und Mitarbeiter (Nennung eines positiven Einflusses durch 25 % der Befragten von Unternehmen 1 und 58 % der Befragten von Unternehmen 2) eine deutlich höhere Gewichtung. Hierbei ist zu beachten, dass diese Ergebnisse nicht dahin gehend interpretiert werden dürfen, dass die Qualifikation der Mitarbeiterinnen und Mitarbeiter im Unternehmen 1 keinen Einfluss auf den Dienstleistungserbringungsprozess hat. Es ist lediglich auffällig, dass eine deutlich geringere Anzahl an Nennungen dieses Einflussfaktors erkennbar war, woraus sich die relative Gewichtung des Faktors „Qualifikation" im Vergleich zu anderen Einflussfaktoren im Unternehmen 1 ableiten lässt. Hierbei wird aufgrund des Antwortverhaltens der Befragten davon ausgegangenen, dass im Unternehmen 1 eine ausreichende Grundqualifikation der

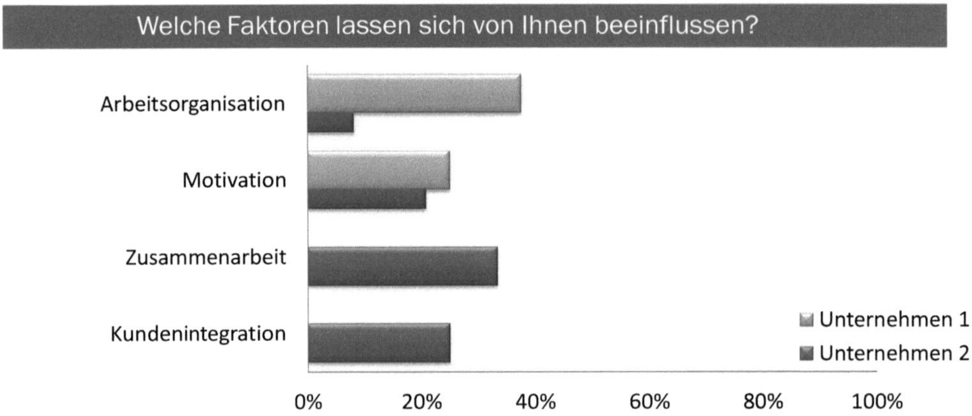

Abb. 2.7 Beeinflussbarkeit der Einflussfaktoren

Mitarbeiterinnen und Mitarbeiter als vorhanden angenommen wird, sodass es hier nicht zu einer starken Ausprägung einer fehlenden Qualifikation kommt.

Interessanterweise zeigen sich bei der Frage nach denjenigen Einflussfaktoren auf die Dienstleistungsproduktivität, die von den Befragten beeinflusst werden können, insgesamt sehr geringe Nennungen der einzelnen Kategorien (Abb. 2.7). So nannte keiner der Befragten in Unternehmen 1 die Kundenintegration als beeinflussbaren Einflussfaktor, während 25 % der Befragten in Unternehmen 2 durchaus eine Einflussmöglichkeit auf die Kundenbeziehung erleben.

Bezüglich der Frage, wie die Befragten die Produktivität einer Dienstleistung erkennen, zeigen sich ebenfalls Unterschiede im Antwortverhalten zwischen den beiden an der Studie beteiligten Unternehmen (Abb. 2.8). Hierbei ist insbesondere auffällig, dass neben den beiden klassischen, in beiden Unternehmen oft genannten Faktoren Zeiterfassung (Nennung von 63 % der Befragten in Unternehmen 1 und von 50 % der Befragten in Unter-

Abb. 2.8 Erfassung der Produktivität der Dienstleistungen

nehmen 2) sowie Kostenerfassung (38 % in Unternehmen 1 und 59 % in Unternehmen 2) die Qualitätserfassung der Dienstleistungserbringung nur in Unternehmen 1 von 38 % der Befragten genannt wurde, während die Qualität in Unternehmen 2 unerwähnt blieb.

2.4 Ergebnisinterpretation und Ableitung von Modellgrundlagen

Auf Basis der durchgeführten explorativen Interviews und der anschließenden Inhaltsanalyse der Aussagen der Befragten können erste Erkenntnisse für die weitere Entwicklung eines Dienstleistungsproduktivitätsmodells abgeleitet werden. Hierbei ist jedoch zu beachten, dass aufgrund des explorativen Charakters der Studie und der Teilnahme von lediglich zwei Unternehmen nur eine begrenzte Generalisierbarkeit erzielt werden kann.

Insgesamt zeigt sich, dass eine Differenzierung der drei in Kap. 1 dargestellten Dimensionen der Dienstleistungserbringung Potenzialdimension, Prozessdimension sowie Ergebnisdimension auch durch die Leitfadeninterviewergebnisse bestätigt wird. Da jede dieser Dimensionen nach Auskunft der Interviewteilnehmer einen Einfluss auf die Dienstleistungserbringung und auch auf den Dienstleistungserfolg hat, ist eine vollumfängliche Betrachtung aller drei Dimensionen erforderlich.

Hinsichtlich der Produktivität von Dienstleistungen wird deutlich, dass neben den Faktoren der Effizienz und Effektivität auch die Zufriedenheit des Kunden explizit berücksichtigt werden muss. Hierbei spielen sowohl quantitative als qualitative Faktoren eine wichtige Rolle und scheinen einen großen Einfluss auf die Dienstleistungserbringung zu haben. Eine tiefer gehende inhaltliche Analyse der Ergebnisse zeigt, dass insbesondere qualitative Faktoren von großer Wichtigkeit für die erfolgreiche Dienstleistungserbringung sind.

Es wird jedoch auch deutlich, dass die Einflussfaktoren und Parameter, die die Produktivität von Dienstleistungen aus Sicht der Befragten bedingen, eine große Vielfalt aufweisen. So sind hier insbesondere auch Unterschiede zwischen den beiden an der Studie beteiligten Unternehmen erkennbar, was darauf hindeutet, dass eine Ableitung von allgemeingültigen Einflussfaktoren nur eingeschränkt möglich ist. Die Leitfadeninterviewergebnisse zeigen aber auch, dass die Bildung von Einflussfaktorenkategorien durchaus möglich ist. So lassen sich fünf Kernkategorien aus der Leitfadeninterviewanalyse ableiten: 1) Arbeitsorganisation, 2) Werkzeuge und Methoden, 3) Motivation, 4) Kompetenzen sowie 5) Kommunikation und Kooperation. Die Arbeitsorganisation lässt sich weiterhin in die Aufbauorganisation und die Ablaufplanung untergliedern. Die Motivation und Qualifikation kann zudem in eine Kunden- und Dienstleisterperspektive unterteilt werden. Dies verdeutlicht die Wichtigkeit der Berücksichtigung des Nachfragers in der Entwicklung eines Dienstleistungsproduktivitätsmodells. Die Zuordnung der resultierenden acht Einflussfaktorenkategorien zu hauptsächlich quantitativen oder qualitativen Faktoren macht zudem deutlich, welchen großen Einfluss die qualitativen Faktoren auf die Erbringung von Dienstleistungen haben. Lediglich drei Kategorien sind eher quantitativer Natur, während fünf Kategorien hauptsächlich qualitativer Natur sind (Abb. 2.9).

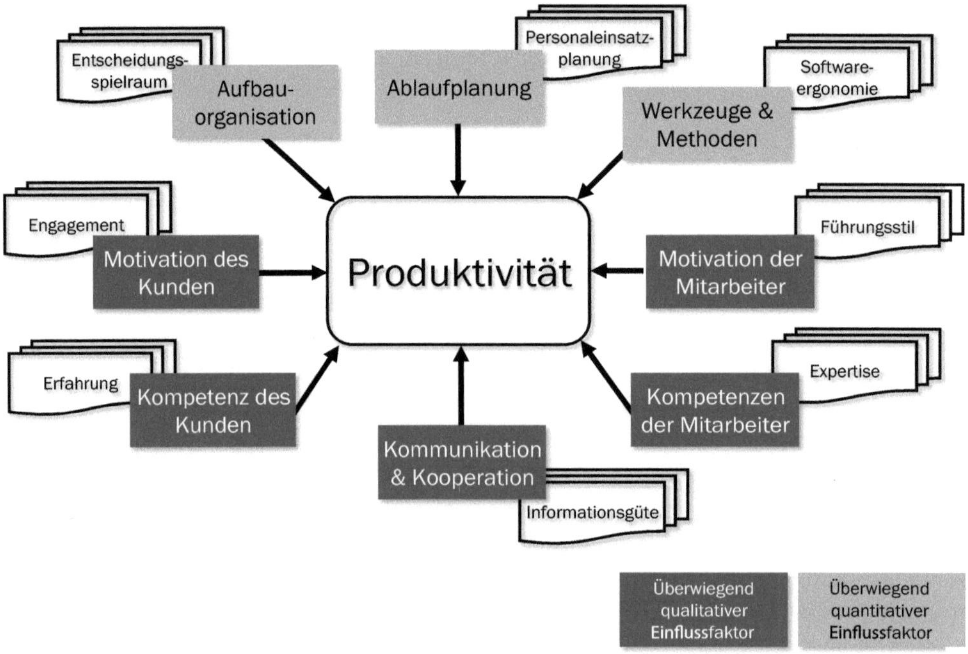

Abb. 2.9 Einflussfaktorenkategorien der Dienstleistungsproduktivität, qualitative und quantitative Faktoren

2.5 Schlussbetrachtung und Fazit

Die Ergebnisse des semistrukturierten Leitfadeninterviews der am Projekt ProLoDi beteiligten Unternehmen zeigen eine Vielzahl interessanter Erkenntnisse auf, verdeutlichen aber auch die Komplexität der Problemstellung. So zeigte sich in den Fachgesprächen, dass vor der Durchführung der Leitfadeninterviews eine aktive Auseinandersetzung mit dem Begriff „Dienstleistungsproduktivität" nur bei den wenigsten Teilnehmern erfolgt ist, sondern erst während der Leitfadeninterviews selbst stattfand. Gleichzeitig zeigten die Befragten ein großes Interesse an der Thematik. Die Teilnehmer erachteten eine tiefgreifende Auseinandersetzung mit der Thematik der Produktivität im Kontext wissensintensiver Dienstleistungen als wichtig und nicht selbstverständlich. Es wurde aber auch deutlich, dass die große Abhängigkeit des Dienstleistungserbringungsprozesses von externen Faktoren (u. a. Nachfrager, Behörden) dazu führt, dass die Beeinflussbarkeit des Erbringungsprozesses als relativ gering eingeschätzt wird.

Zusammenfassend lässt sich festhalten, dass eine Definition der Produktivität von wissensintensiven Dienstleistungen ein tiefgehendes Verständnis der einzelnen Bestandteile der Dienstleistungserstellungskette verlangt. Dazu gehört insbesondere eine Analyse der spezifischen Einflussfaktoren der einzelnen Erstellungsphasen auf den Dienstleistungsprozess. Hierbei zeigt sich, dass konkrete Einflussfaktoren für die Entwicklung eines generischen Produktivitätsmodells nur schwerlich identifiziert werden können. Es konnten jedoch übergeordnete Kategorien herausgearbeitet werden, die durch unternehmensspezifische Ausprägungen in konkrete Teilproduktivitäten für einzelne Dienstleistungsarten überführt werden können. Ein generisches Produktivitätsmodell muss in der Lage sein, die wesentlichen Aspekte einer Dienstleistungserstellung über alle drei in der Befragung bestätigten Dienstleistungsdimensionen abzudecken. Zugleich sollte das generische Modell so ausgeprägt sein, dass es in ein unternehmensspezifisch – oder sogar dienstleistungsartspezifisch – ausgeprägtes, konkretes Modell überführt werden kann.

Literatur

Mayring, P. (2010). *Qualitative Inhaltsanalyse Grundlagen und Techniken Philipp Mayring.* (PÉadagogik 11., aktualisierte und Éuberarb. Aufl.). Weinheim: Beltz.

Petz, A., Duckwitz, S., & Koch-Körfges, D. A Conceptual Model Towards the Productivity of Complex Services: Identifying Factors of Influence. RESER 2011 Productivity of Services NextGen – Beyond Output/Input, Conference Proceedings, Hamburg: Fraunhofer Verlag.

Produktivität komplexer Dienstleistungen 3

Andreas Petz, Sönke Duckwitz, Ines Weidenhaupt,
Christopher M. Schlick

3.1 Problemstellung und Zielsetzung

Die Produktivität wissensintensiver, komplexer Dienstleistungen ist aufgrund der Heterogenität der Einflussfaktoren schwer bestimmbar. Dabei spielt eine Vielzahl von Aspekten eine Rolle, die in industriellen Produktionssystemen tendenziell vernachlässigt werden können. Diese Aspekte sind vor allem auf die spezifischen Merkmale von wissensintensiven Dienstleistungen zurückzuführen. So ist insbesondere die Mitwirkung des Kunden in allen Phasen der Dienstleistungserbringung hervorzuheben. Die durch den Kunden induzierte Unsicherheit bzw. Unvorhersagbarkeit bezüglich der expliziten und impliziten Wünsche und Erwartungen beeinflusst maßgeblich den Erbringungsprozess. Dabei ist

A. Petz (✉)
Institut für Arbeitswissenschaft der RWTH Aachen University, Bergdriesch 27,
52062 Aachen, Deutschland
E-Mail: a.petz@iaw.rwth-aachen.de

S. Duckwitz
Institut für Arbeitswissenschaft der RWTH Aachen University, Bergdriesch 27,
52062 Aachen, Deutschland
E-Mail: info@iaw.rwth-aachen.de

I. Weidenhaupt
Institut für Arbeitswissenschaft der RWTH Aachen University,
Bergdriesch 27, 52062 Aachen, Deutschland
E-Mail: info@iaw.rwth-aachen.de

C. M. Schlick
Institut für Arbeitswissenschaft der RWTH Aachen University,
Bergdriesch 27, 52062 Aachen, Deutschland
E-Mail: c.schlick@iaw.rwth-aachen.de

C. M. Schlick et al. (Hrsg.), *Produktivitätsmanagement von Dienstleistungen*,
DOI 10.1007/978-3-642-45071-6_3

nicht nur die erbrachte Leistung, sondern auch die Qualität des Erbringungsprozesses von höchster Relevanz.

Des Weiteren erhöht die Menge an möglichen individuellen Ausprägungen der Leistung, die Vielfalt der Fähigkeiten und Fertigkeiten der an der Erbringung beteiligten Personen sowie die Dynamik aufgrund des prozessualen Charakters von Dienstleistungen die inhärente Komplexität.

Für Dienstleistungsunternehmen ist es daher von besonderer Bedeutung, diejenigen Faktoren zu identifizieren, die einen wesentlichen Beitrag zur Wertschöpfung und zum Erfolg der Dienstleistung leisten. Weiterhin sind Unternehmen zur effektiven Planung und Steuerung sowie zur kontinuierlichen Verbesserung ihrer Prozesse auf spezifische Messmethoden und Werkzeuge zur Unterstützung der Planung und Steuerung ihrer Dienstleistungen angewiesen.

In diesem Beitrag wird zunächst eine Eingrenzung des Betrachtungsbereiches auf wissensintensive Dienstleistungen vorgenommen. Aufbauend auf das traditionelle Produktivitätsverständnis wird der Bezugsrahmen durch die Definition der Produktivitätslogik vervollständigt. Auf Grundlage der dreidimensionalen Dienstleistungsdefinition nach konstitutiven Merkmalen und der Produktivitätslogik wird ein ganzheitliches Modell der Produktivität von wissensintensiven Dienstleistungen vorgestellt. Zur empirischen Validierung des Modells wurde eine Befragung konzipiert und im Rahmen einer umfangreichen Panelstudie durchgeführt, an der insgesamt 1233 Personen teilnahmen. Eine Darstellung der wesentlichen identifizierten kausalanalytischen Zusammenhänge und Implikationen schließt den Beitrag.

3.2 Theoretische Grundlagen

3.2.1 Wissensintensive Dienstleistungen

Die in der Literatur häufig zitierte Definition nach Donabedian (1980) und Hilke (1989) geht davon aus, dass Dienstleistungen aus drei Perspektiven analysiert und beschrieben werden können:

1. Potenzialdimension: In der Potenzialdimension sind Dienstleistungen als Fähigkeit und Bereitschaft des Anbieters definiert, eine vereinbarte, marktfähige Leistung zu erbringen.
2. Prozessdimension: In der Prozessdimension stehen interne und externe Faktoren dynamisch in Wechselwirkung und werden kombiniert. Aufgrund des prozessualen Charakters wird die Leistung gleichzeitig erbracht und konsumiert, wobei der Kunde zwingender Bestandteil der Leistungserbringung ist.
3. Ergebnisdimension: In der Ergebnisdimension steht das Resultat der Faktorkombination als nutzenstiftende, überwiegend immaterielle Wirkung für den Kunden im Vordergrund.

Tab. 3.1 Konstitutive Merkmale von Dienstleistungen (Corsten und Gössinger, 2007; Fitzsimmons und Fitzsimmons, 2011; Maleri und Frietzsche, 2008; Möller, 2008)

Inseparability	Der Dienstleister ist zur Dienstleistungserbringung auf das Mitwirken des Kunden angewiesen und benötigt dessen Input zumindest in Form der persönlichen Anforderungen und Erwartung hinsichtlich der zu erbringenden Dienstleistung. Ein kundenseitiger Faktoreinsatz ist unerlässlich, sodass die Erbringung eine Kundenintegration voraussetzt und die Dienstleistung überwiegend gleichzeitig erbracht und vom Kunden wahrgenommen wird.
Heterogeneity	Im Gegensatz zu Sachleistungen, bei denen überwiegend das Produkt im Mittelpunkt steht, richten sich Dienstleistungen nach dem Kunden. Der Kunde stellt einen entscheidenden Faktor in der Wertschöpfungskette dar, sodass das Ergebnis der Dienstleistung individuell ausgeprägt ist.
Intangibility	Ein weiteres konstitutives Merkmal ist der Absatz der Dienstleistung vor dessen Erbringung. Diese Tatsache impliziert ein Leistungsversprechen immaterieller Natur.
Perishability	Der Kunde beeinflusst Zeit, Ort und Leistungsumfang maßgeblich. Die Dienstleistung weißt somit einen starken prozessualen Charakter auf. Dienstleistungen sind nicht lagerfähig und nicht wertschöpfend (vergänglich), falls sie nicht vom Kunden abgerufen werden.

Zur genaueren Abgrenzung von Sachleistungen werden Dienstleistungen in der Fachliteratur häufig spezifische Charakteristika, sogenannte konstitutive Merkmale, dimensionsabhängig zugewiesen. In der Literatur hat sich das Akronym IHIP zur Beschreibung dieser Merkmale etabliert. Dabei steht IHIP für inseparability, heterogeneity, intangibility und perishability (Corsten und Gössinger, 2007; Fitzsimmons und Fitzsimmons, 2011; Maleri und Frietzsche, 2008). Eine Übersicht der Merkmale und deren Beschreibung zeigt Tab. 3.1.

Diese Eingrenzung auf vier konstitutive Merkmale lässt sich mit der Fokussierung auf wissensintensive Dienstleistungen weiter differenzieren. Nach Fähnrich et al. (1999) weisen wissensintensive Dienstleistungen sowohl eine hohe Kontaktintensität und -häufigkeit (Interaktionsgrad) als auch eine große kundenindividuelle Vielfalt an Planungs- und Erbringungsvarianten (Komplexität) auf (siehe Abb. 3.1).

Die Komplexität von wissensintensiven Dienstleistungen kann sich in allen drei Dimensionen der Dienstleistungsspezifikation manifestieren (Bruhn und Blockus, 2011). So wird die Komplexität in der Potenzialdimension von der Vielzahl und Vielfalt (Diversität) der involvierten Personen und Art und Eigenschaften der materiellen Ressourcen bestimmt. In der Prozessdimension wird die Komplexität durch die Vielzahl, Vielfalt und Interdependenz an Aufgaben und Prozessen sowie durch die zu integrierenden externen Faktoren deutlich (Schlick und Demissie, 2016), während sich in der Ergebnisdimension die Komplexität in der Vielzahl, Vielfalt und Veränderlichkeit des Leistungsprogramms und der Kundenstruktur widerspiegelt. Bei hoch komplexen Systemen sind diese Merkmale stark ausgeprägt, sodass solche Dienstleistungen einzigartig, schwer planbar und kaum standardisierbar sind (Baumgärtner und Bienzeisler, 2006; Fähnrich et al., 1999).

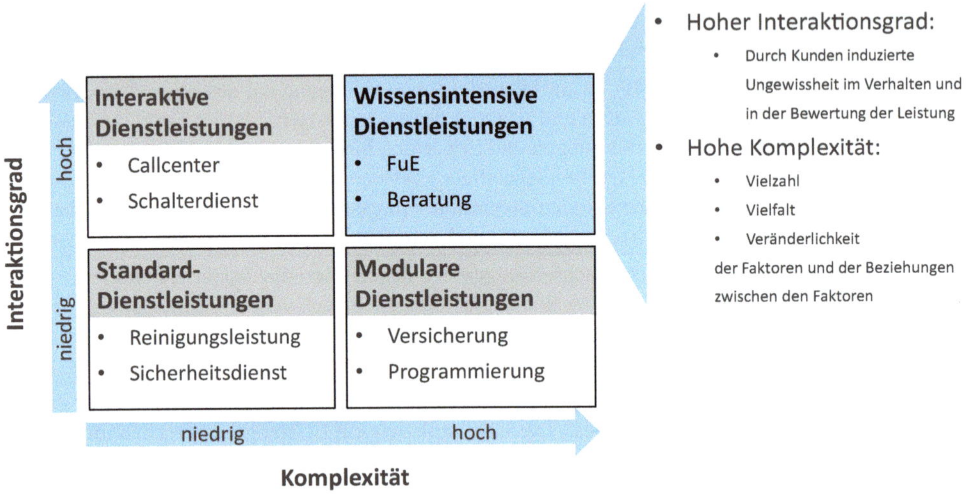

Abb. 3.1 Eingrenzung von wissensintensiven Dienstleistungen in Anlehnung an (Baumgärtner und Bienzeisler, 2006; Fähnrich et al., 1999; Schmenner, 1995)

Solche Dienstleistungen, die durch die Einmaligkeit ihrer Rahmenbedingungen gekennzeichnet sind, werden meist in Projektform abgewickelt (Bea et al., 2011; DIN, 2009; Schlick, 2010). In Abhängigkeit von der Größe und Anzahl an involvierten Akteuren sind unterschiedliche Projektorganisationsformen geeignet, um die strukturierte, zielführende Zusammenarbeit unterschiedlicher Fachbereiche zu fördern.

3.2.2 Produktivitätslogik von wissensintensiven Dienstleistungen

Eine systematische Entwicklung, Erbringung und Optimierung der gesamten Dienstleistungsproduktion ist Grundvoraussetzung für die Sicherung der Beschäftigung und den Ausbau der Wettbewerbsfähigkeit von national und international tätigen Unternehmen. Zur Bewertung der Güte und des Erfolges von Produktions- und Erbringungsprozessen hat sich der Begriff der Produktivität etabliert.

Mit Hilfe der **Produktivität** wird die betriebliche Leistungsfähigkeit als mengen- oder wertmäßige Kennzahl formuliert. Dabei existieren in der Literatur unterschiedliche, zum Teil inkonsistente und uneinheitliche Definitionen der Produktivität (Bruhn, 2011; Gutenberg, 1958; Lasshof, 2006). Im Kern ist die Produktivität als das Verhältnis von Output zu Input definiert, die eine zeitraumbezogene Analyse eines Transformationsprozesses ermöglicht.

Aus volkswirtschaftlicher Perspektive wird im verarbeitenden Sektor die Arbeitsproduktivität als Produktivitätskennzahl deklariert. Sie ermöglicht einen Vergleich der Länder und Wirtschaftszweige im Hinblick auf Ihre Wettbewerbsfähigkeit. Geprägt von der naturwissenschaftlichen Perspektive der Transformation von Produktionsfaktoren wird z. B. die Materialproduktivität als Mengenverhältnis zwischen Produktionsmenge und

Rohstoffen im engeren Sinn betrachtet. Im weiteren Sinne wird das wertmäßige Verhältnis als ökonomische Wirtschaftlichkeit z. B. über den Quotienten von Erlös und Kosten der eingesetzten Produktionsfaktoren zur Beurteilung der innerbetrieblichen Leistung zugrunde gelegt. Dabei ist zu beachten, dass die reine Produktivitätskennzahl keine Bewertungsrichtung vorgibt, da sie nicht darüber Aufschluss gibt, ob die richtigen Faktoren bzw. die Faktoren richtig eingesetzt werden (Lasshof, 2006; Ojasalo, 1999; Sink, 1985).

Eine alleinstehende Produktivitätskennzahl ist nicht aussagekräftig und somit wertlos. Für eine gerichtete Bewertung bedarf es daher eines Maßstabs und einer Zielrichtung. Eine zielgerichtete Bewertung erfolgt erst mit Hilfe der eng verwandten Konzepte der **Effizienz und Effektivität**. Auch diese Begriffe werden uneinheitlich und teils synonym zum Produktivitätsbegriff verwendet (Karlöf, 1999). Im Vergleich zum unternehmerischen Wettbewerb wird die Effizienz als interner und die Effektivität als externer Maßstab betrachtet (Corsten und Gössinger, 2007). Allgemein betrachtet bezieht sich die Effizienz hauptsächlich auf den Input und bewertet die Ergiebigkeit nach dem ökonomischen (Rational-)Prinzip, dem Minimum- oder Maximumprinzip: Eine bestimmte Leistung mit geringstmöglichem Faktoreinsatz zu erzielen oder mit gegebenem Input die bestmögliche Leistung zu erzielen (Gutenberg, 1958; Lasshof, 2006). Die Effektivität ist eine rein outputorientierte Erfolgsgröße und beschreibt das Ausmaß der Zielerreichung. Sie ist nach außen gerichtet und bewertet den Kundennutzen. Effizienz und Effektivität ergänzen sich gegenseitig und bilden zwei Pole der Produktivität ab.

Das klassische Produktivitätsverständnis und die unterstützenden Methoden und Werkzeuge basieren auf einer technisch orientierten Denkweise aus der Sachgüterproduktion. In traditionellen Produktionssystemen dominieren tangible Produkte sowie die Transformation von homogenen, einfach quantifizierbaren Produktionsfaktoren wie Rohmaterialien oder Halbzeuge. Die traditionelle Sachgüterproduktion ist tendenziell ein deterministisches System, in dem Menge, Qualität und Liefertermin der Produkte vorgegeben werden und konstant gehalten werden können. Der Absatz erfolgt erst nach der Produktion, sodass die Absatzvolumina von dieser entkoppelt werden können. Der Kunde ist nicht Bestandteil des Produktionssystems und hat somit auch keinen direkten Einfluss auf den Produktionsprozess.

Dieses Produktivitätsverständnis ist geprägt von der internen Rationalisierung im Sinne der Erhöhung der Effizienz der Faktorkombination. Insbesondere die Kundenintegration und die Immaterialität der Leistung bedingen, dass sich etablierte Konzepte zur Messung und Steuerung der Produktivität aus dem Bereich der Sachgüterproduktion nur bedingt auf die Erbringung wissensintensiver Dienstleistungen übertragen lassen (Johnston und Jones, 2004). Daher besteht eine zentrale Herausforderung darin, die essenziellen Einflussfaktoren auf die Produktivität und deren Wechselwirkungen im Hinblick auf die Effizienz und Effektivität strukturiert zu bestimmen und in einem Modell abzubilden. Im Falle wissensintensiver Dienstleistungen, wie z. B. Forschung und Entwicklung oder Ingenieurdienstleistungen, ist eine ganzheitliche Bewertung des Erfolges und implizit des Einflusses der qualitativen Aspekte auf die Produktivität besonders wichtig. Dabei müssen auch die spezifischen Eigenschaften von Dienstleistungen und die daraus resultierende unterschiedliche Wahrnehmung der Qualität berücksichtigt werden (jede Dienstleistung ist einzigartig, d. h., dass Kunden die gleiche Qualität situativ unterschiedlich wahrnehmen).

Zusammenfassend ist die **Produktivitätslogik für wissensintensive Dienstleistungen** definiert als eine zielgerichtete Beurteilung der Faktorkombination in den spezifischen Dimensionen der Dienstleistungserstellung. Die Bewertung der internen Effizienz sowie der externen Effektivität ist Grundbestandteil der Produktivitätslogik. Darüber hinaus sind zusätzlich sowohl quantitative als auch qualitative Faktoren zu berücksichtigen, die durch die Integration des Kunden während des Prozesses der Leistungserbringung die Produktivität signifikant beeinflussen.

Die Produktivitätslogik beschreibt zunächst nur das, was gemessen werden soll. Im nächsten Abschnitt definiert das ganzheitliche Produktivitätsmodell sowohl den Messpunkt als auch die Art und Weise, wie die Produktivität von wissensintensiven Dienstleistungen bewertet werden kann. Das entwickelte Produktivitätsmodell verknüpft die Produktivitätslogik mit der Dienstleistungsdefinition. Dabei werden die Wechselwirkungen zwischen den einzelnen Konstrukten der Wertschöpfungskette einer Dienstleistung sowie die spezifischen Messgrößen und die Einflussfaktoren veranschaulicht. Im Rahmen der Entwicklung eines Kennzahlensystems für eine spezifische Dienstleistungsart wird die Instanziierung des Modells beispielhaft in Abschn. 3.4 visualisiert.

3.2.3 Ganzheitliches Modell der Dienstleistungsproduktivität

Aufbauend auf der Literaturanalyse, den theoretischen Überlegungen und den Ergebnissen der Befragung von Experten im Unternehmen (siehe Kap. 2) wurde im Rahmen des Projektes ProLoDi ein ganzheitliches Produktivitätsmodell entwickelt (Petz et al., 2013). Das in Abb. 3.2 dargestellte Modell ermöglicht eine Analyse entlang der drei spezifischen Dimensionen nach Donabedian (1980) und Hilke (1989): Potenzial-, Prozess- und Ergebnisdimension.

Das Modell setzt sich aus sogenannten Erfolgsfaktoren und Erfolgsmaßen zusammen. Die **Erfolgsfaktoren** stehen in einem kausalen Zusammenhang und bilden die Wertschöpfungskette der Dienstleistung entlang der drei spezifischen Dimensionen ab. Sie werden als ein Bündel von Faktoren definiert, die einen wesentlichen Beitrag zum Erfolg der Dienstleistung leisten (z. B. Personal, Organisation etc.). Die **Erfolgsmaße** stellen Ansatzpunkte zur Messung von Teilproduktivitäten dar, die die Effizienz oder Effektivität der jeweiligen Erfolgsfaktoren evaluieren. Die Erfolgsmaße können anhand von fall- und unternehmensspezifischen Kennzahlen operationalisiert werden. So wird modellgetrieben die Produktivität bewertet (Donabedian, 1980; Hilke, 1989).

In Anlehnung an die empirischen Befunde aus der Befragung sowie der Literaturanalyse werden im Folgenden die wesentlichen Erfolgsfaktoren detailliert betrachtet.

In der **Potenzialdimension** werden die Rahmenbedingungen der zu erbringenden Dienstleistung festgeschrieben. Sie beschreiben sowohl die vorhandenen als auch die vom Nachfrager geforderten Fähigkeiten zur Vorhaltung einer bestimmten Leistungsbe-

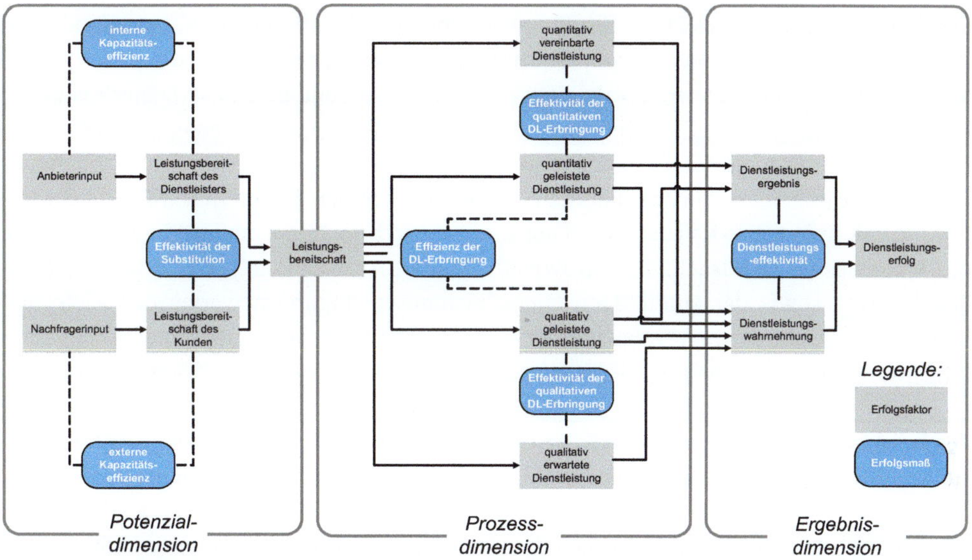

Abb. 3.2 Produktivitätsmodell wissensintensiver, komplexer Dienstleistungen

reitschaft, die zur Erfüllung eines bestimmten Leistungsversprechens führen können. Der **Anbieter- und Nachfragerinput** wird als Menge, Art und Umfang der benötigten materiellen und immateriellen Einsatzfaktoren (z. B. Arbeitsmittel aber auch Kapital) für die Erbringung einer Dienstleistung bereitgehalten und/oder gestellt. Hinzu kommt insbesondere die Leistung der Arbeitspersonen. Im Gegensatz zu Sachgütern können Dienstleistungen nicht auf Vorrat produziert werden, sodass der Anbieter dem Nachfrager lediglich eine bestimmte **Leistungsbereitschaft** zur Verfügung stellen kann (Corsten und Gössinger, 2007; Maleri und Frietzsche, 2008). Die nicht genutzte Leistungsbereitschaft geht verloren, sodass der Anbieter bestrebt ist, seine Leistung gezielt und ressourcenoptimiert anzubieten. Durch die interne Kapazitätseffizienz wird der Grad der optimalen Organisationsgestaltung bzgl. der Bereitstellung eines bestimmten Niveaus an Leistungsfähigkeit aus Anbietersicht evaluiert. Sie bewertet insbesondere die Güte der Planung im Sinne der Optimalität der Ressourcenallokation sowie des Zeit- und Kostenrahmens. Analog kann auch die Organisation des Nachfragers einer Effizienzbetrachtung unterzogen werden. Zudem wird der Grad der optimalen Aufgaben- und Ressourcenteilung zwischen Anbieter und Nachfrager durch die Effektivität der Substitution beurteilt.

In der **Prozessdimension** wird die tatsächliche Dienstleistungserbringung betrachtet. Ausgangspunkt ist eine verbindliche Leistungsvereinbarung zwischen Anbieter und Nachfrager. In dieser Dimension liegt der Schwerpunkt auf der Interaktion zwischen Anbieter und Nachfrager zur Erbringung der Dienstleistung. Dabei wird zwischen einer quantitativen und einer qualitativen Perspektive unterschieden. Die quantitative Perspektive zielt auf die direkt quantifizierbaren Attribute der Leistung ab (z. B. Kosten und Dauer der Erbringung), die qualitative auf die indirekten, meist subjektiv erfassbaren Eigenschaften des Erbringungsprozesses (z. B. Einfühlungsvermögen, Kommunikation, Fertigkeit). Die Erfolgsfaktoren werden analog zum Confirmation-Disconfirmation Paradigma in quantitativ vereinbarte und geleistete sowie qualitativ erwartete und geleistete Dienstleistungskomponenten aufgeteilt (Churchill und Surprenant, 1982; Parasuraman et al., 1988). Zur Bewertung der Produktivität in der Prozessdimension werden die Erfolgsmaße zur Beurteilung der Effizienz sowie der quantitativen und qualitativen Effektivität während der Erbringung definiert. Die Effizienz der Dienstleistungserbringung evaluiert die Ergiebigkeit des Prozesses (z. B. tatsächlicher Aufwand/geplanter Aufwand etc.). Die Effektivität der quantitativen sowie der qualitativen Dienstleistungserbringung bewerten den Zielerfüllungsgrad zwischen dem vereinbarten/erwarteten und tatsächlich erbrachten Dienstleistungsprozess (z. B. Einhaltung der Meilensteine, Erfüllung der vereinbarten Ziele etc.)

Die **Ergebnisdimension** zielt darauf ab, das Dienstleistungsergebnis nach Abschluss des Leistungserbringungsprozesses der Gesamtwahrnehmung des Kunden gegenüberzustellen. Mit Wahrnehmung ist hier nicht nur die subjektive Qualitätsbeurteilung durch den Kunden anhand der Sinneseindrücke gemeint, die er im Rahmen der Dienstleistungserbringung erfahren hat, sondern auch die Gesamturteilsbildung, die eigene Erfahrungen und Vergleiche mit alternativen Erbringungen einschließt. Daraus ergibt sich der Dienstleistungserfolg als Diskrepanz zwischen der qualitativ und quantitativ tatsächlich erbrachten Leistung und der Wahrnehmung der Leistung sowie der Leistungserbringung. Diese Vorgehensweise ermöglicht eine Erfassung von Substitutionseffekten zwischen qualitativen und quantitativen Leistungsbestandteilen. Auch wenn der Nachfrager mit dem Vorgehen während der Erbringung nicht zufrieden ist, kann er doch durch das korrekte und einwandfreie Ergebnis zumindest teilweise zufriedengestellt werden.

3.3 Empirische Studie zur Validierung des entwickelten Produktivitätsmodells

Das dargestellte Produktivitätsmodell komplexer Dienstleistungen wurde in einer umfangreichen empirischen Studie validiert. Im Rahmen dieser Studie wurden in einem ersten Schritt Hypothesen formuliert. Darauf aufbauend wurden die latenten Konstrukte operationalisiert, um die Hypothesen im Rahmen einer Befragung testen zu können. Fortfolgend wird die empirische Studie im Hinblick auf die Stichprobenbildung, Datenerhebung und Datenauswertung beschrieben. Im Anschluss werden die Ergebnisse dargestellt und diskutiert.

3.3.1 Aufbau und Methodik der Studie

Die statistische Überprüfung erfolgt mit Hilfe eines Strukturgleichungsmodells. Mit Hilfe dieses Ansatzes können komplexe kausale Zusammenhänge zwischen hypothetischen Konstrukten untersucht werden (Jahn, 2007). Diese werden mit Hilfe sogenannter latenter Variablen modelliert. Um den kausalen Zusammenhang zwischen diesen nicht unmittelbar beobachtbaren Variablen analysieren zu können, werden sie mit direkt messbaren Größen, den sogenannten Indikatoren, verknüpft.

Bei der Entwicklung eines Strukturgleichungsmodells kann zwischen zwei Modellebenen differenziert werden: 1) dem Strukturmodell und 2) dem Messmodell. Das Strukturmodell stellt die Zusammenhänge zwischen verschiedenen hypothetischen Konstrukten in Form eines mathematischen Modells mit den entsprechenden Zufallsvariablen dar. Im Messmodell werden die latenten Variablen ihren entsprechenden (empirischen) Indikatoren, d. h. den manifesten, direkt beobachtbaren Variablen, zugeordnet (Jahn, 2007; Nitzl, 2010). Zusätzlich wird zwischen endogenen und exogenen Konstrukten unterschieden. Als latent exogen werden jene Variablen bezeichnet, die nicht von anderen Größen (Konstrukten) des Strukturmodells beeinflusst werden, folglich von außen vorgegeben sind und nicht im Modell selbst erklärt werden, jedoch Einfluss auf andere Konstrukte ausüben. Im Gegensatz dazu sind die latenten endogenen Variablen abhängige Konstrukte, die durch das Strukturmodell bzw. deren Konstrukte beeinflusst werden und somit durch diese erklärbar sind (Jahn, 2007; Nitzl, 2010).

Strukturgleichungsmodelle weisen gegenüber anderen klassischen Kausalanalyseverfahren wie beispielsweise Pfadanalysen einige Vorteile auf. Vorteilhaft ist insbesondere die simultane Berücksichtigung mehrerer Indikatoren pro Konstrukt im Messmodell sowie verschiedener Zusammenhänge zwischen den Konstrukten im Strukturmodell (Werner und Schermelleh-Engel, 2009). Strukturgleichungsmodelle sind in der Lage, Messfehler explizit zu berücksichtigen, sodass diese die Zusammenhänge zwischen den Konstrukten nicht verzerren. Außerdem erlaubt sie sowohl eine globale Beurteilung der Modellgüte als auch der Zusammenhänge spezifischer Variablen (Backhaus et al., 2013).

Zur statistischen Analyse des entwickelten Strukturgleichungsmodells wurde im Gegensatz zur Kovarianzanalyse der stärker ökonometrisch ausgerichtete Ansatz der Varianzanalyse gewählt. Ermittelt werden soll die Vorhersagerelevanz latenter Variablen, also wie gut sich Konstruktausprägungen durch Ausprägungen anderer Konstrukte prognostizieren lassen (Jahn, 2007). Zur Schätzung der unabhängigen Parameter des Modells wurde die Partial-Least-Squares (PLS)-Methode gewählt, die gegenüber dem kovarianzbasierten Verfahren einige günstige Eigenschaften aufweist. So empfiehlt sich die Verwendung dieses Ansatzes bei einer Studie mit eher explorativem Charakter sowie bisher unerforschter Theorielage und bei der Verwendung formativer Indikatoren. Zugleich kann mit Hilfe der PLS-Methode eine höhere Prognosequalität erzielt werden (Jahn, 2007; Nitzl, 2010). Ein Nachteil ist, dass bei der PLS-Methode aufgrund der formativen Modellspezifizierung nur eine begrenzte Anzahl an Kriterien zur statistischen Beurteilung des Modells vorhanden sind und demnach dessen denkbare Modifikation begrenzt ist (Nitzl, 2010). Für die statistische Auswertung wurde die Statistik-Software SmartPLS (Version 3.1.9) genutzt (Ringle et al., 2014). Die Branchenanalyse und Datenbereinigung wurde mit Hilfe des Programms SPSS (Version 21) durchgeführt.

Das hypothetisch formulierte Gesamtmodell wurde in Anlehnung an Schloderer et al. (2009) schrittweise evaluiert. Zuerst erfolgte eine Gütebeurteilung der reflektiven und formativen Messmodelle. Abschließend wurde die Güte des Strukturmodells überprüft.

3.3.2 Ableitung kausaler Wirkzusammenhänge der Dienstleistungsproduktivität: Strukturmodellbildung

Untersuchungsgegenstand ist das im Abschn. 3.2.3 vorgestellte Produktivitätsmodell von wissensintensiven Dienstleistungen. Dieses wird in ein Strukturmodell und ein Messmodell zur Prüfung der angenommenen Zusammenhänge überführt. Das Strukturmodell ist in Abb. 3.3 dargestellt und wird nachfolgend erläutert.

Prozessdimension

Die Potenzialdimension umfasst die sachlichen, organisatorischen und persönlichen Voraussetzungen zur Erbringung einer Dienstleistung und spezifiziert eine spezifische Leistungsbereitschaft (Corsten und Gössinger, 2007; Maleri und Frietzsche, 2008; Meffert und Bruhn, 2012). Zur Darstellung dieses Sachverhalts wurden bei der Formulierung der Hypothesen sowohl die Leistungsfähigkeit als auch die Bereitschaft des Anbieters und des Nachfragers berücksichtigt.

Der Anbieter bringt in die spezifische Dienstleistung einen gewissen unabhängigen Input an materiellen sowie immateriellen Ressourcen sowie Arbeitspersonen und Methoden ein. Die Menge und Qualität der vorzuhaltenden Ressourcenkombinationen, die der Anbieter bzw. Nachfrager zur Erbringung der Dienstleistung zur Verfügung stellt, werden unter der endogenen Variablen **Leistungsbereitschaft** subsumiert. Aufgrund der Tatsache, dass der Anbieter nur die Ressourcen zur Verfügung stellen kann, die im Unternehmen vorhanden

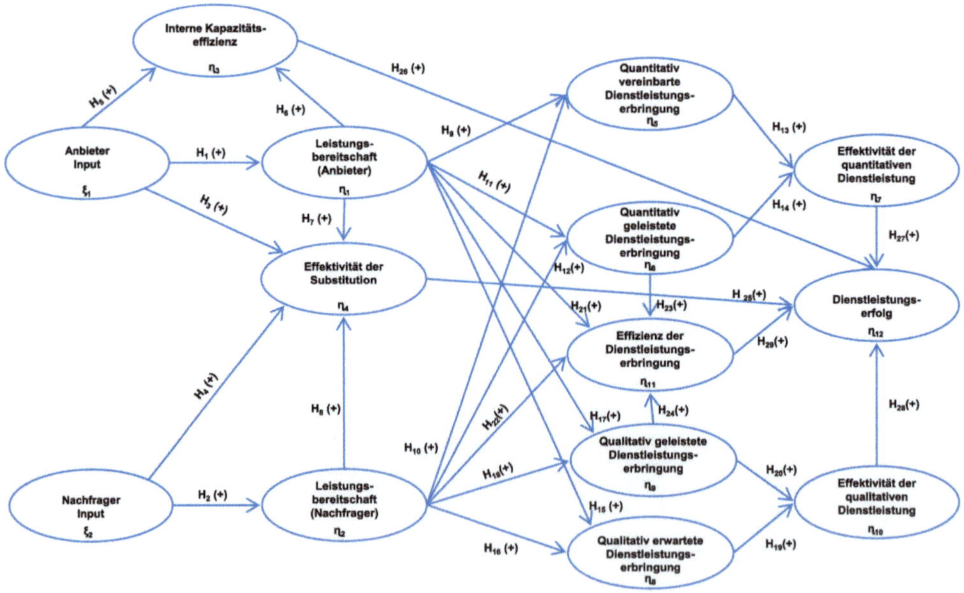

Abb. 3.3 Hypothetische Kausalzusammenhänge innerhalb des Produktivitätsmodells

sind, wird ein positiver Zusammenhang zwischen der exogenen Variablen **Anbieterinput** (d. h. dem Leistungspotenzial) und der **Leistungsbereitschaft des Anbieters**, die vorhandenen Ressourcen bedarfsorientiert zu kombinieren und abzurufen, postuliert (Hypothese H_1).

Genauso wie der Anbieter kann auch der Nachfrager nur auf die Ressourcen zugreifen, die in seiner Einflusssphäre vorhanden sind. Ein positiver Zusammenhang zwischen dem **Nachfragerinput** und der **Leistungsbereitschaft des Nachfragers** (H_2) wird somit erwartet.

Darauf aufbauend fokussiert die **Effektivität der Substitution** als eine Erfolgsgröße der Potenzialdimension die mögliche Austauschbarkeit der Aktivitätsinhalte zwischen Anbieter und Nachfrager. Sie beschreibt zum einen den Abgleich von Angebot und Nachfrage, d. h., inwiefern die Anforderungen des Nachfragers durch den Anbieter erfüllt werden können sowie in welchem Maße inkrementelle Angebote des Anbieters zu zusätzlichem Aufwand führen. Zum anderen bezeichnet sie den „Mehrwert", der (für Anbieter und Nachfrager) entsteht, wenn Leistungsbestandteile des Nachfragers durch Leistungsbestandteile des Anbieters (oder umgekehrt) substituiert werden (Corsten und Gössinger, 2007; Maleri und Frietzsche, 2008). Die Effektivität der Substitution steigt nur, wenn sich durch die Erhöhung der Leistungsbereitschaft des Nachfragers oder Anbieters bzw. beider auch der Nutzen erhöht. Folglich wird die Hypothese formuliert, dass sowohl die Leistungsbereitschaft des Anbieters (H_7) als auch die Leistungsbereitschaft des Nachfragers (H_8) einen positiven Einfluss auf die Effektivität der Substitution haben. Außerdem postulieren Corsten und Gössinger (2007), dass auch die Fähigkeit einen positiven Einfluss auf den Umfang der zu substituierenden Aktivitäten des Nachfragers hat. Demnach wird ein positiver Zusammenhang zwischen dem Anbieter- und Nachfragerinput und der Effektivität der Substitution vermutet ($H_{3,4}$).

Die **interne Kapazitätseffizienz** bewertet die Produktivität der internen Faktorkombination. Wie bereits dargestellt, soll diese den Optimalitätsgrad der Organisationsgestaltung des Anbieters bezüglich der Vorhaltung von Ressourcen zur Bereitstellung eines bestimmten Niveaus an Leistungsfähigkeit beurteilen. Es wird hierbei vorausgesetzt, dass die interne Kapazitätseffizienz sowohl von dem Input des Anbieters als auch von dessen Leistungsbereitschaft abhängt. Ein Dienstleistungserbringer mit hochwertigem Anbieterinput (d. h. erfahrenen Mitarbeitern und hochwertiger materieller Ausstattung) wird einen höheren Grad der internen Kapazitätseffizienz erreichen können und somit wird ein direkt positiver Zusammenhang zwischen diesen beiden latenten Variablen vermutet (H_5). Ebenfalls wird postuliert, dass eine höhere Leistungsbereitschaft des Anbieters zu einer höheren internen Kapazitätseffizienz führt (H_6), bei gleichbleibendem Input.

Prozessdimension

In der Prozessdimension wird die spezifische Dienstleistungserbringung betrachtet. Anbieter und Nachfrager führen dabei bestimmte Aktivitäten sowohl in Kooperation als auch unabhängig voneinander durch. Im Modell wird zwischen quantitativen und qualitativen Faktoren unterschieden.

Die quantitative Ebene stellt die direkt messbaren Einflüsse (z. B. Ablauforganisation) bei der Erbringung der Dienstleistung dar. Dabei werden sowohl für die vom Anbieter offerierte als auch für die vom Nachfrager angebotene Bereitschaft zur Erbringung der Dienstleistung direkte positive Einflüsse auf die quantitativ vereinbarte (H_9, H_{10}) sowie geleistete (H_{11}, H_{12}) Dienstleistungserbringung postuliert.

Die **Effektivität der quantitativen Dienstleistungserbringung** bewertet die Wirksamkeit der Leistungserbringung mit Hilfe von direkt quantifizierbaren Messwerten. Sie vergleicht die erbrachte Leistung (IST-Leistung) mit der vereinbarten Leistung (SOLL-Leistung). Es wird erwartet, dass die quantitativ geleistete und die quantitativ vereinbarte Dienstleistung die Effektivität der quantitativen Dienstleistungserbringung direkt positiv beeinflussen (H_{13}, H_{14}).

Auf der qualitativen Ebene werden diejenigen Faktoren berücksichtigt, die nur indirekt (z. B. durch Befragungen) erfassbar sind und sich überwiegend subjektiv bewerten lassen (z. B. Vertrauen). Hier wird ebenfalls postuliert, dass die Leistungsbereitschaft des Anbieters und des Nachfragers in direktem Maße die qualitativ erwartete Dienstleistungserbringung (H_{15}, H_{16}) sowie die qualitativ geleistete Dienstleistungserbringung (H_{17}, H_{18}) positiv beeinflussen.

Die **Effektivität der qualitativen Dienstleistungserbringung** bewertet die Leistungserbringung (z. B. Güte der Zusammenarbeit) subjektiv, mit Hilfe von indirekt quantifizierbaren Messwerten. Demnach werden positive Effekte der qualitativ geleisteten Dienstleistungserbringung sowie der qualitativ erwarteten Dienstleistungserbringung auf die Effektivität der qualitativen Dienstleistungserbringung angenommen (H_{19}, H_{20}).

Während die Effektivität den Übereinstimmungsgrad der Zielerreichung bewertet, spielt für das Unternehmen ebenfalls die **Effizienz der Dienstleistungserbringung** eine Rolle. Diese bewertet die Zielerreichung im Hinblick auf Art und Umfang der eingesetzten Mittel (Input). Hierbei wird postuliert, dass diese Effizienz der Dienstleistungserbringung durch die Leistungsbereitschaft des Anbieters (H_{21}) und die des Nachfragers (H_{22}) sowie die quantitativ geleistete Dienstleistungserbringung (H_{23}) sowie die qualitativ geleistete Dienstleistungserbringung (H_{24}) positiv beeinflusst wird (Corsten und Gössinger, 2007).

Ergebnisdimension

In der Ergebnisdimension wird das materielle und immaterielle Resultat der Dienstleistung betrachtet. Der Dienstleistungserfolg wird aus drei unterschiedlichen Perspektiven bewertet: der Arbeitsperson, des Nachfragers und des Unternehmens.

Unter Berücksichtigung der eingesetzten Mittel wird der **Effektivität der Substitution** (H_{25}) als auch der **internen Kapazitätseffizienz** (H_{26}) ein unmittelbarer positiver Einfluss auf den Erfolg der Dienstleistung unterstellt.

Im Hinblick auf die Zielerreichung spielen insbesondere die **Effektivität der quantitativen sowie die Effektivität der qualitativen Dienstleistungserbringung** eine Rolle. Es wird postuliert, dass die Steigerung der Effektivität der quantitativen und qualitativen Dienstleistungserbringung zu einer Erhöhung des Dienstleistungserfolgs führt (H_{27}, H_{28}).

Des Weiteren wird erwartet, dass die **Effizienz der Dienstleistungserbringung** einen direkten positiven Einfluss auf den Dienstleistungserfolg ausübt (H_{29}).

3.3.3 Operationalisierung der latenten Konstrukte: Messmodellbildung

Zur Operationalisierung der latenten Konstrukte werden sogenannte Items (Fragen oder Aussagen) formuliert, die die Ursache oder Wirkung des Konstruktes messen. Messmodelle können entweder formativ oder reflektiv operationalisiert sein, je nachdem in welchem Kausalzusammenhang die Konstrukte mit ihren Indikatoren stehen. Nach Nitzl (2010) sind in formativen Messmodellen die Indikatoren die Verursacher der latenten Variablen, d. h. sie definieren selbst das entsprechende Konstrukt. Daher ist eine komplette Aufnahme aller relevanten Indikatoren (Items) für eine korrekte Vorhersage erforderlich. Die unterschiedlichen Indikatoren gehen meist in unterschiedlichem Maße in die Vorhersage mit ein, sie besitzen folglich unterschiedliche Gewichte. In reflektiven Messmodellen werden dagegen die Indikatoren durch das jeweilige Konstrukt bestimmt und verändern sich mit dessen Formulierung. Die Indikatoren korrelieren häufig hoch miteinander, sodass der Ausschluss eines einzelnen Indikators nicht den Kern des Konstrukts ändert (Jahn, 2007).

Um eine einheitliche Befragung eines klar abgegrenzten Personenkreises zu gewährleisten, wurde eine Online-Studie konzipiert und ein Panel-Anbieter mit der Rekrutierung der Teilnehmer beauftragt. Das Messmodell wurde in die Software Enterprise Feedback Suite (EFS)-Survey von QuestBack Unipark überführt. Zudem wurde von den technischen Möglichkeiten Gebrauch gemacht, indem beispielsweise Ausschlussfragen zur Selektion verwendet wurden und die Fragebogenbearbeitung durch Zuordnung von Fragen zu bestimmten Fragenkategorien geleitet und erleichtert wurde. So konnte mit vertretbarem Aufwand eine große Anzahl an Personen für die Befragung gewonnen werden. Bei der durchgeführten Online-Studie handelt es sich um eine Querschnittsstudie. Bei dieser Studienart werden die Teilnehmer einmalig zu einem bestimmten Zeitpunkt untersucht. Nachteilig ist, dass eine Generalisierung der Ergebnisse über den Untersuchungszeitraum hinaus begrenzt ist. Vorteilhaft sind jedoch neben dem großen Personenkreis auch der geringe Aufwand und die kurze Durchführungsdauer der Untersuchung.

Die durchgeführte Befragung setzte sich aus mehreren Abschnitten zusammen. Nach einem einleitenden Text wurden Informationen über den Tätigkeitsbereich und die Branche der Teilnehmer abgefragt, um eine Zuordnung zu wissensintensiven Anbietern zu ermöglichen. Im Anschluss wurden die Teilnehmer bezüglich des Potenzials ihres Unternehmens befragt.

Zur Beantwortung der weiteren Fragen wurden die Teilnehmer zunächst gebeten, sich in ein Projekt hineinzuversetzen, das sie in der Vergangenheit bearbeitet haben. Hierbei wurden sie zufällig zu einem „erfolgreichen" bzw. „nicht erfolgreichen" Projekt zugeordnet. Bei der Bewertung aller weiteren Aussagen des Fragebogens sollten sich die Teilnehmer nun bei ihren Antworten auf dieses Projekt beziehen. Eine Erinnerung an die jeweilige Zuordnung war auf jeder Seite des Online-Fragebogens zu finden.

Die entwickelten Aussagen wurden im Online-Fragebogen zur Sicherung des Leseverständnisses durch einen kurzen Text eingeleitet. Die Beantwortung der Items erfolgte über Likert-Skalen, die den Grad der Zustimmung von 1 (stimme völlig zu) bis 6 (stimme überhaupt nicht zu) erfassten. Zur Messung der quantitativen Effizienz und Effektivität wurden Likert-Skalen von 1 (stark unterschritten) bis 7 (stark überschritten) genutzt, um beispielsweise den spezifischen Grad der Zielerreichung konkret ermitteln zu können. Den Teilnehmern stand die Option „keine Angabe" zur Verfügung, Mehrfachantworten waren nicht möglich.

Aufbauend auf der Befragung der Experten der Partnerunternehmen wurden die Aussagen der Befragten anhand der spezifischen Einflussfaktoren auf die Produktivität von Dienstleistungen abgeleitet. Diese Einflussfaktoren wurden dabei in sechs Kategorien unterteilt (siehe auch Kapitel 2: 1) Arbeitsorganisation, 2) Kompetenz der durchführenden Mitarbeiter des Anbieters und des Nachfragers, 3) Kompetenz der Führungskraft des Anbieters, 4) Vertrauen und Motivation der Mitarbeiter und des Kunden, 5) Werkzeuge und Methoden, 6) Kommunikation und Kooperation. Diese Kategorien wurden nach ihrer inhaltlichen „Passung" anhand des spezifischen Einflusses in der jeweiligen Phase zu den einzelnen latenten Variablen zugeordnet. Eine latente Variable wird so nicht zwingend durch alle Faktorkategorien bestimmt.

Insgesamt wurden alle latenten exogenen sowie endogenen Variablen bis auf eine durch ein formatives Messmodell spezifiziert. Lediglich die Variable „Dienstleistungserfolg" wurde reflektiv erfasst.

Potenzialdimension

Zu Beginn wurde der vom Anbieter und Nachfrager in die Dienstleistung eingebrachte Input erfragt. Der **Anbieterinput** wurde durch die Kompetenz der Mitarbeiter (3 Items), die Kompetenz der Führungskraft (6 Items), die im Unternehmen vorhandenen Werkzeuge und Methoden (3 Items) sowie die Arbeitsorganisation (4 Items) definiert. Die Umfrageteilnehmer wurden dabei gebeten, die Ausprägungen im eigenen Unternehmen einzuschätzen. Beispielsweise musste zur Erfassung der Dimension Arbeitsorganisation das Item „Im Allgemeinen in meinem Unternehmen sind die Weisungs- und Entscheidungsbefugnisse klar definiert" bewertet werden. Bei der Bestimmung des **Nachfragerinputs** wurden die Kompetenzen des Nachfragers sowie die vorhandenen Werkzeuge und Methoden mit Hilfe von drei Items erfasst. Aufbauend auf dem Anbieter- und Nachfragerinput ergibt sich je nach Projekt eine bestimmte Leistungsbereitschaft, den Anbieter der Dienstleistung angemessen zu unterstützen. Gemessen wird die Bereitschaft unter anderem mit dem Item „Im Allgemeinen verfügen unsere Kunden über ausreichend personelle und materielle Ressourcen, um sich an der Erbringung der Dienstleistung angemessen zu beteiligen".

Für die Messung der **anbieterbezogenen Leistungsbereitschaft** wurden insgesamt 11 Items entwickelt. Hierbei wurden graduelle Einschätzungen von den Teilnehmern zur Kompetenz der Mitarbeiter (2 Items), zur Kompetenz der Führungskraft (1 Item), zu den vorhandenen Werkzeugen und Methoden (3 Items) sowie zur Arbeitsorganisation (5 Items) gefordert.

Die Erfassung der **Leistungsbereitschaft des Nachfragers** erfolgte analog anhand von 3 Items zur Kompetenz sowie zu Werkzeuge und Methoden.

Bei der **internen Kapazitätseffizienz**, die den optimalen Einsatz der vorhandenen Ressourcen des Unternehmens zur Bereitstellung eines bestimmten Leistungsniveaus angibt, wurde auf der Messmodellebene insbesondere die Optimalität der Kapazitäts- und Kostenplanung erfragt. Dies geschah durch die Verwendung der Items „Die zur Verfügung gestellten Werkzeuge und Methoden waren optimal." und „Der zugeordnete Mitarbeiter-Mix meines Unternehmens war passgenau.". Das Konstrukt der **Effektivität der Substitution**, das den Wertbeitrag bei der Substitution des Anbieterinputs durch den Nachfragerinput bewertet, wurde durch 3 Items spezifiziert. Die Befragten sollten dabei die Leistungsbereitschaft des eigenen Unternehmens in Bezug auf die Anforderungen des Nachfragers beurteilen, beispielsweise anhand des verwendeten Items „Die Aufgaben waren zwischen meinem Unternehmen und dem Kunden sinnvoll aufgeteilt.".

Prozessdimension

In der Prozessdimension wurde zwischen quantitativen und qualitativen Faktoren unterschieden, die zudem in vereinbarte bzw. erwartete und tatsächlich geleistete Dienstleistung unterteilt wurden.

Für die quantitative Perspektive wurden direkt messbare Kenngrößen in drei Kategorien erhoben und den jeweiligen latenten Variablen **quantitativ geleistete und vereinbarte Dienstleistung** zugeordnet. Werkzeuge und Methoden erfassen die eingesetzten Mittel und Vorgehensweisen, Kommunikation und Kooperation beschreiben den Aufwand für die Zusammenarbeit zwischen Anbieter und Nachfrager und die Arbeitsplanung umfasst insbesondere das Festlegen von Zuständigkeiten und Zielen. Für die Erfassung der quantitativ vereinbarten Dienstleistung sollten die Teilnehmer der Studie ihre Einschätzung zu der Aussage „Vor der Erbringung der Dienstleistung wurde [mit dem Kunden vereinbart] ... ", durch 12 Satzanschlüsse wie z. B. „ ... bestimmte Software und Hardware zu nutzen." abgeben. Die quantitativ geleistete Dienstleistung nutzte den Satzanfang „Während der Erbringung der Dienstleistung ... " für die 11 angepassten Items wie z. B. „ ... wurden die eingeplanten materiellen und finanziellen Ressourcen komplett genutzt.".

Im Gegensatz zu den meist direkt in Kennzahlen ausgedrückten quantitativen Merkmalen (wie Preis pro Einheit oder Anzahl von Transaktionen pro Mitarbeiter), ist die Messung und Beurteilung von qualitativen Dienstleistungsmerkmalen (wie z. B. Kundenzufriedenheit) schwieriger und kann oft nur indirekt ermittelt werden (Parasuraman et al., 1988). Hierfür wurden vier unterschiedliche Kategorien zur Messung der **qualitativ erwarteten und geleisteten Dienstleistung** berücksichtigt: Kompetenzen drücken den zielgerichteten, adäquaten Einsatz von Mitarbeitern und Kunden in Abhängigkeit von deren Fähigkeiten aus. Zudem erfolgt eine Bewertung der Motivation sowie des Vertrauens, das sowohl das Verhältnis untereinander als auch die Transparenz der Arbeitsschritte umfasst. Unter der Kategorie Kommunikation und Kooperation wurde die Güte der Abstimmung und Zusammenarbeit zwischen Mitarbeitern und Nachfrager ermittelt. Zudem wurde auch nach der Kompetenz der Führungskraft bzgl. der Mitarbeiter- und Aufgabenorientierung gefragt. Die qualitativ erwartete Dienstleistung wurde durch die Zustimmung zu 21 Items erhoben, die den Satz „Von der Erbringung der Dienstleistung erwarte ich, dass ... " beispielsweise mit „ … die Arbeitsschritte für den Nachfrager transparent und nachvollziehbar ablaufen.“ vervollständigten. Die Erfassung der qualitativ geleisteten Dienstleistung lehnte sich an diese Items an. Sie enthielt insgesamt 22 Items in adaptierter Form, die den Satz „Während der Erbringung der Dienstleistung … “ beispielsweise durch „ … bestand jederzeit ein guter persönlicher Kontakt zum Kunden.“ beendeten.

Die **Effektivität der quantitativen Dienstleistung** wird auf der Messmodellebene durch die Beurteilung der erreichten Ergebnisse, bezogen auf die Zielsetzung in einem erfolgreichen oder nicht erfolgreichen Projekt der Wahl, definiert. Die Befragten sollten den quantitativen Nacharbeitungsaufwand sowie die Zielerreichung mit Bezug zu den vereinbarten fachlichen Zielen, Terminen und dem erreichten Gewinn bewerten (6 Items).

Die **Effektivität der qualitativen Dienstleistung** bewertet hingegen die Beschaffenheit der Leistungserbringung im Sinne der subjektiv/indirekt messbaren Eigenschaften der Dienstleistung. Dafür sollten die Teilnehmer die Qualität, Zufriedenheit und Güte der Zusammenarbeit beurteilen (4 Items).

Zur Ermittlung der **Effizienz der Dienstleistung**, d. h., wie ergiebig die Ressourcen und Methoden bezogen auf das erreichte Ergebnis eingesetzt werden, wurden sowohl Items zu den angefallenen Kosten sowie der benötigten Dauer der Dienstleistung als auch zum Kommunikations- und Koordinationsaufwand formuliert (6 Items).

Ergebnisdimension
In der Ergebnisdimension wird das materielle und immaterielle Resultat des Dienstleistungserbringungsprozesses als ein einziges Konstrukt berücksichtigt, dem allgemeinen **Dienstleistungserfolg**. Dieser wurde in Anlehnung an Lechler (1997) mit reflektiven Items operationalisiert. Die vier konstituierenden Items bewerteten den Erfolg aus vier unterschiedlichen Blickwinkeln: 1) Kunden-, 2) Mitarbeiter- und 3) Unternehmensperspektive sowie im Vergleich 4) zu einer idealen Dienstleistung. Der vierte Aspekt wurde durch das Item „Verglichen mit einer aus meiner Sicht optimalen Dienstleistung war diese Dienstleistung ein voller Erfolg“ erfasst.

3.3.4 Durchführung der empirischen Untersuchung

3.3.4.1 Grundgesamtheit

Im Sinne der Allgemeingültigkeit der formulierten Hypothesen ist es wichtig, die Grundgesamtheit der untersuchten Personen exakt zu definieren. Das Ergebnis der Untersuchung kann nur in Hinblick auf die spezifische Grundgesamtheit generalisierbar sein, von der die Stichprobe stammt.

In dieser Studie wurde die Grundgesamtheit in Anlehnung an die statistische Systematik der Wirtschaftszweige in der Europäischen Gemeinschaft (NACE Rev. 2) spezifiziert (Eurostat, 2009; Eurostat, 2013). Nach der Gliederung auf Abteilungsebene lassen sich wissensintensive Dienstleistungen in vier Kategorien gruppieren: 1) Marktbezogene Dienstleistungssektoren 2) Spitzentechnologie nutzende Dienstleistungssektoren 3) Finanz- und

Tab. 3.2 Gliederung von Wissensintensiven Dienstleistungen nach NACE Rev. 2

1.) Marktbezogene Dienstleistungssektoren (ohne Kredit- und Versicherungsgewerbe und spitzentechnologische Dienstleistungssektoren)
Schifffahrt, Luftfahrt, Rechts- und Steuerberatung, Wirtschaftsprüfung, Verwaltung und Führung von Unternehmen und Betrieben; Unternehmensberatung, Sonstige freiberufliche, wissenschaftliche und technische Tätigkeiten, Vermittlung und Überlassung von Arbeitskräften, Wach- und Sicherheitsdienste sowie Detekteien
2.) Spitzentechnologie nutzende Dienstleistungssektoren
Telekommunikation, Erbringung von Dienstleistungen der Informationstechnologie, Informationsdienstleistungen, Forschung und Entwicklung, Herstellung, Verleih und Vertrieb von Filmen und Fernsehprogrammen, Rundfunkveranstalter
3.) Finanz- und Versicherungsdienstleistungen
Erbringung von Finanzdienstleistungen, Versicherungen, Rückversicherungen und Pensionskassen, mit Finanz- und Versicherungsdienstleistungen verbundene Tätigkeiten
4.) Andere wissensintensive Dienstleistungssektoren
Öffentliche Verwaltung, Verteidigung; Sozialversicherung, Gesundheitswesen, Veterinärwesen, Erziehung und Unterricht, Heime (ohne Erholungs- und Ferienheime), Sozialwesen (ohne Heime), Verlagswesen, Kreative künstlerische und unterhaltende Tätigkeiten, Bibliotheken, Archive, Museen, botanische und zoologische Gärten, Spiel-, Wett- und Lotteriewesen, Erbringung von Dienstleistungen des Sports, der Unterhaltung und der Erholung

Versicherungsdienstleistungen und 4) andere wissensintensive Dienstleistungssektoren (siehe Tab. 3.2).

3.3.4.2 Stichprobe

Aufbauend auf der oben genannten Systematik der Wirtschaftszweige und zum Zwecke einer präziseren Eingrenzung wird die Stichprobe durch eine weitere Ausschlussvariable konsolidiert. So wurde aufgrund des hohen Komplexitätsgrades, der Einmaligkeit der Rahmenbedingungen und folglich des hohen Integrationsgrades als zusätzliches Ausschlusskriterium die Projektorganisation gewählt. So konnten nur diejenigen Teilnehmer den Fragebogen komplett ausfüllen, die die Frage„Werden die Dienstleistungen Ihres Unternehmens kundenindividuell und überwiegend in Projektform erbracht?" positiv beantworteten.

An der Online-Querschnittsstudie haben insgesamt 1233 Personen teilgenommen. Um nicht repräsentative und qualitativ minderwertige Datenpunkte zu eliminieren und eine hohe Datenqualität für die Stichprobe zu erreichen, wurde auf gängige Ausschlusskriterien zurückgegriffen (Thielsch und Weltzin, 2012). Zunächst wurden 223 Personen, die den Fragebogen zu irgendeinem Zeitpunkt abgebrochen und nicht erneut aufgenommen hatten, exkludiert. Diese hohe Abbruchquote (sog. Drop-out) von circa 18% ist in Online-Befragungen keine Seltenheit (Birnbaum, 2004), da die Teilnehmer derartiger Umfragen sich oftmals nur die Startseite anschauen bzw. nur die ersten Seiten bearbeiten und sich dann gegen die Beantwortung entscheiden. Außerdem wurden 425 Teilnehmer herausgefiltert, bzw. automatisch ausgescreent, die die Filtervariable „Werden die Dienstleistungen Ihres Unternehmens kundenindividuell und überwiegend in Projektform erbracht?“ negativ beantwortet haben.

Um zudem unbrauchbare Datensätze zu erkennen, ist die Kontrollvariable Bearbeitungsdauer bedeutsam. Diese deutet darauf hin, inwieweit der Fragebogen ernsthaft bearbeitet worden ist (Thielsch und Weltzin, 2012). Im Durchschnitt benötigten die Teilnehmer 14,22 Minuten (SD = 7,47) für die Beantwortung der Fragen. Personen, die den Fragebogen in unter 5 Minuten (< 2,3 Sekunden/Item) beantworteten, wurden aussortiert, da eine sinnvolle Beantwortung in dieser Zeit nicht möglich erscheint. Dies betraf 70 Personen. Zugleich wurden 19 Teilnehmer, die über 45 Minuten (bzw. 2700 Sekunden), d. h. fast das Dreifache der durchschnittlichen Zeit, für das Ausfüllen des Fragebogens benötigten, ausgeschlossen. Bei einer derart langen Bearbeitungsdauer wird davon ausgegangen, dass die Personen während der Beantwortung des Online-Fragebogens unterbrochen wurden und diesen nicht, wie andere Teilnehmer, konzentriert und in einem Zug ausgefüllt haben. Abschließend wurden von den verbleibenden 496 Teilnehmern 29 Personen herausgefiltert, die den Fragebogen zum größten Teil mit der gleichen Ausprägung beantworteten, d. h. ein auffällig unreflektiertes Antwortmuster aufwiesen. Dazu wurde eine Filtervariable gewählt, deren Indikatoren sowohl positiv als auch negativ gepolte Items enthielten, eine Beantwortung mit der gleichen Ausprägung demnach als nicht sinnvoll angesehen werden kann. Die so identifizierten Fälle zeigten dieses Muster über verschiedene Skalen hinweg und wurden daher ausgeschlossen.

Der verbleibende Datensatz der 467 Teilnehmer wurde mit der Prozedur „Anomalieerkennung“ von SPSS bereinigt. Mit Hilfe des zugrundeliegenden Algorithmus wurden anhand von Normabweichungen von den jeweiligen Clustergruppen ungewöhnliche Fälle identifiziert und aus der Datenanalyse exkludiert. Dies betraf 20 Personen. Die verbleibenden Personen wurden nach NACE Rev. 2 in wissensintensive Dienstleistungen klassifiziert. Von den 447 Personen konnten 61 Teilnehmer keiner wissensintensiven Dienstleistung zugeordnet werden und wurden aufgrund dessen aus der Analyse exkludiert, sodass schließlich 386 valide Datensätze zur Verfügung standen.

Die verbleibenden 386 Personen wurden den Wirtschaftszweigen nach der NACE Rev.2 zugeordnet. Die Klassifikationen der Stichprobendaten ist in Abb. 3.4 ersichtlich.

Die analysierte Stichprobe umfasste somit 386 Teilnehmer, von denen 52,1% die Umfrage auf Grundlage derer Erkenntnisse und Erfahrungen in einem erfolgreichen Projekt beantworteten, während 47,9% bei der Einschätzung der Items an ein nicht-erfolgreiches Projekt denken sollten. Männliche Probanden waren in der Überzahl (64,2%). Etwas mehr als die Hälfte (58%) der Teilnehmer war älter als 40 Jahre. Jeweils ein knappes Viertel arbeitete im Topmanagement bzw. als Geschäftsführer oder als Mitarbeiter im technischen Bereich, wobei eine Mehrfachnennung möglich war. Weitere Positionen waren u. a. Projekt- oder Abteilungsleiter (ca. 15%) sowie Mitarbeiter im kaufmännischen Bereich (ca. 11,0%). Knapp ein Viertel der Befragten (24,9%) arbeitete in Unternehmen von bis zu 10 Mitarbeitern, während etwas mehr als die Hälfte (57,5%) in Unternehmen bis zu 1000 Mitarbeitern arbeitete. Über 70% der Teilnehmer gab an, dass der Dienstleistungsanteil in ihrem Unternehmen bei über 50% liegt.

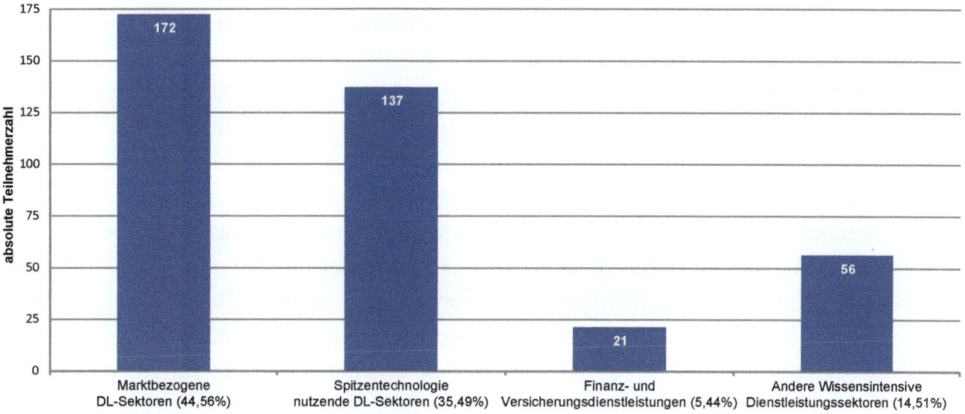

Abb. 3.4 Stichprobenzugehörigkeit zu den wissensintensiven Wirtschaftszweigen

3.3.5 Gütebeurteilung des Messmodells

Reflektives Messmodell

Zur Beurteilung der Güte eines reflektiv operationalisierten Messmodells werden die Kriterien Reliabilität (Zuverlässigkeit) und Validität (Gültigkeit) anhand der aus der Faktorenanalyse bekannten statistischen Gütemaße überprüft. Die folgenden fünf Kriterien ermöglichen eine Beurteilung, wie gut das latente Konstrukt durch seine ihm zugeordneten Indikatoren gemessen wird (Fuchs, 2011; Huber, 2007; Nitzl, 2010): 1) Indikatorreliabilität, 2) Konstruktreliabilität (bzw. Faktorreliabilität), 3) durchschnittlich erfasste Varianz (Average Variance Extracted – AVE), 4) Diskriminanzvalidität sowie 5) Vorhersagevalidität. Wenn die definierten Mindestniveaus aller Gütemaße erfüllt werden, setzt sich das Messmodell aus passenden Indikatorvariablen zusammen.

Die **Indikatorreliabilität** misst, inwieweit sich jeder einzelne Indikator für die Messung der latenten Variablen eignet. Dieses Gütemaß wird anhand der Ladung eines Indikators (λ) bestimmt. Dafür wird die Indikatorvarianz betrachtet, die durch die latente Variable erklärt wird, während die Restvarianz, welche nicht durch die latente Variable erklärt wird, den Messfehler angibt. Die Indikatorvarianz sollte einen Wert $\lambda \geq 0{,}7$ annehmen, damit circa die Hälfte der Varianz durch die zugehörige latente Variable erklärt wird. Die Erfüllung dieses Kriteriums deutet darauf hin, dass der Indikator zur Messung des Konstrukts geeignet ist, da bei einer Faktorladung von 0,7 der Messfehler nicht überwiegt (Jahn, 2007). Ein Signifikanztest ist hierbei normalerweise nicht notwendig, da eine Ladungsgröße $\lambda \geq 0{,}7$ für $\alpha = 0{,}05$ stets signifikant von Null verschieden ist (Huber, 2007; Jahn, 2007; Nitzl, 2010).

Ein weiteres Gütekriterium ist die **Konstruktreliabilität**. Diese wird genutzt, um eine Eignungsbeurteilung der zu einem Konstrukt zugehörigen Items vorzunehmen. Hierbei wird gemessen, wie stark die Indikatoren eines Konstrukts untereinander korrelieren. Demnach wird hier der Frage der internen Konsistenz, dass die Indikatoren „dasselbe“ messen, nachgegangen. Gleichzeitig wird angegeben, wie gut die Indikatoren die latente Variable erzeugen. Die Konstruktreliabilität kann Werte zwischen 0 und 1 annehmen und ist interpretierbar in Form von einer (positiven) Korrelation. Alle Werte ab $\rho_c \geq 0{,}6$ gelten als annehmbar (Nitzl, 2010). Nach Huber sollte allerdings ein Wert von $\rho_c \geq 0{,}7$ erreicht werden (Huber, 2003). Eine $\rho_c \geq 0{,}6$ bzw. $\rho_c \geq 0{,}7$ bedeutet, dass die verschiedenen Indikatoren eines Konstruktes hoch miteinander korrelieren, ergo eine große Wahrscheinlichkeit einer linearen Abhängigkeit zwischen den Indikatoren eines Konstrukts besteht und dieses Konstrukt durch die Indikatoren gut wiedergegeben wird.

Zudem empfiehlt sich die Verwendung eines strengeren Gütemaßes, der **durchschnittlich erfassten Varianz** (AVE). Diese misst den Anteil der erklärten Varianz manifester Variablen im Verhältnis zum nicht erklärten Varianzanteil (Huber, 2007). Die AVE kann ebenso wie die Konstruktreliabilität Werte zwischen 0 und 1 annehmen. Mindestens soll hierbei ein Wert von AVE $\geq 0{,}5$ erreicht werden, sodass die Hälfte der Varianz eines Konstrukts durch die zugehörigen Indikatoren erklärt wird (Nitzl, 2010). Übertragen auf das Strukturmodell sollten nur latente Variablen im Modell erhalten werden, welche diese Konvergenzkriterien nicht verletzen. Folglich sollten jene latenten Variablen erhalten werden, deren reflektive Indikatoren mit einer Ladung von $\lambda \geq 0{,}7$ und einer AVE $\geq 0{,}5$ diese beiden Konvergenzkriterien erfüllen (Huber, 2003).

Die **Diskriminanzvalidität** gibt an, in welchem Ausmaß sich die Indikatoren einer latenten Variable von den Indikatoren eines anderen Konstrukts unterscheiden. Demnach soll diese Testgröße überprüfen, inwieweit das jeweilige reflektiv operationalisierte Konstrukt tatsächlich ein eigenständiges Konstrukt darstellt (Nitzl, 2010). Da allerdings lediglich ein einzelnes Konstrukt, nämlich der Dienstleistungserfolg, reflektiv spezifiziert wurde und keine anderen reflektiv gemessenen latenten Konstrukte im Modell vorliegen, kann dieses Gütekriterium nicht angewendet werden. Dieses Gütekriterium wird nicht auf formativ gemessene Konstrukte angewandt, da formativ gemessene Indikatoren nicht miteinander korrelieren müssen.

Die **Vorhersagevalidität** gibt an, inwiefern eine Rekonstruktion der jeweiligen latenten Variable durch die zugehörigen Indikatoren möglich ist. Die Prüfung der Vorhersagevalidität erfolgt mithilfe des Stone-Geissers-Kriterium Q^2. Der Wert des Stone-Geissers-Kriterium Q^2 sollte größer als Null sein, damit sich die Rekonstruktion der latenten Variablen durch ihre Indikatoren als gut bewerten lässt. Das Gütemaß Vorhersagevalidität wird lediglich bei reflektiven Konstrukten angewandt (Huber 2010, S. 20).

Die in Tab. 3.3 dargestellten Ergebnisse der Gütebeurteilung verdeutlichen, dass die Ladung aller Indikatoren höher als $\lambda \geq 0{,}7$ ist und sich daher alle vier Indikatoren zur Messung des Konstrukts eignen. Zudem verweist die Konstruktreliabilität mit $\rho_c = 0{,}931$ auf eine starke innere Konsistenz der Indikatoren hin. Ebenso wird der geforderte AVE-Schwellwert von AVE $\geq 0{,}5$ übertroffen, sodass das Konstrukt durch die zugehörigen Indikatoren zufriedenstellend erklärt wird. Da bis auf die nicht bestimmbare Diskriminanzvalidität alle Anforderungen der Gütekriterien erfüllt sind, kann von einer zuverlässigen und validen Messung ausgegangen werden (Jahn 2007, S. 23). Mit anderen Worten wird der Dienstleistungserfolg durch die gewählten Indikatoren angemessen abgebildet. Die Prognoserelevanz des Konstruktes Dienstleistungserfolg kann mit einem Wert von 0,706 ebenfalls belegt werden.

Tab. 3.3 Zusammenfassung der Gütemaße für die reflektive Variable **Dienstleistungserfolg**

Konstrukt/ Indikator	Konstrukt-reliabilität $\rho_c \geq 0{,}7$	Durchschnittlich erfasste Varianz AVE $\geq 0{,}5$	Vorhersage-validität $Q^2 \geq 0$	Indikator-reliabilität $\lambda \geq 0{,}7$
DL-Erfolg	0,931	0,772	0,706	
Indikator_DL-Erfolg_1	Unter Berücksichtigung aller Aspekte war die Dienstleistung für das Unternehmen ein voller Erfolg.			0,864
Indikator_DL-Erfolg_2	Unter Berücksichtigung aller Aspekte war die Dienstleistung für die Mitarbeiter ein voller Erfolg.			0,868
Indikator_DL-Erfolg_3	Unter Berücksichtigung aller Aspekte war die Dienstleistung für den Kunden ein voller Erfolg.			0,855
Indikator_DL-Erfolg_4	Verglichen mit einer aus meiner Sicht optimalen Dienstleistung war diese Dienstleistung ein voller Erfolg.			0,926

Formatives Messmodell

In der Erfolgsfaktorenforschung ist davon auszugehen, dass exogene Indikatoren formativer Natur sind, da sie als „Treiber“ den Erfolg des Unternehmens determinieren (Albers und Hildebrandt, 2006). Im Gegensatz zu reflektiven Indikatoren unterscheiden sich formative Indikatoren insbesondere dadurch, dass sie die latente Variable vollumfänglich bestimmen. Sie beschreiben das Konstrukt und werden inhaltlich, sachlogisch begründet. Die Indikatoren werden als Verursacher des Konstrukts gesehen und korrelieren nicht notwendigerweise miteinander, sondern ergänzen sich gegenseitig und bilden im Idealfall eine Basis unabhängiger Variablen. Im Gegensatz zu reflektiven Messmodellen ist eine Reliabilitätsprüfung daher ungeeignet, um die Güte des Messmodells zu bewerten. Die Prüfung der Validität erfolgt stattdessen anhand der Signifikanz der Indikatoren, der Diskriminanzvalidität und der Multikollinearität (Chin, 1998; Huber, 2007; Nitzl, 2010).

Bei reflektiven Messmodellen werden die Ladungen der Indikatoren bewertet. Hingegen werden bei formativen Messmodellen zuerst die Gewichte der Indikatoren untersucht. Dabei steht die **Signifikanz der Indikatoren** im Vordergrund. Inhaltlich spielen die Gewichte eine untergeordnete Rolle und beschreiben lediglich die Stärke des Einflusses auf das jeweilige Konstrukt. Sie können im Standard-Modell wie Regressionskoeffizienten gedeutet werden, d. h. je mehr sich der Wert 1 bzw. -1 nähert, umso größer ist die Wahrscheinlichkeit einer linearen Abhängigkeit. Allein auf Grundlage der Höhe und Signifikanz der Gewichte sollten Indikatoren aber nicht eliminiert werden, da sonst womöglich das gesamte Konstrukt verzerrt werden könnte (Huber, 2007; Nitzl, 2010). Wenn einzelne Gewichte nicht signifikant sind, sollte die Signifikanz der Ladungen betrachtet werden (Huber, 2007). Der kritische t-Wert, der zu überschreiten ist, liegt bei 1,96 bei einem Signifikanzniveau von 5% ($\alpha = 0{,}05$).

Im vorliegenden Modell sind die Gewichte mehrerer Indikatoren nicht signifikant (74 aus 126 Indikatoren; $\alpha = 0{,}10$, zweiseitig). Zieht man als zusätzliches Kriterium jedoch die Indikatorladungen hinzu, sind nunmehr lediglich drei Items nicht signifikant. Dies betrifft insbesondere Items, welche das Konstrukt der „Effizienz der Dienstleistungserbringung" bestimmen. Wird für einen Indikator weder bei dem Indikatorgewicht noch bei der Indikatorladung die Signifikanzschwelle erreicht, kann aus empirischer Sicht die Eignung dieses Indikators zur Messung des Konstruktes angezweifelt werden. Von einer Eliminierung dieser Items sollte jedoch abgesehen werden, da dies zu einer Verzerrung des definitorischen Konstruktinhalts führen könnte (Jahn 2007, Fuchs 2011). Zudem weisen die Items keine kritischen Multikollinearitäten auf, sodass sie beibehalten werden.

Auf Variablenebene lässt sich anhand der Matrix der Konstruktkorrelationen die **Diskriminanzvalidität** der formativ operationalisierten Messmodelle überprüfen. Diese sollte kleiner als 0,9 sein, damit sichergestellt werden kann, dass die formativen latenten Konstrukte nicht den gleichen Sachverhalt messen (Huber, 2007). Je niedriger die Korrelation zwischen zwei Konstrukten ist, desto weniger Gemeinsamkeiten weisen die Konstrukte auf. Eine nachvollziehbar und inhaltlich begründete geringe Diskriminanz besteht beispielsweise zwischen den Konstrukten „Qualitativ geleistete Dienstleistung" und „Quantitativ geleistete Dienstleistung" ($r = 0{,}862$). Eine trennscharfe Konstruktbildung ist zwar wünschenswert, praktisch aber aufgrund der Vielschichtigkeit der strukturellen Interdependenzen zwischen Aspekten des untersuchten Themenkomplexes unmöglich. Als Ergebnis lässt sich jedoch festhalten, dass modellübergreifend, im Hinblick auf die wissenschaftlichen Standards in der empirischen Dienstleistungsforschung eine hinreichende Diskriminanz zwischen den einzelnen Konstrukten besteht.

Durch den Varianzinflationsfaktor (VIF) wird die **Multikollinearität** auf Indikatorebene geprüft. Der VIF gibt an, ob wechselseitige Abhängigkeiten der formativen Indikatorvariablen eines Konstruktes vorliegen. Im Falle formativer Konstrukte ist eine starke Mulltikollinearität nicht wünschenswert, da die Indikatoren überwiegend voneinander unabhängige Eigenschaften des Konstruktes beschreiben sollen (Huber, 2007; Jahn, 2007). Ein VIF-Wert > 10 ist als kritisch einzuschätzen, weil die auftretende Multikollinearität die Identifikation der Gewichte verzerren kann (Jahn, 2007; Nitzl, 2010). In der vorliegenden Untersuchung weisen alle Indikatoren eine akzeptable Multikollinearität auf (VIF < 5), sodass von einer Reduzierung der Indikatoren abgesehen wird.

3.3.6 Gütebeurteilung des Strukturmodells

Nachdem sich die Güte der Schätzung der reflektiv und formativ gemessenen Konstrukte als zufriedenstellend erwiesen hat, kann die Gütebeurteilung des Strukturmodells erfolgen. Hierfür werden vier folgende Kriterien berücksichtigt: 1) die Pfadkoeffizienten, 2) die Effektstärke f^2, 3) das Bestimmtheitsmaß R^2 sowie 4) die Prognoserelevanz Q^2 (Hair et al., 2013; Nitzl, 2010; Schloderer et al., 2009). Tab. 3.4 zeigt eine Übersicht der Gütekriterien und den empfohlenen Bewertungsmaßstab.

Im ersten Schritt werden die postulierten Hypothesen anhand des Vorzeichens, der Höhe und der Signifikanz der **Pfadkoeffizienten** überprüft. Standardisierte Pfadkoeffizienten nehmen Werte zwischen -1 und +1 an. Werte nahe 0 weisen auf einen schwachen

Tab. 3.4 Gütekriterien zur Beurteilung des Strukturmodells (in Anlehnung Nitzl (2010); (Schloderer et al., 2009))

Gütemaß	Beschreibung	Empfohlener Wertebereich
Pfadkoeffizienten	Ausmaß und Signifikanz der Wirkungsbeziehungen zwischen den Konstrukten	$t \geq 1{,}65$ ~ Fehler erster Art von 10% bzw. $t \geq 1{,}96$ ~ Fehler erster Art von 5% bzw. $t \geq 2{,}57$ ~ Fehler erster Art von 1%
Effektstärke f^2	Stärke des Einflusses der exogenen Variable auf die endogene Variable	$f^2 \geq 0{,}35$ „groß" $0{,}15 \leq f^2 < 0{,}35$ „mittel" $0{,}02 \leq f^2 < 0{,}15$ „schwach"
Bestimmtheitsmaß R^2	Anteil der erklärten Varianz einer endogenen Variable	$R^2 \geq 0{,}67$ „substanziell" $0{,}33 \leq R^2 < 0{,}67$ „mittelgut" $0{,}19 \leq R^2 < 0{,}33$ „schwach"
Prognoserelevanz Q^2	Rekonstruktion empirischer Zusammenhänge von reflektiv gemessenen Variablen mit Hilfe des Modells und der PLS-Parameter	$Q^2 \geq 0{,}35$ „groß" $0{,}15 \leq Q^2 < 0{,}35$ „mittel" $0{,}05 \leq Q^2 < 0{,}15$ „schwach"

Zusammenhang und Werte nahe +/-1 auf einen starken Zusammenhang zwischen einer latenten Variablen und ihrem kausalen Konstrukt hin. Die Pfadkoeffizienten lassen sich wie Regressionskoeffizienten interpretieren. Eine explizite Mindestgröße für eine signifikante Wirkungsbeziehung kann der Literatur nicht entnommen werden. Nitzl (2010) empfiehlt Werte von $\geq 0{,}2$ bzw. $\leq -0{,}2$. Das jeweilige Vorzeichen gibt die Richtung der hypothetischen Annahme an, d. h. es verweist darauf, ob die erklärende Variable in positiver oder negativer Weise auf die zu erklärende Variable wirkt. Die Signifikanz der hypothetischen Pfade wird mittels der t-Werte geprüft. Als Vorgabe sollte der kritische t-Wert von 1,65 für ein Signifikanzniveau von 10% überschritten werden.

Insgesamt werden 25 der postulierten Hypothesen bestätigt und lediglich vier abgelehnt. Die Effektivität der Substitution (H_{25}) hat demnach keinen signifikanten Einfluss auf den Dienstleistungserfolg. Des Weiteren konnte kein Zusammenhang zwischen der Leistungsbereitschaft des Nachfragers und der qualitativ erwarteten Dienstleistungserbringung (H_{16}) nachgewiesen werden. Außerdem zeigte sich kein positiver signifikanter Zusammenhang zwischen dem Nachfragerinput und der Effektivität der Substitution. Die Hypothese (H_4) wurde dementsprechend verworfen. Ein signifikanter positiver Einfluss der Leistungsbereitschaft des Anbieters auf die Effizienz der Dienstleistungserbringung konnte ebenfalls nicht nachgewiesen werden, jedoch zeigten sich signifikante Ergebnisse in die entgegengesetzte Richtung (H_{21}). Trotz mangelnder statistischer Evidenz erachten wir diese Annahmen aufgrund der vorab getätigten konzeptionellen Überlegungen, Befragungen sowie diverser Fachgespräche als plausibel.

Die Effektivität der Substitution, als Abgleich von Angebot und Nachfrage respektive der Aktivitätsgrade des Kunden und Dienstleisters, ist kontextuell eher dem strategischem als dem operativen Management zuzuordnen. Dies könnte ein Grund dafür sein, dass sie keinen unmittelbaren Einfluss auf den projektbezogenen Dienstleistungserfolg hat. Die Effektivität der Substitution wirkt sich eher auf der Multiprojektebene, auf den Unternehmenserfolg, aus. Zudem wird das Konstrukt von der Leistungsbereitschaft des Anbieters und Nachfragers determiniert, sodass davon auszugehen ist, dass vorhandene Effekte sich indirekt über die Leistungsbereitschaft auf den Dienstleistungserfolg auswirken.

Zwischen der Leistungsbereitschaft des Nachfragers und der qualitativ erwarteten Dienstleistung konnte ebenfalls kein Zusammenhang nachgewiesen werden. Einerseits ist dies auf die einseitige Befragung des Dienstleisters zurückzuführen. Andererseits kann auch sachlogisch davon ausgegangen werden, dass die qualitative Erwartungshaltung des Kunden nicht unmittelbar durch seine Leistungsbereitschaft beeinflusst wird. Quantitative Kundenerwartungen wie beispielsweise die Kostenhöhe werden von einer geringen Leistungsbereitschaft des Nachfragers im Sinne einer niedrigeren Zahlungsbereitschaft des Kunden beeinflusst und können anhand objektiver Daten wie der Kostenhöhe konkreter zum Ausdruck gebracht werden als stark subjektiv geprägte qualitative Erwartungen an die Dienstleistung. Eine geringe Leistungsbereitschaft des Nachfragers schmälert somit nicht seine Qualitätserwartung, sodass sich eine geringe bzw. hohe Leistungsbereitschaft des Nachfragers nicht signifikant unterschiedlich auf die Qualitätserwartung wirkt, was darauf schließen lässt, dass das Konstrukt qualitativ erwartete Dienstleistung schwerer durch die Leistungsbereitschaft zu beeinflussen ist als das Konstrukt quantitativ erwartete Dienstleistung. Beispielsweise erhoffen sich auch nicht kooperierende Kunden einen einfühlsamen und fachkundigen Dienstleister, unabhängig von der Eigenleistung des selbigen.

Des Weiteren ist auch der Zusammenhang zwischen der Leistungsbereitschaft des Anbieters und der Effizienz der Dienstleistungserbringung signifikant negativ. Dabei spielt die quantitativ geleistete Dienstleistung die Rolle des Mediators, sodass die Effizienz indirekt über den Transformationsprozess ausgehend von der Leistungsbereitschaft über die tatsächliche Leistung Beeinflussung erfährt. Der direkte negative Zusammenhang ist vermutlich aufgrund eines nicht lineareren Zusammenhangs zu erklären, der im PLS-Modell nicht abgebildet werden kann.

Abb. 3.5 zeigt den Ausschnitt der Erfolgsmaße auf das Konstrukt des Dienstleistungserfolges. Dabei ist zu beachten, dass die Konstrukte nicht wie dargestellt unabhängig voneinander sind, sondern lediglich aus Gründen der besseren Übersichtlichkeit auf die Einordnung in das Gesamtmodell verzichtet wurde. Außer der Effektivität der Substitution sind die postulierten Zusammenhänge der diversen Konstrukte der Effizienz und Effektivität alle auf einem Signifikanzniveau von $\alpha = 0{,}05$ signifikant. Die Effektivitätsmaße haben jedoch einen größeren Einfluss auf den Dienstleistungserfolg als die Effizienzmaße.

Die Pfadkoeffizienten der postulierten Zusammenhänge zwischen der Leistungsbereitschaft des Nachfragers und der quantitativ vereinbarten Dienstleistungserbringung (H_{10}) und der Effektivität der Substitution (H_8) sowie der qualitativ erwarteten Dienstleistungser-

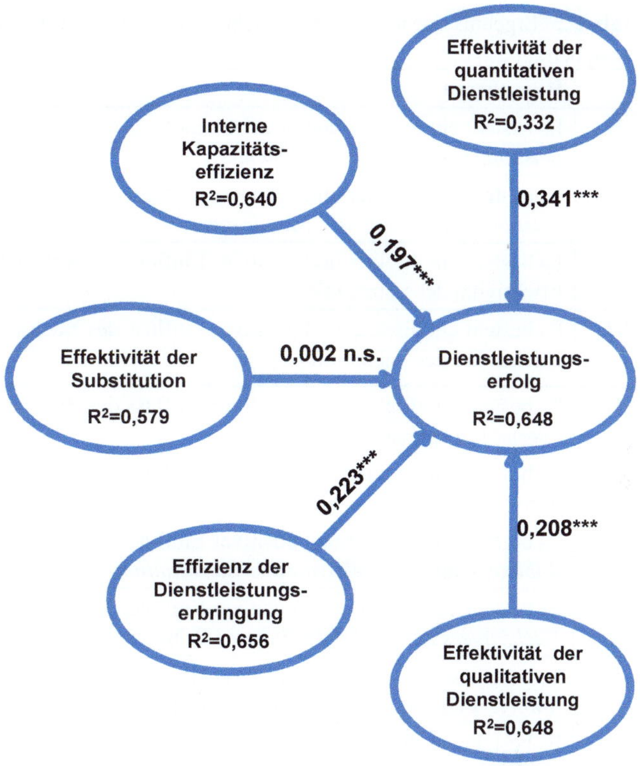

Abb. 3.5 Pfadkoeffizienten und Bestimmtheitsmaß $\mathbf{R}^2$ jener Variablen, die auf den Dienstleistungserfolg einwirken (***p<0,01)

bringung auf die Effektivität der qualitativen Dienstleistung (H_{19}) sind schwach ausgeprägt. Diese Zusammenhänge erweisen sich trotz ihrer geringen Ausprägung als signifikant (α = 0,01). Alle anderen Hypothesen konnten auf demselben Signifikanzniveau bestätigt werden.

Die **Effektstärke** der exogenen Variablen beschreibt nach Tab. 3.4 den Einfluss respektive der Bedeutung im Hinblick auf die jeweiligen endogenen Variablen. Als Ergebnis der Analyse ist der Einfluss des Anbieter- und Nachfragerinputs auf die Leistungsbereitschaft des Anbieters/Nachfragers groß bzw. mittelstark ausgeprägt. Der Anbieterinput hat einen geringen Effekt auf die interne Kapazitätseffizienz. Der geringe Effekt spiegelt sich auch in den zuvor signifikanten, jedoch niedrigen Wert des Pfadkoeffizienten der Beziehung Anbieterinput und interne Kapazitätseffizienz wieder ($\gamma_{5\,=}$ 0,197; p<0,01). Hier ist davon auszugehen, dass die Leistungsbereitschaft des Anbieters als Mediatorvariable zwischen dem Anbieterinput und der internen Kapazitätseffizienz fungiert. Eine Übersicht der Hypothesen sowie der zugehörigen Teilergebnisse zeigt Tab. 3.5.

Tab. 3.5 Ergebnis der inferenzstatistischen Analyse der Hypothesen. Das jeweilige Signifikanzniveau beträgt α = 0,05.

	Hypothesen	**Ergebnis**
H_1	Es besteht ein direkter und positiver Einfluss des *Anbieterinputs* auf die *Leistungsbereitschaft des Anbieters.*	Bestätigt
H_2	Es besteht ein direkter und positiver Einfluss des *Nachfragerinputs* auf die *Leistungsbereitschaft des Nachfragers.*	Bestätigt
H_3	Es besteht ein direkter und positiver Einfluss des Anbieterinputs auf die Effektivität der Substitution	Bestätigt
H_4	Es besteht ein direkter und positiver Einfluss des Nachfragerinputs auf die Effektivität der Substitution	Verworfen ($p = 0{,}736$)
H_5	Es besteht ein direkter und positiver Einfluss des *Anbieterinputs* auf die *interne Kapazitätseffizienz.*	Bestätigt
H_6	Es besteht ein direkter und positiver Einfluss der *Leistungsbereitschaft des Anbieters* auf die *interne Kapazitätseffizienz.*	Bestätigt
H_7	Es besteht ein direkter und positiver Einfluss der *Leistungsbereitschaft des Anbieters* auf die *Effektivität der Substitution.*	Bestätigt
H_8	Es besteht ein direkter und positiver Einfluss der *Leistungsbereitschaft des Nachfragers* auf die *Effektivität der Substitution.*	Bestätigt
H_9	Es besteht ein direkter und positiver Einfluss der *Leistungsbereitschaft des Anbieters* auf die *quantitativ vereinbarte Dienstleistungserbringung.*	Bestätigt
H_{10}	Es besteht ein direkter und positiver Einfluss der *Leistungsbereitschaft des Nachfragers* auf die *quantitativ vereinbarte Dienstleistungserbringung.*	Bestätigt
H_{11}	Es besteht ein direkter und positiver Einfluss der *Leistungsbereitschaft des Anbieters* auf die *quantitativ geleistete Dienstleistungserbringung.*	Bestätigt
H_{12}	Es besteht ein direkter und positiver Einfluss der *Leistungsbereitschaft des Nachfragers* auf die *quantitativ geleistete Dienstleistungserbringung.*	Bestätigt
H_{13}	Die quantitativ vereinbarte Dienstleistungserbringung beeinflusst die Effektivität der quantitativen Dienstleistung direkt positiv.	Bestätigt
H_{14}	Die quantitativ geleistete Dienstleistungserbringung beeinflusst die Effektivität der quantitativen Dienstleistung direkt positiv.	Bestätigt
H_{15}	Es besteht ein direkter und positiver Einfluss der *Leistungsbereitschaft des Anbieters* auf die *qualitativ erwartete Dienstleistungserbringung.*	Bestätigt
H_{16}	Es besteht ein direkter und positiver Einfluss der *Leistungsbereitschaft des Nachfragers* auf die *qualitativ erwartete Dienstleistungserbringung.*	Verworfen ($p = 0{,}132$)
H_{17}	Es besteht ein direkter und positiver Einfluss der *Leistungsbereitschaft des Anbieters* auf die *qualitativ geleistete Dienstleistungserbringung.*	Bestätigt
H_{18}	Es besteht ein direkter und positiver Einfluss der *Leistungsbereitschaft des Nachfragers* auf die *qualitativ geleistete Dienstleistungserbringung.*	Bestätigt
H_{19}	Die *qualitativ erwartete Dienstleistungserbringung* beeinflusst die *Effektivität der qualitativen Dienstleistung* direkt positiv.	Bestätigt
H_{20}	Die *qualitativ geleistete Dienstleistungserbringung* beeinflusst die *Effektivität der qualitativen Dienstleistung* direkt positiv.	Bestätigt

Tab. 3.5 (Fortsetzung)

	Hypothesen	Ergebnis
H_{21}	Die *Leistungsbereitschaft des Anbieters* beeinflusst die *Effizienz der Dienstleistung*serbringung direkt positiv.	Verworfen (-0,122, $p = 0{,}046$)
H_{22}	Die *Leistungsbereitschaft des Nachfragers* beeinflusst die *Effizienz der Dienstleistungserbringung* direkt positiv.	Bestätigt
H_{23}	Die *quantitativ geleistete Dienstleistungserbringung* beeinflusst die *Effizienz der Dienstleistungserbringung* direkt positiv.	Bestätigt
H_{24}	Die *qualitativ geleistete Dienstleistungserbringung beeinflusst* die *Effizienz der Dienstleistung* direkt positiv.	Bestätigt
H_{25}	Die *Effektivität der Substitution* beeinflusst den *Dienstleistungserfolg* direkt positiv.	Verworfen ($p = 0{,}830$)
H_{26}	*Interne Kapazitätseffizienz* beeinflusst den *Dienstleistungserfolg* direkt positiv.	Bestätigt
H_{27}	Die *Effektivität der quantitativen Dienstleistungserbringung* beeinflusst den *Dienstleistungserfolg* direkt positiv.	Bestätigt
H_{28}	Die *Effektivität der qualitativen Dienstleistungserbringung* beeinflusst den *Dienstleistungserfolg* direkt positiv.	Bestätigt
H_{29}	Die *Effizienz der Dienstleistungserbringung* beeinflusst den *Dienstleistungserfolg* direkt positiv.	Bestätigt

Die erklärte Varianz des Dienstleistungserfolges wird mit Hilfe des **Bestimmtheitsmaßes R^2** und der **Vorhersagevalidität Q^2** analysiert. Das aus der Regressionsanalyse bekannte R^2 gibt den Anteil der erklärten Varianz zur Gesamtvarianz an und misst die Anpassungsgüte einer Regressionsfunktion an die empirisch gewonnenen Daten. Dieser Varianzanteil ist nur für endogene Variablen berechenbar, die im Modell durch ihre zugeordneten latenten Variablen erklärt werden (Nitzl, 2010). Ein hoher Wert bedeutet, dass das entsprechende Konstrukt gut durch die im Modell vorhandenen Konstrukte erklärt werden kann. Bei einem geringen R^2-Wert sind zumeist weitere Einflussgrößen im Modell unberücksichtigt geblieben, die das entsprechende Konstrukt beeinflussen (Huber, 2007).

Zur Beurteilung der R^2-Werte liegen unterschiedliche Empfehlungen vor. So bewertet Chin (1998) erzielte Werte von 0,67 als „substanziell", 0,33 als „mittelgut" und 0,19 als „schwach". Nach Huber (2007) soll der erklärte Varianzanteil auf jeden Fall den Wert von 0,25 übersteigen, damit sich das aufgestellte Modell als geeignet beurteilen lässt. Tab. 3.6 zeigt, dass die endogenen Konstrukte mehr als 0,25 der Varianz aufklären. So stellt z. B. der für den Dienstleistungserfolg hier gemessene Wert von $R^2 = 0{,}648$ einen sehr guten Wert dar. Einzig die Leistungsbereitschaft des Nachfragers liegt unterhalb von 0,25 und wird nicht ausreichend durch die vorgelagerten Konstrukte erklärt.

Tab. 3.6 Bestimmtheitsmaß der Konstrukte

Konstrukt	R^2
Dienstleistungserfolg	0,648
Effektivität der Substitution	0,579
Effektivität der qualitativen Dienstleistungserbringung	0,648
Effektivität der quantitativen Dienstleistungserbringung	0,332
Effizienz der Dienstleistungserbringung	0,656
Interne Kapazitätseffizienz	0,640
Leistungsbereitschaft Anbieter	0,481
Leistungsbereitschaft Nachfrager	0,172
Qualitativ geleistete Dienstleistung	0,650
Qualitativ erwartete Dienstleistung	0,382
Quantitativ geleistete Dienstleistung	0,583
Quantitativ vereinbarte Dienstleistung	0,597

Auf der Strukturmodellebene wird für endogene, reflektiv operationalisierte Konstrukte die **Vorhersagevalidität Q^2** geprüft. Sie bewertet, wie gut das aufgestellte Modell die erhobenen Daten „rekonstruieren" kann. Dafür wird das bereits im Messmodell verwendete Stone-Geisser-Kriterium Q^2 verwendet, jedoch steht hier nicht die Kommunalität, sondern die Redundanz im Vordergrund (Huber, 2007). Der Wert sollte wesentlich größer als 0 sein, damit angenommen werden kann, dass das verwendete Modell die Rohdaten besser vorhersagen kann, als eine „naive" Schätzung mithilfe des Mittelwertes (Nitzl, 2010). Für das einzige reflektiv gemessene Konstrukt „Dienstleistungserfolg" ergibt sich eine zufriedenstellend große Prognoserelevanz von $Q^2 = 0{,}501$. Somit kann das Konstrukt gut durch die Einflussgrößen vorhergesagt werden.

3.3.7 Zusammenfassende Würdigung der Ergebnisse

Auf Grundlage der durchgeführten empirischen Analyse und statistischen Auswertung kann davon ausgegangen werden, dass ein reliables und valides Modell vorliegt. Die Mehrheit der postulierten Hypothesen wurde nicht abgelehnt.

Die ermittelten Zusammenhänge in der Potenzialdimension lassen darauf schließen, dass die Leistungsbereitschaft des Anbieters als Mediatorvariable zwischen Anbieterinput und der internen Kapazitätseffizienz fungiert. Des Weiteren beeinflusst die Leistungsbereitschaft die Effektivität der Substitution substanziell, wenngleich die Effektivität der Substitution keinen direkten Einfluss auf den Gesamterfolg aufweist.

In der Prozessdimension sind die starke Abhängigkeit der postulierten Konstrukte zu der Leistungsbereitschaft des Anbieters und die schwächere Abhängigkeit zu der Leistungsbereitschaft des Nachfragers hervorzuheben. Dabei hat die Leistungsbereitschaft des Anbieters eine signifikant positive und substanzielle Wirkung sowohl auf die interne Kapazitätseffizienz als auch die qualitativ und quantitativ geleistete und erwartete/vereinbarte Dienstleistungserbringung. Die Leistungsbereitschaft des Nachfragers hat einen signifikanten positiven Einfluss auf die qualitative und quantitative Dienstleistungserbringung und einen geringen bzw. keinen signifikanten Einfluss auf die quantitativ vereinbarte, respektive qualitativ erwartete Dienstleistungserbringung. Dieses Ergebnis ist aber nur mit Einschränkungen vertretbar, da die Beurteilung des Nachfragers durch die anbieterseitigen Teilnehmer der Umfrage erfolgte. Eine genauere Beurteilung der Wirkzusammenhänge kann in diesem Fall lediglich durch eine dyadische Befragung gewährleistet werden.

Die Effizienz der Dienstleistungserbringung wird weniger von der Leistungsbereitschaft, als viel mehr von dem tatsächlichen Prozessergebnis determiniert. Hervorzuheben ist, dass nur ein indirekter Zusammenhang zwischen der Leistungsbereitschaft des Anbieters und der Effizienz der Dienstleistungserbringung nachgewiesen werden konnte. In zukünftigen Untersuchungen ist daher zu prüfen, inwieweit die geleistete Dienstleistung (Prozessergebnis) als Mediatorvariable zwischen der Leistungsbereitschaft des Anbieters und der Effizienz der Dienstleistungserbringung fungiert.

Im Hinblick auf den Übergang von der Potenzial- über die Prozess- bis hin zur Ergebnisdimension zeigt sich, dass der Dienstleistungserfolg stärker von der Effektivität der quantitativen und qualitativen Dienstleistungserbringung abhängt als von der Effizienz. Dies bestätigt die Annahme, dass die Zielerreichung einen höheren Stellenwert als die Ergiebigkeit der Faktorkombination einnimmt. In einem nächsten Schritt ist zu analysieren, ob sich die Effektivität der Substitution auf andere Konstrukte der Dienstleistungserfolgsmaße auswirkt.

3.4 Entwicklung eines Kennzahlensystems

Das neue Produktivitätsmodell stellt ein wissenschaftlich abgesichertes Rahmenwerk für die Ausgestaltung eines unternehmensspezifischen Kennzahlensystems zur Produktivitätsbewertung dar. Als Grundgerüst dienen die konstituierenden Elemente der Wertschöpfungskette und der Produktivität von wissensintensiven Dienstleistungen. Durch Kennzahlen können die jeweiligen Erfolgsmaße operationalisiert werden, indem sie die konkrete Zielerfüllung bewertbar machen. Die Ziele können über die Werttreiber und implizit über spezifische Faktoren beeinflusst werden.

Im Rahmen des Projektes wurde ein Vorgehen zur Entwicklung eines Kennzahlensystems auf Basis des Produktivitätsmodells entwickelt und in mehreren Workshops bei den Projektpartnern validiert. Das Vorgehen gliedert sich in fünf Schritte:

1. Auswahl einer Dienstleistungsart bzw. eines Dienstleistungssegments
2. Bestimmung von strategischen Zielen (Erfolgsdimensionen) für die ausgewählte Dienstleistungsart
3. Kennzahlenspezifikation
4. Identifikation von Einflussfaktoren und beeinflussten Faktoren
5. Identifikation von Wechselwirkungen zwischen den Einflussfaktoren und implizit zwischen den Kennzahlen
6. Aufstellung des Kennzahlensystems

Wie bereits in Abschn. 3.3.4 beschrieben, weisen wissensintensive Dienstleistungen eine große Vielfalt auf. Im ersten Schritt ist es daher notwendig, unternehmensspezifische Besonderheiten zu berücksichtigen, indem der für die Aufgabenstellung notwendige Anwendungsbereich eingegrenzt wird. Unternehmen sollten ihre Kennzahlen nicht nur aus Gründen der Nutzen/Aufwand-Relation zielgerichtet entwickeln, sondern auch für den Vergleich von ähnlichen Dienstleistungsarten nutzbar gestalten (Benchmarking). Dies ist allerdings nur dann gegeben, wenn die Rahmenbedingungen vergleichbar bzw. nahezu identisch sind. Im Falle bereits existierender Dienstleistungstypologien im Unternehmen wird zuerst eine Auswahl getroffen (z. B. nach dem Anteil am Gesamtportfolio).

Im zweiten Schritt werden die wichtigsten strategischen Ziele identifiziert und festgeschrieben. Dieser Schritt ist notwendig, um einerseits die Verknüpfung zum Erfolg des Unternehmens zu gewährleisten und andererseits die Zielerreichung mittels Kennzahlen beurteilen zu können. Ohne eine klare Zielsetzung ist ein die Beurteilung der Zielerreichung nicht möglich. Allgemeine strategische Ziele können zum Beispiel in Anlehnung an das magische Dreieck des Projektmanagements definiert werden: Termine, Kosten und Leistung (Bea et al., 2011).

Der Bezug zum Produktivitätsmodell wird mit der Spezifikation von Kennzahlen hergestellt. Dabei operationalisieren die Kennzahlen die jeweiligen Erfolgsmaße in Abhängigkeit der spezifischen Dimensionen der Dienstleistungserbringung. Aufgabe einer Kennzahl ist es, relevante Zusammenhänge in verdichteter, quantitativer Form zu repräsentieren und für eine Entscheidungsunterstützung verfügbar zu machen. Grundsätzlich wird zwischen absoluten und relativen Kennzahlen unterschieden. Die Aussagekraft absoluter Kennzahlen ist aufgrund der fehlenden Bezugsgröße begrenzt, sodass meist relative Kennzahlen bevorzugt werden.

Grundsätzlich ist es notwendig, die Aufnahme und Spezifikation von Kennzahlen systematisch durchzuführen. Das im Projekt entwickelte und in den Evaluierungsworkshops eingesetzte System beinhaltet neben den allgemeinen Angaben zu der Kennzahl wie die Bezeichnung, Berechnungsvorschrift und die Einheit auch die Strategieintegration durch Festlegung der zugehörigen Erfolgsdimension und eines Zielwertes. Weiterhin sollten auch Aspekte bezüglich der Kommunikation (an wen und in welcher Form wird berichtet?), der Erhebung und Messung (Häufigkeiten und Datenquellen) sowie der Einflussfaktoren berücksichtigt werden.

Kennzahlen können in moderierten Workshops mit den direkt betroffenen Verantwortlichen aus relevanten Bereichen, wie z. B. Controlling, Prozessmanagement, strategische Projektleitung, ausgearbeitet werden. Durch eine heterogen zusammengesetzte Gruppe wird sichergestellt, dass das Prozesswissen gebündelt vorhanden ist und alle relevanten Informationen zur Verfügung stehen. Dabei können die übergeordneten Ziele sowie die Kennzahlen durch Moderationstechniken systematisch abgefragt und festgehalten werden.

Neben den Kennzahlen sind insbesondere die dazugehörigen Einflussfaktoren von großer Bedeutung für die Kennzahlensystementwicklung. Erst die Kenntnis dieser wechselseitigen Wirkzusammenhänge ermöglicht eine gezielte Beeinflussung der Produktivität „ohne Nebenwirkungen“. Dafür müssen einerseits sowohl die Einflussfaktoren auf die Zielsetzung und implizit auf die Kennzahl als auch die durch die Kennzahl beeinflussten

Faktoren genannt werden. Beispielhaft hängt die Auslastung von der Verfügbarkeit der Mitarbeiterinnen und Mitarbeiter ab und beeinflusst ihrerseits die Termineinhaltung direkt.

Die modellinduzierte Kennzahlentwicklung unterstützt Dienstleistungsmanager vor allem bei einer ganzheitlichen Identifikation von relevanten Kennzahlen für die Bewertung, Steuerung und Optimierung von komplexen Dienstleistungen. Beispielhaft stellt Abb. 3.6 das in einem Workshop bei dem Projektpartner entwickelte Kennzahlensystem in abstrahierter Form dar.

Bezüglich der identifizierten Kennzahlen bleibt festzuhalten, dass diese zum Teil bereits genutzt und zum Teil erst im Workshop erarbeitet worden sind. Die Wirkzusammenhänge wurden zum Zeitpunkt der Erfassung im Modell nur implizit berücksichtigt. Die in der Abb. 3.6 identifizierten Kennzahlen decken nicht im vollen Umfang alle Möglichkeiten und Perspektiven ab, sind aber ein erster Schritt vor allem bezüglich der frühen Phasen der Dienstleistungserbringung. So werden Dienstleistungsmanager befähigt, bereits in der Planung und in der Steuerung gezielt und auf fundierter Grundlage Entscheidungen zu treffen. Beispielhaft beeinflusst die Auslastung der Arbeitsperson sowohl seine Reaktion auf Anfragen als auch den Projektfortschritt direkt. Dabei können bei hoher Auslastung Fehler häufiger auftreten als bei geringer Auslastung. Der Projektfortschritt beeinflusst die Terminabweichung und diese sowohl den finanziellen Erfolg über den Deckungsbeitrag als auch die Kundenzufriedenheit. Ein zufriedener Kunde ist zum einen ein potentieller Neukunde, zum anderen empfiehlt er das Unternehmen weiter, sodass das zukünftige Auftragsvolumen und die Annahmequote steigen.

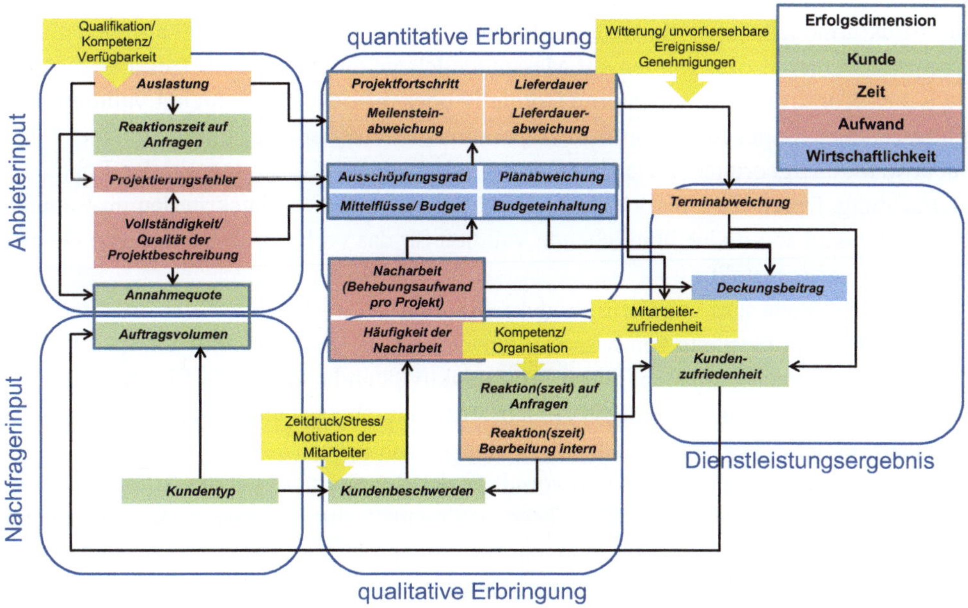

Abb. 3.6 Beispielhafte Darstellung eines unternehmensspezifischen Kennzahlensystems für eine wissensintensive Dienstleistungsart

Auszugsweise wurden identifizierte Einflussfaktoren in Abb. 3.6 als gelbe Rechtecke visualisiert. Sowohl beeinflussbare als auch weniger beeinflussbare Faktoren ermöglichen eine gezielte Gestaltung der Rahmenbedingungen, der Prozesse und Personen zur ganzheitlichen Steigerung der Produktivität. So ist klar ersichtlich, dass die richtige Einschätzung der eigenen Kompetenzen sowie der Anforderungen des Kunden einen wesentlichen Einfluss auf den Verlauf der Dienstleistung haben. Erneut wird bestätigt, dass die Planung wesentlich den Erfolg determiniert. Die Kennzahlen in der Prozessdimension haben eher eine steuernde Funktion und dienen der Fortschrittsverfolgung, sodass sie als Frühwarnindikatoren für den wirtschaftlichen oder terminlichen Erfolg oder Misserfolg fungieren. Für Unternehmen in der freien Marktwirtschaft ist nicht nur ein kurzfristiger wirtschaftlicher Erfolg, sondern auch ein konstantes, nachhaltiges Wachstum bedeutsam. Dies wird insbesondere durch erfolgreiche Kundenakquisition sowie -bindung erreicht. Dabei spielt die Kundenzufriedenheit eine zentrale Rolle.

3.5 Schlussbetrachtung und Fazit

Die vorliegende empirische Studie untersuchte als bislang erste ihrer Art die Einflussfaktoren auf die Produktivität wissensintensiver Dienstleistungen mit Hilfe inferenzstatistischer Verfahren. Zu diesem Zweck wurde aus theoretischen Überlegungen ein Strukturmodell erstellt, welches die identifizierten Zusammenhänge der dargestellten Konstrukte umfasst. Ein Strukturmodell, wie es in der vorliegenden Studie genutzt wurde, weist im Gegensatz zu klassischen Kausalanalysen einige Vorteile auf. Durch die Verwendung des Strukturmodells kann die Güte der Operationalisierung sowohl lokal als auch global überprüft werden. Lokal werden auf Messmodellebene mögliche Kausalzusammenhänge zwischen Konstrukt und Indikatoren (formativ oder reflektiv) differenziert validiert. Die globale Ebene hingegen überprüft die Operationalisierung auf Strukturmodellebene und rückt somit übergeordnete Zusammenhänge zwischen den Konstrukten in den Fokus der Betrachtung. Durch die Überprüfung der lokalen und globalen Gütekriterien im Rahmen der Studie wird somit eine hinreichende Validität für das vorliegende Modell von Dienstleistungen sichergestellt.

Das entwickelte und validierte Produktivitätsmodell setzt sich aus der dreidimensionalen Wertschöpfungskette von wissensintensiven Dienstleistungen und den spezifischen Teilproduktivitäten zusammen. Diese Teilproduktivitäten bewerten die Effizienz und Effektivität im Kontext der jeweiligen Dimension. Dadurch wird eine strukturierte, gezielte und ganzheitliche Bewertung der Dienstleistung ermöglicht.

Bei der Beurteilung der Güte und vor allem der Repräsentativität des Strukturmodells kommt der Qualität der Stichprobendaten naturgemäß eine zentrale Bedeutung zu. Im Rahmen der Untersuchung ist es gelungen, eine Stichprobe zu erheben und zu analysieren, welche sich mehrheitlich mit komplexen Dienstleistungen befasst. Fast 80% der rekrutierten Teilnehmer konnten mit Hilfe der NACE Rev. 2 den marktbezogenen oder Spitzentechnologie nutzenden Dienstleistungssektoren zugeordnet werden. Dies impliziert, dass die abgeleiteten Ergebnisse und Befunde vor allem für diese Dienstleistungsbereiche generalisierbar sind.

Fraglich ist, inwiefern das Modell die Produktivitätslogiken anderer Dienstleistungsbereiche beschreibt. So ist die Übertragbarkeit auf die Finanz- und Versicherungsdienstleistungen nur begrenzt möglich, da sich die relative Zahl der Teilnehmer in dieser Dienstleistungsbranche lediglich auf 5,44% belief.

Weiterhin war die Befragung so angelegt, dass der Dienstleistungsanbieter zu seinen Erfahrungen befragt wurde. Dies führt dazu, dass auch diejenigen Fragen, die sich auf Merkmale und Verhalten des Nachfragers beziehen, durch den Anbieter beurteilt wurden. Diese Beurteilung spiegelt demnach eine subjektive äußere Einschätzung wider. Der geringe zusätzliche Erhebungsgewinn bei gleichzeitig hohem Aufwand, der für eine dyadische Erhebung beider Parteien erforderlich wäre, rechtfertigt aber dieses Vorgehen.

Bei der Verwendung von Strukturgleichungsmodellen und der für die Auswertung genutzten Software (Smart PLS) können lediglich lineare Zusammenhänge berücksichtigt werden. Es ist aber davon auszugehen, dass nicht nur lineare, sondern auch nichtlineare Zusammenhänge zwischen den Konstrukten existieren. Zudem setzen die formativen latenten Konstrukte im Vergleich zur reflektiven Operationalisierung eine vollständige Erfassung aller relevanten Indikatoren voraus. Da die Indikatoren auf Skalen verschiedener Autoren sowie theoretischen Überlegungen aufbauen, ist es möglich, dass relevante Indikatoren nicht berücksichtigt wurden. Eine weitere Besonderheit formativer Messmodelle ist, dass auch unter Umständen wenig aussagekräftige Indikatoren aufgrund einer inhaltlichen Begründung beibehalten werden. Dies führt unter Umständen zu (unnötig) umfangreichen Messmodellen und sollte ebenfalls anhand von theoretischen Überlegungen genauer untersucht werden.

Insgesamt betrachtet wurde aufbauend auf einer allgemein anerkannten Definition von wissensintensiven Dienstleistungen und der Produktivitätslogik ein ganzheitliches Modell zur Bewertung der Produktivität entwickelt. Das Modell beschreibt nicht nur die einzelnen Variablen zur Produktivitätsbewertung, sondern auch die spezifischen Messpunkte entlang der gesamten Wertschöpfungskette einer Dienstleistung.

Das Modell wurde als erstes seiner Art statistisch umfangreich validiert. Unter Berücksichtigung der Rahmenbedingungen sowie der Grenzen der Untersuchung sind die gewonnenen Ergebnisse weltweit einzigartig. Sie bestätigen die nicht immer als selbstverständlich angenommene Erkenntnis, dass im Falle von Wissensarbeit die Effektivität wichtiger ist als die Effizienz. Zudem schafft das Modell erstmalig eine Verbindung zwischen quantitativen und qualitativen Einflussfaktoren.

Die Anschlussfähigkeit an die Umsetzung und Anwendung in der Praxis ist durch den Vorlagencharakter gegeben. Wie beispielhaft veranschaulicht erfolgt mit Hilfe des Produktivitätsmodells eine strukturierte und systematische Entwicklung eines spezifischen Kennzahlensystems für eine bestimmte Dienstleistungsart oder –unternehmen. Durch die implizite Berücksichtigung der wesentlichen Einflussfaktoren und Wechselwirkungen können insbesondere nachhaltige Entscheidungen auf einer fundierten Basis getroffen werden.

Schlagworte: Wissensintensive Dienstleistung, komplexe Dienstleistung, Produktivität der Dienstleistung, Kennzahlen

Literatur

Albers, Sönke und Hildebrandt, Lutz (2006): Methodische Probleme bei der Erfolgsfaktorenforschung : Messfehler, formative versus reflektive Indikatoren und die Wahl des Strukturgleichungs-Modells, Schmalenbachs Zeitschrift für betriebswirtschaftliche Forschung : Zfbf 58 [1, (2)], Seite 2-33.

Backhaus, Klaus; Erichson, Bernd und Weiber, Rolf (2013): Fortgeschrittene multivariate Analysemethoden, Springer Gabler, Berlin [u.a.], ISBN: 9783642373633.

Baumgärtner, Maria und Bienzeisler, Bernd (2006): Dienstleistungsproduktivität: konzeptionelle Grundlagen am Beispiel interaktiver Dienstleistungen, Fraunhofer-IRB-Verl., Stuttgart, ISBN: 978-3-8167-7334-4.

Bea, Franz Xaver; Scheurer, Steffen und Hesselmann, Sabine (2011): Projektmanagement, 2., überarb. und erw. Aufl. Auflage, UVK Verl.-Ges., Konstanz [u.a.], ISBN: 978-3-8252-2388-5.

Birnbaum, Michael H. (2004): Human Research and Data Collection via the Internet, Annual Review of Psychology 55 [1], Seite 803-832.

Bruhn, Manfred (2011): Dienstleistungsproduktivität : Management, Prozessgestaltung, Kundenperspektive, Hadwich, Karsten, Wiesbaden : Gabler Verlag / Springer Fachmedien Wiesbaden GmbH, Wiesbaden, ISBN: 978-3-8349-6664-3.

Bruhn, Manfred und Blockus, Marc-Oliver (2011): Komplexität und Produktivität bei Dienstleistungen, Manfred Bruhn, Karsten Hadwich, Dienstleistungsproduktivität 1 Seite 59-87, Gabler, Wiesbaden.

Chin, W. W. (1998): Issues and opinion on structural equation modeling, Mis Quarterly 22 [1], Seite Vii-Xvi.

Churchill, G. A. und Surprenant, C. (1982): An Investigation into the Determinants of Customer Satisfaction, Journal of Marketing Research 19 [4], Seite 491-504.

Corsten, Hans und Gössinger, Ralf (2007): Dienstleistungsmanagement, 5., vollst. überarb. und wesentlich erw. Aufl. Auflage, Oldenbourg, München [u.a.], ISBN: 978-3-486-58237-6.

DIN (2009): 69901, Projektmanagement – Projektmanagementsysteme, Berlin, Beuth Verlag

Donabedian, Avedis (1980): The Definition of Quality and Approaches to its Assessment, Health Administration Press, Ann Arbor, Michigan, ISBN: 0-914904-47-7.

Eurostat (2009): High-technology and knowledge based services aggregation based on NACE Rev. 2, Eurostat, January 2009

Eurostat (2013): Glossar: Klassifikation der wissensintensiven Dienstleistungs-Bereiche, European Commission, 2013, 05.12.2014

Fähnrich, Klaus-Peter; Meiren, Thomas; Barth, Tilmann; Hertweck, Andreas; Baumeister, Michael; Demuß, Lutz; Gaiser, Brigitte und Zerr, Konrad (1999): Service engineering: Ergebnisse einer empirischen Studie zum Stand der Dienstleistungsentwicklung in Deutschland, Fraunhofer-IRB-Verl., Stuttgart, ISBN: 3-8167-5308-6.

Fitzsimmons, James A. und Fitzsimmons, Mona J. (2011): Service management: operations, strategy, information technology, 7. ed., internat. ed. Auflage, McGraw-Hill, Boston, Mass. [u.a.], ISBN: 0-07-128927-5978-0-07-128927-6.

Fuchs, Andreas (2011): Methodische Aspekte linearer Strukturgleichungsmodelle : ein Vergleich von kovarianz- und varianzbasierten Kausalanalyseverfahren, Würzburg : Betriebswirtschaftliches Inst., Lehrstuhl für BWL und Marketing, ISBN: 9783000343629.

Gutenberg, Erich (1958): Einführung in die Betriebswirtschaftslehre, Betriebswirtschaftl. Verl. Gabler, Wiesbaden, ISBN: 34098801193409880127.

Hair, J.F.; Hult, G.T.M.; Ringle, C. und Sarstedt, M. (2013): A Primer on Partial Least Squares Structural Equation Modeling (PLS-SEM), SAGE Publications, ISBN: 9781483321455.

Hilke, Wolfgang (1989): Dienstleistungs-Marketing, Betriebswirtschaftlicher Verlag, Wiesbaden.

Huber, Frank (2007): Kausalmodellierung mit Partial Least Squares : eine anwendungsorientierte Einführung, 1. Aufl. Auflage, Huber, Frank, Wiesbaden : Gabler, ISBN: 9783834905611.
Jahn, Steffen (2007): Strukturgleichungsmodellierung mit LISREL, AMOS und SmartPLS. Eine Einführung, Wirtschaftswissenschaftliches Diskussionspapier, Seite 2-44.
Johnston, Robert und Jones, Peter (2004): Service productivity, International Journal of Productivity and Performance Management 53 [3], Seite 201-213.
Karlöf, Bengt (1999): Effizienz, Hanser, München, ISBN: 3446212647.
Lasshof, Britta (2006): Produktivität von Dienstleistungen : Mitwirkung und Einfluss des Kunden, 1. Aufl. Auflage, Wiesbaden : Dt. Univ.-Verl., ISBN: 3-8350-0255-4.
Lechler, Thomas (1997): Erfolgsfaktoren des Projektmanagements, Frankfurt am Main [u.a.] : Lang, ISBN: 3-631-31761-1.
Maleri, Rudolf und Frietzsche, Ursula (2008): Grundlagen der Dienstleistungsproduktion, 5., vollst. überarb. Aufl. Auflage, Springer, Berlin [u.a.], ISBN: 978-3-540-74058-2.
Meffert, Heribert und Bruhn, Manfred (2012): Dienstleistungsmarketing
Grundlagen - Konzepte - Methoden, 7., überarb. und erw. Aufl. Auflage, Springer Gabler, Wiesbaden, ISBN: 978-3-8349-3442-0.
Möller, Sabine (2008): Gültigkeit der Charakteristika von Dienstleistungen - eine Frage des Bezugsobjektes, Benkenstein, Martin, Neue Herausforderungen an das Dienstleistungsmarketing, Betriebswirtschaftlicher Verlag Dr. Th. Gabler / GWV Fachverlage GmbH, Wiesbaden, Wiesbaden.
Nitzl, Christian (2010): Eine anwenderorientierte Einführung in die Partial Least Square (PLS)-Methode, Hamburg: Universitat Hamburg: Industrielles Management, Arbeitspapier [21], Seite http://papers.ssrn.com.
Ojasalo, Katri (1999): Conceptualizing productivity in services, Helsingfors : Swedish School of Economics, ISBN: 951-555-584-1.
Parasuraman, A.; Zeithaml, V. A. und Berry, L. L. (1988): Servqual - a Multiple-Item Scale for Measuring Consumer Perceptions of Service Quality, Journal of Retailing 64 [1], Seite 12-40.
Petz, Andreas; Duckwitz, Sönke; Schmalz, Christina; Mütze-Niewöhner, Susanne und Schlick, Christopher M (2013): Development and Evaluation of a Novel Service Productivity Model, Meier, Horst, Product-Service Integration for Sustainable Solutions Seite 383-394, Springer Berlin Heidelberg.
Ringle, Christian M.; Wende, Sven und Becker, Jan-Michael (2014): SmartPLS 3, Hamburg, SmartPLS, 14.05.2015
Schlick, Christopher (2010): Arbeitswissenschaft, 3., vollst. überarb. und erw. Aufl. Auflage, Springer, Heidelberg [u.a.], ISBN: 978-3-540-78332-9.
Schlick, Christopher M. und Demissie, Bruno (2016): Product Development Projects: Dynamics and Emergent Complexity, Springer International Publishing, ISBN: 978-3-319-21716-1.
Schloderer, Matthias P.; Ringle, Christian Marc und Sarstedt, Marko (2009): Einführung in die varianzbasierte Strukturgleichungsmodellierung : Grundlagen, Modellevaluation und Interaktionseffekte am Beispiel von SmartPLS, Theorien und Methoden der Betriebswirtschaft : Handbuch für Wissenschaftler und Studierende, Seite 573-601.
Schmenner, Roger W. (1995): Service operations management, Prentice Hall, Englewood Cliffs, NJ.
Sink, D. S. (1985): Productivity management, Wiley, New York [u.a.], ISBN: 0471891762.
Thielsch, Meinald T. und Weltzin, Simone (2012): Online-Umfragen und Online-Mitarbeiterbefragungen, Thielsch, Meinald und Brandenburg, Torsten, Praxis der Wirtschaftspsychologie, Verl.-Haus Monsenstein und Vannerdat, Münster.
Werner, C und Schermelleh-Engel, K (2009): Structural equation modeling: Advantages, challenges, and problems, Introduction to Structural Equation Modeling with LISREL.

4 Metamodellierung wissensintensiver Dienstleistungen

Jörg von Garrel und Mirko Marutzki

4.1 Einleitung

Den Ausgangspunkt für den viel zitierten „Marsch in die Dienstleistungsgesellschaft" (Fourastiè 1954) bildet der hohe Wettbewerbsdruck zwischen den Unternehmen im Zuge der Globalisierung. Daraus leitet sich für Unternehmen unter anderem die Notwendigkeit ab, das breite Leistungsspektrum wissensintensiver Dienstleister (wie Forschungs-, Entwicklungs- und Beratungsleistungen) in Anspruch zu nehmen, um ihre Sachleistungen zur Förderung des Absatzes mit attraktiven Dienstleistungen zu ergänzen (Meffert und Bruhn 2009). Des Weiteren sind die Unternehmen gezwungen, den Fokus ihrer Aktivitäten auf ihre Kernkompetenzen zu richten, was dazu führt, dass Dienstleistungen immer häufiger über global agierende Anbieter eingekauft und nicht mehr ausschließlich mit Hilfe eigener Inhouse-Kapazitäten erstellt werden (Seshasai und Gupta 2004).

Im Hinblick auf die internationale Wettbewerbsfähigkeit von in Industrieländern erstellten wissensintensiven Dienstleistungen sind Steigerungen der Produktivität von essentieller Bedeutung und bedürfen der wissenschaftlichen Aufmerksamkeit. Um den Wohlstand einer Volkswirtschaft langfristig zu erhalten, ist Produktivitätswachstum eine unabdingbare makroökonomische Voraussetzung. Aus Sicht der Betriebswirtschaft wer-

J. von Garrel (✉)
SRH Fernhochschule Riedlingen, Lange Straße 19, 88499 Riedlingen, Deutschland
E-Mail: joerg.vongarrel@hs-riedlingen.de

M. Marutzki
Fraunhofer-Institut für Fabrikbetrieb und -automatisierung IFF, Geschäftsfeld Logistik- und Fabriksysteme, Sandtorstr. 22, 39106 Magdeburg, Deutschland

C. M. Schlick et al. (Hrsg.), *Produktivitätsmanagement von Dienstleistungen*,
DOI 10.1007/978-3-642-45071-6_4

den aufgrund von Produktivitätssteigerungen Kostenvorteile realisiert und somit die Wettbewerbsfähigkeit von Unternehmen sichergestellt (Bartsch et al. 2011).

Zwar sind Methoden und Werkzeuge zur Bestimmung der Produktivität im Dienstleistungssektor bereits in früheren wissenschaftlichen Ansätzen behandelt worden (Heaton 1977; Blois 1984; Sherman 1984; Potts 1988; Shaw 1988; Corsten 1994; Reichwald und Möslein 1995; Ojasalo 1999; Johnston und Jones 2003; Lasshof 2005). Dennoch ist es bis heute nicht gelungen, ein ganzheitliches und allgemein akzeptiertes Verständnis von Dienstleistungsproduktivität zu entwickeln (Ganz et al. 2006; Bienzeisler und Baumgärtner 2007).

Das Verständnis der Dienstleistungsproduktivität kann durch eine Beschreibungsgrundlage verbessert werden. Ein passendes Instrument zur formalen Beschreibung bietet dabei das Metamodell, mit dessen Hilfe es möglich ist, die elementaren Objekte der Dienstleistungsdomäne sowie deren Beziehungen untereinander abzubilden.

4.2 Literaturanalyse

Innerhalb der letzten Jahre kann eine Vielzahl verschiedener Modellierungsansätze zur Beschreibung von Dienstleistungen identifiziert werden, die aufgrund unterschiedlicher Erkenntnisinteressen starke Differenzen hinsichtlich ihrer Ausgestaltung aufweisen und durch die Komplexität von Dienstleistungen zu erklären sind. Existierende Ansätze beschreiben entweder Teilaspekte (z. B. nicht-funktionale Eigenschaften) der Dienstleistung oder zielen auf einen ganzheitlichen Ansatz, aus dem aber ein gleichzeitig höherer Abstraktionsgrad der Dienstleistung resultiert (z. B. Hermsen 2000 und Grieble 2004). (Meta-)Modelle zur Darstellung der Dienstleistungsproduktivität sind bisher aber nicht vorzufinden.

Vor diesem Hintergrund werden für die Reflexion des Forschungsgegenstandes und die Klarheit der Struktur des (Meta-)Modells der Betrachtungsraum (Wissensintensive industrielle Dienstleistungen) sowie der Betrachtungsgegenstand (Produktivität von Dienstleistungen) kurz vorgestellt.

4.2.1 Wissensintensive industrielle Dienstleistungen

Der Begriff der wissensintensiven Dienstleistung entstand in Anlehnung an die Begriffe der kapital- und arbeitsintensiven Leistungen und betont, dass nicht mehr nur die klassischen Ressourcen Kapital und Arbeit als entscheidende Produktionsfaktoren fungieren, sondern insbesondere auch das Wissen der Mitarbeiter eines Unternehmens als entscheidender Wettbewerbsfaktor anzusehen ist (Cramer 2002). Industrielle Dienstleistungen wiederum erweitern rein investive Dienstleistungen dahingehend, dass sie auch Investitionsgüterhersteller als Dienstleistungsanbieter mit einschließen (B 2B-Dienstleistungen). Im Vergleich zu nicht-wissensintensiven Dienstleistungen (z. B. Gebäudereinigung) lassen sich wissensintensive industrielle Dienstleistungen somit durch die hohe vorherrschende Wissensintensität entlang der eigenen Wertschöpfungskette abgrenzen (Hansen 2009). Nachfrager dieser Dienstleistungen sind dabei (produzierende) Unternehmen, die auf Basis einer Problemstellung innerhalb ihres Produktionssystems eine entsprechende Lösung erwarten. Wissensintensive industrielle Dienstleistungen erfordern in diesem Zusammenhang somit ein hohes Maß an Problemlösungskompetenz der Beteiligten und werden überwiegend in Projektstrukturen durchgeführt. Auf Ebene der integrierten, kunden- und nachfragerbezogenen Projektteams und Mitarbeiter/-innen findet dabei eine hochgradige Vernetzung im Prozess der Dienstleistungserbringung statt, wobei der damit verbundene Informationsfluss zu einer Komplexitätserhöhung des Menschen als Dienstleistungserbringer wie auch als Dienstleistungsempfänger führt und einen unmittelbaren Einfluss auf die Produktivität hat. So kennt jeder Akteur in wissensintensiven Tätigkeiten die berufliche Situation, in der durch das unregulierte Eintreffen von Informationen, wie durch die situationsspezifisch notwendige Beschaffung von Informationen oder die Teilnahme an Meetings, der eigentliche Arbeitsfluss gestört wird und so die Produktivität hinsichtlich der zu bearbeitenden Aufgabe (Dienstleistungserbringungsprozess) beeinflusst wird. Weiterhin können die Auftraggeber die Anforderungen (bspw. beim Neu- bzw. Umbau eines Produktionssystems (Fabrik, Halle, etc.)) immer später spezifizieren, sodass ein kontinuierlicher Informations- und Handlungsfluss nicht gewährleistet ist und die Variabilität, also das Ausmaß und die Vorhersagbarkeit von Änderungen der Aufgaben im Erstellungsprozess, sehr ausgeprägt ist.

4.2.2 Dienstleistungsproduktivität als Betrachtungsraum

Der Begriff der Produktivität spielt in der Betriebswirtschaft seit ihrer Gründung als Wissenschaftsdisziplin eine besondere Rolle. Daher finden sich vielfältige Ansätze zur Produktivitätsbewertung. Dennoch ist es bisher nicht gelungen, einen einheitlichen Ansatz zur Begriffserklärung und ein umfassendes methodisches Konzept zum Produktivitätsmanagement zu entwickeln. Allgemein ausgedrückt beschreibt die Produktivität das Verhältnis von Output und Input der eingebrachten Produktionsfaktoren bzw. nach Gutenberg die „Ergiebigkeit der betrieblichen Faktorkombination“ (Zirpins 2007). Der Begriff der Produktivität ist dabei inhaltlich abzugrenzen von den Begriffen der Effektivität und der Effizienz. Bei Effizienz geht es im Wesentlichen darum, „Dinge“ – oftmals Aktivitäten – richtig zu tun und bei Effektivität darum, die richtigen „Dinge“ zu tun. Die Effizienz einer Tätigkeit wird dabei als quotiale Verknüpfung des mengenmäßigen Outputs und Inputs aufgefasst, deren Ergebnis in Beziehung zu einem zu definierenden Standard gestellt wird. Die Bestimmung von Produktivität bedient sich dem gleichen Quotienten, der aber nicht in Bezug auf einen Standard, sondern zum Vergleich zwischen Leistungsprozessen, respektive Leistungseinheiten herangezogen wird (Ganz et al. 2006).

Da der Kunde im Rahmen der Dienstleistungserbringung eine ambivalente Position einnimmt, bei der er einerseits am Wertschöpfungsprozess beteiligt ist, andererseits die (gemeinsam mit dem Dienstleister) erbrachte Leistung empfängt, beeinflusst er somit maßgeblich den Wert des Outputs, also die Produktivität. Ein Produktivitätsmanagement von Dienstleistungen verlangt daher nach neuen Konzepten und Vorgehensweisen, die neben anbieter- besonders nachfragebezogene Einflussgrößen berücksichtigen (von Garrel und Peters 2009).

Es finden sich jedoch in der Literatur keine konkreten Fallstudien zur Dienstleistungsproduktivität. Das zentrale Problem bei der quantitativen Bestimmung der Produktivität von Dienstleistungen ist, dass die exakte Ermittlung von Input und Output schwierig ist, weil sowohl die Ausprägung des Inputs als auch des Outputs mit Unsicherheiten behaftet ist. So ergeben sich für die Bestimmung der Produktivität von Dienstleistungen insbesondere Herausforderungen hinsichtlich der Erfassung von In- und Outputs, der Berücksichtigung von kundenbezogenen Wertschöpfungsanteilen, der Regulierung von Kapazitäts- und Nachfrageschwankungen sowie der Berücksichtigung der Dienstleistungsqualität und Kundenzufriedenheit.

Grönroos und Ojasalo (2004) definieren die Dienstleistungsproduktivität als Funktion der internen Effizienz, der externen Effizienz und der Kapazitätseffizienz. Basis dieser Erläuterung ist eine dreiteilige Einteilung des Dienstleistungsprozesses in:

1. Backoffice, in welchem der Anbieter die Leistung unabhängig vom Kunden produzieren kann,
2. Service Encounter, wo Anbieter und Kunde in direkter Interaktion aufeinander treffen,
3. Selfservice, anhand welcher der Kunde isoliert vom Anbieter auf Basis der vorhandenen Infrastruktur zu eigenständigen Erstellung der Dienstleistung befähigt wird.

Beeinflussen dabei die Inputs der Dienstleister die ersten beiden Punkte direkt sowie Punkt drei indirekt, können die Inputs des Kunden die letzten beiden Punkte direkt sowie den ersten indirekt steuern. Die Kombination der Inputs bestimmt dabei die interne Effizienz des Dienstleisters; die externe Effizienz (auch Outputqualität) gibt an, inwiefern die vom Kunden wahrgenommene Dienstleistungsqualität (anhand einer vorgegebenen Anzahl von Produktionsfaktoren) erreicht und verbessert werden kann. Diese wird somit durch die Kundeninteraktion bzw. den Dienstleistungsprozess und das Dienstleistungsergebnis beim Kunden bestimmt und mündet mit dem Eindruck des Kunden über das Unternehmen in der vom Kunden (subjektiv) wahrgenommenen Dienstleistungsqualität. Die Kapazitätseffizienz (auch Outputquantität) wird wiederum durch die Effizienz der Produktionskapazität anhand der Auslastung durch den Kunden bestimmt (Bienzeisler und Baumgärtner 2007).

4.3 Metamodellbetrachtung

Um nun eine zielgerichtete Analyse der Beziehungen, Abhängigkeiten und Interdependenzen zwischen den einzelnen Domänen bzw. Akteuren, die im Kontext der wissensintensiven industriellen Dienstleistungserbringung relevant sind und zum Dienstleistungsziel beitragen, zu berücksichtigen und ihre Einflüsse auf die Domänen zu untersuchen, bietet sich eine ganzheitliche Modellierung bzw. Modellbildung an. Genau diese Aufgabe wird durch ein Metamodell erfüllt (Brugger 2005). Ein Metamodell befindet sich eine Abstraktionsebene über dem Modell und legt die Komponenten und Regeln fest, auf Basis dessen ein Modell entwickelt wird. Durch den Bauplan, den das Metamodell vorgibt, ist die Modellkonstruktion für mehrere Betrachter gleichermaßen transparent und nachvollziehbar (Baumöl 2008). Nach Sinz (1997) spezifizieren Metamodelle „[...] die verfügbaren Arten von Bausteinen (Meta-Objekte), die Beziehungen zwischen den Bausteinen (Meta-Beziehungen) sowie Konsistenzbedingungen für die Verwendung von Bausteinen und Beziehungen“ (Sinz 1997). Jedoch gibt es für die Semantik und die Syntax von Metamodellen keine einheitliche und verbindliche Normierung, was in der Praxis nicht nur zu stark voneinander abweichenden Ausprägungen führt, sondern ebenso keine einheitliche Verwendung des Metamodellbegriffes zulässt (Brugger 2005). Hinzu kommt, dass Modelle jeder Abstraktionsebene stets eine gewisse Subjektivität aufweisen, die der Wahrnehmung und Auslegung der realen Welt (Umwelt) durch den Modellierer, der Auslegung der durch das Modell zu erreichenden Ziele sowie dem Gebrauch von Freiheitsgraden bei der Gestaltung des Modellsystems geschuldet sind (Sinz 1997).

Um sich der Metamodellebene anzunähern, kann die 4-Ebenen-Architektur der Modellierung herangezogen werden, welche in Abb. 4.1 beispielhaft auf die Unternehmensbetrachtung bei wissensintensiven industriellen Dienstleistern und produzierenden Unternehmen angewendet wird.

Innerhalb der Ausprägungsebene werden tatsächliche, spezifische und instanziierte Sachverhalte dargestellt. Jedem Objekt der Modellierung steht genau ein Objekt aus der realen Welt gegenüber (Grieble 2004). Ein Beispiel für ein abzubildendes Objekt aus der Realität wäre das metallverarbeitende Unternehmen Thyssen Krupp. In der Anwendungsebene werden die Eigenschaften des Ausprägungsmodells auf ein allgemeineres Modell abstrahiert, das keine instanziierten Sachverhalte wiedergeben kann, aber in anwendungsbezogenem Kontext steht (Grieble 2004). Dabei wird das Realweltobjekt „Thyssen Krupp“ auf den Wirtschaftszweig der metallverarbeitenden Industrie abstrahiert. Die dritte Dimension der Abstraktion wird durch die Metamodellebene beschrieben. Modelle dieser Ebene werden durch die Abstraktion des Anwendungsbezuges dargestellt (Grieble 2004). Das Modellobjekt „metallverarbeitende Industrie“ kann auf Metamodellebene auf den Sektor der produzierenden Unternehmen abstrahiert werden. Die letzte Abstraktionsebene innerhalb der 4-Ebenen-Architektur wird durch die Meta-Metamodellebene beschrieben. Sie fast lediglich die Elemente der Metamodellebene in einem Objekttyp zusammen (Grieble 2004).

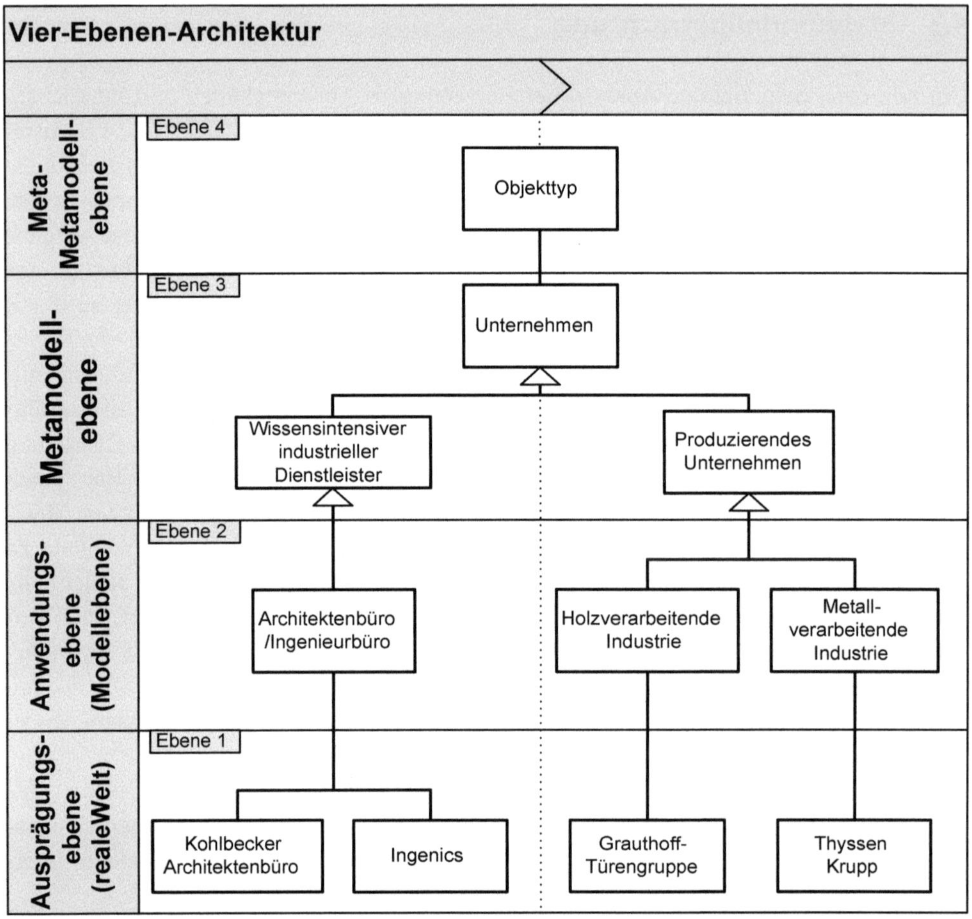

Abb. 4.1 Abstraktionsebenen der Modellierung (eigene Darstellung) in Anlehnung an. (Scheer 2002)

4.4 Praktische Modellumsetzung

Um das Metamodell flexibel und erweiterbar zu konstruieren, empfiehlt es sich, auf eine allgemeingültig anerkannte Modellierungssprache zurückzugreifen. Daher wird im Rahmen der Metamodellierung zur Visualisierung die objektorientierte Modellierungssprache UML verwendet. Bei der UML (Unified Modeling Language) handelt es sich um ein objektorientiertes, grafisches Sprachkonzept, welches zur Modellierung, Abstraktion, Dokumentation, Visualisierung und Spezifizierung beliebiger Anwendungssysteme verwendet wird. Dafür liefert sie Notationselemente, gleichermaßen für statische und dynamische Modelle.

Bezogen auf die Zielstellung dieses Artikels - eine ganzheitliche Beschreibung der Produktivität wissensintensiver industrieller Dienstleistungen auf Metamodellebene - werden alle Gestaltungsobjekte, die typischerweise im zu betrachtenden Untersuchungsraum auftreten, abgebildet und auf Metamodellebene in Beziehung zueinander gesetzt.

Gerade vor dem Hintergrund des projektorientierten Charakters dieser Dienstleistungen ist es sinnvoll, neben einem strukturbasierten Klassendiagramm, in dem die grundlegende Modellstruktur visualisiert wird, auch ein verhaltensbasiertes Aktivitätsdiagramm, das die Prozessschritte der Dienstleistungserbringung darstellt, zu entwickeln.

4.4.1 Betrachtung des verhaltensbasierten Metamodells

Die Zielstellung für die verhaltensbasierte Modellbetrachtung ist es, eine übergeordnete Sicht (Metaebene) der Prozesse zwischen einem produzierenden Unternehmen als Kunden und einem wissensintensiven industriellen Dienstleister zu visualisieren.

Visualisiert wird das verhaltensbasierte Metamodell mithilfe des Aktivitätsdiagramms, wobei die Hervorhebung der beiden Akteure innerhalb des Dienstleistungsprozesses über die Beschreibungsmöglichkeit des Aktivitätsbereiches vorgenommen wird.

Der auslösende Faktor des Prozesses ist eine durch den Einfluss von Veränderungs- und Wertschöpfungstreibern entstandene Problemstellung, die vom produzierenden Unternehmen nicht eigenständig bewältigt werden kann. Dabei kann es sich beispielsweise um Planungs- und Unterstützungstätigkeiten beim Bau eines neuen Fabrikgebäudes handeln. Aus dieser Problemanalyse geht eine deklarierte Anfrageerstellung hervor, die an einen wissensintensiven industriellen Dienstleister weitergegeben wird und von diesem entsprechend bearbeitet wird. Daraus folgend wird eine Sondierung beim Kunden durchgeführt, welche im Allgemeinen eine Unternehmensbesichtigung sowie eine Klärung der Zielvorstellungen beinhaltet. Dieser Vorgang klärt u. a. Fragestellungen wie beispielsweise, ob das Budget des Kunden den Anforderungen der Problemstellung entspricht. Des Weiteren wird geklärt, ob der Dienstleistungsanbieter die entsprechenden Kompetenzen zur Bearbeitung der Problemstellung besitzt. Auf Basis der Erkenntnisse dieser Sondierung beurteilt der Dienstleister daraufhin die Realisierbarkeit. Ist eine Realisierung auf Anbieterseite nicht möglich, wird sich das produzierende Unternehmen nach einem alternativen Anbieter umschauen. Im Falle der Realisierbarkeit wird der wissensintensive industrielle Dienstleister eine (Vor-)Kalkulation, die eine Berücksichtigung des aktuellen Leistungsvermögens beinhaltet, durchführen, die in der Erstellung eines Angebots (inkl. Kosten- und Zeitplanung) mündet. Je nach Strategie des produzierenden Unternehmens erfolgt diese Angebotseinholung bei einem oder mehreren dienstleistenden Unternehmen, wobei daraufhin eine Angebotsprüfung durchgeführt wird. Im Rahmen dieser Prüfung kann es dabei zu potenziellen Verhandlungen hinsichtlich des Angebots kommen, die im Ergebnis in eine Angebotsbestätigung und somit auch einen Vertrag münden. Auf der Anbieterseite erfolgt daraufhin entsprechend den vertraglichen Regelungen der Personaldisposition, in deren Zuge der Projektleiter und das Projektteam verbindlich definiert werden. Darauf aufbauend beginnt die eigentliche Erbringung der Dienstleistung, die mit einer Analysephase startet. Entscheidenden Einfluss für eine effektive und effiziente Erbringung wissensintensiver Dienstleistungen besitzt dabei die Prozessintegration des externen Faktors

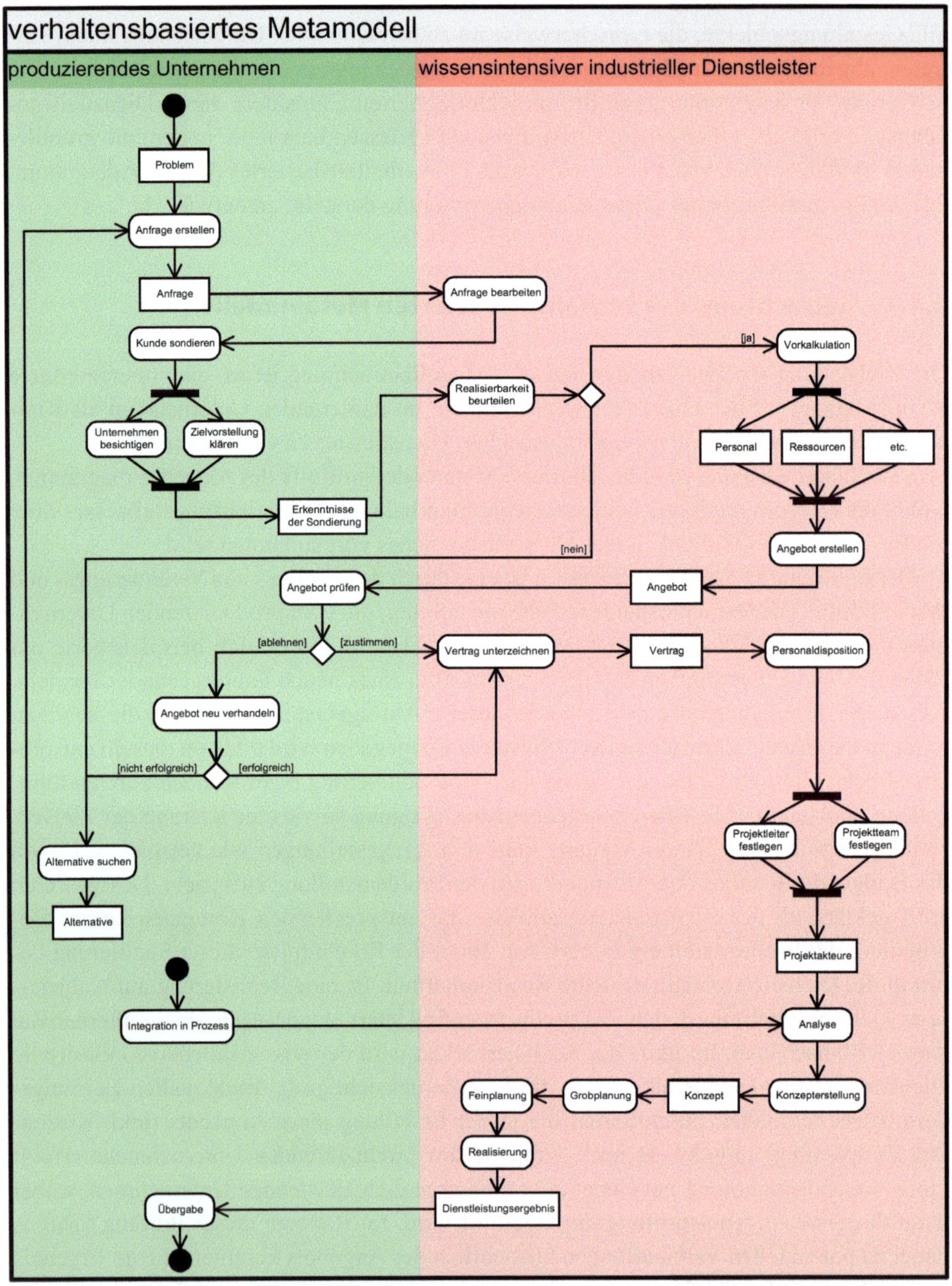

Abb. 4.2 Aktivitätsdiagramm: Prozess der Erbringung einer wissensintensiven industriellen Dienstleistung

(das produzierende Unternehmen). Die folgenden Schritte bis zur Übergabe des Dienstleistungsergebnisses bilden die Konzepterstellung, die Grobplanung, die Feinplanung und die Realisierung der Dienstleistung (Abb. 4.2).

4.4.2 Betrachtung des strukturbasierten Metamodells

Die Zielstellung für die strukturbasierte Metamodellbetrachtung ist, die Gestalt aller im Rahmen der wissensintensiven industriellen Dienstleistung abzubildenden Elemente darzustellen. Dabei wird eine Unterteilung der Dienstleistung in einzelne, überschaubare und zweckmäßige Module (Teilbereiche) vorgenommen. Durch die Modularisierung wird die komplexe Gestalt der Dienstleitungsdomäne aufgebrochen (DIN Deutsches Institut für Normung e. V. 2005). Neben einer vereinfachten Abbildung der Dienstleistungsstruktur wird dadurch eine Erhöhung der Flexibilität und damit eine verbesserte Anpassbarkeit des Modells erreicht (Hermsen 2000).

Bei den einzelnen durch das UML-Klassendiagramm abzubildenden Modulen handelt es sich um

- das produzierende Unternehmen (Kunde des wissensintensiven industriellen Dienstleisters),
- die Dienstleistungsproduktivität,
- die drei Dimensionen der Dienstleistung (Potenzial-, Prozess- und Ergebnisebene) und
- den wissensintensiven industriellen Dienstleister.

Nachfolgend werden zum besseren Verständnis des Metamodells diese Module sowie ihr Bezug kurz dargestellt (vgl. Abb. 4.3):

Im Zentrum des Metamodells steht die Dienstleistungsproduktivität, die durch drei Teilproduktivitäten (kapazitative, interne und externe Effizienz) determiniert wird. Damit ein produzierendes Unternehmen eine wissensintensive industrielle Dienstleistung in Anspruch nimmt, muss zuerst einmal eine Problemstellung vorliegen. Das Problem kann sich durch Umwelteinflüsse bzw. Veränderungstreiber ergeben, die auf das Produkt oder das Produktionssystem wirken, sodass ein produzierendes Unternehmen durch diese zu einer Anpassung gezwungen ist. Kann das Unternehmen diese Problemstellung nicht selbstständig lösen, nimmt es (im Rahmen eines externen Lösungsansatzes) Kontakt zu einem wissensintensiven industriellen Dienstleister auf. Durch die Anfrage, die gewisse Anforderungen zur Lösung des Problems enthält, wird somit eine Nachfrage beim wissensintensiven industriellen Dienstleister erzeugt. Um die allgemeine Nachfrage zu befriedigen, weist der Dienstleister generell ein Leistungspotenzial auf, das durch seine Potenzialdimension bestimmt wird. Die Möglichkeiten des Dienstleisters zur Befriedigung einer speziellen Nachfrage wird durch seine aktuelle Leistungsbereitschaft - in Abhängigkeit seines/r aktuellen Kapazitätsangebots und -auslastung bestimmt. Die Nachfrage determiniert hierbei die Outputquantität und somit die Kapazitätseffizienz des Dienstleisters.

Erfolgt nun, wie im verhaltensbasierten Metamodell erläutert, eine Vertragsunterzeichnung, wird entsprechend der (finanziellen, zeitlichen und personalen) Möglichkeiten und Grenzen der Leistungsbereitschaft der Dienstleistungsprozess in Gang gesetzt, in dem ein Projektteam aufgestellt sowie das Projekt geplant und entsprechend realisiert wird. Dabei

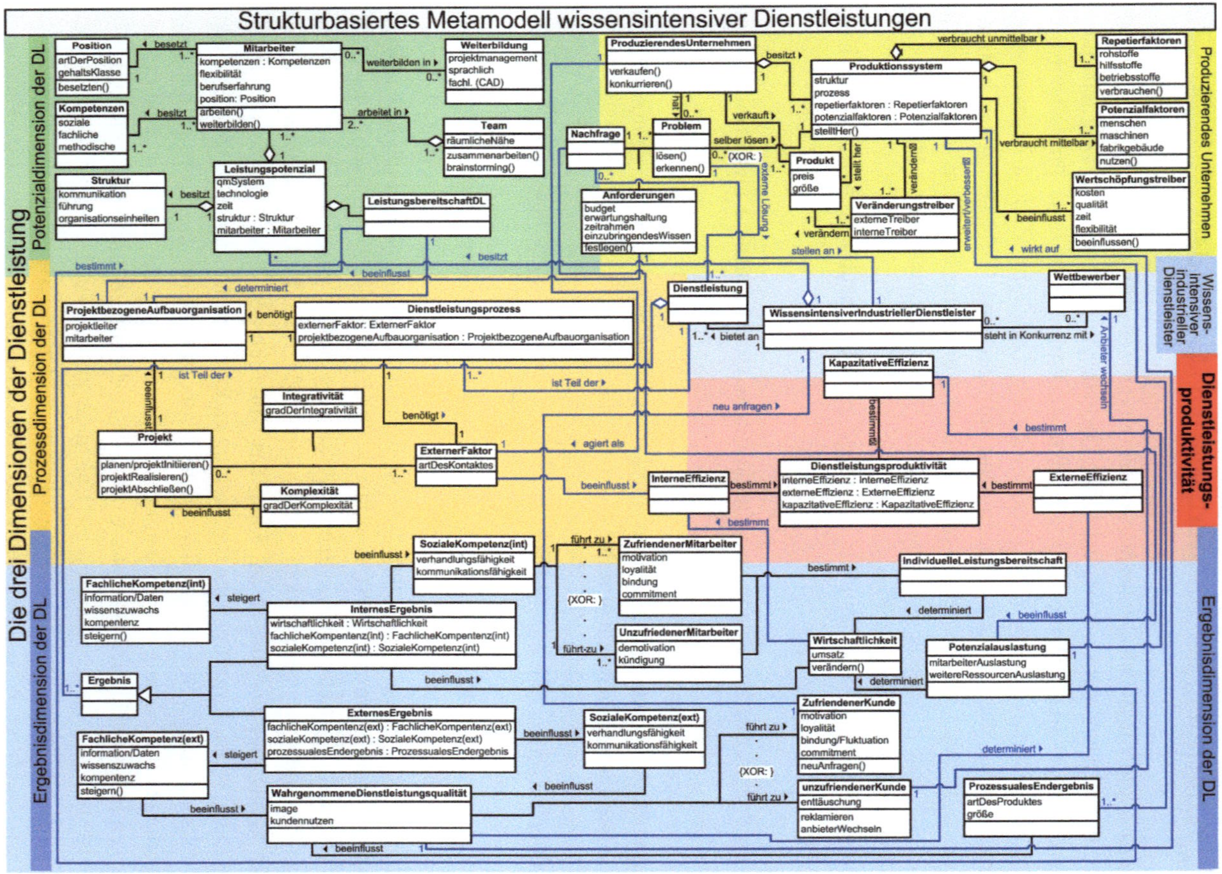

Abb. 4.3 Strukturbasiertes Metamodell: Gestalt einer wissensintensiven industriellen Dienstleistung (eigene Darstellung)

wird die Projektbearbeitung maßgeblich von den Anforderungen und Erwartungen sowie der Integration des Kunden in den Prozess beeinflusst.

Im Rahmen des integrativen Dienstleistungsprozesses findet hierbei sowohl auf Kunden- als auch auf Dienstleisterseite (als ein Ergebnis) eine Weiterentwicklung fachlicher und sozialer Kompetenzen statt. Auf der Anbieterseite stellt weiterhin die Wirtschaftlichkeit bzw. der durch das Projekt generierte Umsatz das wesentliche Dienstleistungsergebnis dar, das neben dem externen Faktor wesentlich die interne Effizienz des Dienstleisters bestimmt.

Aus Kundensicht bildet insbesondere die entsprechende Lösung des Problems das zentrale (prozessuale) Dienstleistungsergebnis (z. B. Planung bzw. Optimierung eines Produktionssystems). Hat dieses Ergebnis einen hohen Kundennutzen, steigt die wahrgenommene Dienstleistungsqualität für den Kunden. Da die externe Effizienz wesentlich durch den Output determiniert ist und somit angibt, inwiefern die wahrgenommene Qualität der Dienstleistung anhand einer gegebenen Anzahl von Produktionsfaktoren (Inputs) erreicht und verbessert werden kann, determiniert diese Wahrnehmung die externe Effizienz bzw. Effektivität und somit auch die Dienstleistungsproduktivität.

4.5 Schlussbetrachtung und Fazit

Ziel des vorliegenden Beitrags war es, eine Beschreibungsgrundlage für die Produktivität wissensintensiver industrieller Dienstleistungen auf Metamodellebene zu entwickeln. Zu diesem Zweck wurde zunächst der Untersuchungsraum abgegrenzt und die wesentlichen inhaltlichen Schwerpunkte (wissensintensive industrielle Dienstleistungen, Dienstleistungsproduktivität) hergeleitet und beschrieben. Um der Komplexität der Erbringung solcher Dienstleistungen gerecht zu werden, wurde der Untersuchungsraum in einem verhaltens- sowie strukturbasierten Metamodell abgebildet. Gerade mittels der modularen Abbildung der wissensintensiven industriellen Dienstleistungsdomäne auf struktureller Metamodellebene wurde ein Konzept erarbeitet, mit welchem sich vielfältige Möglichkeiten zur Optimierung dieser ergeben. Durch das erarbeitete Metamodell wurde die Komplexität und Vielfalt der zu betrachtenden Dienstleistungsdomäne stark abstrahiert, wodurch eine verbesserte Analysefähigkeit, Bewertungsfähigkeit als auch Flexibilisierung dieser möglich ist.

Mit der geschaffenen Transparenz ist es nun möglich, Schwachstellen sowie Verbesserungspotenziale in der Dienstleistungsdomäne aufzuzeigen. Durch die potenzielle Erweiterungsfähigkeit der UML können diese Anpassungen weiterhin simpel und aufwandsarm in das Metamodell implementiert werden, wobei durch den hohen Abstraktionsgrad, die modulare Darstellungsform sowie die einfache Erweiterungsfähigkeit des Metamodells dieses für viele unterschiedliche Unternehmen im B2B-Sektor geeignet erscheint.

Die strukturbasierte Metamodellumsetzung bietet weiterhin die Möglichkeit einer Simulationsumsetzung. Unter Verwendung einer geeigneten Software können die vorhandenen Dienstleistungselemente übertragen werden und Simulationsstudien durchgeführt werden (Hahne 2009).

Weiterhin besteht die Möglichkeit, die mit UML erstellten Klassendiagramme in Quellcode einer beliebigen Programmiersprache zu überführen.

Literatur

Bartsch, S., Demmelmair, M. F., & Meyer, A. (2011). Dienstleistungsproduktivität – Stand der Forschung und Zusammenhang zu zentralen vorökonomischen Größen im Dienstleistungsmarketing. In M. Bruhn & K. Hadwich (Hrsg.), *Dienstleistungsproduktivität: Management, Prozessgestaltung, Kundenperspektive* (S. S. 35–58). Wiesbaden: Gabler.

Baumöl, U. (2008). *Change Management in Organisationen. Situative Methodenkonstruktion für flexible Veränderungsprozesse* (1. Aufl. Ausg.). Wiesbaden: Gabler.

Bienzeisler, B., & Baumgärtner, M. (2007). *Dienstleistungsproduktivität. Konzeptionelle Grundlagen am Beispiel interaktiver Dienstleistungen.* Stuttgart: Fraunhofer-IRB-Verlag.

Blois, K. (1984). Productivity and effectivness in service firms. *Service Industries Journal, 4*(3), 45–60.

Brugger, R. (2005). *IT-Projekte strukturiert realisieren* (2. Aufl. Ausg.). Wiesbaden: Friedr. Vieweg & Sohn Verlag.

Corsten, H. (1994). Produktivitätsmanagement bilateraler personenbezogener Dienstleistungen. In H. Corsten & W. Hilke (Hrsg.), *Dienstleistungsproduktion.* Wiesbaden: Gabler.

Cramer, J. (2002). Grundlagen wissensintensiver Dienstleistungen. In S. Hermann (Hrsg.), *Wissensintegration und -koordination: Schlüsselkompetenzen wissensintensiver Dienstleistungsunternehmen* (S. 11–18). Stuttgart: Fraunhofer IRB Verlag.

DIN Deutsches Institut für Normung e. V. (2005). *Wege zu erfolgreichen Dienstleistungen. Normen und Standards für die Entwicklung und das Management von Dienstleistungen* (1. Auflage Ausg.). (D. D. e. V., Hrsg.). Berlin: Beuth Verlag.

Fourastiè, J. (1954). *Die große Hoffnung des zwanzigsten Jahrhunderts.* Köln.

Ganz, W., Bienzeisler, B., & Tombeil, S. (2006). *Dienstleistungsproduktivität – Konturen eines Forschungsfeldes. In Moderne Dienstleistungen - Impulse für Innovation, Wachstum und Beschäftigung. Beiträge der 6. Dienstleistungstagung des BMBF.* Frankfurt a. M.: Campus-Verlag.

von Garrel, J., & Peters, S. (2009). Fazit und Ausblick. In M. Schenk & C. M. Schlick (Hrsg.), *Industrielle Dienstleistungen und Internationalisierung. One-Stop Services als erfolgreiches Konzept* (1. Aufl. Ausg., S. 493–501). Wiesbaden: Gabler.

Grieble, O. (2004). *Modellgestütztes Dienstleistungsbenchmarking. Universität des Saarlandes.* Lohmar: Josef EUL Verlag.

Grönroos, C., & Ojasalo, K. (2004). Service productivity. Towards a conceptualization of the transformation of inputs into economic results in services. *Journal of Business Research,* 57, 414–423.

Hahne, A. (2009, April 16.). netzwelt GmbH. Zugegriffen: 8. Nov. 2011. http://www.netzwelt.de/news/79747_2-consideo-modeler-werkzeug-vernetztes-denken.html.

Hansen, H. (2009). *Gründungserfolg wissensintensiver Dienstleister. Theoretische und empirische Überlegungen aus Sicht der Competence-based Theory of the Firm. Universität Bremen.* Wiesbaden: Gabler Verlag.

Heaton, H. (1977). *Productivity in Service Organizations – Organizing for People.* New York: McGraw-Hill.

Hermsen, M. (2000). *Ein Modell zur Kundenindividuellen Konfiguration Produktnaher Dienstleistungen. Ein Ansatz auf Basis Modularer Dienstleistungsobjekte. Institut für Automatisierungstechnik, Lehrstuhl für Produktionssysteme*. Aachen: Shaker Verlag.

Johnston, R., & Jones, P. (2003). Service productivity: Towards understanding the relationship between operational and customer productivity. *International Journal of Productivity and Performance Management, 55*(3), 201–213.

Lasshof, B. (2005). *Produktivität von Dienstleistungen: Mitwirkung und Einfluss des Kunden*. Hagen: Deutscher Universitätsverlag.

Meffert, H., & Bruhn, M. (2009). *Dienstleistungsmarketing. Grundlagen – Konzepte – Methoden* (6. Aufl. Ausg.). Wiesbaden: Gabler Verlag.

Ojasalo, K. (1999). *Conceptualizing productivity in service*. Helsinki: Hanken School of Economics.

Potts, G. (1988). Raising productivity in customer services. *Long Range Planning, 21*(2), 15–22.

Reichwald, R., & Möslein, K. (1995). Wertschöpfung und Produktivität von Dienstleistungen? Innovationsstrategien für die Standortsicherung. Arbeitsbericht Nr. 6 (September) des Lehrstuhls für Allgemeine und Industrielle Betriebswirtschaftslehre der Technischen Universität München.

Seshasai, S., & Gupta, A. (2004). Global Outsourcing of Professional Services. MIT Sloan Working Paper No. 4456-04; Eller College Working Paper No. 1019-05.

Shaw, W. (1988). Productivity improvement: An important issue for private and public sector organizations. *International Journal of Operations and Production Management, 25*(3), 42–53.

Sherman, D. (1984). Improving the productivity of service businesses. *Sloan Management Review, 25*(3), 11–23.

Sinz, E. J. (1997). Architektur von Informationssystemen. In P. Rechenberg & G. Pomberger (Hrsg.), *Informatik-Handbuch* (S. 875–887). München: Hanser Verlag.

Zirpins, C. (2007). Interaktionsorientierte Komposition virtueller Dienstleistungsprozesse, Dissertationsschrift. Hamburg.

5 Entwicklung eines System-Dynamics-Modells für die Bewertung der Produktivität wissensintensiver technischer Supportdienstleistungen

Alexander Rannacher, Robert Stranzenbach,
Susanne Mütze-Niewöhner und Christopher M. Schlick

5.1 Einleitung und Motivation

Die rasante Verbreitung von Wissen sowie die funktionale Homogenisierung des Leistungsangebots im Laufe der letzten Dekade haben dazu geführt, dass Wettbewerbsvorteile deutscher Unternehmen gegenüber asiatischen und osteuropäischen Konkurrenten selten nur aufgrund reiner Produkteigenschaften aufrecht erhalten werden können. Stattdessen sind es zunehmend die Dienstleistungen und die intelligenten Kombinationen von Sach- und Dienstleistungen (auch als „hybride Produkte" oder „Produkt-Service-Systeme" bezeichnet), die die Kundenbedürfnisse optimal befriedigen und somit zu Wettbewerbsvorteilen aufgrund von Differenzierungsmerkmalen führen (Meier und Uhlmann 2012). Letztend-

A. Rannacher (✉)
Institut für Arbeitswissenschaft der RWTH Aachen University,
Bergdriesch 27, 52062 Aachen, Deutschland
E-Mail: a.rannacher@iaw.rwth-aachen.de

R. Stranzenbach
Institut für Arbeitswissenschaft der RWTH Aachen University,
Bergdriesch 27, 52062 Aachen, Deutschland
E-Mail: r.stranzenbach@iaw.rwth-aachen.de

S. Mütze-Niewöhner
Institut für Arbeitswissenschaft der RWTH Aachen University,
Bergdriesch 27, 52062 Aachen, Deutschland
E-Mail: s.muetze@iaw.rwth-aachen.de

C. M. Schlick
Institut für Arbeitswissenschaft der RWTH Aachen University,
Bergdriesch 27, 52062 Aachen, Deutschland
E-Mail: info@iaw.rwth-aachen.de

C. M. Schlick et al. (Hrsg.), *Produktivitätsmanagement von Dienstleistungen*,
DOI 10.1007/978-3-642-45071-6_5

lich entscheiden diese über den Unternehmenserfolg. Im Jahr 2012 lag in Deutschland der Anteil der Bruttowertschöpfung im Tertiären Sektor bei 68,7 % (Statistisches Bundesamt 2014). Damit werden Gewinne nicht allein durch das Produktgeschäft, sondern ganz deutlich auch durch das Folgegeschäft mit Dienstleistungen wie Diagnose, Wartung, Teileverkauf, Beratung oder Betrieb des Produkts (oft eine High-Tech-Maschine) im Auftrag des Kunden generiert. Gleichzeitig ist der Stellenwert von Dienstleistungen sehr unterschiedlich ausgeprägt. Der deutsche Maschinen- und Anlagenbau spielt mit einem Umsatzanteil von 15 % im Servicegeschäft verglichen mit anderen Industriezweigen nur eine marginale Rolle (VDMA 2013). Da zunehmend mehr Beschäftigte in der produzierenden Industrie nicht mit der Produktion an sich, sondern mit der Erbringung von Dienstleistungen befasst sind, leistet das Management der Produktivität von Dienstleistungen – speziell in den wissensintensiven Branchen der Investitionsgüterindustrie – einen immensen Beitrag zur Gesamtproduktivität eines Unternehmens. Aufgrund ihrer Komplexität, Individualität und dem hohen Maß der Kundenbeteiligung sind diese Dienstleistungen schwer zu standardisieren. Folglich ist es schwierig, ihre Produktivität zu messen und zu bewerten.

Die Bestimmung der Produktivität wissensintensiver Dienstleistungen erfordert ein flexibles Auswertungssystem, das sich auf mehrere Kennzahlen stützt und nicht ausschließlich auf ein einziges Produktivitätsverhältnis von Output zu Input zu reduzieren ist (Djellal und Gallouj 2008). Daher ist es notwendig, zunächst die wesentlichen Einflussfaktoren auf die Produktivität einer bestimmten wissensintensiven Dienstleistung zu identifizieren, um anschließend ihre Wirkungszusammenhänge zu untersuchen. Ziel ist es, auf Basis des System-Dynamics-Ansatzes ein Erklärungsmodell für die Bewertung der Produktivität wissensintensiver technischer Supportdienstleistungen zu entwickeln.

5.2 Fallstudie zur Identifikation von Einflussfaktoren auf die Produktivität wissensintensiver technischer Supportdienstleistungen

Um relevante produktivitätsbeeinflussende Faktoren wissensintensiver technischer Supportdienstleistungen zu identifizieren, wurde eine explorative Fallstudie durchgeführt. Im Rahmen dieser Fallstudie wurden zunächst die Tätigkeiten einer technischen Supportabteilung eines multinationalen Unternehmens, welches Sensoren produziert und entsprechende Applikationslösungen für industrielle Anwendungen anbietet, untersucht. Die Hauptaufgabe dieser Abteilung ist der sogenannte 2nd-Level-Produkt-Support. Dieser wird benötigt, wenn der lokale technische 1st-Level-Support oder der Außendienst einer Tochtergesellschaft nicht in der Lage sind, technische Probleme eines Kunden direkt zu beheben. Üblicherweise nimmt der 2nd-Level-Support einen Supportfall vom 1st-Level-Support entgegen, um zunächst eine Fehlerdiagnose durchzuführen. Anschließend wird eine Lösung erarbeitet, die zurück zur ersten Instanz gemeldet wird. Der 1st-Level-Support informiert danach den Kunden (Abb. 5.1).

Eine Beteiligung des 2nd-Level-Supports bedeutet meistens, dass das Problem für den Kunden vor Ort schwerwiegend ist. Im schlimmsten Fall beeinflusst ein technisches Prob-

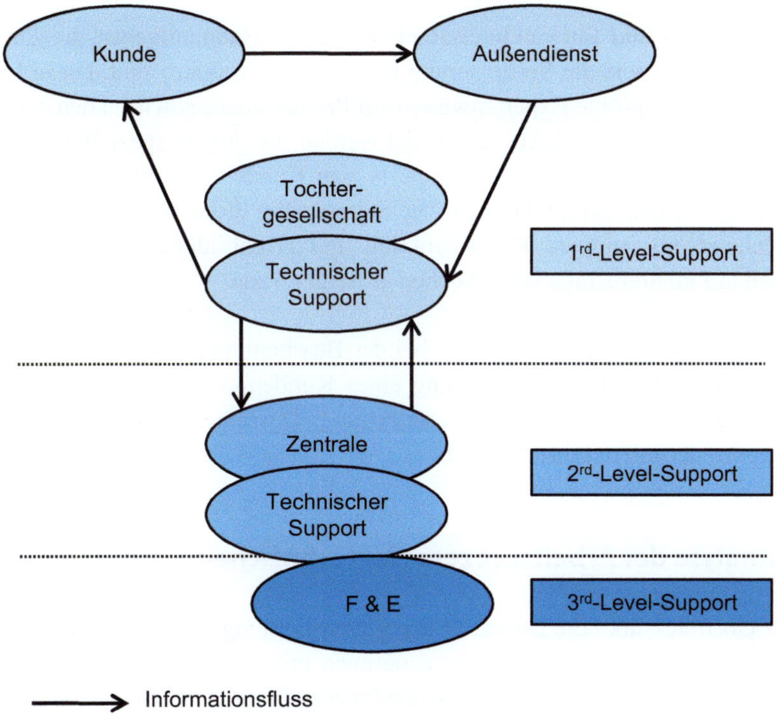

Abb. 5.1 Vorgehen bei der Bearbeitung von Supportfällen

lem bereits ernsthaft den Produktionsprozess des Kunden. Da dies negative Auswirkungen auf die Kundenzufriedenheit und Kundenbindung hat, besteht seitens des Dienstleistungsanbieters ein großes Interesse daran, den Supportfall schnellstmöglich zur Zufriedenheit des Kunden zu lösen. Die Fehlerdiagnose wird dabei oftmals zu einer komplexen Aufgabe, da die Produkte in sehr unterschiedlichen Produktionsumgebungen eingesetzt werden und die Mitarbeiter des 2nd-Level-Supports die exakten Bedingungen, unter denen die Probleme auftreten, häufig zunächst reproduzieren müssen. Dafür benötigen sie einerseits ein ausgezeichnetes Produktwissen und andererseits müssen sie ebenfalls sämtliche das Produkt beeinflussende Randbedingungen kennen und bei der Fehleranalyse berücksichtigen. Insgesamt lassen sich die anfallenden Supportfälle in drei Komplexitätskategorien einteilen:

1. Einfache Probleme können meist innerhalb weniger Minuten gelöst werden. Ihre Lösungen werden nach kurzer Recherche oder anhand des Wissens aus bereits behobenen Problemen ermittelt und über den 1st-Level-Support an den Kunden zurückgemeldet.
2. Komplizierte Supportanfragen können innerhalb einiger Stunden gelöst werden. Dafür sind umfangreichere Recherchen und gegebenenfalls ein Versuchsaufbau zum Nachbilden der Rahmenbedingungen des Kunden notwendig. Zudem sind oftmals Rücksprachen mit dem Kunden erforderlich, um weitere technische Details zu klären.
3. Bei der Lösung sehr schwieriger Supportfälle ist es notwendig, zusätzlich die Mitarbeiter des 3rd-Level-Supports zu involvieren. Dabei handelt es sich um Personen aus

der Forschungs- und Entwicklungsabteilung, deren Hauptaufgaben die Entwicklung neuer Produkte sowie die Verbesserung bestehender Produkte sind. Diese Mitarbeiter verfügen über das größte Expertenwissen auf Produktebene sowie zu den Arbeitsumgebungen, in denen die Produkte verwendet werden. In einigen speziellen Supportfällen müssen Mitarbeiter des 2nd-Level-Supports zum Kunden vor Ort reisen, um das technische Problem beheben zu können. Die Supportfälle dieser Kategorie bedürfen einer entsprechend aufwendigen Rekonstruktion und Nachbildung, sodass ihre Bearbeitungszeit auf mehrere Tage oder Wochen ansteigen kann.

Aufgrund des hohen Komplexitätsgrads bei der Bearbeitung der beschriebenen Supportfälle handelt es sich bei der Bearbeitung eines Kundenproblems durch den 2nd-Level-Support um eine wissensintensive Dienstleistung. Dasselbe gilt natürlich für den 3rd-Level-Support, der intern erbracht wird.

5.2.1 Analyse der Arbeitsprozesse im technischen Support

Um einen Überblick über die gesamte Supportdienstleistung zu erhalten, wurde im ersten Schritt in einem ganztägigen Workshop zusammen mit drei Mitarbeitern und dem Abteilungsleiter des 2nd-Level-Supports der gesamte Prozess für die Bearbeitung von Supportfällen inklusive der drei identifizierten Komplexitätsstufen aufgenommen, modelliert und anschließend analysiert (Abb. 5.2). Dabei wurden für jede Aktivität im Prozess deren durchschnittliche Bearbeitungszeit inklusive ihrer Schwankungsbreite, die Anzahl der beteiligten Arbeitspersonen und Abteilungen sowie das Maß des benötigten Wissens beurteilt und dokumentiert.

Die Schwankungsbreite der Bearbeitungszeit der einzelnen Aktivitäten und damit auch die des gesamten Prozesses liegt zwischen wenigen Minuten und einigen Stunden. Im Rahmen des Workshops zeigte sich jedoch, dass die bedeutendste Herausforderung das Wissensmanagement ist. So müssen bei der Bearbeitung eines Supportfalls viele Informationen aus den unterschiedlichsten Systemen extrahiert und mit dem Produktwissen des Bearbeiters verknüpft werden. Erschwerend kommt hinzu, dass dieses Wissen zum Teil über mehrere Abteilungen weitergegeben werden muss. So werden zur Erleichterung zukünftiger Recherchetätigkeiten beispielsweise mehrere unabhängige Wissensdatenbanken mit den Lösungen der bisher abgeschlossenen Supportfälle gepflegt. Des Weiteren werden Bedienungsanleitungen und technische Angaben für die Recherche bei der Bearbeitung von Supportfällen genutzt. Zusätzlich gibt es eine weitere Software, um Produktfehler zu dokumentieren, die bis zum Produktionsstart der Nachfolgeprodukte von der Entwicklungsabteilung behoben werden müssen. Je effizienter und sicherer sämtliche Informationen sowie das Wissen gehandhabt und übermittelt werden können, desto besser ist nach Aussage der Workshop-Teilnehmer die Leistungsfähigkeit des 2nd-Level-Supports.

Zu den wesentlichen Erkenntnissen des Prozessworkshops zählt die große Schwankungsbreite der Bearbeitungszeiten der einzelnen Aktivitäten im Prozess, worin viele Mitarbeiter aus unterschiedlichen Abteilungen involviert sind. Es ist möglich, dass Aktivitäten mehrfach iteriert werden müssen bis ein zufriedenstellendes Ergebnis erzielt

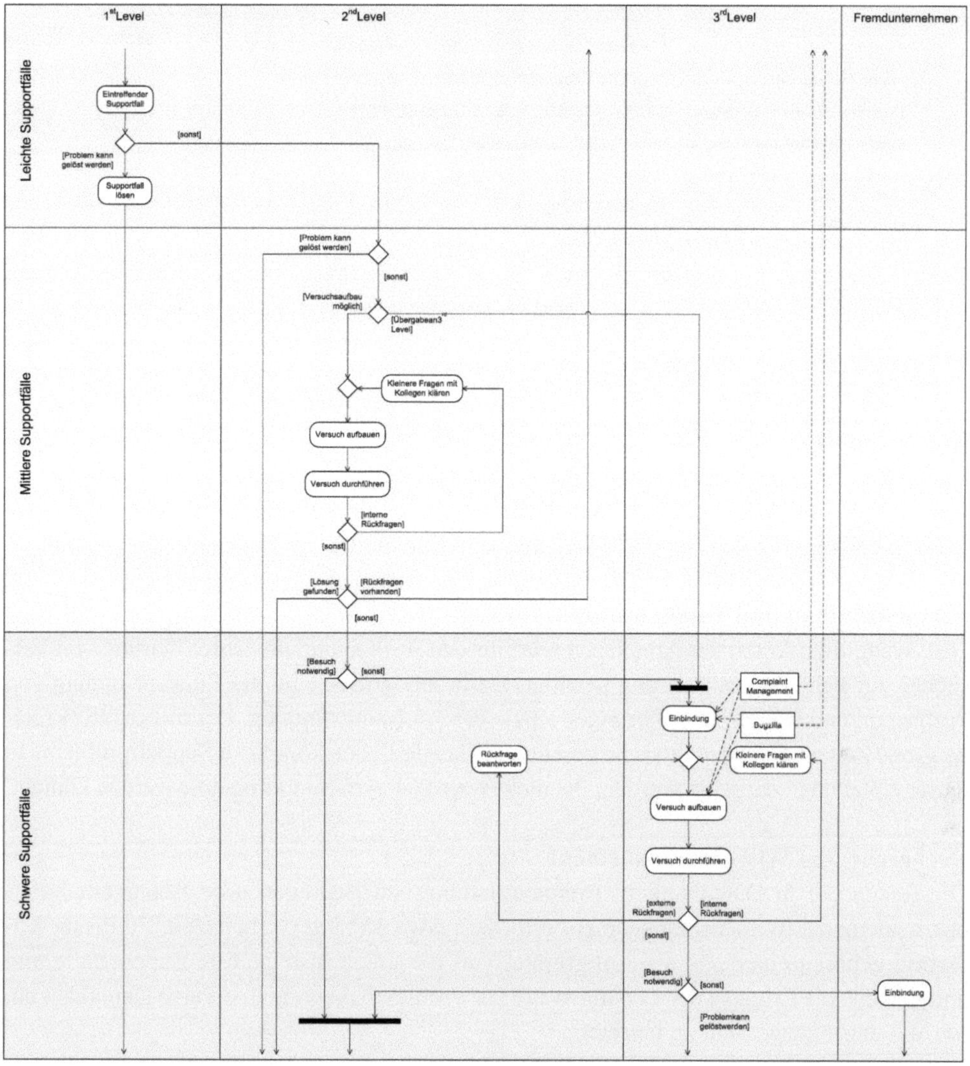

Abb. 5.2 Prozessausschnitt der technischen Supportdienstleistung

werden kann. Insgesamt werden über die drei Supportebenen hinweg zu viele unterschiedliche Werkzeuge für die Dokumentation des komplexen Wissens sowie der Informationen eingesetzt, die nicht kompatibel sind.

Im zweiten Schritt wurde von allen Mitarbeitern des 2nd-Level-Supports eine zweiwöchige Selbstaufschreibung ihrer Tätigkeiten durchgeführt. Dabei wurden die Art und Dauer der Tätigkeiten sowie die Anzahl der Unterbrechungen dokumentiert, um einen tieferen Einblick in diese spezifische wissensintensive Dienstleistung zu gewinnen. In Abb. 5.3 wird der Anteil der insgesamt acht Tätigkeitskategorien an der täglichen Arbeitszeit der Mitarbeiter abgebildet.

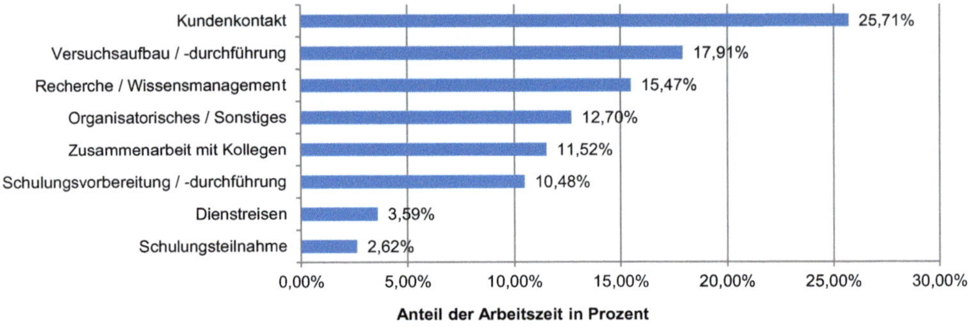

Abb. 5.3 Prozentuale Verteilung der Arbeitszeit

Kundenkontakt

Knapp über 25 % der gesamten Arbeitszeit stehen die Mitarbeiter des 2nd-Level-Supports im Kontakt mit ihren Kunden. Dazu zählen alle Telefonate, der gesamte E-Mail-Verkehr sowie die Bearbeitungszeit von Supportfällen, die beim Endkunden vor Ort bearbeitet werden.

Versuchsaufbau und Versuchsdurchführung

Der zweitgrößte Anteil der Arbeitszeit wird für den Aufbau und die Durchführung von Versuchen zur Fehlerreproduzierung benötigt. Darin inbegriffen sind die Rückverfolgung von Problemen und technischen Störungen sowie deren Lösungsfindung. Der mit ca. 18 % relativ große Zeitanteil ist der Tatsache geschuldet, dass lediglich komplexe Supportprobleme in dieser Abteilung bearbeitet werden, die nicht vom 1st-Level-Support gelöst werden können.

Recherche und Wissensmanagement

Die Recherche in Datenbanken, Dokumentationen zu Bauteilen oder Benutzerhandbüchern sowie das Wissensmanagement erfordern etwa 15 % der Arbeitszeit. Zu dieser Kategorie gehören einerseits die Anfertigung von Berichten über gelöste Supportfälle und andererseits die Eingabe der Lösungswege zur Problembehebung in diverse Datenbanken, um Wissensmanagement zu betreiben.

Organisatorisches und Sonstiges

Für die Erledigung organisatorischer Tätigkeiten, wie beispielsweise die Planung und Abrechnung von Dienstreisen oder die Vorbereitung auf Besprechungen wird knapp 13 % der Arbeitszeit benötigt. Darin inbegriffen sind auch sonstige Tätigkeiten, wie die Installation von Software, das Entfernen alter Versuchsaufbauten sowie das Aufräumen und Säubern des Arbeitsbereichs.

Zusammenarbeit mit Kollegen

Unter dem Begriff wird beispielsweise die Mitarbeit in Projekten oder die Unterstützung von Kollegen beim Lösen von Supportfällen zusammengefasst. Da die Zusammenarbeit mit Kollegen zum Austausch von Wissen führt, wurde für diese Tätigkeiten eine eigene Kategorie gewählt, die knapp 12 % der Gesamtarbeitszeit beansprucht.

Schulungsvorbereitung und Schulungsdurchführung

Etwa 10 % ihrer Arbeitszeit verbringen die Mitarbeiter des 2nd-Level-Supports mit der Vorbereitung und Durchführung von Schulungen für Kunden und Kollegen. In regelmäßigen Abständen schulen sie die Mitarbeiter des 1st-Level-Supports über neue Produkte und deren bekannte Fehler. Des Weiteren beinhaltet diese Kategorie die Anfertigung und Überarbeitung von Benutzerhandbüchern.

Dienstreisen

Knapp 3,5 % ihrer Arbeitszeit benötigen die Mitarbeiter für Dienstreisen zum Kunden. Dabei handelt es sich um die reine An- und Abreisedauer. Die Lösung des Problems vor Ort oder die Durchführung einer Schulung sind nicht darin enthalten, sondern in der Kategorie Kundenkontakt enthalten.

Schulungsteilnahme

Die Teilnahme an Schulungen über neue Produkte stellt mit knapp 3 % den kleinsten Zeitanteil dar.

Als Ergebnis der zweiwöchigen Selbstaufschreibung durch die Mitarbeiter der 2nd-Level-Support-Abteilung kann zusammenfassend festgehalten werden, dass mehr als die Hälfte ihrer gesamten Arbeitszeit für den Kundenkontakt, Recherchearbeiten und Dokumentation sowie die Durchführung von Versuchen benötigt wird. Dies zeigt den hohen Stellenwert der Kundenintegration sowie des Wissensmanagements auf die Produktivität dieser wissensintensiven technischen Supportdienstleistung.

5.2.2 Durchführung von Experteninterviews

Nach der Analyse des gesamten Supportprozesses und dessen Aktivitäten wurden im Rahmen der Fallstudie mit den sechs Mitarbeitern des 2nd-Level-Supports semi-strukturierte Interviews durchgeführt, um die besonderen Eigenschaften der unternehmensspezifischen Servicesituation sowie die Herausforderung für die Bewertung der Produktivität zu ermitteln. Die detaillierten Ergebnisse dieser Interviews wurden von Sturm et al. (2011) veröffentlicht.

Der erste Abschnitt des Fragebogens enthielt allgemeine Fragen zu den Befragten, wie beispielsweise ihrer Funktion im Unternehmen, Betriebszugehörigkeit und Qualifikation. Einer der Befragten hat Elektrotechnik studiert, die Anderen haben zunächst einen technischen Beruf erlernt und sich anschließend zum staatlich geprüften Techniker in der Fachrichtung Elektrotechnik weiterqualifiziert. Ihre durchschnittliche Betriebszugehörigkeit betrug 11,7 Jahre und die durchschnittliche Erfahrungszeit im technischen Support betrug 8,8 Jahre. Jeder Mitarbeiter ist hauptsächlich auf eine bestimmte Produktkategorie spezialisiert.

Weiterhin wurden Fragen zur Dienstleistungserbringung und den zugehörigen Aktivitäten gestellt. Eine ausführliche grafische Prozessaufnahme und -modellierung erfolgte in einem separaten Workshop mit drei Mitarbeitern und dem Abteilungsleiter der 2nd-Level-Supportabteilung.

Im zweiten Abschnitt, dem Hauptteil des Fragebogens, lag der Fokus auf der detaillierten Beschreibung der Tätigkeiten der Supportmitarbeiter. Der Abschnitt wurde basierend auf den Kategorien „fachliche Weiterbildung“, „soziale Kompetenzen“, „Prozessstandardisierung“, „Informationstechnologien“, „Zusammenarbeit“, „Kommunikation“, „Arbeitsumgebung“ und „Selbstorganisation“ des „Knowledge Work Performance Audit“ (Hofmann 2009) entwickelt. Jede der Kategorien enthielt einige untergeordnete Fragen, um zu untersuchen, in welchem Maß die Wissensarbeiter dieser Abteilung vom Unternehmen unterstützt werden, ihre Aufgaben effizient ausführen zu können. Ziel war es, mögliche Einflussfaktoren auf die Produktivität einer wissensintensiven technischen Supportdienstleistung zu identifizieren. Die Interviewpartner sollten für jede Frage sowohl den Ist-Zustand als auch den Soll-Zustand auf einer fünfstufigen Likert-Skala von 1 (trifft überhaupt nicht zu) bis 5 (trifft voll zu) bewerten. Die Abweichungen zwischen Soll- und Ist-Zustand geben Aufschluss über mögliche Ansatzpunkte, um die Produktivität zukünftig steigern zu können. Im Folgenden wird daher hauptsächlich auf die Fragen eingegangen, bei denen die Differenz zwischen Soll- und Ist-Zustand einen Wert größer gleich 2,5 betrug.

Auf die Fragen, ob das Suchen, Erschließen und Verarbeiten von Informationen und Wissen durch IT unterstützt wird und, ob die Prozesse für den Produktsupport standardisiert sind, wurde sehr häufig die mangelhafte Pflege von Wissen sowie der unstrukturierte Ablauf des gesamten Ist-Dienstleistungsprozesses genannt. Dabei wurde eine große Diskrepanz vom Ist-Zustand zum gewünschten Soll-Zustand deutlich. Die Probleme im Wissensmanagement zeigten sich beispielsweise darin, dass es keine zentrale Datenbank gab, in der gelöste Supportanfragen der Vergangenheit dokumentiert wurden und die von allen Mitarbeitern permanent gepflegt und eingesehen werden konnte. Stattdessen wurden unterschiedliche, nicht kompatible Datenbanken in den einzelnen Supportebenen genutzt, was den Informationsaustausch zusätzlich erschwerte. Häufig wurden Informationen via Telefon oder E-Mail weitergegeben, was zu einer schlechten Nachverfolgung und einer Intransparenz im Prozess führte. Weiterhin gab es keine standardisierten Prozesse für die Zusammenarbeit der einzelnen Supportebenen, sodass auch hier Produktivitätsverluste durch z. B. notwendige Rückfragen zum weiteren Vorgehen unausweichlich waren. In diesem Kontext wurde auch die schlechte Zusammenarbeit mit anderen Abteilungen genannt und die daraus resultierenden zusätzlichen und oftmals doppelt ausgeführten Tätigkeiten und Abstimmungsaufwände.

Bei den Fragen zum Arbeitsplatz, der Raumsituation und den zur Verfügung stehenden Arbeitsmitteln herrschte ebenfalls eine große Abweichung zwischen Soll- und Ist-Zustand. Der hohe Lautstärkepegel im Großraumbüro sowie der knappe Platz und die begrenzten Arbeitsmittel für die Versuchsaufbauten beeinflussten den Ablauf der Dienstleistungserbringung nach Aussage der befragten Supportmitarbeiter negativ. Als weitere wichtige Erkenntnisse der Interviewauswertung sind die schlechte Personalentwicklung und die damit einhergehende unzureichende Qualifikation zu nennen. So bestand keine systematische Weiterbildung der Mitarbeiter der Supportabteilung durch Qualifizierungsmaßnahmen oder Schulungen.

Auch der Kunde wurde als wesentlicher Einflussfaktor auf die Dienstleistungsproduktivität genannt. Es ist hierbei entscheidend, welche Informationen, wie beispielsweise die

Seriennummer oder das Baujahr des defekten Produkts, der Kunde bei der Supportanfrage nennt. Der Informationsfluss vom Kunden zum Supportmitarbeiter hat erhebliche Auswirkungen auf die Anzahl notwendiger Rückfragen bei einer E-Mail-Anfrage oder auf die Länge eines Telefonats. Weiterhin ist die Kundenzufriedenheit ausschlaggebend, da ein verärgerter Kunde, der mehrere Wochen auf die Lösung seiner Supportanfrage warten musste, unter Umständen bei seinem nächsten Einkauf ein Produkt eines direkten Konkurrenten präferiert.

Insgesamt konnten als Ergebnis der semi-strukturierten Interviews insbesondere die Qualifikation der Mitarbeiter, die Unterstützung der Kommunikation und Zusammenarbeit durch Informationstechnologien, die Suche nach Informationen sowie die Arbeitsbedingungen und Arbeitsumgebung als zentrale Einflussgrößen auf die Dienstleistungsproduktivität identifiziert werden. Aus der zum Teil negativen Bewertung des Ist-Zustands in diesen Themenbereichen konnten direkt Optimierungspotentiale abgeleitet werden. Diese Themen wurden zu vier Einflussbereichen auf die Produktivität wissensintensiver technischer Supportdienstleistungen zusammengefasst (Abb. 5.4).

5.3 Entwicklung des System-Dynamics-Modells

Ergänzend zur explorativen Fallstudie wurde eine Recherche der einschlägigen Fachliteratur für die Identifikation weiterer relevanter Einflussfaktoren auf die Produktivität wissensintensiver technischer Supportdienstleistungen durchgeführt. Basierend auf die-

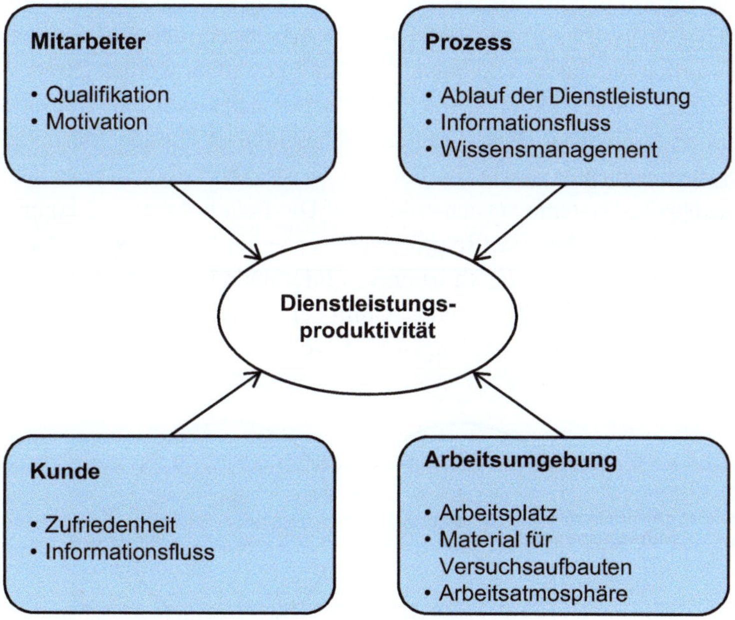

Abb. 5.4 Einflussbereiche auf die Produktivität

sen Ergebnissen wird in den folgenden Unterkapiteln die Entwicklung eines System-Dynamics-Modells für die Bewertung der Produktivität wissensintensiver technischer Supportdienstleistungen beschrieben. Dieses soll dazu dienen, die Wirkungszusammenhänge der relevanten Einflussfaktoren transparent zu machen, um Dienstleistungsmanagern die Möglichkeit zu bieten, die entscheidenden „Stellschrauben" so zu verändern, dass die Produktivität der im Unternehmen angebotenen Dienstleistung gesteigert werden kann.

5.3.1 Einführung in die Systems Dynamics Theorie

System Dynamics Modelle (SD-Modelle) dienen der Darstellung und Analyse dynamischer Systeme. Die dazugehörige Modellierungsmethodik wurde in den 1950er Jahren am Massachusetts Institute of Technology (MIT) entwickelt und 1958 im Artikel „Industrial Dynamics: A Major Breakthrough for Decision Makers" von Jay W. Forrester publiziert. Mithilfe von SD-Modellen analysierte Forrester zunächst Zusammenhänge und Vorgänge in der Industrie (Forrester 1961). In den folgenden Jahrzehnten wurden SD-Modelle in vielen weiteren Disziplinen zur Analyse komplexer Systeme angewendet.

Die Abhängigkeiten in einem dynamischen System lassen sich in SD-Modellen durch eine oder mehrere Rückkopplungsschleifen beschreiben. Die Rückkopplungsschleife ist ein geschlossener Pfad, der die Entscheidung, die eine Handlung steuert, den Zustand des Systems und die Informationen über diesen Zustand, die zum Entscheidungszeitpunkt zurückgemeldet werden, verbindet (Forrester 1968). Daher eignen sich SD-Modelle zur Identifikation von Auswirkungen einer Aktion im Verlauf eines rückgekoppelten Prozesses, sodass beispielsweise Verzögerungen innerhalb von Arbeitsschritten aufgrund eines schlecht gestalteten Informationsflusses erkennbar und damit gestaltbar werden (Bradl 2004).

Zur Darstellung von Rückkopplungsschleifen haben sich sogenannte Kausalitätskreisdiagramme etabliert (Abb. 5.5). Diese Diagramme beschreiben kausale Abhängigkeiten zwischen den Systemelementen sowie die Polarität dieser Abhängigkeiten, sodass auch nicht linear rückgekoppelte Systeme entstehen können. Die Polarität der Rückkopplungsschleife kann dabei entweder verstärkend (Reinforcing Loop) oder balancierend (Balancing Loop) ausgeprägt sein. Die systematische Variation von Informationsbeziehungen, Iterationsschleifen und Abhängigkeiten in den SD-Modellen hilft bei der Verdeutlichung des Systemverhaltens. In Abb. 5.5 sind zwei Rückkopplungsschleifen dargestellt. Ein steigender Kundenstamm

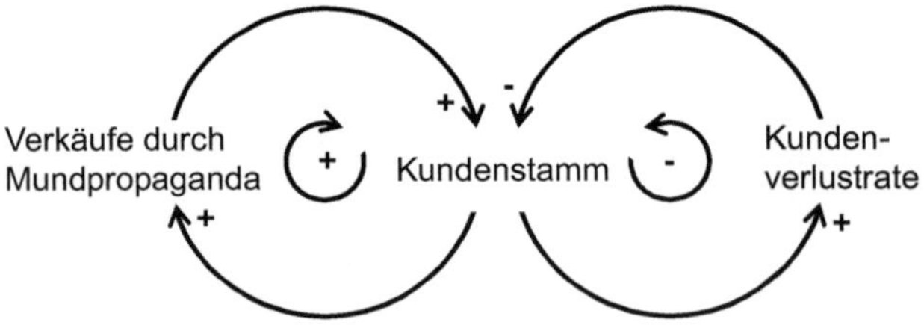

Abb. 5.5 Beispiel für ein Kausalitätskreisdiagramm

führt linksseitig zu einer Steigerung der Verkäufe durch Mundpropaganda, wodurch sich der Kundenstamm weiter erhöht. Auf der rechten Seite führt dies zu einer steigenden Kundenverlustrate, was einen sinkenden Kundenstamm zur Folge hat. Aufgrund der ungeraden Anzahl an Minuszeichen (1x) handelt es sich auf dieser Seite um eine balancierende Rückkopplungsschleife, während auf der linken Seite eine Verstärkende wirkt (kein Minuszeichen).

5.3.2 Aufbau des System-Dynamics-Modells

Grundlage der Entwicklung eines System-Dynamics-Modells der Produktivität wissensintensiver technischer Supportdienstleistungen stellen die bei der Fallstudie und bei der Literaturrecherche identifizierten relevanten Einflussfaktoren auf die Produktivität dar. Diese Faktoren können in eine 2 × 3-Matrix eingeordnet werden, deren Spalten die drei Dimensionen der Dienstleistungserbringung repräsentieren: Potential-, Prozess- und Ergebnisdimension (siehe Kap. 1). Die Zeilen der Matrix stellen die an der Leistungserbringung beteiligten Akteure, den Dienstleistungsnachfrager sowie den Dienstleistungsanbieter, dar. In Tab. 5.1 ist die Zuordnung der identifizierten Einflussfaktoren zu den jeweiligen Feldern der Matrix abgebildet.

Tab. 5.1 Einflussfaktoren des System-Dynamics-Modells

	Potentialdimension	**Prozessdimension**	**Ergebnisdimension**
Dienstleistungs-nachfrager	- Erwartete Ergebnisqualität - Erwartete Prozessqualität - Dienstleistungs-nachfrage - Exogene Nachfrage	- Wahrgenommene Prozessqualität - Kundenbeitrag - Wartezeit	- Wahrgenommene Ergebnisqualität - Kundenzufriedenheit - Qualitäts GAP
Dienstleistungsanbieter	- Autonomie - Erfahrung - Qualifikation - Schulung - Abwesenheit - Wissensmanagement - Dienstleistungs-kapazität - Motivation - Arbeitsmittel - Bedienrate - Quantitäts GAP - Gesamtvertrags-arbeitszeit - Aufträge in der Warteschlange	- Leistungsfähigkeit - Leistungsbereitschaft - Arbeitsleistung - Auslastung - Aufträge in Bearbeitung	- Mitarbeiter-zufriedenheit - Abgeschlossene Aufträge

5.3.2.1 Potentialdimension des Dienstleistungsnachfragers

Erwartete Ergebnisqualität

Jeder Kunde hat spezielle Erwartungen an eine angebotene Dienstleistung. Dabei wird zwischen der erwarteten Ergebnis- und der erwarteten Prozessqualität unterschieden. Der Kunde erwartet eine spezielle Ergebnisqualität, wie beispielsweise die Nutzbarkeit des Ergebnisses sowie die Bearbeitungsdauer der Dienstleistung (Grönroos und Ojasalo 2004). Die Messung von Kundenerwartungen ist allgemein schwierig. Methoden, wie beispielsweise SERVQUAL bieten hierzu Ansatzpunkte, werden allerdings in der Wissenschaft kontrovers diskutiert (Zeithaml 1988; Brady und Cronin 2001; Ojasalo 2001).

Erwartete Prozessqualität

Zusätzlich zu der erwarteten Ergebnisqualität hat jeder Kunde Erwartungen an den Prozess der Leistungserbringung und damit an die Durchführung einer Dienstleistung. Diese Erwartungen können sehr vielseitig sein. Beispiele dafür sind die Reaktionszeit eines Dienstleistungsanbieters auf die Anfrage oder seine Kommunikationsqualität (Homburg und Faßnacht 2001). Aufgrund der Vielfalt unterschiedlicher Erfahrungen, die ein Kunde mit diversen Dienstleistungsanbietern hat, ist das Messen und damit die Vorhersage der Kundenerwartungen an den Dienstleistungsprozess noch schwieriger als das Messen der Kundenerwartungen hinsichtlich der Ergebnisqualität.

Dienstleistungsnachfrage

Die Dienstleistungsnachfrage ist ein Indikator, wie oft eine bestimmte Dienstleistung bestellt wird. Je größer die Nachfrage ist, desto mehr Bestellungen werden aufgegeben. Dies steigert einerseits den Umsatz des Dienstleistungsanbieters und führt andererseits bei konstanter Kapazität zu einer höheren Auslastung.

Exogene Nachfrage

Die exogene Nachfrage beschreibt die allgemeine Kundennachfrage in einer bestimmten Dienstleistungsbranche. Demnach ist die exogene Nachfrage, abhängig von den Marktanteilen des betrachteten Dienstleistungsanbieters, ein Indikator für die Dienstleistungsnachfrage.

5.3.2.2 Prozessdimension des Dienstleistungsnachfragers

Wahrgenommene Prozessqualität

Da Dienstleistungen die Eigenschaft besitzen, nicht lagerfähig zu sein, läuft der Erbringungsprozess, der zum Dienstleistungsergebnis führt, zeitgleich zur Konsumierung der Dienstleistung ab. Des Weiteren ist der Kunde ein Teil dieses Prozesses und erlebt so die Abläufe der Dienstleistungserbringung. Somit wird die Kundenzufriedenheit gegenüber der Herstellung von physischen Gütern durch die Prozessqualität beeinflusst (Grönroos 2001). Der Kunde nimmt die Prozessqualität wahr und bewertet diese, beispielsweise ob er zum richtigen Zeitpunkt die richtigen Informationen über den aktuellen Bearbeitungsstatus seiner Dienstleistung erhält. Darüber hinaus hat jeder Kunde seine individuellen Anforderungen an den Serviceprozess.

Kundenbeitrag

Der Kundenbeitrag beschreibt die Leistung oder die Aktivitäten, die der Kunde liefern muss, um ein bestimmtes Dienstleistungsergebnis vom Anbieter zu erzielen. Damit sind nicht ausschließlich die Arbeitspersonen des Kunden gemeint, sondern auch alle anderen externen Ressourcen, die vom Unternehmen des Kunden zur Verfügung gestellt werden (Mills und Morris 1986). Der Kundenbeitrag beeinflusst so den gesamten Dienstleistungserbringungsprozess (Bowen und Jones 1986).

Wartezeit

Die Wartezeit ist als die Zeitspanne zwischen der Dienstleistungsbestellung beim Unternehmen und dem tatsächlichen Beginn der Auftragsausführung definiert (Sunindyo et al. 2010).

5.3.2.3 Ergebnisdimension des Dienstleistungsnachfragers

Wahrgenommene Ergebnisqualität

Neben der Prozessqualität nimmt der Kunde auch die Ergebnisqualität wahr. Ergänzend zur wahrgenommenen Prozessqualität sind für ihn die Bearbeitungszeit sowie die Nutzbarkeit der Ergebnisse wichtig. Kunden haben klare Erwartungen an das Ergebnis des Serviceprozesses (Grönroos 1984; Zeithaml 1988).

Qualitäts GAP

Beim Vergleich der erwarteten mit der wahrgenommenen Ergebnisqualität entsteht beim Kunden in der Regel eine Diskrepanz. Dies trifft auch für den Vergleich zwischen seiner wahrgenommenen und der erwarteten Prozessqualität zu. Diese beiden Abweichungen führen zu einem Qualitäts GAP (Zeithaml 1988). Meistens ist die ursprüngliche Kundenerwartung an die Qualität höher als die tatsächlich erhaltene. Entsprechend wird das Qualitäts GAP als Differenz zwischen der erwarteten und der wahrgenommenen Ergebnisqualität definiert. Wird es vergrößert, verschlechtert sich die Meinung des Kunden über die empfangene Supportdienstleistung.

Kundenzufriedenheit

Die Kundenzufriedenheit wird durch das Dienstleistungsergebnis beeinflusst. Sie geht aus dem subjektiven Vergleich zwischen der Kundenerwartung und der Erfahrung, die der Kunde während des Dienstleistungserbringungsprozesses gemacht hat, hervor (Bruhn und Hadwich 2011; Zeithaml 1988). Daher ist das Qualitäts GAP ein wesentlicher Einflussfaktor auf die Zufriedenheit der Kunden.

5.3.2.4 Potentialdimension des Dienstleistungsanbieters

Autonomie

Die Autonomie einer Arbeitsperson ist der Grad der Handlungs- und Entscheidungsfreiheit über die Planung seiner Arbeit (Snell und Bohlander 2012).

Erfahrung

Unter Erfahrung einer Arbeitsperson sind das Wissen, die Fähigkeiten und Fertigkeiten zusammengefasst, die sie während der Ausführung ihrer beruflichen Tätigkeit entwickelt hat (Green 1992). Erfahrung ist etwas Individuelles und Persönliches und kann nur eingeschränkt auf andere Personen übertragen werden.

Wissensmanagement

Das Wissensmanagement beschreibt das Bestreben, jeder Arbeitsperson das Wissen des gesamten Unternehmens zugänglich zu machen. Darin inbegriffen sind alle Daten, Informationen und Fähigkeiten, die für die Erbringung der Dienstleistung benötigt werden (Gienke und Kämpf 2006).

Qualifikation

Unter Qualifikation werden die zur Ausführung von Arbeitsaufgaben zu vermittelnden Fertigkeiten, Fähigkeiten und Kenntnisse zusammengefasst (Schlick et al. 2010). Qualifikation kann im Gegensatz zu Erfahrung gelernt bzw. gelehrt werden. Speziell im Bereich wissensintensiver Dienstleistungen ist die Qualifikation ein wichtiger Einflussfaktor auf die Produktivität (Bruhn und Blockus 2011).

Arbeitsmittel

Arbeitsmittel sind alle Mittel, wie beispielsweise Hardware, Software, Maschinen, Möbel usw., die zur Ausführung von Arbeitsaufgaben verwendet werden (DIN e. V. 2004).

Motivation

„Motivation ist das Produkt aus individuellen Merkmalen von Menschen, ihren Motiven und den Merkmalen einer aktuell wirksamen Situation, in der Anreize auf die Motive einwirken und sie aktivieren" (Nerdinger et al. 2008). Speziell für wissensintensive technische Supportdienstleistungen ist es eine Grundvoraussetzung, dass die Arbeitspersonen motiviert sind, um ihre Arbeit adäquat ausführen zu können.

Dienstleistungskapazität

Die Dienstleistungskapazität gibt die für die Bearbeitung der angebotenen Supportdienstleistungen zur Verfügung stehende maximale Arbeitszeit aller Arbeitspersonen an. Die Dienstleistungskapazität wird an der potentiell zur Verfügung stehenden Kapazität und nicht an den tatsächlich durchgeführten Aufträgen gemessen (Brown et al. 2001).

Abwesenheit
Die Abwesenheit ist die Summe an Arbeitsstunden, die eine Arbeitsperson am Arbeitsplatz fehlt und nicht zur Dienstleistungserbringung beitragen kann. Hierbei ist es irrelevant, welche Gründe für die Abwesenheit vorliegen. Wesentlich ist, dass diese Zeiten nicht zur Bearbeitung von Dienstleistungen genutzt werden können und daher die tatsächliche Dienstleistungskapazität senken.

Schulung
Für Arbeitspersonen, die wissensintensive Tätigkeiten ausüben, ist es wichtig, in regelmäßigen Abständen geeignete Schulungen zu besuchen, um ihr Qualifikationsniveau zu erhalten bzw. zu verbessern (Maleri und Fritzsche 2008; Kuhn et al. 2009).

Bedienrate
Die Bedienrate ist die durchschnittliche Anzahl an Supportvorgängen, die in einem bestimmten Zeitraum bearbeitet werden können.

Quantitäts GAP
Das Quantitäts GAP ist die Differenz zwischen der Dienstleistungsnachfrage und der Bedienrate. Analog zum Qualitäts GAP sollte der Dienstleistungsanbieter versuchen, das Quantitäts GAP ebenfalls möglichst klein zu halten, um so eine hohe Produktivität zu erzielen.

Gesamtvertragsarbeitszeit
Die Gesamtvertragsarbeitszeit ist die Summe der Vertragsarbeitszeiten aller für den Dienstleistungsanbieter tätigen Arbeitspersonen, die zur Erbringung der Dienstleistung eingesetzt werden. Die Gesamtvertragsarbeitszeit ist eine Eingangsvariable auf die Produktivität.

Aufträge in der Warteschlange
Aufträge in der Warteschlange sind Supportaufträge, für die zum Zeitpunkt der Dienstleistungsnachfrage keine Kapazität vorhanden ist und deren Bearbeitung daher erst zu einem späteren Zeitpunkt begonnen werden kann.

5.3.2.5 Prozessdimension des Dienstleistungsanbieters

Leistungsfähigkeit
Als Leistungsfähigkeit sind alle Fähigkeiten und Fertigkeiten zusammengefasst, die eine Arbeitsperson dazu beitragen kann, eine Dienstleistung zu erfüllen (Landau 2007). Für die Ausführung wissensintensiver Tätigkeiten ist anzunehmen, dass Qualifikation und Erfahrung deutlich wichtiger als körperliche Fitness sind.

Leistungsbereitschaft

Neben der Leistungsfähigkeit ist die Leistungsbereitschaft eine weitere Bedingung für das Ausführen einer Tätigkeit. Die Leistungsbereitschaft resultiert aus der Motivation und beschreibt die Bereitschaft einer Arbeitsperson, ihre Tätigkeit auszuführen. Mit der Beschäftigung leistungsbereiter Arbeitspersonen ist eine höhere Dienstleistungsproduktivität zu erwarten.

Arbeitsleistung

Die Arbeitsleistung resultiert einerseits aus der Leistungsfähigkeit und der Leistungsbereitschaft aller Arbeitspersonen eines Dienstleistungsanbieters und andererseits aus dem Kundenbeitrag. Der Grad der Arbeitsleistung spiegelt die Befähigung eines Dienstleistungsanbieters wider, eine zu den Anforderungen des Kunden passende Supportdienstleistung zu erbringen.

Auslastung

Die Auslastung ist der Quotient aus der tatsächlich zur Dienstleistungserbringung benötigten Arbeitszeit und der zur Verfügung stehenden durchschnittlichen Arbeitszeit (Kühhirt 2009). Es ist anzunehmen, dass eine höhere Auslastung tendenziell eine erhöhte Produktivität der Supportdienstleistung nach sich zieht.

Aufträge in Bearbeitung

Zu den Aufträgen in Bearbeitung zählen alle Supportdienstleistungen, deren Bearbeitung bereits begonnen wurde, die aber noch nicht abgeschlossen sind. Dadurch wird die Anzahl der Aufträge beschrieben, die der Dienstleistungsanbieter zur gleichen Zeit bearbeitet.

5.3.2.6 Ergebnisdimension des Dienstleistungsanbieters

Mitarbeiterzufriedenheit

Die Mitarbeiterzufriedenheit ist eine Kombination aus psychologischen, physiologischen und ökologischen Gegebenheiten, was bei einer Arbeitsperson bewirkt, dass diese mit ihrer Tätigkeit zufrieden ist (Hoppock 1935). Das Arbeitsumfeld, die Arbeitsausstattung, das Arbeitsklima, das Entgelt sowie die Sicherheit, den Arbeitsplatz zukünftig zu behalten und Entwicklungsmöglichkeiten im Unternehmen zu bekommen, können beispielsweise die Mitarbeiterzufriedenheit positiv oder negativ beeinflussen (Bruggemann et al. 1975). Gerade bei wissensintensiven Dienstleistungen wird das Dienstleistungsergebnis maßgeblich von der Arbeitsperson beeinflusst. Zufriedene Mitarbeiter sind daher ein wesentlicher Erfolgsfaktor für den Dienstleistungsanbieter (Stock 2006).

Abgeschlossene Aufträge

Abgeschlossene Aufträge beschreiben die Anzahl aller beendeten Dienstleistungsvorgänge innerhalb eines Beobachtungszeitraums.

5.3.3 Beschreibung der Wirkungszusammenhänge zwischen Faktoren

Alle identifizierten Einflussfaktoren auf die Produktivität wissensintensiver technischer Supportdienstleistungen wurden zur Erstellung des System-Dynamics-Modells (Abb. 5.6) in Eingangsvariablen und Zustandsvariablen klassifiziert. Eingangsvariablen wirken dabei von außen auf das System-Dynamics-Modells ohne von anderen Variablen beeinflusst zu werden. Sie sind nicht von Rückkopplungen oder Wechselwirkungen betroffen. Aus diesem Grund sind Eingangsvariablen besonders gut geeignet, Einfluss auf die Dienstleistungserbringung und damit auch auf die Produktivität der Dienstleistung zu nehmen. Dabei müssen die Eingangsvariablen jedoch nicht zwangsläufig vom Dienstleistungserbringer allein beeinflussbar sein. Im Gegensatz zu Eingangsvariablen sind Zustandsvariablen in die Wechselwirkungen des System-Dynamics-Modells integriert und damit essenzielle Bestandteile der Rückkopplungsbeziehungen. Sie eignen sich als Speichergrößen besonders dazu, den aktuellen Zustand der Dienstleistungserbringung zu messen. Mithilfe dieser Faktoren lassen sich somit Rückschlüsse auf die Produktivität der Dienstleistung ziehen. Zustandsvariablen können aber nicht direkt vom Dienstleistungsanbieter beein-

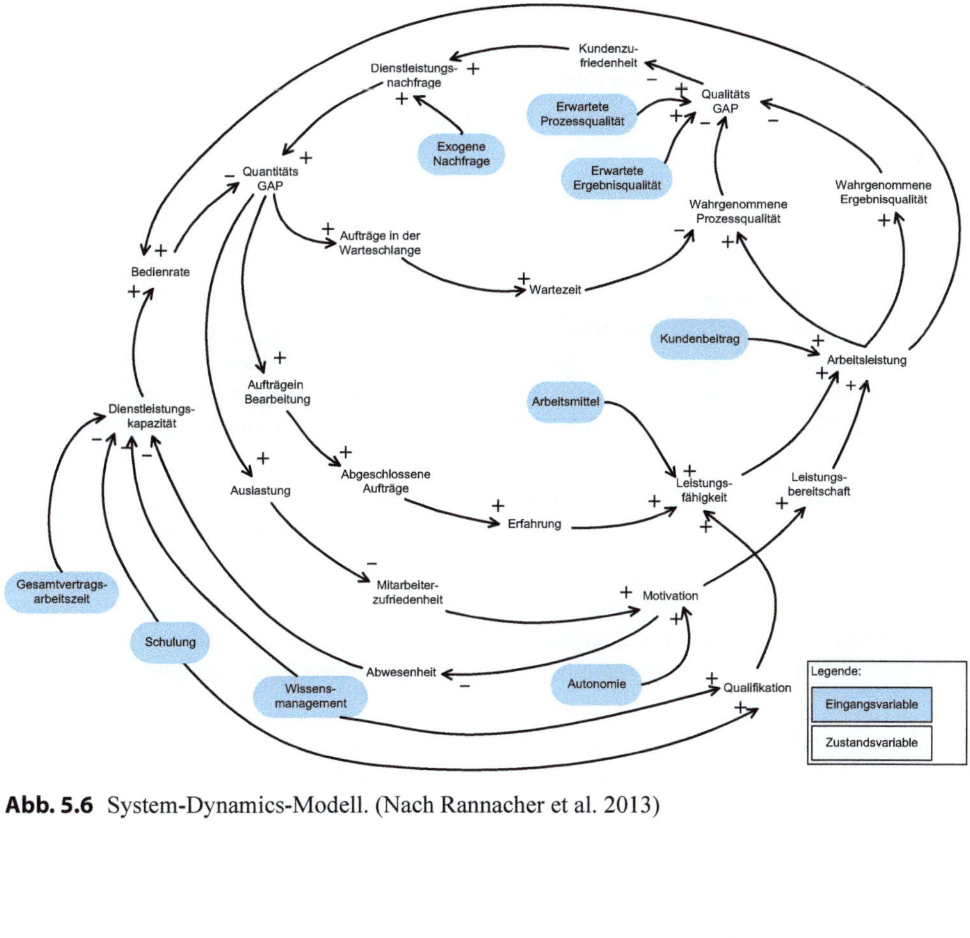

Abb. 5.6 System-Dynamics-Modell. (Nach Rannacher et al. 2013)

flusst werden und eignen sich daher nicht als unmittelbare „Stellschrauben" zur Verbesserung der Dienstleistungsproduktivität.

Ein Pfeil zwischen zwei Variablen zeigt einen Wirkungszusammenhang an. Dabei gibt die Pfeilspitze die Wirkungsrichtung vor. Ein ‚+' an der Pfeilspitze symbolisiert dabei eine proportionale Wirkung und ein ‚–' eine antiproportionale Wirkung. Die Bewertung, ob eine Wirkungsbeziehung zwischen zwei Variablen proportional oder antiproportional ist, erfordert die Annahme, dass alle anderen Variablen konstant bleiben (ceteris paribus). Dies ist aber aufgrund der Rückkopplungen in der Realität nicht möglich.

Im Folgenden werden die Wirkungszusammenhänge im System-Dynamics-Modell näher beschrieben:

Die **Dienstleistungskapazität** ist die Voraussetzung des Supportdienstleistungsanbieters, um seine Dienstleistungen anzubieten. Die Erhöhung der Eingangsvariable **Gesamtvertragsarbeitszeit** hat einen proportionalen Einfluss auf die Dienstleistungskapazität. Das **Wissensmanagement,** wie beispielsweise die Erfassung, der Austausch und die Verteilung von Wissen, ist eine der bedeutendsten Eingangsvariablen auf die Produktivität wissensintensiver technischer Supportdienstleistungen. Die wichtigste Ressource für diese Art von Dienstleistungen ist das Wissen (Willke 1998). Die Verstärkung des Wissensmanagements steigert einerseits die **Qualifikation** jeder einzelnen Arbeitsperson (Klabunde 2003) und reduziert andererseits durch die dafür benötigte Zeit die (freie) Dienstleistungskapazität (Lorenz 2010). Da Wissensmanagement von keinen anderen Variablen beeinflusst wird, stellt es für den Dienstleistungsanbieter eine Eingangsvariable dar. Die Anzahl an **Schulungen** ist eine weitere signifikante Eingangsvariable, die durch den Dienstleistungsanbieter beeinflusst werden kann. Einerseits reduzieren Schulungen die Dienstleistungskapazität, andererseits steigern sie die Qualifikation der Arbeitspersonen. Wissensarbeiter sollten regelmäßig an Schulungen teilnehmen, um ihre Qualifikation zu verbessern (Maleri und Fritzsche 2008; Kuhn et al. 2009). Nur ein ausgewogenes Qualifikationsniveau ermöglicht es den Arbeitspersonen, ihre Tätigkeiten angemessen durchführen zu können (**Leistungsfähigkeit**).

Eine weitere Eingangsvariable sind die **Arbeitsmittel**. Sind keine oder nicht ausreichend funktionale Arbeitsmittel vorhanden, benötigen die Arbeitspersonen mehr Zeit, um ihre Tätigkeiten zielgerichtet zu erfüllen. Eine Verbesserung der zur Verfügung gestellten Arbeitsmittel erhöht die Leistungsfähigkeit der Arbeitspersonen (Keller 2010).

Die **Autonomie,** d. h. der Grad, in dem Arbeitspersonen die Reihenfolge und den Ablauf ihrer Tätigkeiten selbst steuern dürfen, ist eine weitere Eingangsvariable. Ein höherer Grad an Autonomie übt einen positiven Effekt auf die **Motivation** (Kirchler und Rodler 2001) der Arbeitspersonen aus. Dies führt zu einer größeren **Leistungsbereitschaft** und zu einer geringeren **Abwesenheit** (Malchewski und Eicke 2012). Die Kombination aus Leistungsbereitschaft und Leistungsfähigkeit führt zu einer gewissen **Arbeitsleistung** (Maleri und Fritzsche 2008; Meffert und Bruhn 2009). Ein positiver **Kundenbeitrag** führt ebenfalls zu einer positiven Auswirkung auf die Arbeitsleistung. Eine Erhöhung der Arbeitsleistung und der Dienstleistungskapazität hat einen positiven Einfluss auf die **Bedienrate**.

Die Differenz zwischen der **Dienstleistungsnachfrage** und der Bedienrate beschreibt das sogenannte **Quantitäts GAP**. Der Dienstleistungsanbieter versucht, diese Lücke immer so gering wie möglich zu halten. Ist die Nachfrage nach einer bestimmten Supportdienstleistung kleiner als das vom Dienstleistungsanbieter bereitgestellte Potential, verschwendet das Unternehmen Ressourcen (Bruhn und Georgi 2006). Je größer das Quantitäts GAP wird, desto mehr Aufträge befinden sich in Bearbeitung (**Aufträge in Bearbeitung**) und desto größer wird auch die **Auslastung**. Diese hat wiederum einen antiproportionalen Einfluss auf die **Mitarbeiterzufriedenheit**. Des Weiteren führt eine steigende Anzahl zu bearbeitender Aufträge auch (zeitlich versetzt) zu einer steigenden Anzahl **abgeschlossener Aufträge**. Je mehr Aufträge die Wissensarbeiter abgeschlossen haben, desto größer werden ihre **Erfahrungen**. **Aufträge in der Warteschlange** können nicht sofort bearbeitet werden, da die Dienstleistungsnachfrage größer als die Bedienrate des Dienstleistungsanbieters ist. Dies führt zu längeren **Wartezeiten** und mindert die **wahrgenommene Prozessqualität** des Kunden.

Neben dem Quantitäts GAP gibt es auch ein **Qualitäts GAP**. Vergleicht der Kunde seine **erwartete Ergebnisqualität** mit der **wahrgenommenen Ergebnisqualität,** so kommt es in der Regel zu einer Diskrepanz. Zusätzlich wird diese Lücke durch die Differenz zwischen der vom Kunden **erwarteten Prozessqualität** und seiner wahrgenommenen Prozessqualität gebildet (Zeithaml 1988). Wird diese Lücke vergrößert, sinkt die **Kundenzufriedenheit**. Für ein Unternehmen ist es zwingend notwendig, seine Kunden zufriedenzustellen, denn eine erfolgreiche Kundenbindung erhöht wiederum langfristig die Nachfrage auf die angebotenen Supportdienstleistungen. Neben der Kundenzufriedenheit beeinflusst auch die von den Marktanteilen des betrachteten Dienstleistungsanbieters abhängige **exogene Nachfrage** die Nachfrage nach Dienstleistungen.

5.4 Evaluierung der Wirkungszusammenhänge im System-Dynamics-Modell

Die Wirkungszusammenhänge im entwickelten System-Dynamics-Modell wurden anhand eines Fragebogens durch Experten auf dem Gebiet der wissensintensiven Dienstleistungen evaluiert. Diese sollten die im Modell postulierten Wirkungszusammenhänge der Einflussfaktoren auf die Produktivität durch ihre Einschätzung bestätigen oder infrage stellen.

5.4.1 Beschreibung der Stichprobe

Für die Evaluierung wurden auf einer Fachtagung zur Dienstleistungsproduktivität insgesamt 17 Personen befragt. Ihr Durchschnittsalter betrug 31,7 Jahre (Standardabweichung = 5,1 Jahre). Lediglich zwei der Personen waren weiblich. 76,5 % der untersuchten Personen verfügten über eine Allgemeine Hochschulreife, die Übrigen hatten ein Fachabitur (17,6 %) oder die Mittlere Reife (5,9 %). Darüber hinaus besaßen 94,1 % ein abgeschlossenes Studium, eine Person war promoviert. In etwa die Hälfte der befragten Personen (52,9 %) besaß einen technisch-naturwissenschaftlichen Ausbildungshintergrund.

14 Personen gaben an, mit dem Managen wissensintensiver Dienstleistungen mindestens eine „mittlere" Erfahrung vorweisen zu können. Praktische Erfahrungen mit Personalverantwortung im Rahmen der beruflichen Tätigkeit gaben dagegen ca. 70 % der Personen an.

5.4.2 Ergebnisse der Expertenbefragung

In Kap. 5.3.3 wurden die Wirkungszusammenhänge der Einflussfaktoren bereits beschrieben. Mit der im Folgenden vorgestellten Expertenstichprobe wurden diese mithilfe einer dreistufigen Skala eingeschätzt. Beispielsweise wurden für die Aussage „Wenn mehr Schulungen durchgeführt werden, dann ______ die Qualifikation der Mitarbeiter." die Auswahlkategorien „steigt", „sinkt" oder „hat keinen Einfluss" für den Wirkungszusammenhang zwischen diesen beiden Variablen angeboten. Dies entspricht mathematisch formuliert jeweils einer proportionalen, einer antiproportionalen oder einer nicht vorhandenen kausalen Abhängigkeit der Einflussfaktoren. In Abb. 5.7 sind die Ergebnisse der Expertenbefragung zusammengefasst abgebildet.

Zunächst ist festzustellen, dass die Einschätzung vieler Wirkungszusammenhänge sehr homogen ausgefallen ist. Die folgenden Wirkungsbeziehungen wurden von mehr als 75 % der befragten Experten modellkonform beantwortet:

1. Werden mehr Schulungen durchgeführt, dann steigt die Qualifikation der Arbeitspersonen.
2. Steigt die Leistungsbereitschaft der Arbeitspersonen, dann steigt ihre Arbeitsleistung.
3. Steigt die Motivation der Arbeitspersonen, dann steigt ihre Leistungsbereitschaft.
4. Steigt die Zufriedenheit der Arbeitspersonen, dann steigt ihre Motivation.
5. Steigt die Leistungsfähigkeit der Arbeitspersonen, dann steigt ihre Arbeitsleistung.
6. Werden den Arbeitspersonen bessere Arbeitsmittel zur Verfügung gestellt, dann steigt ihre Leistungsfähigkeit.
7. Steigt die Erfahrung der Arbeitspersonen, dann steigt ihre Leistungsfähigkeit.
8. Werden mehr Aufträge abgeschlossen, dann steigt die Erfahrung der Arbeitspersonen.
9. Steigt die Qualifikation der Arbeitspersonen, dann steigt ihre Leistungsfähigkeit.
10. Wird die Autonomie der Arbeitspersonen erhöht, dann steigt ihre Motivation.
11. Wird der Beitrag des Kunden verbessert, dann steigt die Arbeitsleistung.
12. Steigt die Motivation der Arbeitspersonen, dann sinken ihre Fehlzeiten.
13. Steigt die Wartezeit, dann sinkt die vom Kunden wahrgenommene Prozessqualität.

Bei zwei Wirkungsmechanismen sind die Einschätzungen der Teilnehmer dagegen eher uneinheitlich. Entgegen der Modellannahme ist knapp ein Drittel der Befragten der Meinung, dass eine steigende Kundenzufriedenheit keinen Einfluss auf die Dienstleistungsnachfrage hat. Die übrigen Experten beantworteten dieses Item jedoch modellkonform und stützen demnach den im Modell postulierten Zusammenhang. Des Weiteren besteht Uneinigkeit über die Auswirkung einer steigenden Auslastung auf die Mitarbeiterzufriedenheit. Etwas mehr als die Hälfte der Teilnehmer folgten dem im Modell postulierten Zusammenhang, dass eine steigende Auslastung die Zufriedenheit der Arbeitspersonen reduziert. Ein Erklärungsansatz hierfür könnte sein, dass sich beispielsweise durch Stress, Verantwortungs- und Zeitdruck die Arbeitspersonen überfordert und demnach eher unzufriedener fühlen könnten. Mehr als ein Drittel der befragten Experten sieht dagegen keinen Zusammenhang der beiden Variablen. Eine Minderheit von 5,9 % ist der konträren Ansicht, dass mit steigender Auslastung auch die Mitarbeiterzufriedenheit steigt. Diese zunächst fragwürdig wirkende Einschätzung sollte aber dennoch gewürdigt werden. Hier

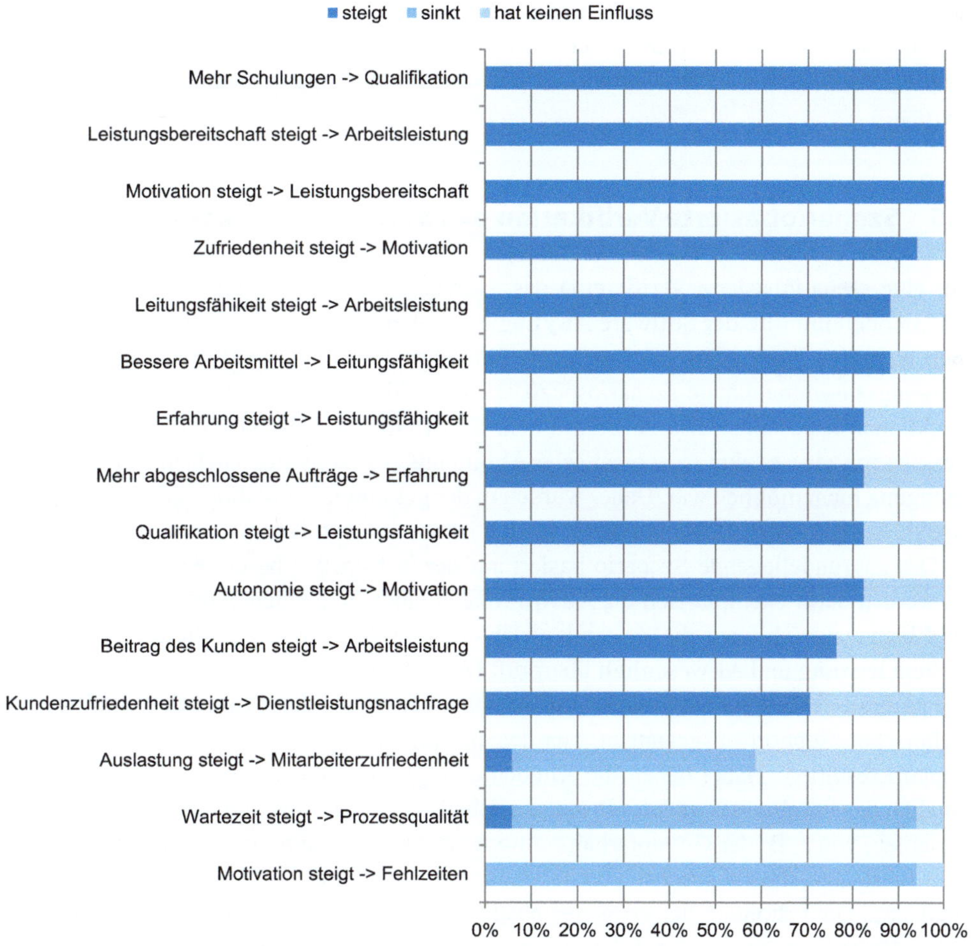

Abb. 5.7 Ergebnisse der Expertenbefragung ($n = 17$ Personen)

könnte die Annahme über einen Mechanismus bestehen, der zunächst von einer niedrigen Auslastung als Startpunkt ausgeht. Diese würde zur Unterforderung führen, was wiederum eine Unzufriedenheit der Arbeitspersonen verursachen könnte. Die unterschiedlichen Einschätzungen der Experten sind jedoch beispielsweise mit den Ergebnissen von Bendoly und Prietula (2008) vereinbar. Sie postulieren einen umgekehrt u-förmigen Zusammenhang zwischen der Auslastung und der Motivation der Arbeitspersonen, welcher in Abhängigkeit von den Fähigkeiten der Arbeitspersonen steht. Diese Interpretationsart der Wirkbeziehung wurde im vorgestellten System-Dynamics-Modell bisher nicht berücksichtigt, da im Modell von einer hohen Auslastung als Ausgangssituation ausgegangen wurde. Zukünftig sollte dies deshalb bei Einschätzungsfragen, wie sie hier verwendet wurden, deutlicher gemacht werden.

Zusammenfassend kann festgehalten werden, dass die Experteneinschätzung zu den abgefragten Zusammenhängen weitgehend konform zu den im Erklärungsmodell postulierten Zusammenhängen ausfällt. Lediglich in wenigen Punkten sind unterschiedliche Standpunkte erkennbar. Trotz dieser Einschränkungen können die Ergebnisse der Befragung als deutliche Unterstützung der postulierten Wirkungszusammenhänge gesehen werden.

5.5 Szenariobasierte Verifikation des System-Dynamics-Modells

Für eine szenariobasierte Verifikation des System-Dynamics-Modells wurde das Erklärungsmodell mithilfe der Software **AnyLogic** simuliert. Dafür mussten zunächst im Rahmen mehrerer Workshops mit insgesamt fünf Dienstleistungsexperten alle qualitativen Wirkungszusammenhänge szenariospezifisch quantifiziert werden, um die notwendigen Funktionen näherungsweise zu bestimmen. Es ist anzumerken, dass im Rahmen dieser Verifikation eine exakte mathematische Abbildung des Szenarios auch mit größter Anstrengung nicht möglich war. Daher wurden in der gesamten Simulation einheitslose, offene Skalen verwendet. Das Simulationsmodell ist bei den Autoren im Quellcode erhältlich.

Das zugrundeliegende Szenario basiert auf der in Kap. 5.2 beschriebenen Fallstudie. Es werden darin exemplarisch die Auswirkungen einer steigenden **exogenen Nachfrage** als Eingangsvariable auf die Zustandsvariablen **Mitarbeiterzufriedenheit, Auslastung, Arbeitsleistung** und **Abwesenheit** überprüft (Abb. 5.8). Im Szenario wird aufgrund eines Programmierfehlers in der Sensorsoftware von einer steigenden exogenen Nachfrage im technischen Support ausgegangen, aus der ein erhöhter Auftragseingang im 2nd-Level-Support resultiert. Dabei haben die Kunden eine gleichbleibend hohe Erwartung an die Qualität des Ergebnisses und des Prozesses. Ebenso ist eine Anpassung anderer Eingangsvariablen, wie z. B. der Gesamtarbeitszeit oder des Kundenbeitrags nicht sofort möglich. Dies führt dazu, dass abgesehen von der exogenen Nachfrage alle Eingangsvariablen konstant sind. Die Erhöhung der exogenen Nachfrage führt zu einem wachsenden Quantitäts GAP, der sich proportional auf die bisher noch nicht voll ausgelasteten Mitarbeiter auswirkt. Da sich diese zunächst weder unter- noch überfordert fühlen, sind vorerst keine

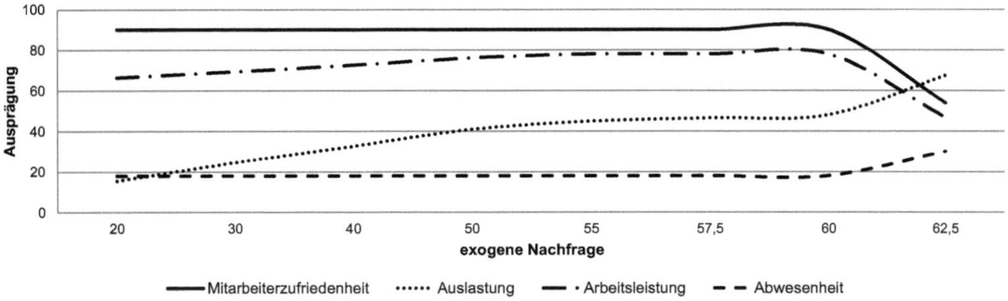

Abb. 5.8 Auswirkungen auf ausgewählte Zustandsvariablen bei steigender exogener Nachfrage

Änderungen in der Mitarbeiterzufriedenheit und Abwesenheitsquote zu erwarten. Durch die hinzugewonnene Erfahrung bei der Bearbeitung der Aufträge ist allerdings ein leichter Anstieg der Arbeitsleistung zu erwarten. Mit steigender Auslastung und Überschreitung der „Belastungsgrenze" einzelner Mitarbeiter gerät die Abteilung bei zunehmender exogener Nachfrage immer stärker unter Druck, sodass deutliche negative Auswirkungen auf die Mitarbeiterzufriedenheit, die Abwesenheit und schließlich auch auf die Arbeitsleistung zu erwarten sind. Die Ergebnisse der Simulation sind in Abb. 5.8 dargestellt. Hierbei ist das System stets in einem eingeschwungenen Zustand. In der Simulation ist der zu erwartende Anstieg der Auslastung bei zunehmender exogener Nachfrage deutlich erkennbar. Ebenfalls sind die Verläufe der Mitarbeiterzufriedenheit, der Abwesenheit und der Arbeitsleistung erwartungskonform.

Nach Überschreitung der Belastungsgrenze bei einem Skalenwert von 60 der exogenen Nachfrage erfährt das System erhebliche Veränderungen, was schließlich zu einem Einbruch der Arbeitsleistung und Mitarbeiterzufriedenheit führt. Dies entspricht dem erwarteten Verhalten im Zusammenhang mit der betrachteten Supportabteilung. Die Auslastung erreicht einen Grenzwert, ab dem die Mitarbeiter zunehmend überfordert werden, wodurch wiederum ihre Zufriedenheit sinkt. Dies führt stressbedingt vereinzelt zu Krankheitsausfällen und damit zu einer erhöhten Abwesenheit sowie zu einer sinkenden Arbeitsleistung der gesamten Abteilung. Für die übrigen Mitarbeiter resultiert daraus eine sich weiter erhöhende und stärker ansteigende Auslastung. Dieser Effekt wird sich ohne aktives Gegensteuern der Abteilungsleitung weiter verstärken bis der oben erwähnte Einbruch erfolgt. Anschließend stabilisieren sich die Werte auf einem bestimmten Niveau. Im Modell nicht abgebildet sind die aus den Arbeitsbedingungen folgenden Mitarbeiterkündigungen, die zu einer Verringerung der Gesamtarbeitszeit führen würden.

Eine Möglichkeit, diesem Effekt entgegenzuwirken bzw. den Punkt der Belastungsgrenze zu verschieben ist eine Erhöhung des Kundenbeitrags. Dazu wird im betrachteten Szenario ein Ticketsystem im 2nd-Level-Support des Unternehmens eingeführt, das den Kunden auffordert, bereits im Vorfeld Informationen zum Supportfall einzugeben. Je nach Differenziertheit des Ticketsystems erhöht sich somit stufenweise der Kundenbeitrag (Skalenwerte des Kundenbeitrags 20, 30 oder 50). Bei steigendem Kundenbeitrag ist für die gleiche exogene Nachfrage eine positive Verschiebung der Arbeitsleistung auf der

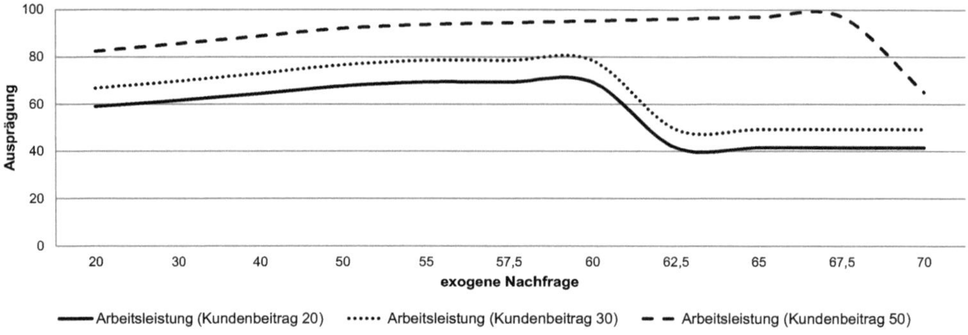

Abb. 5.9 Arbeitsleistung bei steigendem Kundenbeitrag und steigender exogener Nachfrage

Ordinatenachse zu erwarten. Die Mitarbeiter erhalten alle notwendigen Informationen zur direkten Lösung der Supportfälle. Rückfragen beim Kunden müssen damit seltener getätigt werden und die Mitarbeiter können effektiver arbeiten, wodurch ihre Arbeitsleistung gesteigert wird. Im zweiten Simulationsszenario wird die Entwicklung der Arbeitsleistung bei zunehmender exogener Nachfrage in Abhängigkeit des Kundenbeitrags betrachtet.

In Abb. 5.9 ist zu erkennen, dass eine leichte Anhebung des Kundenbeitrags in der Simulation lediglich zu einer moderaten Verschiebung der Kurve auf der Ordinate führt. Eine starke Erhöhung des Kundenbeitrags führt ebenfalls zu einer Verschiebung auf der Ordinate. Dabei wird allerdings zusätzlich auch die Belastungsgrenze, an der die steigende exogene Nachfrage zu einem Einbruch der Arbeitsleistung führt, hinausgezögert. Eine deutliche Erhöhung des Kundenbeitrags resultiert demnach in einem Anstieg der Arbeitsleistung, welche die steigende exogene Nachfrage länger kompensieren kann. Dies entspricht dem erwarteten Verhalten im untersuchten 2nd-Level-Support. Die Simulation zeigt, dass die Wirkungszusammenhänge mittels des System-Dynamics-Modells zumindest im betrachteten Fallbeispiel rekonstruiert und das Systemverhalten korrekt abgebildet werden können.

5.6 Schlussbetrachtung und Fazit

Um die Komplexität wissensintensiver Dienstleistungen besser verstehen zu können, wurde zunächst eine explorative Fallstudie zur Identifikation relevanter Einflussfaktoren auf die Produktivität wissensintensiver technischer Supportdienstleistungen durchgeführt. Ergänzend dazu wurden im Rahmen einer intensiven Recherche der einschlägigen Fachliteratur weitere wichtige Einflussfaktoren auf die Produktivität identifiziert. Aufbauend auf diesen Grundlagen wurden die Einflussfaktoren näher erläutert und den drei Dimensionen der Dienstleistungserbringung sowie der Dienstleistungsanbieter- und Dienstleistungsnachfragerperspektive zugeordnet. Da der Fokus auf wissensintensiven technischen Supportdienstleistungen lag und die Vielseitigkeit wissensintensiver technischer Supportdienstleistungen groß ist, war es schwierig, die Einflussfaktoren präzise und allgemeingültig zu beschreiben. Je nach Art der Dienstleistung können die Einflussfaktoren eine unterschiedliche Ausprägung und Einflussstärke auf die Produktivität haben. Obwohl die Unterteilung der Einflussfaktoren in Eingangs- und Zustandsvariablen gelungen ist, kann die Variabilität der Supportdienstleistungen zu Veränderungen in der Zuordnung führen.

Die aufgestellten Variablen konnten in einen systemdynamischen Zusammenhang überführt werden. Dabei wurden die Wirkungszusammenhänge zwischen den Variablen postuliert und beschrieben. Aufgrund der Komplexität und Vielfalt wissensintensiver Dienstleistungen ist das vorgestellte Modell jedoch nur qualitativ. Eine Anpassung und Verallgemeinerung ist analog zu den Begriffserläuterungen vorzunehmen. Das dargestellte System-Dynamics-Modell bietet einen guten Ausgangspunkt, um eine ausgewogene Anzahl von Variablen zur Messung der Produktivität dieser wissensintensiven technischen Supportdienstleistungen auszuwählen. Damit können Methoden und Kennzahlen für die Bewertung der Produktivität entwickelt werden.

Die Evaluierung des aufgestellten System-Dynamics-Modells durch eine Experteneinschätzung sowie dessen szenariobasierte Verifikation konnten die postulierten Zusammenhänge bestätigen und so das Erklärungsmodell stützen. In weiteren Studien ist es jedoch erforderlich, dessen Qualität weiter zu verbessern. Ziel wird es dabei sein, ein allgemeingültigeres quantitatives System-Dynamics-Modell für die Bewertung wissensintensiver technischer Supportdienstleistungen zu generieren.

Literatur

Bendoly, E., & Prietula, M. (2008). In „the zone“: The role of evolving skill and transitional workload on motivation and realized performance in operational tasks. *International Journal of Operations & Production Management, 28*(12), 1130–1152.

Bowen, D. E., & Jones, G. R. (1986). Transaction cost analysis of service organization-customer exchange. *Academy of Management Review, 11*(2), 428–441.

Bradl, P. (2004). Einsatz von System Dynamics in der strategischen Unternehmensplanung: Prototypische Implementierung unter besonderer Berücksichtigung der Erfordernisse von Zu- und Abgangssystemen. Dissertation, Friedrich-Alexander-Universität Erlangen-Nürnberg. *Arbeitsbericht des Instituts für Informatik, 37*(3), 129.

Brady, M. K., & Cronin, J. J. (2001). Some new thoughts on conceptualizing perceived service quality: A hierarchical approach. *Journal of Marketing, 65*(3), 34–49.

Brown, S., Blackmon, K., Cousines, P., & Maylor, H. (2001). *Operations management: Policy, practice and performance improvement*. Woburn: Elsevier Verlag.

Bruggemann, A., Groskurth, P., & Ulich, E. (1975). *Arbeitszufriedenheit*. Bern: Verlag Hans Huber.

Bruhn, M., & Blockus, M.-O. (2011). Komplexität und Produktivität bei Dienstleistungen. In M. Bruhn & K. Hadwich (Hrsg.), *Dienstleistungsproduktivität: Management, Prozessgestaltung, Kundenperspektive* (Bd. 1). Wiesbaden: Gabler.

Bruhn, M., & Georgi, D. (2006). *Service marketing: Managing the service value chain*. Essex: Pearson Education Verlag.

Bruhn, M., & Hadwich, K. (2011). *Dienstleistungsproduktivität: Management, Prozessgestaltung, Kundenperspektive* (Bd. 1). Wiesbaden: Gabler.

Deutsches Institut für Normung e.V. (2004). *DIN EN ISO 6385: Grundsätze der Ergonomie für die Gestaltung von Arbeitssystemen*. Berlin: Beuth Verlag.

Djellal, F., & Gallouj, F. (2008). *Measuring and improving productivity in services: Issues, strategies and challenges*. Cheltenham: Edward Elgar Publishing Verlag.

Forrester, J. W. (1958). Industrial dynamics: a major breakthrough for decision makers. *Harvard Business Review, 36*(4), 37–66.

Forrester, J. W. (1961). *Industrial dynamics*. Portland: Productivity Press.

Forrester, J. W. (1968). *Principles of system*. Waltham: Pegasus Communications.

Gienke, H., & Kämpf, R. (2006). *Handbuch Produktion: Innovatives Produktionsmanagement: Organisation, Konzepte, Controlling*. München: Carl Hanser Verlag.

Green, T. B. (1992). *Performance and motivation strategies for today's workforce: A guide to expectancy theory applications*. Westport: Greenwood Publishing Group.

Grönroos, C. (1984). A service quality model and its marketing implications. *European Journal of Marketing, 18*(4), 36–44.

Grönroos, C. (2001). The perceived service quality concept – A mistake? *Managing Service Quality, 11*(3), 150–152.

Grönroos, C., & Ojasalo, K. (2004). Service productivity: Toward a conceptualization of the transformation of inputs into economic results in services. *Journal of Business Research, 57*(4), 414–423.

Hofmann, J. (2009). Wissensmanagement und die Führung von Wissensarbeitern: Gestaltung produktiver Wissensarbeit. *Personalführung, 42*(12), 30–35.

Homburg, C., & Faßnacht, M. (2001). Kundennähe, Kundenzufriedenheit und Kundenbindung bei Dienstleistungsunternehmen. In M. Bruhn & H. Meffert (Hrsg.), *Handbuch Dienstleistungsmanagement: Von der strategischen Konzeption zur praktischen Umsetzung* (2. Aufl.). Wiesbaden: Gabler.

Hoppock, R. (1935). *Job satisfaction*. New York: Verlag Harper & Brothers.

Keller, M. (2010). *Fachlexikon für das Human Resource Management*. Zürich: Praxium Verlag.

Kirchler, E., & Rodler, C. (2001). *Motivation und Organisationen: Arbeits- und Organisationspsychologie 1*. Wien: WUV Universitätsverlag.

Klabunde, S. (2003). *Wissensmanagement in der integrierten Produkt- und Prozessgestaltung*. Wiesbaden: Deutscher Universitäts-Verlag.

Kühhirt, J. (2009). *Kennzahlenbasierte Führung in Dienstleistungsunternehmen*. Hamburg: Diplomica Verlag.

Kuhn, M., Kollmann, V., & Zajontz, V. (2009). Erfolgsfaktoren industrieller Dienstleistungen: Eine branchenübergreifende Homogenität von Erfolgsgaranten? *Industrie-Management: Zeitschrift für industrielle Geschäftsprozesse, 25*(6), 16–20.

Landau, K. (2007). *Arbeitsgestaltung: Best Practice im Arbeitsprozess*. Wiesbaden: Universum Verlag.

Lorenz, S. (2010). Wissensmanagement in unternehmensübergreifenden Forschungsprojekten im internationalen Umfeld. Frankfurt a. M.: Internationaler Verlag der Wissenschaften.

Malchewski, F., & Eicke, S. (2012). Gut geplant ist halb gewonnen: Wie es Unternehmen trotz Fach- und Führungskräftemangel gelingt, Schlüsselpositionen zu besetzen und sich einen Wettbewerbsvorteil zu verschaffen. *Personalmagazin, 7*, 30–31.

Maleri, R., & Fritzsche, U. (2008). *Grundlagen der Dienstleistungsproduktion* (5. Aufl.). Berlin: Springer.

Meffert, H., & Bruhn, M. (2009). *Dienstleistungsmarketing: Grundlagen – Konzepte – Methoden* (6. Aufl.). Wiesbaden: Gabler.

Meier, H., & Uhlmann, E. (2012). Hybride Leistungsbündel – ein neues Produktverständnis. In H. Meier & E. Uhlmann (Hrsg.), *Integrierte Industrielle Sach- und Dienstleistungen: Vermarktung, Entwicklung und Erbringung hybrider Leistungsbündel*. Berlin: Springer.

Mills, P. K., & Morris, J. H. (1986). Clients as „Partial" employees of service organizations: Role development in client participation. *Academy of Management Review, 11*(4), 726–735.

Nerdinger, F. W., Blickle, G., & Schaper, N. (2008). *Arbeits- und Organisationspsychologie*. Heidelberg: Springer Medizin Verlag.

Ojasalo, J. (2001). Managing customer expectations in professional services. *Managing Service Quality: An International Journal, 11*(3), 200–212.

Rannacher, A., Stranzenbach, R., Sturm, F., Mütze-Niewöhner, S., & Schlick, C. M. (2013). *A system dynamics model for the evaluation of the productivity of the knowledge-intensive services. iBusiness Journal*. USA: Scientific Research Publishing.

Schlick, C. M., Bruder, R., & Luczak, H. (2010). *Arbeitswissenschaft*. Berlin: Springer.

Snell, S. A., & Bohlander, G. W. (2012). *Managing human resources*. USA: South Western Education Publishing.

Statistisches Bundesamt. (2014). Bruttowertschöpfung: Dienstleistungssektor. https://www.destatis.de/DE/ZahlenFakten/LaenderRegionen/Internationales/Thema/Tabellen/Basistabelle_BWWertschoepfung.html. Zugegriffen: 8. Juli 2014.

Stock, R. (2006). Möglichkeiten und Grenzen von Mitarbeiterbefragungen bei Kundenkontakt-Mitarbeitern. In M. E. Domsch & D. H. Ladwig (Hrsg.), *Handbuch Mitarbeiterbefragung* (2. Aufl.). Berlin: Springer.

Sturm, F., Rannacher, A., Bilan-Straub, L., Stranzenbach, R., & Mütze-Niewöhner, S. (2011). Productivity measurement of knowledge-intensive services – Towards adaptable service performance evaluation systems. RESER Konferenz 2011: Productivity of Services NextGen – Beyond Output/Input, Hamburg.

Sunindyo, W. D., Moser, T., Winkler, D., & Biffl, S. (2010). Foundations for Event-Based Process Analysis in Heterogeneous Software Engineering Environments. 36th EUROMICRO Conference on Software Engineering and Advanced Applications, Lille.

VDMA-McKinsey-Studie. (2013). Zukunftsperspektive deutscher Maschinenbau – Erfolgreich in einem dynamischen Umfeld agieren.

Willke, H. (1998). Organisierte Wissensarbeit. *Zeitschrift für Soziologie, 27*(3), 161–177.

Zeithaml, V. A. (1988). Consumer perceptions of price, quality, and value: A means-end model and synthesis of evidence. *Journal of Marketing, 52,* 2–22.

Entwicklung eines Planspiels zum besseren Verständnis der Einflussgrößen und Wirkungszusammenhänge bei der Messung und Bewertung von Dienstleistungsproduktivität

6

Robert Stranzenbach, Alexander Rannacher,
Susanne Mütze-Niewöhner und Christopher M. Schlick

6.1 Einleitung und Motivation

Wissensintensive Dienstleistungen haben sich zu einem wichtigen Bestandteil der Wertschöpfung in deutschen Unternehmen entwickelt (Baumgärtner und Bienzeisler 2006). Die produktive Gestaltung und Erbringung dieser Dienstleistungen rückt daher zunehmend in den Fokus von Unternehmen. Führungskräfte werden vermehrt mit der Aufgabe konfrontiert, die Produktivität der in ihren Organisationseinheiten angebotenen Dienstleistungen zu erfassen, zu gestalten und effizient zu managen. Durch die hohe Komplexität der Arbeitsprozesse sowie die Vielzahl von Variablen bei der Produktivitätsmessung von wissensintensiven Dienstleistungen ist diese Aufgabe jedoch nicht einfach zu beherrschen.

R. Stranzenbach (✉)
Institut für Arbeitswissenschaft der RWTH Aachen University,
Bergdriesch 27, 52062 Aachen, Deutschland
E-Mail: r.stranzenbach@iaw.rwth-aachen.de

A. Rannacher
Institut für Arbeitswissenschaft der RWTH Aachen University,
Bergdriesch 27, 52062 Aachen, Deutschland
E-Mail: a.rannacher@iaw.rwth-aachen.de

S. Mütze-Niewöhner
Institut für Arbeitswissenschaft der RWTH Aachen University,
Bergdriesch 27, 52062 Aachen, Deutschland
E-Mail: s.muetze@iaw.rwth-aachen.de

C. M. Schlick
Institut für Arbeitswissenschaft der RWTH Aachen University,
Bergdriesch 27, 52062 Aachen, Deutschland
E-Mail: info@iaw.rwth-aachen.de

C. M. Schlick et al. (Hrsg.), *Produktivitätsmanagement von Dienstleistungen*,
DOI 10.1007/978-3-642-45071-6_6

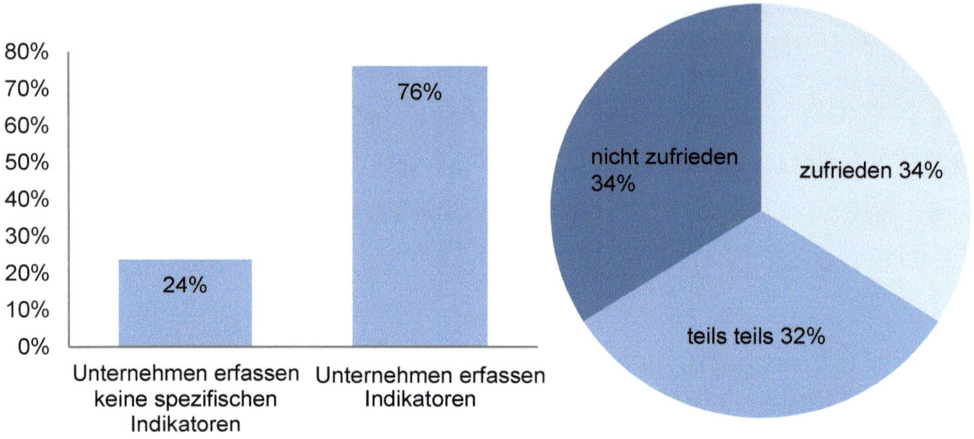

Abb. 6.1 Anteil der Unternehmen, die Indikatoren erfassen und Zufriedenheit mit den Indikatoren (n=42 Unternehmen)

In Zusammenarbeit mit der Wirtschaftsförderung Stuttgart wurde im Projekt AESTIMO eine Befragung bei 42 kleinen und mittleren Unternehmen (KMU), die in der Dienstleistungsbranche aktiv sind, durchgeführt. Ziel war es, anhand dieser Stichprobe den Verbreitungsgrad der Messung und Bewertung von Dienstleistungsproduktivität, die Verankerung der Produktivitätsmessung, den Zufriedenheitsgrad mit derzeitigen Messgrößen und Messinstrumenten sowie Schwierigkeiten und Stellgrößen zur Verbesserung der Messung und Bewertung in den Unternehmen zu identifizieren. Die Befragung sollte zum einen den Stand der Praxis zur Messung und Bewertung von Dienstleistungen in KMU liefern, aber auch mögliche Ansatzpunkte zur Unterstützung von Unternehmen bei der Messung und Bewertung von wissensintensiven Dienstleistungen aufzeigen. Insbesondere die Verbreitung von Indikatoren zur Bestimmung der Dienstleistungsproduktivität war von besonderem Interesse.

Als Ergebnis der Befragung ergab sich, dass 24 % der Unternehmen bisher keine Indikatoren zur Bestimmung der Dienstleistungsproduktivität verwenden (Abb. 6.1). Darüber hinaus waren nur ein Drittel der Unternehmen mit den erhobenen Indikatoren wie z. B. Aufwendungen für Betriebsmittel und Zeiterfassung zufrieden bzw. bezeichneten diese als ausreichend.

Von den Unternehmen, die bereits Indikatoren erfassen, wurde zumeist nur die Anzahl der Arbeitsstunden bei der Dienstleistungserbringung erfasst. Faktoren zu Aufwendungen für Betriebsmittel und für die Service-Infrastruktur sowie zeitbezogene Faktoren wurden in weniger als 50 % der befragten Unternehmen erhoben (Abb. 6.2). Fast die Hälfte der befragten Unternehmen (45 %) sah in der Dienstleistungsproduktivität noch kein Handlungsfeld für ihr Unternehmen.

Diese Ergebnisse zeigen, dass die Sensibilisierung von Unternehmen für die Relevanz der Produktivitätsbeurteilung ihrer wissensintensiven Dienstleistungen und der damit einhergehenden Messung und Bewertung der Produktivität noch nicht in einem ausreichenden Maß erfolgt ist und folglich ein Bedarf nach Methoden und Unterstützungs-

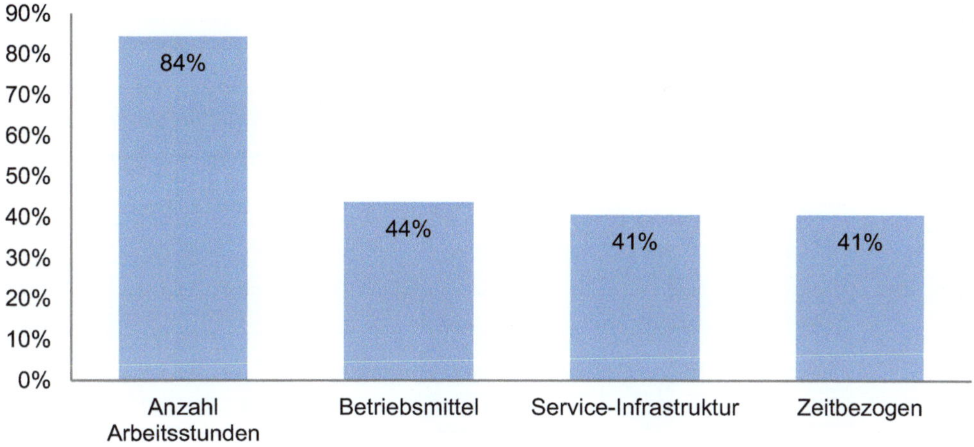

Abb. 6.2 Verwendung von Indikatoren bei KMU ($n=42$ Unternehmen)

werkzeugen existiert. Wenngleich einschränkend zu erwähnen ist, dass es sich um eine Gelegenheitsstichprobe handelt, die nicht repräsentativ ist, da hier nur Unternehmen aus der Wirtschaftsregion Stuttgart befragt wurden und die Beteiligung mit 42 Unternehmen für eine repräsentative Umfrage bei Weitem nicht ausreichend ist. Dennoch geben die Ergebnisse im Rahmen des Projekts wichtige Hinweise auf Probleme in der Praxis.

Als Stellgrößen und Erfolgsfaktoren zur Steigerung der Produktivität wissensintensiver Dienstleistungen sind aus Sicht der Unternehmen die fachliche Qualifizierung, die Förderung der Servicekultur, moderne IT- und Kommunikationsmittel sowie eine interne Zusammenarbeit und Standards für Dienstleistungsprozesse besonders hervorzuheben (Abb. 6.3). Diese Erhebung zeigt deutlich, dass im Bereich des Managements von Dienstleistungen, insbesondere im Hinblick auf eine produktive Gestaltung und Führung, erheblicher Qualifizierungsbedarf in den Unternehmen besteht. Eine Sensibilisierung der Führungskräfte für diesen Themenbereich ist notwendig, damit diese die Dienstleistungsproduktivität zukünftig als Handlungsfeld wahrnehmen und entsprechend gestalten können. Dies spiegelt sich auch in weiteren Studien und Veröffentlichungen wider, wie bspw. in Bruhn und Hadwich (2011) oder Binezeisler und Meiren (2005).

Neben der Sensibilisierung der Führungskraft ist es darüber hinaus notwendig, die komplexen Zusammenhänge und Wirkungsbeziehungen bei der Erbringung von Dienstleistungen zu erlernen und zu erleben. Vielen Führungskräften sind die hohe Komplexität sowie die Wechselwirkungen und die daraus entstehenden Rückkopplungen zwischen den einzelnen Einflussfaktoren auf die Dienstleistungsproduktivität nicht bewusst. Einen ersten Schritt zur Erklärung dieser Zusammenhänge stellt das „System-Dynamics-Modell für die Bewertung der Produktivität wissensintensiver Supportdienstleistungen“ dar (Rannacher et al. 2013; Stranzenbach et al. 2013). Das Erklärungsmodell und dessen Herleitung werden ausführlich in Kap. 5 behandelt.

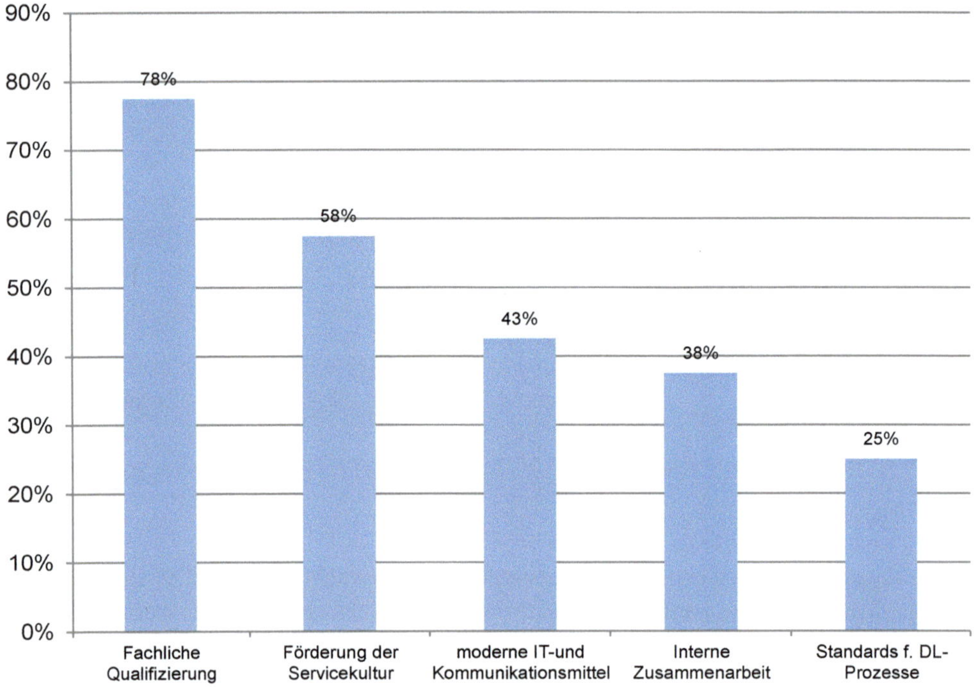

Abb. 6.3 Die wichtigsten Stellgrößen zur Gestaltung und Verbesserung der Dienstleistungsproduktivität von wissensintensiven Dienstleistungen ($n=42$ Unternehmen)

6.2 Ziele des Planspiels

Um Dienstleistungsmanagern ein besseres Verständnis und einen praxisorientierten Einblick in die Thematik der Dienstleistungsproduktivität zu ermöglichen, ist es notwendig, die Auswirkungen auf die Produktivität bei Veränderung ihrer Einflussfaktoren in einer realitätsnahen Umgebung gefahrlos erproben und explorieren zu können. Auf diese Weise können Handlungsalternativen zur Steigerung der Produktivität von Dienstleistungen abgewogen und die Auswirkungen auf die Dienstleistungserbringung veranschaulicht werden. Um dies zu gewährleisten, wurde im Projekt AESTIMO ein interaktives Planspiel zur Sensibilisierung und zum Training von Führungskräften mit Bezug auf wissensintensive Dienstleistungen entwickelt.

Ziel des Planspiels DiPro[1] ist es, die komplexen Zusammenhänge zwischen den Einflussfaktoren auf die Dienstleistungsproduktivität praxisnah aufzubereiten und spielerisch zu vermitteln. Führungskräfte und Dienstleistungsmanager können in einer simulationsgestützten Umgebung szenariobasiert die Wirkungen von unternehmerischen Maßnahmen praxisnah erfahren und so für das Thema der Dienstleistungsproduktivität

[1] Das Planspiel und eine Beschreibung kann unter www.aestimo-projekt.de heruntergeladen werden.

sensibilisiert werden. Um eine praxistaugliche Gestaltung für eine Vielzahl unterschiedlicher Führungskräfte mit unterschiedlichen Qualifikationsniveaus zu gewährleisten, wurden anschauliche Begriffsdefinitionen verwendet, die in ihrer Wortwahl z. T. von denen wissenschaftlich ausgelegten Definitionen in Kap. 5 abweichen. Um die Spieler des Planspiels schnell in die Bedienung einzuführen und einer Demotivation vorzubeugen, wurde ein hoher Wert auf eine intuitive Benutzung, ergonomische Gestaltung und leichte Verständlichkeit der einzelnen Planspielmodule gelegt. So kann das Planspiel leicht in Lernkonzepte, Workshops oder Führungskräftetrainings integriert werden und nach einer kurzen thematischen Einführung schnelle Lernerfolge ermöglichen. Durch die szenariobasierte Gestaltung des Planspiels ist es zudem relativ einfach möglich, das Planspiel auf die Gegebenheiten eines Unternehmens anzupassen und so einen noch stärkeren Praxisbezug zu generieren.

6.3 Szenario

Im Planspiel DiPro übernimmt der Spieler die Leitung der Supportabteilung in der Sensoric GmbH, einem weltweit agierenden Hersteller für Sensoren. Aufgabe des Spielers ist es, die Produktivität seiner Abteilung zu optimieren, indem seine Mitarbeiter die anfallenden Supportanfragen möglichst effektiv und effizient bearbeiten, das Personal jedoch nicht überfordert ist. Alle Kundenanfragen zu Produktproblemen gehen in der Abteilung des Spielers ein. Dabei können sowohl einfache Bedienfehler des Kunden als auch komplexe Probleme mit anderen, im System des Kunden verbauten, Elementen (zum Teil auch von anderen Herstellern) auftreten. Aufgrund der hohen Produktvielfalt und dem dafür benötigten Fachwissen ist jeder Mitarbeiter auf eine bestimmte Produktsparte des Unternehmens spezialisiert. Nach erfolgreicher Bearbeitung eines Supportfalls wird die Lösung dem Kunden mitgeteilt und anschließend in unterschiedliche Wissensdatenbanken eingepflegt, um zukünftig ähnliche Supportfälle schneller beheben zu können. Während des Spielverlaufs treten in unregelmäßigen Abständen verschiedene Ereignisse ein, welche die Produktivität maßgeblich beeinflussen. Um negativen Ereignissen entgegenzuwirken, kann der Spieler während des Spielverlaufs mithilfe von Aktionspunkten (siehe Kap. 6.5.1) verschiedene Maßnahmen durchführen. Zu Beginn des Spiels steht dem Spieler ein Kontingent in Höhe von 30 Aktionspunkten zur Verfügung. Die Aufgabe des Spielers ist es, durch die Umsetzung geeigneter Maßnahmen, die Produktivität der Abteilung zu steigern und dadurch wiederum neue Aktionspunkte zu erhalten. Die Einflussfaktoren und deren Wirkungszusammenhänge auf die Produktivität sowie die Entwicklung der Produktivität in der Abteilung kann der Spieler zu jedem Zeitpunkt des Spiels einsehen. Das Spiel soll durch die Simulation einer wissensintensiven Dienstleistung helfen, die Zusammenhänge nachzuvollziehen und die Auswirkungen durchgeführter Maßnahmen zu erleben. Anschließend soll der Spieler in der Lage sein, die gewonnenen Kenntnisse auf die Führung bzw. das Managen ähnlicher Dienstleistungen zu übertragen und in der unternehmerischen Praxis anzuwenden.

6.4 Entwicklung des Planspiels DiPro

Das Planspiel DiPro basiert auf dem in Kap. 5 bereits vorgestellten „System-Dynamics-Modell für die Bewertung der Produktivität wissensintensiver technischer Supportdienstleistungen“. Um den oben genannten Zielen des Planspiels gerecht zu werden, musste dieses allgemeingültige Modell mit seinen vielen Eingangs- und Zustandsgrößen vereinfacht werden. Dies galt sowohl für die Anzahl der Variablen als auch für die Anzahl und Komplexität der Wechselwirkungen zwischen den Variablen. Um mit dem Planspiel eine nummerische Produktivitätsbewertung zu erzielen, mussten zudem die Zusammenhänge und Wechselwirkungen der einzelnen Einflussfaktoren ausdetailliert und quantitativ erfasst werden. Da das Planspiel ein spezielles Szenario abbildet, konnte ein Großteil der notwendigen Modellvereinfachungen durch die Reduzierung auf für dieses Szenario notwendige Modellbestandteile realisiert werden. Die Spieler des Planspiels werden in dem Szenario, wie bereits erwähnt, in die Rolle eines Abteilungsleiters einer Supportabteilung versetzt. Bewusst wurde dabei eine Analogie zum Unternehmen, das in der Fallstudie in Kap. 5 beschrieben wird, hergestellt. Durch die aus der Fallstudie vorliegenden Daten und der Expertise der Praxispartner wurde die Quantifizierung der Wirkungszusammenhänge ermöglicht. Die starke Ausrichtung des Planspiels auf das hinterlegte Szenario stellt allerdings auch eine Limitierung der direkten Übertragbarkeit auf andere Anwendungsgebiete wissensintensiver Dienstleistungen dar.

Um die Umsetzung von DiPro möglichst realitätsnah und lernförderlich zu gestalten, wurden Experten der Dienstleistungsbranche und der Planspielerstellung herangezogen. Der fachliche Input des Praxispartners garantierte die Erstellung eines validen, praxisrelevanten Szenarios.

In Anlehnung an die Methodik der Balanced Scorecard (BSC) wurde für die Planspielerstellung ein Dienstleistungsscore für die Bewertung der Dienstleistungsproduktivität entwickelt. Die Methode der Balanced Scorecard ermöglicht dabei eine ausgewogene Bewertung von Organisationen bzw. Organisationseinheiten. So werden neben finanzwirtschaftlichen auch die gerade in wissensintensiven Dienstleistungen relevanten nicht-finanzwirtschaftlichen Einflussfaktoren berücksichtigt (s. Kapitel DLP-Modell Petz; Kaplan und Norton 1997). Die Balanced Scorecard gibt dem Management einen schnellen Überblick über den Zustand des Unternehmens aus den unterschiedlichen Perspektiven. Dazu werden wichtige Kennzahlen insgesamt vier Perspektiven zugeordnet. In der ursprünglichen Form der Balanced Scorecard sind dies die Finanzperspektive, die Kundenperspektive, die interne Prozessperspektive sowie die Lern- und Entwicklungsperspektive (Kaplan und Norton 1997).

Zur Verknüpfung dieser vier Perspektiven wird bei der BSC ein Ursache-Wirkungssystem zugrunde gelegt. Dieses System basiert auf einer Wertschöpfungslogik, die auf der **Wertkette** von Porter (1985) beruht (Weber und Schäffer 2000). Nach Woratschek et al. (2005) folgen jedoch speziell wissensintensive Dienstleistungen nicht durchgängig der Wertkette nach Porter, sondern sind maßgeblich durch die Wertschöpfungskonfigurationen **Wertshop** und **Wertnetz** zu beschreiben. Diese Feststellung führt dazu, dass die Methodik der BSC nicht ohne methodische Anpassungen auf Dienstleistungen übertragen werden kann. Woratschek et al. (2005) entwickelten ein Vorgehen in drei Stufen, um eine BSC an die Anforderungen und Rahmenbedingungen von Dienstleistungen anzupassen:

1. Im ersten Schritt wird die der Organisation bzw. der Dienstleistung zugrunde liegende Wertschöpfungslogik identifiziert. Bei Mischformen ist die dominante Wertschöpfungslogik zu wählen.
2. In einem zweiten Schritt müssen die Ursache-Wirkungsbeziehungen der Dienstleistung erarbeitet werden. Grundlage hierfür bildet, analog zur ursprünglichen BSC, die theoretisch-empirische Herleitung der Zusammenhänge.
3. Im dritten Schritt werden auf Grundlage des Ursache-Wirkungssystems und der vorliegenden Kosten- und Werttreiber spezifische Kennzahlen zur Bewertung abgeleitet.

In Anlehnung an dieses Vorgehen wurde eine ausgewogene Bewertungsmethodik für das Planspiel entwickelt. Dafür wurde zunächst die maßgebliche Wertschöpfungslogik identifiziert. Die Wertkette ist das in der Praxis am häufigsten verwendete Modell zur Beschreibung und Analyse der unternehmerischen Wertschöpfung und stellt die sequenzielle Wertschöpfungslogik der primären Aktivitäten mit direktem Einfluss auf die Wertschöpfung dar (Woratschek et al. 2005). Die Wertkette ist jedoch nicht geeignet, das im Planspiel vorliegende Szenario der Supportdienstleistung abzubilden. Das Wertnetzwerk ist ebenfalls nicht optimal zur Abbildung der Wertschöpfung von Supportdienstleistungen geeignet. Vielmehr wurde der **Wertshop** als maßgebliche Wertschöpfungskonfiguration für die Supportdienstleistung identifiziert (Abb. 6.4).

Wertschöpfungslogik *Wertshop*

Der Wertshop ist eine Aktivitätenkonfiguration, bei der die problemlösende Funktion im Vordergrund steht. Die Aufgabe von Supportdienstleistern besteht darin, ein bestehendes Kundenproblem zu identifizieren und eine geeignete Lösung zu finden. Dieser Problemlösungsprozess kann sowohl iterativ als auch unstetig durchlaufen werden (Woratschek et al. 2005), wie es bei Supportdienstleistungen der Fall ist. Beim Wertshop beginnen die Aktivitäten grundsätzlich mit der Problemdefinition des Kunden. Daran werden weitere Aktivitäten zur Problemlösung angeschlossen. Im Gegensatz zur Wertkette werden beim Wertshop alle Aktivitäten des Dienstleisters für jeden Auftrag neu konfiguriert und die Ressourcen adäquat zugewiesen (Schafmeister 2004). Hierbei können sowohl einzelne Aktivitäten als auch der komplette Prozess beliebig oft wiederholt werden. Wurde das Problem nicht ausreichend identifiziert, kann zu jedem Zeitpunkt die Problemdefinition noch einmal wiederholt werden (Stabell und Fielstad 1998). Alle diese Merkmale gelten auch für das im Planspiel verwendete Szenario der Supportdienstleistung.

Im Wertshop kann eine Vielzahl verschiedener, auf Kundenwünschen basierender Technologien eingesetzt werden. Der Kunde wird so, ebenso, wie bei Supportdienstleistungen, in den Prozess der Leistungserstellung mit einbezogen (Schafmeister 2004). Wertshops müssen flexibel auf die individuellen Bedürfnisse des Kunden eingestellt sein

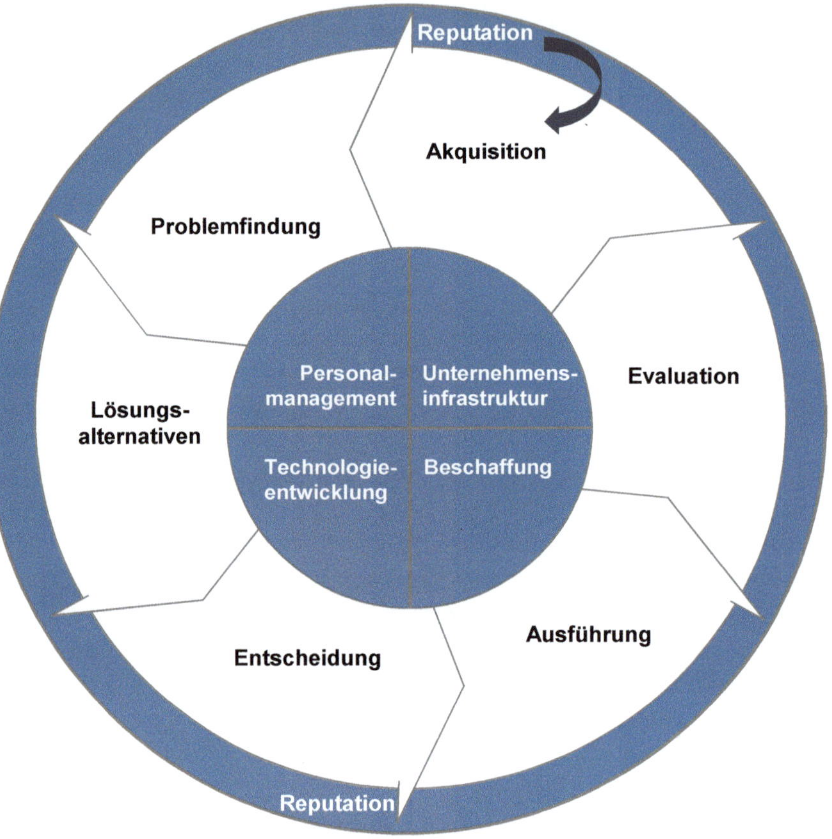

Abb. 6.4 Wertshop nach Woratschek et al. 2005

(Woratschek et al. 2005). Die einzelnen Aktivitäten des Wertshops sind in voneinander abgegrenzte Einheiten unterteilt, die durch ihre Verknüpfung zur Wertschöpfung des betreffenden Unternehmens beitragen. Die klassische Darstellung des Wertshops basiert auf der Unterscheidung zwischen primären und unterstützenden Aktivitäten. Die Gewinnspanne ist beim Wertshop nicht explizit mit einbezogen, kann aber analog zur Wertkette aus der Differenz von Umsatz und Kosten berechnet werden (Schafmeister 2004). Die Integration des Kunden in den Wertschöpfungsprozess verursacht eine hohe Informationsasymmetrie und führt so zu einer Verhaltensunsicherheit beim Kunden. Woratschek et al. (2005) modifizierten die klassische Darstellung des Wertshops, indem sie die Akquisition von der Problemfindung trennten und voranstellten. Zur Akquisition zählt ebenfalls der Reputationsaufbau, wobei sich die Reputation auf die Gesamtheit der Transaktionen und langfristige Geschäftsbeziehungen bezieht (Schafmeister 2004). Aufgrund der hohen Übereinstimmung des Konzeptes des Wertshops mit den spezifischen Merkmalen von Supportdienstleistungen wurde der Wertshop als maßgebliche Wertschöpfungslogik für das Planspiel identifiziert.

Im zweiten Schritt wurde das in Kap. 5 vorgestellte System-Dynamics-Modell als Ausgangpunkt für das Wirkungsbeziehungssystem verwendet. Da die Komplexität und der Umfang dieses Modells jedoch, wie erwähnt, den abbildbaren Rahmen eines Planspiels weit überschreiten würden, war es notwendig, das Modell zu vereinfachen und die wichtigsten Variablen und Zusammenhänge für die im Planspiel abgebildete Dienstleistung zu extrahieren.

6.4.1 Variablen von DiPro

In mehreren Workshops wurden mit Experten aus dem Bereich der Dienstleistungsproduktivität und Experten für Planspiele maßgebliche Einflussgrößen auf die Produktivität der in DiPro abgebildeten Supportdienstleistung erarbeitet. Dabei wurde das System-Dynamics-Modell als Ausgangspunkt genommen und auf die Erfordernisse des Planspiels angepasst. So wurden Variablen zusammengefasst und Beschreibungen und Begriffe praxisgerecht angepasst. Aus diesen Workshops resultierten die zwölf für das Planspiel relevanten Variablen, die im Folgenden näher erläutert werden.

Arbeitsbelastung
Die Arbeitsbelastung (Ab) bezeichnet die absolute Belastung der Mitarbeiter. Die Arbeitsbelastung basiert auf den Variablen Auslastung bzw. dem Quantitäts GAP zwischen Bedienrate und Dienstleistungsnachfrage aus dem Erklärungsmodell. Die Leistungsfähigkeit und -bereitschaft einzelner Mitarbeiter bleibt hierbei unbeachtet.

Motivation
Die Motivation (Mo) bezeichnet die Bereitschaft eines Mitarbeiters, einen Supportfall zu bearbeiten und zu lösen. Somit ist die Motivation ausschlaggebend für die Handlungsbereitschaft eines Mitarbeiters (extrinsisch/intrinsisch). Aus Gründen der Vereinfachung ist im Planspiel die Leistungsbereitschaft in der Variable „Motivation“ enthalten.

Problemlösungskompetenz
Als Problemlösungskompetenz (Pl) werden die Fertigkeit und die Fähigkeit verstanden, Supportfälle auf Basis des eigenen und des zur Verfügung stehenden Wissens, der Qualifizierung sowie der Erfahrung bearbeiten und lösen zu können. Die Variablen Erfahrung, Qualifikation und Arbeitsmittel wirken im Erklärungsmodell auf die Leistungsfähigkeit ein. Für die Planspielentwicklung wurden diese Variablen zu einer Variablen, der „Problemlösungskompetenz“, zusammengefasst.

Interaktionsqualität
Die Interaktionsqualität (Ia) beschreibt die Güte der Kommunikation zwischen Dienstleistungsanbieter und Dienstleistungsnachfrager. Hierunter sind sowohl objektive Kriterien (z. B. die Anzahl notwendiger Rückfragen) als auch subjektive Kriterien (z. B. die vom Dienstleistungsnachfrager wahrgenommene Qualität) zu verstehen.

Unterbrechungshäufigkeit
Die Unterbrechungshäufigkeit (Uh) beschreibt, wie oft ein Mitarbeiter bei der Bearbeitung eines Supportfalls gestört bzw. unterbrochen wird und sich nach der Störung wieder kognitiv neu auf seine Arbeitsaufgabe einstellen muss.

Bearbeitungszeit
Die Bearbeitungszeit (Ba) ist die für die reine Bearbeitung eines durchschnittlich komplexen Dienstleistungsvorgangs benötigte Auftragszeit der an der Dienstleistungserbringung beteiligten Arbeitspersonen. Liegezeiten und Unterbrechungen werden dabei nicht berücksichtigt. Die Bearbeitungszeit resultiert zudem aus der im Erklärungsmodell beschriebenen personenbezogenen Arbeitsleistung. Je größer diese ist, desto kürzer ist die Bearbeitungszeit.

Liegezeit
Die Liegezeit (Lz) ist die Summe der Zeiträume zwischen Auftragseingang und Auftragsende, in denen nicht am Supportfall gearbeitet wird.

Prozesstransparenz
Die Prozesstransparenz (Pt) beschreibt, inwiefern der Dienstleistungsnachfrager zu jeder Zeit über die für ihn wichtigen Vorgänge sowie den Bearbeitungsstand der Dienstleistung informiert wird. Darüber hinaus möchte der Dienstleistungsnachfrager zusätzlich wissen, an welcher Stelle der Dienstleistungserbringung er welchen Beitrag für einen optimalen Dienstleistungsverlauf zu leisten hat.

Ergebnisqualität
Die Ergebnisqualität (Eq) beschreibt, in welchem Maß das Dienstleistungsergebnis die Kundenanforderungen erfüllt. In die Bewertung gehen dabei sowohl subjektive als auch objektive Beurteilungskriterien des Dienstleistungsnachfragers ein. Im Gegensatz zum Erklärungsmodell werden im Planspiel die wahrgenommene Prozess- und Ergebnisqualität zu einer Variablen zusammengefasst.

Reputation
Die Reputation (Re) bezeichnet die Wahrnehmung des Dienstleistungsanbieters als Unternehmen durch den Dienstleistungsnachfrager unter Berücksichtigung der Gesamtheit von vergangenen und zukünftigen Aspekten. Die Reputation stellt für Unternehmen ein immaterielles Vermögen dar (Storck und Liehr 2009). Im Erklärungsmodell wird die Kundenzufriedenheit als ein Ergebnis der Dienstleistung genannt. Für das Planspiel wurde die Reputation eines Unternehmens gewählt, da diese nicht nur für Bestands- sondern auch für Neukunden erhoben werden kann. Im Planspiel stellt die Reputation eine besonders wichtige Variable dar, da sie ein zentrales Kriterium für Kunden zu einem erneuten Kauf der vom Unternehmen angebotenen Produkte ist.

Wissensbasis
Die Wissensbasis (Wb) beschreibt das gesamte im Unternehmen abrufbare Wissen. Die im Erklärungsmodell verwendete Variable Wissensmanagement, aber auch Teile der Erfahrung der Arbeitspersonen sowie Qualifikationswissen sind in dieser Variable zusammengefasst. Wichtig ist dabei die Einschränkung, dass nur verbalisierbares Wissen, welches an Kollegen weitergegeben werden kann, zur Wissensbasis gehört. Die Variable „Wissensbasis“ beschreibt die Qualität, den Zustand und die Nutzbarkeit der für die Lösung der Supportfälle zur Verfügung stehenden Daten und Informationen.

Beitrag zur Wirtschaftlichkeit
Der Beitrag zur Wirtschaftlichkeit (Wi) ist ein allgemeines Maß für die Ertrag-Aufwands-Relation. Sie wird als das Verhältnis zwischen erreichtem Ergebnis und dem dafür benötigten Mitteleinsatz definiert.

6.4.2 Wirkungsbeziehungen der Variablen

Die als maßgeblich identifizierten Variablen können aufgrund von Wechselwirkungen zueinander nicht getrennt voneinander betrachtet werden. Vielmehr muss jede Wirkungsbeziehung durch Dienstleistungsexperten quantifiziert und im Planspiel hinterlegt werden. Hierbei ist anzumerken, dass die quantitativen Beziehungen je nach konkretem Anwendungsbeispiel unterschiedlich sein können und die im Planspiel hinterlegten Abhängigkeiten nur für diesen speziellen Dienstleistungsfall gültig sind. Durch diese beispielhafte quantitative Abbildung kann ein maßgeblicher Beitrag zur Sensibilisierung für die Thematik erzielt werden. Abbildung 6.5 zeigt alle Wirkungszusammenhänge im Planspiel DiPro. Die Wirkungsrichtung wird durch Pfeile symbolisiert, die Wirkungsrichtung und die Art (proportional oder antiproportional) werden ebenfalls dargestellt. So wird ein antiproportionaler Zusammenhang mit einem „-“ am Pfeilanfang angezeigt, während alle Pfeile ohne Vorzeichen einen proportionalen Zusammenhang der miteinander verbundenen Variablen repräsentieren. Der Wert jeder Variable wird auf einer Skala von 0 bis 100 Punkten angegeben, wobei der Zielbereich je nach Variable unterschiedlich sein kann. So ist beispielsweise bei der Motivation ein hoher Punktwert erstrebenswert, während bei der Bearbeitungszeit der Punktwert möglichst klein gehalten werden sollte. Bei einigen Variablen, wie z. B. der Arbeitsbelastung, ist weder ein zu hoher noch ein zu niedriger Punktwert erstrebenswert, da sonst die Arbeitspersonen über- bzw. unterfordert werden.

Bei der Ausarbeitung der Wirkungsbeziehungen zwischen den Variablen wurden im Wesentlichen drei funktionale Zusammenhänge identifiziert: 1) einfache lineare Funktionszusammenhänge, 2) Potenzfunktionen und 3) Sigmoidfunktionen.

Die verwendeten Potenzfunktionen lassen sich durch die folgende allgemeine Funktionsform angeben:

$$y = a + bx^c + dx^e \tag{6.1}$$

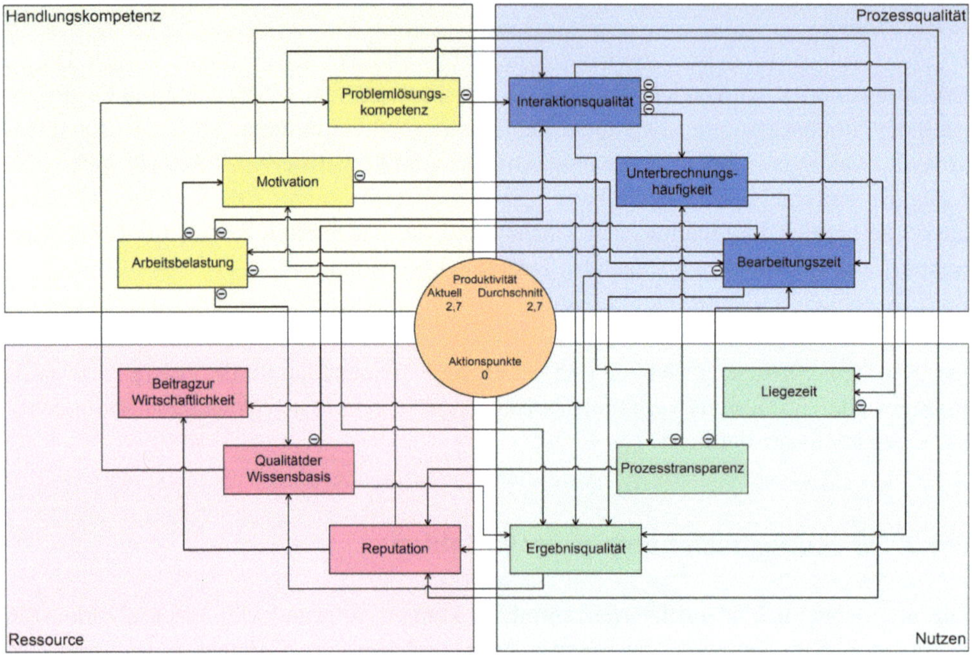

Abb. 6.5 Variablen und Wirkzusammenhänge des Planspiels DiPro

In Abb. 6.6 werden drei Ausprägungen dieser Funktion für unterschiedliche Parameter gezeigt. Die in der Abbildung links dargestellte Funktion bildet einen ansteigenden negativen Einfluss der Arbeitsbelastung auf die Motivation ab. Diese Art des Wirkzusammenhangs bewirkt einen stetigen zunehmenden negativen Einfluss auf die Motivation. Im Gegensatz dazu stellt der mittlere Graf einen zunächst steigenden, ab einem Grenzwert allerdings wieder sinkenden Einfluss der Arbeitsbelastung auf die Wissensbasis da (invers U-Form). Wie im rechten Graf zu erkennen, kann der Einfluss auch zunächst sinken, um ab einem Schwellwert wieder anzusteigen (U-Form).

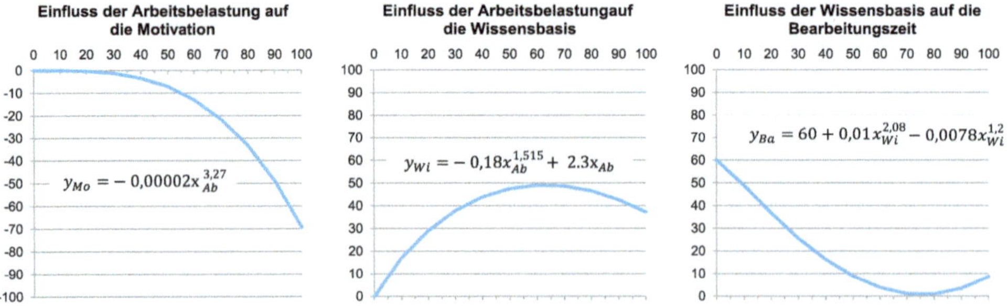

Abb. 6.6 Beispiel für Potenzfunktionen des Planspiels DiPro

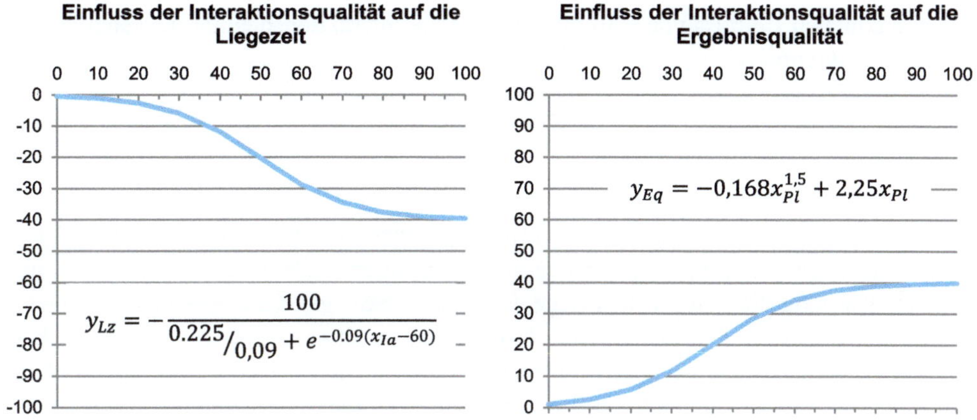

Abb. 6.7 Beispiele für im Planspiel verwendete Sigmoidfunktionen

Sigmoidfunktionen werden im Planspiel DiPro genutzt, um nichtlineare Wirkungszusammenhänge abzubilden, bei denen der Einfluss zunächst gering ist, aber stetig ansteigt. Die Steigung des Einflusses steigt dabei zunächst an, um ab einem Wendepunkt wieder abzufallen. Der Einfluss nähert sich schließlich asymptotisch einem Grenzwert. Die Abb. 6.7 zeigt zwei typische Verläufe der Sigmoidfunktion. Es ist zu erkennen, dass der Einfluss sowohl negativ als auch positiv wirken kann. Die verallgemeinerte Funktionsbeschreibung ist in Gl. 6.2 angegeben.

$$y = a + \frac{100}{b + e^{c(x-d)}} \tag{6.2}$$

Im Folgenden werden die Wirkzusammenhänge und ihre Verläufe erläutert.

Arbeitsbelastung → Motivation

Steigt die Arbeitsbelastung, sinkt die Motivation durch Überlastung. Da mit zunehmender Arbeitsbelastung die Motivation immer stärker negativ beeinflusst wird, ist die Funktion als Potenzfunktion abgebildet. Im Expertenworkshop wurde der maximale Einfluss auf die Motivation auf −70 Punkte festgelegt. An diese Randbedingungen wurde eine entsprechende Funktion approximiert. Es gilt:

$$y_{Mo} = -0{,}00002x_{Ab}^{3{,}27} \tag{6.3}$$

Arbeitsbelastung → Interaktionsqualität

Bei steigender Arbeitsbelastung verschiebt sich der Fokus auf die direkt wertschöpfenden Aufgaben. Dies führt zu einer Vernachlässigung der Kundeninteraktion. Der negative Einfluss beginnt bei einem Punktwert von 30 bei der Arbeitsbelastung. Der Verlauf wird ebenfalls aufgrund des zunehmenden Einflusses als Potenzfunktion abgebildet und hat einen maximalen Einfluss von −30 Punkten auf die Interaktionsqualität. Die sich daraus ergebende Funktion ist:

$$y_{Ia} = -0,00005 x_{Ab}^{2,995} \tag{6.4}$$

Arbeitsbelastung ➔ Wissensbasis

Zum Aufbau einer Wissensbasis ist es notwendig, entsprechende Erfahrungen und damit Wissen aus abgearbeiteten Supportfällen zu dokumentieren. Daher ist zwar bei einer geringen Auslastung die Zeit für die Pflege der Wissensbasis gegeben, aber nicht genügend Erfahrung vorhanden. Hat die Arbeitsbelastung den Punktwert null, so wird der Aufbau einer Wissensbasis nicht gefördert und der Einfluss auf die Wissensbasis hat ebenfalls den Wert null. Mit zunehmender Arbeitsbelastung wird der Aufbau der Wissensbasis gefördert, bis ein Schwellenwert von 60 Punkten bei der Arbeitsbelastung erreicht worden ist. Überlastete Mitarbeiter haben dann nicht mehr die nötige Zeit zur Verfügung, um Wissensmanagement zu betreiben, worunter die Wissensbasis ebenfalls leidet. Der positive Einfluss auf die Wissensbasis sinkt wieder im gleichen Maße, wie er zuvor angestiegen ist. Die approximierte Funktion ist:

$$y_{Wi} = -0,18 x_{Ab}^{1,515} + 2,3 \mathrm{x}_{Ab} \tag{6.5}$$

Arbeitsbelastung ➔ Ergebnisqualität

Bei geringer Arbeitsbelastung können sich die Mitarbeiter auf jeden einzelnen Supportfall konzentrieren und somit gute Ergebnisse erzielen. Nimmt die Arbeitsbelastung zu, so ist ab einem Schwellenwert von 30 Punkten nicht mehr ausreichend Zeit vorhanden, um ein bestmögliches Ergebnis zu erzielen. Zunächst ist dieser negative Einfluss sehr gering, steigt jedoch mit zunehmender Arbeitsbelastung deutlich an. Der Einfluss auf die Ergebnisqualität ist jedoch auf maximal −32 Punkte begrenzt, sodass sich die approximierte Potenzfunktion ergibt:

$$y_{Eq} = -0,00002 x_{Ab}^{3,1} \tag{6.6}$$

Motivation ➔ Interaktionsqualität

Motivierte Mitarbeiter sind gewillt, sich für die Belange des Unternehmens und des Kunden einzusetzen und erreichen so eine Verbesserung der Kommunikation zwischen Kunde und Unternehmen. Die Steigung der approximierten Potenzfunktion ist dabei zu Beginn groß. Der Einfluss strebt mit kleiner werdender Steigung einem Maximum entgegen. Die Gl. 6.7 besitzt ein Maximum bei einem Motivations-Punktwert von 90. Anschließend sinkt der Einfluss leicht, da übermotivierte Mitarbeiter abschreckend auf den Kunden wirken können. Der maximale Einfluss der Motivation auf die Interaktionsqualität liegt bei 50 Punkten.

$$y_{Ia} = -0,135 x_{Mo}^{1,485} + 1,74 x_{Mo}^{1,003} \tag{6.7}$$

Motivation ➔ Ergebnisqualität

Analog zur Interaktionsqualität sind motivierte Mitarbeiter in der Lage, bessere Ergebnisse zu erzielen. Zudem nimmt der Kunde motivierte Mitarbeiter als engagierte Mitarbeiter wahr und beurteilt daher den Prozess der Dienstleistungserbringung sowie das Ergebnis positiver. Ein entsprechender positiver Zusammenhang zwischen Motivation und Ergebnisqualität ist gegeben, der allerdings auf einen maximalen Einfluss von 30 Punkten begrenzt ist. Der Wirkungszusammenhang ist als Sigmoidfunktion abgebildet und hat die maximale Steigung bei einer Motivationsbewertung von 43 Punkten.

$$y_{Eq} = \frac{100}{0{,}2667/0{,}08 + e^{-0{,}08*(x_{Mo}-65)}} \tag{6.8}$$

Motivation ➔ Bearbeitungszeit

Motivierte Mitarbeiter bearbeiten Aufgaben mit mehr Engagement und Intensität. Dadurch sinkt die Bearbeitungszeit. Dieser Einfluss kann die Bearbeitungszeit um maximal 40 Punkte senken. Der Verlauf des Einflusses wird durch eine Sigmoidfunktion beschrieben, beginnend mit dem Wert null und einer minimalen Steigung bei einer Motivationsbewertung von 50 Punkten.

$$y_{Ba} = \frac{-100}{0{,}225/0{,}09 + e^{-0{,}09(x_{Mo}-60)}} \tag{6.9}$$

Problemlösungskompetenz ➔ Interaktionsqualität

Ein Mitarbeiter mit einer hohen Problemlösungsfähigkeit erkennt bereits bei der Kundenanfrage die Ursache des Problems und kann, basierend auf seinen Erfahrungen, eine geeignete Lösung bzw. einen Lösungsweg anbieten. Der Einfluss der Problemlösekompetenz auf die Interaktionsqualität ist zunächst nur gering, steigt dann aber zunehmend schneller, bis eine maximale Steigung bei der Problemlösungskompetenzbewertung von 50 Punkten erreicht wird. Ab diesem Wendepunkt nimmt die Steigung ab und der Einfluss nähert sich asymptotisch seinem maximalen Wert von 40 Punkten an.

$$y_{Ia} = \frac{100}{0{,}225/0{,}09 + e^{-0{,}09(x_{Pl}-65)}} \tag{6.10}$$

Problemlösungskompetenz ➔ Bearbeitungszeit

Ein erfahrener und gut qualifizierter Mitarbeiter benötigt weniger Zeit, um einen Supportfall zu bearbeiten. Zunächst ist der Einfluss der Problemlösekompetenz auf die Bearbeitungszeit nur gering, steigt aber zunehmend an. Dabei ist zu beachten, dass der Einfluss eine Senkung der Bearbeitungszeit bewirkt und somit die Funktionswerte negative Vorzeichen haben (siehe Gl. 6.11). Ab dem Wendepunkt bei einer Punktebewertung der Problemlösekompetenz von 55 Punkten steigt der Einfluss zunehmend langsamer an und nähert sich dem Minimum von −60 Punkten.

$$y_{Ba} = -\frac{100}{{}^{0,1667}\!/_{0,1} + e^{-0,1(x_{Pl}-60)}} \tag{6.11}$$

Problemlösungskompetenz ➔ Ergebnisqualität

Eine hohe Ergebnisqualität kann durch einen erfahreneren und gut qualifizierten Mitarbeiter leichter erreicht werden. Beginnend im Ursprung steigt die Potenzfunktion zunächst stark an. Mit zunehmender Problemlösungskompetenz verringert sich der Zuwachs des Einflusses auf die Ergebnisqualität. Die Gl. 6.12 strebt daher einem maximalen Einfluss von 60 Punkten der Ergebnisqualität entgegen. Dieser Wert wird bei einer Problemlösekompetenzbewertung von 80 Punkten erreicht. Hoch spezialisierte Mitarbeiter können eine Art „Betriebsblindheit" entwickeln, was die Ergebnisqualität leicht verschlechtert und zu einem leichten Abfall des Einflusses bei über 80 Punkten bei der Problemlösekompetenz führt.

$$y_{Eq} = -0,168 x_{Pl}^{1,5} + 2,25 x_{Pl} \tag{6.12}$$

Interaktionsqualität ➔ Unterbrechungshäufigkeit

Durch eine hohe Interaktionsqualität kann die Anzahl der Rückfragen, die letztlich Unterbrechungen verursachen, gesenkt werden. Der Einfluss ist mit maximal −20 Punkten jedoch gering. Auch ist der Effekt nicht sofort zu beobachten, sondern beginnt erst ab einer Interaktionsqualität von 25 Punkten zu wirken, da ein Mindestmaß an Interaktionsqualität notwendig ist. Die Sigmoidfunktion (siehe Gl. 6.13) hat ihren Wendepunkt bei einem Punktwert von 60 bei der Interaktionsqualität. Anschließend nähert sich die Funktion asymptotisch dem maximalen Einfluss.

$$y_{Uh} = -\frac{100}{{}^{0,55}\!/_{0,11} + e^{-0,11(x_{Ia}-70)}} \tag{6.13}$$

Interaktionsqualität ➔ Bearbeitungszeit

Durch einen optimierten Informationsfluss können mit steigender Interaktionsqualität notwendige Zeiten für Rückfragen und Absprachen, und damit die Bearbeitungszeit vermindert werden. Die Bearbeitungszeit sinkt mit zunehmender Interaktionsqualität um maximal 50 Punkte. Der Wendepunkt der Sigmoidfunktion liegt bei einem Punktwert von 50 bei der Interaktionsqualität:

$$y_{Ba} = -\frac{100}{{}^{0,18}\!/_{0,09} + e^{-0,09(x_{Ia}-50)}} \tag{6.14}$$

Interaktionsqualität ➔ Liegezeit

Unterbrechungen sowie das Warten auf notwendige Antworten und Informationen führen bei der Fallbearbeitung zur Erhöhung der Liegezeit. Durch eine verbesserte Interaktionsqualität können diese Wartezeiten deutlich gesenkt werden. Der maximale Einfluss auf die Liegezeit beträgt daher −40 Punkte. Die in Abb. 6.7 gezeigte Sigmoidfunktion (siehe Gl. 6.15) hat ihren Wendepunkt bei einer Interaktionsqualitätsbewertung von 50 Punkten. Auch bei diesem Wirkzusammenhang ist klar zu erkennen, dass der größte Nutzenzuwachs im mittleren Bewertungsbereich der Interaktion liegt, wenn bereits eine grundlegende Interaktion vorliegt, aber noch nicht soweit fortgeschritten ist, dass zusätzliche Verbesserungen nur geringe Wirkungen erzielen.

$$y_{Lz} = -\frac{100}{0{,}225/0{,}09 + e^{-0{,}09(x_{Ia}-60)}} \tag{6.15}$$

Interaktionsqualität ➔ Prozesstransparenz

Eine hohe Interaktionsqualität vermittelt dem Kunden die von ihm gewünschten Informationen zu der von ihm gewünschten Zeit. Dies hat zur Folge, dass der Kunde immer über den aktuellen Bearbeitungsstatus informiert ist. Die Interaktionsqualität beeinflusst die Prozesstransparenz mit maximal 68 Punkten in erheblichem Maße. Dabei erfolgt ein kontinuierlicher Anstieg der Steigung bis zum Wendepunkt der Sigmoidfunktion (siehe Gl. 6.16) mit einem Punktwert von 32 bei der Interaktionsqualität. Anschließend sinkt die Steigung monoton.

$$y_{Pt} = -5 + \frac{100}{0{,}0964/0{,}07 + e^{-0{,}08(x_{Ia}-40)}} \tag{6.16}$$

Interaktionsqualität ➔ Ergebnisqualität

Der Kunde nimmt eine hohe Interaktionsqualität als Teil des Ergebnisses wahr, beispielsweise in welchem Maß auf seine Kundenwünsche eingegangen wurde (Geigenmüller 2011). Die Interaktionsqualität hat daher einen Einfluss auf die Ergebnisqualität von bis zu 40 Punkten. Der Zusammenhang wird als Sigmoidfunktion (siehe Gl. 6.17) mit einem Wendepunkt bei einem Punktwert von 40 bei der Interaktionsqualität approximiert und ist in Abb. 6.7 dargestellt:

$$y_{Eq} = \frac{100}{0{,}225/0{,}09 + e^{-0{,}09(x_{Ia}-50)}} \tag{6.17}$$

Unterbrechungshäufigkeit ➔ Liegezeit

Muss ein Mitarbeiter seine Arbeit häufig unterbrechen, führt dies unweigerlich zu Liegezeiten der Supportfälle. Häufige Unterbrechungen können den Punktwert der Liegezeit mit bis zu 40 Punkten beeinflussen. Dabei wird ein linearer Zusammenhang angenommen:

$$y_{Lz} = 0{,}4x_{Uh} \tag{6.18}$$

Unterbrechungshäufigkeit ➔ Bearbeitungszeit
Jede Unterbrechung führt zu einer erneuten Einarbeitung in den Supportfall und verlängert so die Bearbeitungszeit. Ein Zunehmen der Unterbrechungshäufigkeit wirkt sich entsprechend linear auf die Bearbeitungszeit aus. Die folgende Gleichung approximiert mit einem maximalen Einfluss von 40 Punkten und einer Steigung von 0,4 diesen Zusammenhang:

$$y_{Ba} = 0,4x_{Uh} \tag{6.19}$$

Bearbeitungszeit ➔ Ergebnisqualität
Für jeden Supportfall gibt es eine angemessene Bearbeitungszeit, welche zu Beginn meistens nicht bekannt ist. Wird zu wenig Zeit in die Bearbeitung investiert, ist die Ergebnisqualität nicht ausreichend. Andererseits ist es nicht sinnvoll, mehr Zeit zu verwenden als zur Problemlösung erforderlich ist. Der Wirkungszusammenhang wird als linear betrachtet. Der Einfluss der Bearbeitungszeit auf die Ergebnisqualität ist gering, sodass die Steigung mit 0,15 abgebildet wird:

$$y_{Eq} = 0,15x_{Ba} \tag{6.20}$$

Bearbeitungszeit ➔ Arbeitsbelastung
Je länger die notwendigen Bearbeitungszeiten sind, desto weniger Fälle können in der gleichen Zeit bearbeitet werden. Bei einer gleichen Anzahl an Fällen erhöht dies die Arbeitsbelastung der Organisationseinheit bzw. jedes Mitarbeiters. Der maximale Einfluss der Bearbeitungszeit auf die Arbeitsbelastung ist mit 28 Punkten jedoch nicht groß. Eine Erhöhung der Bearbeitungszeit wirkt sich zunächst nur moderat auf die Arbeitsbelastung aus, nimmt dann aber zu. Der Wirkungszusammenhang wird daher als Sigmoidfunktion mit dem Maximum der Steigung bei einer Bewertung der Bearbeitungszeit von 55 Punkten approximiert:

$$y_{Ab} = \frac{100}{{}^{0,25}\!/_{0,07} + e^{-0,07(x_{Ba}-75)}} \tag{6.21}$$

Bearbeitungszeit ➔ Beitrag zur Wirtschaftlichkeit Wenn die Bearbeitungszeit steigt, können in der gleichen Zeit weniger Fälle bearbeitet werden. Dies führt zu geringeren Umsätzen bei nahezu konstanten Kosten. Der Einfluss wird auf maximal −60 Punkte festgelegt und durch eine Sigmoidfunktion (siehe Gl. 6.22) approximiert. Der Wendepunkt ist bei einem Punktwert von 50 bei der Bearbeitungszeit festgelegt.

$$y_{Wi} = -\frac{100}{{}^{0,15}\!/_{0,09} + e^{-0,09(x_{Ba}-55)}} \tag{6.22}$$

Liegezeit ➔ Reputation

Höhere Liegezeiten führen zu einer Verzögerung der Leistungserbringung und damit beim Kunden zu Wartezeiten. Dies führt zu einer schlechteren Reputation, auch wenn die Ergebnisse bzw. Lösungen sehr gut sind. Dabei werden kurze Liegezeiten vom Kunden toleriert, was zu einem Ansteigen des Einflusses ab einer Liegezeitbewertung von 17 Punkten führt. Ihren Wendepunkt hat die Sigmoidfunktion (siehe Gl. 6.23) bei einem Liegezeitwert von 58 Punkten. Anschließend nähert sich die Funktion asymptotisch dem Grenzwert von −60 Punkten.

$$y_{Re} = -\frac{100}{0{,}1833/_{0{,}11} + e^{-0{,}11(x_{Lz}-60)}} \tag{6.23}$$

Prozesstransparenz ➔ Unterbrechungshäufigkeit

Eine hohe Prozesstransparenz führt zu weniger Rückfragen durch den Kunden und somit zu weniger Unterbrechungen. Da die Prozesstransparenz nicht alle Rückfragen unterbindet und andere, nicht von der Prozesstransparenz beeinflussbare, Unterbrechungen stattfinden, ist der maximale Einfluss auf die Unterbrechungshäufigkeit auf −30 Punkte begrenzt. Die Gl. 6.24 nähert sich diesem Grenzwert asymptotisch und ist als Sigmoidfunktion approximiert. Da erst ab einem Mindestmaß an Prozesstransparenz eine Verringerung der Unterbrechungshäufigkeit zu erwarten ist, wird ein Einfluss erst ab 15 Punkten abgebildet. Der Wendepunkt liegt bei 60 Punkten für die Prozesstransparenz.

$$y_{Uh} = \frac{100}{0{,}3/_{0{,}09} + e^{-0{,}09(x_{Pt}-70)}} \tag{6.24}$$

Prozesstransparenz ➔ Bearbeitungszeit

Durch eine höhere Prozesstransparenz wird deutlich, welche Informationen und Zuarbeiten zu welchem Zeitpunkt benötigt werden. Dadurch kann die Bearbeitungszeit insgesamt gesenkt werden, der Einfluss ist jedoch auf −20 Punkte begrenzt. Da zunächst ein Mindestmaß an Prozesstransparenz benötigt wird, ist ein Einfluss auf die Bearbeitungszeit erst ab 17 Punkten festgelegt worden. Der Wirkungszusammenhang wird mit meiner Sigmoidfunktion approximiert, deren Wendepunkt bei 55 Punkten liegt:

$$y_{Ba} = -\frac{100}{0{,}45/_{0{,}09} + e^{-0{,}09(x_{Pt}-70)}} \tag{6.25}$$

Prozesstransparenz ➔ Reputation

Eine hohe Prozesstransparenz führt zu höherem Vertrauen des Kunden in den Dienstleister und damit zu einer erhöhten Reputation. Die Reputation wird zunächst nur leicht von der Prozesstransparenz beeinflusst. Dieser Einfluss nimmt zu und nähert sich dem Maximalwert von 40 Punkten. Der Wirkungszusammenhang wird durch eine Sigmoidfunktion mit dem Wendepunkt bei einer Prozesstransparenzbewertung von 50 Punkten abgebildet:

$$y_{Re} = \frac{100}{0{,}225/_{0{,}09} + e^{-0{,}09(x_{Pt}-60)}} \tag{6.26}$$

Ergebnisqualität → Reputation

Eine gleichbleibend hohe Ergebnisqualität trägt zur Kundenzufriedenheit bei. Kunden, die von der Qualität einer Dienstleistung überzeugt sind, begeistern sich für den Dienstleister, wodurch dessen Reputation steigt. Aufgrund der ansteigenden Begeisterung wird der Wirkungszusammenhang als Potenzfunktion (siehe Gl. 6.27) abgebildet. Der maximale Einfluss ist auf 60 Punkte begrenzt.

$$y_{Re} = 0{,}0006 x_{Eq}^{2{,}5} \tag{6.27}$$

Ergebnisqualität → Wissensbasis

Eine hohe Ergebnisqualität ist die Grundlage für ein zielführendes Wissensmanagement. Nur mit ausreichend erfolgreich abgeschlossenen und qualitativ hochwertig bearbeiteten Dienstleistungen ist der Aufbau einer Wissensdatenbank möglich. Der Einfluss der Ergebnisqualität ist mit 72 Punkten entsprechend groß. Mit zunehmender Ergebnisqualität steigt auch der Einfluss auf die Wissensbasis. Dieser nähert sich anschließend dem Maximum, ab einem Wendepunkt bei einem Wert von 50 Punkten für die Ergebnisqualität, asymptotisch an. Der Wirkungszusammenhang wird als Sigmoidfunktion approximiert:

$$y_{Wi} = -\frac{100}{0{,}12/_{0{,}09} + e^{-0{,}09(x_{Eq}-60)}} \tag{6.28}$$

Reputation → Motivation

Eine hohe Reputation motiviert die Mitarbeiter des Unternehmens. Zur Approximation wird eine Potenzfunktion genutzt. Die anfänglich geringe Steigung wird kontinuierlich größer, der maximale Einfluss auf die Motivation liegt bei 39 Punkten.

$$y_{Mo} = 0{,}0006 x_{Re}^{2{,}4} \tag{6.29}$$

Reputation → Beitrag zur Wirtschaftlichkeit

Durch eine hohe Reputation können Kunden gebunden und neue Kunden akquiriert werden. Zudem ist es möglich, höhere Preise am Markt durchzusetzen, was wiederum zu einem besseren Kosten/Nutzen-Verhältnis führt. Der Einfluss der Reputation auf den Beitrag zur Wirtschaftlichkeit steigt exponentiell an. Daher wurde eine Potenzfunktion zur Approximation gewählt. Der maximale Einfluss der Reputation wurde auf 40 Punkte festgelegt.

$$y_{Wi} = 0{,}0005 x_{Re}^{2{,}45} \tag{6.30}$$

Wissensbasis ➔ Problemlösungskompetenz

Eine hohe Wissensbasis bietet den Mitarbeitern zu verschiedenen Problemen eine passende Lösungsmöglichkeit. Die Wissensbasis bildet eine wichtige Grundlage für die Problemlösungskompetenz. Die approximierte Potenzfunktion (siehe Gl. 6.31) weist daher zu Beginn eine große Steigung auf. Mit zunehmender Wissensbasis werden weniger neue Vorteile für die Problemlösungskompetenz generiert, sodass die Funktion einem maximalen Einfluss von 70 Punkten entgegenstrebt. Das Maximum wird bei einem Punktwert von 83 bei der Wissensbasis erreicht. Bei einem zu stark ausgeprägten Wissensmanagement kann kein nennenswerter Mehrwert für die Problemlösungskompetenz erzielt werden. Durch den stark ansteigenden Administrationsaufwand ist eine zu hohe Wissensbasis sogar schädlich, da der Einfluss ab 83 Punkten bei der Wissensbasis im gleichen Maße abnimmt, wie er vorher zugenommen hat.

$$y_{Pl} = -0{,}168x_{Wi}^{1{,}51} + 2{,}45x_{Wi} \qquad (6.31)$$

Wissensbasis ➔ Bearbeitungszeit

Eine hohe Anzahl an bereits bearbeiteten und in die Wissensbasis eingepflegten Supportfällen verringert die Anzahl neuer Situationen. Der dadurch erhöhte Anteil an Standardfällen führt zu einer Verringerung der Bearbeitungszeit. Daher wird bei einer zu geringen Wissensbasis die Bearbeitungszeit erhöht. Die Potenzfunktion (siehe Gl. 6.32) beginnt daher bei nicht vorhandener Wissensbasis mit einer um 60 Punkte erhöhten Bearbeitungszeit. Dieser Einfluss sinkt aber schnell mit zunehmender Wissensbasis ab. Bei einem Punktwert von 75 bei der Wissensbasis ist der Einfluss auf null gesunken. Ein zu ausgeprägtes Wissensmanagement kann jedoch keinen nennenswerten Mehrwert erreichen und benötigt überproportional viel Zeit zur Suche. Daher steigt der Einfluss ab 75 Punkten bis zu einem Einfluss von 9 Punkten wieder an. Die Funktion ist in Abb. 6.6 abgebildet. Es gilt:

$$y_{Ba} = 60 + 0{,}01x_{Wi}^{2{,}08} - 0{,}0078x_{Wi}^{1{,}2} \qquad (6.32)$$

Wissensbasis ➔ Ergebnisqualität

Ist im Unternehmen umfangreiches Wissen in Form eines funktionierenden Wissensmanagements vorhanden, erhöht dies die Ergebnisqualität der angebotenen Dienstleistungen. Zur Abbildung dieses Zusammenhangs wird eine Sigmoidfunktion (siehe Gl. 6.33) gewählt. Hiermit kann der bis zum Wendepunkt immer größer werdende Anstieg abgebildet werden. Die Steigung fällt ab dem Wendepunkt bei einer Wissensbasisbewertung von 30 Punkten ab und strebt asymptotisch dem Grenzwert von 50 Punkten entgegen. Dies ist mit der bei einer großen Wissensbasis vorherrschenden Unübersichtlichkeit und damit verbundenem Such- und Pflegeaufwand verbunden. Der Mehrwert für die Ergebnisqualität ist ab einer gewissen Wissensbasisgröße nicht mehr gegeben.

$$y_{Eq} = \frac{100}{{}^{0{,}22}\!/_{0{,}11} + e^{-0{,}11(x_{Wi}-40)}} \qquad (6.33)$$

6.4.3 Perspektiven des DiPro Planspiels

Nach der Erarbeitung und Quantifizierung des Ursache-Wirkungssystems wurden insgesamt vier Perspektiven für das Planspiel DiPro entwickelt, die sich an den vier Perspektiven der Balanced Scorecard orientieren. Um den Rahmenbedingungen wissensintensiver Supportdienstleistungen und der als maßgeblich identifizierten Wertschöpfungslogik Rechnung zu tragen, wurden die Perspektiven an den Betrachtungsbereich angepasst und individuell erweitert. Jeder der vier Perspektiven wurden drei der zuvor definierten Einflussgrößen des Planspiels DiPro zugeordnet.

Potenziale

In Anlehnung an die Finanzperspektive bildet diese Perspektive die Potenziale einer wissensintensiven Dienstleistung ab. Dabei werden sowohl direkte finanzielle Aspekte, wie die Wirtschaftlichkeit der Organisationseinheit, berücksichtigt als auch Faktoren, die indirekt finanzielle Vorteile erzeugen. So sind der Umfang und die Qualität der Wissensbasis für ein Unternehmen, in dem überwiegend Wissensarbeit geleistet wird, ein bedeutender Erfolgsfaktor. Da Dienstleistungen aufgrund des Uno-actu-Prinzips nicht im Vorhinein vom Kunden begutachtet und bewertet werden können, ist die Reputation des Dienstleistungsanbieters ein wichtiger Entscheidungsfaktor für Kunden. Folglich wurden die Einflussgrößen „Beitrag zur Wirtschaftlichkeit", „Wissensbasis" und „Reputation" der Perspektive *Potenziale* zugeordnet.

Nutzen und Ergebnisse

Die Kundenperspektive wird im Planspiel DiPro durch den für den Kunden generierten Nutzen und die Ergebnisse repräsentiert. Da im abgebildeten Planszenario alle Supportfälle erfolgreich bearbeitet werden, sind die Qualität des Ergebnisses und die Zeit, die bis zur Lösung benötigt wird, von zentraler Bedeutung für den Kundennutzen. Die Ergebnisqualität und die Liegezeit bilden daher für den Kunden zwei wichtige Kenngrößen ab. Weiterhin empfindet der Kunde einen Nutzen, wenn er über den Status und Verlauf seiner Dienstleistung zu jeder Zeit informiert ist. Die Prozesstransparenz ist daher ebenfalls ein wesentlicher Aspekt der Perspektive **Nutzen und Ergebnisse**. Dieser Perspektive wurden somit die Einflussgrößen „Ergebnisqualität", „Liegezeit" und „Prozesstransparenz" zugeordnet.

Prozessqualität

Die Interaktionsqualität bildet zusammen mit der benötigten Bearbeitungszeit und der Unterbrechungshäufigkeit die Qualität der internen Prozesse ab. Die Interaktion und die Anzahl der Unterbrechungen bzw. die daraus resultierende Wiedereinarbeitung bilden Kernelemente der wissensintensiven Arbeit. Die Bearbeitungsdauer spiegelt die Güte der Prozesse und die Fähigkeit der Mitarbeiter, diese Prozesse auszuführen, wider. Der Perspektive **Prozessqualität** wurden im Planspiel die Einflussgrößen „Interaktionsqualität", „Unterbrechungshäufigkeit" und „Bearbeitungszeit" zugeordnet.

Handlungskompetenz

Die Lern- und Entwicklungsperspektive wird im Planspiel DiPro durch die Handlungskompetenzen abgebildet. Bei wissensintensiven Supportdienstleistungen ist die Fähigkeit der Mitarbeiter, Probleme mithilfe des vorhandenen Wissens zu lösen, von großer Wichtigkeit. Neben der Problemlösekompetenz der Mitarbeiter ist es von entscheidender Bedeutung, den Mitarbeitern genügend Freiheiten und Handlungsspielräume zu ermöglichen. Überlastete und demotivierte Mitarbeiter führen wissensintensive Arbeiten mit deutlich schlechteren Ergebnissen aus. Demzufolge sind neben der „Problemlösekompetenz" die „Motivation" und die „Arbeitsbelastung" in der Perspektive *Handlungskompetenz* angesiedelt.

6.4.4 Implementation des Planspiels

Zur Erstellung des Planspiels wurde die Software Heraklit III ausgewählt. Diese Software ist spezialisiert auf die Modellierung von Vorgängen des „vernetzten Denkens" und ideal geeignet, um das Ursachen-Wirkungsmodell abzubilden (Ballin 2008). Neben dem Abbilden der Variablen und deren Wirkungszusammenhänge bietet die Software die Möglichkeit, die vier erarbeiteten Perspektiven und die zugehörigen Einflussfaktoren systematisch aufzubereiten. Zur Vervollständigung der ausgewogenen Bewertung der einzelnen Perspektiven bietet die Software die Möglichkeit, alle Variablen auf einer Skala von 0 bis 100 Punkten darzustellen. Dadurch ist gewährleistet, dass der Spieler eine einheitliche Bewertungsskala für jeden Einflussfaktor erhält und nicht zwischen verschiedenen Kennzahlenskalierungen wechseln muss. Anschließend können die bewerteten Variablen zu einer Gesamtbewertung der aktuellen Produktivität zusammengefasst werden, dem Produktivitätsscore. Dabei wird jede Variable anhand des aktuellen Punktestands bewertet. Die Bewertung findet auf einer Skala zwischen eins für eine sehr gute Bewertung und fünf für einen sehr schlechten Zustand der Variable statt. Die so bewerteten Variablen werden über eine unternehmensspezifisch definierbare Gewichtung zu einem Produktivitätsscore, der ebenfalls zwischen eins und fünf liegt, zusammengefasst. Eine initiale Gewichtung für das oben beschriebene Szenario wurde in einem Workshop mit Dienstleistungsexperten definiert.

Die Software bietet die Möglichkeit, verschiedene Ansichten und erklärende Darstellungen im Planspiel zu hinterlegen, damit sich der Spieler jederzeit über die Entwicklung der Produktivität seiner Abteilung informieren kann. Das Programm ist Java-basiert, sodass das Planspiel plattformunabhängig eingesetzt werden kann. Ergänzend bietet ein Editor die Möglichkeit, das Planspiel an die Gegebenheiten eines Unternehmens anzupassen und gezielt die Zusammenhänge, Bewertungsskalen oder Einflussstärken von Variablen zu ändern. So kann ein spezifiziertes Szenario erstellt werden.

6.5 Beschreibung des Planspiels

Das Planspiel DiPro wird über einen Startbildschirm aufgerufen. Das Planspiel besteht aus einer Szenario- und einer Modelldatei. Nach dem Starten des Planspiels erfolgt eine Einführung in das Szenario. Anschließend wird der Benutzer auf das Managementcockpit geleitet, von dem aus alle Ansichten und Funktionen des Planspiels ausgewählt werden können. Das Spiel ist rundenbasiert und wird nach 36 Runden automatisch beendet. Das Szenario wurde so gestaltet, dass jede Runde einen Monat repräsentiert. Fallen die Werte des Beitrags zur Wirtschaftlichkeit, der Ergebnisqualität oder der Mitarbeitermotivation unter einen Minimalwert, wird das Planspiel vorzeitig beendet. In diesen Fällen ist nicht mehr davon auszugehen, dass die Dienstleistung erfolgreich erbracht werden kann, da die monetären Mittel nicht ausreichen, die Kunden mit den Ergebnissen nicht zufrieden sind oder aufgrund der geringen Motivation der Mitarbeiter eine ausreichende Dienstleistungsqualität nicht mehr sichergestellt ist.

6.5.1 Managementcockpit

Das Managementcockpit (Abb. 6.8) gibt dem Spieler jederzeit einen detaillierten Überblick über den aktuellen Status seiner Abteilung bzw. der Variablen von DiPro. Oben links ist der Verlauf des Produktivitätsscores grafisch abgebildet. Eine detaillierte Darstellung des Produktivitätsscores inklusive der Bewertungen der einzelnen Variablen ist über eine Schaltfläche aufrufbar. Im unteren Bereich lassen sich vier Variablen und ihre detaillierten Verläufe einblenden, sodass die Entwicklungen der einzelnen Variablen verfolgt und einzelne Verläufe miteinander verglichen werden können. Zusätzlich werden die Anzahl sowie die Entwicklung der Aktionspunkte angezeigt. Im Managementcockpit existieren weitere Schaltflächen, um in andere Ansichten zu wechseln, die nächste Runde zu beginnen, Hilfestellungen zu erhalten oder weitere Einstellungsoptionen aufzurufen.

Aktionspunkte

Aktionspunkte dienen im Planspiel DiPro als virtuelle Währung und symbolisieren sowohl einen monetären Wert als auch einen Aufwand an Arbeitszeit. Aktionspunkte können für Aktionen und Maßnahmen eingesetzt werden, mit denen der Spieler die Produktivität der Dienstleistung aktiv beeinflussen kann. Zu Beginn stehen 30 Aktionspunkte zur Verfügung, alle zwölf Runden (Monate) erhält der Spieler 30 Aktionspunkte als Jahresbudget. So wird sichergestellt, dass die Produktivität der Dienstleistungsabteilung durch Aktionen und Maßnahmen gesteuert werden kann. In jeder Runde werden in Abhängigkeit des erzielten Beitrags zur Wirtschaftlichkeit weitere Aktionspunkte generiert. So können maximal vier Aktionspunkte pro Runde erwirtschaftet werden. Bei einem besonders schlechten Beitrag zur Wirtschaftlichkeit können pro Runde bis zu zwei Aktionspunkte abgezogen werden.

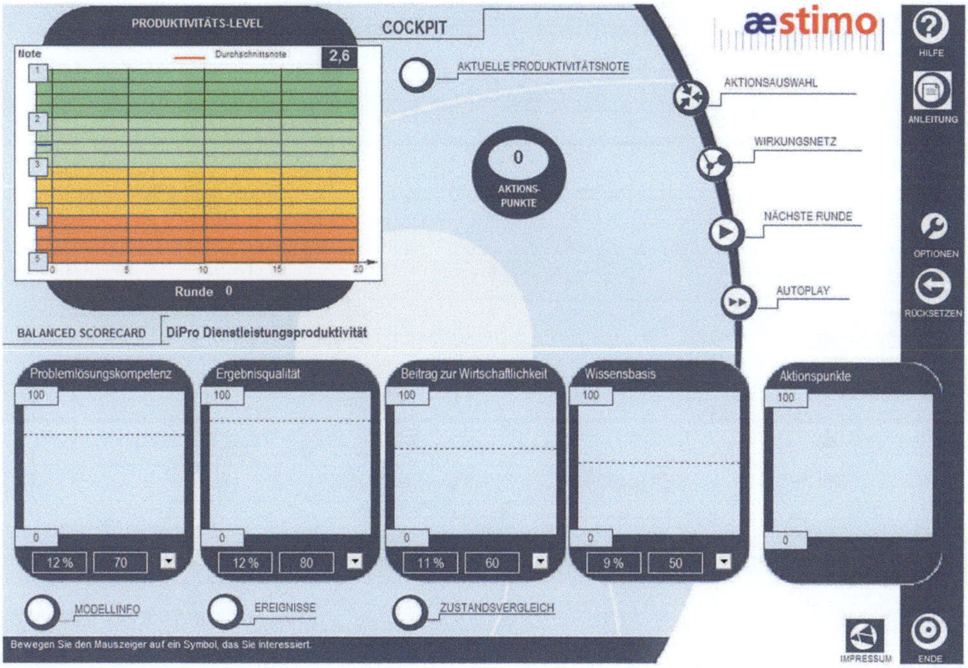

Abb. 6.8 Managementcockpit von DiPro

6.5.2 Wirkungsnetz

Das Wirkungsnetz bildet die in Kap. 6.4.2 aufgestellten Wirkungsbeziehungen der Variablen im Planspiel ab (siehe Abb. 6.5). Das Wirkungsnetz ist als weitere Ansicht innerhalb des Planspiels über das Managementcockpit erreichbar (Abb. 6.9). In der Ansicht des Wirkungsnetzes sind alle Variablen mit ihrer aktuellen Punktebewertung und den Wirkungszusammenhängen grafisch dargestellt. Die Variablen sind nach den vier Perspektiven der BSC 1) Handlungskompetenzen, 2) Prozessqualitäten, 3) Nutzen/Ergebnisse und 4) Potenziale angeordnet. Die Variablen dienen als Zielindikatoren eines erfolgreichen Managements der Dienstleistungsproduktivität, ihre aktuellen Zustände sind an den eingefärbten Balken und der eingeblendeten Punktezahl jederzeit klar erkennbar. Die farbigen Balken ermöglichen es, auf einen Blick zu erfassen, welche Variablen einen akuten Handlungsbedarf aufweisen. Durch die Darstellung der hinterlegten Wechselwirkungen der Variablen im Wirkungsnetz kann zudem der Einfluss von Eingriffen auf die anderen Variablen vom Spieler in Grundzügen vorhergesehen werden. Die Wirkungsrichtung wird durch Pfeile symbolisiert, die Wirkungsrichtung und die Art (proportional oder antiproportional) werden ebenfalls dargestellt. So wird ein antiproportionaler Zusammenhang mit einem „-“ am Pfeilanfang angezeigt, während alle Pfeile ohne Vorzeichen einen proportionalen Zusammenhang der miteinander verbundenen Variablen repräsentieren. Der aktuelle Produktivitätsscore sowie die Durchschnittsproduktivität der bisher absolvierten Runden sind in der Mitte des Wirkungsnetzes angeordnet. Dort ist auch die aktuelle Anzahl verfügbarer

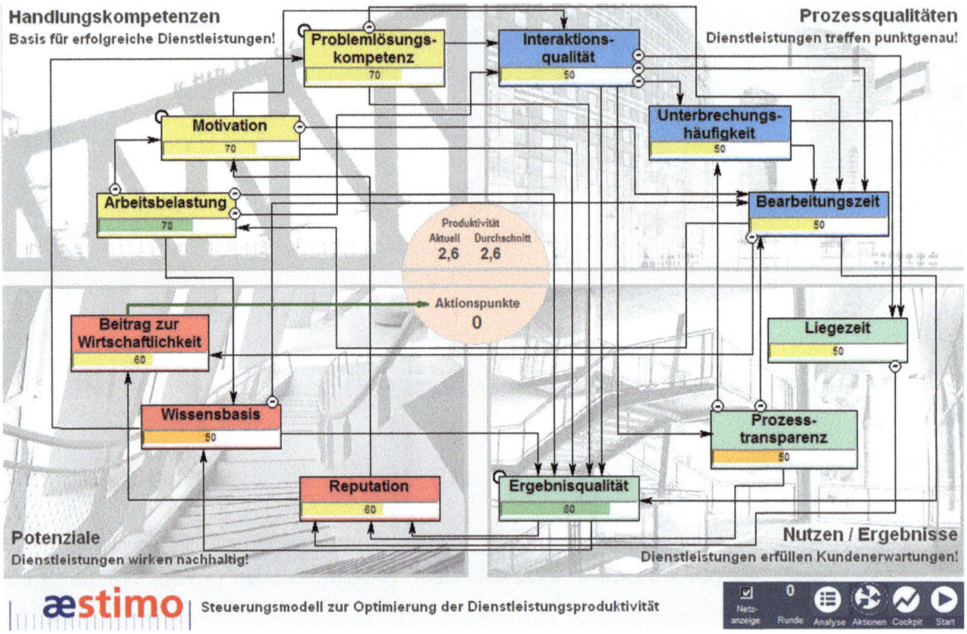

Abb. 6.9 Wirkungsnetz aus DiPro

Aktionspunkte aufgeführt. Das Wirkungsnetz bietet einen guten Überblick über den aktuellen Stand der Abteilung, besitzt jedoch keine Darstellung des Verlaufs oder einer Prognose.

6.5.3 Aktionsmenü

Das Aktionsmenü (Abb. 6.10) kann sowohl vom Managementcockpit als auch vom Wirkungsnetz erreicht werden. Es bietet die Möglichkeit, die Produktivität durch den Einsatz gezielter Aktionen und Maßnahmen aktiv zu gestalten. Aktionen und Maßnahmen können mit den zur Verfügung stehenden Aktionspunkten erworben werden. Die vorhandenen Aktionen und Maßnahmen können nach den Variablen sortiert werden, sodass der Spieler gezielt Aktionen zur Veränderung der von ihm gewünschten Variablen auswählen kann. So kann z. B. durch die Aktion „Einstellung einer Hilfskraft zur Unterstützung“ die Wirtschaftlichkeit verbessert, die Liegezeiten verkürzt und die Arbeitsbelastung gesenkt werden, aber es werden auch Aktionspunkte abgezogen. Die Aktion „Schulungen für Supportmitarbeiter (intern/extern)“ erhöht neben der Ergebnisqualität und der Problemlösungskompetenz auch die Motivation der Mitarbeiter. Allerdings werden hier ebenfalls Aktionspunkte benötigt und die Arbeitsbelastung durch die Schulungen erhöht. Durch das Anwählen einer Aktion werden deren Beschreibung sowie die Auswirkungen im linken Bereich des Menüs angezeigt (Abb. 6.10). Beim Beenden einer Runde werden alle ausgewählten Aktionen durchgeführt. Anschließend kann der Spieler die Auswirkun-

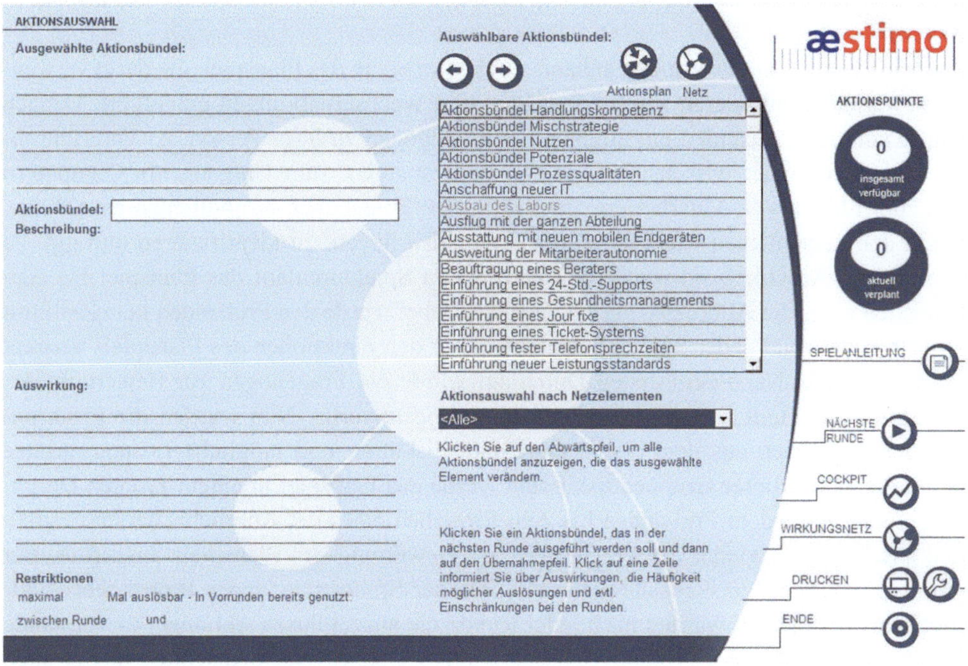

Abb. 6.10 Aktionsmenü aus DiPro

gen seiner gewählten Aktionen und Maßnahmen verfolgen und den daraus resultierenden Stand seiner Dienstleistungsproduktivität im Managementcockpit und im Wirkungsnetz beurteilen. Aufbauend auf diesen neuen Daten können dann Aktionen und Maßnahmen für die nächste Runde geplant werden.

6.6 Evaluierung der Lernerfolge durch das Planspiel DiPro

Das Planspiel DiPro verfolgt wie bereits mehrfach erwähnt, das Ziel, Dienstleistungsmanager möglichst praxisnah für das Thema der Dienstleistungsproduktivität zu sensibilisieren und diesbezüglich zu trainieren. Um die Erreichung dieses Ziels zu überprüfen, wurde eine Evaluierungsstudie durchgeführt. Dabei wurde evaluiert, welche Lernerfolge erzielt wurden, ob das Planspielszenario ein realitätsnahes Dienstleistungssetting abbildet und ob durch das Planspiel neue Erkenntnisse für die Praxis generiert werden können.

6.6.1 Studiendesign

Um das Planspiel hinsichtlich der Erfolgsgrößen Lernförderlichkeit, Praxistauglichkeit und Übertragbarkeit auf andere wissensintensive Dienstleistungen zu überprüfen, wurde ein Studiendesign entwickelt, welches die Rahmenbedingung einer Schulung mithilfe des Planspiels nachbildet.

Ablauf

Zunächst wurden die Probanden anhand eines Vortrags in das Planspiel, die darin verwendeten Variablen und deren Zusammenhänge und Wechselwirkungen eingeführt. Danach wurde von den Probanden ein allgemeiner Fragebogen zu ihrer Person, zu Vorerfahrungen auf dem Gebiet wissensintensiver Dienstleistungen, zum Umgang mit Computern und zum Führen von Mitarbeitern ausgefüllt. Die Fragebögen ermöglichten es, Effekte, die in den persönlichen Merkmalen der Probanden liegen, zu identifizieren und ggf. zu eliminieren. Anschließend wurde in einem ersten Spieldurchlauf das Planspiel bis zum Erreichen eines der Abbruchkriterien gespielt. Dabei wurde den Probanden kein Zeitlimit gesetzt, sodass sich jeder Spieler ausreichend mit den Funktionen des Planspiels vertraut machen konnte. Nach dem ersten Durchlauf wurde ein Fragebogen zur Bewertung des Planspiels ausgeteilt und von den Teilnehmern beantwortet. Nun wurden die Erfahrungen der Probanden aus dem ersten Durchlauf diskutiert und mögliche Lösungsansätze erarbeitet. Nach dieser Gruppendiskussion wurde das Planspiel in einem zweiten Durchlauf erneut von jedem Probanden bis zum Erreichen eines der Abbruchkriterien gespielt und anschließend wieder der Fragebogen zur Bewertung des Planspiels ausgefüllt. Für eine nachträgliche Versuchsauswertung wurde der Spielverlauf jedes Probanden detailliert analysiert. Dabei wurden nach jeder Runde die ausgeführten Aktionen, die Zustände der Variablen sowie der Produktivitätsscore aufgezeichnet. Nach Abschluss des zweiten Durchlaufs wurden die Erfahrungen mit dem Planspiel erneut in der Gruppe diskutiert und die Studie damit beendet.

Befragung

Für die Evaluierung wurden zwei verschiedene Fragebögen verwendet. Ein Fragebogen diente zur Erhebung der allgemeinen personenbezogenen Daten und Vorkenntnisse der für das Planspiel relevanten Gebiete. Durch den zweiten Fragebogen wurden jeweils nach dem ersten und zweiten Durchlauf des Planspiels die Erfolgsfaktoren des Planspiels erhoben. Dabei wurden Fragen zur Beurteilung des Planspiels, zur Praxisnähe, zur Übertragbarkeit auf andere Dienstleistungen, zur Verständlichkeit des Planspiels und zum Lernerfolg erhoben.

Die Einschätzung der drei Erfolgsfaktoren des Planspiels Praxisnähe, Übertragbarkeit auf andere Dienstleistungen und Lernförderlichkeit wurde mittels entsprechend formulierter Items vorgenommen. Diese beantworteten die Teilnehmer anhand einer fünfstufigen Likert-Skala mit den Abstufungen „stimme voll zu“, „stimme eher zu“, „weder/noch“, „stimme eher nicht zu“ und „stimme nicht zu“.

Probandenkollektiv

Als Probanden für die Validierung des DiPro Planspiels konnten Fach- und Führungskräfte aus der Wirtschaft gewonnen werden. Insgesamt wurde die Validierung mit zehn männlichen Probanden durchgeführt, deren Durchschnittsalter 41,5 Jahre (Standardabweichung = 8,34 Jahre) betrug. Zwei Probanden besaßen eine abgeschlossene Ausbildung, die acht weiteren ein abgeschlossenes Studium. Alle Teilnehmer benutzen während ihrer beruflichen Tätigkeit häufig einen Computer und verfügen somit über entsprechende Kenntnisse. Neun von zehn Teilnehmern hatten Erfahrungen mit wissensintensiven Dienstleistungen. Davon gaben sieben eine „hohe“ und zwei eine „mittlere“ Erfahrung an. Vier Probanden hatten zum Zeitpunkt der Evaluation Personalverantwortung. 60 % der Probanden schätzten ihre Erfahrung bei Personalführung als „mittel“ ein. Alle anderen Probanden hatten wenig bis keine Personalverantwortungserfahrung. Die die oben dargestellte Inhomogenität bezüglich Ausbildung, Alter und Personalerfahrung sind so auch in der Praxis zu erwarten. Bezüglich der Erfahrung mit Computern und Dienstleistungen herrschte eine deutlich höhere Homogenität unter den Probanden. Die Stichprobe bildete somit eine für die Zielgruppe des Planspiels typische Gruppe ab.

Die Fragen zu den Erfolgsfaktoren des Planspiels wurden von allen Probanden nach jedem Spieldurchlauf beantwortet, wodurch sich zwei Messzeitpunkte ergeben. Zum Vergleich der beiden Messzeitpunkte wurde deshalb für jedes Item ein Vorzeichentest für verbundene Stichproben berechnet. Hier ergab sich lediglich bei einem Item eine signifikante Veränderung der Antworten ($\alpha = 0{,}05$). Zusätzlich wurden die zentralen Antworttendenzen verglichen, indem die fünf vorgestellten Antwortkategorien zu drei Kategorien zusammengefasst wurden: „Zustimmung“, „weder/noch“ und „Ablehnung“.

6.6.2 Ergebnisse

Im folgenden Abschnitt werden die beobachteten Tendenzen der wichtigsten Items, gegliedert nach den oben genannten Erfolgsfaktoren des Planspiels, beschrieben.

Praxisnähe

Das wichtigste Item des Erfolgsfaktors Praxisnähe ist **„Die Art und Weise, wie die Abteilung im Planspiel gesteuert wird, erscheint mir wirklichkeitsnah“**.

Hier wurde bereits nach dem ersten Messzeitpunkt mit 80 % Zustimmung und nur 20 % Ablehnung geantwortet (Abb. 6.11). Nach dem zweiten Messzeitpunkt zeigte sich das Antwortverhalten weitgehend unverändert ($p = 1{,}000$). Daraus lässt sich folgern, dass die mit dem Spiel intendierte Praxisnähe erkannt wurde und auch nach genauerer Kenntnis des Spielsystems im zweiten Messzeitpunkt als gegeben angesehen wurde.

Eine zweite Aussage thematisierte die Sensibilisierung für die Thematik: **„Durch das Planspiel bin ich für die Thematik der Dienstleistungsproduktivität sensibilisiert worden.“** Dafür stimmten nach der ersten Spielrunde 70 %, nach der zweiten Spielrunde erhöhte sich hier die Zustimmung auf 80 % (Abb. 6.12) ($p = 0{,}453$). Nur zwei der Probanden waren jeweils unentschieden. Eine anfängliche Ablehnung, die von einem der Probanden geäußert wurde, war nach dem zweiten Messzeitpunkt nicht mehr feststellbar.

Übertragbarkeit auf andere Dienstleistungen

Bezüglich der Übertragbarkeit der Inhalte des Planspiels auf andere Dienstleistungen ist an erster Stelle die Aussage **„Ich kann das im Planspiel Gelernte in meinem beruflichen Alltag anwenden“** zu nennen.

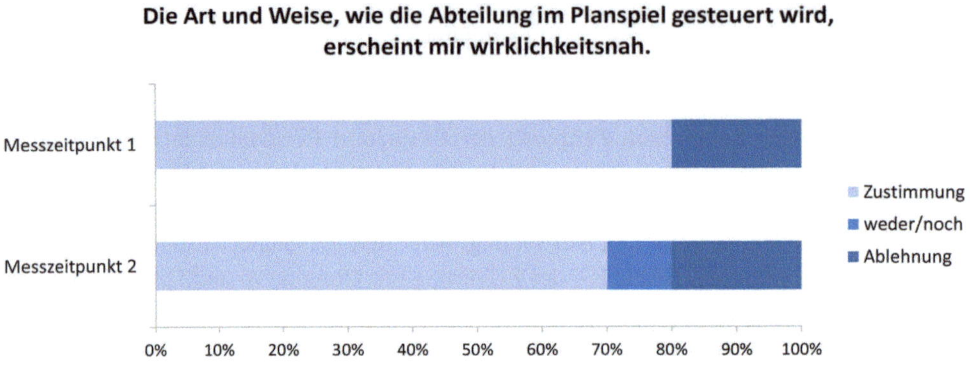

Abb. 6.11 Wirklichkeitsnahe Steuerung von DiPro

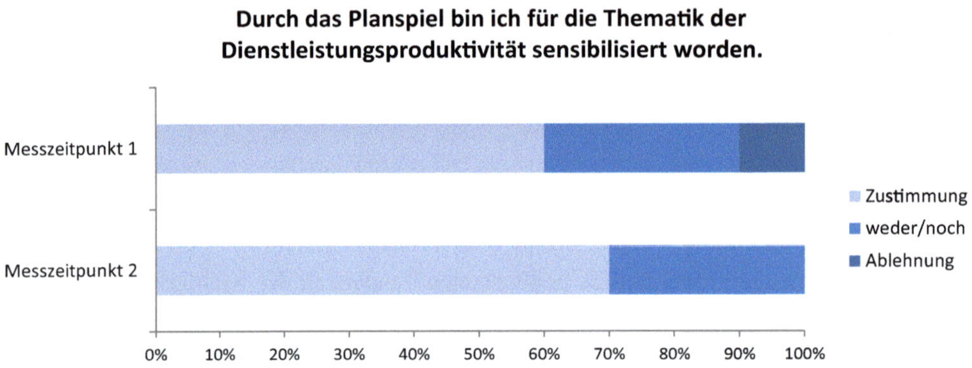

Abb. 6.12 Sensibilisierung für Dienstleistungsproduktivität

Hier war die Zustimmung beim ersten Messzeitpunkt mit 30 % vergleichsweise gering (Abb. 6.13). Die Mehrheit (sechs Probanden) legte sich auf keine Tendenz fest und eine Person war sogar der Meinung, dass das Gelernte nicht im beruflichen Alltag anwendbar sei. Diese Einschätzung änderte sich nach dem zweiten Messzeitpunkt deutlich. Sechs Probanden stimmten der Aussage zu, ein Proband lehnte sie nach wie vor ab und die restlichen drei blieben unentschieden. Aufgrund der nach dem ersten Messzeitpunkt erfolgten Feedbackrunde zur Erklärung der Hintergründe des Planspiels sowie durch eine weitere Spielrunde verdoppelte sich die Personenanzahl, für die das Gelernte im beruflichen Alltag anwendbar ist. Eine Feedbackrunde scheint daher für den Lernerfolg notwendig. Der ausgeführte Vorzeichentest konnte jedoch keine signifikante Änderung feststellen ($p = 0{,}250$).

Lernförderlichkeit

Der Bereich der Lernförderlichkeit des Planspiels setzte sich aus mehreren Aspekten zusammen. Unter dieser Kategorie wurden die Verständlichkeit, der Lernerfolg sowie das Motivationspotential untersucht.

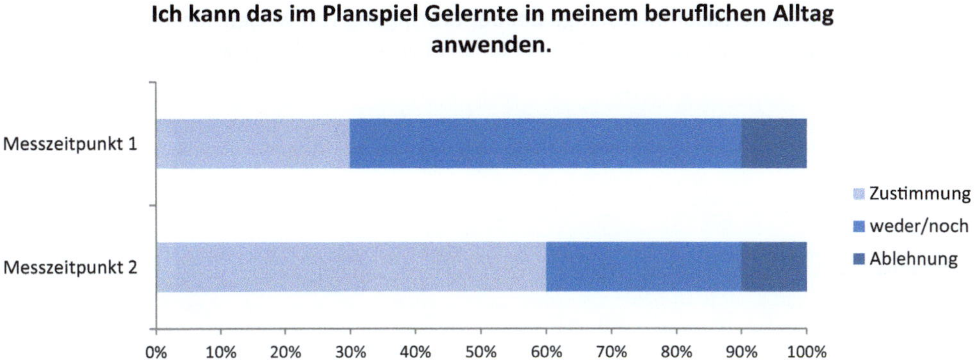

Abb. 6.13 Übertragbarkeit der Erkenntnisse

Die Verständlichkeit des Spiels wird durch das Item **„Die im Planspiel gegebenen Informationen und Beschreibungen haben geholfen, die richtigen Entscheidungen und Aktionen zu wählen.“** repräsentiert. Die Zustimmung zu dieser Aussage steigerte sich vom ersten zum zweiten Messzeitpunkt von 70 % auf 80 %, wobei in der zweiten Messung ein Proband eine Aussage ablehnte ($p=0{,}219$). Daher ist anzunehmen, dass ein Proband von der Feedbackrunde nicht profitiert hat. Im Gegensatz dazu wurde der Aussage **„Das Planspiel ist einfach und verständlich.“** bei der zweiten Messung einstimmig zugestimmt.

Das thematische Verständnis wurde durch das Item **„Mir sind die Zusammenhänge bei der Erbringung von wissensintensiven Dienstleistungen durch das Planspiel verständlich geworden.“** erhoben. Es konnte diesbezüglich eine Verbesserung von 50 % Unentschiedenheit und 50 % Zustimmung auf 70 % Zustimmung und 30 % Unentschlossenheit im Verlauf der Erhebung verzeichnet werden (Abb. 6.14) ($p=0{,}500$). Kein Teilnehmer lehnte diese Aussage ab. Die wichtigen thematischen Zusammenhänge scheinen durch das Spiel verständlich ausgedrückt zu werden.

Der Lernerfolg ist ein weiterer Punkt, der die Lernförderlichkeit bedingt. Das Item **„Ich habe durch das Planspiel viel gelernt.“** wurde zu beiden Messzeitpunkten mit jeweils 50 % Zustimmung und 50 % Unentschlossenheit beantwortet ($p=1{,}000$). Wichtig ist hierbei herauszustellen, dass keine Ablehnung der Aussage stattfand. Die fünf unentschlossenen Teilnehmer hatten „mittlere“ oder „hohe“ Vorerfahrungen im Bereich des Managements wissensintensiver Dienstleistungen, was möglicherweise ihr Antwortverhalten erklärt. Experten können verständlicherweise im Vergleich zu Novizen weniger Neues im Planspiel lernen.

Der Aussage **„Das Arbeiten mit dem Planspiel ist anstrengend“** stimmte beim ersten Messzeitpunkt die Hälfte der Probanden zu. Die übrigen waren diesbezüglich unentschieden. Bei der zweiten Messung gaben nur noch zwei Probanden an, dass das Spiel anstrengend sei. Die Hälfte der Teilnehmer lehnte an dieser Stelle die Aussage sogar ab. Diese Abnahme der empfundenen Anstrengung ist statistisch signifikant (7 positive Differenzen, keine negativen Differenzen und 3 Bindungen; $p=0{,}016$) und legt nahe, dass

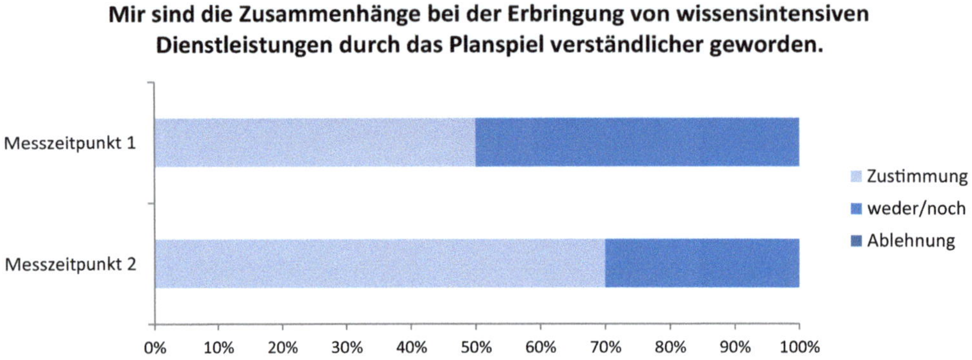

Abb. 6.14 Verständnis der Zusammenhänge bei der Dienstleistungserbringung

durch die Übung im ersten Durchgang und die dort gesammelten Erfahrungen der Umgang mit dem Planspiel einen Lernerfolg mit sich brachte.

Die Motivation ist ein weiterer Aspekt, der die Lernförderlichkeit beeinflusst. Offensichtlich hat die Gestaltung des Spiels durchaus motivierenden Charakter, da dem Item **„Der Ablauf des Planspiels hat mich stets motiviert weiterzuspielen."** zunächst von allen Teilnehmern zugestimmt wurde. Nach dem zweiten Messzeitpunkt hatte nur ein Teilnehmer nicht mehr zugestimmt ($p = 0{,}250$). Dies wird durch die durchweg einstimmige Befürwortung der Aussage **„Das Planspiel hat mir insgesamt gut gefallen"** und die ebenfalls beinahe einstimmige Ablehnung der Aussage **„Ich habe mich zum Spielen des Planspiels zwingen müssen"** (1. Messzeitpunkt: 90 %, 2.Messzeitpunkt:100 %) bestätigt.

6.7 Schlussbetrachtung und Fazit

Die lediglich geringen Veränderungen im Antwortverhalten nach dem zweiten Messzeitpunkt im Vergleich zum ersten Messzeitpunkt gehen zum Großteil auf die Deckeneffekte der Items zurück. Bereits nach der ersten Messung des Planspiels war die Meinung bezüglich der Erfolgsfaktoren des Spiels überwiegend positiv. Somit war nur wenig Spielraum vorhanden, diese Bewertung nach der zweiten Messung zu erhöhen. Nicht übersehen werden darf dabei, dass gleichzeitig keine bedeutsamen Abnahmen der positiven Bewertungen im Verlauf verzeichnet werden konnten. Auch nach einem wiederholten Spieldurchlauf und einem genaueren Verständnis des Planspiels weichen die Teilnehmer nicht von ihrer positiven Bewertung ab. Die Erwartungen der Probanden an das Planspiel DiPro wurden insbesondere zum zweiten Messzeitpunkt erfüllt (70 % Zustimmung). Die Ereignisse und das Geschehen im Planspiel konnten von allen Probanden nach dem zweiten Messzeitpunkt nachvollzogen werden. Die empfundene Anstrengung lässt sogar bedeutsam nach, was als Indikator für einen Lernerfolg gesehen wird. Einschränkungen des empfundenen Lernerfolgs sind lediglich bei den Teilnehmern, die bereits vor Beginn über Expertenwissen verfügten, zu vermerken.

Insgesamt konnte daher gezeigt werden, dass das Planspiel DiPro die Ziele hinsichtlich Lernförderlichkeit, Motivation, Verständlichkeit, Praxisnähe und Übertragbarkeit auf andere ähnliche Dienstleistungen erfüllt. Das Ziel, Dienstleistungsmanager für das Thema der Dienstleistungsproduktivität zu sensibilisieren, wurde ebenfalls erreicht. Die Möglichkeit, im Planspiel verschiedene Strategien und Aktionen zu erproben, wurde in den Feedbackgesprächen als positiv herausgestellt.

Die Entwicklung des Planspiels DiPro ist erfolgreich abgeschlossen. Es konnte gezeigt werden, dass die gesetzten Ziele erreicht wurden und das Planspiel für die Sensibilisierung von Dienstleistungsmanagern eingesetzt werden kann. Das an der Entwicklung und Evaluierung des Planspiels beteiligte Unternehmen plant die Ausarbeitung eines Weiterbildungsangebots für Führungskräfte unter Verwendung des Planspiels DiPro. Das Angebot wird sich an Führungskräfte im Dienstleistungsbereich richten und als Workshop mit Praxisteil ausgelegt sein. Des Weiteren wird das Planspiel für interessierte Unternehmen zusammen mit anderen im Projekt AESTIMO entwickelten Methoden zur Messung und Bewertung wissensintensiver Dienstleistungen kostenlos in einer Toolbox als Download angeboten.

Literatur

Ballin, D. (2008). Entwicklung von computergestützten, kundenspezifischen Planspielen. In U. Böltz (Hrsg.), *Planspiele in der beruflichen Bildung: Auswahl, Konzepte, Lernarrangements, Erfahrungen – Aktueller Planspielkatalog*. Deutschland: W. Bertelsmann.

Baumgärtner, M., & Bienzeisler, B. (2006). *Dienstleistungsproduktivität: Konzeptionelle Grundlagen am Beispiel interaktiver Dienstleistungen*. Stuttgart: Fraunhofer IRB.

Binezeisler, B., & Meiren, T. (2005). *Trendstudie Dienstleistungen – Ergebnisse der Befragung zu Dienstleistungsproduktivität und Dienstleistungsinternationalisierung*. Stuttgart: Fraunhofer Institut für Arbeitswirtschaft und Organisation.

Bruhn, M., & Hadwich, K. (2011). *Dienstleistungsproduktivität: Management, Prozessgestaltung, Kundenperspektive* (Bd. 1). Wiesbaden: Gabler.

Geigenmüller, A. (2011). Produktivität industrieller Dienstleistungen – Relevanz und Determinanten der Interaktionsqualität. In M. Bruhn & K. Hadwich (Hrsg.), *Dienstleistungsproduktivität – Management, Prozessgestaltung, Kundenperspektive*. Wiesbaden: Gabler.

Porter, M. (1985). *Competitive advantage: Creating and sustaining superior performance*. New York: Free Press.

Rannacher, A., Stranzenbach, R., Sturm, F., Mütze-Niewöhner, S., & Schlick, C. M. (2013). *A system dynamics model for the evaluation of the productivity of the knowledge-intensive services*. iBusiness Journal. USA: Scientific Research Publishing.

Schafmeister, G. (2004). Wertschöpfungskonfigurationen bei Sportdienstleistern – unter besonderer Berücksichtigung von problemlösenden Unternehmen. In A. Meyer (Hrsg.), *Dienstleistungsmarketing: Impulse für Forschung und Management* (S. 169–187). Wiesbaden: Deutscher Universitätsverlag.

Stabell, C., & Fielstad, O. (1998). Configuring value for competitive advantage: On chains, shops and networks. *Strategic Management Journal, 19*(5), 413–437.

Storck, C., & Liehr, K. (2009). Reputationsmessung und -bewertung als Beitrag zur Wertschöpfung. In K. Möller, M. Piwinger, & A. Zerfaß (Hrsg.), *Immaterielle Vermögenswerte* (S. 253–271). Stuttgart: Schäffer Poeschel.

Stranzenbach, R., Rannacher, A., Sturm, F., & Mütze-Niewöhner, S. (2013). Influencing factors on the productivity of knowledge-intensive services. IEEM Conferenz Bangkok.

Woratschek, H., Roth, S., & Schafmeister, G. (2005). Dienstleistungscontrolling unter Berücksichtigung verschiedener Wertschöpfungskonfigurationen – Eine Analyse am Beispiel der Balanced Scorecard. In M. Bruhn & B. Stauss (Hrsg.), *Dienstleistungscontrolling* (S. 135–211). Wiesbaden: Gabler.

7 Toolbox zur Messung und Bewertung der Produktivität wissensintensiver Dienstleistungen

Flavius Sturm, Robert Stranzenbach und Alexander Rannacher

7.1 Einleitung und Problemstellung

Das Streben nach der höchstmöglichen Auslastung der Kapazitäten ist der Kern wirtschaftlichen Handelns und Voraussetzung für die Wettbewerbsfähigkeit eines Unternehmens. Vor dem Hintergrund verstärkten Leistungs- und Kostendrucks ist das Interesse an geeigneten Ansätzen zur Herstellung von Transparenz hinsichtlich der Leistungsfähigkeit eines Unternehmens, seiner Funktionsbereiche und Mitarbeiter so hoch wie nie zuvor. Trotz (oder gerade wegen) der Vielzahl von Konzepten zur Leistungsmessung, die sowohl aus dem ingenieurs-, wirtschafts- und dem sozialwissenschaftlichen Umfeld hervorgegangen sind, bleibt die Unsicherheit dieser Konzepte bezüglich ihrer Eignung im jeweiligen betrieblichen Kontext hoch. Dies gilt speziell für dienstleistende Unternehmen oder Organisationseinheiten produzierender Unternehmen, die Dienstleistungen erbringen. Während sich im Produktionsbereich die Wertschöpfung meist mithilfe eindeutiger

F. Sturm (✉)
Universität Stuttgart – Institut für Arbeitswissenschaft und Technologiemanagement,
Nobelstraße 12, 70569 Stuttgart, Deutschland
E-Mail: flavius.sturm@iat.uni-stuttgart.de

R. Stranzenbach
Institut für Arbeitswissenschaft der RWTH Aachen University,
Bergdriesch 27, 52062 Aachen, Deutschland
E-Mail: r.stranzenbach@iaw.rwth-aachen.de

A. Rannacher
Institut für Arbeitswissenschaft der RWTH Aachen University,
Bergdriesch 27, 52062 Aachen, Deutschland
E-Mail: a.rannacher@iaw.rwth-aachen.de

C. M. Schlick et al. (Hrsg.), *Produktivitätsmanagement von Dienstleistungen,*
DOI 10.1007/978-3-642-45071-6_7

Produktionsfunktionen und unter Einsatz weitgehend homogener Produktionsfaktoren (z. B. Rohstoffen, Maschinen) vollzieht, sind diese Voraussetzungen in dienstleistenden Bereichen nicht in gleichem Maße gegeben. Zwar sind Dienstleistungen ebenfalls zu einem gewissen Grad standardisiert, ein Äquivalent zu einer festen „Taktzeit" einer Maschine existiert jedoch nur in seltenen Fällen, da Dienstleistungen üblicherweise in einer Folge von Interaktionen mit Dritten erbracht werden und dadurch ihre Dauer und ihr Ablauf variieren kann.

Was für reine Dienstleister gilt, ist auch im Kontext industrieller Dienstleistungen eine Herausforderung. Durch den allgemeinen technischen Fortschritt und die funktionale Angleichung der Leistungen haben speziell Anbieter aus diesen Branchen in der jüngeren Vergangenheit mit einem wachsenden Wettbewerbsdruck, Preisverfall und stagnierenden Umsätzen zu kämpfen, welche sowohl die Sach- als auch Dienstleistungen betreffen. Unter diesen Umständen wundert es nicht, wenn der Ruf nach einer Überprüfung der Produktivität der Dienstleistungserbringung lauter wird.

Hinzu kommt, dass sich das Angebot industrieller Dienstleistungen vielerorts nicht mehr auf verhältnismäßig einfache Dienstleistungen (z. B. Ersatzteilservice, Reparatur) beschränkt. Durch die Herausforderungen einer hochtechnisierten, vernetzten Wirtschaft ist das Dienstleistungsangebot stetig ausgebaut worden. Ein erfolgreicher Anbieter integrierter Produkt-Service-Systeme muss mittlerweile nicht nur in der Lage sein, zu reagieren, sondern vorausschauend über die speziellen Bedürfnisse der Kunden informiert sein (Meier 2014). Seine Dienstleistungen können als vermehrt **wissensintensiv** bezeichnet werden, da die Aufgabenstellungen in der Regel komplexer und oft neuartiger Natur sind, häufig eine intensive Interaktion erfordern und die Ressource „Wissen" eine hohe Rolle spielt, bspw. durch den Einsatz erfahrener, qualifizierter Mitarbeiter. Kurzum, bei einem Anbieter von Investitionsgütern muss die Qualität der erbrachten Dienstleistungen mit der Qualität der angebotenen Sachgüter Schritt halten. Diese hohen Anforderungen – gerade bei wissensintensiven Dienstleistungen – mit adäquatem Personal- und Mitteleinsatz zu erfüllen, ist jedoch häufig nicht der Fall. Speziell die Frage nach einer hinreichenden Dienstleistungsproduktivität im industriellen Kontext bleibt bislang weitgehend unbeantwortet (Geigenmüller 2011).

Wie Praktikern die notwendige Handlungsorientierung an die Hand gegeben werden kann, um die Produktivität wissensintensiver Dienstleistungen in ihrem jeweiligen Kontext zu verstehen, die Stellhebel zu deren Verbesserung zu erkennen und steuernd einzugreifen, soll in diesem Beitrag näher ausgeführt werden. Aufbauend auf wissenschaftlichen Erkenntnissen sowie eigenen empirischen Erhebungen ist ein Vorgehensmodell entwickelt worden, um ein System zur Leistungsmessung zu gestalten, welches speziell zur Messung und Bewertung der Produktivität wissensintensiver Funktionsbereiche geeignet ist. Die Grundüberlegungen zur Entwicklung des Vorgehensmodells sowie die wichtigsten Methoden und Instrumente, die entlang dieses Modells zum Einsatz kommen, werden dabei nachfolgend dargelegt.

7.2 Grundlagen wissensintensiver Dienstleistungen in der Investitionsgüterindustrie

7.2.1 Das richtige Maß der Leistungsmessung – Vorüberlegungen zur Wirksamkeit von Leistungsmessung im wissensintensiven Kontext

Zahlreiche Forschungsinitiativen aus unterschiedlichen Disziplinen haben in den letzten 15 Jahren Anstrengungen unternommen, um Wissensarbeit näher zu beleuchten und ihre Bedeutung für die Praxis greifbar zu machen. Grundlegend für das Verständnis von Wissensarbeit und ihrer Bewertung in Hinsicht auf Produktivität ist ihr qualitativer Charakter, der sich meist nicht ausschließlich in Mengen ausdrücken lässt. Eschenbach et al. (2006) führen beispielsweise an, dass die Anzahl der behandelten Patienten nur ein unzureichender Indikator für die Produktivität eines Arztes sein kann, ohne beispielsweise die Qualität der Behandlung des Patienten zu berücksichtigen. Während standardisierte, manuelle Arbeit also eher nach Effizienzgesichtspunkten bewertet werden kann („die Dinge richtig tun"), erfordert eine adäquate Einschätzung von Wissensarbeit primär die Erfassung von Effektivitätskriterien („die richtigen Dinge tun").

Diese Erkenntnis führt unweigerlich zu Schwierigkeiten bei der Operationalisierung von Systemen der Leistungsmessung. Eine vielzitierte Weisheit der Managementliteratur besagt, dass man nicht managen könne, was nicht (oder in diesem Fall nur mit außerordentlichem Einsatz) messbar sei. Auf das Management von Wissensarbeit zu verzichten, nur weil sie aufgrund ihrer qualitativen Natur zu schwierig oder aufwändig ist, würde aber auch keine zufriedenstellende Lösung darstellen. Moldaschl et al. (2012) fordern daher dazu auf, sich die Frage nach dem „Grenznutzen der Produktivitätsmessung" zu stellen. Falls eine Messung und Bewertung der Produktivität wissensintensiver Dienstleistungen zwar verhältnismäßig aufwendig sind, aber prinzipiell bewerkstelligt werden können, so sollten Leistungsmesssysteme dermaßen (um-) gestaltet werden, dass sie, trotz aller Unzulänglichkeiten, für Unternehmen von Nutzen seien. Gleichzeitig geben sie zu bedenken, dass jedes Messergebnis aufgrund der definitionsgemäß vereinfachenden zugrunde liegenden Modelle sowieso nur begrenzt verlässlich sein könne. Mindestens genauso wichtig wie eine zuverlässige Messung ist es, in der anschließenden Analyse- und Bewertungsphase einen Dialog in Gang zu setzen, in dessen Verlauf die Messergebnisse reflektiert und Lernprozesse in Gang gesetzt werden. Diese Hervorhebung der begrenzten Messgenauigkeit von (per Definition) vereinfachenden Messmodellen soll speziell für die Messung und Bewertung der Produktivität wissensintensiver Dienstleistungen ihre Berücksichtigung finden.

Um die Entstehung des Mess- und Bewertungsinstrumentariums nachvollziehen zu können und von anderen existierenden Methoden und Werkzeugen zu unterscheiden, werden im Folgenden zunächst einige zentrale Begriffe erläutert und von verwandten

Begriffen abgegrenzt. Dies betrifft zum einen das Betrachtungsobjekt der wissensintensiven Dienstleistungen – speziell das Attribut der „Wissensintensität" – sowie die Produktivitäts- bzw. Leistungsmessung.

7.2.2 Der Grad der „Wissensintensität"

Trotz einer intensiven Erforschung wissensintensiver Unternehmen haben sich noch keine einheitlichen Definitionen durchsetzen können. Der Versuch von Rylander und Peppard (2009), anhand einer Literaturanalyse wissensintensive Unternehmen („knowledge-intensive firms") als eigenständige Kategorie zu beschreiben, endet in der Schlussfolgerung, dass wissensintensive Unternehmen sich nach wissenschaftlichen Kriterien nicht eindeutig von anderen, weniger wissensintensiven Unternehmen unterscheiden lassen. Vor allem fällt auf, dass das Attribut der „Wissensintensität" auf verschiedenen, nur schwer vergleichbaren Ebenen angewandt wird, u. a. ist von Branchen, Unternehmen, Abteilungen/Teams und individueller Arbeit die Rede, die als wissensintensiv gelten können. Da das zu entwickelnde Instrumentarium später in einem gewissen organisatorischen Rahmen zum Einsatz kommen soll, sollen diese unterschiedlichen Ebenen zunächst kurz einzeln betrachtet und charakterisiert werden (Abb. 7.1).

Eine Differenzierung der Wissensintensität von Unternehmen auf **Branchenebene** spielt vor allem in Wirtschaftsstrukturanalysen eine Rolle, wie sie beispielsweise für wirtschaftspolitische Zwecke durchgeführt werden. Die Zuordnung von Unternehmen zu einer Branche geschieht nach dem sogenannten Schwerpunktprinzip, also nach der primär hergestellten Warengruppe. Die Wissensintensität wird anschließend sowohl für produzierende wie dienstleistende Unternehmen vereinfacht über die „Wissenschaftlerintensität" und

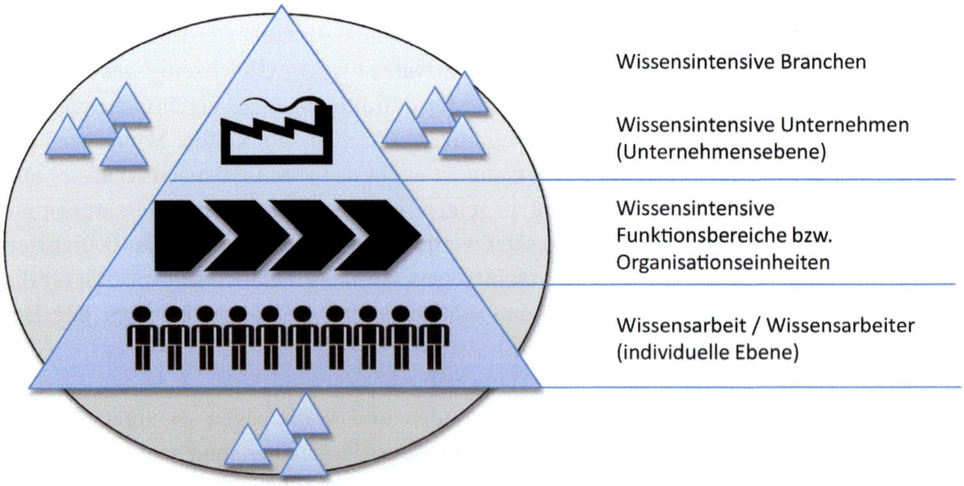

Abb. 7.1 Betrachtungsebenen der Wissensintensität

die „Akademikerquote" festgestellt. Diese erwartungsgemäß recht grobe institutionelle Abgrenzung kann über eine funktionale Abgrenzung, also die Feststellung der relativen Wissensintensität von Berufsgruppen (z. B. Ingenieure vs. technische Zeichner) verfeinert werden. Über diese Art der Filterung können Unternehmen der Investitionsgüterindustrie, welche üblicherweise dem produzierenden Gewerbe zugerechnet werden, ebenfalls erfasst werden (Gehrke und Legler 2009).

Die Unterscheidung wissensintensiver Dienstleister auf **Unternehmensebene** wird vor allem darüber getroffen, welche Merkmale der Leistungserstellungsprozess sowie die angebotenen Dienstleistungen aufweisen. Unter der Berücksichtigung der Abgrenzungsprobleme, die bereits die terminologischen Bestandteile „Dienstleistung" und „Wissen" aufweisen, kommt Hansen (2009) zu dem Schluss, dass die folgenden konstitutiven Merkmale in Bezug auf wissensintensive Dienstleistungen besonders häufig genannt werden: a) geringe Standardisierung der Dienstleistung, b) hohe Problemlösungsorientierung, c) hohe Immaterialität, d) intensiver Interaktionsprozess, e) hohe Bedeutung der Ressource „Wissen" sowie f) hohe Bedeutung des „Humankapitals". Zusammenfassend arbeitet er heraus, dass Anbieter wissensintensiver Dienstleistungen

- durch den überwiegenden Einsatz hochwertigen Erfahrungswissens geprägt sind,
- sich durch einen hochintegrativen Leistungserstellungsprozess auszeichnen, der zu einer kundengerechten individuellen Problemlösung führt,
- die im Ergebnis vorwiegend neues Wissen darstellt.

Der Vollständigkeit halber sei erwähnt, dass eine Reihe von Autoren (z. B. Seiter 2009) unter wissensintensiven Dienstleistungsunternehmen überwiegend „reine" Dienstleister verstehen (vor allem beratende Unternehmen) und dadurch noch weitere organisations- und führungsspezifische Merkmale als typisch für wissensintensive Dienstleister deklarieren (z. B. Partnerschaft als typische Eigentümerstruktur). Diese Merkmale sind jedoch in aller Regel im Bereich der Investitionsgüterhersteller nicht vorzufinden und werden daher im Rahmen der vorliegenden Ausführungen nicht weiter berücksichtigt.

Betrachtet man Organisationen noch weiter im Detail, so kann das Attribut Wissensintensität auch **Funktionsbereichen, Organisationseinheiten oder auch Gruppen und Teams** zugeordnet werden. Unternehmen erstellen Leistungen üblicherweise durch eine abgestimmte Form der Arbeitsteilung. Es liegt die Vermutung nahe, dass sich die Arbeitsteilung wissensintensiver Unternehmen von anderen, weniger wissensintensiven Unternehmen unterscheidet. Hierzu wird beispielsweise postuliert, dass in wissensintensiven Bereichen die Mitarbeiter zum einen in Einzelarbeit als Spezialisten, zum anderen auch als Mitglieder größerer (teils abteilungsübergreifender) Projektteams an der Bearbeitung von Projekten, Fällen oder Prozessen beteiligt sind (u. a. Roth und Moser 2009). Es besteht ein gewisses Interesse daran, inwieweit die Konfiguration der Teams (z. B. Spezialisten vs. Generalisten), die Zusammenarbeit der Mitglieder und die ihnen zur Verfügung gestellten Ressourcen (z. B. Wissensmanagementsysteme) optimal gestaltet werden können, um die jeweilige Leistungserstellung sicherzustellen. Einzelne Leistungen aus dem

Leistungsprogramm können dabei durchaus eine niedrige Kontaktintensität und niedrige Variantenvielfalt aufweisen, sodass eine Standardisierung bzw. Automatisierung möglich ist (Kemper 2007), d. h. es müssen also nicht alle (Teil-)Leistungen einer gegebenen Organisationseinheit wissensintensiv sein.

Auf der **individuellen Ebene** kann Wissensarbeit darüber definiert werden, inwieweit ein Mitarbeiter in der Lage ist, sowohl neuartige als auch komplexe Arbeitsprozesse zu bewältigen (Hube 2005). Unter dem weit verbreiteten, wenn auch etwas unklaren Begriff des „Wissensarbeiters" bzw. „Knowledge Worker" sind seit Mitte der 90er Jahre generische Eigenschaften von Mitarbeitern formuliert worden – u. a. Spezialwissen, Kreativität, Intelligenz, sowie die Fähigkeit zur Kommunikation und Vernetzung – welche zur Entfaltung gebracht werden, solange gewisse organisatorische Rahmenbedingungen (z. B. Autonomie, Handlungs- und Ermessungsspielräume) gegeben sind. Um das Bild des Wissensarbeiters zu differenzieren, schlägt Davenport (2005) vier Arten von Arbeitstypen vor, die sich anhand der Kriterien Komplexität (niedrige vs. hohe Komplexität) und Interaktionsgrad (niedrige vs. hohe Interaktion) unterscheiden lassen. Jeder Arbeitstyp wird daraufhin einem Mitarbeitertyp zugeordnet („transaction worker", „integration worker", „expert worker" und „collaboration worker"), wobei nur die beiden letzteren als Wissensarbeiter verstanden werden. Davenport erläutert die Arbeits- bzw. Mitarbeitertypen beispielhaft anhand von Fallbeispielen aus verschiedenen Branchen.

Aus dieser Mehrebenenbetrachtung lässt sich subsumieren, dass die Operationalisierung des Begriffs der Wissensintensität für industrielle Dienstleistungen nicht ohne größere Schwierigkeiten möglich ist und daher eine situative Einschätzung erfordert. Eine rein enumerative Definition, also durch Auflistung der Erscheinungsformen anhand von Beispielen (z. B. alle Beratungsunternehmen sind wissensintensiv) greift zu kurz, da diese Aussagen keine eindeutigen Unterscheidungsmerkmale liefern. Aber auch eine Negativdefinition, d. h. die Abgrenzung von „nicht-wissensintensiven" Dienstleistungen, als auch die Suche nach konstitutiven Merkmalen wissensintensiver Merkmale, ist nicht ohne Weiteres zu bewerkstelligen, da die Quantifizierung bestimmter Größen (z. B. „intensiver Interaktionsprozess") – zumindest in der Praxis – nur schwer zu bewerkstelligen ist.

7.2.3 Leistung und Leistungsmessung

Um Produktivität messen und bewerten zu können, soll auch der Begriff der Leistung präzisiert werden. Obwohl der Begriff im Alltag häufig gebraucht wird, ist er mit zahlreichen Bedeutungen belegt. Im physikalischen Sinn wird unter Leistung Arbeit pro Zeiteinheit verstanden, wobei Arbeit das Produkt von Kraft und Weg darstellt. Die Leistung steigt demnach, wenn mehr Arbeit im selben Zeitraum geleistet wird. Dieses technische Verständnis von Leistung ist leicht nachvollziehbar, impliziert jedoch, dass Leistung objektiv messbar ist, was speziell für die geistige Arbeit nicht ohne weiteres anzunehmen ist.

In der Betriebswirtschaftslehre wird Leistung primär aus wirtschaftlicher Perspektive betrachtet. Hier hat sich die Ansicht durchgesetzt, dass alle Aktivitäten, die zielführend sind, zunächst als Leistung betrachtet werden können. In dieser prozessorientierten Sicht führt die Kombination von individuellen und den von der Unternehmung bereitgestellten Produktionsfaktoren zur Leistungserstellung. Ergänzt wird diese Sicht durch die ergebnisorientierte Betrachtung. Der Output eines Prozesses ist das Endergebnis, die Leistungswirkung, die sowohl quantitative wie qualitative Merkmale aufweisen kann (Pleier 2008). Angesichts der Tatsache, dass sich Erstellungsprozess und Ergebnis bei den meisten Dienstleistungen nicht voneinander trennen lassen, sondern gleichzeitig erfolgen („Uno-actu-Prinzip"), ist eine Trennung dieser Faktoren in einem Dienstleistungskontext ohnehin schwierig. Dementsprechend soll sich der Begriff **Leistung** im Folgenden sowohl auf den Prozess als auch auf das Ergebnis beziehen.

Die **Leistungsmessung** ist eine grundlegende Aktivität wirtschaftender Unternehmen, um den Grad der Zielerreichung unter Berücksichtigung des Personal- und Mitteleinsatzes zu bestimmen. Auch dieser Begriff, der oft synonym mit dem englischen Pendant „Performance Measurement" gleichgesetzt wird, wird in vielerlei Kontexten eingesetzt, wobei auf eine differenzierte Begriffsdefinition vielfach verzichtet wird. Leistungsmessung bzw. Performance Measurement können daher eher als Oberbegriffe für die Entwicklung und Umsetzung von Steuerungs- und Bewertungsinstrumenten verstanden werden, die zur Beurteilung der Effektivität und Effizienz vergangener Tätigkeiten eingesetzt werden (Leimeister 2012). Ihre beiden primären Zwecke liegen zum einen in der Beeinflussung des Verhaltens des Messobjekts im Sinne einer Ausrichtung auf die Unternehmensziele, zum anderen dienen die gewonnenen Informationen aus dem Messvorgang als Informationsbasis für die Grundlage von Entscheidungen (Seiter 2009). Die Leistung eines Gegenstandsbereichs wird in der Regel anhand von Indikatoren bzw. **Kennzahlen** gemessen, die als betrieblich relevante, numerische Informationen aufgefasst werden können (Wettstein 2002). Aufgrund der mangelnden Aussagekraft einzelner Kennzahlen setzen Unternehmen oftmals **integrierte Leistungsmesssysteme** ein, die die jeweils wichtigsten Kennzahlen integrieren und in verdichteter Form einen Überblick über den aktuellen Stand des Unternehmenshandelns bieten. Eine Analyse der Kennzahlen der jeweiligen Leistungskenngrößen (z. B. zu Kosten, Qualität, Kundenzufriedenheit), erlaubt es, Rückschlüsse bezüglich der vergangenen Leistungsperiode zu ziehen und Ansätze zur Verbesserung der Zielerreichung zu identifizieren.

Leistungsmessung hat folglich einen Objektbezug („Welche bzw. wessen Leistung wird betrachtet?"), der bei der Gestaltung von Leistungsmesssystemen beachtet werden muss. Als Objekte der Leistungsmessung kommen unterschiedliche **Leistungsebenen** infrage (u. a. das Gesamtunternehmen, Organisationseinheiten, Individuen), wobei in der einschlägigen Literatur oftmals nicht eindeutig ist, welche der Leistungsebenen konkret angesprochen werden (Hubig 2009). Eine Möglichkeit der Unterscheidung liegt in der Unterscheidung der o. g. Leistungsebenen entlang der Aufbauorganisation, da zwischen diesen üblicherweise eine hierarchische Verbindung besteht und auch auf jeder Ebene eine gewisse Leistungsverantwortung vorausgesetzt werden kann (Pleier 2008). Entsprechend dieser Gliederung können wiederum Methoden und Werkzeuge unterschieden werden, die primär die Leistungsebenen Gesamtunternehmen, Bereich/Organisationseinheit und Individuum adressieren.

7.3 Status Quo zum Einsatz von Leistungsmesssystemen im Kontext wissensintensiver Dienstleistungen

7.3.1 Konzeptionelle Ansätze zur Leistungsmessung (wissensintensiver) Dienstleistungen

In Bezug auf das Gesamtunternehmen haben sich in der jüngeren Vergangenheit verschiedene Leistungsmesssysteme etablieren können, mit deren Hilfe versucht wird, die Gesamtleistung eines Unternehmens zu untersuchen. Als Antwort auf die begrenzte Aussagekraft von primär finanz- und ergebnisorientierten Leistungsmesssystemen sind in den letzten zwei Dekaden aus der Wissenschafts-, Beratungs- und Unternehmenspraxis heraus verschiedene Konzepte zur Leistungsmessung entwickelt worden. Diese „modernen" Konzepte zur Leistungsmessung vereinen u. a., dass nicht-monetäre, qualitative Größen erfasst werden und die Interessen verschiedener interner wie externer Anspruchsgruppen (Eigentümer, Kunden, Mitarbeiter, Lieferanten) sowohl in der Ausgestaltung des Leistungsmesssystems, als auch den letztlich gewählten Kennzahlen berücksichtigt werden. Stellvertretend für das Aufkommen stärker ausdifferenzierter, multi-dimensionaler Leistungsmesssysteme soll beispielhaft die Balanced Scorecard (BSC) erwähnt werden, die in der Wissenschaft wie Praxis eine große Resonanz gefunden hat. Kern ihres Konzepts zur Leistungsmessung ist die Untergliederung des Leistungsmesssystems in die vier Messbereiche Finanzen, Kunden, Interne Geschäftsprozesse und Lernen & Entwicklung. Für jede dieser Dimensionen sind wiederum strategische Ziele, Kennzahlen, Ziel-Werte und Maßnahmen formuliert. Neben diesem multidimensionalen, tendenziell offenen Ansatz haben sich auch einige Vorgehensweisen etablieren können, die v. a. aus dem Qualitäts- und Prozessmanagement stammen (bspw. EFQM, SCOR). Bei diesen Leistungsmesssystemen sind die Dimensionen zur Leistungsmessung in stärkerem Maße vordefiniert, aber immer noch generischer Natur.

Keines der o. g. Konzepte ist explizit für (wissensintensive) Dienstleister entwickelt worden, allerdings sind verschiedene Versuche unternommen worden, die Konzepte verstärkt auf den Dienstleistungskontext hin anzupassen (z. B. in Form sogenannter Service Scorecards), auch Mischformen sind vorzufinden (z. B. Herde et al. (2003) für eine Kombination von BSC and EFQM) (Tab. 7.1).

Moderne Leistungsmesssysteme erheben den Anspruch, nicht nur auf aggregierter Ebene eine Übersicht über die Unternehmensleistung geben zu können, sondern alle relevanten Leistungsebenen zu integrieren. So wird beispielsweise die BSC ausgehend von den Unternehmenszielen in einem schrittweisen Prozess über alle Hierarchieebenen kaskadiert, sodass sich über alle Ebenen hinweg ein Kennzahlengerüst bildet, das logisch aufeinander aufbaut und in dem sich immer wieder die vier maßgeblichen Dimensionen wiederfinden. Prinzipiell spricht nichts gegen den Einsatz der BSC in allen Funktionsbereichen eines Unternehmens (nach Porter (1986) u. a. Logistik, Produktion, Marketing & Vertrieb, Kundendienst, Personalmanagement, Beschaffung, Forschung & Entwicklung, Personalmanagement und (IT-)Infrastruktur). Andererseits ist leicht nachzuvollziehen,

Tab. 7.1 Methoden/Werkzeuge zur Leistungsmessung auf Gesamtunternehmensebene

Methoden / Werkzeug der Leistungsmessung (Beispiele)	Varianten für für (wissensintensive) Dienstleister
Balanced Scorecard (Kaplan und Norton 1997)	u.a. Service Scorecard (Tyagi und Gupta 2008), Service Navigator (Borchert et al. 2013)
SCOR (Supply Chain Operations Reference Modell)	Wird auch im Dienstleistungsbereich angewendet, u.a. InCoCo Referenzmodell (Lange 2009)
EFQM Excellence Model (European Foundation for Quality Management) und andere qualitätsorientierte Exzellenzmodelle	SERVQUAL (Parasuraman et al. 1988) gilt als der bekannteste Ansatz für die Messung von Dienstleistungsqualität

dass für alle Funktionsbereiche im Laufe der Jahre eine schier unüberschaubare Menge spezifischer Ansätze zur Leistungsmessung entwickelt worden sind, auf die im Rahmen dieses Beitrags nicht eingegangen werden kann.

Betrachten wir daher speziell den Einsatz von Leistungsmesskonzepten für (wissensintensive) dienstleistende Funktionsbereiche. Zunächst wäre zu definieren, welche Funktionsbereiche überhaupt als wissensintensive Dienstleister zu verstehen sind. Angesichts der Schwierigkeiten, Wissensintensität zu definieren, wundert es nicht, das eine allgemein akzeptierte Kategorisierung bislang noch nicht existiert bzw. im Einzelfall vorgenommen werden muss (mehr dazu im folgenden Kapitel). Allerdings existieren auch Ansätze zur Leistungsmessung, die als nicht funktionsspezifisch angesehen werden können, denen jedoch eine gewisse Eignung im Kontext wissensintensiver Dienstleistungen zugesprochen wird (Tab. 7.2). Zunächst soll das Partizipative Produktivitätsmanagement (PPM) hervorgehoben werden. Das PPM ist ein Konzept zum Leistungsmanagement, das zur Messung und Förderung der Produktivität von Gruppen entwickelt worden ist. Die Stärke dieses Konzepts liegt in seiner partizipativen Natur. Es grenzt sich speziell von denjenigen Ansätzen ab, die eher „top-down" entwickelt werden. Entlang eines strukturierten Prozesses entwickeln Teams gemeinsam Ziele und Kennzahlen, überprüfen diese in regelmäßigen Abständen und nehmen Anpassungen vor. Auch wenn der Einfluss von Partizipation auf Leistung nicht ganz unumstritten ist, so scheint die partizipative Zielsetzung und Festlegung von Prioritäten in einer Gruppe einen positiven Effekt auf den notwendigen Know-how Austausch und die gemeinsame Entwicklung der Problemlösung zu haben, wie sie für

Tab. 7.2 Methoden/Werkzeuge zur Leistungsmessung auf Bereichsebene

Methoden / Werkzeug der Leistungsmessung (Beispiele)	Varianten für (wissensintensive) dienstleistende Bereich
Partizipatives Produktivitätsmanagement (PPM)	auch in dienstleistenden Bereichen einsetzbar (Schmidt et al, 2011)
Data Envelopment Analyse	u.a. Westermann et al. (2011)
Benchmarking	Norm für Dienstleistungsbenchmarking DIN PAS 1014

Tab. 7.3 Methoden/Werkzeuge zur Leistungsmessung auf Individualebene

Methoden / Werkzeug der Leistungsmessung (Beispiele)	Varianten für dienstleistende Wissensarbeit(er)
Zielvereinbarungen / Leistungsbeurteilungen	Keine Einschränkung für dienstleistende Mitarbeiter bzw. dienstleistende Bereiche und Unternehmen

wissensintensive Dienstleistungen typisch sind (Roth und Moser 2009). Ein anderer Ansatz zur Messung der Leistung von Dienstleistungsbereichen liegt in der vergleichenden Betrachtung der Leistung von Organisationseinheiten, die wissensintensiven Tätigkeiten nachgehen. Da sich für wissensintensive Dienstleistungen nur schwer objektive Leistungsstandards festlegen lassen, bietet es sich an, die „Best Practices" zu identifizieren, die von vergleichbaren Organisationseinheiten realisiert werden. Auf diese Weise kann zumindest näherungsweise festgestellt werden, ob eine Organisationseinheit effizient und effektiv arbeitet. Dies kann, soweit empirische Daten vorliegen, z. B. über formalisierte, rechnergestützte Methoden (z. B. Data Envelopment Analyse) geschehen. Ein Vergleich kann aber auch über den qualitativen Vergleich in einem sogenannten Benchmarking geschehen, in dessen Rahmen die betrachtete Organisation bzw. Organisationseinheit mit anderen, ggf. branchenfremden Unternehmen verglichen wird. Als Orientierung kann beispielsweise auf die DIN PAS 1014 zurückgegriffen werden, die den Benchmarking Prozess für Dienstleistungen beschreibt.

Die Leistungsmessung auf individueller Ebene erfolgt in wissensintensiven Bereichen überwiegend über Zielvereinbarungen sowie Leistungsbeurteilungen (Tab. 7.3). Nach Kalkowski (2004) ist diese Form der Leistungsmessung dann angebracht, wenn der Weg zur Zielerreichung von Unwägbarkeiten geprägt ist, sodass objektive Leistungsstandards in Form von Arbeitsmengen und Sollzeiten als verbindliche Maßstäbe nicht sinnvoll erscheinen, da oftmals noch nicht einmal der direkte Vorgesetzte die Effektivität und Effizienz der fachlichen Arbeit eines Experten korrekt einschätzen kann. Hinzu kommt, dass diese Art der Leistungsmessung auch den subjektiven Präferenzen von hochqualifizierten Personen entspricht. Diese sind durchaus daran interessiert, dass ihre individuelle Leistung bewertet wird, bspw. als Basis für berufliches Vorankommen, sie möchten jedoch eher in Bezug auf das Arbeitsergebnis eingeschätzt werden. Die Leistungserbringung folgt dem Prinzip der „verantwortlichen Autonomie". Demnach nutzt der Mitarbeiter die Handlungs- und Entscheidungsspielräume, die vom Arbeitgeber eingeräumt werden, in verantwortungsvoller Weise und im Sinne der Zielerreichung des Gesamtunternehmens.

Die bisherigen Ausführungen haben gezeigt, dass zahlreiche Ansätze zur Leistungsmessung existieren. Diejenigen, die einen gewissen Verbreitungsgrad aufweisen und/oder für den Einsatz in Dienstleistungsunternehmen bzw. in dienstleistenden Funktionsbereichen modifiziert worden sind, wurden kurz skizziert, wobei eine Unterscheidung nach den primär adressierten Leistungsebenen (Gesamtunternehmen, Bereichsebene, Mitarbeiterebene) getroffen wurde. Insgesamt ist festzustellen, dass der Aspekt der „Wissensintensität" zumindest in der Theorie nur in wenigen Fällen explizit berücksichtigt wird und zudem kein Leistungsmesssystem unter speziell diesem Gesichtspunkt entwickelt wurde. Gleichwohl hat sich herausgestellt, dass einige Ansätze eine gewisse Eignung aufweisen, um im Kontext wissensintensiver Dienstleistungen eingesetzt zu werden, auch wenn dies nicht ursprünglich intendiert war (s. Partizipatives Produktivitätsmanagement). Einzelne Überlegungen und Bausteine dieser Ansätze können später für ein dezidiertes Konzept zur Leistungsmessung wissensintensiver Dienstleistungen herangezogen werden.

7.3.2 Leistungsmessung für industrielle Dienstleistungen: Ein Schlaglicht aus der Praxis

Aus Praxissicht ist festzustellen, dass zwar Untersuchungen zum Einsatz von Leistungsmesssystemen existieren, aber die Leistungsmessung speziell für Investitionsgüterhersteller nur in Einzelfällen diskutiert wird. Der Aspekt der Wissensintensität wurde in diesem Zusammenhang bislang ebenfalls kaum explizit thematisiert. Zunächst ist festzustellen, dass eine gewisse Unklarheit darüber besteht, welche Funktionsbereiche bzw. Organisationseinheiten überhaupt wissensintensive Dienstleistungen erbringen und welche nicht. Folgt man der Unterteilung der Funktionsbereiche nach Porter (s. vorangehendes Kapitel), so ist der einzig „echte" dienstleistende Bereich der Kundendienst, der aber überwiegend technische Nachkaufleistungen (After-Sales-Leistungen) erbringt. Es ist aber offensichtlich, dass bei Investitionsgüterherstellern zum einen weitere Dienstleistungen existieren und zum anderen diese häufig auch von anderen Organisationseinheiten erbracht werden (z. B. technische Beratung durch den Vertrieb, Systemintegration durch die Produktion o. ä.).

Um einen präziseren Einblick in die Praxis der Leistungsmessung von Dienstleistungen bei Investitionsgüterherstellern zu erhalten, wurden im Frühjahr 2012 Unternehmen aus Baden-Württemberg zur Teilnahme an einer schriftlichen Breitenerhebung aufgefordert. Adressiert wurde jeweils der Verantwortliche für den Bereich Service. Insgesamt nahmen 42 Unternehmen teil, die zu den folgenden Themen befragt wurden:

- Verbreitungsgrad Messung der Dienstleistungsproduktivität
- Verankerung der Produktivitätsmessung im Unternehmen
- Zufriedenheitsgrad mit derzeitigen Messgrößen und Messinstrumenten
- Grad der Komplexität und Wissensintensität angebotener Dienstleistungen
- Schwierigkeiten und Stellhebel zur Verbesserung der Dienstleistungsproduktivität.

7.3.2.1 Verbreitungsgrad Messung der Dienstleistungsproduktivität

Die Befragung ergab, dass etwa drei Viertel (76 %) der Unternehmen Kennzahlen einsetzen. Diese Unternehmen wurden gebeten, die Arten der erfassten Größen näher zu spezifizieren. Hierzu wurde in Input-, Prozess- und Outputindikatoren unterschieden. Wie sich herausstellte, war die am weitesten verbreitete Inputkenngröße die Anzahl der Arbeitsstunden (84 %), danach folgte der Einsatz von Betriebsmitteln (44 %). Prozessindikatoren werden von weniger als der Hälfte der Unternehmen eingesetzt. Wenn Kennzahlen erfasst werden, beziehen sich diese überwiegend auf Zeit- und Kostengrößen (41 bzw. 38 %), wie beispielsweise Reaktionszeit oder Durchlaufzeit. Etwas weniger als die Hälfte der Unternehmen (47 %) erfasst auch outputbezogene Kennzahlen. Dabei liegt der Fokus vor allem auf nachgelagerten, qualitativen Messgrößen (z. B. Kundenzufriedenheit).

Insgesamt ist festzustellen, dass der Verbreitungsgrad von Kennzahlen im Dienstleistungsbereich geringer ist als erwartet. Messende Unternehmen setzen zwar häufig mehr als eine Kennzahl ein, allerdings handelt es sich eher um einfach zu erfassende Kennzahlen, vor allem zeitbezogene Größen (u. a. Arbeitskosten, Projektdauer etc.). Dass die aufgewendete Zeit und der Kapazitätsaufwand als primäre Kennzahlen verwendet werden, deckt sich mit anderen Erhebungen (Erne 2009). Charakteristisch scheint ebenfalls, dass outputseitige Größen weitaus seltener erfasst werden, die Qualität und/oder Quantität des Outputs also insgesamt weniger berücksichtigt wird. Insofern könnte die Ausgeglichenheit eines Kennzahlensystems durchaus noch verbessert werden.

7.3.2.2 Verankerung der Produktivitätsmessung im Unternehmen

Neben dem Verbreitungsgrad sollte erfasst werden, inwieweit Kennzahlen tatsächlich im Unternehmen verankert sind und aktiv zum Management der Produktivität herangezogen werden. In dieser Hinsicht gab es bemerkenswerte Ergebnisse. Von allen Unternehmen, die Kennzahlen erfassen, setzen 50 % Zielwerte ein, benennen Verantwortliche zur Zielerreichung und führen eine regelmäßige Überprüfung und Anpassung der Kennwerte durch. Bei nur etwa einem Fünftel der Unternehmen (22 %) sind die Kennzahlen in einem übergreifenden Leistungsmesssystem integriert.

Aus diesen Ergebnissen kann im Umkehrschluss gefolgert werden, dass der Einsatz von Kennzahlen bei etwa der Hälfte der befragten Unternehmen nur sporadisch erfolgt. Gewisse Kennzahlen werden zwar erhoben, diese scheinen aber eher rein informatorischen Zwecken zu dienen, da einem Messwert kein Zielwert entgegengesetzt wird. Ein echtes Produktivitätsmanagement im Sinne der Verbesserung eines Leistungsniveaus wird nur von der Hälfte der messenden Unternehmen verfolgt. Wiederum nur die Hälfte dieser Firmen haben Kennzahlen zur Dienstleistungsproduktivität in einem übergreifenden Gesamtleistungsmesssystem integriert. Betrachtet man die gesamte Stichprobe, so ist dies nur bei jedem siebten Unternehmen der Fall.

7.3.2.3 Zufriedenheitsgrad mit derzeitigen Messgrößen und Messinstrumenten

Entsprechend diesem Ergebnis war es ebenfalls interessant zu erheben, wie hoch der Zufriedenheitsgrad der Unternehmen mit den herangezogenen Messgrößen, als auch mit den eingesetzten Messinstrumenten einzuschätzen ist. Dabei stellte sich heraus, dass eine Dreiteilung der Meinung vorzufinden ist. Etwa ein Drittel der Unternehmen war mit den Indikatoren bzw. Messinstrumenten völlig zufrieden oder überwiegend zufrieden. Ein weiteres Drittel gab sich teils zufrieden, teils unzufrieden. Das letzte Drittel war mit den Indikatoren bzw. Messinstrumenten gar nicht zufrieden bzw. überwiegend unzufrieden.

Wie sich aus einer weitergehenden Analyse der Daten ergab, korrelierte der Zufriedenheitsgrad deutlich mit dem Verbreitungsgrad bzw. dem Grad der Verankerung der Leistungsmessung. Als primär unzufrieden bezeichneten sich diejenigen Unternehmen, die gar keine bzw. nur wenige Kennzahlen erhoben. Auch kann fast über die gesamte Stichprobe hinweg ein gewisser Verbesserungsbedarf konstatiert werden, da nur ein kleiner Prozentsatz völlig mit dem derzeitigen Einsatz von Kennzahlen bzw. Messmethoden zufrieden war (5 bzw. 2 %).

7.3.2.4 Grad der Komplexität und Wissensintensität angebotener Dienstleistungen

Außer dem Status Quo der Leistungsmessung sollte auch erfasst werden, welche der angebotenen Dienstleistungen überhaupt als wissensintensiv bezeichnet werden können. Die Investitionsgüterbranche ist kein homogener Wirtschaftszweig. Beispielsweise kann sich das Dienstleistungsangebot eines Sondermaschinenherstellers, der komplexe Produkte in Einzelfertigung herstellt, stark von dem eines Unternehmens unterscheiden, welches Industriegüter in Massenfertigung herstellt. Um dennoch ein möglichst einheitliches Bild bezüglich des Dienstleistungsangebots zu generieren, wurde ein gewisses Spektrum von Dienstleistungen vordefiniert, welche sich wiederum grob den Kategorien Pre-Sales-, Sales- und After-Sales-Dienstleistungen zuordnen lassen. Die Teilnehmer der Befragung waren aufgefordert, ihre Einschätzung zu geben, inwieweit jede Dienstleistung als „komplex und wissensintensiv" aufgefasst werden könne. Grundlage für die Bewertung war eine fünfstufige Skala, deren unteres Extrem Dienstleistungen als „einfach/Routineaufgaben" (Wert = 1) charakterisierte, während das obere Extrem als „sehr wissensintensiv/komplex" (Wert = 5) definiert wurde.

Die Ergebnisse zeigten, dass in allen drei Kategorien (Pre-Sales, Sales und After-Sales) bestimmte Dienstleistungen als sehr komplex bzw. wissensintensiv (Wert > 4) erachtet wurden (Abb. 7.2). Speziell Pre-Sales-Dienstleistungen werden als überdurchschnittlich wissensintensiv eingeschätzt (z. B. Planung & Projektierung, Technische Beratung, Machbarkeitsstudien). In der Kategorie Sales wurden das Engineering sowie die Inbetriebnahme hervorgehoben, im After-Sales u. a. die Ferndiagnose, Wartung/Instandhaltung/Reparatur und die Service-Hotline. Speziell im Sales und After-Sales Bereich wurden auch Dienstleistungen genannt, die nur eine geringe bzw. mittlere Komplexität bzw. Wissensintensität aufweisen (u. a. Transport, Rücknahme/Recycling/Entsorgung).

Insgesamt lässt sich festhalten, dass erwartungsgemäß die Dienstleistungen als stark wissensintensiv eingeschätzt wurden, deren Ausführung auf der einen Seite einen gewissen Erfahrungsschatz und technisches Wissen voraussetzen, zum anderen auch mit einer intensiven Kundeninteraktion einhergehen.

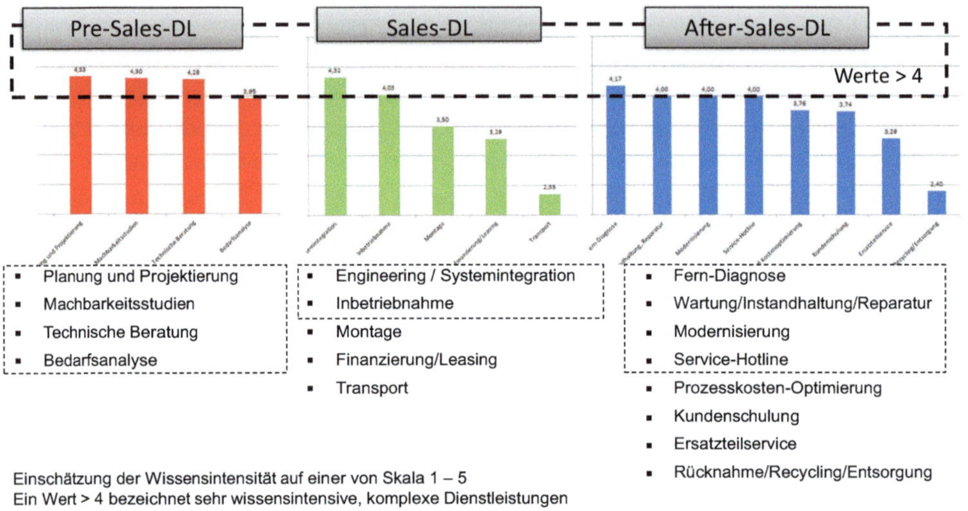

Abb. 7.2 Einschätzung der Wissensintensität für industrielle Dienstleistungen

7.3.2.5 Schwierigkeiten und Stellhebel zur Verbesserung der Dienstleistungsproduktivität

Schließlich sollten die Teilnehmer der Befragung die wichtigsten Schwierigkeiten benennen, die die Verbesserung der Dienstleistungsproduktivität beeinträchtigen. Die drei meistgenannten Antworten sollen an dieser Stelle hervorgehoben werden. So gaben 60 % der Unternehmen an, dass sie bereits Schwierigkeiten damit hätten, überhaupt aussagekräftige Kennzahlen zu finden. Etwa die Hälfte der Befragten (48 %) wies zudem darauf hin, dass ihre Dienstleistungsprozesse intransparent seien. Folglich fehlt die Grundlage für die Messung von geeigneten Kenngrößen für Prozesse bzw. die generierten Ergebnisse. Weiterhin lässt sich bei ebenfalls knapp der Hälfte der Unternehmen (45 %) konstatieren, dass sich das Thema „Dienstleistungsproduktivität" noch gar nicht als Handlungsfeld etabliert hat. Dementsprechend fehle auch die Notwendigkeit, Maßnahmen zur Steigerung der Dienstleistungsproduktivität zu verfolgen.

7.3.2.6 Zwischenfazit: Wo finden sich die größten Lücken?

Trotz der verhältnismäßig geringen Größe und des Gelegenheitscharakters der Stichprobe lassen sich bereits einige Schlüsse ziehen, die für die Ausgestaltung der Toolbox eine Rolle spielen sollen. Zum einen geht aus der Betrachtung hervor, dass sich der Handlungsbedarf bezüglich der Erfassung der Performanz von dienstleistenden Einheiten bestätigt hat und damit das Produktivitätsmanagement von Dienstleistungen tatsächlich noch „in den Kinderschuhen steckt" (Baumgärtner und Bienzeisler 2007). Hinweise dafür finden sich im relativ geringen Verbreitungsgrad und der eingeschränkten Zufriedenheit mit derzeitigen Systemen. Überhaupt kann nur bei einem kleinen Teil der befragten Unternehmen davon die Rede sein, dass Leistungsmesssysteme im Einsatz sind und nicht nur vereinzelte Kennzahlen erhoben werden.

Die Gründe hierfür sind vielschichtig. Zunächst wird deutlich, dass die Voraussetzungen für die Einführung von Leistungsmesssystemen für Dienstleistungen nicht gegeben sind. Dazu gehört, dass vielerorts das Bewusstsein für diese Themen schlicht noch nicht vorhanden ist oder nicht so hoch auf der Agenda von Geschäftsführung oder Serviceleitung angesiedelt ist, dass ein gewisser Handlungsdruck entsteht. Selbst wenn diese Voraussetzung gegeben wäre, so stellen sich die geringe Prozesstransparenz und die Unkenntnis der – zugegebenermaßen nicht einfach herzustellenden – Wirkzusammenhänge auf die Produktivität der Dienstleistungen als Hürden heraus, welche überwunden werden müssen, bevor ein Leistungsmesssystem greifen kann.

Zweitens erscheint sowohl die inhaltliche Ausgestaltung als auch der Prozess der Messung und Bewertung verbesserungsfähig. Teils werden zwar Kennzahlen erfasst, aber es existieren häufig keine Zielgrößen, die Integration in ein übergeordnetes Leistungsmesssystem ist nur im Ausnahmefall gegeben. Auch eine ausgeglichenere Betrachtung der Leistung (Input-, Prozess- und Outputgrößen) würde die Güte der Aussagen bezüglich der jeweiligen Performanz mit hoher Wahrscheinlichkeit verbessern.

Abschließend sollten auch die Randbedingungen berücksichtigt werden, die im Rahmen eines Produktivitätsmanagements von Dienstleistungen notwendig sind. Die Unternehmen gaben an, dass die Messung der Produktivität von Dienstleistungen mit verschiedensten Schwierigkeiten verknüpft ist, die speziell mit dem Messobjekt Dienstleistung zusammenhängen. Dazu gehört u. a., dass durch die Leistungsmessung die Handlungs- und Entwicklungsspielräume der Service Mitarbeiter nicht eingeschränkt werden sollen, oder dass Verantwortlichkeiten für Dienstleistungsproduktivität nicht eindeutig zugeordnet werden können, da Dienstleistungen häufig abteilungsübergreifend erbracht werden, oder auch, dass es an geeigneten Tools fehlt (z. B. ERP-Systemen).

7.4 Die Aestimo-Toolbox: Bausteine zur Leistungsmessung für wissensintensive industrielle Dienstleistungen

7.4.1 Vorgehensmodelle für die Entwicklung von Leistungsmesssystemen

Wie aus dem vorherigen Kapitel ersichtlich, befassen sich Konzepte zur Leistungsmessung sowohl mit der inhaltlichen Ausgestaltung („Welche Leistungskategorien bzw. welche Leistungsgrößen sollen erfasst werden?") als auch mit der prozessualen Auslegung des Leistungsmesssystems („Wie soll die Leistungsmessung ein- bzw. durchgeführt werden?") (Folan und Browne 2005). Als Grundlage für die Entwicklung einer Toolbox, welche im Kontext wissensintensiver Dienstleistungen zum Einsatz kommen soll, sollen die Überlegungen von Bourne et al. (2000) herangezogen werden, die in einer vergleichenden Untersuchung von Performance Measurement Konzepten zu dem Schluss kommen, dass sich die Entwicklung von Leistungsmesssystemen in drei Phasen einteilen lässt:

- **Systemgestaltung:** Aufbau des Messsystems, speziell Identifikation der zu erfassenden Messgrößen, Bestimmung der Zielgrößen sowie der Regeln und Rahmenbedingungen für die Durchführung der Messung (z. B. Häufigkeit der Messung)
- **Implementierung des Leistungsmesssystems:** Einführung des Leistungsmesssystems inkl. Ersterfassung, Verdichtung, Ordnung und Analyse der Daten, Anpassung des Systems
- **Nutzung des Leistungsmesssystems:** Wiederkehrende Messung und Bewertung von Effektivität und Effizienz sowie Ableitung von Maßnahmen zur kontinuierlichen Verbesserung der Leistung.

Interessanterweise legen verhältnismäßig wenige Autoren den Schwerpunkt ihrer Untersuchungen auf den eigentlichen Entwicklungs- bzw. Implementierungsprozess von Leistungsmesssystemen. Selbst bei den Konzepten, die ein bestimmtes Vorgehen empfehlen und dieses zumindest in Grundzügen näher skizzieren, sind die Abweichungen groß. Als Grundlage für die Auswahl der zu messenden Leistungsgrößen wird beispielsweise zunächst die Beantwortung von Fragebögen, die Durchführung von Interviews oder die Durchführung von Workshops empfohlen (Bourne et al. 2000). Ebenso verfolgen Performance Measurement Konzepte unterschiedliche Philosophien bezüglich der Ausgestaltung der Rollen, die die Beteiligten bei dessen Entwicklung einnehmen. So kann die Entwicklung beispielsweise in Eigeninitiative durchgeführt werden (z. B. durch ein definiertes Team) oder auch mithilfe externer Unterstützung (z. B. durch den Einsatz von Beratern).

Aus Praxissicht ergibt sich folglich eine gewisse Unübersichtlichkeit bei der Auswahl eines geeigneten Konzepts zur Leistungsmessung, da eine Einschätzung der Eignung der Ansätze für Nicht-Wissenschaftler schwierig ist. Zudem wird häufig der Aufwand unterschätzt, um ein Leistungsmesssystem einzuführen, sodass viele Vorhaben zur Implementierung eher halbherzig durchgeführt werden. Sandt (2005) verweist darauf, dass es ein folgenschwerer Trugschluss wäre, auf fertige Kennzahlenkonzepte zurückzugreifen. In jedem Fall müsse eine individuelle Verknüpfung von Unternehmenszielen mit geeigneten Kennzahlen stattfinden. Insofern stellt die überwiegende Anzahl der existierenden Konzepte zur Leistungsmessung keine fertigen Werkzeuge dar. Sie seien vielmehr als „Blaupausen" zu verstehen.

Auf Basis der theoretischen Voruntersuchungen und der Erkenntnisse der Breitenerhebung ist ein Vorgehensmodell entwickelt worden, welches die Anforderungen an eine wirksame Messung und Bewertung der Produktivität wissensintensiver Dienstleistungen zu integrieren versucht. Ein Vorgehensmodell vereint im Allgemeinen folgende Bestandteile, um die Entwicklung eines Systems näher zu spezifizieren (Hambach 2004):

- **Aktivitäten:** Der Prozess der Leistungssystementwicklung wird in einzelne, logisch und auch chronologisch aufeinanderfolgende Arbeitsschritte zerlegt.
- **Methoden und Werkzeuge:** Eine Sammlung von Methoden und Werkzeugen, die entlang der Aktivitäten eingesetzt werden, um die intendierten Ergebnisse zu erreichen.
- **Rollen:** Spezifikation von Rollen der Beteiligten, welche die Aktivitäten verantworten und/oder durchführen.

Durch die Beachtung dieser drei Bestandteile soll gewährleistet werden, dass der Entwicklungs- und Implementierungsprozess von Leistungsmesssystemen gewissen Qualitätskriterien genügt. So sollten sich Vorgehensmodelle u. a. dadurch auszeichnen, dass sie trotz ihres formalen Modellcharakters eine hohe externe Validität aufweisen, verständlich, nachvollziehbar und für den jeweiligen Anwendungsfall konkretisierbar sind (Filß et al. 2005).

7.4.2 Grundstruktur des Aestimo Vorgehensmodells

Die Grundstruktur des Aestimo Vorgehensmodells lässt sich in vier Phasen unterteilen, welche wiederum in Unterphasen unterteilt wurden. In jeder Unterphase werden eine oder mehrere Methoden bzw. Werkzeuge eingesetzt (Abb. 7.3).

Das Instrumentarium ist im Rahmen einer mehr als zweijährigen Zusammenarbeit mit der technischen Supportabteilung eines multinationalen Herstellers von Sensoren entwickelt bzw. weiterentwickelt wurden. In dieser Organisationseinheit sind sechs Mitarbeiter beschäftigt, die komplexe technische Supportfälle lösen. Die Art der überwiegend durchgeführten Tätigkeiten kann als wissensintensiv bezeichnet werden, da sie ein hohes Maß von Erfahrungswissen voraussetzt, einen gewissen Interaktionsgrad beinhaltet, und auch häufig neues Wissen produziert wird (hier: z. B. Lösungen für technische Probleme, die sich durch den Ausfall von Sensoren ergeben). Eine detailliertere Beschreibung der zugrunde liegenden Fallstudie ist in Kap. 5.2 zu finden.

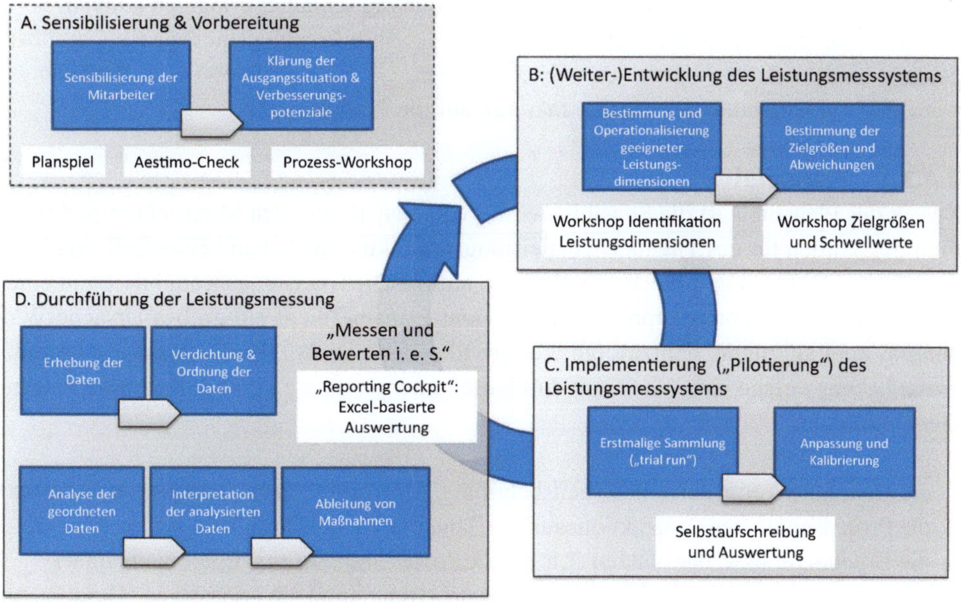

Abb. 7.3 Übersicht Aestimo Toolbox (Phasen und Instrumente)

7.4.3 Phase A: Sensibilisierung und Vorbereitung

Abweichend von der dreiteiligen Strukturierung des Entwicklungsprozesses nach Bourne et al. ist aus der Entwicklungsphase die Phase A („Sensibilisierung und Vorbereitung") ausgegliedert worden. Diese wird als Einstieg in die Entwicklung des Leistungsmesssystems verstanden. Vereinfacht soll davon ausgegangen werden, dass eine Leistungsmessung in der betrachteten Organisationseinheit noch nicht oder nur in Grundzügen stattfindet. Diese Situation war bei der untersuchten Organisationseinheit anzutreffen. Selbst einfache Messungen zur Leistung des Teams (z. B. Anzahl beantworteter Supportanfragen) fanden nicht statt. Ähnlich wie bei den Ergebnissen der Breitenerhebung, erfolgte in der betrachteten Organisationseinheit nur eine Zeiterfassung, damit die vom Support eingesetzte Zeit den Sparten in Rechnung gestellt werden konnte, die für das jeweils zu betreuende Produkt verantwortlich waren. Einer Sparte, die viele Supportfälle zu verantworten hatte (z. B. aufgrund eines fehlerhaft ausgelieferten neuen Produkts), wurden im Rahmen einer internen Kostenverrechnung entsprechend hohe Summen in Rechnung gestellt.

Die Phase der Sensibilisierung und Vorbereitung wird als notwendig erachtet, da speziell bei dem Versuch der Einführung eines Leistungsmesssystems in einem wissensintensiven Umfeld der Eindruck entstehen könnte, dass der vereinbarte Handlungs- und Entscheidungsspielraum eingeschränkt wird. Aufgrund dessen ist mit einem gewissen Widerstand bei dessen Einführung zu rechnen. Andererseits zeigten die Mitarbeiter ein gewisses Eigeninteresse daran, dass sie Ihren Aufgaben effizient nachgehen können. Beispielsweise war beobachtet worden, wie sie sich häufig eigene Werkzeuge schafften (z. B. Datenbanken mit Fehlercodes und den entsprechenden Lösungshinweisen), damit sie ihre Arbeit speziell bei wiederkehrenden Problemstellungen schneller erledigen können.

Um Mitarbeiter zunächst vom Sinn und Zweck eines Leistungsmesssystems zu überzeugen, sind zwei Instrumente entwickelt worden, ein Planspiel sowie ein Befragungswerkzeug zur Erhebung der Einflussfaktoren auf die Produktivität.

7.4.3.1 Planspiel

Zweck des Planspiels ist die Sensibilisierung von dienstleistenden Mitarbeitern und ihren Führungskräften für das Thema Dienstleistungsproduktivität. Anhand einer Software können Einflussfaktoren und Wechselwirkungen auf die Dienstleistungsproduktivität in einer realitätsnahen Umgebung erprobt werden. Dem Planspiel liegt ein grobes Ursache-Wirkungssystem zugrunde, demzufolge vier grundlegende Größen Einfluss auf die Produktivität haben, welche sich wiederum durch drei untergeordnete Größen zusammensetzen: Diese umfassen

- die Handlungskompetenzen (Arbeitsbelastung, Motivation, Problemlösungskompetenz)
- die Prozessqualitäten (Interaktionsqualität, Unterbrechungshäufigkeit, Bearbeitungszeit)
- die Ergebnisse bzw. der Nutzen (Liegezeit, Prozesstransparenz, Ergebnisqualität)
- sowie die daraus resultierenden Potenziale (Reputation, Wissensbasis, Beitrag zur Wirtschaftlichkeit).

Die vier grundlegenden Größen sind durch einen Regelkreis miteinander verbunden. So sind etwa Kompetenzen notwendig, um Prozesse erfolgreich zu bearbeiten. Die Qualität der Prozesse entscheidet anschließend über das Ergebnis bzw. den für den Kunden geschaffenen Nutzen. Dieser beeinflusst wiederum langfristig die Potenziale (bspw. die Reputation) und diese Potenziale wirken wiederum positiv auf die Kompetenzen.

Aufgabe des Spielers bzw. der spielenden Teams ist es, einen Produktivitätsscore zu erhöhen, der sich durch die Werte der o. g. Variablen zusammensetzt. Das Spiel wird rundenweise gespielt, wobei vordefinierte Ereignisse in jeder Runde die Produktivität beeinflussen (z. B. kritisches Ereignis: „Ein Mitarbeiter kündigt"). Der Spieler muss geeignete Maßnahmen ergreifen, um den Produktivitätsscore der Abteilung zu halten oder zu verbessern. Aufgrund des ausscheidenden Mitarbeiters könnte er beispielsweise in die Problemlösungskompetenz der verbliebenen Mitarbeiter investieren und diese schulen, um die entstehende Wissenslücke zu schließen. Durch die Vielzahl der Ursache-Wirkungsbeziehungen zwischen den Variablen und dem häufig nicht-linearen Zusammenhang ist die Vorhersage des Systems schwierig. Zudem muss mit den verfügbaren Ressourcen (sogenannten Aktionspunkten) sparsam umgegangen werden. Spielen mehrere Spieler oder Teams gegeneinander, ergeben sich dadurch schnell Lerneffekte. Das Spiel wurde an den vorhandenen Kontext (Produktsupport) angelehnt, indem möglichst realitätsnahe Ereignisse bzw. Maßnahmen definiert wurden, mit denen das Team in der Vergangenheit bereits konfrontiert war. Das Spiel erlaubt jedoch durch die Erstellung sogenannter „Szenarien", dass die Ereignisse und Maßnahmen an den jeweils anzutreffenden Funktions-, Unternehmens- und Branchenkontext angepasst werden können. Das Planspiel wird in Kap. 5.2 dieses Buches ausführlich beschrieben und diskutiert.

7.4.3.2 Aestimo-Check: Erhebung der Ausgangssituation

Eine wesentliche Erkenntnis des Spiels liegt darin, dass die Einflussgrößen auf die Produktivität eines Teams vielfältig sind und oft erst mittelbar mit entsprechender Verzögerungszeit wirken. Zum anderen ist man als Mitarbeiter bzw. Führungskraft nicht in der Lage, alle beeinflussenden Faktoren selbst derart zu gestalten, dass ein Optimum hergestellt wird, weil der Gestaltungsspielraum in vielerlei Hinsicht begrenzt ist (z. B. aus Kostengründen). Die Erhöhung der Produktivität kann also nur in dem Maße beeinflusst werden, wie es die jeweiligen Bedingungen zulassen. Zweck des zweiten Werkzeugs der Aestimo-Toolbox, der „Aestimo-Check", ist daher die Einschätzung der Wirkung der vorhandenen Rahmenbedingungen auf den Leistungserstellungsprozess.

Zur Einschätzung der Einflussgrößen ist auf eine Auswahl vordefinierter Kategorien (u. a. Prozesse und Strukturen, Einsatz von Informations- und Kommunikationstechnologien, Kollaboration etc.) zurückgegriffen worden (u. a. Hube 2005), welche im später entwickelten „Knowledge Work Performance Audit" (Hofmann 2009) ihren Niederschlag gefunden haben. Im Gegensatz zum Knowledge Work Performance Audit, welches eher an Führungskräfte gerichtet ist, wird der Aestimo-Check im Einzelgespräch mit den betroffenen Mitarbeitern durchgeführt, um gegebenenfalls auch abweichende Einschätzungen innerhalb einer Organisationseinheit zu identifizieren. Um die wesentlichen Aspekte

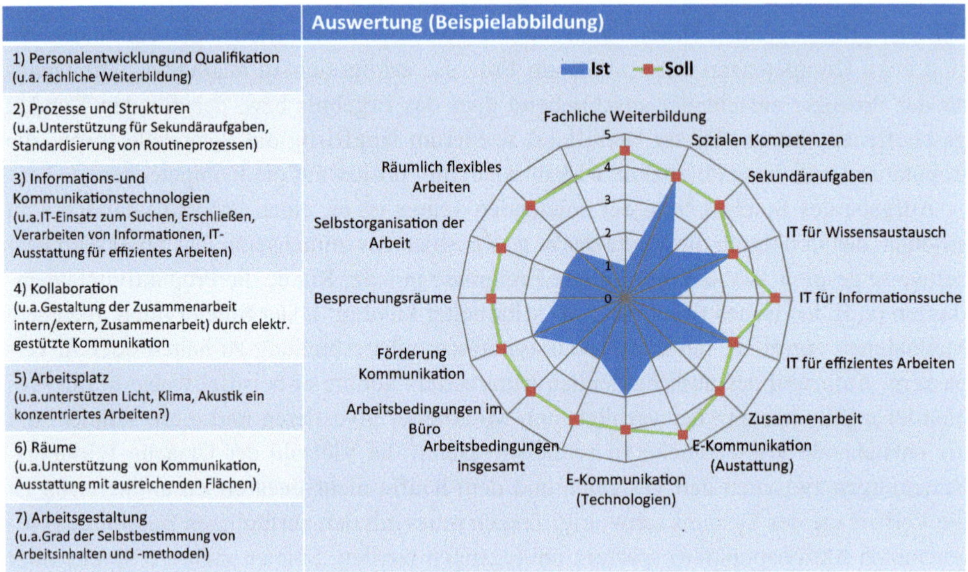

Abb. 7.4 Beispielhafte Auswertung des Aestimo-Checks

jeder Kategorie zu erfassen, sind diese nochmals in Unterfragen aufgegliedert. Im Rahmen von etwa 45-minütigen Interviews werden die betroffenen Mitarbeiter aufgefordert auf einer 5-stufigen Likert-Skala jeweils einzuschätzen, wie sie den aktuellen Ist-Status, als auch den aus ihrer Sicht notwendigen Soll-Wert des jeweiligen Einflussfaktors einschätzen (Abb. 7.4).

Die Ergebnisse werden durch eine Abweichungsanalyse ausgewertet und zeitnah in einem Team-Meeting diskutiert. Im Rahmen der vorliegenden Fallstudie erfolgte die Ergebnisvorstellung der aggregierten Teamergebnisse durch einen wissenschaftlichen Partner. Das Hauptaugenmerk liegt zunächst auf den niedrigsten absoluten Werten sowie auf denjenigen Kategorien, bei denen die größten Abweichungen von Soll- und Ist-Wert zu finden sind. Es ist nicht notwendig, in jeder Kategorie die Höchstpunktzahl zu erreichen. Allerdings kann die Situation vorliegen, dass diejenigen Faktoren, deren Ist-Wert allgemein als sehr niedrig eingeschätzt wird, als mögliche „Hürden" für die Steigerung der Produktivität gelten können. Diese sollten zumindest auf ein Niveau angehoben werden, das angemessen erscheint. Andererseits deuten die Faktoren, die einen hohen Soll-Wert aufweisen und/oder eine hohe Abweichung von Ist- und Soll-Wert, darauf hin, dass hier die größten Hebel zu vermuten sind, um eine produktivitätsförderliche Umgebung zu schaffen. Im vorliegenden Fall wurden diejenigen Fälle herausgefiltert, bei denen im Teammittel eine Abweichung von Ist- zu Sollwert von mehr als zwei Punkten festzustellen war.

Ergänzend ist zu erwähnen, dass dieser „Aestimo-Check" idealerweise in reduzierter Form auch mit anderen involvierten Anspruchsgruppen durchgeführt werden sollte, um eine ganzheitliche Einschätzung der „Knackpunkte" für eine effiziente Prozessbearbeitung aus unterschiedlichen Perspektiven zu gewährleisten. Im vorliegenden Fall wird eine

Supportanfrage zunächst von einer anderen Organisationseinheit empfangen und bearbeitet (dem „1st Level-Support“), bevor sie an den „2nd Level-Support“ übergeben wird. Ist auch dieser nicht in der Lage, das Problem zu lösen, wird auf den „3rd Level-Support“ zurückgegriffen. Aus dieser Konstellation ist bereits zu erkennen, dass bei der Überschreitung von Grenzen der Organisationseinheiten und der damit verbundenen räumlichen Grenzen, die effiziente Abwicklung eines Supportfalles verlangsamt wird. Im vorliegenden Fall wurde beispielsweise bemängelt, dass der „1st Level-Support“ keinen Einblick in den Bearbeitungsstatus einer weitergeleiteten Supportanfrage hat, da die eingesetzten Informations- und Kommunikationstechnologien dies nicht erlauben. Diese Erkenntnis wäre bei der reinen Betrachtung des 2nd Level-Supports eventuell gar nicht zu Tage getreten.

7.4.3.3 Prozess-Workshop: Transparenz in der Leistungserstellung herstellen

Letztes Element im Rahmen der Vorbereitungsphase für die Entwicklung und Einführung des Leistungsmesssystems ist die Schaffung von (ausreichender) Transparenz bezüglich des Leistungserstellungsprozesses. Wie speziell aus den Ergebnissen der Breitenerhebung ersichtlich wurde, wird die Erfassung der Produktivität von wissensintensiven Dienstleistungen unter anderem dadurch erschwert, dass die Dienstleistungserstellungsprozesse intransparent sind. Dementsprechend liegt es nahe, mittels eines Prozess-Workshops die Abläufe innerhalb eines dienstleistenden Bereichs zumindest soweit zu beschreiben, dass anschließend auch eine Bewertung der Teilprozessschritte möglich wird.

Im Rahmen der Durchführung des Prozess-Workshops ist zu berücksichtigen, dass durch die Wissensintensität und Komplexität von wissensintensiven Aktivitäten die Beschreibung einer einerseits detaillierten, andererseits allgemeingültigen Prozessabfolge gar nicht möglich ist, da sich die Fälle immer wieder unterscheiden und auch die Freiheitsgrade des einzelnen Mitarbeiters in Bezug auf seine Handlungs- und Entscheidungsspielräume nicht kompromittiert werden sollen. Nach Richter (2011) lässt sich ein wissensintensiver Prozess allgemein als ein Problemlösungsprozess verstehen, der in vier Phasen unterteilt werden kann: a) Problemartikulation, b) Problemwahrnehmung, c) Lösungssuche und d) Lösungsartikulation, wobei davon auszugehen ist, dass jeder Prozessschritt Iterationen enthalten kann und die Bearbeitung nicht immer linear erfolgt. Im vorliegenden Praxisfall trat beispielsweise häufig die Situation auf, dass ein Mitarbeiter im Laufe der Bearbeitung des Supportfalles noch weitere Informationen vom Kunden benötigte, um mit Lösungssuche voranzukommen. Die Anforderung der fehlenden Informationen benötigte dementsprechend Zeit und die Lösungsfindung verzögerte sich.

Im Anschluss an die eigentliche Prozessaufnahme bestünde also die Aufgabe, sich mit den Betroffenen bezüglich der Schwachstellen im Prozess, der Anzahl der Schnittstellen und der notwendigen Wiederholungen zu verständigen, um mögliche Ansatzpunkte für eine Prozessverbesserung zu identifizieren. Ein Ansatzpunkt hierfür liegt in der Kategorisierung bzw. Typenbildung von Fällen nach deren Komplexitätsgrad. Für verhältnismäßig einfache Fälle besteht die Herausforderung in der Erhaltung der Effizienz, d. h. möglichst schnell die Lösung zu finden, beispielsweise durch die Nutzung von Erfahrungsdatenbanken, in denen die Gründe für ein Fehlverhalten des jeweiligen Produkts hinterlegt sind. Für mittlere bzw. schwierige Fälle liegt der Schlüssel zur Produktivität eher auf der Effektivität, d. h. (bei angemessener Geschwindigkeit) die richtige Lösung zu finden.

7.4.4 Phase B: Entwicklung des Leistungsmesssystems

Die Phase B des Aestimo Vorgehensmodells widmet sich der eigentlichen Entwicklung des Leistungsmesssystems. Zu diesem Zeitpunkt sollten die Betroffenen in der Lage sein, ein geeignetes Leistungsmesssystem zu gestalten, da sie a) das Thema Produktivität in ihrem Kontext ganzheitlich begreifen (durch das Planspiel), b) äußere Einflussgrößen auf ihre Produktivität bekannt sind (durch den Aestimo-Check) und letztlich c) auch die „Knackpunkte" identifiziert wurden, die bei der individuellen Bearbeitung eines Supportfalls zu beachten sind (s. Prozess-Workshop). Zur Gestaltung des Leistungsmesssystems wird in dieser Phase wiederum ein schrittweises Vorgehen vorgeschlagen, welches aus zwei Workshops besteht. Ziel der Workshops ist zum einen die Identifikation und Operationalisierung geeigneter Größen, die zur Leistungsmessung herangezogen werden sollen, zum anderen die Einigung auf Zielgrößen, die von allen Beteiligten als sinnvoll erachtet werden.

7.4.4.1 Workshop 1: Identifikation und Operationalisierung von Leistungsdimensionen

Die Auswahl der relevanten Kennzahlen ist ein kritischer Schritt in der Entwicklung eines Leistungsmesssystems, da die Bestimmung der „richtigen" Leistungsdimensionen die Qualität des Leistungsmesssystems selbstredend beeinflusst. Existierende Performance Measurement Konzepte bieten, wie aus den Ausführungen zum Performance Measurement ersichtlich, unterschiedliche Ansatzpunkte zur Selektion der Leistungsdimensionen. Insgesamt lässt sich konstatieren, dass sich normative Ansätze, die zu adressierende Leistungsdimensionen anhand der Spezifika einer Branche oder eines Funktionsbereichs ableiten, im Dienstleistungsbereich weniger repräsentiert sind als dies bei produzierenden Unternehmen der Fall ist (Seiter 2009). Daher ist es erforderlich, die relevanten Leistungsdimensionen individuell für das Unternehmen bzw. die betrachtete Organisationseinheit zu identifizieren. Da ein universell übertragbares und für alle Unternehmenskontexte geeignetes Leistungsmesssystem ohnehin nicht gestaltbar ist, liegt der Fokus der hier vorgestellten Vorgehensweise auf einer stringenten Methodik zur Identifikation von Leistungsdimensionen, die die notwendige Multi-Dimensionalität für wissensintensive Dienstleistungen sicherstellt.

Als eine bewährte und praxiserprobte Methodik hat sich das „Konzept selektiver Kennzahlen" (Weber 1998) erwiesen. Diese beruht auf der Kopplung von Kennzahlen, die sowohl strategische Aspekte als auch operative Erfolgsfaktoren vereinigt (Abb. 7.5). Die

Abb. 7.5 Herleitung von zu messenden Leistungsdimensionen nach dem Konzept der selektiven Kennzahlen

strategische Perspektive fokussiert die Suche nach relevanten Leistungsdimensionen auf diejenigen Faktoren, die die (eher langfristig orientierte) Wettbewerbsfähigkeit der Unternehmung widerspiegeln sollen. Analog dazu werden Leistungsdimensionen identifiziert, die die kritischen Engpässe des operativen Geschäfts betreffen. Ergänzt wird diese Sicht durch eine ausgewogene Berücksichtigung des Dienstleistungsinputs, -prozesses und -outputs. Auf diese Weise wird sichergestellt, dass zum einen die wesentlichen Perspektiven berücksichtigt werden, zum anderen auch streng selektiert wird. Die Methodik gibt vor, dass für strategische und operative Leistungsdimensionen jeweils etwa drei bis maximal fünf Messgrößen ausgewählt werden.

Nach der Einigung auf die zu messenden Leistungsdimensionen ist es noch notwendig, diese zu operationalisieren, sprich den Indikator festzulegen, welcher die jeweilige Leistungsdimension am besten widerspiegelt. Es ist nicht immer offensichtlich, welche Messgröße eine Leistungsdimension am besten repräsentiert. Zeit-, mengen- und kostenbezogene Indikatoren haben den Vorteil, dass sie eindeutig erfasst werden können, aber zur Erfassung qualitativer Größen (bspw. Kundenzufriedenheit) sind üblicherweise gewisse Hilfskonstrukte notwendig. Neben der Validität eines Indikators ist darauf zu achten, dass Indikatoren auch noch eine Reihe weiterer Gütekriterien erfüllen. Zum einen sollten sie von den Betroffenen beeinflussbar sein, damit keine potenziell demotivierenden Effekte auftreten. Zum anderen ist darauf zu achten, dass der Aufwand zur Datengewinnung und -verarbeitung überschaubar bleibt, um eine gewisse Praktikabilität im Umgang mit den Kennzahlen zu gewährleisten. Übersteigt der Aufwand den Nutzen, so ist die Eignung des Indikators infrage zu stellen.

Wichtig ist in diesem Zusammenhang, dass die betroffenen Mitarbeiter im Entwicklungsprozess selbst gestalterisch mitwirken. Mitwirkung und Akzeptanz gelten als wichtige Voraussetzungen für eine Produktivitätsverbesserung.

7.4.4.2 Workshop 2: Identifikation von Zielgrößen und Schwellwerten

Im Anschluss an die Identifikation und Operationalisierung der Leistungsdimensionen in Messgrößen gilt es, diese Messgrößen zu quantifizieren. Für das Aestimo-Verfahren ist ein Vorgehen gewählt worden, das sich an der vorab beschriebenen PPM-Methode orientiert. Hierzu wird im Rahmen eines Workshops unter Mitarbeit aller betroffenen Mitarbeiter ein Zielkorridor definiert, dessen Grenzen sich aus einer Obergrenze (Max-Wert), einer Untergrenze (Min-Wert) sowie einem Normalwert zusammensetzen. Diese Werte lassen sich wie folgt charakterisieren.

- Der Normalwert bezeichnet den Wert, der weder als gut noch schlecht angesehen wird, also den Erwartungen entspricht. Wird dieser Wert im Rahmen der Messung erreicht, so ist es zu keiner wesentlichen Verbesserung, aber auch zu keiner Verschlechterung der Ausgangssituation gekommen.
- Der Minimalwert bezeichnet den Wert, dessen Unterschreitung zu merklich negativen Folgen führen würde, sodass bspw. die Intervention einer übergeordneten Führungskraft notwendig wäre. Die Annäherung an einen Minimalwert impliziert, dass es gewisse kritische Vorgänge gegeben haben muss bzw. gewisse Engpässe existieren, die die Arbeit des Teams merklich einschränken.
- Der Maximalwert bezeichnet den maximal erreichbaren Wert, welcher unter Idealbedingungen erreicht werden kann.

Im Rahmen des Workshops versuchen die Beteiligten, die erstrebenswerten Zielwerte für die Messgrößen zu bestimmen, die eine Produktivitätsverbesserung im Vergleich zum Ausgangszustand darstellen. Auch in dieser Phase der Gestaltung des Leistungsmesssystems sollte mit Widerständen der Beteiligten bezüglich der Ausgestaltung des Leistungsmesssystems gerechnet werden. Dunckel et al. (1999) verweisen darauf, dass trotz eines partizipativen Vorgehens einzelne Gruppenmitglieder in dieser Phase einen gewissen Skeptizismus entwickeln können, da sie ihre Handlungsspielräume gefährdet sehen. Speziell bei komplexen, schwach strukturierten Aufgaben können grundsätzliche Diskussionen über Qualitätsstandards der Arbeit entstehen, die zwar einerseits gewollt sind, andererseits aber auch ein Konfliktpotenzial bieten, welches im schlechtesten Fall in der Ablehnung des Leistungsmesssystems münden kann.

Hauptergebnis dieser Phase sind quantifizierte Messgrößen. Idealerweise sollte bereits in dieser Phase abgeschätzt werden, wie die Daten zu erfassen sind und wie sie zur späteren Analyse verdichtet und geordnet werden sollen. In aller Regel variiert der Aufwand zur Erfassung von Messgrößen erheblich, sodass über praktikable Wege zur Datengewinnung nachgedacht werden sollte.

7.4.5 Phase C: Implementierung („Pilotierung") des Leistungsmesssystems

Im Anschluss an die Entwicklungsphase erfolgt die Implementierung des Leistungsmesssystems. Ziel dieser Phase ist die erstmalige Implementierung des Leistungsmesssystems zur Prüfung der Funktionalität. Um risikobehaftete Vorhaben unter besonderen Bedingungen testen zu können, ist die Pilotierung ein geeignetes Mittel. Hierzu werden produktivitätsrelevante (Echt-)Daten über einen längeren Zeitraum gesammelt. Anschließend wird kritisch begutachtet, ob realistisch bewertet wurde, ob sich das System tatsächlich in der Praxis realisieren lässt und welche Schwierigkeiten noch beseitigt werden müssen, beispielsweise im Hinblick auf Akzeptanz, Machbarkeit, Wirkung und Wirtschaftlichkeit.

Aufgrund des niedrigen Verbreitungsgrads von Leistungsmesssystemen in wissensintensiven Bereichen stehen unter Umständen nur wenige Initialdaten zur Auswertung zur Verfügung. Wie aus der Breitenerhebung ersichtlich, sind Inputgrößen (z. B. Anzahl Arbeitsstunden, Anzahl Mitarbeiter) verhältnismäßig einfach zu erheben, während Kennzahlen, welche sich auf die Prozesse und die Outputs beziehen, bei Weitem weniger repräsentiert. Ähnlich war die Situation bei dem untersuchten Unternehmen. Zwar wurde über eine Zeiterfassung erhoben, wieviel Zeit mit der Bearbeitung eines Falls verbracht wurde, allerdings wurden diese Daten nur für die interne Leistungsverrechnung mit den anderen Geschäftseinheiten genutzt. Aufgrund eines fehlenden sogenannten Helpdesk- bzw. Ticketsystems gab es keine durchgängige, IT-gestützte Bearbeitung von Supportfällen, sodass prozessbezogene Größen wie Bearbeitungszeit, Liegezeit, Fallstatus o. ä. nicht zu erfassen waren. Selbst die Anzahl der bearbeiteten Fälle in einer Zeitperiode konnte nicht ohne Weiteres festgestellt werden.

Aus diesem Grund war es notwendig, per Selbstaufschreibung überhaupt eine Einschätzung der geleisteten Aufgaben, deren Mengen und Zeiten zu bekommen. Zu diesem Zweck kam ein einfaches Selbstaufschreibungswerkzeug zum Einsatz, welches die Supportmitarbeiter über einen Zeitraum von zwei Wochen einsetzten. Hierzu wurden alle erledigten Tätigkeiten mit Zeitangaben in zeitlicher Reihenfolge festgehalten. In diesen beiden Wochen konnte beispielsweise in Erfahrung gebracht werden, welchen Anteil der Zeit die Supportmitarbeiter mit der Bearbeitung von Supportfällen verbrachten und wie viel Zeit für andere Tätigkeiten (Dienstreisen, Schulungen etc.) notwendig war. Zudem konnte abgeschätzt werden, wie oft die Bearbeitung eines Supportfalls abgebrochen wurde und aus welchem Grund dies geschah (z. B. Warten auf Antwort des Kunden, höhere Priorität eines anderen Supportfalls).

Da eine solche Erhebung parallel zur eigentlichen Arbeit durchgeführt werden muss, kann sie nur über einen begrenzten Zeitraum stattfinden, der idealerweise repräsentativ hinsichtlich der Vorkommenshäufigkeiten bestimmter Aktivitäten ist. Im Anschluss an die Erhebung sollten die ermittelten Daten mit den Mitarbeitern auf Plausibilität geprüft werden, damit sie als Ausgangswerte für Messwerte herangezogen werden können.

7.4.6 Phase D: Durchführung der Leistungsmessung

In der letzten Phase der Entwicklung des Leistungsmesssystems steht die Weiterentwicklung und Nutzung des Leistungsmesssystems im Fokus. Selbst nach einer Pilotphase ist davon auszugehen, dass ein System noch nicht gänzlich so eingesetzt wird, wie es konzipiert wurde, sodass Funktionalitäten noch schrittweise hinzukommen. Meekings (1995) bezeichnet diese Phase als „Early Use", in der einfach mit den Indikatoren begonnen wird, für die Daten zur Verfügung stehen.

Als Leitidee für diese Phase der Leistungsmessung ist die Schaffung eines „Reporting-Cockpits" vorgesehen. Damit verbunden ist die Absicht, die anfallenden Daten zur Leistungsmessung derart aufzubereiten, dass eine Analyse ermöglicht wird und möglichst einfach Implikationen abgeleitet werden können. Eine Ampelfunktion, welche Werte in grün, orange oder rot darstellt, steht stellvertretend für die Idee, dass kritische Entwicklungen möglichst schnell erkannt werden sollen, damit eine tiefer gehende Analyse oder ein steuernder Eingriff bei Bedarf initiiert wird. Die Schwellwerte orientieren sich dabei an den vorab identifizierten Minimal-, Normal- und Maximalwerten der gewählten Leistungsdimensionen. Hierdurch lässt sich plakativ ein Eindruck der Leistungsfähigkeit in Bezug auf eine bestimmte Periode geben.

Auf Basis dieser Idee ist im Rahmen des Projekts ein prototypisches Cockpit als Excel-Datei entstanden, welches die wesentlichen erfolgskritischen Daten darstellt. Bei dem betrachteten Unternehmen werden nun auch Größen erfasst, die in der Vergangenheit nicht ausgewertet werden konnten (u. a. Durchlaufzeit, Fallbearbeitungszeit). Diese können zukünftig auch in detaillierter ausgewertet werden (z. B. durchschnittliche Fallbearbeitungszeit pro Kundenkategorie, durchschnittliche Fallbearbeitungszeit über eine Periode). Die Analyse und Interpretation der Daten geschieht überwiegend in internen Teamsitzungen sowie bei abteilungsübergreifenden Abstimmungstreffen.

7.5 Schlussbetrachtung und Fazit

Im vorliegenden Beitrag wurden die Entwicklung einer Toolbox zur Messung und Bewertung der Produktivität sowie deren prototypische Anwendung in der Praxis beschrieben. Die Toolbox orientiert sich an einem vierstufigen Phasenschema, dass sich von der Sensibilisierung und Vorbereitung, über die Entwicklung des Leistungsmesssystems, dessen Implementierung und Nutzung erstreckt. Jede Phase wird durch entsprechende Methoden und Werkzeuge unterstützt, überwiegend durch Vorlagen und Leitfäden zur Erhebung bzw. Auswertung von Daten in Form von Interviews und Gruppenworkshops.

Als Fazit lässt sich festhalten, dass die Messung der Produktivität von wissensintensiven (industriellen) Dienstleistungen immer noch eine große Herausforderung darstellt. Eine verlässliche Erfassung der Leistungsfähigkeit und -bereitschaft bei der Bearbeitung wissensintensiver, eher schwach strukturierter Prozesse, die sich nicht in allen Varianten vorhersehen und im Ablauf prozedural modellieren lassen, erfordert die Kombination unterschiedlicher Herangehensweisen und Sichten. Rückblickend lässt sich festhalten, dass die Berücksichtigung der Phase der Sensibilisierung und die phasenübergreifende Partizipation der Beteiligten als wesentliche Erfolgsfaktoren für die Wirksamkeit der Methoden und Werkzeuge angesehen wurden. Auch wenn bei wissensintensiven Tätigkeiten dem einzelnen Mitarbeiter ein hoher Autonomiegrad gewährt wird, so ist die Schaffung eines gemeinsamen Verständnisses der Beteiligten für das Zustandekommen von Produktivität, inklusive der wesentlichen Treiber und Hemmnisse, der grundlegende Ansatzpunkt, um zu einem späteren Zeitpunkt produktivitätsfördernde Maßnahmen zu ergreifen. Als weiterer Erfolgsfaktor bei der Implementierung lässt sich die Verfügbarkeit entsprechender Daten anführen. Falls Produktivitätsdaten nicht im Prozess anfallen, so wird der zu Anfang des Beitrags erwähnte „Grenznutzen der Produktivitätsmessung" schnell erreicht. Eine entsprechende IT-Unterstützung (hier beispielsweise ein Helpdesk- bzw. Ticket-Tool) kann nicht immer vorausgesetzt werden. So gibt es nicht den einen Königsweg zur Messung und Bewertung der Produktivität wissensintensiver Dienstleistungen, vielmehr muss im Einzelfall darüber entschieden werden, welche Methoden und Instrumente notwendig sind und wie sie im Detail ausgestaltet werden. Das Aestimo-Instrumentarium liefert dazu ein geeignetes Gerüst.

Literatur

Baumgärtner, M., & Bienzeisler, B. (2007). *Dienstleistungsproduktivität. Konzeptionelle Grundlagen am Beispiel interaktiver Dienstleistungen*. Stuttgart: Fraunhofer IRB Verlag.

Borchert, M., Koch, E., Strina, G., Klinkhammer, S., Hamburger, J., & Heinen, E. (2013). Der Service Navigator als Instrument des Produktivitätsmanagements in KMU-Dienstleistungsunternehmen. In O. Thomas & M. Nüttgens (Hrsg.), *Dienstleistungsmodellierung 2012: Product-Service Systems und Produktivität* (S. 169–191). Wiesbaden: Springer.

Bourne, M., Mills, J., Wilcox, M., Neely, A., & Platts, K. (2000). Designing, implementing and updating performance measurement systems. *International Journal of Operations & Production Management, 20*(7), 754–771.

Davenport, T. H. (2005). *Thinking for a living: How to get better performance and results from knowledge workers*. Boston: Harvard Business School Publishing.

Dunckel, H., Jerusel, S., Tschan, F., & Semmer, N. K. (1999). PPM bei komplexen Aufgaben in einer Bank – Ein Fallbericht. In H. Holling, F. Lammers, & R. Pritchard (Hrsg.), *Effektivität des partizipativen Produktivitätsmanagements* (S. 117–133). Göttingen: Hogrefe.

Erne, R. (2009). Stellt Produktivität von Wissensarbeitern in der Praxis ein Problem dar? Erste Ergebnisse einer empirischen Untersuchung. In K. Hinkelmann & H. Wache (Hrsg.), *WM 2009: 5th conference on professional knowledge management* (S. 342–351). Bonn: Köllen.

Eschenbach, S., Riedl, D., & Schauer, B. (2006). Auf dem Weg zu produktiverer Wissensarbeit. In Plattform Wissensmanagement (Hrsg.), *Wissen wirkt! Aber Wie?* PWM Jahrbuch 2006. Wien: Wissenschaftszentrum.

Filß, C., Höhn, R., Höppner, S., Schumacher, M., & Wetzel, H. (2005). *Rahmen zur Auswahl von Vorgehensmodellen. Entscheidungsfall Vorgehensmodell* (S. 185–229). Aachen: 12. Workshop der Fachgruppe WI-VM der Gesellschaft für Informatik e. V.

Folan, P., & Browne, J. (2005). A review of performance measurement: Towards performance management. *Computers in Industry, 56*(7), 663–680.

Geigenmüller, A. (2011). Produktivität industrieller Dienstleistungen – Relevanz und Wirkungen der Interaktionsqualität. In M. Bruhn, D. Georgi, & K. Haedwich (Hrsg.), *Dienstleistungsproduktivität* (S. 375–394). Wiesbaden: Forum Dienstleistungsmanagement.

Gehrke, B., & Legler, H. (2009). *Forschungs und wissensintensive Wirtschaftszweige – Produktion, Wertschöpfung und Beschäftigung in Deutschland sowie Qualifikationserfordernisse im europäischen Vergleich* (Nr. 3). Hannover: NIW/ISI Studien zum deutschen Innovationssystem.

Hambach, S. (2004). Vorgehensmodelle für die Entwicklung von E-Learning-Angeboten. In G. Engels & S. Seehusen (Hrsg.), *DeLFI 2004: Die 2. e-Learning Fachtagung Informatik* (S. 319–330). Bonn: Gesellschaft für Informatik.

Hansen, H. (2009). *Gründungserfolg wissensintensiver Dienstleister: theoretische und empirische Überlegungen aus Sicht der Competence-based-Theory of the Firm.* Wiesbaden: Gabler.

Herde, H., Kirchner, L., & Päßler, K. (2003). Scorecard für Excellence. Vereinigung von EFQM-Modell, ISO 9001:2000 und modifizierter Balanced Scorecard. *Qualität und Zuverlässigkeit (QZ), 48*(5), 409–414. München.

Hube, G. (2005). *Beitrag zur Analyse und Beschreibung der Wissensarbeit.* Heimsheim: Jost Jetter.

Hubig, L. (2009). Die Universität: Leistungsmessung und -bewertung einer komplexen Organisation. Diss., Eul:Lohmar-Köln.

Kalkowski, P. (2004). Der Kontrakt der Arbeit bei wissensintensiven Dienstleistungen. *Industrielle Beziehungen, 11*(4), 246–269.

Kaplan, R. S., & Norton, D. P. (1997). *Balanced Scorecard. Strategien erfolgreich umsetzen.* Stuttgart:Schäffer-Poeschel, 1997.

Kemper, L. (2007). Systemansatz eines kollaborativen und wissensintensiven Dienstleistungsmanagements: Knowledge Intensive Service Management System (KISMS). Analyse, Vorgehensmodell, Referenzprozesse und Orchestrierungskonzept zur Unterstützung wissensintensiver Dienstleistungsunternehmen 2007.

Lange, I. C. (2009). Leistungsmessung industrieller Dienstleistungen: Prozess-und Leistungstransparenz als Basis für das Management von Produkt-Service-Systemen. Diss. Zürich.

Leimeister, J. M. (2012). Dienstleistungsengineering und -management. Berlin: Springer.

Meekings, A. (1995). Unlocking the potential of performance measurement: A guide to practical implementation. *Public Money & Management* (October-December), S. 1–8.

Meier, H. (2014). Industrial product-service system. In L. Laperrière & G. Reinhart (Hrsg.), *CIRP encyclopedia of production engineering* (S. 696–700). Berlin: Springer

Moldaschl, M., Cantner, U., Wörlen, M., Picard, S., & Döll, S. (2012). Produktivität und Effektivität produktionsnaher und wissensbasierter Dienstleistungen. In R. Reichwald & K. M. Möslein (Hrsg.), *Produktivität von Dienstleistungen* (S. 16–18). Leipzig: Center for Leading Innovation & Cooperation.

Parasuraman, A., Zeithaml, V., & Berry, L. (1988). SERVQUAL: A multiple-item scale for measuring consumer perception of service quality. *Journal of Retailing, 64*(1), 12–40.

Pleier, N. (2008). *Performance – Measurement – System und der Faktor Mensch – Leistungssteuerung effektiver gestalten.* Diss. Wiesbaden: Springer-Gabler.

Richter, M. (2011). *Modelle wissensintensiver Dienstleistungen – Ansätze einer modernen Produktionstheorie auf Basis der graphischen Aktivitätsanalyse.* Diss. Wiesbaden: Springer-Gabler.

Roth, C., & Moser, K. (2009). Leistungsmanagement von Gruppen bei wissensintensiven Dienstleistungen. *Zeitschrift für Personalpsychologie, 8*(1), 24–34.

Rylander, A., & Peppard, J. (2009). What really is a knowledge-intensive firm? – (Re)Framing research in the knowledge economy (Working Paper).

Sandt, J. (2005). Performance Measurement: Übersicht über Forschungsentwicklung und -stand. *Zeitschrift für Controlling & Management, 49*(6), 429–447.

Schmidt, K.-H., Fuhrmann, H., Lange, I., & Diestel, S. (2011). Messung und Bewertung von Dienstleistungen als Grundlage für Produktivitätssteigerungen. In M. Bruhn & K. Hadwich (Hrsg.),

Dienstleistungsproduktivität – Management, Prozessgestaltung, Kundenperspektive (Bd. 1, S. 205–223). Wiesbaden:Gabler.

Seiter, M. (2009). Entwicklung eines Performance Measurement-Systems für Anbieter wissensintensiver Dienstleistungen. IPRI Research Paper Nr. 23. Stuttgart.

Tyagi, R. K., & Gupta, P. (2008). A *Complete and balanced service scorecard: Creating value through sustained performance improvement*. Upper Saddle River: Prentice Hall.

Weber, J. (1998). *Einführung in das Controlling*. Stuttgart: Schäffer-Poeschel.

Westermann, G., Koch, M., & Rogge, S. (2011). Messung der Dienstleistungseffizienz und der Einfluss des externen Produktionsfaktors Kunde in den Filialen einer Genossenschaftsbank. In M. Bruhn & K. Hadwich (Hrsg.), *Dienstleistungsproduktivität – Management, Prozessgestaltung, Kundenperspektive* (Bd. 1, S. 267–286). Wiesbaden: Gabler.

Wettstein, T. (2002). Gesamtheitliches Performance Measurement – Vorgehensmodell und informationstechnische Ausgestaltung. Diss. Freiburg (Schweiz).

Modellierung wissensintensiver Dienstleistungsprozesse

8

Alexander Nielen und Christopher M. Schlick

Für die Anbieter von Dienstleistungen ergibt sich im Zuge der Wettbewerbsintensivierung die Notwendigkeit, sich mit der systematischen Erfassung, Analyse und kontinuierlichen Verbesserung ihrer Dienstleistungsprozesse zu befassen. Insbesondere für die partizipative Erfassung von Dienstleistungsprozessen bedarf es einer grafischen Prozessmodellierungssprache, mit der die Dynamik von Dienstleistungsprozessen in einem grafischen Modell abgebildet und einer systematischen Analyse zugänglich gemacht werden kann. In der Vergangenheit wurde eine Vielzahl von Sprachen zur Prozessmodellierung entwickelt, die für unterschiedliche Verwendungszwecke geeignet sind und durch unterschiedliche Softwarewerkzeuge unterstützt werden. Folglich besteht der Bedarf, den Anbietern von Dienstleistungen den Zugang zu einer geeigneten Modellierungssprache zu ermöglichen, um so den Unternehmen ein Hilfsmittel für die Erhaltung und Steigerung ihrer Wettbewerbsfähigkeit zu geben.

A. Nielen (✉)
Porsche AG, Porscheplatz 1, 70435 Stuttgart-Zuffenhausen, Deutschland
E-Mail: alexander.nielen@porsche.de

C. M. Schlick
Instituts für Arbeitswissenschaft der RWTH Aachen University,
Bergdriesch 27, 52062 Aachen, Deutschland
E-Mail: c.schlick@iaw.rwth-aachen.de

C. M. Schlick et al. (Hrsg.), *Produktivitätsmanagement von Dienstleistungen*,
DOI 10.1007/978-3-642-45071-6_8

8.1 Wissensintensive Dienstleistungen

8.1.1 Charakteristika

Wissensintensive Dienstleistungen können u. a. durch vier wesentliche Merkmale von anderen Dienstleistungstypen abgegrenzt werden:

- Die hohe Wissensintensität impliziert eine starke Abhängigkeit von Expertenwissen. Damit stellen Expertise und Qualifikation der leistungserbringenden Personen den wichtigsten Input-Faktor dar (Hansen 2009).
- Durch die hohe Kundenintegrativität im Leistungserstellungsprozess ist der Kunde nicht nur am Leistungserstellungsprozess beteiligt, sondern auch eine Quelle für Informationen und Wissen. Im Ergebnis besteht eine hohe Interaktionsintensität zwischen Dienstleister und Kunde (Bullinger und Meiren 2001).
- Wissensintensive Dienstleistungen werden meist projektbasiert erbracht, d. h. in Projektform organisiert oder basierend auf einer projektorientierten Denkweise durchgeführt, um flexibel auf wechselnde Anforderungen und (Änderungs-)Wünsche der Kunden reagieren zu können. Projektorganisation und -ablauf werden kundenspezifisch gestaltet. Folglich variieren Prozess und Ergebnis mit jeder Dienstleistungserbringung (Davenport 2005)
- Wissen geht als Inputfaktor in den Dienstleistungsprozess ein und generiert aufgrund der Heterogenität jeder Dienstleistung neues Wissen (Biege et al. 2012, S. 160).

Neben diesen Eigenschaften erfordert die Erbringung wissensintensiver Dienstleistungen oftmals hohe Kreativität des Dienstleisters, um die Lösung für eine kundenspezifische Problemstellung erarbeiten zu können (Hermann 2004). Wissensintensive Dienstleistungen werden überwiegend für Organisationen erbracht und nicht etwa für Einzelpersonen (vgl. Miles et al. 1995).

8.1.2 Modellierungsrelevante Besonderheiten

Der Nutzen der Modellierung ist in der Praxis allgemein anerkannt. Jedoch stimmen Praktiker und Analysten, wie bspw. Forrester und Gartner, in ihrer Einschätzung überein, dass nur etwa 20 bis 40 % der Unternehmensprozesse in modernen Organisationen als vorhersehbar und repetitiv bezeichnet werden können. Vielmehr kann nur ein relativ geringer Teil der Prozesse durch Festlegung einer zeitlichen Sequenz in einem grafischen Prozessmodell eindeutig abgebildet werden. Auf die überwiegende Mehrheit der Prozesse treffen Attribute wie bspw. nicht-reproduzierbar, unvorhersehbar, emergent, adaptiv, kreativ, unstrukturiert oder ad hoc zu (Swenson 2010, S. 12). Diese Attribute sind insbesondere für wissensintensive Dienstleistungsprozesse zutreffend. Die Erbringung einer wissensintensiven Dienstleistung kann demnach als wissensintensiver Prozess klassifiziert werden. Eine Übertragung bewährter Methoden des Prozessmanagements ist daher prinzipiell möglich, jedoch sind die Methoden ggf. für eine Anwendung im Dienstleistungssektor anzupassen. Mit Blick auf die zunehmende Wettbewerbsintensivierung im tertiären Sektor sind wissensintensive Dienstleistungsprozesse ebenso der Modellierung, Analyse und Produktivitätsverbesserungen zugänglich zu machen wie andere Typen von Dienstleistungen (Gronau et al. 2010, S. 8; Bahrs und Gronau 2005).

Das Konzept Prozessmanagement stand in den letzten zwei Dekaden im Mittelpunkt der wissenschaftlichen Betrachtung (Weske 2007; Ko et al. 2009; Al-Mudimigh 2007). Traditionell wird dieses Managementkonzept auf vorhersehbare und repetitive Prozesse angewendet (Kowalewski und Reckenfelderbäumer 1998; Swenson 2010). Dennoch fokussiert das Prozessmanagement grundsätzlich sowohl innovative als auch repetitive Prozesse und Tätigkeiten. Die Erbringung einer wissensintensiven Dienstleistung weist ebenfalls einen Anteil standardisierbarer Teilprozesse auf. Weiter können Beratungsdienstleistungen, die kundenindividuell erbracht werden, durch vorgefertigte Problemlösungsschemata, die Verwendung gleicher Methoden, Standards und Softwareanwendungen sowie unter Beachtung des Prinzips der Modularität zu einem gewissen Teil vereinheitlicht werden. Demnach können wissensintensive Dienstleistungen trotz ihrer Kundenindividualität in Form eines modularen Baukastens konzipiert werden (vgl. Kowalewski und Reckenfelderbäumer 1998). Dabei weisen die Module einen höheren Standardisierungsgrad auf als die gesamte zu erbringende Leistung.

8.2 Modellierungsperspektiven

Ein Prozess kann aus unterschiedlichen für die Modellierung relevanten Perspektiven betrachtet werden. Dabei stehen einzelne organisatorische, funktionelle oder andere Aspekte eines Prozesses im Fokus. Curtis et al. (1992) unterscheiden die funktionale Perspektive, die Verhaltensperspektive, die Organisationsperspektive und die Informationsperspektive. Die Bedeutung von Perspektiven für die Modellierung von Prozessen lässt sich am Beispiel der in Abb. 8.1 dargestellten Architektur integrierter Informationssysteme (ARIS) veranschaulichen, die sich der vier Perspektiven nach (Curtis et al. 1992) bedient, ergänzt um eine Perspektive zur Erfassung der Prozessleistung.

8.3 Typologische Einordnung von Modellierungssprachen

In der Fachliteratur existieren vielfältige Ansätze zur typologischen Einordnung von Modellierungssprachen. So unterscheidet Gadatsch (2010) datenflussorientierte, kontrollflussorientierte und objektorientierte grafische Modellierungssprachen (vgl. Abb. 8.2).

Datenflussorientierte Modellierungssprachen stammen im Wesentlichen aus dem Bereich des Softwareengineering. Hier dienen Datenflussdiagramme im Wesentlichen der grafischen Abbildung der Funktionalitäten eines Realsystems durch Prozesse und Akti-

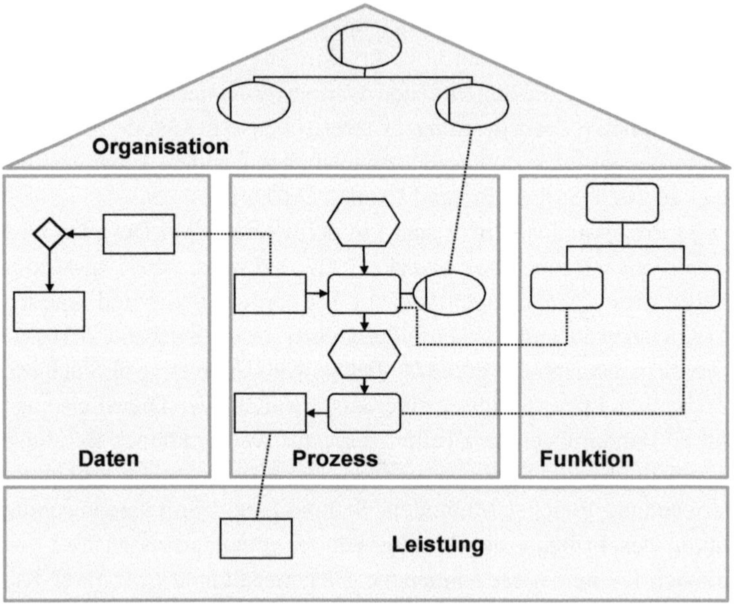

Abb. 8.1 Architektur integrierter Informationssysteme (ARIS). (Scheer et al. 2005)

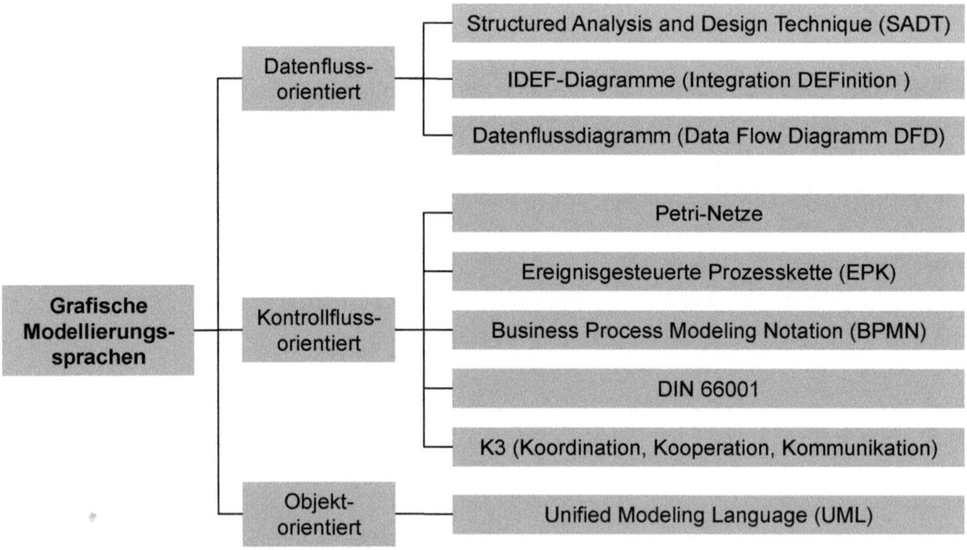

Abb. 8.2 Grafische Modellierungssprachen. (Gadatsch 2010)

vitäten. Da jedoch die Ausdrucks- und Anwendungsmöglichkeiten datenflussorientierter Sprachen sehr beschränkt sind, eignen sich diese Sprachen fast ausschließlich zur funktionalen Dekomposition von Systemkomponenten. Die Modellierung von Elementen und deren Beziehungen sowie dynamisches Prozessverhalten sind nur eingeschränkt oder gar nicht möglich. Datenflussorientierte Modellierungssprachen haben daher für die Modellierung von dynamischen Prozessen keine praktische Bedeutung erlangt (Gadatsch 2010).

Kontrollflussorientierten Sprachen kommt mit Blick auf eine Anwendung in der Unternehmenspraxis die größte Bedeutung zu, da sie den Fokus explizit auf die Dynamik von Prozessen legen. Im deutschsprachigen Raum ist insbesondere die Ereignisgesteuerte Prozesskette (EPK, Scheer und Thomas 2005) zu nennen. Objektorientierte Sprachen, wie bspw. die Unified Modeling Language (UML), werden ebenfalls zur Prozessmodellierung eingesetzt (Gadatsch 2010, S. 71). Den höchsten Bedeutungszuwachs verzeichnet sicherlich die Business Process Model and Notation (BPMN), die sich zum internationalen Standard für die Modellierung von Geschäftsprozessen entwickelt (OMG 2013).

Von besonderem Interesse für die grafische Modellierung von wissensintensiven Dienstleistungsprozessen sind sog. semiformale Modellierungssprachen. Sie verwenden einen definierten Satz von grafischen Modellierungselementen sowie eine Menge von Regeln zur Anordnung und Verwendung dieser Elemente. Diese können in unterschiedlichen Modellierungskontexten verwendet werden, die formal nicht eindeutig sind. Semiformale Sprachen – hierzu zählen u. a. die EPK, die BPMN oder die Aktivitätsdiagramme der UML – erlauben die Erstellung anschaulicher Prozessmodelle, die eine definierte Grundlage für die Diskussion und Verbesserung von Prozessen schaffen. Die Anwendung einer semi-formalen Sprache zielt im Allgemeinen auf eine höhere Detaillierung ab als die Modellierung mit einer semantischen Sprache. Allerdings können die erstellten Prozessmodelle nur schwer durch einen Computer interpretiert werden. Der Verwendungszweck einer Modellierungssprache in Abhängigkeit von Detaillierungs- und Formalisierungsgrad ist in Abb. 8.3 dargestellt.

8.4 Ontologische Analyse

Die ontologische Analyse wird vorwiegend zur Bewertung der ontologischen Vollständigkeit von grafischen Notationssystemen und zum Vergleich von grafischen Modellierungssprachen eingesetzt (Moody 2009; Gehlert und Esswein 2006). Zwar hat sich bislang keine universelle und allgemein akzeptierte Ontologie herausgebildet (Fettke und Loos 2003), jedoch wird für die genannten Verwendungszwecke überwiegend das Modell nach Bunge-Wand-Weber (BWW) (vgl. Weber 1997) verwendet (Moody 2009). Das BWW-Modell basiert auf einer von Bunge eingeführten Ontologie (Bunge 1977), die für den Kontext der Modellierung angepasst wurde (Fettke und Loos 2003).

Zur Durchführung einer ontologischen Analyse bedarf es zwei mathematischer Funktionen (Fettke und Loos 2003). Einerseits werden mit Hilfe der Interpretationsabbildung die grafischen Konstrukte der Modellierungssprache auf die Konzepte der Ontologie ab-

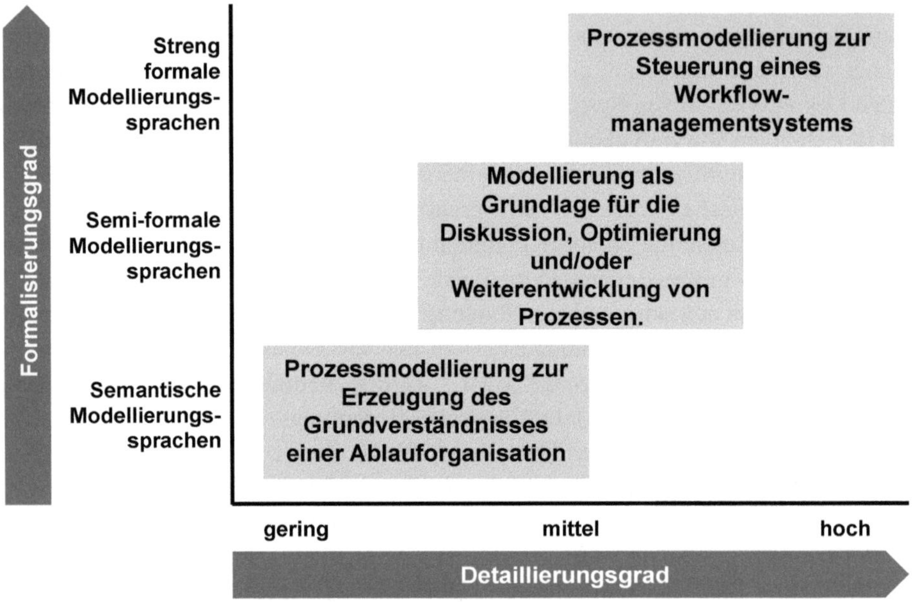

Abb. 8.3 Verwendungszweck von Modellierungssprachen. (Gausemeier und Fink 1999)

gebildet. Andererseits können mittels der Repräsentationsabbildung die Konzepte der Ontologie auf die grafischen Konstrukte der Modellierungssprache abgebildet werden (Gehlert und Esswein 2006; Moody 2009). Ausgehend von diesen Abbildungen können die vier folgenden ontologischen Defizite vorliegen (vgl. Abb. 8.4):

- Unvollständigkeit (construct deficit) liegt vor, wenn kein Konstrukt des grafischen Notationssystems einem ontologischen Konzept entspricht.
- Redundanz (construct redundancy) liegt vor, wenn mehrere Konstrukte des grafischen Notationssystems ein ontologisches Konzept repräsentieren.
- Überladung (construct overload) liegt vor, wenn ein Konstrukt des grafischen Notationssystems mehrere Konzepte der Ontologie repräsentiert.
- Übermächtigkeit (construct excess) liegt vor, wenn ein Konstrukt des grafischen Notationssystems keinem ontologischen Konzept entspricht.

Ist das ontologische Defizit „Unvollständigkeit" zutreffend, wird das grafische Notationssystem als ontologisch unvollständig bezeichnet; trifft hingegen eines der anderen ontologischen Defizite zu, so wird das grafische Notationssystem als ontologisch unklar bezeichnet (Moody 2009).

Eingesetzt wurde die ontologische Analyse u. a. im Rahmen einer empirischen Analyse der fünf Sichten des ARIS-Konzeptes (Davies et al. 2004; Green und Rosemann 2000, 2002) zur Bewertung der UML (Opdahl und Henderson-Sellers 2002) sowie der Petri-Netze (Rosemann et al. 2006). Eine von Rosemann et al. (2006) durchgeführte Stu-

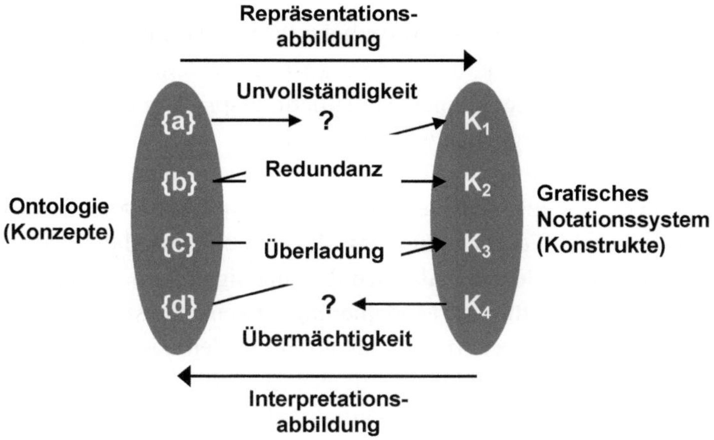

Abb. 8.4 Ontologische Analyse. (Moody 2009)

die zur Darstellungsfähigkeit der BPMN attestiert dieser zwar eine hohe ontologische Vollständigkeit, dennoch kann die BPMN nicht als ontologisch vollständig bezeichnet werden (Aagesen und Krogstie 2010). Weitere Details zu diesen auf dem BWW-Modell basierenden Untersuchungen finden sich in (Recker et al. 2005, 2007). Die Durchführung einer ontologischen Analyse wird u. a. durch den z. T. hohen Formalisierungsgrad der Spezifikation der verwendeten Ontologie, die fehlende Anleitung zur Durchführung einer ontologischen Analyse und die Unvollständigkeit von Ontologien erschwert (Rosemann et al. 2004).

Die Entwicklung des im Folgenden beschriebenen Metamodells ist an das Prinzip der ontologischen Analyse angelehnt. So werden die Eigenschaften wissensintensiver Dienstleistungen in ein generisches Metamodell überführt, um die Eignung kontrollflussorientierter Sprachen für die Modellierung wissensintensiver Dienstleistungsprozesse feststellen zu können.

8.5 Entwicklung eines Metamodells für die Bewertung von Prozessmodellierungssprachen

Der Terminus Metamodell bezeichnet zum einen ein spezielles konzeptuelles Modell (Brinkkemper 1996), das auf einem höheren Abstraktionsniveau erstellt wird als ein Modell, welches einen Realweltausschnitt darstellt (Gigch 1991; Galla 2007, S. 32). Bei einem Realweltausschnitt handelt es sich bspw. um einen Prozess, Daten oder die organisationale Struktur eines Unternehmens. Zum anderen spezifiziert ein Metamodell die Grammatik einer Sprache, da es die Syntax und die Semantik einer Modellierungssprache zu definieren vermag (Gonzalez-Perez und Henderson-Sellers 2008). Ein Metamodell kann in Anlehnung an Siau und Rossi (Siau und Rossi 1998, S. 315) dazu verwendet werden, die Eignung einer Modellierungssprache für eine bestimmte Domäne oder einen bestimmten Modellierungszweck, bspw. die grafische Darstellung eines Dienstleistungsprozesses, zu beurteilen. Ferner können Modellierungssprachen auf der Grundlage eines Metamodells miteinander verglichen werden.

Für das vorliegende Kapitel erfasst das Metamodell die Anforderungen an eine Sprache zur Modellierung von wissensintensiven Dienstleistungsprozessen mit kontrollflussorientierten Notationssystemen. Folglich muss das Metamodell sowohl die relevanten Sprachkonstrukte und grafischen Elemente als auch die zulässigen Verbindungen zwischen diesen Elementen erfassen, die für eine Modellierung wissensintensiver Dienstleistungsprozesse notwendig erscheinen. Der Aufbau des im Folgenden beschriebenen Metamodells orientiert sich an den Modellierungsperspektiven nach Curtis et al. (1992). Ausgehend von dieser „Strukturierungshilfe" werden die Partialmodelle Organisation, Aktivität, Ablauflogik, Ressourcen und Dienstleistungsergebnis unterschieden. Dabei bilden die eingangs herausgearbeiteten Eigenschaften von wissensintensiven Dienstleistungen die Grundlage für die inhaltliche Ausgestaltung der Partialmodelle. Für die grafische Darstellung des Metamodells wird eine sog. Metasprache verwendet. In der einschlägigen Fachliteratur werden für diesen Zweck meist die Klassendiagramme der Unified Modeling Language (UML) verwendet, sodass diese auch hier Anwendung finden soll.

8.5.1 Partialmodell der Organisation

In Anlehnung an die organisationale Perspektive nach Curtis et al. (1992) erfasst das Partialmodell der Organisation einerseits den Dienstleistungsprozess und andererseits die Prozessbeteiligten. Der Dienstleistungsprozess kann in Teilprozesse zerlegt werden, die ausgehend von den Ausführungen von Grönroos und Ojasalo (2004, S. 417) entweder im „Back-Office", „Service Encounter" oder „Self-Service" stattfinden. Da im Zuge der Erbringung einer wissensintensiven Dienstleistung die menschliche Aktivität im Vordergrund steht, werden unter dem Begriff Prozessbeteiligte ausschließlich Arbeitspersonen resp. Wissensarbeiter (vgl. Davenport 2005) subsummiert. Dabei ist ein Prozessbeteiligter für die Ausführung mindestens einer Aktivität im Dienstleistungsprozess verantwortlich (Bobrik 2008, S. 21). Mit Blick auf den Prozessbeteiligten wird zunächst zwischen Dienstleister und Kunde unterschieden. Dabei kann es sich jeweils um eine Rolle, ein Projektteam oder eine Organisationseinheit handeln. Eine Rolle, wie bspw. Projektleiter, beschreibt die Funktion eines Menschen im Zuge der oftmals projektbasierten Erbringung der Dienstleistung. Ein Projektteam bezieht sich im Metamodell auf eine Gruppe von Menschen, in der eine organisatorische Hierarchie mit fachlichen und disziplinarischen Weisungsbefugnissen ausgeprägt ist. Jeder Prozessbeteiligte verfügt neben bestimmten (kognitiven) Fähigkeiten über Fertigkeiten (Qualifikation, Übung, Erfahrung), die ihn für die Ausführung von Aktivitäten im Dienstleistungsprozess qualifizieren.

8.5.2 Partialmodell der Aktivität

Das Partialmodell der Aktivität deklariert Aktivitäten als atomare Elemente des Dienstleistungsprozesses. Dabei kann jede Aktivität einem Teilprozess zugeordnet werden, der wiederum im „Back-Office", „Service Encounter" oder „Self-Service" stattfinden kann. Unter Berücksichtigung der spezifischen Eigenschaften wissensintensiver Dienstleistungen sollten mit Blick auf das Element Aktivität modellseitig insgesamt fünf grafische Elemente unterschieden werden: (1) Die konventionelle Aktivität ist obligatorisch für das jeweilige Dienstleistungsprodukt und somit unabhängig von einem spezifischen Kunden. Mit der (2) optionalen Aktivität kann den spezifischen Anforderungen eines Kunden Rechnung getragen werden, bspw. der Forderung nach einem zusätzlichen (Qualitäts-) Bericht. Das Gegenstück hierzu stellt die (3) ausgeschlossene Aktivität dar, die in das Prozessmodell integriert werden sollte, wenn eine bestimmte Auswahl und/oder Abfolge von Aktivitäten für einen Stammkunden auszuschließen ist und nicht Teil der Dienstleistungserbringung sein darf. Die (4) kooperative Aktivität repräsentiert intra- oder interorganisationale Zusammenarbeit, wie sie z. B. zwischen den Organisationseinheiten oder Angestellten des Dienstleisters sowie den Kunden anzutreffen ist.

Kooperative Aktivitäten sollten nach Möglichkeit separat im grafischen Prozessmodell ausgewiesen werden, da diese Aktivitäten oftmals zeitsynchron stattfinden, d. h. die an der kooperativen Aktivität beteiligten Mitarbeiter bzw. Organisationseinheiten müssen zeitgleich verfügbar sein, um miteinander interagieren zu können. Die Integration des Elements (5) aggregierte Aktivität ergibt sich aus der Notwendigkeit heraus, die Bildung von Prozesshierarchien zu unterstützen und somit umfangreiche Prozessmodelle, ggf. von hoher Komplexität, in beherrschbare Teilprozessmodelle aufzugliedern, die getrennt voneinander betrachtet und genutzt werden können. So empfehlen Mendling et al. (2010) Prozessmodelle genau dann aufzugliedern, wenn sie mehr als 50 Elemente umfassen. Weiter kann die aggregierte Aktivität dazu verwendet werden, eine vordefinierte Auswahl und Abfolge von Aktivitäten in einem Subprozess vorzuhalten, um einerseits den Modellierungsaufwand zu reduzieren und andererseits unter Berücksichtigung des Prinzips der Modularität (vgl. Moody 2009, S. 767) die Reproduzier- und Wiederverwendbarkeit von Dienstleistungsprodukten zu unterstützen.

Es wurde bereits darauf hingewiesen, dass z. T. schwach strukturierte Aktivitätsfolgen resp. Teilprozesse die Modellierung wissensintensiver Dienstleistungsprozesse erschweren. Insbesondere diese spezifische Eigenschaft wissensintensiver Dienstleistungsprozesse erfordert ein komplementäres Set sprachlicher und visueller Konzepte, die sich dem Modellbetrachter visuell erschließen und somit auf schwach strukturierte Teilprozesse hinweisen. Dabei kann ggf. auf Angaben zur sachlogischen Reihenfolge der Prozessaktivitäten, d. h. auf den Kontrollfluss, verzichtet werden, und somit das Prinzip der Ablaufabstraktion zur Anwendung kommen. Auf diese Weise können auch schwach strukturierte Teilprozesse einer systematischen Modellierung zugänglich gemacht werden.

8.5.3 Partialmodell der Ablauflogik

Das Partialmodell der Ablauflogik erfasst sowohl den Kontrollfluss des Dienstleistungsprozesses als auch den Fluss von Informationen, die im Zuge der Dienstleistungserbringung entweder für die Ausführung einer Aktivität benötigt werden oder aber als Ergebnis einer Aktivität vorliegen. Mit Blick auf den Kontrollfluss kommt es bei der Erbringung komplexer, wissensintensiver Dienstleistungen oftmals zu Situationen, in denen ein bedingter, paralleler oder iterativer Verlauf des Kontrollflusses notwendig wird. Derartige Situationen erfordern die typischen Verknüpfungselemente kontrollflussorientierter Prozessmodellierungssprachen, wie bspw. Parallelisierung, Entscheidung und Iteration (Nielen et al. 2011; Figl et al. 2010).

Bezugnehmend auf die „Seven Process Modeling Guidelines" (7PMG) nach Mendling et al. (2010) wird auf die OR-Verzweigung im Partialmodell der Ablauflogik verzichtet. Ferner wird bezugnehmend auf denselben Beitrag festgelegt, dass jedes Verknüpfungselement, das zur Verzweigung des Kontrollflusses verwendet wird, mit dem zusammenführenden Element desselben Typs geschlossen wird. Ferner wird der Informationsfluss zur Verbindung von Aktivitäten und Informationen verwendet. Die Richtung des Informationsflusses bestimmt, ob die Information von einer Aktivität benötigt wird oder das Ergebnis der Ausführung einer Aktivität ist.

8.5.4 Partialmodell der Ressourcen

Es wurde bereits darauf hingewiesen, dass die menschliche Aktivität bei der Erbringung einer wissensintensiven Dienstleistung im Vordergrund steht. Neben der menschlichen Aktivität kennzeichnet der Konsum von Ressourcen in Form von Wissen, Informationen sowie die Nutzung von Informations- und Kommunikationstechnologie die Erbringung einer wissensintensiven Dienstleistung. Kontrollflussorientierte Notationssysteme grafischer Modellierungssprachen integrieren Ressourcen meist über sog. Satellitenelemente (Nielen 2014) , die jeweils einer Aktivität zugeordnet werden.

Mit Blick auf die Ressource Wissen wird im Metamodell eine generische Unterscheidung zwischen implizitem und explizitem Wissen getroffen (vgl. Polanyi 1985). Bei der Ressource Information handelt es sich mit Blick auf wissensintensive Dienstleistungen typischerweise um Informationen, Emails, Dokumente, Tabellenkalkulationen und Präsentationen. Im Metamodell werden drei Ausprägungen von Informationen unterschieden. So kann eine Information für die Ausführung einer Aktivität notwendig sein oder das Ergebnis der Ausführung einer Aktivität sein. Hierbei handelt es sich dann um die konventionelle Information. Die optionale Information kann im Prozessverlauf berücksichtigt oder optional generiert werden. Die ausgeschlossene Information sollte hingegen für den expliziten Hinweis auf Informationen verwendet werden, die entweder nicht verwendet, produziert oder während der Durchführung der Dienstleistung nicht weitergegeben werden dürfen, bspw. an den Kunden. Der Ausschluss von bestimmten Informationen kann basierend auf Erfahrungswerten aus bereits abgeschlossenen Projekten bestimmt und bspw. im Rahmen von Lessons Learned oder eigens definierter Standards oder internen Vereinbarungen beschlossen werden. Im Hinblick auf die Ressource Softwaresystem können Anwendungs- und Informationssysteme unterschieden werden.

8.5.5 Partialmodell des Dienstleistungsergebnisses

Der Dienstleistungsprozess bringt ein Ergebnis für den Kunden hervor. Mit Blick auf wissensintensive Dienstleistungen handelt es sich oftmals um eine Information oder ein Dokument, wie bspw. ein Konzept, ein Bericht, einen Designentwurf, eine Datei oder ein Lasten- bzw. Pflichtenheft (Davenport 1993). Das Ergebnis des Dienstleistungsprozesses ist somit in gewisser Weise sowohl materiell als auch immateriell, wobei die Gewichtung der Anteile mit jeder erbrachten Dienstleistung variiert. Dabei kann die Dienstleistung einer Qualitätsbeurteilung durch den Dienstleister und den Kunden unterzogen werden. Im Hinblick auf die Dienstleistungsqualität kann in Anlehnung an Grönroos und Ojasalo (2004, S. 415) zwischen technischer und funktionaler Qualität unterschieden werden. Das Dienstleistungsergebnis bestimmt die technische Qualität, der Dienstleistungsprozess hingegen die funktionale Qualität.

Das Metamodell als UML-Klassendiagramm ist in Abb. 8.5 dargestellt. Die beschriebenen fünf Partialmodelle sind miteinander verbunden und in jeweils in grauer Farbe hinterlegt.

8.6 Modellierungssprache K3

Das vorgestellte Metamodell stellt eine konsequente Fortführung der Forschungsaktivitäten im Bereich der Modellierung von Geschäfts- und Arbeitsprozessen des Instituts für Arbeitswissenschaft (IAW) dar. So werden bereits in Nielen et al. (2010b) die Vorteile der auf den Aktivitätsdiagrammen der UML basierende Modellierungssprache K3 (Nielen 2014; Killich et al. 1999) im Vergleich zu anderen kontrollflussorientierten Modellierungssprachen, wie bspw. der BPMN und der EPK, herausgearbeitet. Für die Aufnahme und Modellierung von Dienstleistungsprozessen wurde sowohl bei der Ingenics AG als auch Kohlbecker daher K3 verwendet.

Die Entwicklung von K3 wurde am Institut für Arbeitswissenschaft (IAW) der RWTH Aachen University zunächst im Rahmen des vom Bundesministerium für Bildung und Forschung (BMBF) geförderten Forschungsprojekt SPICE (Förderkennzeichen: 01HB9617) gefördert. Die Weiterentwicklung wurde im von der Deutschen Forschungsgemeinschaft (DFG) finanzierten Sonderforschungsbereich (SFB) 476 IMPROVE (Foltz et al. 2001) unterstützt. Im Rahmen des vom BMBF geförderten Forschungsprojekts „IMIP – Interdisziplinäre Methoden industrieller Prozessmodellierung" (Förderkennzeichen: 01UA0808A) wurde das grafische Notationssystem letztmalig überarbeitet.

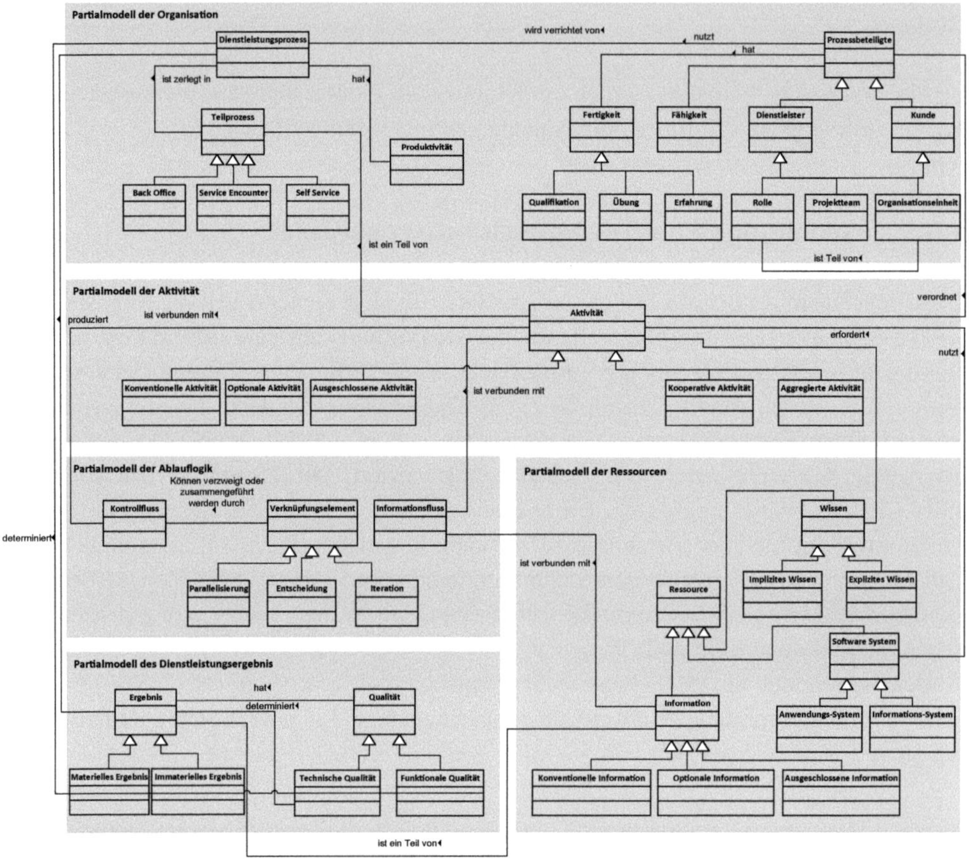

Abb. 8.5 Metamodell. (Nielen et al. 2012)

Den Anstoß für die Entwicklung von K3 gaben die spezifischen Eigenschaften schwach strukturierter (Arbeits-)Prozesse, wie sie bspw. in der Produktentwicklung anzutreffen sind. Derartige Prozesse sind durch ein hohes Maß an Arbeitsteilung, Kooperation und Kommunikation zwischen den Prozessbeteiligten, die intensive Nutzung innovativer Informationssysteme sowie kreative Tätigkeiten gekennzeichnet. Aufgrund dieser Eigenschaften und der Tatsache, dass jede Form von Arbeitsteilung Koordination erfordert, leitet sich K3 aus den Anfangsbuchstaben der Worte Koordination, Kooperation und Kommunikation ab. Für die grafische Abbildung von schwach strukturierten Prozessen wurde das grafische Notationssystem um grafische Elemente der Higraphs (Harel 1987, S. 231 ff., 1988, S. 514 ff.) und den Task Object Charts (Ziegler und Bamekow 1997) ergänzt. Die Integration dieser grafischen Elemente bietet die Möglichkeit kooperative Arbeitsprozesse, Kommunikation zwischen Prozessbeteiligten und Schwachstellen im Prozess abzubilden (Killich et al. 1999).

Das grafische Notationssystem von K3 wurde überwiegend von den UML-Aktivitätsdiagrammen übernommen und umfasst die typischen grafischen Elemente kontroll-

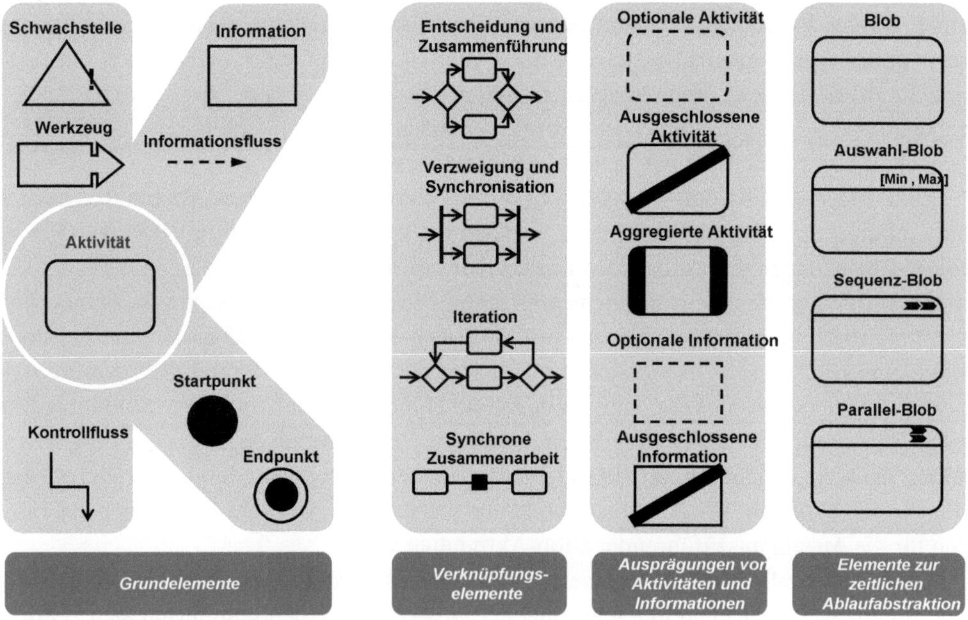

Abb. 8.6 K3-Notationssystem. (Nielen 2014)

flussorientierter Modellierungssprachen. So finden die Grundelemente des grafischen Notationssystems von K3 (vgl. das „K" in Abb. 8.6) ihre Entsprechung auch in anderen kontrollflussorientierten Modellierungssprachen, wie bspw. der EPK und der BPMN. Zusammen mit den Elementen Start- und Endpunkt sowie dem Kontrollfluss bildet das Element „Aktivität" das Fundament von K3, da jedes gültige Prozessmodell zumindest diese Elemente umfassen muss. Die grafischen Elemente „Information", „Schwachstelle" und „Werkzeug" dienen der näheren Beschreibung von Aktivitäten und werden als Satellitelemente bezeichnet. Satellitelemente werden in unmittelbarer Nähe der Aktivität platziert oder im Falle der „Information" über den „Informationsfluss" mit einer Aktivität verbunden. Mit den Grundelementen von K3 können einfache Aktivitätsfolgen abgebildet werden. Des Weiteren zeigt Abb. 8.6 die Verknüpfungselemente, mit deren Hilfe der Kontrollfluss verzweigt und zusammengeführt werden kann. Mittels der sog. Synchronen Zusammenarbeit bietet K3 die Möglichkeit, die gleichzeitige Ausführung einer Aktivität durch mehrere Organisationseinheiten im Prozessmodell zu kennzeichnen. Die synchrone Aktivität wird von allen Beteiligten gleichzeitig aufgenommen, durchgeführt und beendet. Mit den Grund- und Verknüpfungselementen von K3 können Arbeits- und Geschäftsprozesse bereits umfassend abgebildet werden.

Für die Modellierung schwach strukturierter Dienstleistungsprozesse bietet K3 zum einen die Möglichkeit den Grundelementen „Aktivität" und „Information" durch Ausprägungen eine zusätzliche Bedeutung zu verleihen. So kann die Ausführung einer „optionalen Aktivität" im Prozessverlauf erforderlich sein, während hingegen die Ausführung einer „ausgeschlossenen Aktivität" zu unterlassen ist. Dem Element „aggregierte Aktivität" kommt eine Sonderrolle zu, da dessen Verwendung auf einen Subprozess hinweist und somit die Bildung von Prozesshierarchien unterstützt. Analog zu den aktivitätsbezogenen Ausprägungen können im Prozessverlauf auch Informationen unter bestimmten Umständen eingeholt oder per se ausgeschlossen werden.

Zum anderen wird das K3-Notationssystem einem wesentlichen Merkmal schwach strukturierter Arbeitsprozesse gerecht, wonach nicht immer eindeutige Vorgänger-Nachfolger-Beziehungen von Aktivitäten mittels Kontrollfluss angegeben werden können. Um diese Aktivitäten dennoch in einem grafischen Prozessmodell erfassen zu können, bedient man sich bei der Modellierung mit K3 sogenannter Blobs (Binary Large Objects). Bei einem Blob handelt es sich um ein Konzept der Higraphs (Harel 1987), welche Aspekte von Eulerkreisen, Venn-Diagrammen und Hypergraphen beinhalten. Abbildung 8.6 zeigt die vier möglichen Ausprägungen des Blobs. Bei Verwendung des „konventionellen Blobs" ist nicht ersichtlich, ob die enthaltenen Aktivitäten sequentiell oder parallel ausgeführt werden können. Die Angaben „Min" und „Max" des „Auswahl-Blobs" geben Grenzen für die Anzahl auszuführender Blob-Aktivitäten vor.

Der „Sequenz-Blob" schreibt eine sequentielle Ausführung der enthaltenen Aktivitäten vor. So müssen die Tätigkeiten nacheinander ausgeführt werden und dürfen sich zeitlich nicht überlappen. So können die Blob-Aktivitäten einerseits eine direkte Vorgänger-Nachfolger-Beziehung ohne zeitlichen Puffer eingehen. Somit startet die Nachfolgeraktivität unmittelbar mit Beendigung der Vorgängeraktivität und der Zeitabstand ist gleich Null. Da der Sequenz-Blob jedoch offen lässt, in welcher Reihenfolge die enthaltenen Aktivitäten abzuarbeiten sind, ist prinzipiell jede zeitliche Abfolge der Blob-Aktivitäten möglich. Andererseits besteht die Möglichkeit zwischen der Beendigung einer Aktivität und dem Beginn der Nachfolgeraktivität einen Zeitabstand zu definieren, wie dies bspw. in der Netzplantechnik üblich ist. So kann ein minimaler oder maximaler Zeitabstand den erlaubten Bereich für den frühesten und spätesten Startzeitpunkt der Nachfolgeraktivität definieren.

Der „Parallel-Blob" sieht eine parallele Ausführung der enthaltenen Aktivitäten vor. Dabei können die Blob-Aktivitäten entweder vollständig parallel ablaufen oder sich zumindest zeitweise überlappen. Die exakte zeitliche Abfolge der Blob-Aktivitäten bleibt jedoch unbestimmt. So ist der minimale Zeitabstand zwischen den Blob-Aktivitäten negativ und die Aktivitäten überlappen sich daher zumindest teilweise. Ferner besteht die Möglichkeit einer Interdependenz zwischen den Blob-Aktivitäten, d. h. es findet ein einseitiger oder wechselseitiger bzw. kooperativer Austausch von Informationen, (Teil-)Ergebnissen und/oder (Zwischen-)Produkten statt. Die Interdependenz zwischen Blob-Aktivitäten kann als nicht vorhanden, einseitig oder wechselseitig klassifiziert werden. Bei der wechselseitigen Interdependenz kann die Bearbeitung der Blob-Aktivitäten unterbrochen werden.

Da bei der Verwendung der beschriebenen Ausprägungen des Blobs auf eine Darstellung des Kontrollflusses, d. h. Angaben zur sachlogischen Reihenfolge der Prozessaktivitäten, verzichtet wird, kann von zeitlicher Ablaufabstraktion gesprochen werden. Nähere Informationen hierzu sind in Luczak et al. (2001, S. 25 ff.) zu finden. Sämtliche Elemente von K3 werden mit Hilfe von Swimlanes Personen(-gruppen), Rollen oder Organisationseinheiten zugeordnet.

Wie bereits zu Beginn dieses Kapitels angeführt, konnten die Vorteile von K3 im Vergleich zu anderen populären Modellierungssprachen hinsichtlich Ausdrucksfähigkeit, Verständlichkeit, Erlernbarkeit und Effizienz in veröffentlichten wissenschaftlichen Untersuchungen gezeigt werden. So hat sich K3 in einem mehrstufigen interdisziplinären Auswahlprozess hinsichtlich Ausdrucksfähigkeit, Verständlichkeit und Effizienz als besonders geeignet für den Einsatz in kleinen und mittleren Unternehmen erwiesen (Nielen et al. 2010a, b, S. 48 f.; Arning und Ziefle 2009). Sowohl die grafische Syntax als auch die Semantik von K3 erschließen sich dem geübten Modellierer in kurzer Zeit, da das grafische Notationssystem über eine überschaubare Anzahl an Grund- und Verknüpfungselementen verfügt. Auch der ungeübte Modellierer bzw. Novize kann zeitnah mit der Modellierung beginnen, da K3 – bedingt durch ihren semi-formalen Charakter und die geringe Anzahl grafischer Elemente – nur über wenige verbindliche Verknüpfungsregeln verfügt, und die Bedeutung der grafischen Symbole schnell erlernt werden kann.

Zahlreiche Forschungs- und Industrieprojekte belegen zudem die Praxistauglichkeit von K3. Hier existieren Anwendungsfälle aus der Produktentwicklung (Luczak et al. 1997, S. 67–74; Stahl et al. 1998, S. 947–959), der integrierten Produkt- und Prozessentwicklung (Kausch et al. 2005, S. 283–290) sowie der verfahrenstechnischen Industrie (Foltz et al. 2000, S. 545–548). Weitere Anwendungsmöglichkeiten von K3 werden in Kausch (2010, S. 93 ff.), Luczak et al. (2001, S. 25 ff.), Frenz (2007) und Foltz und Luczak (2002, S. 361 f.) aufgezeigt. Eine Einführung in die Prozessmodellierung mit K3 wird in einem von Foltz et al. (2000) zusammengestellten User-Guide gegeben.

Die Ausführungen verdeutlichen das breite Anwendungsspektrum von K3. Dabei bietet K3 die notwendige Flexibilität sowohl die kooperative Erhebung und Modellierung von Ist-Prozessen zu unterstützen als auch Soll-Prozesse zu entwerfen. So können sowohl stark strukturierte Produktions- und Fertigungsprozesse als auch schwach strukturierte Entwicklungs- und Dienstleistungsprozesse grafisch dargestellt werden. Zudem können sowohl innerbetriebliche als auch überbetriebliche Prozesse sowie mehrstufige Entscheidungsprozesse abgebildet werden (Nielen et al. 2010b, S. 51). Der Vergleich der Grundelemente von K3, BPMN und EPK zeigt, dass kontrollflussorientierte Modellierungssprachen im Wesentlichen die gleichen Konzepte verwenden und z. T. sogar auf die gleichen grafischen Elemente zurückgreifen.

Die grundlegenden im Metamodell beschriebenen Verknüpfungselemente (vgl. Partialmodell der Ablauflogik) sind ebenfalls in den grafischen Notationssystemen von BPMN und EPK vorhanden. Insbesondere zählen die UND-, XOR (exklusives ODER) und OR-Verknüpfung (inklusives ODER) zu den klassischen Elementen der kontrollflussorientierten (Prozess-)Modellierung (Mendling et al. 2010). Da bereits in (Mendling et al. 2007) der Ausschluss der OR-Verzweigung aufgrund empirischer Ergebnisse angeregt und im Rahmen der Veröffentlichung der 7PMG manifestiert wurde (Mendling et al. 2010), wird die OR-Verknüpfung von den empirischen Untersuchungen ausgeschlossen. Der wesentliche Grund für den Ausschluss ist, dass Prozessmodelle, die ausschließlich UND- und XOR-Verknüpfungen enthalten, weniger fehleranfällig sind.

8.7 Anwendung der Modellierungssprache K3

Die Modellierungssprache K3 wurde unter anderem auf die verschiedenen Geschäftsprozesse der Ingenics AG und von Kohlbecker angewendet. In Abb. 8.7 sind die ersten drei Teilprozesse zur Planung eines Bauvorhabens visualisiert.

Man erkennt auf Anhieb, dass sechs verschiedene Projektrollen in die Projektplanung involviert sind (1) und dass verschiedene Prozesse von verschiedenen Projektrollen gemeinsam bearbeitet werden (2). Bei solchen Prozessen handelt es sich überwiegend um

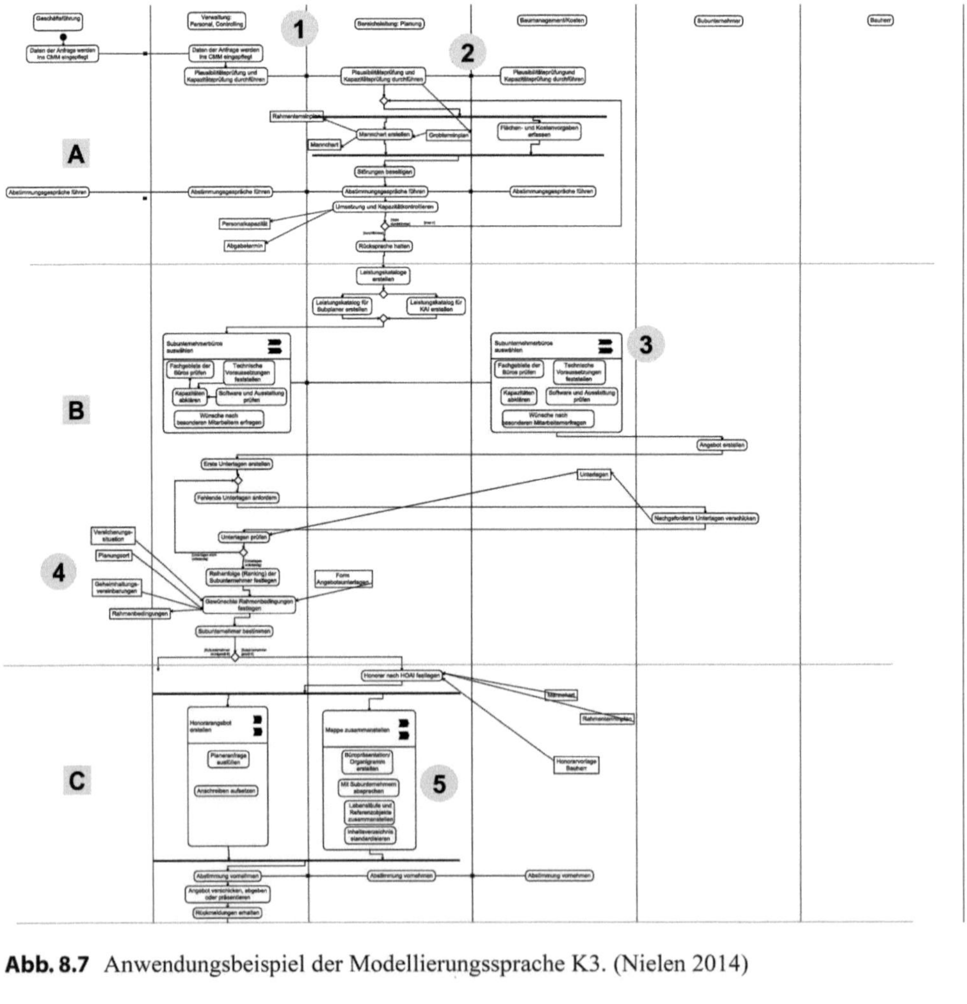

Abb. 8.7 Anwendungsbeispiel der Modellierungssprache K3. (Nielen 2014)

Entscheidungsfindungsprozesse. Parallel durchzuführende Prozesse, die sich jeweils gegenseitig beeinflussen, können in Parallel-Blobs dokumentiert werden (3) und sollten simultan bearbeitet werden. Informationen bzw. Dokumente, die in Prozessen generiert werden oder für die Durchführung der Prozesse benötigt werden, werden den entsprechenden Prozessen zugeordnet (4). Parallel, unabhängig voneinander ablaufende Teilprozesse werden durch die schwarzen Balken zu Beginn und zum Abschluss der Prozessabfolge visualisiert (5).

Das vorliegende Beispiel sowie die Anwendung der Modellierungssprache K3 auf zahlreiche andere Prozesse im Bereich der des Bauingenieurwesens und der Fabrikplanung verdeutlichen, dass sich die Modellierungssprache K3 für die Visualisierung wissensintensiver Dienstleistungsprojekte besonders gut eignet und die Inhalte der Projekte durch die verschiedenen Elemente der Notation allumfassend wiedergibt.

8.8 Schlussbetrachtung und Fazit

In diesem Kapitel werden zunächst die Herausforderungen dargestellt, die mit einer Modellierung wissensintensiver Dienstleistungen verbunden sind. In der Folge wird auf die Eignung insbesondere kontrollflussorientierter Modellierungssprachen für die Modellierung komplexer, wissensintensiver Dienstleistungen aufgezeigt. Für eine systematische Auswahl und Bewertung von Modellierungssprachen wird ein generisches Metamodell vorgestellt, das für eine Anwendung in der Praxis verfeinert bzw. erweitert werden kann.

Zusammenfassend lässt sich festhalten, dass die Modellierung wissensintensiver Dienstleistungen mit Hilfe einer kontrollflussorientierten Modellierungssprache mit Vorarbeiten verbunden ist. So sind die zu modellierenden Dienstleistungsprozesse im Hinblick auf ihre strukturellen und ablaufbezogenen Eigenschaften zu analysieren und nach dem Prinzip der ontologischen Analyse den in Frage kommenden Modellierungssprachen gegenüberzustellen.

Literatur

Aagesen, G., Krogstie, J. (2010). Analysis and design of business processes using BPMN. In J. vom Brocke & M. Rosemann (Hrsg.), *Handbook on business process management 1* (S. 213–235). Berlin: Springer.

Al-Mudimigh, A. S. (2007). The role and impact of business process management in enterprise systems implementation. *Business Process Management Journal, 13,* 866–874.

Arning, K., & Ziefle, M. (2009). „It's a bunch of shapes connected by lines." Evaluating the graphical notation system of business process modelling languages. Proceedings of the 9th International Conference on Work With Computer Systems (WWCS 2009). Peking.

Bahrs, J., & Gronau, N. (2005). Modellierung, Analyse und Gestaltung wissensintensiver Geschäftsprozesse am Beispiel eines Softwareentwicklungsunternehmens. *Praxis der Wirtschaftsinformatik, 246,* 29–37.

Biege, S., Gotsch, M., & Zanker, C. (2012). Anforderungen von Produktivitätsmessungen bei innovativen und wissensintensiven Dienstleistungen. In O. Thomas & M. Nüttgens (Hrsg.), *Dienstleistungsmodellierung 2012: Product-Service Systems und Produktivität* (S. 142–168). Wiesbaden: Springer Gabler.

Bobrik, R. (2008). *Konfigurierbare Visualisierung komplexer Prozessmodelle*. Dissertation der Universität Ulm. München: Verlag Dr. Hut.

Brinkkemper, S. (1996). Method engineering: Engineering of information systems development methods and tools. *Information and Software Technology, 38,* 275–280.

Bullinger, H.-J., & Meiren, T. (2001). Service Engineering: Entwicklung und Gestaltung von Dienstleistungen. In M. Bruhn & H. Meffert (Hrsg.), *Handbuch Dienstleistungsmanagement: Von der strategischen Konzeption zur praktischen Umsetzung* (2. überarb. und erw. Aufl.). Wiesbaden: Gabler.

Bunge, M. (1977). *Ontology I: The furniture of the world*. Holland: Dordrecht.

Curtis, B, Kellner, M. I., & Over, J. (1992). Process modeling. *Communications of the ACM, 35,* 75–90.

Davenport, T. H. (1993). *Process innovation – Reengineering work through information technology*. Boston: Harvard Business School Press.

Davenport, T. H. (2005). *Thinking for a living: How to get better performances and results from knowledge workers*. Boston: Harvard Business School Publishing.

Davies, I., Green, P., Rosemann, M., & Gallo, S. (2004). Conceptual modelling – What and why in current practice. Proceedings of the 23rd International Conference on Conceptual Modeling (ER 2004) (S. 30–42, LNCS 3288). Berlin: Springer.

Fettke, P., & Loos, P. (2003). Multiperspective evaluation of reference models – Towards a framework. Proceedings of the 22nd International Conference on Conceptual Modeling (ER 2003) (S. 80–91, LNCS 2814). Berlin: Springer.

Figl, K., Mendling, J., Strembeck, M., & Recker, J. (2010). On the cognitive effectiveness of routing symbols in process modeling languages. Proceedings of the 13th International Conference on Business Information Systems (S. 230–241). Berlin: Springer.

Foltz, C., & Luczak, H. (2002). Modellierung kooperativer Arbeitsprozesse. Workshop: Modelle, Werkzeuge und Infrastrukturen zur Unterstützung von Entwicklungsprozessen.

Foltz, C., Wolf, M., Luczak, H., Eggersmann, M., Schneider, R., & Marquardt, W. (2000). Entwurf eines Referenzszenarios zur Analyse und Gestaltung von Entwicklungsprozessen in der verfahrenstechnischen Industrie. Bericht zum 46. Arbeitswissenschaftlichen Kongress der Gesellschaft für Arbeitswissenschaft.

Foltz, C., Killich, S., Wolf, M., Schmidt, L., & Luczak, H. (2001). Task and information modeling for cooperative work. Proceedings of HCI International Systems, Social and Internationalization Design Aspects of Human-Computer Interaction (S. 172–176). New Orleans.

Frenz, M. (2007). Methodische Überlegungen für das Erschließen beruflicher Handlungsfelder im Studium Lehramt an berufsbildenen Schulen. In B. Haasler & F. Stuber (Hrsg.), *Zugänge zur Praxiserschließung aus berufspädagogischer Perspektive*. Bielefeld: Bertelsmann.

Gadatsch, A. (2010). *Grundkurs Geschäftsprozess-Management*. Wiesbaden: Vieweg + Teubner.

Galla, A. (2007). *Metamodellierung im Geschäftsprozessmanagement – Motivation Ziele Vorgehen*. Berlin: VWM Verlag Dr. Müller.

Gausemeier, J., & Fink, A. (1999). *Führung im Wandel – Ein ganzheitliches Modell zur zukunftsorientierten Unternehmensgestaltung*. München: Carl Hanser Verlag.

Gehlert, A., & Esswein, W. (2006). Toward a formal research framework for ontological analyses. *Advanced Engineering Informatics, 21,* 119–131.

Gigch, J. V. (1991). *Systems design and modeling and metamodeling*. New York: Plenum Press.

Gonzalez-Perez, C., & Henderson-Sellers, B. (2008). *Metamodelling for software engineering* (S. 210). Chichester: Wiley.

Green, P., & Rosemann, M. (2000). Integrated process modeling: An ontological evaluation. *Information Systems, 25,* 73–87.

Green, P. F., & Rosemann, M. (2002). Perceived ontological weaknesses of process modeling techniques: Further evidence. Proceedings of the 10th European Conference on Information Systems, Information Systems and the Future of the Digital Economy (ECIS 2002), (S. 312–321). Gdańsk, Poland.

Grönroos, C., & Ojasalo, K. (2004). Service productivity – Towards a conceptualization of the transformation of inputs into economic results in services. *Journal of Business research, 57,* 414–423.

Gronau, N., Bahrs, J., Hake, M., Heinze, P., Lembcke, R., Scharff, C., & Vladova, G. (2010). Wissensorientierte Modellierung im Lebenszyklus von Dienstleistungen. In O. Thomas & M. Nüttgens (Hrsg.), *Dienstleistungsmodellierung*. Berlin: Springer.

Hansen, H. (2009). *Gründungserfolg wissensintensiver Dienstleister: Theoretische und empirische Überlegungen aus Sicht der Competence-based Theory of the Firm*. Wiesbaden: Gabler.

Harel, D. (1987). Statecharts: A visual formalism for complex systems. *Science of Computer Programming, 8*(3), 231–274.

Harel, D. (1988). On visual formalisms. *Communications of the ACM, 31,* 514–530.

Hermann, S. (2004). *Ressourcen strategisch nutzen: Wissen als Basis für den Dienstleistungserfolg*. Stuttgart: Fraunhofer IRB Verlag.

Kausch, B. (2010). *Integrative Methodik zur grafischen Modellierung und ereignisdiskreten Simulation von Entwicklungsprozessen in der Verfahrenstechnik*. Dissertation an der RWTH Aachen. Aachen: Shaker.

Kausch, B., Schneider, N., Licht, T., Schmitz, P., Schmidt, L., & Schlick, C. M. (2005). Integrated modeling and simulation of development processes. Proceedings of the 2005 European Simulation and Modeling Conference (S. 283–290). Porto, Portugal.

Killich, S., Luczak, H., Schlick, C. M., Weissenbach, M., Wiedenmaier, S., & Ziegler, J. (1999). Task modelling for cooperative work. *Behaviour & Information Technology, 18*(5), 325–338.

Ko, R. K. L., Lee, S. S. G., & Lee, E. W. (2009). Business process management (BPM) standards: A survey. *Business Process Management Journal, 15,* 744–791.

Kowalewski, H., & Reckenfelderbäumer, M. (1998). *Prozessmanagement für industrielle Services – Ein Ansatz zur Erzielung von Wettbewerbsvorteilen*. Arbeitsbericht NR71 des Institutes für Unternehmensführung und Unternehmensforschung. Bochum: Ruhr-Universität Bochum.

Luczak, H., Stahl, J., Schlick, C. M., Depolt, J., & Springer, J. (1997). „Tele"-cooperation for locally distributed product development. Proceedings of the 5th Seaes Conference on Asean Ergonomics (S. 67–74). Kuala Lumpur.

Luczak, H., Bullinger, H. J., Schlick, C., & Ziegler, J. (2001). *Unterstützung flexibler Kooperation durch Software*. Berlin: Springer.

Mendling, J., Reijers, H. A., & Cardoso, J. (2007). *What makes process models understandable?* Proceedings of the 5th International Conference on Business Process Management (BPM 2007) (S. 48–63, LNCS 4714). Berlin: Springer.

Mendling, J., Reijers, H. A., & van der Aalst, W. M. P. (2010). Seven process modeling guidelines (7PMG). *Information and Software Technology (IST), 52,* 127–136.

Miles, I., Kastrinos, N., Bilderbeek, R. H., & Hartog, P. D. (1995). *Knowledge Intensive Business Services: Users, carriers and sources of innovation*. Brussels: EIMS.

Moody, D. L. (2009). The „Physics" of notations: Toward a scientific basis for constructing visual notations in software engineering. *IEEE Transactions on Software Engineering, 35*(6), 756–779.

Nielen, A. (2014). *Systematik für die leistungs- und zuverlässigkeitsorientierte Modellierung von Arbeitsprozessen mit kontrollflussorientierten Notationssystemen*. Dissertation an der RWTH Aachen. Aachen: Shaker.

Nielen, A., Jeske, T., Arning, K., & Schlick, C. M. (2010a). *Prozessmodellierungssprachen für kleine und mittlere Unternehmen.* Proceedings of the 56th Kongress der Gesellschaft für Arbeitswissenschaft (S. 483–486). Dortmund: GfA-Press.

Nielen, A., Jeske, T., Schlick, C. M., Arning, K., & Ziefle, M. (2010b). Interdisciplinary Assessment of process modeling languages applicable for small to medium-sized enterprises. Proceedings of the 8th International Conference on Computing, Communications and Control Technologies (CCCT 2010) (S. 47–52), Florida.

Nielen, A., Költer, D., Mütze-Niewöhner, S., Karla, J., & Schlick, C. M. (2011). An empirical analysis of human performance and error in process model development. In M. Jeusfeld, L. Delcambre, & T. Ling (Hrsg.), Proceedings of the 30th International Conference on Conceptual Modeling (ER 2011) (S. 514–523). Berlin: Springer.

Nielen, A., Mütze-Niewöhner, S., & Schlick, C. M. (2012). Towards a modeling of knowledge-based services: Development of a meta model for the evaluation of process modelling languages. In L. Tăchiciu, M. Ioncica, A. Iosif, & A. Pantelescu (Hrsg.), Proceedings of the 22nd RESER International Conference: Services and Economic Development: Local and Global Challenges (RESER 2012) (S. 1–14). Bukarest.

OMG. (2013). Business process modeling notation (BPMN). Specification Version 2.0.

Opdahl, A. L., & Henderson-Sellers, B. (2002). Ontological evaluation of the UML using the bunge-wand-weber model. *Software and Systems Modeling, 1*(1), 43–67.

Polanyi, M. (1985). *Implizites Wissen.* Frankfurt a. M.: Suhrkamp.

Recker, J., Indulska, M., Rosemann, M., & Green, P. (2005). Do process modeling techniques get better? A comparative ontological analysis of BPMN. Proceedings of the 16th Australasian Conference on Information Systems. Australasian Chapter of the Association for Information Systems.

Recker, J., Rosemann, M., & Krogstie, J. (2007). Ontology-versus pattern-based evaluation of process modeling languages: A comparison. *Communications of the Association for Information Systems, 20,* 774–799.

Rosemann, M., Green, P., & Indulska, M. (2004). A reference methodology for conducting ontological analyses. Proceedings of the 30th international Conference on Conceptual Modeling (ER 2004) (S. 110–121). Berlin: Springer.

Rosemann, M., Recker, J., Indulska, M., & Green, P. (2006). A study of the evolution of the representational capabilities of process modeling grammars. Proceedings of the 18th International Conference on Advanced Information Systems Engineering (CAiSE 2006) (S. 447–461, LNCS 4001). Berlin: Springer.

Scheer, W., & Thomas, O. (2005). *Geschäftsprozessmodellierung mit der Ereignisgesteuerten Prozesskette.* Saarbrücken: Veröffentlichungen des Instituts für Wirtschaftsinformatik, Universität des Saarlandes.

Scheer, A. W., Thomas, O., & Adam, O. (2005). Process modeling using event-driven process chains. In M. Dumas, W. M. van der Aalst, & A. H. ter Hofstede, *Process-aware information systems* (S. 119–145). New York: Wiley.

Siau, K., & Rossi, M. (1998). Evaluation of information modeling methods – A review. ICEEE Proceedings of the 31st Annual Hawaii International Conference on System Sciences (S. 648–653). Hawaii.

Stahl, J., Killich, S., & Luczak, H. (1998). Coordination, communication and cooperation in locally distributed product development. Proceedings of the 5th International Product Development Management Conference (S. 947–959). Como, Italy.

Swenson, K. D. (2010). *Mastering the unpredictable – How adaptive case management will revolutionize the way that knowledge workers get thing done.* Tampa: Meghan-Kiffer Press.

Weber, R. (1997). *Ontological foundations of information systems*. Melbourne: Coopers & Lybrand.
Weske, M. (2007). *Business process management*. Berlin: Springer.
Ziegler, J., & Bamekow, T. (1997). Integration groupware and workflow in a public administration. In G. Salvendy, M. J. Smith, & R. J. Koubek (Hrsg.), *Design of computing systems – Cognitive considerations*. Amsterdam: Elsevier.

Entwicklung eines Controllingansatzes für wissensintensive Dienstleistungen auf Basis des Earned Value Managements

9

Alexander Nielen und Christopher M. Schlick

9.1 Hauptaufgaben und Wirkungsfelder des Projektcontrollings für wissensintensive Dienstleistungen

Wissensintensive Dienstleistungen variieren inhaltlich sehr stark, sodass kein standardisiertes Vorgehen möglich ist. Sie können in Form von Projekten bearbeitet werden. Daher wird in diesem Kapitel zunächst das Projektcontrolling vom „klassischen" Unternehmenscontrolling abgegrenzt. Anschließend wird das Einzelprojektcontrolling sowohl dem Multiprojektcontrolling als auch dem strategischen Projektcontrolling gegenübergestellt, in dem kurz und prägnant auf die wesentlichen Unterschiede zwischen diesen Wirkungsfeldern eingegangen wird. Schließlich wird der Fokus auf die grundsätzlichen Aufgaben des Einzelprojektcontrollings in den Projektmanagementphasen gelegt.

9.1.1 Definition und Aufgaben

Der aus der Betriebswirtschaft stammende Begriff „Controlling" ist von dem englischen Verb „to control" abgeleitet und bezeichnet sowohl die Tätigkeit der Planung und Steuerung als auch der Kontrolle und Überwachung. In der Fachliteratur ist bis zum heuti-

A. Nielen (✉)
Porsche AG, Porscheplatz 1, 70435 Stuttgart-Zuffenhausen, Deutschland
E-Mail: alexander.nielen@porsche.de

C. M. Schlick
Instituts für Arbeitswissenschaft der RWTH Aachen University,
Bergdriesch 27, 52062 Aachen, Deutschland
E-Mail: c.schlick@iaw.rwth-aachen.de

C. M. Schlick et al. (Hrsg.), *Produktivitätsmanagement von Dienstleistungen*,
DOI 10.1007/978-3-642-45071-6_9

gen Zeitpunkt eine intensive Auseinandersetzung mit dem Themengebiet „Controlling“ zu beobachten. Dennoch hat sich bislang keine generell akzeptierte Begriffsdefinition durchgesetzt. Vielmehr existieren drei Ansätze parallel nebeneinander. So werden koordinationsorientierte (Horváth 2008), informationsorientierte (Reichmann 2006) sowie rationalitätsorientierte Controlling-Ansätze (Weber und Schäffer 2008) unterschieden. Der letztgenannte Ansatz ist dabei mit einer Ausrichtung auf die Führungsebene gleichzusetzen. In der Praxis nimmt das Controlling neben der allgemeinen Informationsbeschaffung und -versorgung auch gestaltende und koordinierende Aufgaben wahr.

Für das vorliegende Kapitel wird die Spezifikation DIN SPEC 1086:2009-04 „Qualitätsstandards im Controlling“ zur Eingrenzung des Begriffs Controlling herangezogen. Demnach ist Controlling „der gesamte Prozess der betriebswirtschaftlichen Zielfindung, Planung und Steuerung eines Unternehmens. Controlling ist auf die Sicherstellung einer nachhaltigen wirtschaftlichen Entwicklung des Unternehmens ausgerichtet und beruht auf der Wechselwirkung vielfältiger Regelkreise aus Zielfestlegung, Planung, Umsetzung, Messung und Verbesserung.“ Die DIN SPEC 1086 beabsichtigt dem Controlling als Führungsaufgabe und der/dem Controller/in in einer allgemein akzeptierten Konvention ein anwendbares Regelwerk zur Verfügung zu stellen, welches an unternehmensspezifische Besonderheiten angepasst und inhaltlich ausgestaltet werden kann. Die Entscheidung über Art und Umfang der inhaltlichen Ausgestaltung des Controllings obliegt den verantwortlichen Führungskräften des jeweiligen Unternehmens in Abstimmung mit den Controllern, d. h. den mit Controllingaufgaben betrauten Personen.

Demnach beruht Controlling in Anlehnung an DIN SPEC 1086:2009-04 auf vorausschauendem Handeln zur:

- Rationalitätssicherung auf Basis des ökonomischen Prinzips (oder auch: Wirtschaftlichkeitsprinzip),
- Sicherung der finanziellen Stabilität und Steigerung der Wirtschaftlichkeit eines Unternehmens,
- Koordination zwischen Führungs- und Ausführungssystem bei der Findung und Festlegung strategischer, operativer und finanzieller Ziele,
- Formulierung von Strategien und Plänen anhand von messbaren Zielen.

Das Projektcontrolling kann unter diesen Voraussetzungen zwar als eine Spezialisierung des Controllings bezeichnet werden (Fiedler 2010), jedoch kann das hier zugrunde gelegte Verständnis des klassischen Controllings nur bedingt auf das Projektcontrolling übertragen werden. Vielmehr wird das Projektcontrolling mittlerweile als eigenständige Disziplin aufgefasst, die sich in erster Linie an den spezifischen Eigenschaften eines Projekts orientiert. Aus diesen Eigenschaften resultieren Konsequenzen für das Projektmanagement und das Projektcontrolling, die zwangsläufig zu einer Erweiterung des klassischen Controllings führen müssen. Die Eigenständigkeit des Projektcontrollings liegt demnach in einer modernen Auffassung von Controlling begründet, das mehr als nur die operative wirtschaftliche Überprüfung einzelner oder mehrerer Projekte umfasst (Fiedler 2010; Koreimann 2005). So definiert die DIN 69901-5:2009-01 Projektcontrolling als „Sicherstellung des Erreichens aller Projektziele durch Ist-Datenerfassung, Soll-Ist-Vergleich, Analyse der Abweichungen, Bewertung der Abweichungen gegebenenfalls mit Korrekturvorschlägen, Maßnahmenplanung, Steuerung der Durchführung von Maßnahmen".

Das Projektcontrolling bezieht sich dabei nicht nur auf die Planung, Überwachung und Steuerung einzelner oder mehrerer thematisch gebündelter Projekte, sondern auch auf das gesamte Projektportfolio eines Unternehmens. Demnach sind operatives Multi- und Einzelprojektcontrolling sowie strategisches Projektcontrolling zu unterscheiden. Dabei beschäftigen sich Einzel- und Multiprojektcontrolling direkt mit der Durchführung von Projekten und werden daher unter dem Begriff operatives Controlling zusammengefasst. Das strategische Projektcontrolling fokussiert hingegen strategische Aufgabenstellungen, die das Projektportfolio, d. h. die Menge der gemeinsam koordinierten Projekte eines Unternehmens, betreffen. Alle drei Konzepte sind eng miteinander verbunden, erfüllen dennoch unterschiedliche Anforderungen und verfolgen individuelle Zielsetzungen (Reichmann 2006). Dass strategisches („Führen wir die richtigen Projekte durch?") und operatives Denken („Führen wir die Projekte richtig durch?") in der Realität schwer zu trennen sind, zeigt sich in der Tatsache, dass operative Maßnahmen durch strategische Entscheidungen gelenkt und beschränkt werden, die operative Machbarkeit von Entscheidungen aber ebenso Konsequenzen für die strategische Planung hat (Horváth 1998). Trotz etwaiger Gemeinsamkeiten des strategischen und des operativen Projektcontrollings unterscheiden sich beide Wirkungsfelder im Wesentlichen hinsichtlich ihrer Zielsetzung und zeitlichen Skalen.

So konzentriert sich das strategische Projektcontrolling zum einen auf die langfristige, strategische Planung und Kontrolle von Projekten. Zum anderen orientiert es sich an den Stärken und Schwächen des Unternehmens im Vergleich zu den konkurrierenden Unternehmen und bezieht Chancen und Risiken bezüglich der Veränderung des Unternehmensumfeldes in seine Entscheidungen mit ein (Reichmann 2006). Im Vordergrund stehen nicht monetäre Zielgrößen, sondern bestehende und zukünftige Erfolgspotenziale und damit die Existenzsicherung des Unternehmens (Horváth 2008). Im Gegensatz dazu umfasst das operative Projektcontrolling die kurz- und mittelfristige Planung und Kontrolle einzelner Projekte oder sog. Projektprogramme. Das operative Controlling von Projektprogrammen wird auch als Multiprojektcontrolling bezeichnet.

In den einzelnen Projektphasen nimmt das operative Projektcontrolling neben der allgemeinen Informationsbeschaffung und -versorgung verschiedene gestaltende und koordinierende Aufgaben wahr. So koordiniert das Projektcontrolling in der Initialisierungsphase die Klärung von Projektzielen, indem es Zuständigkeiten für die Zieldefinition festlegt, Instrumente für die Zielfindung und -gewichtung empfiehlt und die vorläufig skizzierten Ziele dokumentiert. In der Projektdefinition unterstützt das Projektcontrolling bei der Konkretisierung und Zielfestlegung, überprüft mögliche Zielkonflikte und erarbeitet, sofern notwendig, Kriterien für die die Auswahl einer Projektorganisation. In dieser

Phase können bereits Vereinbarungen zwischen dem Projektleiter und dem Auftraggeber getroffen und dokumentiert werden, bspw. zur Abstellung von Mitarbeitern für das Projekt. Zusätzlich formuliert es Regeln für die Art und den Umfang des Projektstrukturplans (PSP), bspw. zur Anzahl der Gliederungsebenen.

Im Rahmen der Projektplanung wird der PSP durch das Projektcontrolling auf Vollständigkeit geprüft. Des Weiteren werden die Plausibilität des veranschlagten Projektaufwands, die Durchführbarkeit des Terminplans und die Konformität der Meilensteine mit vertraglich zugesicherten Leistungsterminen geprüft. Die endgültige Kostenplanung wird ebenfalls vorgenommen. Das Einzelprojektcontrolling umfasst während der Projektdurchführung die Aufgaben Ermittlung der Ist-Daten, Gegenüberstellung der entsprechenden Plandaten (Soll-Ist-Vergleich), Untersuchung der aufgetretenen Abweichungen und deren Ursachen und Planung und Einleitung von Gegenmaßnahmen (Projektsteuerung). Bei Projektabschluss übernimmt das Projektcontrolling die Analyse des Projektverlaufs. Idealerweise sollte bereits während Projektdurchführung eine systematische Erfahrungssicherung erfolgen, um die Erfahrungen in einem Abschlussbericht konsolidieren zu können. Abschließend können Verbesserungsvorschläge durch das Projektcontrolling erarbeitet werden, um diese bei der Abwicklung künftiger Projekte im Sinne von „Lessons Learned" verwerten zu können. Die Aufgaben des Einzelprojektcontrollings sind in Abb. 9.1 dargestellt.

Abb. 9.1 Aufgaben des Einzelprojektcontrollings in den Projektmanagementphasen

9.2 Methoden des operativen Projektcontrollings nach DIN 69901-3:2009

Die Norm DIN 69901-3:2009-01 nennt insgesamt vier Methoden des Projektcontrollings. Bei der Fertigstellungsgradermittlung wird der Fertigstellungsgrad für ein Arbeitspaket, eine Teilaufgabe oder das ganze Projekt zu einem spezifischen Zeitpunkt bestimmt. Der Fertigstellungsgrad wird meist basierend auf einem Soll-/Ist-Vergleich ermittelt und in Prozent angegeben. Kennzeichnend für den Plan-/Ist-Vergleich ist das Gegenüberstellen von geplanten und tatsächlich erbrachten bzw. angefallenen Leistungen sowie den damit verbundenen Kosten und resultierenden Terminen. Dieser Vergleich soll Abweichungen vom Projektplan aufdecken, um gegebenenfalls Steuerungsmaßnahmen einleiten zu können. Die Meilensteintrendanalyse (MTA) ist die periodische Aufzeichnung, Analyse und Prognose voraussichtlicher Meilensteintermine im Projektverlauf. Die Prognose der Termine kann durch eine Neuberechnung anhand aktualisierter Zeitdaten des Netzplans oder durch erfahrungsgeleitete Schätzungen des Meilensteintermins erfolgen.

Das Earned Value Management (EVM) ermöglicht eine integrierte Betrachtung sowie objektive Messung der drei Erfolgsdimensionen „Leistung“, „Termine“ und „Kosten“, um bei Handlungsbedarf Steuerungsmaßnahmen einleiten zu können. Unter Zuhilfenahme absoluter sowie relativer Leistungskennzahlen erfüllt das EVM einerseits die Funktion eines Frühwarnsystems. Andererseits unterstützt das EVM sowohl die Prognose der zu erwartenden Projektgesamtkosten als auch des voraussichtlichen Fertigstellungstermins. Leitlinien und Empfehlungen für eine erfolgreiche Anwendung des EVM sind u. a. in der US-amerikanischen Norm ANSI/EIA-748 mit dem Titel „Earned Value Management Systems“ formuliert. Ferner kommt eine literaturanalytische Auseinandersetzung mit dem Themenfeld EVM zum einen zu dem Ergebnis, dass diese Methode sich der Fertigstellungsgradermittlung bedient, um die bis zum Betrachtungszeitpunkt tatsächlich erbrachte Projektleistung im Projektverlauf bestimmen zu können. Zum anderen ist ein Plan-/Ist-Vergleich ebenso Bestandteil des EVM, bspw. beim Gegenüberstellen von tatsächlich erbrachter Projektleistung und geplanten Kosten.

9.3 Earned Value Management

In der deutschsprachigen Fachliteratur finden sich nur wenige wissenschaftliche Beiträge, die sich mit dem Projektcontrolling auf der Grundlage des Earned Value Managements befassen. Das vorliegende Kapitel muss daher zunächst einen kompakten Überblick über die Grundlagen und Prinzipien dieses Managementkonzeptes geben. Es wird u. a. deutlich, dass die in der DIN 69901-3:2009-01 verwendete Bezeichnung „Earned Value Analyse“ zu eng gefasst ist, da es sich angesichts der gegebenen Möglichkeit einer Prognose der Projektgesamtkosten sowie der Anforderungen, die u. a. an die Projektplanung und

-durchführung gestellt werden, vielmehr um einen Managementansatz bzw. -konzept handelt. Daher wird im Folgenden – auch in Übereinstimmung mit der jüngeren angloamerikanischen Fachliteratur – ausschließlich die Bezeichnung Earned Value Management (EVM) verwendet.

9.3.1 Definition und Historie

Grundlegende Elemente des EVM wurden bereits Ende des 19. Jahrhunderts entwickelt. Ingenieure US-amerikanischer Fabriken versuchten damals, die Kosteneffizienz unternehmerischer Entscheidungen zu beurteilen. Hierzu verglichen sie den Output der Fabrik, die sogenannten Earned Standards, mit den real vorhandenen Kosten der Produktion (Actual Costs) sowie den im Vorfeld geplanten Produktionsmengen (Planned Standards). Mit der Einführung der Programm Evaluation and Review Technique (PERT) durch das US-amerikanische Department of Defense (DoD) wurde der Weg für die zweite Phase in der Entwicklung des EVM geebnet. Ziel der Einführung von PERT im Rahmen des Rüstungsprojekts Polaris (1958) war es, die notwendigen Arbeitsschritte zur Entwicklung des Polaris Flugkörpers als Abfolge von Ereignissen in einem Netzplan präzise abzubilden und die Dauer des Gesamtvorhabens vorauszusagen. Die im Jahr 1967 vorgestellten Cost/Schedule Control System Criteria (C/SCSC) wurden zwar in der Privatwirtschaft nur zögerlich eingesetzt, waren aber bereits für alle Auftragnehmer des DoD verbindlich. Erst die immer noch andauernde vierte Phase in der Entwicklung des EVM führte zu einer höheren Akzeptanz im privaten Sektor. Mit der Präsentation des Earned Value Management Systems (EVMS) wurde ein Industriestandard geschaffen, der die Anwendung des EVM als eine zentrale Methode des Projektcontrollings fördern soll.

9.3.2 Basiskennzahlen

Das EVM sieht eine Bewertung der Projektleistung mit Hilfe der Basiskennzahlen „Planned Value" (PV), „Actual Costs" (AC) und „Earned Value" (EV) vor. Aus diesen drei Variablen werden alle weiteren Kennzahlen abgeleitet. Der PV bezeichnet die Summe der budgetierten und von der Projektleitung genehmigten Kosten von geplanten Arbeitspaketen zu einem bestimmten Zeitpunkt. Der PV kann zu einem beliebigen Zeitpunkt während der Projektdurchführung sowie unabhängig von der bis zu diesem Zeitpunkt erbrachten Projektleistung bestimmt werden. Die Gesamtheit aller PV entspricht dem Budget at Completion (BAC). Dabei handelt es sich um die Summe aller dem Projekt zugeordneten Budgets, ergänzt um die für das Projekt veranschlagte Managementreserve (Fleming und Koppelman 2005). Das BAC muss mit Abschluss der Projektplanung bzw. mit Beginn der Projektdurchführung vorliegen.

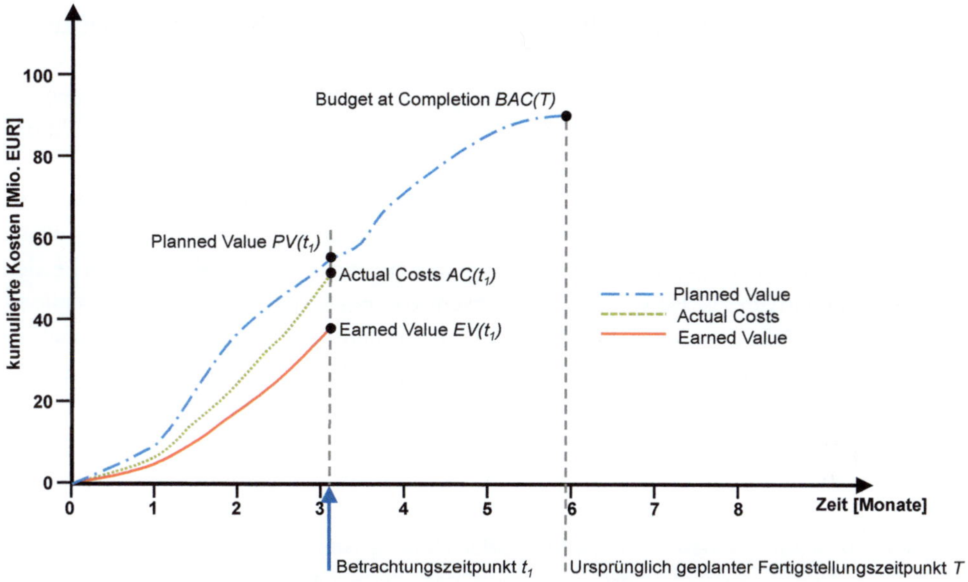

Abb. 9.2 Beispielhafter Verlauf von Planned Value, Actual Costs und Earned Value

Bei den AC handelt es sich um die angefallenen Ist-Kosten, die für die bis zum Betrachtungszeitpunkt erbrachte Leistung tatsächlich angefallen sind. Für ein effektives und realitätsnahes Projektcontrolling sind aktuelle Zahlen des bereits realisierten Projektfortschritts unerlässlich, sodass bei der Ermittlung der AC darauf zu achten ist, dass der Fertigstellungsgrad von Arbeitspaketen auf denselben Daten basiert wie die AC. Der EV ist die Quantifizierung des Wertes der bis zum Berichtszeitpunkt erbrachten Projektleistung. Berechnet wird diese im deutschsprachigen Raum auch Ist-Fertigstellungswert oder Arbeitswert genannte Kennzahl, indem die budgetierten Kosten jedes erledigten Arbeitspakets bis zum Berichtszeitpunkt kumuliert werden. Eine Projektbewertung nach dem EV basiert somit auf den geplanten Kosten und nicht auf den tatsächlich angefallenen Kosten (Wanner 2007). Abbildung 9.2 zeigt einen beispielhaften Verlauf der Kurven von PV, AC und EV. Es wird deutlich, dass das BAC den Endpunkt der PV-Kurve darstellt.

9.3.3 Methoden zur Bestimmung des Earned Value

Für die Bestimmung des EV auf Arbeitspaketebene stehen folgende grundlegende Methoden zur Verfügung. Bei der Anwendung des **0/100 Approach** geht ein Arbeitspaket entweder mit 100 % seiner geplanten Kosten in den EV ein oder sein Beitrag wird mit 0 % angesetzt. In der Fachwelt besteht Einigkeit darüber, dass diese Methode eine realitätsnahe Bestimmung des EV nur bei Projektvorhaben mit vielen Arbeitspaketen von kurzer Dauer gewährleistet. Demnach wird die Aussagekraft des 0/100 Approach durch einen feingranularen Projektstrukturplan verbessert. Lang andauernde Arbeitspakete können bei Anwendung dieser eher konservativen Schätzmethode dazu führen, dass der EV nicht der Realität entsprechend ausgewiesen wird.

Bei der **Fixed Formula** Methode wird dem EV zum Berichtszeitpunkt ein zuvor definierter Prozentsatz der geplanten Kosten des Arbeitspakets zugewiesen, beispielsweise 25 % der geplanten Kosten zu Beginn des Arbeitspakets und die restlichen 75 % bei Fertigstellung. Alternativen zur Bewertung des Fortschritts sind ebenfalls verbreitet, beispielsweise 25/75, 50/50, 10/90 oder 20/80. Nach Fleming und Koppelman (2005) ist auch in diesem Fall ein detaillierter Projektstrukturplan eine wichtige Voraussetzung für die erfolgreiche Anwendung der Methode. Darüber hinaus sollten die Arbeitspakete die Länge einer Berichtsperiode nicht überschreiten.

Der Fertigstellungsgrad für ein Arbeitspaket wird bei der Methode **Percent Complete Estimate** in Form eines Prozentsatzes ermittelt. Dieser ist auf den PV des Arbeitspakets zu beziehen, wodurch sich ein entsprechender Beitrag zum EV ergibt. Bei der Anwendung dieses Verfahrens ist zu berücksichtigen, dass die Schätzung des Prozentsatzes von den subjektiven Annahmen des Schätzers geprägt sein kann, die sich tendenziell in einer zu optimistischen Schätzung niederschlagen können. Für lang andauernde Arbeitspakete sollten daher objektive Kriterien, wie z. B. das Erreichen von Meilensteinen, herangezogen werden.

Die **Weighted Milestones Methode** verlangt ebenfalls nach einer feingranularen Projektstrukturplanung, ergänzt um eine Meilensteinunterteilung, um lang andauernde und über den Berichtszeitpunkt hinausgehende Arbeitspakete bewerten zu können. Anhand vordefinierter Meilensteine wird der PV berechnet und der EV an das Erreichen der jeweiligen Meilensteine geknüpft. Erst dann gehen die anteilig geplanten Kosten des Arbeitspakets in den EV ein. Als wesentliche Vorteile sind das Aufdecken von ungünstigen Kosten- und Termintrends am Ende eines Betrachtungszeitraums und eine höhere Transparenz des Projektfortschritts zu nennen.

In Abb. 9.3 sind die vier grundlegenden Methoden zur Bestimmung des Earned Value skizziert.

9.3.4 Erfassung von Kosten- und Terminabweichungen

Das EVM stellt zwei einfach zu berechnende Kennzahlen zur Erfassung von Kosten- und Terminabweichungen zur Verfügung. Die Cost Variance (CV) bezeichnet die Differenz zwischen dem EV und den tatsächlich angefallenen AC zu einem beliebigen Betrachtungszeitpunkt im Projekt. Damit deckt diese Kennzahl Kostenabweichungen von der ursprünglichen Projektplanung auf. Ein negativer Wert lässt auf eine momentane Überschreitung des schließen, ein positiver Wert ist auf eine Budgetunterschreitung zurückzuführen. Die Schedule Variance (SV) als Differenz aus EV und PV wird zur Bewertung

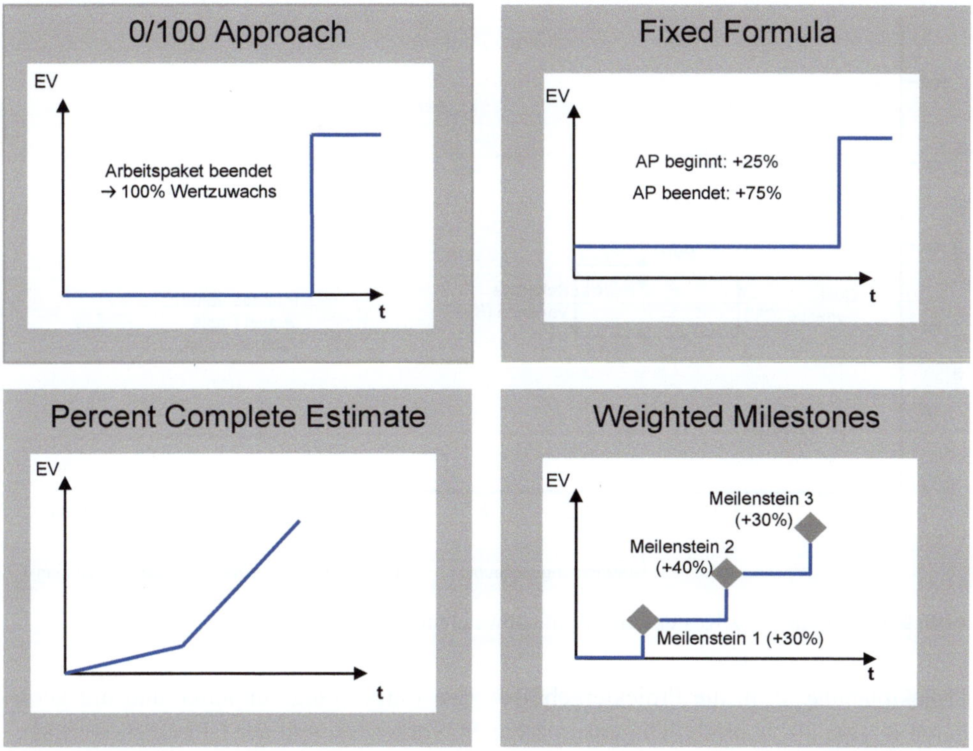

Abb. 9.3 Methoden zur Bestimmung des Earned Value

einzelner Teilaufgaben bis hin zu ganzen Projekten herangezogen. Eine negative SV ist gleichbedeutend mit einem langsameren Projektfortschritt, beziehungsweise einem defizitären Earned Value bezogen auf den ursprünglich geplanten Wert für den Planned Value.

9.3.5 Leistungskennzahlen für eine Effizienzbetrachtung

Um Aussagen im Hinblick auf den Projektfortschritt und die Effizienz des bisherigen Projekthandelns treffen zu können, sind relative Leistungskennzahlen unerlässlich. Zu diesem Zweck können zu einem beliebigen Betrachtungszeitpunkt während der Projektdurchführung die kostenbezogene Leistungskennzahl Cost Performance Index (CPI) und die terminbezogene Kennzahl Schedule Performance Index (SPI) berechnet werden.

Der CPI beschreibt das Verhältnis zwischen der erbrachten Projektleistung (Earned Value) und den tatsächlich angefallenen Ist-Kosten (Actual Costs). Er misst demnach die Effizienz, mit welcher der Projektfortschritt im Vergleich zum Projektplan erwirtschaftet wurde. Ähnlich wie die CV zeigt der CPI Unwirtschaftlichkeiten im Projektverlauf auf und wird häufig zur Prognose der Projektgesamtkosten verwendet. Ein Wert des CPI größer als 1,0 ist gleichbedeutend mit einer verbesserten Kosteneffizienz im Vergleich zur

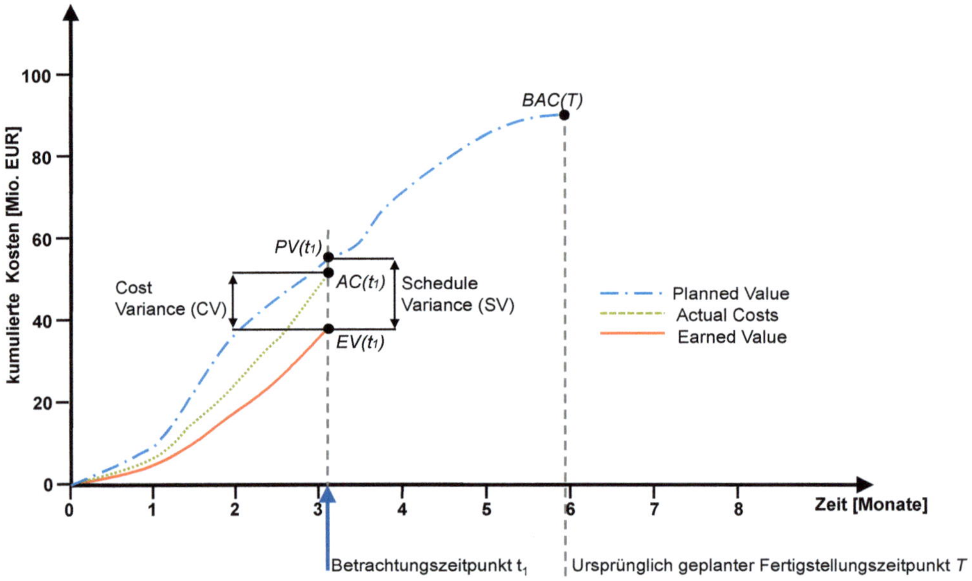

Abb. 9.4 Erfassung von Kosten- und Terminabweichungen

Projektplanung, d. h. die Projektergebnisse zum Betrachtungszeitpunkt sind mit geringeren Kosten als ursprünglich geplant erbracht worden. Nimmt der CPI einen Wert kleiner als 1,0 an, so mussten zur Erwirtschaftung des Earned Value mehr finanzielle Mittel aufgewendet werden als geplant. Die Ermittlung der terminbezogenen Leistungskennzahl Schedule Performance Index (SPI) erfolgt durch Bildung des Quotienten aus EV und PV. CPI und SPI können als über die bisherige Projektlaufzeit gemittelte oder aktuelle Werte, z. B. der jeweiligen Woche oder des jeweiligen Monats, berechnet und dargestellt werden.

In Abb. 9.5 wurde das Beispiel aus Abb. 9.4 um einen beispielhaften Verlauf von CPI und SPI ergänzt (Abb. 9.5).

9.3.6 Methoden zur Prognose der Gesamtkosten

Die zwei relativen Leistungskennzahlen CPI und SPI können zur Prognose der Projektgesamtkosten verwendet werden. In der EVM-Terminologie werden die erwarteten Projektgesamtkosten zu einem bestimmten Betrachtungszeitpunkt als Estimate at Completion (EAC) bezeichnet. Prinzipiell können für eine Prognose der EAC drei verschiedene Methoden verwendet werden. Diese unterscheiden sich im Wesentlichen hinsichtlich der Annahme über die zukünftige Entwicklung des Projektfortschritts ab dem Betrachtungszeitpunkt. So wird bei der optimistischen Methode unterstellt, dass alle zukünftigen Arbeitspakete ab dem Betrachtungszeitpunkt wie geplant ausgeführt werden. Demnach nehmen sowohl CPI als auch SPI nehmen Werte von 1,0 an. Hingegen bezieht die pessimistische Methode sowohl den über die bisherige Projektlaufzeit gemittelten CPI als auch den SPI

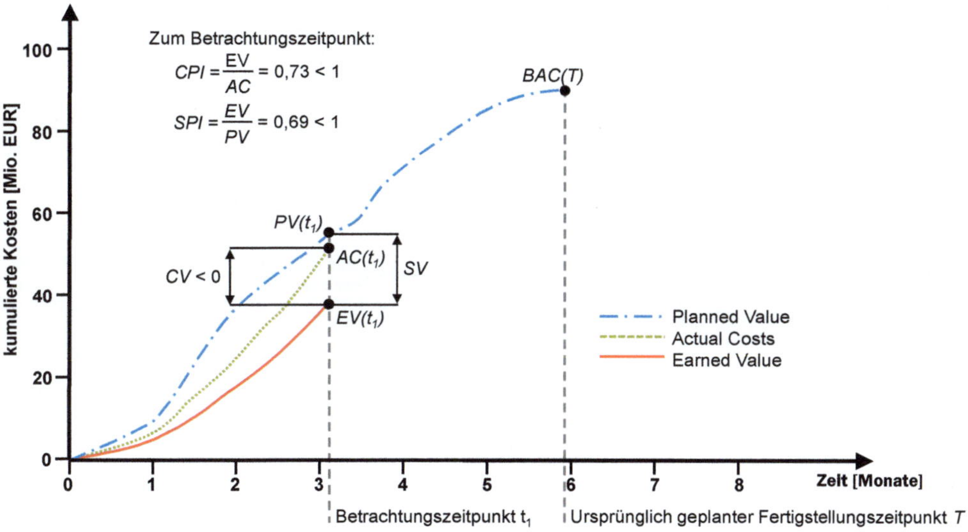

Abb. 9.5 Effizienzbetrachtung mittels relativer Leistungskennzahlen

Bezeichnung	Formel	Prognosemodelle
Estimate at Completion *EAC(t)*	$EAC(t) = AC(t) + \frac{BAC(T) - EV(t)}{CPI(t) \cdot SPI(t)}$	1) „Optimistisch“: *CPI(t)* = 1 und *SPI(t)* = 1, d.h. *EAC(t)* auf Basis von *AC(t)* sowie *CV(t)* 2) „Realistisch“: *SPI(t)* = 1, d.h. *EAC(t)* auf Basis des *CPI(t)* 3) „Pessimistisch“: *EAC(t)* mit *CPI(t)* und *SPI(t)*

Abb. 9.6 Methoden zur Prognose der Projektgesamtkosten

zur Berechnung der Gesamtkosten des Projekts mit ein. Die Formel stößt auf höhere Akzeptanz in der Praxis, da sie ein „Worst-Case“ Szenario zu bewerten vermag.

Am häufigsten wird in der Praxis die realistische Methode für eine Prognose der Projektgesamtkosten herangezogen. Hierbei wird lediglich der über die bisherige Projektlaufzeit berechnete CPI verwendet und der SPI gleich 1 gesetzt. Als mögliche Erklärung für diese Dominanz dienen Forschungsergebnisse von Mitarbeitern des U.S.-amerikanischen Department of Defense (DoD). Sie fanden heraus, dass sich der über die bisherige Laufzeit berechnete CPI bereits ab einem Fertigstellungsgrad des Projektes von 15 bis 20 % stabilisiert und dann nur noch geringen Fluktuationen unterworfen ist. Nähert sich das Projekt dem geplanten Fertigstellungstermin, so werden die Differenzen zwischen den EAC-Schätzwerten nach der realistischen und pessimistischen Methode immer kleiner, da sich der EV dem PV annähert.

Aufbauend auf das eingangs vorgestellte Beispiel zeigt Abb. 9.6 die Formel zur optimistischen, realistischen und pessimistischen Prognose der Projektgesamtkosten.

Mit der Bestimmung des Estimate to Complete (ETC) kann eine Antwort auf die Frage gegeben werden, wie viel die Erledigung der noch zu leistenden Projektarbeit unter Be-

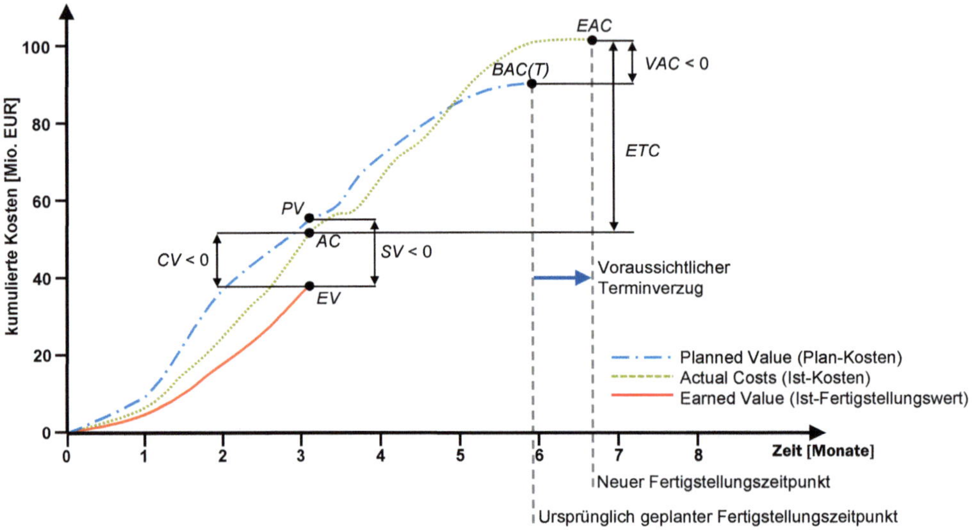

Abb. 9.7 Restkostenschätzung und Budgetabweichung

rücksichtigung der in der Fortschrittsmessung festgestellten Abweichungen kosten wird. Der ETC wird daher auch als Restkostenschätzung bezeichnet und entspricht dem geschätzten Budget, das für die Fertigstellung der verbleibenden Projektinhalte erforderlich ist. Voraussetzung für eine Bestimmung des ETC ist die Berechnung des EAC nach der optimistischen, pessimistischen oder realistischen Methode. Demnach können auch für den ETC drei unterschiedliche Prognosen abgegeben werden.

Ferner kann durch Differenzbildung zwischen dem BAC und dem EAC kann die Variance at Completion (VAC), d. h. die Kostenabweichung bei Projektende berechnet werden. Eine negative Differenz ist gleichbedeutend mit einer Budgetüberschreitung bei Projektende. Ein positives Ergebnis lässt auf einen Projektabschluss mit einem geringeren Budget als in der Projektplanung veranschlagt schließen. In Abb. 9.7 werden Restkostenschätzung und Budgetabweichung grafisch bestimmt.

9.3.7 Anforderungen an die Projektplanung und -durchführung

Da das EVM vergleichsweise hohe Anforderungen an die Planung und Durchführung von Dienstleistungsprojekten stellt, soll in diesem Kapitel auf die Eckpfeiler einer erfolgreichen Einführung von EVM eingegangen werden. In den vorangegangenen Kapiteln wurde bereits deutlich, dass ein Controlling von Projekten auf Basis des EVM eine integrierte Betrachtung der kritischen Erfolgsdimensionen des Projektmanagements ermöglicht. So kann mittels einfach zu berechnender, absoluter sowie relativer Leistungskennzahlen Transparenz über den tatsächlichen Leistungsfortschritt im Projekt erlangt und ineffizientes Handeln aufgedeckt werden. Ferner sind valide Prognosen der Projektgesamtkosten bereits ab einem Fertigstellungsgrad von 15 bis 20 % möglich.

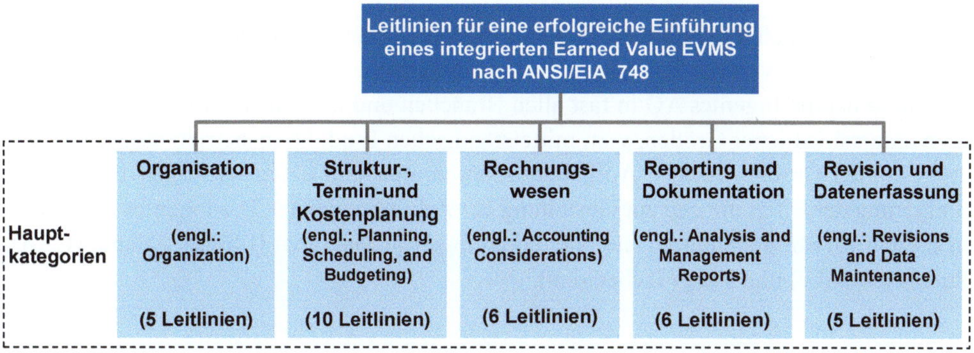

Abb. 9.8 Leitlinien für eine erfolgreiche Einführung eines integrierten EVMS

Neben diesen Vorteilen des EVM im Vergleich zu anderen Instrumenten des Projektcontrollings (vgl. Abschn. 9.2) erfordert eine erfolgreiche Umsetzung von EVM eine methodisch geleitete Vorgehensweise durch eine gründliche Projektstrukturplanung. Die Projektstrukturplanung umfasst Teilaufgaben, Arbeitspakete, Vorgänge und einen darauf abgestimmten Ablauf- und Terminplan, vollständige Budgetierung und Terminierung der Arbeitspakete, Abstimmung von Inhalts- und Umfangsänderungen mit dem Auftraggeber, Erfassung von bisher nicht dokumentierten internen Kosten im Rahmen der Planned Value Ermittlung sowie Kenntnis und Akzeptanz der verwendeten Kennzahlen bei Auftraggeber und Auftragnehmer. Weiterhin beinhaltet die Projektstrukturplanung die Definition von Meilensteinen als Datenbasis für die Projektüberwachung beziehungsweise Projektkontrolle und Ermittlung realistischer und verlässlicher Planwerte hinsichtlich der zu erbringenden Arbeitsleistung, deren Termine sowie den Einsatz von Ressourcen.

Für eine vollständige Übersicht sei der interessierte Leser an dieser Stelle an die US-amerikanische Norm ANSI/EIA-748 (1998) verwiesen, in der insgesamt 32 Leitlinien für die Umsetzung eines Earned Value Management Systems (EVMS) formuliert sind. Die Leitlinien lassen sich den in Abb. 9.8 dargestellten fünf Hauptkategorien zuordnen und bieten Spielraum für unternehmens- oder projektspezifische Anpassungen. Die Darstellung zeigt, dass der Struktur-, Termin- und Kostenplanung als Anwendungsvoraussetzung für das EVM mit 10 von insgesamt 32 Leitlinien die höchste Bedeutung zukommt.

9.4 Charakteristika der Fabrikplanungsprojekte bei Ingenics

Als technische Unternehmensberatung bietet die Ingenics AG Dienstleistungen in den Geschäftsfeldern Fabrik-, Produktions- und Logistikplanung, Effizienzsteigerung Produktion sowie Effizienzsteigerung Office an. Über nationale Projekte hinaus ist die Ingenics AG für die Planung und Realisierung weltweiter Produktionsstandorte, bspw. in Indien, China, den USA und Osteuropa, verantwortlich. Derzeit beschäftigt die Ingenics AG rund 265 Mitarbeiter unterschiedlichster Ausbildungsdisziplinen. Mit hoher Methodenkompetenz und systematischem Wissensmanagement wurden in über 30 Jahren mehr als 2700

Projekte erfolgreich durchgeführt. Ingenics begleitet seine Kunden während des gesamten Projektzeitraums, von der Konzeption bis zur praktischen Umsetzung der Pläne. In über 30 Jahren hat die Ingenics AG in fast allen Branchen und für eine Vielzahl von Unternehmen unterschiedlicher Größen, vom mittelständischen Produktionsbetrieb bis zu weltweit aufgestellten Großkonzernen, Aufgaben übernommen und einen wichtigen Beitrag zur Steigerung der Effizienz und zur Gestaltung der Zukunft geleistet. Die Ingenics AG besitzt in diesem Zusammenhang eigene Niederlassungen in Shanghai (China), Atlanta (USA), Puebla (Mexiko) und Prag (Tschechien).

9.4.1 Potenzialdimension

Die Potenzialdimension umfasst die sachlichen, organisatorischen und personellen Leistungsvoraussetzungen des Dienstleistungsanbieters (Meffert und Bruhn 2012). Im Falle der Fabrikplanungsprojekte bei Ingenics handelt es sich dabei um das eingesetzte Personal sowie die softwaretechnische Unterstützung zur Vorbereitung und Planung der Leistungserbringung.

Bei den im Folgenden beschriebenen Projektebenen handelt es sich um ein Rollenkonzept, welches Allgemeingültigkeit für die Projektlandschaft bei Ingenics besitzt. Auf der ersten Projektebene befindet sich der Projektadministrator (PA). Seine Funktion ist vergleichbar mit der eines Aufsichtsrats. Der PA ist in der Projektvorbereitung neben den betriebswirtschaftlichen Aspekten vor allem für die Personalbesetzung verantwortlich. Während der Projektdurchführung kommen dem PA vorwiegend prüfende Aufgaben zu. Auf der zweiten Projektebene steht der Projektverantwortliche (PV). Er ist für das Erreichen der Projektziele und damit für den Projekterfolg verantwortlich. Die Ausgestaltung der Projektinhalte und der Mitarbeitereinsatz fallen ebenfalls in seinen Verantwortungsbereich. Während es sich bei dem PV um eine Rolle handelt, ist der Projektleiter (PL) als solcher bei Ingenics angestellt und wird entsprechend vergütet. Aufgrund einschlägiger beruflicher Erfahrungen oder durch Aus- und Weiterbildung verfügt der PL über spezifisches (Projekt-)Wissen, das ihn für diese Position qualifiziert. Im Idealfall handelt es sich bei PL und PV um dieselbe Person. Der Tagessatz eines PL ist höher als der der anderen Projektmitarbeiter auf der dritten Projektebene, d. h. eines Project Engineer (PE) oder Senior Project Engineer (SPE).

Der Tagessatz eines Projektmitarbeiters beinhaltet sowohl den Overhead, d. h. Reise- und Gemeinkosten als auch Spesen. Für Projekte, die im Ausland durchgeführt werden, werden höhere Reisekosten und demnach ein höherer Tagessatz angesetzt. In Angeboten werden die Kosten für den Overhead jedoch üblicherweise nicht explizit ausgewiesen. Managementreserve und angestrebte Projektrendite wirken sich ebenfalls auf den Tagessatz der Projektmitarbeiter aus. Die Projektbeteiligten und ihre Aufgaben sind in Abb. 9.9 dargestellt.

Eine effiziente Personaldisposition bestimmt maßgeblich das Erreichen der Projektziele und damit den Projekterfolg. Ziel von Ingenics ist es daher, die Mitarbeiter entsprechend

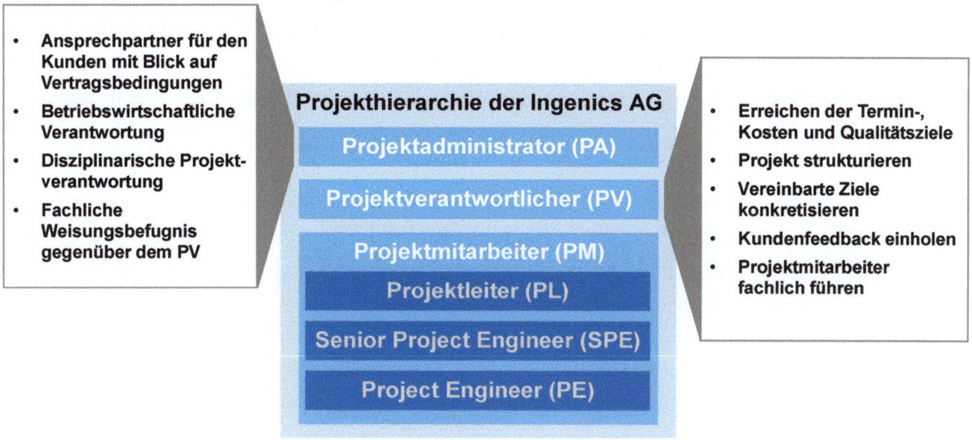

Abb. 9.9 Projektbeteiligte und ihre Aufgaben

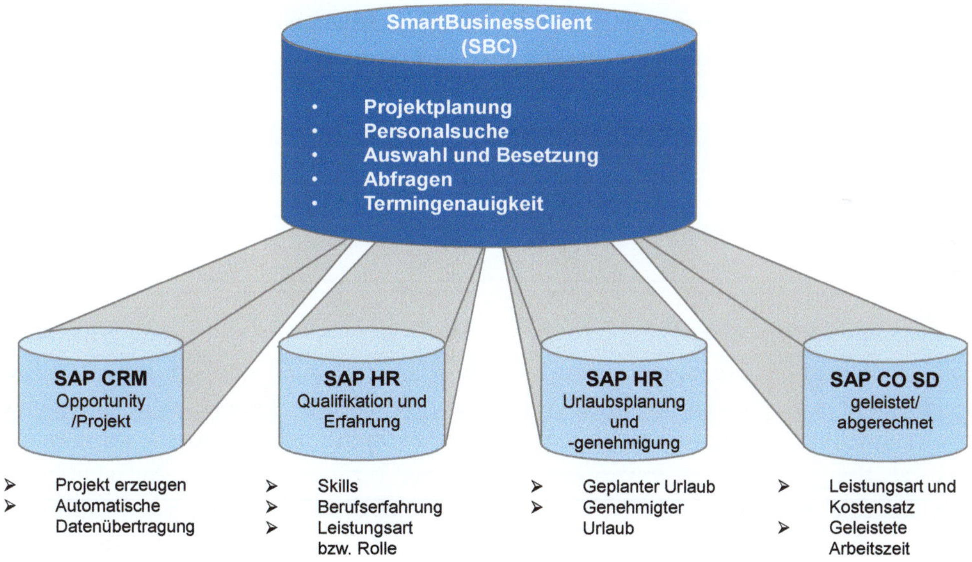

Abb. 9.10 Smart Business Client (SBC)

ihrer Qualifikationen und Kompetenzen den Projekten bestmöglich zuzuordnen und eine optimale Auslastung der Mitarbeiter zu erreichen. Softwaretechnisch wird Ingenics dabei durch den auf SAP ERP basierenden Smart Business Client (SBC) der ITML GmbH unterstützt, der eine Reihe parallel existierender SAP-Softwareanwendungen ablöst (vgl. Abb. 9.10).

Der SBC ermöglicht die Verknüpfung von Ist- und Planzeiten, Mitarbeiterprofilen (inkl. Qualifikationen und Kompetenzen) und Daten aus der Kapazitätsplanung. Neben zahlreichen Suchfunktionen bietet der SBC die Möglichkeit projektbegleitender Auswertungen, bspw. zur Mitarbeiterauslastung. So kann u. a. nach der Verfügbarkeit von Mitarbeitern in einem definierten Zeitraum, erforderlichen Qualifikationen bzw. Skills, der Zugehörigkeit von Mitarbeitern zu Regionen oder Business Units sowie Rollen bzw. Leistungsarten (z. B. PL, PE oder SPE) gesucht werden. Das Suchergebnis wird jeweils in Prozent der Treffergenauigkeit angezeigt. Im Falle der Mitarbeiter- bzw. Kapazitätsauslastung werden die Suchergebnisse in einer dem Ressourcendiagramm ähnlichen Darstellung grafisch aufbereitet. Eine weiterführende Suche nach konkreten Projektinhalten, Erfahrungswerten oder Suchbegriffen aus bereits abgeschlossenen Projekten kann entweder über Suchmaschinen im Intranet, Microsoft-Excel basierende Projektrecherchelisten oder, sofern das jeweilige Projekt bereits bekannt ist, direkt im Projektordner erfolgen.

Zusammenfassend kann festgehalten werden, dass der SBC seit seiner Einführung die Effizienz bei der Personaldisposition maßgeblich verbessert hat, indem zahlreiche ERP-Prozesse und -Daten auf einer Benutzeroberfläche gebündelt und damit die Problematik von Medienbrüchen reduziert wurde. Die beschriebenen Funktionalitäten des SBC geben dem PV die Möglichkeit, die Verfügbarkeit, Auslastung und bisherigen Kunden eines Ingenics Mitarbeiters zu überblicken und bereits im ersten Kundengespräch zu nutzen. Aus einer Controllingsicht heraus bietet der SBC Spielraum für controllingspezifische Anpassungen, da sich der Funktionsumfang des SBC in Zusammenarbeit mit der ITML GmbH mit vertretbarem Aufwand erweitern lässt und der fortwährende Ausbau der vorhandenen IT-Landschaft ein wesentlicher Bestandteil der IT-Strategie von Ingenics darstellt.

9.4.2 Prozessdimension

Die Prozessdimension fokussiert den Prozess der Leistungserbringung. Bezogen auf Fabrikplanungsprojekte entspricht die zeitliche Abfolge der Leistungserbringung grundsätzlich den Phasen des Projektmanagements nach DIN 69901-5. So sind sämtliche Projekte bei Ingenics in die Abschnitte Projektvorbereitung, Projektstart, Projektdurchführung und Projektabschluss aufgegliedert. Für jeden dieser Abschnitte stehen grafische Prozessmodelle als Ereignisgesteuerte Prozessketten (EPK) zur Verfügung, die u. a. Aufschluss geben über die zeitlich-logische Reihenfolge der Projektaktivitäten, die verantwortlichen Personen bzw. Rollen sowie die verwendeten Ressourcen. Speziell für Fabrikplanungsprojekte wird zum anderen das in der VDI-Richtlinie 5200 beschriebene Planungsvorgehen für die Fabrikplanung herangezogen. So werden üblicherweise die Module Analyse, Konzept, Feinplanung und Realisierung unterschieden und in eben dieser Reihenfolge bearbeitet (vgl. Abb. 9.11). In Abhängigkeit von der Art und dem Umfang des Projektes wird für die arbeitsintensiven Module Analyse und Konzept meist ein Zeitraum von etwa drei bis neun Monaten vorgesehen.

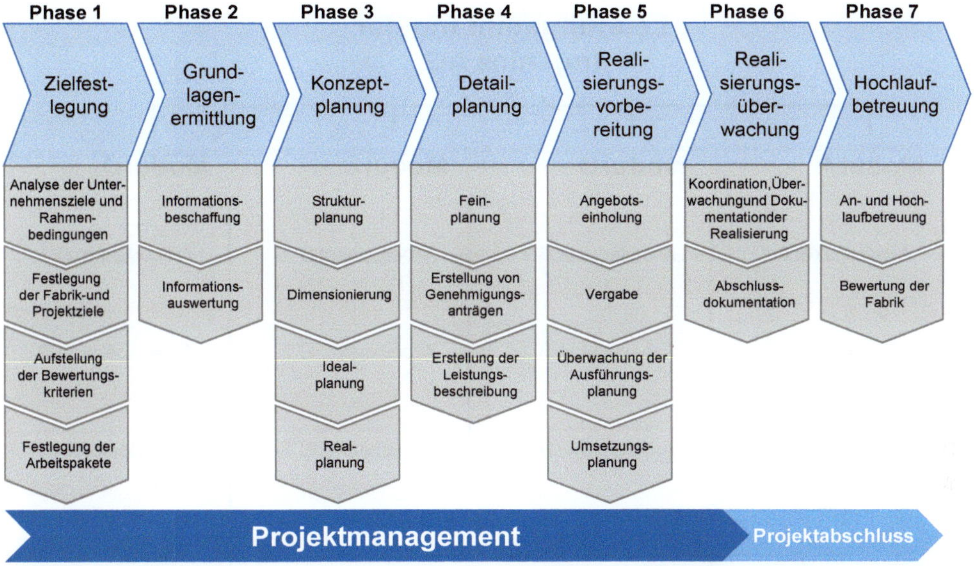

Abb. 9.11 Phasenmodell des Fabrikplanungsprozesses nach VDI-Richtlinie 5200

9.4.2.1 Projektplanung

Aus Controllingsicht und damit für das vorliegende Kapitel ist insbesondere das Vorgehen bei der Projektstruktur und -Ablaufplanung von Interesse, um etwaige Abweichungen zu den in der ANSI/EIA-748 beschriebenen Leitlinien feststellen zu können.

Systemseitig kann der mit dem Kunden vereinbarte Leistungsumfang auf Vorgangsebene genau spezifiziert werden. Die Erarbeitung eines projektspezifischen Strukturplans wird durch standardisierte Strukturpläne unterstützt, die sich für den jeweiligen Einsatzfall anpassen lassen, indem unnötige Module und Arbeitspakete gestrichen oder fehlende Module und Arbeitspakete hinzugefügt werden.

Ausgehend von den Anforderungen, die an einen Vorgang (z. B. Montage planen) gestellt werden, ordnet der PV den Vorgängen eines Projektes Mitarbeiter zu, die den Anforderungen, bspw. Skills und Leistungsart (Rolle), bestmöglich entsprechen. Softwaretechnisch wird der PV dabei von dem SBC unterstützt. Der Schritt der Projektstrukturplanerstellung ist in Abb. 9.12 skizziert. An diesen Schritt schließt meist die zeitliche Terminierung der Vorgänge sowie eine Prognose des voraussichtlichen Arbeitsaufwands in Stunden bzw. Tagen an. Der Arbeitsaufwand für einzelne Vorgänge wird dabei auf Basis historischer Projektdaten mittels Dreisatz berechnet. So werden im Falle der Erstellung einer Arbeitsanweisung die Schritte Prozessbeobachtung, Prozessbeschreibung und Prozessoptimierung berücksichtigt.

Im Ergebnis liegt eine modulare Projektstruktur vor, die in Abb. 9.13 deutlich wird. So besteht ein Fabrikplanungsprojekt im Ergebnis aus Modulen, die den Phasen des Planungsvorgehens nach VDI-Richtlinie 5200 entsprechen. Innerhalb der Module können Arbeitspakete definiert und mittels zeitlicher Terminierung in Vorgänge überführt werden.

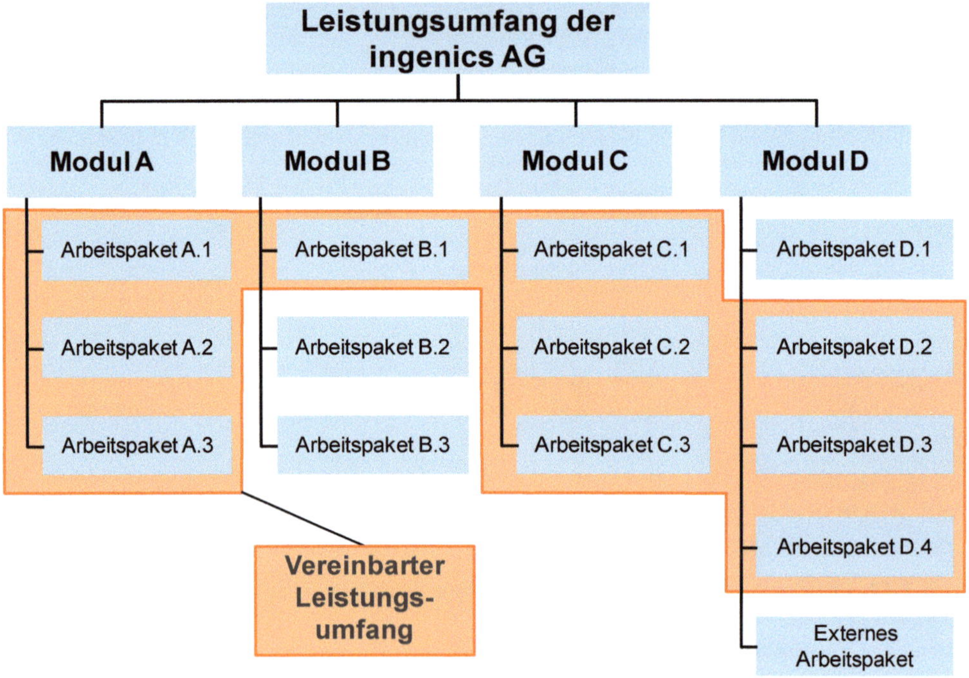

Abb. 9.12 Prinzip der Projektstrukturplanerstellung

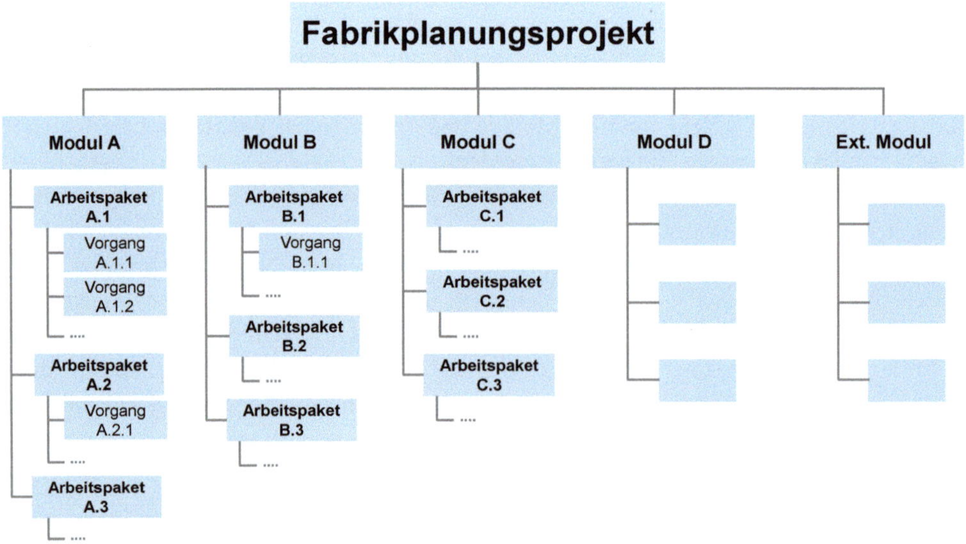

Abb. 9.13 Struktur der Fabrikplanungsprojekte

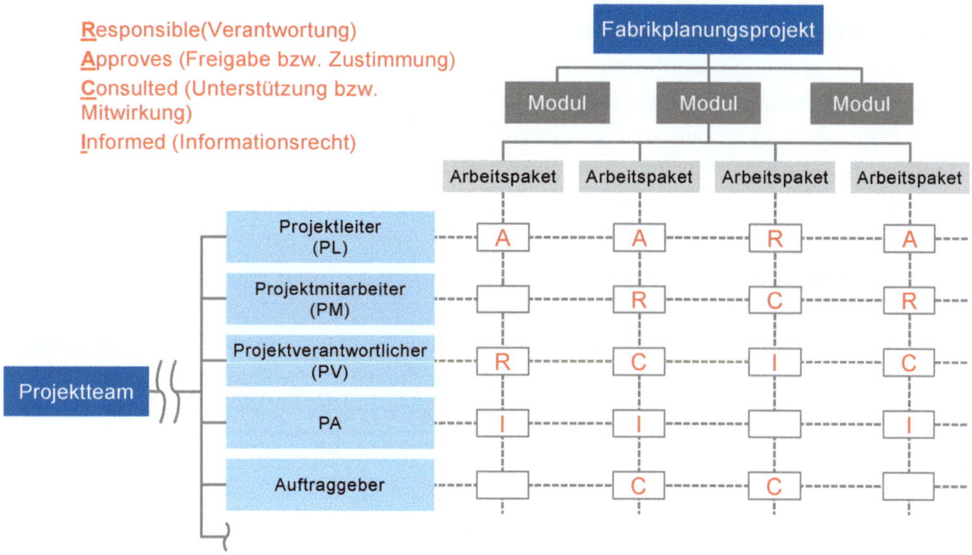

Abb. 9.14 Responsibility Assignment Matrix (RAM)

Projektstruktur und Projektteam werden in einer Verantwortlichkeitsmatrix (engl.: Responsibility Assignment Matrix bzw. RAM) zusammengeführt. Diese Management-Technik unterstützt die Delegation von Aufgaben sowie die Zuordnung von Kompetenzen und Verantwortlichkeiten. Bei der in Abb. 9.14 dargestellten RAM erfolgt die Zusammenführung von Projektstrukturplan und Projektaufbauorganisation auf der Ebene der Arbeitspakete.

Mit Blick auf Fabrikplanungsprojekte erfolgt ausgehend von den Ingenics Projektmanagement-Standards eine Definition von Rollen bzw. Befugnissen nach dem RACI-Modell (PMBOK 2004):

- Responsible (Verantwortung)
- Approves (Freigabe bzw. Zustimmung)
- Consulted (Unterstützung bzw. Mitwirkung)
- Informed (Informationsrecht)

Vor Beginn der Projektdurchführung erfolgt eine Abstimmung von Projektstruktur und -ablauf mit dem Kunden. Sofern der Kunde die Erstellung eines Projekthandbuches wünscht, werden sämtliche Informationen, Kommunikationswege und Regelungen, die für ein spezifisches Projekt gelten sollen, in einem auf Microsoft Word basierenden Projekthandbuch dokumentiert. Mit Abschluss der Projektplanung steht die Besetzung für ein Projekt fest, d. h. die Projektmitarbeiter werden „hart" gebucht.

9.4.2.2 Projektdurchführung

Während der Projektdurchführung ist der PV u. a. damit beschäftigt, den Überblick über die geleisteten Arbeitszeiten der Projektmitarbeiter und damit über das zur Verfügung stehende Projektbudget zu behalten. In diesem Vorhaben wird der PV durch den SBC unterstützt, indem ein Abgleich zwischen Plan- und Ist-Arbeitszeiten vorgenommen werden kann. Bezogen auf einen Vorgang, wird der Fortschritt demnach aufgrund der Differenz zwischen der geplanten und tatsächlich geleisteten Arbeitszeit berechnet. Die Restkostenschätzung erfolgt ebenfalls vermittelt über die Arbeitszeit und die Tagessätze der Mitarbeiter.

Kommt der PV bei der Überprüfung der Zieldimensionen (Termine, Kosten und Leistung) zu dem Ergebnis, dass eine Termin- oder Kostenüberschreitung zu erwarten ist, so ruft er sämtliche interne Projektmitarbeiter für einen Problemworkshop zusammen und führt eine Schwachstellenanalyse durch. Hierbei werden die Gründe für die Abweichungen analysiert sowie mögliche Gegenmaßnahmen diskutiert und ggf. eingeleitet. Eine Gegenmaßnahme kann bspw. die Umverteilung von Personal beinhalten, um den angestrebten Fertigstellungstermin halten zu können. Zudem ist der PV verpflichtet den PA regelmäßig über den aktuellen Projektstand in Kenntnis zu setzen, insbesondere wenn das Projektbudget bereits zu 90 % verbraucht wurde.

Mit Abschluss eines der Module Analyse, Konzept, Feinplanung und Realisierung findet ein sog. Abschlussworkshop statt, an dem meist sämtliche an der Leistungserstellung beteiligten Parteien teilnehmen. Hierbei handelt es sich meist um Tagestermine. Ziel aus Sicht von Ingenics ist es, dem Kunden den aktuellen Stand der Projektarbeiten zu präsentieren sowie Änderungswünsche aufzunehmen, zu diskutieren sowie im weiteren Projektverlauf oder bei Neubeauftragung zu berücksichtigen.

Wie bereits dargelegt, sind Änderungen ein wesentliches Merkmal wissensintensiver Dienstleistungen. Dabei handelt es sich im Wesentlichen um eine Veränderung der Projektaufgabe von außen, für die der Dienstleistungsanbieter nicht verantwortlich gemacht werden kann. Korrekturen sind hingegen auf interne Fehler des Anbieters zurückzuführen und auf seine Kosten vorzunehmen. Der Umgang mit Änderungen ist in den Ingenics Projektmanagement-Standards sowie ggf. im Projekthandbuch beschrieben und orientiert sich in seinen Grundzügen an dem häufig zur Risiko-Analyse eingesetzten FMEA-Zyklus („Failure Mode and Effects Analysis“ oder „Auswirkungsanalyse“). In jedem Fall werden die Änderungen in einer separat geführten Abweichungsliste erfasst. In Abhängigkeit von Art und Umfang der jeweiligen Änderung und dem damit verbundenen zusätzlichen Aufwand wird das ursprüngliche Angebot vom Projektadministrator ggf. angepasst und mit dem Kunden abgestimmt.

Neben den in diesem Kapitel genannten Dokumenten und der softwaretechnischen Unterstützung durch den SBC begleiten verschiedene Dokumente die Durchführung eines Fabrikplanungsprojektes. Hierzu gehören u. a. ein mit Microsoft-Project erstellter basierender Terminplan, eine Liste offener Punkte (LOP) sowie Dokumente auf Microsoft-Office Basis, die die Projektmitarbeiter in Eigenregie erstellen, um einen möglichst guten Überblick über die aktuelle Projektsituation zu behalten.

9.4.3 Ergebnisdimension

Dem Abschluss eines Projektes kommt bei Ingenics eine hohe Bedeutung zu. Besonderes Interesse gilt dabei Maßnahmen des Wissensmanagements, d. h. der systematischen Erfassung, Dokumentation und Weitergabe von Informationen und Wissen, um projektspezifische Erfahrungen für zukünftige Projekte nutzen zu können. Diese Aktivitäten sind Gegenstand von Lessons Learned und finden innerhalb der Phase Projektabschluss Berücksichtigung.

Insgesamt beinhaltet der Projektabschluss vier Vorgänge. Zunächst übergibt der PV die Projektdokumentation an den Auftraggeber. Dabei werden die formalen Wünsche des Kunden berücksichtigt. Anschließend wird der Auftraggeber von PA und PV befragt, um mögliche Schwierigkeiten und Probleme während der Leistungserbringung aufzudecken und die Zufriedenheit des Auftraggebers zu erfassen. Die Ergebnisse der Befragung werden in internen Meetings bei Ingenics mit den Projektmitarbeitern besprochen, um gemeinsam Lösungen und ggf. Standards für zukünftige Projekte zu erarbeiten. Im Anschluss kann der PA das Projekt abrechnen. Ein Projekt gilt erst dann als abgeschlossen, wenn der PV die begleitende Projektdokumentation in dem dafür vorgesehenen Projektordnern abgelegt hat. Die Projektdokumentation umfasst u. a. eine Bewertung und Beurteilung der gewonnenen Erfahrungen der Projektsteuerung und Projektplanung.

9.5 Ausgestaltung des Controllingansatzes

In diesem Kapitel gilt es sowohl die Anforderungen, die das EVM an die Planung und Durchführung von Projekten stellt, als auch die Charakteristika der Fabrikplanungsprojekte bei Ingenics zu einem integrierten, prozessorientierten Controllingansatz zusammenzuführen. Eine zentrale Herausforderung stellt dabei sowohl die Möglichkeit einer Übertragung des Ansatzes auf Projekte unterschiedlicher Größe und Laufzeit als auch die unterschiedliche Dauer der Arbeitspakete dar. Weiter müssen Arbeitspakete oder Vorgänge, die in der Kontrollsphäre des Kunden liegen, im Controllingansatz berücksichtigt werden.

9.5.1 Bestimmung von Überwachungseinheiten

Für die Entwicklung eines Controllingansatzes auf Basis von EVM sind unter Beachtung die von der National Defense Industrial Association (NDIA) formulierten Leitlinien zunächst die Überwachungseinheiten (Control Accounts) zu definieren, die für eine Leistungsmessung mit EVM betrachtet werden sollen (vgl. Abb. 9.15). Die im Projekt WiDiPro gewählte Vorgehensweise in Abstimmung mit der Fa. Ingenics wird in diesem Kapitel vorgestellt.

Mit dem SBC ist eine Parametrisierung (geplanter Start- und Endtermin sowie Arbeitsaufwand, Leistungsart, benötigte Skills) auf Arbeitspaketebene möglich. Daher kann eine

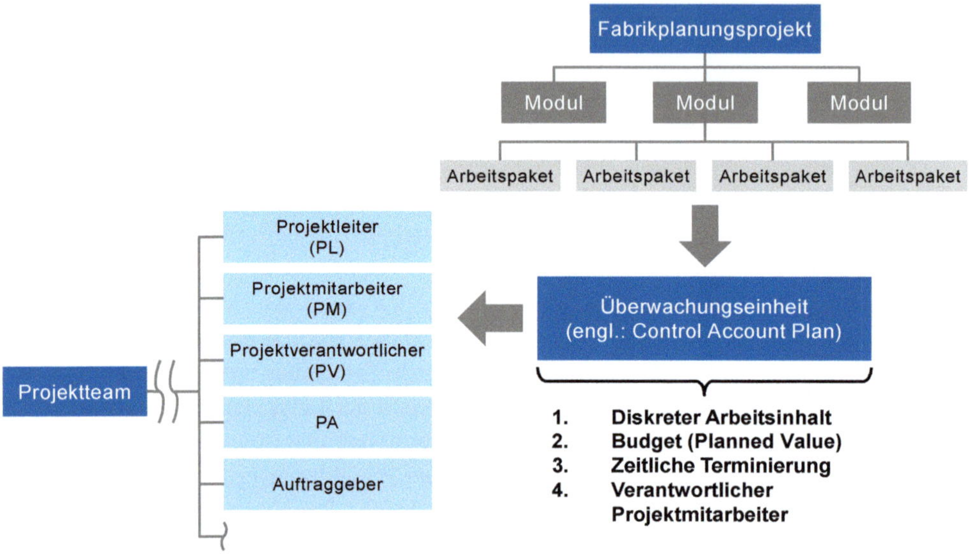

Abb. 9.15 Prinzip der Bestimmung von Überwachungseinheiten

integrative Überwachung Messung von Leistung und Kosten auf Vorgangsebene erfolgen. Eine höhere Aggregation ist nicht zwingend erforderlich, kann jedoch zur besseren Steuerung und Überwachung beispielsweise für Teilaufgaben gebildet werden.

9.5.2 Bestimmung des Planned Value

Der Planned Value (PV) kann sowohl für einzelne Arbeitspakete als auch die Projektgesamtkosten bestimmt werden. Im zweiten Fall wird in Übereinstimmung mit der EVM-Terminologie von dem Budget at Completion (BAC) bzw. den geplanten Projektgesamtkosten oder dem Budgetverlauf über der Zeitachse gesprochen.

Die Projektplanung ist von zentraler Bedeutung für eine erfolgreiche Anwendung des EVM. Ziel der Projektplanung ist es, den Budgetverlauf über der Zeitachse darstellen zu können und somit das BAC festzulegen. Zu diesem Zweck hat das Project Management Institute, kurz PMI (vgl. PMI 2011), einen sog. Planungsprozess definiert, der insgesamt fünf Schritte umfasst:

1. Projektstrukturplan erstellen und Arbeitspakete definieren
2. Ressourcen zuordnen
3. Ablauf planen
4. Arbeitspakete budgetieren

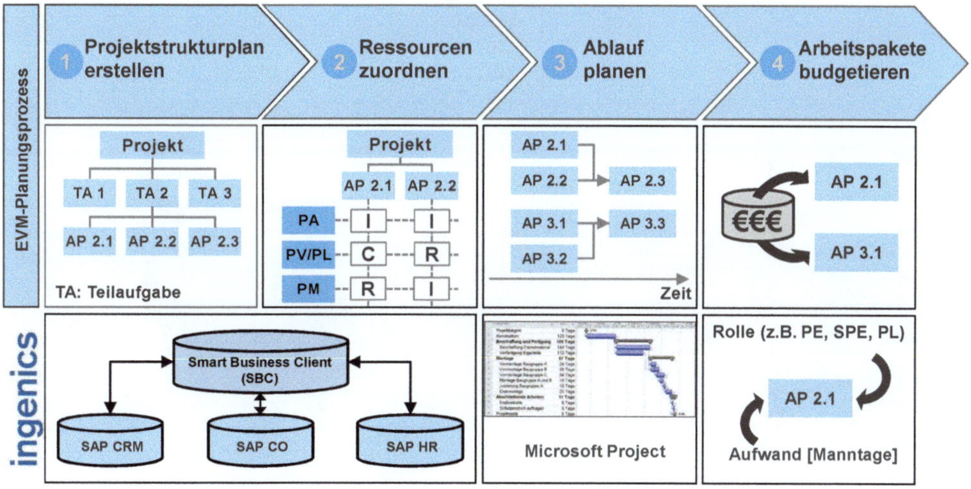

Abb. 9.16 Anwendung des Planungsprozesses

Diese vier Schritte entsprechen dem gängigen und in der Projektmanagementliteratur empfohlenen Vorgehen in der Projektplanung. Ein weiterer fünfter Schritt grenzt den Planungsprozess für das EVM jedoch von diesem Standardvorgehen ab, indem den Arbeitspaketen zusätzlich passgenaue Methoden zur Bestimmung des Projektfortschritts, d. h. des Earned Value zugeordnet werden. Dieser Schritt erweist sich in der Praxis oftmals als Herausforderung, da sowohl fundierte EVM-Methodenkenntnisse als auch Erfahrung im Hinblick auf die zu messenden Arbeitspakete notwendig sind.

Die Schritte eins bis vier des Planungsprozesses sind in Abb. 9.16 dargestellt. Dabei fungiert der Planungsprozess als eine Art Referenzprozess, an dem das Vorgehen in der Projektplanung bei der Ingenics AG systematisch überprüft werden kann, um ggf. Anpassungsbedarf festzustellen zu können. Für die ersten beiden Schritte „Projektstrukturplan erstellen" und „Ressourcen zuordnen" verwendet Ingenics den bereits beschriebenen Smart Business Client, kurz SBC. So können die Mitarbeiter entsprechend ihrer Qualifikationen und Kompetenzen sowie ihrer Verfügbarkeit den Arbeitspaketen zugeordnet werden. Schritt drei, die Projektablaufplanung, erfolgt meist mit Microsoft Project. Der vierte Schritt, die Budgetierung der Arbeitspakete, erfolgt über die Tagessätze der Mitarbeiter, die in Schritt zwei den Arbeitspaketen zugeordnet wurden. Hier schätzt der Projektleiter den Zeitbedarf, den der jeweilige Projektmitarbeiter zur vollständigen Bearbeitung eines Arbeitspaketes voraussichtlich benötigt. Eine Budgetierung der Arbeitspakete erfolgt somit über den Tagessatz einer Rolle multipliziert mit dem voraussichtlichen Zeitbedarf dieser Rolle.

Sowohl mit dem SBC als auch mit Microsoft Project ist eine Projektbetrachtung auf Arbeitspaketebene möglich. Daher kann wie erwähnt eine integrative Überwachung von Leistung, Terminen und Kosten auf Arbeitspaketebene erfolgen.

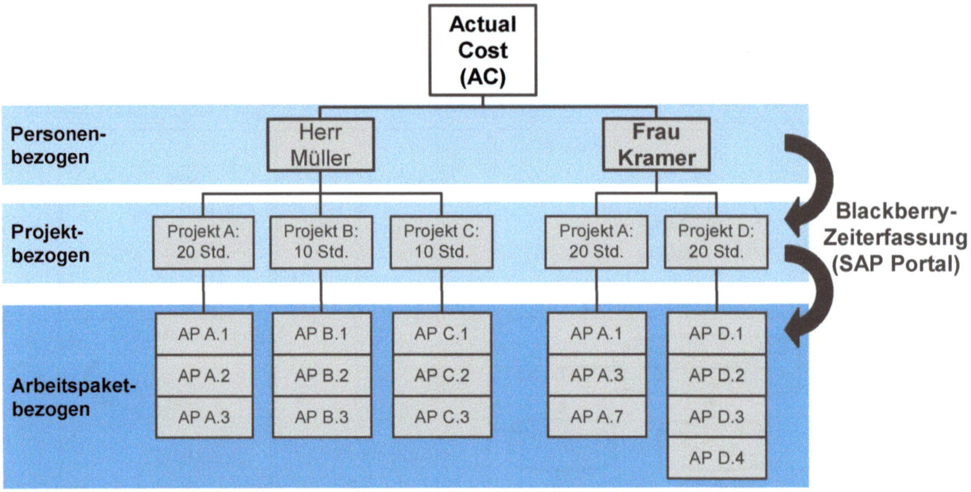

Abb. 9.17 Personen-, projekt- sowie arbeitspaketbezogene Erfassung der Actual Cost

9.5.3 Erfassung der Actual Cost

Bei der Ingenics AG erklären die Personalkosten die in einem Projekt anfallenden Actual Cost fast alleine. Gängige Praxis bei Ingenics ist es daher, dass die Projektmitarbeiter bis Freitag 24:00 Uhr die geleisteten Stunden auf ihre Projekte buchen. Die Zeiterfassung erfolgt somit bereits mit Ende jeder Kalenderwoche, allerdings nur auf Projektebene. Um jedoch Konsistenz mit der Budgetierung und Earned Value Berechnung auf Arbeitspaketebene zu schaffen, ist eine arbeitspaketbezogene Zeiterfassung erforderlich. Die Erfassung der Actual Cost (AC) sollte somit personen-, projekt- sowie arbeitspaketbezogen erfolgen (vgl. Abb. 9.17).

Für dieses Vorgehen ist es erforderlich, dass auf Arbeitspakete, für die ein Projektmitarbeiter bei Ingenics verantwortlich ist und deren Zeitfenster offen ist, gebucht werden kann. Dem jeweiligen Mitarbeiter sollte systemseitig durch den SBC daher stets die Auswahl an Arbeitspaketen präsentiert werden, auf die er buchen kann. Sind mehrere Projektmitarbeiter mit unterschiedlichen Tagessätzen in die Bearbeitung eines Arbeitspakets involviert, so wird eine Aufteilung des Arbeitspaketes in diskrete Aufgaben erforderlich. Ist die Zusammenarbeit mehrerer Projektmitarbeiter, ggf. mit unterschiedlichem Tagessatz, an einem Arbeitspaket bzw. an einer Aufgabe erforderlich, so muss der SBC die Buchung auf dieses Arbeitspaket bzw. diese Aufgabe ermöglichen. Ferner ist das SAP-Portal bzw. die Zeiterfassung über das Blackberry entsprechend anzupassen.

9.5.4 Bestimmung des Earned Value

Abbildung 9.18 zeigt beispielhaft die Möglichkeiten einer Zuordnung der Methoden zur Bestimmung des Earned Value zu typischen Arbeitspaketen. Unter Berücksichtigung der

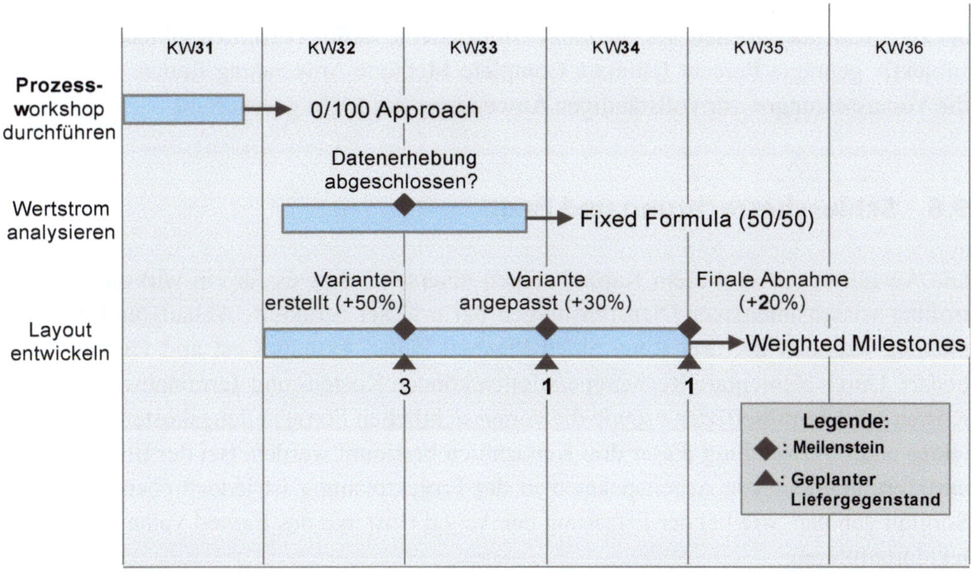

Abb. 9.18 Zuordnung von Methoden zur Bestimmung des Earned Value

Ausführungen in Abschn. 9.3.3 wir die unterschiedliche Eignung der Methoden für die vier Arbeitspakete deutlich.

So wird für das Arbeitspaket „Prozessworkshop durchführen" der 0/100 Approach verwendet, da die Vorbereitung, Durchführung und Nachbereitung in eine Betrachtungsperiode, d. h. eine Kalenderwoche fällt. Für das Arbeitspaket „Wertstrom analysieren" wird die Fixed Formula Methode mit einer 50/50 Aufteilung verwendet. Mit Abschluss der Datenerhebung werden diesem Arbeitspaket 50 % seines geplanten Wertes gutgeschrieben. Für das Arbeitspaket „Layout entwickeln" wird die gewichtete Meilensteinmethode (Weighted Milestones) verwendet. Das Arbeitspaket hat eine geplante Dauer von drei Kalenderwochen, d. h. im vorliegenden Fall drei Betrachtungsperioden. Mit dem Vorliegen von drei initialen Layoutvarianten, die dem Kunden präsentiert werden, erfolgt bereits eine Gutschrift von 50 % des geplanten Werts dieses Arbeitspaketes. Für eine Anpassung der vom Kunden ausgewählten Layoutvariante werden weitere 30 % gutgeschrieben. Die verbliebenen 20 % des Wertes werden mit der finalen Abnahme der Layoutvariante gutgeschrieben.

Unter diesen Voraussetzungen sollten Arbeitspakete, deren Bearbeitung innerhalb einer Betrachtungsperiode, d. h. einer KW, geplant ist, mit dem 0/100 Approach zur Bestimmung des EV verfolgt werden. Arbeitspakete, deren Bearbeitung über einen Betrachtungs- bzw. Berichtszeitpunkt hinausgeht und somit zwei Betrachtungsperioden umfasst, sollte die Fixed Formula Methode Anwendung finden. Arbeitspakete, deren Bearbeitung in mehr als zwei KW vorgesehen ist, und die zudem in jeder KW mess- sowie vorzeigbare Arbeitsergebnisse hervorbringen, sollten mit der gewichteten Meilensteinmethode erfasst werden. Für alle anderen Arbeitspakete mit einer geplanten Bearbeitungszeit von mehr als zwei Kalenderwochen, für die keine Meilensteine definiert werden können, kann die subjektiv geprägte Percent Estimate Complete Methode Anwendung finden. Somit sind die Voraussetzungen zur vollständigen Anwendung des EVM geschaffen.

9.6 Schlussbetrachtung und Fazit

Die Ausführungen in diesem Kapitel zeigen einerseits, dass es für ein wirksames Controlling wissensintensiver Dienstleistungen bei präziser Struktur-, Ablauf- und Terminplanung lediglich der drei Kennzahlen Planned Value, Actuals Cost und Earned Value bedarf. Durch elementare Rechenoperationen können Kosten- und Terminabweichungen, Kosten- und Termineffizienz sowie die voraussichtlichen Fertigstellungskosten eines Projektes unter Verwendung dieser drei Kennzahlen bestimmt werden. Bei der Budgetierung und Terminierung von Arbeitspaketen in der Projektplanung ist jedoch ebenso höchste Sorgfalt geboten, wie bei der Erfassung der Actual Cost und des Earned Value in der Projektdurchführung.

Zum anderen wird mit Blick auf die Fortschrittsmessung in Dienstleistungsprojekten deutlich, dass das Controlling bereits in der Projektplanung in der Lage sein muss sowohl die Dauer von Arbeitspaketen als auch die Zeitpunkte, zu denen messbare Arbeitsergebnisse vorliegen sollen, zuverlässig abzuschätzen. Aufgabe des Controllings ist es nicht nur messbare Arbeitsergebnisse bzw. physische Liefergegenstände zu identifizieren und zu beschreiben, sondern einem Arbeitspaket oder Control Account die adäquate Methode zur Bestimmung des Earned Value zuzuordnen. Hierzu bedarf es sowohl fundierter Kenntnisse mit Blick auf die konzeptionellen Grundlagen des EVM als auch Erfahrung mit Blick auf die Struktur und den Ablauf des jeweiligen Dienstleistungsprojektes. Aus Sicht des Controllings gilt es somit die Charakteristika des Dienstleistungsprojektes zu erkennen und die entsprechenden Maßnahmen zum Customizing zu ergreifen.

Zusammenfassend lässt sich festhalten, dass ein Controlling wissensintensiver Dienstleistungen mit Hilfe des EVM grundsätzlich nur die Einhaltung von Projektmanagementstandards fordert. Da jedoch in der Praxis der für ein EVM-Projektcontrolling notwendige Planungsaufwand oftmals nicht aufgebracht wird, können die Vorteile des EVM oftmals nur unzureichend oder gar nicht genutzt werden.

Literatur

Fiedler, R. (2010). *Controlling von Projekten* (5. Aufl.). Wiesbaden: Vieweg+Teubner Verlag.

Fleming, Q. W., Koppelman, J. M. (2005). *Earned value project management* (3 Aufl.). Newton Square: Project Management Institute.

Horváth, P. (2008). *Controlling* (11 Aufl.). München: Vahlen Verlag.

Koreimann, D. S. (2005). *Projektcontrolling – Methoden zur Sicherung des Projekterfolgs*. Weinheim: Wiley-VCH Verlag.

PMBOK. (2004). *A guide to the project management guide of knowledge* (3 Aufl.). Project Management Institute, Four Campus Boulevard, Newton Square.
PMI. (2011). *Practice standard for earned value management* (2 Aufl.). Newton Square: Project Management Institute.
Reichmann, T. (2006). *Controlling mit Kennzahlen und Management-Tools – Die systemgestützte Controlling-Konzeption* (7 Aufl.). München: Vahlen Verlag.
Wanner, R. (2007). *Earned Value Management – So machen Sie Ihr Projektcontrolling noch effektiver* (2 Aufl.). Nordstedt: BoD – Books on Demand.
Weber, J., & Schäffer, U. (2008). *Einführung in das Controlling* (12 Aufl.). Stuttgart: Schäffer Poeschel Verlag.

Instrumentarium zur personenindividuellen Bewertung und Verbesserung der individuellen Arbeitsorganisation

10

Entwicklung einer *APP* zur Arbeitsanalyse

Sven Tackenberg, Sönke Duckwitz, Cassian F. Behlau und Christopher M. Schlick

10.1 Einleitung

Die Frage, warum einige wissensintensive Dienstleistungen effektiver und effizienter erbracht werden als andere, bildete eine der zentralen Leitfragen des Verbundprojektes WiDiPro. Wird zur Beantwortung dieser Frage die aktuelle Literatur zur Dienstleistungsforschung herangezogen, so kann eine Vielzahl an generischen Modellen zur Beschreibung des Konstrukts der Dienstleistungsproduktivität identifiziert werden (Grönroos und Ojasalo 2004; Baumgärtner und Bienzeisler 2006; Petz et al. 2013). Allen diesen Ansätzen ist gemeinsam, dass sie sich auf die Entwicklung von Dienstleistungen, das zugehörige Personalmanagement und die Prozessgestaltung fokussieren (Grönroos und Ojasalo

S. Tackenberg (✉)
Institut für Arbeitswissenschaft der RWTH Aachen University,
Bergdriesch 27, 52062 Aachen, Deutschland
E-Mail: sven.tackenberg@gmail.com

S. Duckwitz
Institut für Arbeitswissenschaft der RWTH Aachen University,
Bergdriesch 27, 52062 Aachen, Deutschland
E-Mail: s.duckwitz@iaw.rwth-aachen.de

C. F. Behlau
Institut für Arbeitswissenschaft der RWTH Aachen University,
Bergdriesch 27, 52062 Aachen, Deutschland
E-Mail: info@iaw.rwth-aachen.de

C. M. Schlick
Institut für Arbeitswissenschaft der RWTH Aachen University,
Bergdriesch 27, 52062 Aachen, Deutschland
E-Mail: c.schlick@iaw.rwth-aachen.de

C. M. Schlick et al. (Hrsg.), *Produktivitätsmanagement von Dienstleistungen*,
DOI 10.1007/978-3-642-45071-6_10

2004). Da wissensintensive Dienstleistungen aber auf dem kompetenten Fachwissen von Experten beruhende Leistungserbringungsprozesse sind, die zudem einen hohen Individualisierungs- sowie Interaktionsgrad in Verbindung mit einer hohen Unsicherheit in Bezug auf das Leistungspotential und das Leistungsergebnis aufweisen (Voigt und Thiell 2003), sind diese Modelle für den Einsatz in Unternehmen nur bedingt geeignet. Wird diesem Verständnis gefolgt, so bilden die individuellen Arbeitsprozesse und die Arbeitsorganisation der involvierten Personen die Grundlage, damit eine wissensintensive Dienstleistung kundenorientiert erbracht werden kann und gewährleisten damit die Umsetzung des zugrundeliegenden Geschäftsmodells. Durch die formell und informell „gelebten" Arbeitsprozesse in einem Unternehmen und der individuellen Arbeitsorganisation findet nicht nur die Leistungserbringung statt, sondern die Prozesse umfassen auch das prozedurale Wissen, wie eine solche Dienstleistung erbracht werden kann.

Ein solcher Arbeitsprozess besteht aus mehreren über sachlogische Vorgänger-Nachfolger Beziehungen verbundene Aufgaben, deren Bearbeitung für die Erreichung des Dienstleistungsziels notwendig ist. Diese Aufgaben werden von den Personen des Dienstleistungsanbieters und -nachfragers ausgeführt, die oftmals durch Informationssysteme unterstützt werden. Somit ist durch die Arbeitsprozesse festgelegt, wie die Arbeitspersonen eine Dienstleistung zu erbringen haben (Grönroos und Ojasalo 2004). Erfolgt eine solche Bearbeitung der Aufgaben, so können deren Ausführung und die Zuordnung von Aufgaben zu Arbeitspersonen anhand der Produktivität bewertet werden (Bain 1982). Produktivität wird hierbei verstanden, als das Verhältnis des Outputs der Arbeitsprozesse zum hierzu erforderlichen Input (Bruhn 2011; Lasshof 2006; Petz et al. 2013). Jedoch sind beide Größen bei wissensintensiven Dienstleistungen schwer zu definieren und zu messen (Baumgärtner und Bienzeisler 2006).

Im Folgenden soll sich daher ausgehend von der individuellen Arbeitsorganisation der Messung der Produktivität einer Dienstleistungserbringung genähert werden. In der Literatur finden sich aber nur wenige wissenschaftliche Studien zur individuellen Planung und Ausführung von wissensintensiven Tätigkeiten bei Dienstleistungen (Mintzberg 1970; Beuscher-Mackay 2009), die einen Zusammenhang zwischen der Arbeitsorganisation und der Produktivität einer Leistungserbringung herstellen. Dennoch konnten diese Studien nachweisen, dass die individuelle Organisation und die Arbeitsbedingungen einen Einfluss auf die für eine Aufgabenbearbeitung benötigte Zeit, die subjektiv empfundene Beanspruchung und das Arbeitsergebnis haben. Auf Grundlage dieser Ergebnisse kann die Produktivität einer Dienstleistung als das Resultat der für eine Aufgabenbearbeitung investierten Zeit und der daraus resultierenden Qualität des Dienstleistungsproduktes sowie der personenspezifischen und auf Kooperationsbeziehungen beruhenden Organisation der Arbeit aufgefasst werden. So kann eine Dienstleistungserbringung nur als produktiv bezeichnet werden, wenn es auch zu einem effektiven und effizienten Zusammenwirken der beteiligten Personen auf Anbieter- und Nachfragerseite kommt. In der Praxis stellt sich somit die Frage, welche personenspezifischen Steuergrößen zur Messung und Beeinflussung der individuellen Arbeitsorganisation existieren und wie diese bewertet werden können, sodass die Produktivität der Dienstleistung optimiert werden kann.

10.2 Wissensintensive Dienstleistungen aus Sicht der Arbeitsorganisation

Ausgangspunkt für die Bewertung und Verbesserung der Produktivität einer wissensintensiven Dienstleistung ist der geplante Prozess der Leistungserbringung. Dieser bietet häufig Möglichkeiten zur Steigerung der Dienstleistungsproduktivität durch die vorausschauende Gestaltung der Arbeitsorganisation und der Arbeitsbedingungen.

Im Kontext dieses Beitrags ist die prozessuale Sicht auf die Erbringung einer Dienstleistung entscheidend, sodass die schwach strukturierten Arbeitsprozesse ein wesentliches Merkmal sind (Voigt und Thiell 2003). Diese zeichnen sich durch die geringe Möglichkeit der Beschreibung von a priori vollständigen, validen und allgemeingültig definierten funktionalen Beziehungen und Abhängigkeiten zwischen Aufgaben aus (Schlick et al. 2010). Entsprechend können Arbeitspersonen während der Leistungserbringung oftmals eigenständig entscheiden, welche konkrete Vorgehensweise sie für eine Aufgabenbearbeitung auswählen und zu welchen Zeitpunkten sie diese umsetzen. Ausgehend von den Freiheitsgraden der Arbeitspersonen des Dienstleistungsanbieters und -nachfragers ergibt sich die Frage, welche Konsequenzen dies für eine Leistungserbringung hat. Hierbei lassen sich die folgenden Fragmente der Arbeitsprozesse im Rahmen einer Dienstleistungserbringung unterscheiden:

- Fragmente mit einer geringen Unsicherheit hinsichtlich der Bearbeitungsreihenfolge der Teilaufgaben, der benötigten Zeitaufwände und der Arbeitsergebnisse. Die von den Arbeitspersonen erforderliche Problemlösekompetenz ist als gering zu bewerten.
- Fragmente, für die das zu erreichende Arbeitsergebnis bekannt ist, zu deren Erreichen aber der erforderliche Arbeitsaufwand unsicher ist und die Bearbeitungsreihenfolge von Teilaufgaben a priori nicht festgelegt werden kann. Das Erreichen des Arbeitsergebnisses erfordert hierbei von den Arbeitspersonen eine hohe Kompetenz, den Problemlöseprozess zu planen und situationsbezogene Entscheidungen zu treffen, aus denen effektive Handlungen resultieren.
- Aufgaben des „Tagesgeschäfts", die nicht essentieller Bestandteil der Dienstleistung sind.

Unsicher sind in diesem Zusammenhang die Zeitpunkte der Bearbeitung von Aufgaben, da der Zeitpunkt der Zulieferung erforderlicher Arbeitsergebnisse durch andere Arbeitspersonen oder deren Verfügbarkeit selten exakt geplant werden kann. Eine Ursache ist, dass die Arbeitsprozesse die Einbindung der Arbeitspersonen des Dienstleistungsnachfragers als Input-Faktor erfordern. Damit haben diese Personen einen steuernden Einfluss auf die individuelle Arbeitsorganisation der Arbeitspersonen des Dienstleistungsanbieters. Im Gegensatz zu den Beschäftigten des Anbieters und seiner Lieferanten besteht über den Nachfrager nur eine begrenzte Kontrolle.

Für eine weitergehende Charakterisierung der Arbeitsprozesse kann das integrierte Konzept der Interaktionsarbeit von Böhle et al. (2006) herangezogen werden. Dieses bietet sich an, da bei wissensintensiven Dienstleistungen die situativ geprägte Interaktion zwischen Arbeitspersonen einen entscheidenden Einfluss auf die Realisierung der Arbeitsprozesse einnimmt. Diese Personen sind hierbei als eigenständig planende und handelnde Subjekte zu verstehen (Böhle et al. 2006). Kernbestandteile einer solchen Interaktionsarbeit sind die Emotionsarbeit und die Gefühlsarbeit, die zum subjektivierenden Arbeitshandeln führen.

Da Unbestimmbarkeiten und Unwägbarkeiten zu den konstitutiven Merkmalen wissensintensiver Dienstleistungen zählen, wird von den Arbeitspersonen eine Bewältigung von situativen Anforderungen durch Interaktion mit anderen Personen gefordert (Böhle et al. 2006). Es kommt somit bei der individuellen Arbeitsorganisation nicht zu einem ausschließlich objektivierenden, zweckrationalen Arbeitshandeln, das Ergebnis einer Planung ist. Somit kann die individuelle Arbeitsorganisation bei wissensintensiven Dienstleistungen auch zu einem subjektivierenden, erfahrungsgeleiteten Arbeitshandeln führen. Dies basiert auf den Eigenschaften der Arbeitsperson und umfasst die Möglichkeit des kognitiven und praktischen Umgangs mit der Aufgabe und den Arbeitsbedingungen sowie dem Gefühl, dem Empfinden und Erleben einer Situation (Böhle et al. 2006). Wird dem Ansatz von Böhle et al. (1997) gefolgt, so ist bei wissensintensiven Dienstleistungen die individuelle Arbeitsorganisation der Arbeitspersonen zu einem Anteil subjektivierend sowie zu einem anderen objektivierend. Beide Anteile sind arbeitsbezogen und weisen allgemeine Merkmale von Arbeit als ein instrumentelles Handeln auf, unterscheiden sich aber in der Arbeitsweise mit der Ziele definiert und erreicht werden (Böhle et al. 2006). So sind beispielsweise charakteristisch für ein subjektivierendes Verhalten der Umgang mit begrenzt planbaren und kontrollierbaren Anforderungen an eine Aufgabenbearbeitung, die Wahrnehmung, Interpretation und Abstraktion von Informationen, die persönliche Kommunikation und das Nachvollziehen anderer Perspektiven während der Leistungsplanung und -erbringung.

Neben dem Arbeitshandeln der Personen ist bei der Bewertung der Produktivität zu berücksichtigen, dass die Beteiligten auf Seiten des Dienstleistungsanbieters und -nachfragers oft mehrere Aufgaben verschiedener Dienstleistungen sowie des Tagesgeschäfts simultan zu bearbeiten haben (Göbl und Froschmayer 2011). Dies kann in Abhängigkeit der verfügbaren Arbeitszeit der Arbeitsperson zu Kapazitätsengpässen führen, die nur bedingt durch die individuelle Arbeitsorganisation dieser Arbeitsperson aufgelöst werden können. Bestehen solche Engpässe, so ist zu ermitteln, ob sich diese aus der individuellen Arbeitsorganisation oder einer übergeordneten Kapazitäts- bzw. Terminplanung ergeben, die nicht im Verantwortungsbereich der jeweiligen Arbeitsperson liegt.

Überlegungen zur Messung und Verbesserung der Dienstleistungsproduktivität müssen also auf der Bewertung und Steuerung der individuellen Arbeitsorganisation unter Berücksichtigung des Prozesses der Dienstleistungserbringung beruhen. Entsprechende Ansätze sollten auf standardisierten und dienstleistungsspezifisch angepassten Prozessmodellen sowie einer fundierten Analyse der Tätigkeiten basieren. Dafür wird im Anschluss an eine Literaturanalyse ein Messkonzept sowie darauf aufbauend ein Messinstrument in Form eines Softwaresystems vorgestellt, welche beide einen Beitrag zur Bottom-Up Produktivitätsbewertung leisten können.

10.3 Arbeitsanalyse – Stand der Forschung

Die Effektivität und Effizienz, mit der Menschen arbeiten, wurden aus verschiedenen Blickwinkeln der Arbeitswissenschaft erforscht. Aus der Gesamtheit der Studien sind die Veröffentlichungen extrahiert worden, die einen Bezug zu den konstitutiven Merkmalen von wissensintensiven Dienstleistungen aufweisen. Werden diese in eine chronologische Reihenfolge gebracht, so fällt die Lücke zwischen Anfang der 1970er und Mitte der 1990er Jahre auf. Es stellt sich daher unweigerlich die Frage, ob in diesem Zeitraum kein Forschungsbedarf bestand oder ob die Arbeitsanalyse keinen substantiellen Beitrag zur Verbesserung der Arbeit leisten konnte. Im Folgenden soll daher auch kritisch bewertet werden, inwieweit solche Ansätze einen Beitrag für ein allgemeines Verständnis von Dienstleistungsproduktivität leisten können.

10.3.1 Arbeitsanalyse

Gegenstand der Arbeitsanalyse ist die systematische Gliederung der Aufgaben, Tätigkeiten oder Beziehungen in einem Arbeitssystem in die einzelnen Bestandteile (Schäfer et al. 2007). Ein solches Arbeitssystem ist ein Ordnungsschema zur systematischen Beschreibung beliebiger Arbeitsplätze durch verschiedene Elemente, wie beispielsweise Arbeitsperson(en), Arbeitsauftrag, Arbeitsaufgabe (Schlick et al. 2010). Ist für ein Arbeitssystem eine Arbeitsanalyse durchzuführen, so erfolgt der Einsatz von Methoden, Verfahren und Instrumenten, die dazu dienen, Informationen über Arbeitstätigkeiten, die organisatorisch-technischen Arbeitsbedingungen, die Arbeitsmittel und Werkzeuge sowie deren Auswirkungen auf die Arbeitsperson zu erfassen, aufzubereiten und zu interpretieren (Schlick et al. 2010). Dies kann für einen spezifischen theoretischen Sachverhalt oder für einzelne Elemente eines Arbeitssystems erfolgen, sodass die Arbeitsanalyse nicht nur analytisch, sondern auch zu Bewertungs- und Gestaltungszwecken eingesetzt werden kann (Kamiske und Brauer 2008). Pragmatisch wird oft zwischen einer psychologischen und einer tätigkeitsbezogenen Arbeitsanalyse unterschieden (Dunkel 1999; Engelhardt 2006). Erstere beschränkt sich auf die Wirkungen der Arbeitsbedingungen und der Anforderungen auf die Arbeitsperson (Dunkel 1999), wohingegen tätigkeitsbezogene Analysen Daten zu den Arbeitsinhalten und deren Bearbeitung erheben (Engelhardt 2006).

Zur Durchführung einer Arbeitsanalyse können Softwaresysteme unterstützend eingesetzt werden. So bieten entsprechende Werkzeuge Möglichkeiten zur Erfassung von Aufgaben, Tätigkeiten, Ereignissen, Zeitpunkten und -intervallen (z. B. dmc-Ortim). Andere Werkzeuge, wie z. B. „LotusOrganizer", „TaskTimer", „TeamWorks", stellen Funktionen zur Verwaltung und Delegation von Aufgaben, Kontakten und Terminen bereit. Den Autoren ist aber kein Werkzeug bekannt, welches es Arbeitspersonen ermöglicht, ein Arbeitssystem mit schwach strukturierten Arbeitsprozessen hinsichtlich seiner Produktivität zu bewerten, um darauf aufbauend individuelle Verbesserungsmaßnahmen abzuleiten.

10.3.2 Studien zur Arbeitsanalyse

Zur Ableitung der Anforderungen an ein methodengestütztes Instrumentarium zur Arbeitsanalyse von schwach strukturierten Arbeitsprozessen wurden zunächst die Management Science Studien (Mintzberg 1970; Horne und Lupton 1965; Mintzberg 1973, 1971) der 1960er und 1970er Jahre analysiert. Ausgehend von diesen Veröffentlichungen werden in der Literatur (Beuscher-Mackay et al. 2009; Perlow 1999; Gonzáles und Mark 2004), zur Analyse und Bewertung einer individuellen Arbeitsorganisation insbesondere die Studie von Mintzberg (1970, 1971) als Ausgangspunkt und Meilenstein bewertet. Daher werden in den nächsten Abschnitten die Studien vorgestellt, die auf die Methodik von Mintzberg (1971) referenzieren und zudem einen Beitrag zur Analyse von schwach strukturierten Arbeitsprozessen leisten.

Horne und Lupton (1965)

Horne und Lupton (1965) untersuchten in ihrer Studie wie 66 Arbeitspersonen des mittleren Managements ihre Arbeitszeit nutzen. Hierzu entwickelten sie einen *Managers Activity Record*, der sich aus mehreren Begrifflichkeiten zusammensetzte und den Managern vorgelegt wurde. Traf eine Begrifflichkeit für den Arbeitstag zu, so war diese von den Managern auf dem Blatt abzuhaken. Hierbei ermöglichte die Gesamtheit der je Tag ausgewählten Begriffe einen Rückschluss auf die tägliche Arbeit eines Managers. Ergänzend zu den selektierten Begriffen wurden über einen Zeitraum von einer Woche Angaben zur Dauer, zum Ort und zum Zweck der Aktivitäten erfasst.

Basierend auf diesen Ergebnissen und in Zusammenarbeit mit den beobachteten Managern entwickelten Horne und Lupton für eine Tätigkeitsanalyse die vier Kategorien: *„Formulating“*, *„Organizing“*, *„Unifying“* und *„Regulating“*, denen sie die erfassten Tätigkeiten jeweils zuordneten. Dabei könnten sie zeigen, dass ein Großteil der Arbeit auf die letzten drei Kategorien entfällt. Demnach benötigt ein Manager insbesondere Kenntnisse und Fähigkeiten zur Organisation, Regulation und Kontrolle, die zusammen ungefähr drei Viertel aller Tätigkeiten ausmachen.

Mintzberg (1971)

Mintzberg (1971) beobachtete im Jahr 1971 insgesamt fünf Manager von Unternehmen über eine Woche, um eine Übersicht über ihre Tätigkeiten, Entscheidungen und individuelle Arbeitsorganisation zu erhalten. Nach dem Prinzip der strukturierten Beobachtung begleitete er diese Manager während des gesamten Arbeitstages und erfasste ihre Tätigkeiten. Eine sogenannte *„Kontaktzeit“* des Managers *(time in verbal contact)* ergab sich für den Manager aus seiner täglichen Arbeitszeit abzüglich der Arbeitszeit, in der er ohne mündliche Kommunikation alleine an seinem Arbeitsplatz *(desk work)* arbeitete. Die Kontaktzeit betrug für die fünf untersuchten Manager 78 % der Gesamtarbeitszeit (Mintzberg 1970).

Aus den erhobenen Daten konnte Mintzberg sechs Arbeitsinhaltskategorien sowie zehn Managementrollen ableiten. Diese Rollen wurden den drei Hauptkategorien

„Interpersonelle Rollen“, *„Informationelle Rollen“* und *„Entscheidungsrollen“* zugeordnet. Aus den Beobachtungsdaten ließen sich die folgenden Ergebnisse zur Struktur der Tätigkeitszeit ableiten:

- 22 % der Arbeitszeit wurde im Durchschnitt für die Arbeit am Schreibtisch *„Desk Work“* benötigt,
- 6 % wurde im Durchschnitt für Telefonate verwendet,
- 59 % diente der Wahrnehmung von geplanten Meetings,
- 10 % wurde für situative, ungeplante Meetings benötigt und
- 3 % waren für Aktivitäten außerhalb des Unternehmens.

Mintzberg beobachtete bei einem Manager im Mittel 22 Aktivitäten mit einer durchschnittlichen Dauer von 22 min. Entsprechend war die individuelle Arbeitsorganisation charakterisiert durch abwechslungsreiche, kurz aufeinander folgende Aufgabenwechsel, die zu spezifischen Aktivitäten führten und weitestgehend ad-hoc auftraten.

Kurke und Aldrich (1983)

Die Studie von Mintzberg (1970) wurde von Kurke und Aldrich (1983) durch eigene empirische Befunde in Dienstleistungsunternehmen und Unternehmen der Sachgüterproduktion ergänzt. Hierzu wurden vier Top-Manager jeweils über eine Woche begleitet. Die von den Managern wahrgenommene Vernetzerrolle erreichte mit im Durchschnitt 50 % der Kontaktzeit den gleichen Wert wie bei Mintzberg. Geringer fielen hingegen die Zeitanteile für die Repräsentantenrolle und Aktivitäten außerhalb des Unternehmens aus.

Snyder und Wheelen (1981)

Den Zusammenhang zwischen der Arbeitsorganisation, der Persönlichkeit eines Managers und der Rollenausübung wurde von Snyder und Wheelen untersucht (Snyder und Wheelen 1981). Hierzu beobachteten sie zwei Top-Manager über vier Tage. Abweichend von den Untersuchungen von Mintzberg (1970) und Kurke und Aldrich (1983) wurden von diesen Managern verstärkt Aktivitäten während der Arbeitszeit ausgeführt, die der Repräsentantenrolle (16,6 %) und der Vernetzerrolle (13,7 %) zuzuordnen waren. Die Autoren führen die unterschiedliche Arbeitsorganisation auf die Persönlichkeit des Managers und das personenindividuelle Management zurück, das dadurch gekennzeichnet ist, dass Manager Aufgaben definieren, die ihren Vorlieben entsprechen.

O’Conaill und Frohlich (1995)

O’Conaill und Frohlich untersuchten in ihrer Studie aus dem Jahr 1995 das Auftreten von Unterbrechungen bei Tätigkeiten von Arbeitspersonen an Arbeitsplätzen in indirekten Bereichen. Hierbei wurde neben der Häufigkeit und dem Umfang, der Anteil an Unterbrechungen identifiziert, die von der Arbeitsperson zugelassen oder abgelehnt wurden. Ferner wurde von den Autoren erfasst, wie störend die Arbeitspersonen die Unterbrechungen

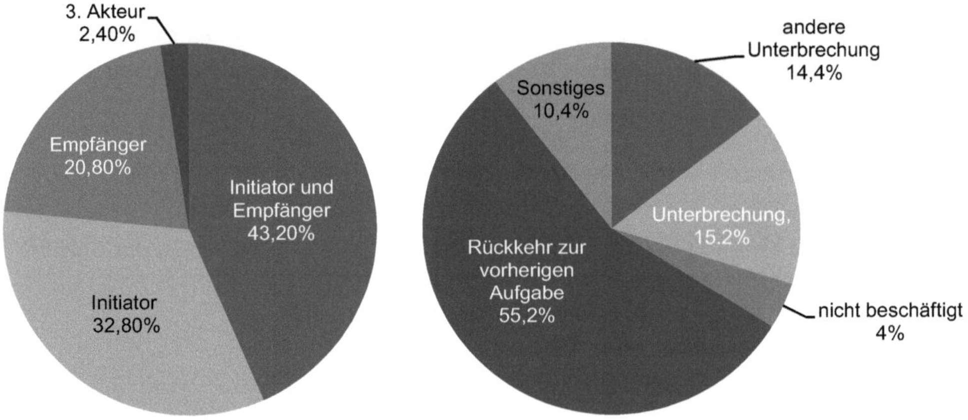

Abb. 10.1 Ergebnisse aus der Analyse der beobachteten Unterbrechungen (O'Conaill und Frohlich 1995)

erlebt haben und wer von den Ergebnissen der Unterbrechung profitiert. Um die hierzu erforderliche Datengüte zu erreichen, wurden zwei Arbeitspersonen über einen Zeitraum von zwei Tagen mit einer Videokamera gefilmt.

Mit dieser Datengrundlage konnten O'Conaill und Frohlich belegen, dass Unterbrechungen bei administrativen Tätigkeiten einen häufig auftretenden und zeitraubenden Faktor darstellen. Hierbei zeigte sich, dass die Ursachen und Auswirkungen von solchen Unterbrechungen nur selten durch Arbeitspersonen abgewehrt wurden. So kam es zu mindestens vier Unterbrechungen in einer Arbeitsstunde, wobei die durchschnittliche Unterbrechungsdauer 2 min und 11 s betrug. Hierbei erzeugte die Arbeitsperson in 32,8 % der Unterbrechungen einen eigenen Nutzen und in 20,8 % der Fälle resultierte aus der fremdinitiierten Unterbrechung ein Nutzen für eine andere Arbeitsperson. Den größten Anteil (43,2 %) machten aber Unterbrechungen aus, die für alle beteiligten Arbeitspersonen einen Nutzen hatten (Abb. 10.1).

Nach einer solchen Unterbrechung wurde mit einem Anteil von über 40 % eine andere als die zuvor bearbeitete Aufgabe begonnen, so dass ein Aufgabenwechsel in Verbindung mit der Unterbrechung vollzogen wurde (Abb. 10.1). Hierbei erlebte die Arbeitsperson die Unterbrechung aufgrund der auslösenden Ursache oder des Inhalts der Unterbrechung zu 64 % als vorteilhaft.

Perlow (1999)
Die Studie von Perlow (1999) analysiert, wie Arbeitspersonen ihre Zeit am Arbeitsplatz nutzen, welchen Effekt die individuelle Arbeitsorganisation auf die einzelne Person und die Arbeitsgruppe hat und wie die eingesetzte Arbeitszeit im Rahmen einer Selbsteinschätzung wahrgenommen wird. Hierzu hat die Autorin eine Gruppe von 17 Softwareentwicklern über einen Zeitraum von neun Monaten beobachtet und ergänzende Interviews und Selbstaufschreibungen durchgeführt. Hierbei wurde jeder Softwareentwickler im Rahmen einer Tätigkeitsanalyse mindestens einen halben Tag von ihr beobachtet. Ferner waren

von den Arbeitspersonen Selbstaufschreibungen für weitere 35 Tage zu erstellen. Diese Daten analysierte Perlow mit den Arbeitspersonen tagesscharf und erfasste im Rahmen dieser Gespräche die Initiatoren, Inhalte und Bewertungen von Interaktionsprozessen.

Anhand der Daten konnte Perlow (1999) nachweisen, dass die untersuchten Entwickler ungefähr 30 % ihrer Arbeitszeit für die Interaktion mit anderen Arbeitspersonen benötigen. Ein solcher Austausch erfolgte zu 95 % durch spontane Unterbrechungen, so dass die Entwickler eine Diskrepanz zwischen Arbeitsaufgaben und verfügbarer Tätigkeitszeit wahrnahmen. Um dennoch eine zusammenhängende Aufgabenbearbeitung zu ermöglichen, legte Perlow einzelne Zeiträume fest, in denen Unterbrechungen durch Vorgesetzte und Kollegen nicht erlaubt waren *(„Quiet Time“)*. Anschließend wurden die Auswirkungen der veränderten Arbeitsorganisation *(„Interaction Time“* vs. *„Quiet Time“)* auf die Produktivität der Gruppe evaluiert. Hierbei wurde es leider versäumt, ein objektives Maß für die Messung der Produktivität von Handlungen einzuführen, so dass die Bewertung ausschließlich auf der Selbsteinschätzung der Entwickler mittels einer Befragung basiert.

Die Dauern der *Interaction Time* und *Quiet Time* wurden als unabhängige Variable in drei Phasen variiert (Phase 1: *Quiet Time,* 3 Wochentage: 8:00–12:00 Uhr; Phase 2: *Interaction Time,* 11:00–15:00 Uhr, restliche Zeit: *Quiet Time,* Phase 3: *Quiet Time,* 3 Wochentage: 8:00–12:00 Uhr), während die subjektiv wahrgenommene Produktivität als abhängige Variable beobachtet wurde. Hieraus resultierte eine festzustellende Abhängigkeit der wahrgenommenen Produktivität von der Lage und der Länge der *Quiet Time.* Für die erste Phase gaben 59 % der Entwickler eine überdurchschnittliche Produktivität an. In der daran anschließenden zweiten Phase fiel dieser Wert auf 41 %, stieg jedoch anschließend in Phase 3 wieder auf einen Wert von 65 %. Dieser Produktivitätszuwachs konnte aber nicht nachhaltig erzielt werden. So sank die Produktivität trotz Beibehaltung der *Quiet Time* einen Monat nach dem Ende der dritten Phase auf 47 %. Perlow kam daher zu dem Ergebnis, dass ohne eine Änderung der zugrundeliegenden Arbeitsstrukturen der Erfolg einer Arbeitsstrukturierungsmaßnahme nur kurzfristig in einem Unternehmen wirkt.

Dennoch konnte mit der Studie belegt werden, dass systematisch strukturierte Interaktionen zwischen Arbeitspersonen für das Erreichen von Arbeitszielen und für die erfolgreiche Bewältigung von Arbeitsaufgaben förderlich sind, da auf diese Weise ausreichend Informationen für die Bearbeitung von Aufgaben vorliegen. Es bedarf daher nach Perlow (1999) der systematischen Steuerung des Zeitpunktes, der Lage sowie der Häufigkeit von Interaktionen (Abb. 10.2), um die Anzahl an Unterbrechungen zu begrenzen.

Hudson et al. (2002)

Eine andere Fragestellung im Zusammenhang mit den Tätigkeiten von Managern wurde in der Studie von Hudson et al. (2002) untersucht. Diese hatte zum Ziel, die Einstellungen von Führungskräften gegenüber der eigenen Verfügbarkeit und den Unterbrechungen ihrer Tätigkeiten im täglichen Arbeitsablauf zu identifizieren. In diesem Zusammenhang wurde von den Managern erfragt, welche technischen Systeme ihre tägliche Arbeit unterstützen würden. Hierzu statteten Hudson et al. (2002) zwölf Forschungsleiter des Unternehmens IBM mit Pagern aus. Diese Geräte erzeugten in Anlehnung an die *Experience Sampling*

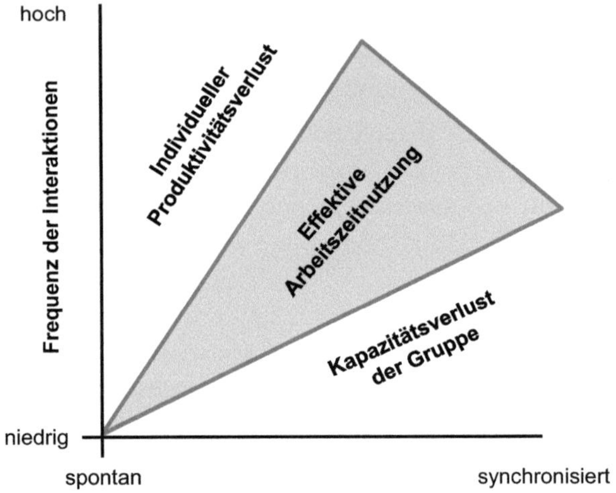

Abb. 10.2 Effekte von Interaktionen auf die Arbeitszeitnutzung (Perlow 1999)

Method in zufälligen Intervallen Ereignisse, die zu einer Unterbrechung der Arbeit und dem Ausfüllen eines kurzen Fragebogens führten. In dieser Umfrage – mit einer Dauer von 30 s – wurden die aktuell ausgeführte Tätigkeit, das Empfinden der Unterbrechung und die Anwesenheit von weiteren Personen im Raum erfragt. Hudson et al. (2002) sammelten über einen Zeitraum von einer Woche bei 10 Umfragen pro Tag 295 Umfrageergebnisse. Ergänzend zu diesen Daten wurde mit den Managern jeweils ein halbstündiges Interview geführt, das die Empfindungen und Herausforderungen hinsichtlich ihrer geforderten Verfügbarkeit und der Fragmentierung der Arbeit erfasste.

Die von Hudson et al. (2002) erhobenen Daten zeigen, dass Manager durchschnittlich 43 % ihrer Arbeitszeit ohne direkte Interaktion und 46 % in direkter Interaktion mit anderen Personen verbringen. Während dieser Zeit auftretende Unterbrechungen werden von ihnen als ein Bestandteil ihrer Aufgaben wahrgenommen. Vielmehr besteht sogar der Wunsch nach Unterbrechungen, damit es aufgrund von fehlenden oder unzureichenden Informationen nicht zu ungeplanten Ereignissen kommt. Abb. 10.3 zeigt die unterschiedlichen Einstellungen von Managern hinsichtlich Unterbrechungen im Tagesverlauf.

Basierend auf der Erkenntnis, dass Unterbrechungen von Managern auch als hilfreich wahrgenommen werden, entwickelten Hudson et al. ein Konzept zu deren Unterstützung. Dieses sieht vor, die aktuelle Wahrnehmung bzw. Bewertung einer möglichen Störung durch den Manager zu erfassen. Die ermittelte Einschätzung wird jeweils den Arbeitspersonen des Arbeitssystems präsentiert, sodass diese entscheiden können, ob eine Unterbrechung zu diesem Zeitpunkt effizient ist.

Gonzáles und Mark (2004)

Gonzáles und Mark (2004) fokussieren sich in ihrer Studie auf die Auswirkungen der eingesetzten Informationstechnologie auf die Fragmentierung von Arbeitstätigkeiten. Konnte eine solche hohe Fragmentierung festgestellt werden, so wurden von den Autoren die Strategien der Arbeitspersonen zur Arbeitsorganisation näher untersucht.

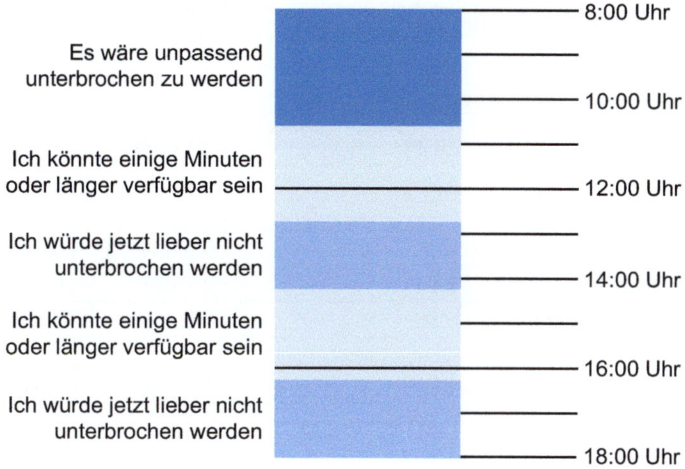

Abb. 10.3 Einstellung von Managern hinsichtlich Unterbrechungen im Tagesverlauf (Hudson et al. 2002)

Als Untersuchungsgruppe wurden vierzehn Personen, bestehend aus Softwareentwicklern, Datenbankadministratoren, Finanzanalysten und Managern über einen Zeitraum von sieben Monaten gewählt. Hierbei begleiteten Gonzáles und Mark jede Person für dreieinhalb Tage und dokumentierten mit der Methode der direkten Beobachtung deren durchgeführte Tätigkeiten. Ergänzend zu den Zeitpunkten einer Aufgabenbearbeitung wurden die zugehörigen Arbeitsobjekte analysiert und ein zweistündiges Interview durchgeführt. Hierbei zeigte sich, dass die beobachteten Arbeitstage durch einen sehr häufigen Wechsel zwischen verschiedenen Tätigkeiten gekennzeichnet waren, sodass für die Bearbeitung einer Aufgabe mehrere Bearbeitungszeitpunkte in Form von Zeitblöcken existieren (Tab. 10.1).

Um der Fragmentierung eines Arbeitstages entgegenzuwirken, führten Gonzáles und Mark das Konzept der *Working Spheres* ein. Eine *Working Sphere* definiert die Menge an zusammenhängenden Ereignissen, die ein gemeinsames Motiv bzw. ein Ziel teilen, eine Kommunikation oder Interaktion in einer bestimmten Konstellation von Personen erfordern, eine spezifische Ressourcenkonstellation nutzen oder einen eigenen individuellen Zeitrahmen besitzen. Auch beim Aggregieren von Tätigkeiten zu *Working Spheres* bleibt es bei einem durchschnittlichen Wechsel zwischen den Blöcken nach 12 min. Um dennoch auf diese Fragmentierung zu reagieren, nutzten die Arbeitspersonen Methoden zur Minimierung des jeweils erforderlichen Einarbeitungsaufwands. Hierzu verwendeten sie z. B. spezielle In-Box-Ordner, welche die empfangenen E-Mails den verschiedenen *Working Spheres* zuordnen oder ein System zum Ablegen von E-Mails und Notizen entsprechend der *Working Spheres* auf dem Schreibtisch.

Aus den beobachteten Varianten an individueller Arbeitsorganisation leiten Gonzáles und Mark (2004) Gestaltungsempfehlungen für den Umgang mit der Informationstechnologie zur Defragmentierung des Arbeitsalltages ab. Ferner fordern sie eine unterneh-

Tab. 10.1 Durchschnittliche Tätigkeitsanteile an einem Arbeitstag

Tätigkeit	% an gesamten Tag	Ø Zeit/Tag	Ø Zeit/Tätigkeit
Telefonieren	5.83	0:30:22	0:02:25
Email schreiben/ lesen	9.17	0:47:46	0:02:22
PC Nutzung	29.48	2:33:36	0:02:53
Umgang mit Dokumenten und Büchern	6.80	0:35:25	0:01:47
Nutzung anderer Werkzeuge	0.3	0:01:38	0:01:04
Durch Wände sprechen	2.94	0:15:18	0:01:40
Mit anderen Personen in deren Büro sprechen	6.88	0:35:53	0:03:34
Geplante Meetings	14.39	1:14:58	0:41:47
Andere Büros aufsuchen	9.11	0:47:29	0:07:37
Andere	15.09	1:18:39	0:17:27
Alle Tätigkeiten mit Ausnahme von „Formale Meetings" und „Andere"	*70.52*	*0:45:50*	*0:03:08*
Alle Tätigkeiten	*100*	*0:52:07*	*0:08:55*

mensbezogene Bewertung der Bedeutung von Hilfsmitteln, wie Zeichenblöcken, Post-its oder Planern als auch der bestehenden IT-Systeme aus der Perspektive der individuellen Arbeitsorganisation einer Person. Entsprechend ist die Studie von Gonzáles und Mark (2004) als eine Ergänzung der vorherigen Studien von Horne und Lupton (1965), Mintzberg (1970) und Hudson et al. (2002) anzusehen, welche die hohe Fragmentierung der Tätigkeiten nun auch für hoch technisierte Arbeitsumgebungen bestätigt und um das Konzept der *Working Spheres* erweitert.

Rennecker und Godwin (2005)

Rennecker und Godwin (2005) beobachteten mit *„Verzögerungen" (Delays)* und *„Unterbrechungen" (Interruptions)* zwei Kommunikationsformen, die maßgeblich für die Arbeitsorganisation von wissensintensiven Dienstleistungen sind. So führen Verzögerungen bei der Kommunikation aufgrund von fehlenden Informationen zu einer ineffizienten individuellen Arbeitsorganisation. Folgt aufgrund der Intention ein solches Defizit umgehend zu beseitigen und Wartezeiten zu vermeiden das Unterbrechen einer anderen Arbeitsperson, so führt dies zu einer fremdinitiierten Störung von deren individuellen Arbeitsorganisation. Diese Erkenntnis übertragen Rennecker und Godwin (2005) auf die heute in Unternehmen bestehenden Kommunikationstechnologien und IT-Werkzeuge, die zu einem *„First-Order Effect"* und einem *„Second-Order Effect"* führen. Der *„First-Order Effect"* ergibt sich aus dem Ziel des Einsatzes von IT-Technologie zur umgehenden Bereitstellung der benötigten Informationen durch ein kombiniertes Pull- und Push-Prinzip. Diese Technologie führt aber in der Praxis zu einem deutlichen Anstieg der Anzahl an fremdinitiierten und somit ungeplanten Unterbrechungen *(„Second-Order Effect")*, die eine effiziente, im Vorfeld planbare individuelle Arbeitsorganisation erschwert. Entsprechend ist für eine gute individuelle Arbeitsorganisation der Zielkonflikt zwischen dem Auftreten einer Verzögerung und den Folgen einer Unterbrechung einer anderen Arbeitsperson aufzulösen.

Hierzu beschreiben Rennecker und Godwin (2005) das Konzept der synchronen und asynchronen Kommunikation. Sie gehen dabei davon aus, dass Arbeitspersonen nicht immer das schnellste Kommunikationsmedium wählen (Markus 1994) und dass eine Anfrage bzgl. einer Information immer nicht als eine Unterbrechung wahrgenommen wird (Markus 1996). Basierend auf dieser Annahme konnten Rennecker und Godwin (2005) zeigen, dass die richtige Reaktion auf Verzögerungen und Unterbrechungen sowie das Bedürfnis nach einer individuellen Kontrolle in Verbindung mit den aus der Unternehmenskultur vorgegebenen Rahmenbedingungen maßgeblich die Arbeitsorganisation bestimmt.

Beuscher-Mackay et al. (2009)

Beuscher-Mackay et al. (2009) untersuchten die Belastung und Beanspruchung von Projektleitern bei der Planung und Durchführung von Fabrikplanungsprojekten. Hierzu wurden im Rahmen eines Pretests 20 Ablaufarten für die Arbeitspersonen identifiziert und in Anlehnung an Mintzberg (1970) sechs Hauptkategorien – *geplante Besprechung, ungeplante Besprechungen, Telefonieren, Schreibtischarbeit, Wege, Sonstiges* – zugeordnet.

Die Arbeitsanalyse der fünf Projektleiter erfolgte anschließend mittels des Verfahrens der strukturierten Beobachtung. Hierbei wurden die Projektleiter jeweils einen halben Tag von einem Beobachter begleitet. Während dieser Zeit erfasste der Beobachtende deren Tätigkeiten mit Hilfe eines PDAs, auf dem die vorher definierten Tätigkeitskategorien auszuwählen waren. Ergänzend zu diesen Daten wurden Befragungen der Projektleiter zur wahrgenommenen Effektivität und erlebten Arbeitsbelastung durchgeführt. Beide Größen wurden stündlich mit Hilfe einer achtstufigen Ordinalskala aufgenommen.

Die Ergebnisse von Beuscher-Mackay et al. (2009) zeigen, dass der Arbeitsalltag von Projektleitern in Fabrikplanungsprojekten durch ein hohes Maß an Kommunikation, „Bruchstückhaftigkeit" sowie vielen ungeplanten Tätigkeiten geprägt ist (Tab. 10.2). Aus

Tab. 10.2 Durchschnittsdauern der Ablaufarten (Beuscher-Mackay et al. 2009) im Vergleich zur Studie von Mintzberg (1970)

Beuscher-Mackay et al.		Mintzberg Studie	
Ablaufart	Durchschnittsdauer	Ablaufart	Durchschnittsdauer
Geplante Besprechungen	00:32:58	Scheduled Meetings	01:08:34
Ungeplante Besprechungen	00:01:54	Unscheduled Meetings	00:11:53
Telefonieren	00:02:44	Telephone Calls	00:05:52
Schreibtischarbeit	00:02:35	Desk Work	00:15:00
Wege	00:00:42	–	–
–	–	Tours	00:11:00
Gesamt	*00:02:13*	*Gesamt*	*00:22:11*

den Daten der subjektiven Bewertung der Effizienz und der Arbeitsbelastung konnten hingegen keine signifikanten Aussagen für einen etwaigen Zusammenhang zwischen der Arbeitsorganisation und der wahrgenommenen Beanspruchung und Effizienz abgeleitet werden.

Abweichend zur Studie von Mintzberg (1970) identifizierten Beuscher-Mackay et al. (2009) für die Projektleiter einen höheren Anteil an Schreibtischarbeit, Telefonaten und ungeplanten Besprechungen, die aber jeweils eine geringere Durchschnittsdauer hatten. Eine Ursache hierfür liegt in der drastischen Veränderung der Arbeitssysteme und der Informationstechnologie zwischen den Jahren 1971 und 2009. So besteht durch Smartphones die Möglichkeit der stetigen und direkten Kommunikation. Schreibbüros und Sekretariate, wie sie bei der Untersuchung von Mintzberg existierten, bestehen aber heute nicht mehr, so dass die veränderte Ausgestaltung von Arbeitssystemen eine weitere Ursache für die fragmentiertere Arbeitsorganisation ist.

10.3.3 Zusammenfassende Betrachtung

Die vorgestellten Studien bieten einen prägnanten Überblick über die Arbeitsinhalte und die individuelle Arbeitsorganisation von Arbeitspersonen bei der Planung und Ausführung von wissensintensiven Tätigkeiten. Aus diesen Ergebnissen leitet sich für die beiden letzten Dekaden ein zunehmendes Interesse an einer Identifizierung der Auswirkungen von Informationstechnologie und einer damit verbundenen höheren Kommunikationsfrequenz auf die individuelle Arbeitsorganisation ab. Mit dem durch die Studien erbrachten Nachweis einer zunehmenden Fragmentierung von Arbeit sind die Konzepte zur Beschreibung und Beherrschung von kurzen und in schneller Frequenz wechselnden Tätigkeitszeiträumen in den Fokus der Arbeitsorganisations- und Zeitmanagementforschung gerückt. Daher werden zur Ableitung der Anforderungen an das zu entwickelnde Instrumentarium für die personenindividuelle Bewertung und Verbesserung der individuellen Arbeitsorganisation sowie zur Konzipierung einer Verifikationsstudie die identifizierten Studien anhand der folgenden Kriterien gegliedert:

1. **Einführung von unterbrechungsfreien Zeiträumen:** Systematische Definition von Zeiträumen, in denen die Wahrscheinlichkeit einer fremdinitiierten Störung durch arbeitsorganisatorische Maßnahmen minimiert wurde.
2. **Vollständige Erfassung eines Arbeitstages von Arbeitspersonen:** Lückenlose Dokumentation der Tätigkeiten und der Bearbeitungszeitpunkte von Aufgaben für eine Arbeitsperson an einem Arbeitstag.
3. **Untersuchung des Einflusses von Interaktionsprozessen auf die Produktivität:** Die Auswirkungen von Tätigkeiten zur Kommunikation, Koordination und Kooperation auf die Effektivität und Effizienz einer Aufgabenbearbeitung wurden anhand einer objektiven Metrik erfasst.

4. **Selbsteinschätzung der Produktivität:** Die Arbeitspersonen haben eine Selbsteinschätzung der Produktivität ihrer Handlungen vorgenommen.
5. **Bewertung der Fragmentierung eines Arbeitstages:** Die Anzahl an unterschiedlichen Tätigkeiten bzw. Aufgaben an einem Arbeitstag und die Häufigkeit an Aufgabenwechseln wurden erfasst.
6. **Beurteilung der durch Arbeitspersonen vorgenommenen Arbeitsorganisation:** Für die erfassten Handlungen der Arbeitspersonen erfolgte eine Bewertung der konkreten Planung und Ausführung von Handlungen zur Aufgabenbearbeitung.
7. **Entwicklung und Evaluierung von Aufgabenclustern:** Zur Strukturierung der Arbeitsorganisation wurde ein Clustering von Aufgaben bzw. Tätigkeiten zu inhaltlichen oder zeitlichen Aufgabenblöcken durchgeführt.
8. **Untersuchung der Auswirkungen von Unterbrechungen:** Es wurde eine Bewertung der Auswirkungen von eigen- und fremdinitiierten Unterbrechungen auf die Arbeitsorganisation und Arbeitseffizienz vorgenommen.
9. **Ableitung von Verbesserungsvorschlägen:** Auf der Grundlage von empirischen Daten aus Unternehmen wurden Handlungsempfehlungen oder Maßnahmen für die individuelle Arbeitsorganisation der Beschäftigten abgeleitet.

Eine zusammenfassende Betrachtung der identifizierten Veröffentlichungen anhand der eingeführten Kriterien ist Tab. 10.3 zu entnehmen. Diese legt offen, dass die vollständige Erfassung und anschließende Bewertung der Fragmentierung eines Arbeitstages wesentlich für wissensintensive Tätigkeiten ist. Daher ist der mehrfache Wechsel zwischen Aufgaben ebenso vom zu entwickelnden Instrumentarium zu erfassen, wie das Auftreten und Bearbeiten von eigen- und fremdinitiierten Unterbrechungen. Hierbei ist zu berücksichtigen, dass die Ergebnisse der Studien aus den 1970er, 1980er und 1990er Jahren

Tab. 10.3 Bewertung ausgewählter Studien zur Analyse der Arbeitsorganisation

	Kriterien zur Klassifizierung der Studien								
	(1)	(2)	(3)	(4)	(5)	(6)	(7)	(8)	(9)
Horne und Lupton (1965)	○	◑	○	○	◑	○	◑	○	○
Mintzberg (1970, 1971)	○	●	○	○	●	○	◑	◑	○
Snyder und Wheelen (1981)	○	●	○	○	●	○	◑	◑	○
Kurke und Aldrich (1983)	○	●	○	○	●	○	◑	◑	○
O'Conaill und Frohlich (1995)	○	●	◑	○	●	○	○	●	○
Perlow (1999)	●	●	◑	◑	◑	◑	◑	○	●
Hudson et al. (2002)	◑	◑	◑	◑	●	○	●	●	◑
Gonzáles und Mark (2004)	◑	●	●	◑	●	●	●	●	●
Rennecker und Godwin (2005)	○	○	●	○	○	○	○	●	●
Beuscher-Mackay et al. (2009)	○	●	◑	◑	●	◑	●	●	●

Legende: ● erfüllt, ◑ teilweise erfüllt, ○ nicht erfüllt

aufgrund der heute bestehenden Kommunikationsmedien – E-Mail, Instant-Messaging in Verbindung mit der Smartphone-Technologie – und der damit verbundenen Veränderung der Arbeitswelt ggf. nur noch eine begrenzte Gültigkeit besitzen. Auch fehlt der Nachweis, ob die aus den Studien von Mintzberg (1970) und Beuscher-Mackay et al. (2009) abgeleiteten Tätigkeitskategorien für die Erbringung von wissensintensiven Dienstleistungen valide sind.

Die Erhebung der Daten erfolgt in dem überwiegenden Anteil der Studien in Tab. 10.3 mit der Methode der Beobachtung der Arbeitsperson durch einen Versuchsleiter (Mintzberg 1970; Beuscher-Mackay et al. 2009; Snyder und Wheelen 1981; Perlow 1999; Mintzberg 1971) sowie einem ergänzenden Interview im Anschluss an die Beobachtung (Beuscher-Mackay et al. 2009; Perlow 1999; Gonzáles und Mark 2004). Hierbei benötigten alle vorgestellten Studien mindestens eine externe Person für die Erhebung der Arbeitsorganisation. Der hierdurch verursachte Aufwand verhindert eine kontinuierliche Dokumentation, Bewertung und Verbesserung der Arbeitsbedingungen und der individuellen Arbeitsorganisation. Somit fehlt es an einem Instrumentarium, welches von einer Arbeitsperson eines Arbeitssystems eigenständig zur Bewertung ihrer Arbeitsorganisation genutzt werden kann. Dieses muss neben der Bereitstellung von validen Kennzahlen für die Güte einer individuellen Arbeitsorganisation auch eine Datenerhebung gewährleisten, die sich in den Arbeitsalltag integriert und zudem einen möglichst geringen Arbeitsaufwand für die Arbeitsperson erzeugt.

10.4 Methode zur Bewertung der individuellen Arbeitsorganisation

Die empirischen Studien von Mintzberg (1970) und Beuscher-Mackay et al. (2009) zeigen auf, dass die Evaluation der individuellen Arbeitsorganisation bei schwach strukturierten Arbeitsprozessen Erkenntnisse über ineffiziente und ineffektive Handlungen sowie unnötig belastende Arbeitsbedingungen bereitstellen kann. Da die Datenerhebung in diesen Studien durch systematisch durchgeführte Beobachtungen oder mittels einer Befragung erfolgte, sind diese Vorgehensweisen aufgrund des erforderlichen Aufwands sowie inhärenter Methodendefizite für eine kontinuierliche Datenerhebung nicht geeignet. Es fehlt daher an einer Methode zur Erfassung und Bewertung der individuellen Arbeitsorganisation durch die Arbeitsperson eines Arbeitssystems. Gelingt es, das Verfahren der Datenerhebung bestmöglich in die für eine Arbeitsaufgabe erforderlichen Handlungen der Arbeitsperson zu integrieren, so kann das Nutzen-Kosten-Verhältnis zwischen dem erforderlichen Aufwand für den Anwender und dem Nutzen, der sich aus der Ableitung von Handlungsempfehlungen für die individuelle Arbeitsorganisation ergibt, maximiert werden. Ausgehend von der Darstellung des hier vorliegenden Verständnisses des Begriffs der individuellen Arbeitsorganisation wird ein formales Modell für ein solches System entwickelt, um nach einer kurzen Einführung in die Vorgehensweise bei der Konzipierung eines Kennzahlensystems, Kennzahlen für die individuelle Arbeitsorganisation zu präsentieren.

10.4.1 Individuelle Arbeitsorganisation

Der Begriff der Arbeitsorganisation wird häufig im Rahmen der Planung und Ausführung von Handlungen zur Lösung von Arbeitsaufgaben angewandt. Der Inhalt der Arbeitsorganisation wird dabei auf sehr unterschiedliche Bereiche bezogen. Beispielsweise subsumiert Schlick et al. (2010) unter dem Begriff der Arbeitsorganisation die Planung und Gestaltung einzelner Arbeitssysteme unter Voranstellung der Aspekte Arbeitsteilung und Kooperation. In anderen Definitionen von Arbeitsorganisation wird sich dagegen auf die individuellen Arbeitsweisen der Arbeitspersonen bezogen, die sich hinsichtlich der Entscheidungen und der ausgewählten Arbeitsausführungen unterscheiden (Hacker 1984). Beide Aspekte sind eine Voraussetzung dafür, dass eine Arbeitsperson Handlungen ausführt, die auf die Erfüllung der ihr zugewiesenen Arbeitsaufgaben gerichtet sind. Eine Abgrenzung und Definition des Begriffs sind daher hier notwendig.

Die hier betrachtete individuelle Arbeitsorganisation einer Arbeitsperson umfasst unter Berücksichtigung der durch das Arbeitssystem vorgegebenen Freiheitsgrade das Identifizieren von Entscheidungsoptionen hinsichtlich der Durchführung von Handlungen, die einen Nutzen erzeugen können. Die aus den Entscheidungen entstehenden Handlungen dienen der Ausführung von eigen- oder fremdinitiierten Aufgaben sowie der Reaktion auf Unterbrechungen. Wird die Systematik zur Beschreibung der Möglichkeiten einer Arbeitsgestaltung nach Hacker (1986) zugrunde gelegt, so ist eine solche individuelle Arbeitsorganisation der Funktionsverteilung Mensch – Arbeitsmittel und der Aufgabenverteilung zwischen Menschen nachgelagert (Abb. 10.4).

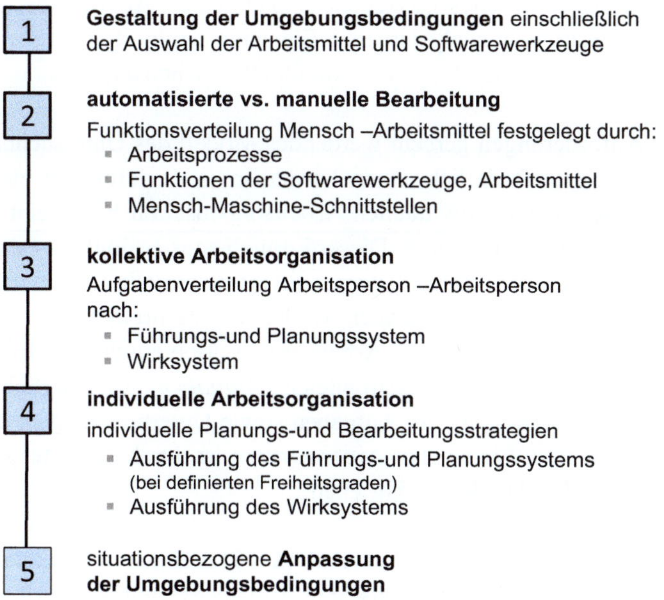

Abb. 10.4 Systematik zur Gestaltung der Arbeitsorganisation in Anlehnung an Hacker (1986)

Die Frage, wie eine individuelle Arbeitsorganisation erfasst und bewertet werden kann, ist somit aus zwei Perspektiven zu betrachten. Durch das Arbeitssystem wird bestimmt, ob Freiheitsgrade für die Arbeitsperson bei der Bearbeitung von Aufgaben bzw. beim Auftreten von Unterbrechungen bestehen und welche Unsicherheit der Aufgabenbearbeitung zugrunde liegt. Darüber hinaus ist die Datenqualität von Bedeutung, da nur dann eine Bewertung der Arbeitsorganisation erfolgen kann, wenn eine Baseline als Referenzgröße besteht. Die Evaluation und Verbesserung der individuellen Arbeitsorganisation ist somit von der Ausgestaltung des *Arbeitssystems* und den *Entscheidungen der Arbeitsperson* abhängig. Die Vorgehensweise der Bewertung bei einem vorgegebenen, unveränderbaren Arbeitssystem unterscheidet sich somit von einem System, welches Möglichkeiten zur Funktionsverteilung zwischen Mensch und Arbeitsmittel sowie der Aufgabenverteilung zwischen Menschen zulässt.

10.4.2 Modell der individuellen Arbeitsorganisation

Jede prospektive Analyse und Bewertung eines Systems setzt zunächst die Entwicklung eines Modells voraus, da die Prospektivität beinhaltet, dass eine Evaluation eines Messkonzeptes unmittelbar am Untersuchungsgegenstand nicht möglich ist und somit ein Abbild der Realität geschaffen werden muss. Die Entwicklung eines Messkonzeptes erfolgt dabei auf zwei Ebenen. Zunächst wird eine formale Beschreibung des Untersuchungsgegenstandes eingeführt, die die Notation und Semantik definiert, mit der ein Modell abgebildet werden kann. Die Syntax und Semantik des Modells besitzt hierbei einen großen Einfluss auf die Validität des Messkonzeptes, da dadurch die Auswahl der für eine individuelle Arbeitsorganisation zu analysierenden Elemente erfolgt. Die zweite Ebene bezieht sich auf die Kennzahlen, die die Güte der individuellen Arbeitsorganisation charakterisieren.

Um ein den Anforderungen gerecht werdendes Modell des Untersuchungsgegenstandes zu erstellen, ist es erforderlich, einen Formalismus zu definieren, der die grundlegenden Eigenschaften einer individuellen Arbeitsorganisation beschreibt und somit als ein theoretischer Hintergrund fungiert. Dieser Formalismus ermöglicht es, die Relationen zwischen den Elementen der Arbeitssysteme, die als potentielle Einflussfaktoren auf die individuelle Arbeitsorganisation angesehen werden, zu beschreiben.

Gekennzeichnet ist eine individuelle Arbeitsorganisation durch die *„Arbeitspersonen"*, ihre Art der *„Zusammenarbeit"*, die bearbeiteten *„Aufgaben"*, die möglichen *„Unterbrechungen"* und die *„Reihenfolge"* der Aufgaben sowie Unterbrechungen, die Bestandteil von Arbeitssystemen sind. Ein solches Arbeitssystem ist durch eine Menge an arbeitsorganisationsrelevanten Merkmalen beschrieben.

Definition 1 Die Menge aller von Schlick et al. (2010) definierten Merkmale $m_{x,1},\ldots, m_{x,n}$ eines Arbeitssystems *x*, die der Funktions- und Aufgabenverteilung sowie den Arbeitsbedingungen zuzuordnen sind, ist M_x:

$$M_x = \{m_{x,1}, \ldots, m_{x,n}\},\ n \in N, x \in X. \tag{10.1}$$

Um die Menge der Einflussfaktoren zu reduzieren, wird im Rahmen der Erstellung des Modells zur Bewertung der individuellen Arbeitsorganisation davon ausgegangen, dass die Ausprägungen der Arbeitsgestaltung der Ebenen 1 bis 3 sowie der Ebene 5 (Abb. 10.4) konstant sind. Somit sind die nicht unmittelbar von der Arbeitsperson beeinflussbaren Arbeitsbedingungen und die Zuordnung der Arbeitsaufgaben zu den Arbeitspersonen eines Dienstleistungssystems nicht Gegenstand der Bewertung einer individuellen Arbeitsorganisation.

Definition 2 Eine Arbeitsperson w_y ist durch die Menge ihrer Fertigkeiten und Fähigkeiten $w_{y,1}, \ldots, w_{y,n}$ bei der Planung und Durchführung von Aufgaben beschrieben:

$$W_y = \{w_{y,1}, \ldots, w_{y,n}\},\ n \in N, y \in Y. \tag{10.2}$$

Definition 3 Einem Arbeitssystem kann abweichend zur Definition von Schlick et al. (2010) nur eine Arbeitsperson w_y zugeordnet werden. Begründet wird dies mit der Fokussierung auf die Entscheidungen und Handlungen einer einzelnen Arbeitsperson. Somit liegt keine personenbezogene Trennung von Planungs- und Führungssystem sowie Wirksystem vor. Entsprechend reduziert sich die Komplexität des von Schlick et al. (2010) beschriebenen Arbeitssystems auf das System in Abb. 10.5. Für die Zuordnung der Arbeitsperson zu einem Arbeitssystem gilt daher für das Modell abweichend:

$$\begin{aligned} z_{x,y} &= 1 \quad \textit{falls} \quad \textit{Arbeitsperson } y \textit{ Bestandteil des Arbeitssystems } x \textit{ ist} \\ z_{x,y} &= 0 \quad \textit{sonst} \end{aligned}, \tag{10.3}$$

$$\textstyle\sum_{x \in X} z_{x,y} = 1, \forall y \in Y. \tag{10.4}$$

Definition 4 Zwischen den Arbeitspersonen mehrerer Arbeitssysteme kann eine Wechselwirkungsbeziehung definiert werden. Unter der Voraussetzung, dass die Arbeitspersonen mit ihren kooperationsrelevanten Eigenschaften beschrieben werden, wird die Menge der abzubildenden Beziehungen B durch das kartesische Produkt von W_y beschrieben:

$$\begin{aligned} B &= \{b_1, \ldots b_m\} = W_y \times W_{y'} \\ &= \{(w_{y,1}; w_{y',1}), (w_{y,1}; w_{y',2}), \ldots, (w_{y,2}; w_{y',1}), \ldots, (w_{y,n}; w_{y',n'})\}, m, n, n' \in N. \end{aligned} \tag{10.5}$$

Die Wechselwirkbeziehungen zwischen Arbeitspersonen verschiedener Arbeitssysteme können bezogen auf den Inhalt und deren Ausprägung sehr vielfältig sein. Hierbei kann es sich beispielsweise um den Austausch von Informationen, die Übergabe von Aufgaben und Arbeitsobjekten oder die gemeinsame Bearbeitung einer Aufgabe handeln.

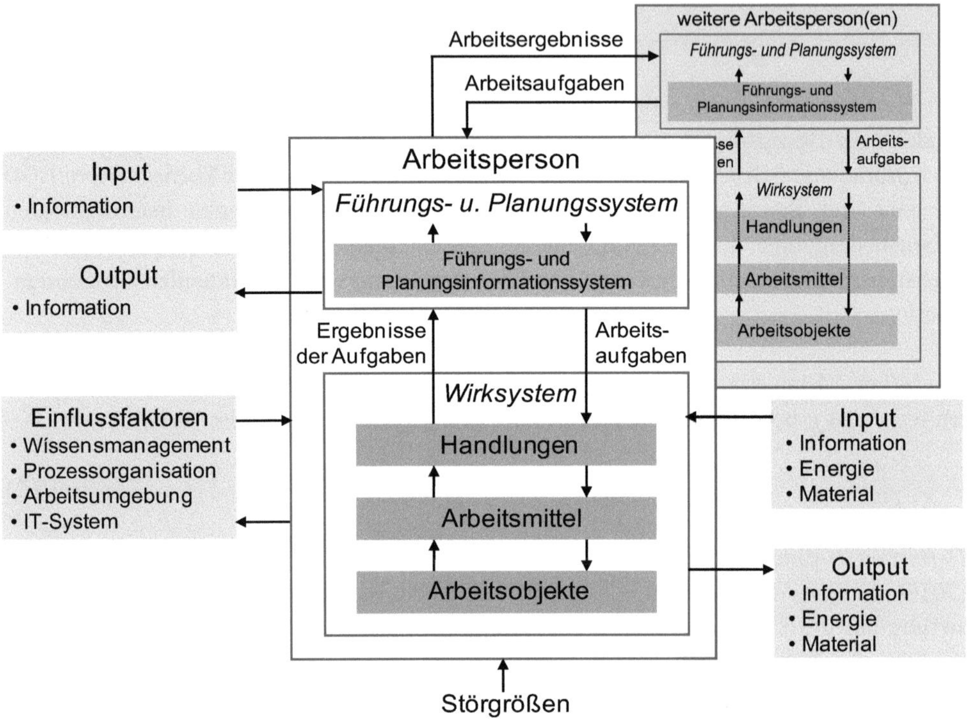

Abb. 10.5 Arbeitssystem für die Bewertung der individuellen Arbeitsorganisation

Definition 5 Für die Beziehungen B der Arbeitspersonen bestehen verschiedene Eigenschaften E:

$$E = \{e_1, \ldots e_o\}, o \in N. \tag{10.6}$$

Eine Beziehung b wird zu einer definierten Kooperation zwischen zwei Arbeitspersonen, indem deren Eigenschaften e festgelegt werden. Eine solche Kooperation, die einen Einfluss auf die individuelle Arbeitsorganisation zweier Arbeitspersonen w_y und $w_y{}'$ hat, kann somit durch das Tripel $(w_y, w_{y'}, e)$ mit $w_y \in W_y$ $w_{y'} \in W_{y'}$ $e \in E$ angegeben werden. Die Menge aller möglichen Relationen zwischen w_y und $w_{y''}$ ergibt sich somit aus dem kartesischen Produkt $Z = W_y \times W_{y'} \times E$.

Definition 6 Besitzt eine Beziehung die Eigenschaft e, die die individuelle Arbeitsorganisation der Arbeitsperson w_y beeinflusst, so soll diese als Relation a bezeichnet werden. Die Menge aller für die Arbeitsorganisation von w_y zwischen W_y und $W_{y'}$ relevanten Beziehungen ist:

$$\begin{aligned} A &= \{a_1, \ldots a_p\} = W_y \times W_{y'} \times E \\ &= \{(w_{y,1}; w_{y',1}; e_1), (w_{y,1}; w_{y',2}; e_1), \ldots, (w_{y,n}; w_{y',n'}; e_o)\}, \\ & m, n, n', o, p \in N \wedge w \in W \wedge e \in E \wedge a \in A. \end{aligned} \tag{10.7}$$

Durch die Festlegung von Z können die relevanten Beziehungen zwischen Arbeitspersonen auf die individuelle Arbeitsorganisation durch eine oder mehrere Relationen $z \in Z$ beschrieben werden.

Definition 7 Eine Aufgabe $j_1, \ldots, j_n$ ist durch die erforderlichen Informationen und Arbeitsobjekte als Teilmenge des Inputs und Outputs des Arbeitssystems, den Arbeitsaufwand und dem geforderten Fertigstellungszeitpunkt $b_{j,1}, \ldots, b_{j,q}$ beschrieben:

$$B_j = \{b_{j,i}, \ldots b_{j,q}\}, q \in N, j \in J. \tag{10.8}$$

Definition 8 Eine Unterbrechung $i_1, \ldots, i_n$ ist u. a. durch die Merkmale Arbeitsaufwand und Initiator der Unterbrechung $u_{i,1}, \ldots, u_{i,n}$ beschrieben:

$$U_i = \{u_{i,1}, \ldots, u_{i,r}\}, r \in N, u \in U. \tag{10.9}$$

Definition 9 Zwischen Aufgaben sowie zwischen Aufgaben und Unterbrechungen kann eine Bearbeitungsreihenfolge definiert werden. Unter der Voraussetzung, dass eine Arbeitsperson die individuelle Arbeitsorganisation selbstständig festlegen kann, wird die Menge der Vorgänger-Nachfolger-Beziehungen V durch die folgenden kartesischen Produkte beschrieben:

$$V' = \{v'_1, \ldots v'_m\} = A_z \times A_{z'} = \{(b_{j,1}; b_{j',1}), (b_{j,1}; b_{j',2}), \ldots, (b_{j,n}; b_{j',q'})\}, \tag{10.10}$$

$$V'' = \{v''_1, \ldots, v''_m\} = A_z \times U_c = \{(b_{j,1}; u_{i,1}), (b_{j,1}; u_{i,2}), \ldots, (b_{j,n}; u_{i,n})\}, \tag{10.11}$$

$$V = V' \cup V''. \tag{10.12}$$

Definition 10 Für die Bearbeitung von Aufgaben und für das Auftreten von Unterbrechungen bestehen verschiedene Eigenschaften zu deren jeweiligen Charakterisierung. Zu diesen Eigenschaften zählen der initiale Aufgabeninhalt, der geplante und der kumuliert benötigte Arbeitsaufwand in Zeiteinheiten, der geplante und realisierte Fertigstellungszeitpunkt, die Anzahl an Bearbeitungsphasen und die Ursachen sowie die Auswirkungen von veränderten Aufgabeninhalten:

$$C = \{c_1, \ldots, c_p\}, p \in N, \tag{10.13}$$

$$C = \{c'_1, \ldots, c'_p\}, p \in N, \tag{10.14}$$

Definition 11 Besitzt eine Beziehung B die Eigenschaft f, die die individuelle Arbeitsweise einer Arbeitsperson w_y beeinflusst, so soll diese als Organisationscharakteristik o bezeichnet werden. Die Menge aller für die Arbeitsorganisation von w_y zwischen A_z und $A_{z'}$ relevanten Beziehungen wird erweitert um deren Eigenschaften:

$$O = \{o_1, \ldots, o_s\} = A_z \times A_{z'} \times C = \{(b_{j,1}; b_{j',1}; c_1), \ldots, (b_{j,n}; b_{j',q'}; c_p)\}, \quad (10.15)$$

$$O = \{o_1, \ldots, o_s\} = A_z \times U_c \times C = \{(b_{j,1}; u_{i,1}; c'_1), \ldots, (b_{j,n}; u_{i,n}; c'_p)\}, \quad (10.16)$$
$$mit\ i, j, p, s \in N.$$

Definition 12 Eine individuelle Arbeitsorganisation AO einer Arbeitsperson w_y ergibt sich aus den Relationen O, so dass gilt:

$$AO_y \subseteq O. \quad (10.17)$$

Anhand der Fertigkeiten und Fähigkeiten einer Arbeitsperson kann somit durch die Angabe der Relationen eine individuelle Arbeitsorganisation spezifiziert werden. Eine Arbeitsperson weist hierbei entsprechend der arbeitswissenschaftlichen Sichtweise verschiedene Charakteristika auf.

Definition 13 Die Güte der individuellen Arbeitsorganisation einer Arbeitsperson wird hier aufgefasst als ein latentes endogenes Konstrukt, das sich aus den zu beobachtenden Bearbeitungszeitpunkten von Aufgaben bzw. den Zeitpunkten und Dauern von Unterbrechungen sowie den Informationen zur Qualität von Arbeitsergebnissen bestimmt. Hierbei können Aufgaben von Arbeitspersonen außerhalb des Arbeitssystems an das Führungs- und Planungssystem übertragen werden, oder die Arbeitsperson selbst definiert eine Aufgabe, die anschließend zu einer beobachtbaren Handlung führt. Eine Aufgabe gilt als abgeschlossen, falls ein Arbeitsergebnis besteht, das zu keinen weiteren Bearbeitungszeitpunkten führt, die in einem unmittelbaren Zusammenhang mit der Aufgabe stehen.

10.4.3 Entwicklung von Kennzahlen

Für die Entwicklung eines Kennzahlensystems für das Modell der individuellen Arbeitsorganisation bedurfte es zunächst der Klärung, welche Kennzahlen mit welcher Zielsetzung zu definieren waren. Dazu wurde ausgehend von der Definition der Zielsetzung des Kennzahleneinsatzes über die Festlegung der Anwender und der Frequenz der Erfassung bis hin zu den Erfolgsvorschriften ein methodengestütztes Vorgehen gewählt (Schneyder 2007). Um hierfür eine ausreichende Datengrundlage zu schaffen, wurde bei einem Dienstleistungsunternehmen – Architektur- und Ingenieursdienstleister für Fabrikplanungsprojekte – ein Workshop zur Arbeitsorganisation und zum Zeitmanagement mit dem Ziel durchgeführt, die Einflussfaktoren auf die individuelle Arbeitsorganisation einer Arbeitsperson und die Charakteristik der Arbeitssysteme von Arbeitspersonen bei wissensintensiven Dienstleistungsunternehmen zu erheben. Hierbei bestand entsprechend der Definition in Abschn. 10.4.2 ein Arbeitssystem aus einer Arbeitsperson. Kooperative Handlungen von mehreren Arbeitspersonen waren somit durch eine entsprechende Anzahl an Arbeitssystemen abzubilden. Ein zentrales Ergebnis des Workshops war die Erkenntnis, dass die zu definierenden Kennzahlen die Wirkungen der individuellen Arbeitsorganisation einer Arbeitsperson auf die Effizienz und Effektivität der sich daraus ergebenden Handlungen zu quantifizieren und systematisch darzustellen haben. Damit können die Wirkungen der Arbeitsorganisation sowie des Arbeitssystems gezielt auf den gewünschten Effekt einer geplanten, regelbasierten Arbeitsorganisation, zum Beispiel zur Einhaltung von Vorgabezeiten, ausgerichtet werden. Ferner wird die einzelne Arbeitsperson in die Lage versetzt, ihre Produktivität als Ergebnis ihrer Entscheidungen und Handlungen zu erfassen, zu analysieren und zu steuern. Werden diese Ziele durch die Kennzahlen erreicht, so sollte es einer Arbeitsperson möglich sein, den bereits aufgezeigten Herausforderungen zu begegnen:

- Quantifizierung der Wirkungen der gewählten individuellen Arbeitsorganisation und damit Sicherstellen der Rückverfolgbarkeit der erzielten Ergebnisse,
- Nachweis der erforderlichen Zeitaufwände zur Erreichung vorgegebener Arbeitsinhalte,
- kontinuierliche Dokumentation und Bewertung der Güte der Arbeitsorganisation, sowohl im Zeitverlauf als auch im interpersonellen Vergleich,
- Datengrundlage zur Ableitung geeigneter Methoden zur Verbesserung der Arbeitsorganisation und des Arbeitssystems,
- Quantifizierung der nachhaltigen Verbesserung der Arbeitsorganisation durch eine systematische Planung oder durch die Reorganisation eines Arbeitssystems bzw. des Zusammenwirkens der einzelnen Systeme.

Als Bedarfsträger des Kennzahlensystems ist der Personenkreis festzulegen, der die Kennzahl zum Zweck der Auswertung der eigenen, individuellen Arbeitsorganisation nutzt. Dies ist im vorliegenden Fall die Arbeitsperson des Arbeitssystems, die ihre eigene Arbeitsorganisation hinsichtlich Potentiale evaluieren möchte, als auch ggf. der Vorgesetzte zur Verbesserung der übergeordneten Arbeitsorganisation. Letzterer kann die Kennzahlen zur Bewertung der Belastung der Mitarbeiter, zur Ableitung von Qualifizierungsmaßnahmen sowie einer effizienten Aufgabenverteilung heranziehen. Da die erhobenen Informationen mittelbar wie unmittelbar zu einer individuellen Leistungsbewertung herangezogen werden können, ist sicherzustellen, dass die Daten nur für ihren jeweiligen Verwendungszweck von den jeweiligen Bedarfsträgern genutzt werden können.

Die festzulegende zeitliche Frequenz der Kennzahlenerhebung wird von den monetären und zeitlichen Aufwänden eines Erhebungszyklus bestimmt (Schneyder 2007). Hierbei wird der Zeitpunkt der Berechnung eines Kennzahlenwertes unmittelbar von der methodischen Vorgehensweise bei der Datenerhebung determiniert. Werden die in Abschn. 10.3.2 eingeführten Studien zugrunde gelegt, so bestehen für die Arbeitsanalyse Methoden der Beobachtung und Selbstaufschreibung. Da eine kontinuierliche Beobachtung der Arbeitsorganisation an rechtliche und wirtschaftliche Grenzen stößt, verbleibt als realisierbare Methode ausschließlich das Verfahren der Selbstaufschreibung. Die Erhebung der Daten verlangt somit Handlungen der Arbeitsperson, deren individuelle Arbeitsorganisation zu bewerten ist. Entsprechend wurde gefordert, dass der Arbeitsfluss der Arbeitsperson möglichst geringfügig gestört wird, sodass sich ein Tag mit Datenerhebung nicht von einem Tag ohne Datenerhebung unterscheidet. Ferner müssen die Kennzahlen für den Anwender jederzeit aufgaben-, tages-, oder zeitraumbezogen dargestellt und ausgewertet werden. Der zeitliche Bezug legt entsprechend fest, zu welchen Zeitpunkten oder für welche Zeiträume die Kennzahl zu erheben ist. Für das Kennzahlensystem einer individuellen Arbeitsorganisation kommen hierbei zeitpunktbezogene und zeitraumbezogene Kennzahlen zum Einsatz, um einen Status ebenso zu erfassen, wie die Veränderung einer Arbeitsorganisation über einen Zeitraum. Letzteres ermöglicht u. a. die Identifizierung von ungewöhnlichen Ereignissen und Rahmenbedingungen an bestimmten Tagen des Erhebungszeitraums oder eine abweichende Vorgehensweise bei der Ausgestaltung der Arbeitsorganisation.

Als Zahlenart sind für den Anwendungsfall Absolut- als auch Verhältniskennzahl mit unterschiedlichen Bewertungsintervallen als Skala möglich (Schneyder 2007). Diese können sich sowohl aus dem Zustand des Arbeitssystems der Arbeitsperson als auch aus übergeordneten unternehmensinternen und -externen Systemen ergeben. Hierbei ist zwischen einer primären Erhebung, die speziell für die Ermittlung der Kennzahl durchgeführt wird, und einer sekundären Erhebung zu unterscheiden, die bereits in einem anderen Kontext durchgeführt wurde.

Um die personenunabhängige und objektivierte Erhebung und Berechnung der Kennzahlen zu gewährleisten, sind für den Einsatz des Messwerkzeuges Erhebungsvorschriften festzuschreiben. Diese sollen neben der Definition des Erhebungsumfangs auch eine Anleitung zur Interpretation der Kennzahlen umfassen.

10.4.4 Bereitstellung von Kennzahlen

Während der Prozess der Datenerhebung durch Erhebungsvorschriften und Berechnungsverfahren festgelegt ist, ist die Berechnung der Kennzahlenwerte nachvollziehbar darzustellen. Hierbei ist zu berücksichtigen, dass der Wert für eine Kennzahl häufig auf der quantitativ homogen oder selektiven bzw. der qualitativen Verdichtung von Informationen basiert (Staudt et al. 1985). Daher ist bei der Bereitstellung von Kennzahlen in einem Assistenzsystem zu beachten, dass diese dem Anwender in einer ansprechenden Form präsentiert werden und der Interpretationsspielraum möglichst minimiert wird. Hierbei gilt, dass eine Bereitstellung der Kennzahl unmittelbar nach dem Aufruf der entsprechenden Funktion möglich sein sollte. Der Aufruf einer solchen Funktion kann sowohl aktiv, mittels automatisch erzeugter Benachrichtigungen an den Anwender, als auch passiv durch Aktionen des Anwenders erfolgen (Schneyder 2007). Wird sich zunächst ausschließlich auf die Konzeption eines Messwerkzeuges beschränkt, so kann auf eine kontextsensitive, aktive Anzeige und Interpretation von Kennzahlen verzichtet werden.

10.4.5 Nutzung von Kennzahlen

Der Nutzen einer Kennzahl und damit die Bewertungsgrundlage, ob der Aufwand für die Erhebung einer Kennzahl gerechtfertigt ist, werden von der Häufigkeit und der Qualität der Nutzung einer Kennzahl durch den Anwender, als sogenannter Bedarfsträger, bestimmt. Während die Geschwindigkeit der Bereitstellung häufig aus der Ausgestaltung des technischen Systems resultiert, liegt die Interpretation der Kennzahlen in der Regel beim Anwender (Staudt et al. 1985). Hierdurch eröffnen sich gleichermaßen Chancen und Probleme für den Anwender. Als Chance wird die Schaffung eines Überblicks über entscheidungsrelevante Sachverhalte unter der Voraussetzung einer vollständigen Abbildung des Sachverhalts angesehen. Um eine Übersichtlichkeit in der Darstellung und somit eine Fokussierung auf die wesentlichen Inhalte zu gewährleisten, hat aber eine Konzentration auf wenige Kennzahlen zu erfolgen. Diese bieten dem Anwender die Möglichkeit der Messung der Wirkungen von in der Vergangenheit begonnenen Maßnahmen auf ein definiertes Zielsystem, um zukunftsgerichtete Entscheidungen für das zugrundeliegende (Arbeits-)System zu treffen. Durch diese Aggregation der Wirkungen auf eine begrenzte Anzahl an Kennzahlen besteht für übergeordnete Systeme die Möglichkeit, das Handeln der Akteure der untergeordneten Systeme hinsichtlich der vorgegebenen Ziele zu bewerten und durch eine aktive Steuerung zu verbessern. Dies gewährleistet auch die Transparenz der Umsetzung von Maßnahmen und intendierten Handlungen über den Zeitverlauf.

In der Literatur findet sich aber auch eine kritische Bewertung der intensiven Nutzung von Kennzahlen zu Steuerungszwecken (Schneyder 2007). Neben einer Reduktion der Aussagekraft der Kennzahl aufgrund einer unzureichenden Güte der Datenerhebung kann die Gefahr einer Fehlinterpretation von Werten bestehen. Letzteres resultiert häufig aus der fehlenden Kenntnis der Zusammensetzung und der Berechnungsgrundlage einer Kennzahl. Insbesondere im Kontext einer quantitativen Bewertung von Leistungserbringungsprozessen ist bei der Einführung und Nutzung von Kennzahlen zu beachten, dass Befürchtungen der Anwender hinsichtlich der Überwachung und Transparenz ihres Handelns bestehen können.

10.4.6 Kennzahlen zur Evaluation der individuellen Arbeitsorganisation

Seit der Veröffentlichung von Grönroos und Ojasalo (2004) stellt die Produktivität ein zentrales Bewertungsmaß für die Erbringung von wissensintensiven Dienstleistungen dar (Baumgärtner und Bienzeisler 2006; Lasshof 2006). Ein personenzentriertes Kennzahlensystem, welches die verschiedenen Aspekte der Produktivität von Dienstleistungen (Grönroos und Ojasalo 2004; Petz et al. 2013) zu einer Kennzahl aggregiert, existiert aber nicht. Zudem umfassen die Beiträge zur Dienstleistungsproduktivität, (u. a. Grönroos und Ojasalo 2004; Leyer und Moormann 2011; Baumgärtner und Bienzeisler 2006; Lasshof 2006; Petz et al. 2013), keine Kennzahlen zur Bewertung der individuellen Arbeitsorganisation und des kooperativen Zusammenwirkens von Arbeitspersonen. Dies ist umso erstaunlicher, da das individuelle Handeln der Arbeitspersonen maßgeblich den Prozess der Leistungserbringung und somit auch die Prozessqualität der Dienstleistungsproduktivität determiniert (Grönroos und Ojasalo 2004).

Daher wurden ausgehend von der Prozessdimension einer Dienstleistung zunächst die direkten Einflussfaktoren zu übergeordneten latenten Konstrukten zusammengeführt, die einen Beitrag zum endogenen latenten Konstrukt *„Dienstleistungsproduktivität"* leisten. Basierend auf den Ergebnissen der Veröffentlichung von Lasshof (2006) und der empirischen Studie zur Dienstleistungsproduktivität von v. Garrel et al. (2014) konnten die latenten Konstrukte *„Effektivität"*, *„Effizienz"* und *„Qualität"* für das Messkonzept identifiziert werden. Alle drei Konstrukte bieten den Vorteil, dass diese auch zur Bewertung der individuellen Planung und Durchführung der Handlungen von Arbeitspersonen herangezogen werden können (Schlick et al. 2010). Hierbei gilt eine Arbeitsorganisation als effektiv, falls ex post das Ergebnis erreicht wird, welches ex ante durch die Aufgabe angestrebt wurde (Kirsch 1983). Hingegen wird von einer effizienten Arbeitsorganisation gesprochen, falls die geforderte Anzahl bzw. Qualität eines (Teil-)Ergebnisses der Dienstleistung bei einer minimalen Faktoreinsatzmenge in Form von Arbeitszeit der Arbeitsperson erreicht wird und dabei keine Produktquantitäten verschenkt werden (Fandel 2005). Die Festlegung der minimalen Faktoreinsatzmenge hat hierbei unter Einbeziehung der Kriterien menschengerechter Arbeitsgestaltung zu erfolgen. In diesem Zusammenhang kritisiert Zülch (1997) aber, dass eine solche Gleichrangigkeit von wirtschaftlichen und humanen Kriterien in der Praxis aufgrund der vorrangigen wirtschaftlichen Optimierung häufig nicht erreicht wird.

Das in Abschn. 10.4.2 eingeführte Modell eines Arbeitssystems wurde um die drei Bewertungsdimensionen für die individuelle Arbeitsorganisation ergänzt. Während sich die Effizienz und Effektivität aus der Ausgestaltung des Führungs- und Planungssystems der betrachteten Arbeitspersonen ergibt, wird die Qualität als das Ergebnis des Zusammenwirkens von Planungs- und Führungssystem sowie des Wirksystems aufgefasst. Die zu definierenden Kennzahlen der Effektivität und Effizienz beschreiben somit die Güte des Identifizierens und Einplanens der zu bearbeitenden Aufgaben, während die Qualität sich ausschließlich auf das Arbeitsergebnis des Arbeitssystems bezieht.

10.4.6.1 Effizienz der individuellen Arbeitsorganisation

Das Ergebnis einer wissensintensiven Dienstleistung resultiert aus den ggf. von mehreren Personen zentral oder dezentral arbeitsteilig zu bearbeitenden Aufgaben. Hierbei spielt die Effizienz als Maßstab für eine rationelle Arbeitsweise eine wichtige Rolle. Während es in der Sachgüterproduktion mit Hilfe standardisierter Methoden möglich ist, eine quantitative Evaluation eines geplanten oder bestehenden Arbeitssystems zu erhalten, existieren diese Möglichkeiten aufgrund der schwachen Strukturiertheit und der personenindividuellen Ausführung von Dienstleistungsprozessen oftmals nicht. Daher wurden ausgehend vom eingeführten Verständnis des Begriffs *„Effizienz"* die Kennzahlen *„Arbeitseffizienz"*, *„Bearbeitungskontinuität"* und *„Wahrgenommene Arbeitseffizienz"* definiert, die jeweils einen Indikator für das latente übergeordnete Konstrukt der Effizienz einer individuellen Arbeitsorganisation bilden.

Definition **„Arbeitsaufwand"**: Der Arbeitsaufwand $AW_{i,w}^{m}$ einer Aufgabe *i* ist definiert als die Summe aller Zeitpunkte *t* (Zeiteinheit: 1 min), an denen eine Aufgabe durch die Arbeitsperson *w* bearbeitet wird:

$$AW_{i,w}^{m} = \sum\nolimits_{t \in T} a_{i,w,t}, \tag{10.18}$$

$$\begin{aligned} a_{i,w,t} &= 1 \quad \textit{falls} \quad \textit{Aufgabe i zum Zeitpunkt t von der} \\ & \qquad\qquad\quad \textit{Arbeitsperson } \mathbf{w} \textit{ bearbeitet wird} \\ a_{i,w,t} &= 0 \quad \textit{sonst} \end{aligned} \tag{10.19}$$

Kennzahl **„Arbeitseffizienz"** *(AE)*: Die Kennzahl *„Arbeitseffizienz"* (*AE*) wird auf der Grundlage des Vergleichs des tatsächlich benötigten Arbeitsaufwands (Ist-Wert) mit dem initial abgeschätzten Aufwandswert (Plan-Wert) gebildet. Die Kennzahl für eine Aufgabe *i* bestimmt sich aus dem Quotienten des für eine vollständige Aufgabenbearbeitung gemessenen Arbeitsaufwands $AW_{i,w}^{m}$ zum geplanten Arbeitsaufwand $AW_{i,w}^{p}$. Die Arbeitseffizienz für einen Betrachtungszeitraum ergibt sich aus dem arithmetischen Mittel der Arbeitseffizienzwerte aller vollständig bearbeiteten Aufgaben. Die folgenden Formeln geben die Berechnungsmethodik wieder:

$$AE_{i,w} = \frac{AW_{i,w}^{m}}{AW_{i,w}^{p}}, \tag{10.20}$$

$$AE_{ges.} = \frac{1}{\sum_{t=t_{min}}^{t_{max}} y_{i,t}} \sum\nolimits_{t=t_{min}}^{t_{max}} y_{i,t} AE_{i,w}, \forall i \in A, \tag{10.21}$$

$$\begin{aligned} y_{i,t} &= 1 \quad \textit{falls} \quad \textit{Aufgabe i zum Zeitpunkt t vollständig bearbeitet ist} \\ y_{i,t} &= 0 \quad \textit{sonst} \end{aligned} \tag{10.22}$$

Zu kritisieren ist, dass die Aussagekraft der Kennzahl unmittelbar von der Güte des geplanten Arbeitsaufwands $AW_{i,w}^{p}$ abhängt, der beim Anlegen der Aufgabe von der Arbeitsperson selbst festzulegen ist. Die Forderung nach einer Minimierung des Kennzahlenwertes kann daher zum Anlegen von Zeitpuffern und einer damit verbundenen höheren Robustheit der Planung führen. Ein solches Verhalten wäre aber konträr zu den Zielen einer effizienten Arbeitsorganisation.

Nach unserer Auffassung liegt daher eine effiziente individuelle Arbeitsorganisation vor, falls der Wert für $AW_{i,w}^{p} = AW_{i,w}^{m}$ ist. Begründet wird dies damit, dass ein deutliches Überschreiten des geplanten Arbeitsaufwands zu höheren als den geplanten monetären Aufwänden führt und zudem eine zeitliche Verzögerung bei der Aufgabenbearbeitung auftreten kann. Aber auch ein zu hoch angesetzter Arbeitsaufwand ist ein Indikator für eine ineffiziente Arbeitsorganisation, da von Arbeitspersonen diese Zeitpuffer oftmals trotz einer fehlenden Notwendigkeit anteilig für die Bearbeitung von Aufgaben genutzt werden oder es zu nicht erforderlichen Liegezeiten der Arbeitsergebnisse kommt. Auch kann ein zu hoch oder zu niedrig kalkulierter Arbeitsaufwand zu einer situationsbezogenen Anpassung der individuellen Arbeitsorganisation führen. Hierbei können aber die kurzfristig freigewordenen Zeiteinheiten nicht so effizient genutzt werden, wie initial am Vortag oder zu Tagesbeginn verplante Zeiteinheiten. Vielmehr sollte es daher das Ziel sein, den geplanten Arbeitsaufwand und die Differenz $\Delta AW = AW_{i,w}^{p} - AW_{i,w}^{m}$ auf einem optimalen Niveau der Beanspruchung kontinuierlich zu minimieren. Der Anwender kann hierbei durch eine Wissensbasis ein Vorschlagswert für $AW_{i,w}^{p}$ erhalten, oder $AW_{i,w}^{p}$ kann basierend auf der ermittelten Datenbasis um einen individuellen Schätzfehler reduziert werden.

Definition **„Bearbeitungsphase"**: Eine Bearbeitungsphase einer Aufgabe i ist definiert durch einen Zeitraum von zusammenhängenden Bearbeitungszeitpunkten.

Kennzahl **„Kontinuität der Bearbeitung"** *(KB)*: Die Zeitpunkte einer Aufgabenbearbeitung können aufgrund der Bearbeitung von anderen Aufgaben, Nicht-Arbeitsperioden oder Unterbrechungen nicht zusammenhängend sein. Daher ist es für eine Aussage über die Effizienz einer Aufgabenbearbeitung notwendig, eine Beziehung zwischen dem Zeitraum der erstmaligen und letztmaligen Bearbeitung einer Aufgabe i und dem tatsächlich benötigten Arbeitsaufwand $AW_{i,w}^{m}$ herzustellen. Dieser Zeitraum kann unter Einbeziehung (Brutto) oder Vernachlässigung (Netto) der Arbeitszeiten/Anwesenheitszeiten der Arbeitsperson ermittelt werden. Die Kennzahl zur Bewertung der Kontinuität einer Aufgabenbearbeitung ermittelt sich aus dem Quotienten der Dauer der Bearbeitung zum tatsächlich benötigten Arbeitsaufwand AW_{i}^{m}:

$$KB_{i,w} = \frac{AW_{i,w}^{m}}{t_{i,max} - t_{i,min}}, \tag{10.23}$$

$$t_{i,max} = max\{t\ x_{i,t} : t \in T\}, \tag{10.24}$$

$$t_{i,min} = min\{t\ x_{i,t} : t \in T\}, \tag{10.25}$$

$$\begin{aligned} x_{i,t} &= 1 \quad falls \quad Aufgabe\, i\ zum\ Zeitpunkt\ t\ bearbeitet\ wird \\ x_{i,t} &= 1 \quad sonst \end{aligned}\;. \tag{10.26}$$

Kennzahl **„Wahrgenommene Arbeitseffizienz"** *(WA)*: Die Kennzahl der *„wahrgenommenen Arbeitseffizienz"* bietet den Vorteil, dass aufgaben- und situationsspezifische sowie subjektiv von der Arbeitsperson erlebte Einflussfaktoren Berücksichtigung finden. Zu deren Ermittlung wird nach jeder Phase einer Aufgabenbearbeitung erfasst, welcher Wert die verbrauchte Zeit für die Arbeitsperson hatte. D. h., eine Zeiteinheit der Arbeitszeit entspricht der Einheit einer Währung, deren Einsatz einen von der Arbeitsperson wahrgenommenen Nutzen erzeugt. Bewertet wird anschließend das Verhältnis des von der Arbeitsperson wahrgenommenen Nutzens der investierten Zeit zum gemessenen Arbeitsaufwand der Aufgabenbearbeitung. Die Kennzahl für eine Aufgabe i ermittelt sich aus dem Verhältnis des von einer Arbeitsperson w wahrgenommenen Wertes ($W_{i,n,w}$) für eine Bearbeitungsphase n zur gemessenen Dauer der Bearbeitungsphase d_n:

$$WA_i = \frac{w_{i,n,w}}{d_n}, \tag{10.27}$$

$$WA_{ges.} = \frac{1}{\sum_{t=t_{min}}^{t_{max}} y_{i,t}} \sum_{t=t_{min}}^{t_{max}} y_{i,t} WA_{i,w}, \forall i \in A, \tag{10.28}$$

10.4.6.2 Effektivität der individuellen Arbeitsorganisation

Das latente Konstrukt der Effektivität kann in den verschiedenen Phasen einer wissensintensiven Dienstleistung zur Bewertung herangezogen werden. So ist bei der Interpretation der Arbeitsaufgabe die Kongruenz der Aufgabe mit der Zielsetzung sicherzustellen (Huber 2005). Eine Kennzahl zur Messung der Effektivität der individuellen Arbeitsorganisation hat daher zu bewerten, welches die „richtigen" auszuführenden Handlungen sind, um die geforderten Arbeitsergebnisse zu erhalten. Hierbei ist zu evaluieren, ob es bei der Bearbeitung einer Aufgabe zu (Teil-)Handlungen kommt, die zu nicht benötigten bzw. nicht zu mittelbar einsetzbaren Ergebnissen geführt haben oder ob Arbeitsergebnisse aufgrund einer unzureichenden Interpretation der Aufgabe nachzuarbeiten sind. Somit hat die Beurteilung nach dem erstmaligen Vorliegen eines Arbeitsergebnisses zu erfolgen, das vom Planungs- und Führungssystem des Arbeitssystems als abgeschlossen bewertet wird.

Eine begriffliche Abgrenzung zwischen der Effektivität und der Effizienz einer individuellen Arbeitsorganisation kann aber nie ganz trennscharf sein (Lasshof 2006). Daher wird hier festgelegt, dass die Ausführung der richtigen Aufgaben durch die Kennzahl *„Arbeitseffizienz"* erfasst wird. Zu begründen ist dies damit, dass für das Erreichen des geforderten Ergebnisses eine Ausführung von nicht zielführenden Handlungen zu einem gegenüber der Planung höheren Arbeitsaufwand führt. Somit bezieht sich die Kennzahl für die Effektivität ausschließlich auf die Bewertung der Auswirkungen einer fehlerhaften oder unvollständigen Interpretation der Arbeitsaufgabe, die zu einer Nacharbeit des Arbeitsergebnisses führt.

Definition **„Nacharbeit":** Eine Nacharbeit bei einer Aufgabenbearbeitung liegt vor, falls es nach dem erstmaligen Vorliegen eines Arbeitsergebnisses, welches an ein anderes oder ggf. auch an das gleiche Arbeitssystem übergeben und von dieser Arbeitsperson als nicht ausreichend bewertet wurde, bei einer unveränderten Arbeitsaufgabe zu weiteren Handlungen durch das betrachtete Arbeitssystem kommt. D. h., das als unzureichend bewertete

Arbeitsergebnis ist entweder der fehlerhaften Interpretation der Arbeitsziele durch das Planungs- und Führungssystem des Arbeitssystems oder einer falschen Herangehensweise bei der Bearbeitung von Aufgaben im Rahmen des Wirksystems geschuldet.

Kennzahl **„Bearbeitungseffektivität"** *(BE)*: Die Kennzahl der *„Bearbeitungseffektivität"* hat eine Interpretationsdimension – fehlerfreies Verständnis der Arbeitsaufgabe – und eine Prozessdimension – richtige Auswahl und Umsetzung von Handlungen. Für die erste Dimension bestimmt sich die Kennzahl aus dem erforderlichen Arbeitsaufwand für die Nacharbeit $AW_{i,w}^{n}$ zum initial gemessenen Arbeitsaufwand $AW_{i,w}^{m(1)}$:

$$BE_{i,w} = \frac{AW_{i,w}^{n}}{AW_{i,w}^{m(1)}}. \tag{10.29}$$

Die aggregierte Kennzahl über alle abgeschlossene Aufgaben ergibt sich aus:

$$BE_{ges.} = \frac{1}{\sum_{t=t_{min}}^{t_{max}} y_{i,t}} \sum_{t=t_{min}}^{t_{max}} y_{i,t} BE_{i,w}, \forall i \in A. \tag{10.30}$$

10.4.6.3 Qualität des Arbeitsergebnisses

Bei der Bewertung der individuellen Arbeitsorganisation einer Arbeitsperson ist zu beurteilen, ob die von ihr identifizierten und ausgewählten Entscheidungsoptionen einen Nutzen erzeugen. Hierbei ist der Nutzen als das Ergebnis der richtigen und vollständigen Ausführung von Handlungen zur Bearbeitung von Aufgaben aufzufassen. Somit wird dieser nur mittelbar durch die individuelle Arbeitsorganisation bestimmt, da diese sich vorrangig mit der Planung der später auszuführenden Handlungen befasst. Entsprechend ist zu berücksichtigen, dass die Planung der Aufgabenstruktur an einem Arbeitstag sowie die Strategien zur Bearbeitung der Aufgaben effizient und effektiv sein können, es der Arbeitsperson aber an Fähigkeiten und Fertigkeiten zur Umsetzung der geplanten Strategien fehlen kann, sodass die Ergebnisse der Aufgabenbearbeitung eventuell nicht die gewünschte Qualität aufweisen.

Das latente Konstrukt der Qualität ist daher für die Bewertung der Leistungsbeurteilung und somit indirekt der individuellen Arbeitsorganisation unerlässlich, da quantitative Kriterien für eine Bewertung von schwach strukturierten a priori nicht definierten Arbeitsprozessen nur ungenügend verwendbar sind (Huber 2005). Das aus der individuellen Arbeitsorganisation und den Handlungen resultierende Arbeitsergebnis ist deshalb hinsichtlich terminbezogener und inhaltlicher Qualität zu überprüfen. Die terminbezogene Qualität bezieht sich auf die Erfüllung des durch das Führungs- und Planungssystem vorgegebenen Termins für die definierten Arbeitsinhalte. Ein solches Führungs- und Planungssystem kann durch andere Personen oder durch die gleiche Arbeitsperson des Arbeitssystems wahrgenommen werden.

Kennzahl **„Relative Termintreue"** *(RT)*: Ein Teilaspekt bei der Bewertung der individuellen Arbeitsorganisation ist die Erfassung der relativen Termintreue. Die Kennzahl bildet das Verhältnis zwischen dem aus dem Führungs- und Planungssystem abgeleiteten Zeitpunkt der Fertigstellung einer Aufgabenbearbeitung und dem später realisierten Zeitpunkt des Vorliegens eines ausreichenden Arbeitsergebnisses ab. Der Zeitraum zwischen dem geplanten und dem realisierten Zeitpunkt ist daher als ein Maß für die Robustheit der individuellen Arbeitsorganisation der Arbeitsperson aufzufassen. Analog zur Kennzahl *„wahrgenommene Arbeitseffizienz"* wird eine Zeiteinheit als eine Währung aufgefasst. Entsprechend sind die Zeiteinheiten nach dem geforderten Fertigstellungszeitpunkt einer Aufgabe als Strafminuten aufzufassen, die Indikatoren für eine ineffektive individuelle Arbeitsorganisation oder für eine unrealistische Festlegung des geplanten Fertigstellungszeitpunktes sind.

Die Kennzahl der *„Relativen Termintreue"* für eine Aufgabe i bestimmt sich aus dem Zeitraum zwischen dem geplanten t_i^p und dem realisierten Fertigstellungszeitpunkt t_i^m im Verhältnis zu dem für i gemessenen Arbeitsaufwand $A_{i,w}^m$:

$$RT_{i,w} = \frac{t_i^p - \sum_{t=t_{min}}^{t_{max}} y_{i,t}t}{AW_{i,w}^m} = \frac{t_i^p - t_i^m}{AW_{i,w}^m}, \tag{10.31}$$

$$RT_{ges.} = \frac{1}{\sum_{t=t_{min}}^{t_{max}} y_{i,t}} \sum_{t=t_{min}}^{t_{max}} y_{i,t} \; EQ_{i,w}, \forall i \in A. \tag{10.32}$$

Der Zeitraum zwischen dem geplanten und dem realisierten Fertigstellungszeitpunkt einer Aufgabe kann hierbei um die Zeitpunkte $p_{w,t}$ reduziert werden, an denen die Arbeitsperson eine Nicht-Arbeitsperiode aufweist. In diesem Fall reduziert sich der Zeitpuffer oder die Verzögerung um die Summe dieser Zeitpunkte:

$$RT_{i,w} = \frac{t_i^p - t_i^m - \sum_{t=t_i^p}^{t_{max}} p_{w,t}}{AW_{i,w}^m} \forall t_i^p < t_i^m. \tag{10.33}$$

Die inhaltliche und formale Qualität eines Arbeitsergebnisses kann aufgrund des hohen Individualisierungsgrades von wissensintensiven Dienstleistungen nicht anhand einer konkreten Referenz erfolgen. Um dennoch eine Bewertung zu ermöglichen, erfolgt eine Differenzierung der Arbeitsaufgaben nach dem Adressaten der erzeugten Arbeitsergebnisse. Verbleiben die Arbeitsergebnisse im Arbeitssystem, so wird hier die Annahme getroffen, dass eine Arbeitsaufgabe von der Arbeitsperson nur als vollständig bearbeitet angegeben wird, falls die Arbeitsergebnisse eine ausreichende Qualität aufweisen. Wird das Arbeitsergebnis an eine Arbeitsperson außerhalb des betrachteten Arbeitssystems übergeben, so handelt es sich um ein „externes" Planungs- und Führungssystem, welches eine

Einschätzung der Qualität und eine Rückmeldung an das Planungs- und Führungssystem der Arbeitsperson vornehmen kann. Im Folgenden wird sich daher auf die Bewertung von Arbeitsergebnissen beschränkt, die von der Arbeitsperson an ein anderes Arbeitssystem übergeben werden.

Als Maß für die inhaltliche und formale Qualität eines Arbeitsergebnisses wird hier aufgrund der Durchgängigkeit des Messkonzeptes die Währung „Zeiteinheit" verwendet. D. h., die Arbeitsperson hat vor der „Übergabe" des Arbeitsergebnisses zu bewerten, wie viele Zeiteinheiten von ihr über den aktuellen Stand hinaus noch zu erbringen wären, um ein Ergebnis zu erzielen, welches für das Führungs- und Planungssystem des Empfängers eine ausreichende Qualität aufweist. Kommt es zu einer Rückmeldung durch diese Arbeitsperson, so ist der erforderliche Arbeitsaufwand für die Überarbeitung der Ergebnisse ein Indikator für die ursprüngliche Ergebnisqualität. Dieser enthält Bestandteile für eine inhaltliche und formale Überarbeitung, die aus unzureichenden Entscheidungen und Handlungen der Arbeitsperson resultieren als auch aufgrund einer vom externen Arbeitssystem im Rahmen der Bewertung der Arbeitsergebnisse veränderten Arbeitsaufgabe. Da während der initialen Bearbeitung letzterer Wert der Arbeitsperson nicht bekannt war, geht dieser Anteil nicht in die Kennzahl ein.

Kennzahl **„Ergebnisqualität" (EQ):** Die Kennzahl der *„Ergebnisqualität"* bezieht sich nur auf Aufgaben, die an ein anderes Arbeitssystem mit der Erwartung einer Rückmeldung zu den Arbeitsergebnissen übergeben werden – *„Aufgaben zu Wiedervorlage"*. Für diese Aufgaben ist der bis zur erstmaligen Übergabe der Arbeitsergebnisse an ein anderes Arbeitssystem benötigte Arbeitsaufwand $AW_{i,w}^{m(1)}$, der zu diesem Zeitpunkt von der Arbeitsperson erwartete Nacharbeitsaufwand $AW_{i,w}^{n,p}$, der später für die Bearbeitung gemessene Arbeitsaufwand $AW_{i,w}^{n,m}$ und der Arbeitsaufwand $AW_{i,w}^{n,a}$ heranzuziehen, der sich aus einer veränderten Aufgabenstellung ergibt:

$$EQ_{i,w} = \frac{AW_{i,w}^{n}}{AW_{i,w}^{m(1)}}, \tag{10.34}$$

Die aggregierte Kennzahl über alle abgeschlossene Aufgaben ergibt sich aus:

$$EQ_{ges.} = \frac{1}{\sum_{t=t_{min}}^{t_{max}} y_{i,t}} \sum_{t=t_{min}}^{t_{max}} y_{i,t} EQ_{i,w}, \forall i \in A. \tag{10.35}$$

10.5 Konzeption und Umsetzung des Assistenzsystems zur Unterstützung der individuellen Arbeitsorganisation

Die Berechnung der definierten Kennzahlen erfordert eine Datengrundlage, die mittels eines Messwerkzeugs bereitzustellen ist. Da bestehende Werkzeuge, wie beispielsweise *ORTIMzeit, REFA Zeit, Getting Things Done* und *Every Task* eine tägliche Evaluation der individuellen Arbeitsorganisation bei schwach strukturierten Arbeitsprozessen ohne eine weitere beobachtende Person nicht zulassen bzw. eine Berechnung der definierten Kennzahlen für die individuelle Arbeitsorganisation nicht möglich ist, wird ein Software-Framework vorgestellt und verifiziert.

10.5.1 Anwendungsfall

Ausgangspunkt für die Entwicklung der Softwareapplikation waren die in Abschn. 10.3.3 eingeführten Anforderungen. Hierbei galt es, die relevanten Zielgruppen bei einer prototypischen Erprobung, wie auch der späteren Anwender der *APP* in einem Unternehmen zu berücksichtigen. Ausgehend von der Zielgruppe des späteren Anwenders wurden daher die Rollen als sogenannte Akteure und die ihnen zuzuordnenden Anwendungsszenarien definiert. Aus Letzteren lassen sich die erforderlichen Anwendungsfälle als Ovale in Abb. 10.6 darstellen. Mit den Bereichen Datenerhebung sowie Datenanalyse bestehen somit zwei wesentliche Aspekte für das Software-Framework.

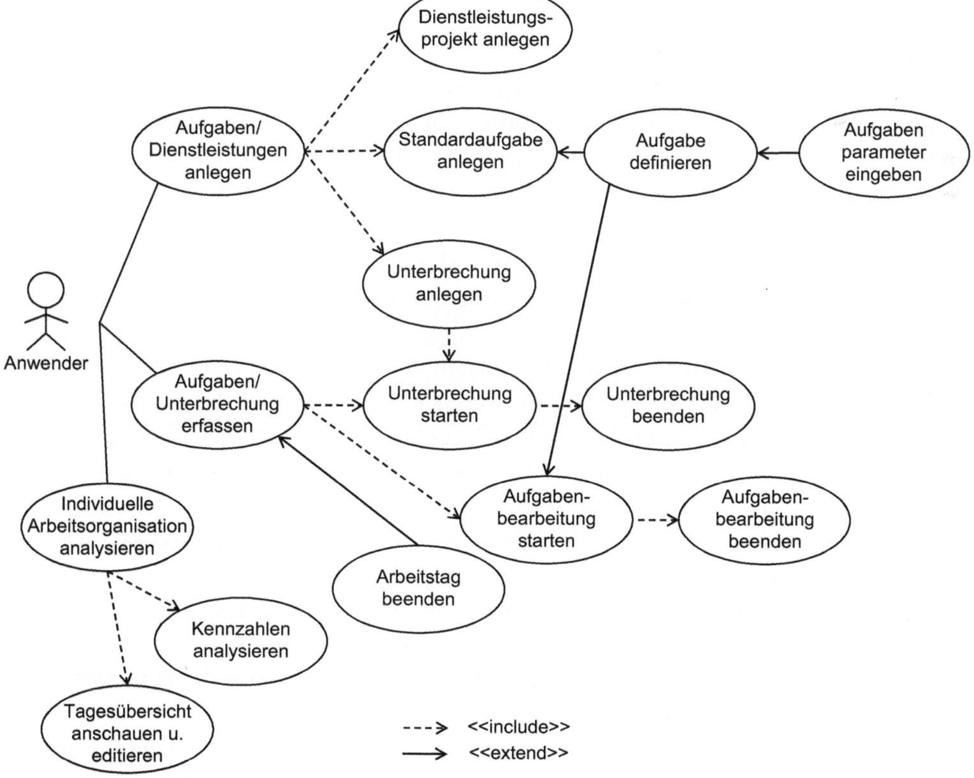

Abb. 10.6 UML-Anwendungsfalldiagramm für das Assistenzsystem zur Unterstützung der individuellen Arbeitsorganisation

Bei der Datenerhebung ist der Akteur eine Arbeitsperson eines Arbeitssystems (Schlick et al. 2010), welcher Aufgaben selbst initiiert oder von anderen Arbeitspersonen erhält. Für diese Aufgaben legt die Arbeitsperson ein Objekt vom Typ *Aufgabe* an und ordnet diese einer Dienstleistung oder dem Tagesgeschäft zu. Hierbei können Dienstleistungen oder einzelne Kategorien des Tagesgeschäfts vom Anwender angelegt und gepflegt werden.

Sind entsprechende Objekte vom Typ *Aufgabe* definiert, so können diese vom Anwender ausgewählt werden, um den Beginn einer Aufgabenbearbeitung abzubilden. D. h., wird eine Aufgabenbearbeitung begonnen oder fortgesetzt, so wählt die Arbeitsperson das zugehörige Objekt *Aufgabe* in der *APP* aus und die Messung und Dokumentation der Bearbeitungsdauer beginnt. Mit Auswahl eines anderen Objektes vom Typ *Aufgabe* oder vom Typ *Unterbrechung* wird dokumentiert, dass ein Tätigkeitswechsel erfolgt. Das Objekt *Unterbrechung* wird hierbei unterschieden nach eigen- und fremdinitiierter Unterbrechung. Mit dem Ende des Arbeitstages der Arbeitsperson ist die Datenerfassung zu beenden und die Daten sind entsprechend in der internen Datenbank zu sichern.

Die erfassten Daten und die daraus abgeleiteten Kennzahlen sind dem Anwender zur Ableitung einer Handlungsempfehlung im Rahmen der Datenanalyse zu präsentieren. In diesem Zusammenhang ist die Möglichkeit der Korrektur von fehlerhaft durch den Anwender erhobenen Daten zu gewährleisten.

10.5.1.1 Software-Framework

Der Anwendungsfall wurde in drei für den Anwender der Software definierte Anwendungsvarianten überführt, die sich hinsichtlich des Zeitaufwandes für die Datenerhebung und der Aussagekraft der Kennzahlen sowie der abzuleitenden Handlungsanweisungen unterscheiden. Die für diese drei Anwendungsvarianten erforderlichen Funktionalitäten bauen aufeinander auf und wurden in jeweils abgeschlossen nutzbare Softwarefunktionen überführt. Entsprechend hat der Anwender die Möglichkeit, die sogenannte „*Grundversion*", die „*Bewertungsversion*" und die „*Expertenversion*" auszuwählen.

- Die ***„Grundversion"*** bietet einer Arbeitsperson die Möglichkeit einer kontinuierlichen Tätigkeitsanalyse. Hierbei werden die Aufgaben, die während des Tages bearbeitet werden, mit ihren jeweiligen Bearbeitungszeitpunkten erfasst. Neben den Aufgaben der Dienstleistungsprojekte und des Tagesgeschäfts können eigen- und fremdinitiierte Unterbrechungen dokumentiert werden. Hieraus ergeben sich für die Datenanalyse die Zeitpunkte und die Häufigkeit einer Aufgabenbearbeitung, die Wechsel zwischen Aufgaben sowie die Anzahl an Unterbrechungen. Aus diesen Daten kann eine Aussage zur Abweichung des geplanten vom benötigten Arbeitsaufwand einer Aufgabenbearbeitung durch die Kennzahl *„Arbeitseffizienz"* abgeleitet werden. Zudem kann der Anteil an vom Anwender festlegbaren Aufgabenkategorien sowie die Fragmentierung der Arbeitstage erfasst werden.
- Die *„Bewertungsversion"* ermöglicht aufbauend auf der Grundversion die Bewertung der Kennzahl *„Wahrgenommene Arbeitseffizienz"*. Hierbei kann die Kennzahl für die Bearbeitung einer einzelnen Aufgabe sowie als Kennzahl für die Gesamtheit der vollständig bearbeiteten Aufgaben ausgegeben werden.

- Bei der **„Expertenversion“** erfolgt die vollständige Berechnung der Kennzahlen aus Abschn. 10.4.6. Hierzu sind neben den geplanten Fertigstellungszeitpunkten der Aufgaben auch die Zeitaufwände für deren Nachbearbeitung bzw. Überarbeitung zu erfassen. Des Weiteren zeichnet sich diese Version durch ein Assistenzsystem aus, welches basierend auf historischen Daten dem Anwender der *APP* realistische Arbeitsaufwandswerte für neu anzulegende Aufgaben anzeigt.

Entsprechend der vom Anwender ausgewählten Variante wird die Gesamtheit oder eine Teilmenge der dargestellten Funktionen der Software ausgeführt. Diese sind zu differenzieren nach Funktionen zur:

- Interaktion mit dem Anwender (Human-Machine-Interface),
- Erfassung der Arbeitsorganisation der Arbeitsperson,
- Berechnung der personenindividuellen Kennzahlen,
- Darstellung der erhobenen Daten und
- Verwaltung der erfassten Daten.

10.5.2 Software-Applikation

Realisiert wurde das Software-Framework für das Betriebssystem Android (ab Version 4.0.2). Hierbei wurden die Dialoge zur Interaktion mit dem Anwender für Tablets oder Smartphones mit einer Bildschirmdiagonalen von mindestens 5 Zoll grafisch optimiert. Die Layouts der Dialoge der beiden Gerätevarianten unterscheiden sich hierbei hinsichtlich der Orientierung des Gerätes – vertikal vs. horizontal – und werden in Abhängigkeit der Bildschirmdiagonale des Gerätedisplays automatisch ausgewählt.

10.5.2.1 Dialogfelder zur Interaktion

Das *Home-Dialogfeld* der Software besteht aus den vier Bereichen *„Aufgabenpool“, „Aufgabensammlung und Unterbrechungen“, „Workbench“* und *„Menüleiste“* und ist der Ausgangspunkt jeder Interaktion mit dem Anwender. Diese Bereiche sind bei einer Darstellung auf einem Tablet auf der rechten Seite des Bildschirms angeordnet, während anwendungs- bzw. situationsspezifische Dialogfelder im linken Teil des Bildschirms situationsbezogen eingeblendet werden. Einen Überblick über das Human-Machine-Interface gibt die Abb. 10.7:

- Der ***„Aufgabenpool“*** umfasst alle aktuell vom Anwender zu bearbeitenden Aufgaben und entspricht dem verfügbaren Arbeitsvorrat der Arbeitsperson eines Arbeitssystems. Neben dem Namen und der Wichtigkeit der Aufgabe werden der geforderte Fertigstellungszeitpunkt und der vom Anwender für die Erstellung der Arbeitsergebnisse bereits geleistete Arbeitsaufwand angezeigt. Um die Übersichtlichkeit der zu bearbeitenden Aufgaben sicherzustellen, können die Aufgaben nach ihrer Projektzugehörigkeit oder der Zuordnung zum Tagesgeschäft gefiltert werden.

Abb. 10.7 Start-Bildschirm der APP (rechts) mit Dialog zum Anlegen einer Aufgabe (links)

- Die **„Workbench"** enthält die zu einem Zeitpunkt vom Anwender bearbeitete Aufgabe bzw. die gegenwärtig bestehende Unterbrechung und bildet somit den „Zustand" der Arbeitsperson ab. Neben den aufgabenspezifischen Informationen – Name, Wichtigkeit, geforderter Fertigstellungszeitpunkt und geplanter Arbeitsaufwand – wird der zu diesem Zeitpunkt bereits realisierte Arbeitsaufwand angezeigt. Letzterer wird als Zahlenwert und in Form eines Balkens abgebildet, dessen grüne Fläche sich während der Aufgabenbearbeitung erhöht. Überschreitet der Arbeitsaufwand den geplanten Wert, so wird der Balken entfernt und an dessen Stelle tritt ein neuer Balken, dessen rote Fläche sich während der weiteren Aufgabenbearbeitung proportional zum geleisteten Arbeitsaufwand erhöht.
- Die **„Aufgabensammlung"** enthält als Symbole/Schaltflächen die Standardaufgaben, die von einem Anwender an einem Arbeitstag häufig im Rahmen einer Aufgabenbearbeitung ausgewählt werden. Diese können vom Anwender individuell angelegt und in eine präferierte Anzeigereihenfolge gebracht werden. Neben der **„Workbench"** ist die Schaltfläche für die Erfassung von Unterbrechungen angeordnet.
- Die **„Menüleiste"** enthält alle Funktionen für den Absprung in die Dialogfelder zur Darstellung der erhobenen Daten und der berechneten Kennzahlen sowie zur Beendigung eines Arbeitstages.

10.5.2.2 Softwarefunktionen zur Datenerhebung

Die Software basiert auf einer sogenannten „Projekt/Aufgaben – Arbeitsplatz Struktur". D. h., bei der initialen Anwendung der *APP* bedarf es des Anlegens von Dienstleistungsprojekten und der Kategorie *„Tagesgeschäft"* über die entsprechende Schaltfläche in der *Menüleiste*. Diese können zu einem späteren Zeitpunkt vom Anwender um weitere Projekte erweitert und angepasst werden.

Ferner lassen sich über die *Menüleiste* die Standardaufgaben definieren. Eine solche *Standardaufgabe* wird hier als eine Aufgabenkategorie bzw. eine Handlung verstanden, die an regulären Arbeitstagen der Arbeitspersonen häufiger vorkommt und daher mit einer höheren Wahrscheinlichkeit vom Anwender im Rahmen der Datenerfassung ausgewählt wird. Solche Aufgaben sind bei einer Arbeitsperson eines Fabrikplanungsdienstleisters beispielsweise *„E-Mail schreiben"* oder *„Bauanträge erstellen"*.

Nach dem erstmaligen Start der *APP* sind nach der Definition der Dienstleistungsprojekte die zu diesem Zeitpunkt bekannten Aufgaben vom Anwender anzulegen und den Dienstleistungen sowie dem Tagesgeschäft zuzuordnen. Hierzu wählt der Anwender die Schaltfläche der Standardaufgabe aus oder legt eine Aufgabe über die Schaltfläche *„Benutzerdefinierte Aufgabe"* an. Zur Eingabe der aufgabenspezifischen Informationen erscheint ein Dialogfeld (Abb. 10.7), das je nach Anwendungsvariante eine unterschiedliche Anzahl an Eingaben erfordert. Nach Eingabe der Informationen muss der Anwender entscheiden, ob die Aufgabe im *Aufgabenpool* oder in der *Workbench* abzulegen ist. Letzteres bedeutet, dass der Anwender nach Anlegen der Aufgabe unmittelbar mit deren Bearbeitung beginnt. Entscheidet der Anwender sich für die Bearbeitung der Aufgabe, so erscheint die Aufgabe im Feld *Workbench* (Abb. 10.8). Befindet sich daher eine Aufgabe oder eine Unterbrechung im Feld der *Workbench*, so repräsentiert dies deren aktuelle Bearbeitung. Hierbei führt jede Minute der Bearbeitung zu einer Erhöhung des geleisteten und in Form eines Balkens für eine Aufgabe dargestellten Arbeitsaufwands. Ist eine weitere Aufgabe anzulegen, so hat der Anwender jederzeit die Möglichkeit über die Schaltfläche einer Standardaufgabe bzw. über *„Benutzerdefinierte Aufgabe"* eine weitere Aufgabe anzulegen.

Möchte der Anwender die aktuelle Bearbeitung einer Aufgabe unterbrechen, um mit einer anderen Aufgabe fortzufahren, so wählt der Anwender die neu zu bearbeitende Aufgabe im *Aufgabenpool* aus oder legt eine neue Aufgabe an. Hierdurch erscheint bei der *Expertenversion* der Dialog zur Bewertung der Bearbeitungsphase der aktuell bearbeiteten Aufgabe (Abb. 10.9). Die hierbei vom Anwender getätigten Eingaben bilden die Datenbasis für die Berechnung der Kennzahlen für die individuelle Arbeitsorganisation (s. Abschn. 10.4.6).

Erfolgt ein Wechsel zwischen Aufgaben, so ist neben der Bewertung der Bearbeitungsphase vom Anwender anzugeben, ob die Aufgabe vollständig bearbeitet wurde, die Aufgabe zu einem späteren Zeitpunkt weiter bearbeitet werden soll *(Aufgabenpool)* oder im Bereich *„Wiedervorlage"* abzulegen ist. Letzteres beschreibt die Übergabe der Arbeitsergebnisse an eine andere Arbeitsperson außerhalb des Arbeitssystems sowie die Erwartung, dass es zu einer Rückmeldung und einer ggf. erneuten Bearbeitung der Aufgabe entsprechend einer Nacharbeit kommt. Aufgaben mit dem Status *„Wiedervorlage"* werden im Aufgabepool farblich kenntlich gemacht und können ggf. ausgeblendet werden.

Kommt es zu einer fremd- oder eigeninitiierten Unterbrechung der aktuellen Aufgabenbearbeitung, so kann der Anwender über die Schaltfläche *„Unterbrechungen"* eine

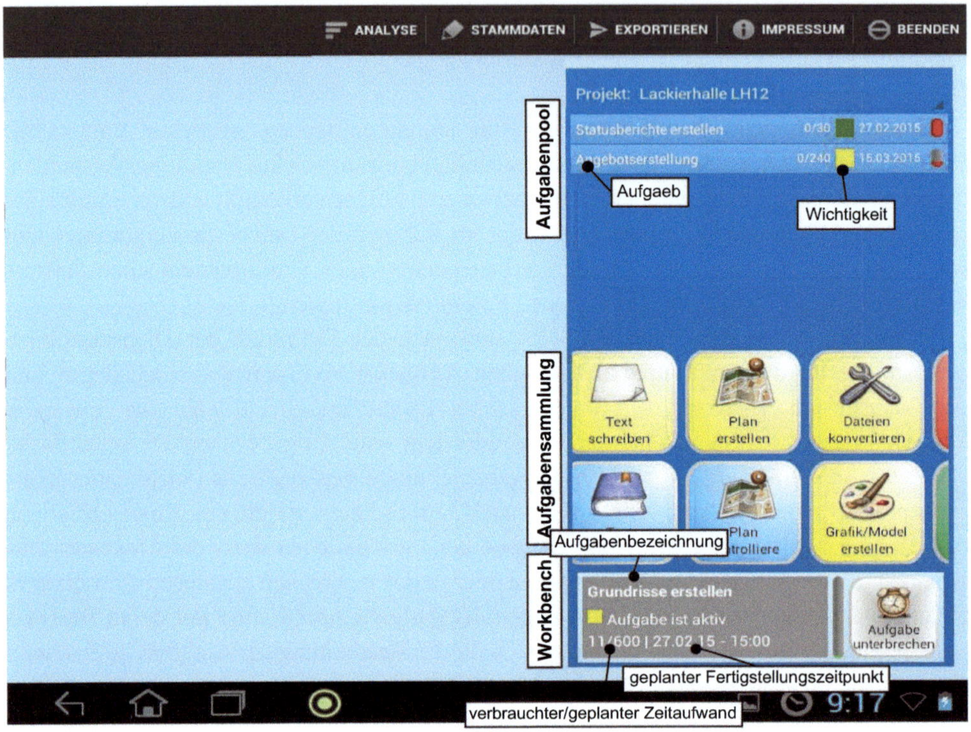

Abb. 10.8 Darstellung einer aktuell vom Anwender bearbeiteten Aufgabe

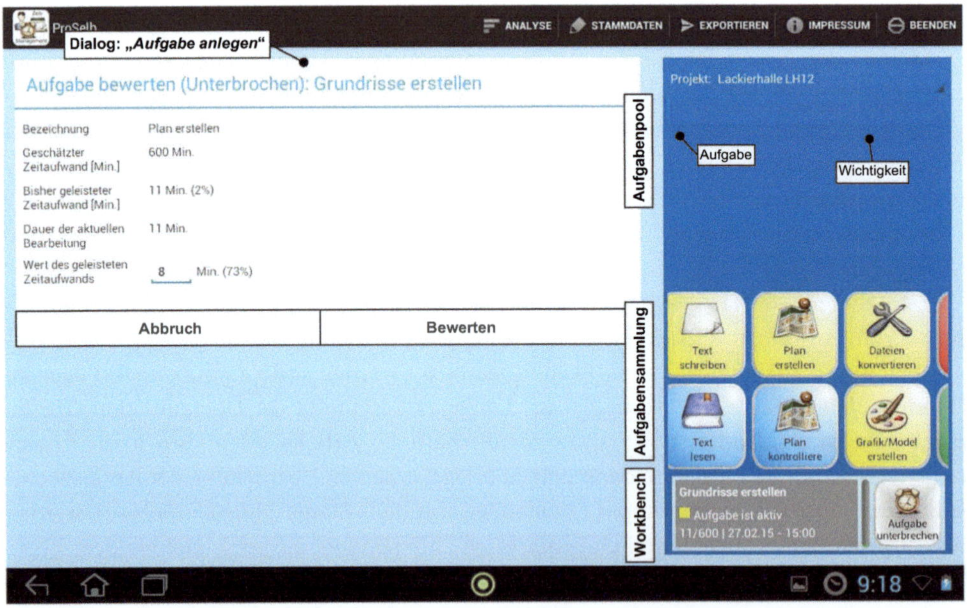

Abb. 10.9 Dialog für eine Aufgabe zur Bewertung der letzten Bearbeitungsphase

der vordefinierten Unterbrechungsarten auswählen. Durch deren Auswahl erscheint diese in der Workbench und die vorher bearbeitete Aufgabe wird nach deren Bewertung im Aufgabenpool abgelegt. Beendet wird eine solche Unterbrechung durch das Auswählen der Schaltfläche *„Aufgabe neustarten"* – Fortsetzen der zuletzt bearbeiteten Aufgabe. Mit Abschluss der Unterbrechung erscheint analog zur Aufgabenbearbeitung ein Dialog zur Bewertung der Unterbrechung.

Durch die realisierte Bedienphilosophie ist sichergestellt, dass sich nach der Auswahl der ersten Aufgabe zum Beginn eines Arbeitstages immer ein Objekt vom Typ *„Aufgabe"* oder *„Unterbrechung"* in der *Workbench* befindet. So wird erst durch die Auswahl *„Arbeitstag beenden"* in der *Menüleiste* die Erfassung der Arbeitsorganisation beendet und die aktuelle Aufgabe aus der *„Workbench"* nicht ersetzt. Dies gewährleistet, dass eine lückenlose Zuordnung der Minuten eines Arbeitstages zu Aufgaben und Unterbrechungen erfolgt.

Die durchgängig realisierte Bedienphilosophie basiert auf der Auswahl einer spezifischen Aufgabe oder einer Unterbrechung durch Tippen auf das im Touchscreen dargestellte Objekt bzw. die Schaltfläche. Mit Auflösen eines solchen Kontaktes auf der Oberfläche des Bildschirms werden Ereignisse für die Anzeige oder das Schließen von Dialogen initiiert. Zu diesem Zeitpunkt erfolgt auch das Sichern von Informationen in der internen Datenbank der *APP*, deren Daten die Grundlage für die Darstellung der Tagesübersicht und die Berechnung der Kennzahlen bilden.

10.5.2.3 Softwarefunktionen zur Datenanalyse

Die Darstellung der Tagesübersicht (Abb. 10.10) mit den an einem Tag bearbeiteten Aufgaben und Unterbrechungen kann vom Anwender über die Menüleiste mit der Schaltfläche *„Analyse"* und dem Analysebereich *„Tagesübersicht/Stundenplan"* ausgewählt werden. Hierdurch erscheint für einen Tag die Tagesübersicht mit einem Zeitstrahl, der die Aufgaben und Unterbrechungen chronologisch verortet. Entsprechend kann eine Aufgabe mehrfach in der Tagesübersicht aufgeführt werden, falls diese aufgrund von Aufgabenwechseln und Unterbrechungen von der Arbeitsperson zu verschiedenen Zeitpunkten bearbeitet wurde. Zu jeder Bearbeitungsphase werden deren Dauer sowie der für die Aufgabe geplante und bisher kumuliert geleistete Arbeitsaufwand angegeben.

Über die Auswahl der Schaltfläche „Bleistift" lässt sich eine erfasste Bearbeitungsphase einer Aufgabe oder eine Unterbrechung nachträglich vom Anwender editieren. D. h., neben der Anpassung der Dauer besteht auch die Möglichkeit des Löschens oder des nachträglichen Einfügens einer Bearbeitungsphase.

Ferner findet sich im Analysebereich *„Tagesübersicht/Stundenplan"* eine Übersicht über die zentralen, aktuellen Kennzahlenwerte für den ausgewählten Arbeitstag. Neben dem benötigten Arbeitsaufwand (in Minuten) für eigen- und fremdinitiierte Unterbrechungen sind es die Kennzahlenwerte für die *„wahrgenommene Arbeitseffizienz"* und die *„wahrgenommene Arbeitsproduktivität"*, die aus den vollständig bearbeiteten Aufgaben ermittelt werden.

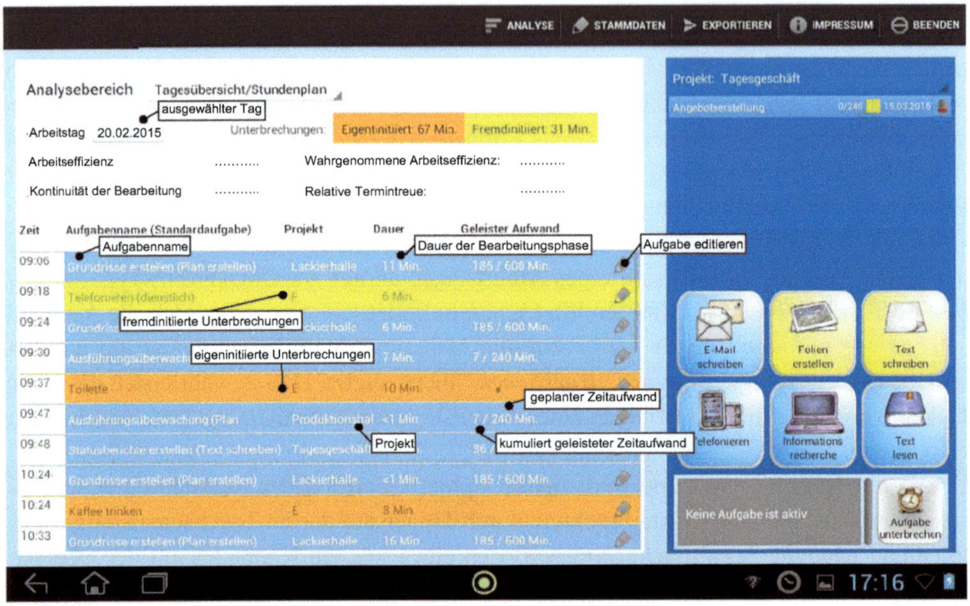

Abb. 10.10 Darstellung der Tagesübersicht und der zentralen Kennzahlen

Eine detailliertere Darstellung der Kennzahlen – beispielsweise für einzelne Aufgaben oder Bearbeitungsphasen – ist über die Analysebereiche *„Aufgabenübersicht"* und *„Kennzahlenübersicht"* möglich. In diesen beiden Bereichen werden alle in Abschn. 10.4 eingeführten Kennzahlen dem Anwender für eine Aufgabe, einen Tag oder einen anzugebenden Zeitraum präsentiert.

10.6 Empirische Studie zur individuellen Arbeitsorganisation bei wissensintensiven Dienstleistungen

10.6.1 Zielsetzung

Da bisher keine Erkenntnisse über den Zusammenhang zwischen der individuellen Arbeitsorganisation einer Arbeitsperson und der Produktivität einer wissensintensiven Dienstleistungserbringung vorliegen, wurde zur Schaffung einer Datengrundlage eine empirische Feldstudie konzipiert und durchgeführt. Ziel der Untersuchung war es, die individuelle Arbeitsorganisation von Arbeitspersonen bei der Erbringung von wissensintensiven Dienstleistungen detailliert zu analysieren und anschließend mit Hilfe des entwickelten Kennzahlensystems zu bewerten. Ferner galt es, dass entwickelte Software-Framework zu verifizieren und die Praxistauglichkeit des Instrumentariums nachzuweisen.

10.6.2 Stichprobe und Versuchsdurchführung

An der Feldstudie nahmen acht Arbeitspersonen im Alter zwischen 27 und 36 Jahren teil (Durchschnittsalter = 28,20 Jahre, SD = 3,53). Während dieses Untersuchungszeitraums arbeiteten diese in Büroräumen mit ein bis drei Personen. Jede Arbeitsperson der Studie erfasste an drei aufeinanderfolgenden Tagen mit dem vorgestellten Konzept der Selbstaufschreibung ihre individuelle Arbeitsorganisation. Hierbei wurde versucht, den Einfluss der Feldstudie auf die Planungs- und Wirksysteme der Arbeitssysteme zu begrenzen. Daher hatten die Versuchspersonen jeweils ihre aktuellen Aufgaben aus den Projekten sowie ihr Tagesgeschäft zu bearbeiten. Der Versuchsleiter erläuterte dem Probanden bereits am Vortag der ersten Selbstaufschreibung die Methode sowie das Erhebungswerkzeug und dokumentierte die nicht veränderbaren Umgebungsbedingungen (durchschnittliche Anzahl von Arbeitspersonen im Büro, Lage des Büros etc.). Jeweils zum Arbeitsende wurde ein ca. 10-minütiges Interview vom Versuchsleiter mit den Versuchspersonen durchgeführt, um Besonderheiten des Arbeitstages und die subjektiv empfundene Güte der individuellen Arbeitsorganisation zu ermitteln.

10.6.3 Variablen und Hypothesen

Unabhängige Variable waren die Arbeitspersonen und die damit verbundene individuelle Arbeitsorganisation. Als abhängige Variable wurden die erforderlichen Zeitaufwände für die Aufgaben, die Bearbeitungszeitpunkte von Aufgaben bzw. eigen- und fremdinitiierten Unterbrechungen sowie die in Abschn. 10.4.6 definierten Kennzahlen erfasst.

Basierend auf den Ergebnissen der Studien von (Mintzberg 1970; Beuscher-Mackay et al. 2009; Horne und Lupton 1965; Snyder und Wheelen 1981; Rennecker Godwin 2005; O'Conaill und Frohlich 1995; Perlow 1999; Gonzáles und Mark 2004) wurden die folgenden Hypothesen für die Untersuchung der individuellen Arbeitsorganisation bei wissensintensiven Dienstleistungen aufgestellt:

1. Es wird erwartet, dass Arbeitspersonen bei wissensintensiven Dienstleistungen aufgrund der Immaterialität, der Individualität und der Integrativität des Arbeitsergebnisses den erforderlichen Arbeitsaufwand einer Aufgabe bei der individuellen Arbeitsorganisation unterschätzen ($AW_{i,w}^{p} < AW_{i,w}^{m}$).
2. Mit Blick auf die vorrangige Auswahl von Aufgaben mit einem geringen Arbeitsaufwand wird erwartet, dass der Zeitraum zwischen dem geplanten und dem realisierten Fertigstellungszeitpunkt der Aufgabe vom gemessenen Arbeitsaufwand der Aufgabe $AW_{i,w}^{m}$ abhängt.
3. Basierend auf den Studien von Beuscher-Mackay et al. (2009) und Rennecker sowie Godwin (2005) wird erwartet, dass Arbeitspersonen bei der Erbringung von wissensintensiven Dienstleistungen einen Großteil ihrer Arbeitszeit mit Kommunikationstätigkeiten verbringen.

4. Es wird erwartet, dass die individuelle Arbeitsorganisation bei der Erbringung von wissensintensiven Dienstleistungen durch eine „Bruchstückhaftigkeit" der Arbeit gekennzeichnet ist und dass dies einen Einfluss auf ihre Arbeitseffizienz und Effektivität hat.

10.6.4 Ergebnisse

Die von den acht Arbeitspersonen durchgeführte Selbstaufschreibung konnte einen Zeitraum von 9.575 Min. erfassen. Während dieser Zeit bearbeiteten die Arbeitspersonen 106 Aufgaben und 192 fremd- und eigeninitiierten Unterbrechungen (Arbeitsaufwand 2.229 min). Diese Zeiten verteilten sich entsprechend Abb. 10.11 auf die definierten Aufgabenkategorien.

Hervorzuheben ist, dass die aus den Standardaufgaben abgeleiteten Aufgaben *„Folien erstellen"* und *„Text schreiben"* einen hohen Anteil an der beobachteten Arbeitszeit ausmachen. Hingegen kommen die Kategorien *„E-Mail schreiben"* und *„Telefonieren"* häufiger vor, sind aber jeweils nicht so zeitintensiv. Der für eine Aufgabenbearbeitung im Untersuchungszeitraum erforderliche Arbeitsaufwand betrug: $MW = 69{,}29$ min; $SD = 10{,}5$ min bei einer durchschnittlichen Unterbrechungsdauer von $MW = 11{,}59$ min; $SD = 2{,}1$ min. Die Dauer zwischen zwei Unterbrechungen betrug: $MW = 24{,}54$ min; $SD = 5{,}43$ min.

Der hohe Anteil an Koordinationstätigkeiten ist auf eine Arbeitsperson zurückzuführen, welche zum Zeitpunkt der Untersuchung eine größere Veranstaltung vorzubereiten hatte. Wird diese Person aus der Analyse herausgenommen, so reduziert sich der für

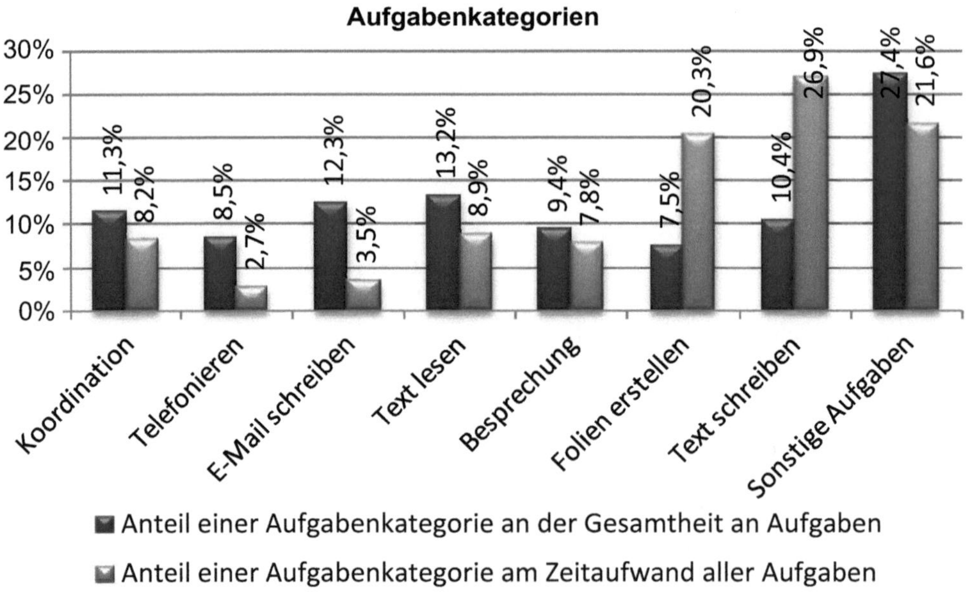

Abb. 10.11 Anteil der Aufgabenkategorien an der Bearbeitungszeit von Aufgaben (n = 8 Personen)

Tab. 10.4 Kennzahlenwerte für die Effizienz der individuellen Arbeitsorganisation

	AP_1	AP_2	AP_3	AP_4	AP_5	AP_6	AP_7	AP_8	ges.
$AE_{i,w}$	1,22	1,24	1,19	0,871	0,87	1,21	1,02	1,10	1,10
$WA_{i,w}$	0,92	0,89	0,78	0,57	1,29	0,87	0,66	0,49	0,81
$KB_{i,w}$[a]	0,61	0,55	0,45	0,38	0,91	0,78	0,39	0,42	0,56

[a] Werte normiert

Koordination erforderliche Arbeitsaufwand auf 40,8 min. Bei den Werten für die Kategorie *„Telefonieren"* ist zu beachten, dass sich der Arbeitsaufwand aus der Gesprächszeit sowie den vor- und nachbereitenden Tätigkeiten ergibt.

Hypothese 1 – Güte der Planung des erforderlichen Arbeitsaufwands: Die Gegenüberstellung vom geplanten zum gemessenen Arbeitsaufwand erfolgt durch die Kennzahl der Arbeitseffizienz als auch nach der Anzahl an Über- und Unterschreitungen des geplanten Arbeitsaufwands. Entsprechend sind in Tab. 10.4 die Kennzahlen für die Arbeitseffizienz und die wahrgenommene Arbeitseffizienz dargestellt. Es zeigt sich, dass sechs der acht beobachteten Arbeitspersonen einen größeren Arbeitsaufwand für die Erstellung der geforderten Arbeitsergebnisse benötigten als initial geplant. Hingegen benötigten AP_4 und AP_5 deutlich weniger Zeit als initial geplant. Aus der Analyse der Daten für die individuelle Arbeitsorganisation und der im Anschluss stattgefundenen Befragung ergibt sich für AP_4 die Erkenntnis, dass diese Arbeitsperson eine eher vorsichtige und somit robuste Planung vornimmt. Der Wert für $AW_{i,w}^{P}$ war somit von AP_4 für die überwiegende Anzahl an Aufgaben zu hoch angesetzt worden. Hingegen konnte AP_5 zwei Aufgaben mit einem deutlich geringeren Arbeitsaufwand bearbeiten, da die von einer anderen Arbeitsperson zur Verfügung gestellten Informationen deutlich besser waren als erwartet. Es lag somit eine effiziente Erzeugung der geforderten Arbeitsergebnisse vor, da $AW_{i,w}^{P}$ realistisch festgelegt worden war und es durch die Handlungen zu einer Effizienz der Arbeitsorganisation gekommen ist.

Die statistische Analyse weist eine hohe Korrelation $r = 0{,}85$ nach Pearson zwischen der Kennzahl *„wahrgenommenen Arbeitseffizienz"* und der von einer Arbeitsperson wahrgenommenen Güte der Arbeitsorganisation nach – angegeben auf einer fünfstufigen Likert-Skala im Rahmen der Befragung der Arbeitspersonen ($p < 0{,}05$). Ein ähnlicher Zusammenhang zeigt sich zwischen den Kennzahlen *„Arbeitseffizienz"* und *„wahrgenommenen Arbeitseffizienz"* ($r = 0{,}92$, $p < 0{,}05$) (Abb. 10.12).

Hypothese 2 – Realisierte Fertigstellungszeitpunkte von Aufgaben: Die erfassten Daten verdeutlichen, dass Arbeitspersonen vorrangig Aufgaben mit einem geringen Aufwand auswählen, da für diese ein schneller Nutzen realisiert werden kann. So wurde bei sechs Personen eine größtenteils situationsbezogene Aufgabenauswahl beobachtet, die häufig im Anschluss an fremdinitiierte Unterbrechungen erfolgte. Besonders ausgeprägt war dieses Verhalten bei der Arbeitsperson AP_1 mit fachlicher Führungsverantwortung, da diese Arbeitsperson häufig Anfragen durch andere Arbeitspersonen erhielt, die zu einer

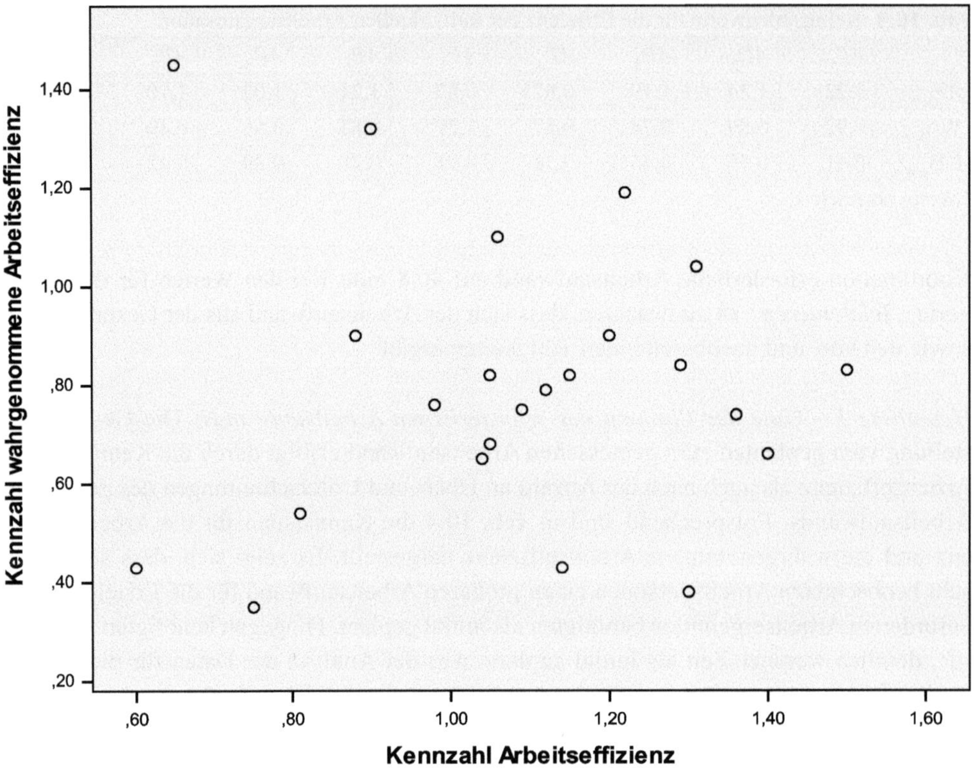

Abb. 10.12 Zusammenhang zwischen den Arbeitseffizienz-Kennzahlen ($n=8$ Personen)

unmittelbaren Handlung führte. Aber auch bei der Arbeitsperson AP_6 wurden aufgrund der großen Anzahl an Unterbrechungen an einem Arbeitstag und der damit verbundenen Fragmentierung der Arbeit hauptsächlich Aufgaben mit geringen Zeitaufwänden ausgewählt und bearbeitet.

Zur weiterführenden Auswertung der erhobenen Daten wurden die Zeiträume zwischen geplanten und realisierten Fertigstellungszeitpunkten um die Nicht-Arbeitszeiten der Arbeitspersonen bereinigt. Der auf diese Daten angewendete Test nach Pearson kann keinen signifikanten Zusammenhang nachweisen. Ursächlich ist hier die aus der Aggregation resultierende geringe Fallzahl an untersuchten Arbeitstagen und Aufgaben, sodass weiterführende Untersuchungen für eine statistisch belastbare Aussage notwendig sind.

Hypothese 3 – Anteil an Kommunikationstätigkeiten: Die Auswertung der erhobenen Daten hinsichtlich dieser Hypothese erfordert zunächst analog zur Studie von Beuscher-Mackay et al. (2009) die Zuordnung der Aufgaben und der hinterlegten Tätigkeitskategorien zu kommunikativen und nicht-kommunikativen Ablaufarten. Hierbei wurden die geplanten Standardaufgaben *„Besprechung"*, *„Telefonieren"* und *„E-Mail lesen und schreiben"* ergänzt um die fremdinitiierten Unterbrechungen *„Kommunikation mit Kollegen"*, *„Telefonieren"* und *„E-Mail lesen und schreiben"*. Auf die nicht-kommunikativen Ablaufarten entfallen die verbliebenen Aufgabenkategorien und Unterbrechungen.

Die Auswertung zeigt, dass 55 % der Anzahl aller erfassten Aufgaben und Unterbrechungen der Kommunikation dienen. Dieses entspricht einem Anteil von 48 % der Arbeitszeit. Hierbei bestehen zwischen den einzelnen Arbeitspersonen mit dem Kruskal-Wallis H-Test für ein Signifikanzniveau von $\alpha = 0{,}05$ keine signifikanten Unterschiede ($p = 0{,}101$, Chi-Quadrat 6,226).

Eine Ausnahme stellt die Arbeitsperson AP_5 dar, die lediglich 15 % der Arbeitszeit mit Kommunikationstätigkeiten verbringt. Dies ist auf die besonderen Aufgaben der Arbeitsperson zum Zeitpunkt der Beobachtung zurückzuführen. So führte dieser Mitarbeiter einen Versuchsaufbau in einem separaten Laborraum durch, bei dem es keiner umfangreichen Kommunikation mit anderen Personen bedurfte.

Anders verhält es sich bei Arbeitsperson AP_1, für die mit 68 % ein sehr hoher Anteil an Kommunikationstätigkeit beobachtet werden konnte. Dies begründet sich durch die Position der Arbeitsperson als Führungskraft mit fachlicher Führungsverantwortung. So steht diese Person in der Verantwortung, dass die Arbeitspersonen des Unternehmens die geforderten Projektinhalte erarbeiten. In dieser Situation liegt es daher nahe, dass sich die Arbeitsperson verstärkt um eine Kommunikation mit diesem Personenkreis bemüht und es daher auch zu einem höheren Anteil an fremdinitiierten Unterbrechungen an einem Tag kommt, die auf die direkte Kommunikation zurückzuführen sind (MW = 270 min, SD = 48 min).

Werden die Kennzahlen *„wahrgenommenen Arbeitseffizienz"* und *„Kontinuität der Bearbeitung"* für die Analyse herangezogen, so ergeben sich die in Abb. 10.13 dargestellten Zusammenhänge. Die statistische Analyse zeigt, dass ein signifikanter Zusammenhang zwischen der Einschätzung des Nutzens der investierten Zeiteinheiten und dem Anteil an Aufgabenwechseln und Unterbrechungen besteht. Der durchgeführte Test auf Korrelation zeigt einen solchen Zusammenhang auf ($r = 0{,}56$, $p < 0{,}05$). Ebenso besteht ein signifikanter Zusammenhang zwischen der Kontinuität einer Aufgabenbearbeitung und dem Anteil an Kommunikationstätigkeiten.

Die Ergebnisse der Studie bestätigen die Hypothese, dass ein Großteil der Aufgaben von Arbeitspersonen bei wissensintensiven Dienstleistungen dem Informationstransfer dient. Im Vergleich zur Studie von Beuscher-Mackay et al. (2009) – 62 % zeitlicher Anteil an Kommunikation – fallen die Kommunikationstätigkeiten aber geringer aus. Insgesamt wird aber die Rolle einer Arbeitsperson als Informationsvermittler zwischen den Akteuren einer Dienstleistungserbringung bestätigt. Wird diese Kommunikation näher untersucht, so fällt auf, dass es sich vorrangig um eine teaminterne oder unternehmensinterne Kommunikation handelt, die für die Erstellung von Arbeitsergebnissen benötigt wird. Die Kommunikation mit unternehmensexternen Arbeiterpersonen, wie beispielsweise Auftraggebern oder Kooperationspartnern, nimmt mit 29 % der Kommunikationstätigkeiten nur einen geringen Anteil ein und erfolgt überwiegend telefonisch und per E-Mail.

Die Daten der Arbeitsanalyse weisen zudem nach, dass Arbeitspersonen von wissensintensiven Dienstleistungen vorwiegend mündliche Kommunikation einsetzen, um zu kommunizieren. Bei allen untersuchten Arbeitspersonen liegt der Anteil dieser Kommunikationsform im Bereich zwischen 60 % und 80 % der Gesamtkommunikation. Die verbleibenden Prozente verteilen sich auf die Bearbeitung von E-Mails.

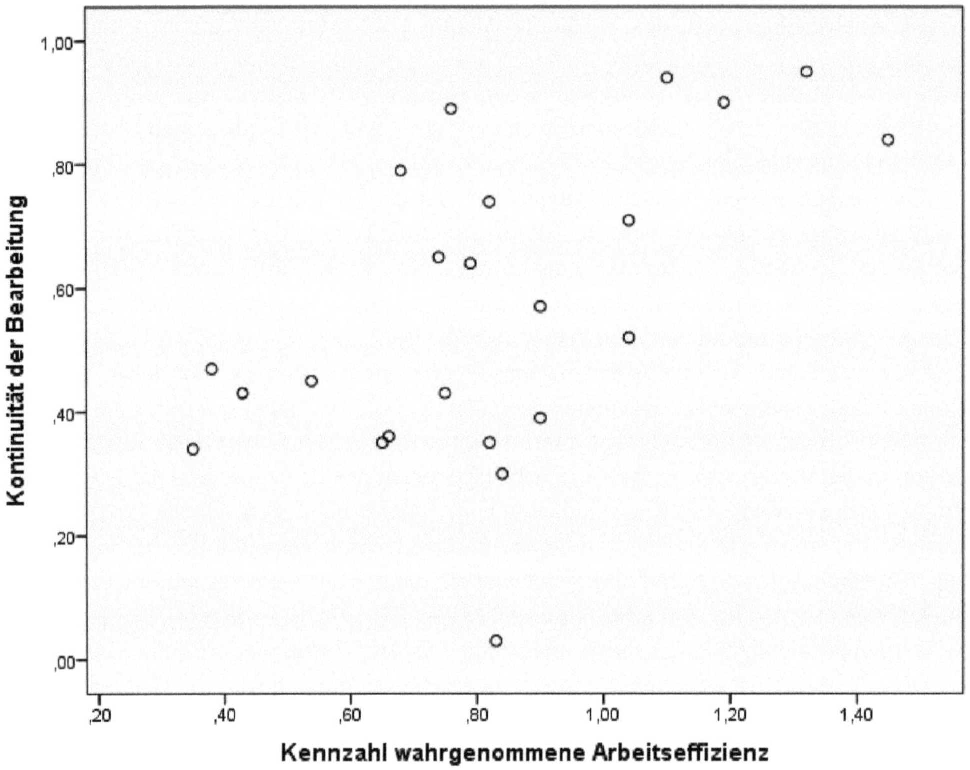

Abb. 10.13 Zusammenhang zwischen wahrgenommener Arbeitseffizienz und Bearbeitungskontinuität (n=8 Personen)

Die erhobenen Daten deuten analog zu der Untersuchung von Beuscher-Mackay et al. (2009) daraufhin, dass es seit den 1970er Jahren zu einer Veränderung im Kommunikationsverhalten von Arbeitspersonen bei der Erbringung von wissensintensiven Tätigkeiten gekommen ist. Zu nennen sind hierbei insbesondere die folgenden Ursachen und Auswirkungen:

1. Der zeitliche Anteil für geplante Besprechungen war in der Studie von Mintzberg (1970) mit 60 % die zentrale Tätigkeit der beobachteten Manager. Dieser Wert wies drei Dekaden später bei Projektleitern eines Ingenieur- und Architektenbüros nur noch einem Anteil von 7 % auf (Beuscher-Mackay et al. 2009). Auch in der vorliegenden Studie kommt der geplanten Besprechung *(Meeting)* mit ca. 9 % an der beobachteten Zeit eine untergeordnete Bedeutung zu. Als Ursache für diese Veränderung kommen einerseits die Rolle der beobachteten Arbeitspersonen in dem Dienstleistungsunternehmen, anderseits die veränderten Kommunikationstechnologien zum Tragen. So werden die Termine der Manager in der Studie von Mintzberg (1970) von einer dritten Person geplant, so dass der Anteil an Ad-hoc Abstimmungen aufgrund der beschränkten

Verfügbarkeit dieser reduziert ist. Hingegen sind die Arbeitspersonen in der vorliegenden Studie für andere interne Arbeitspersonen räumlich und zeitlich gut erreichbar. D. h., es existiert kein Sekretariat, das den Zugang zu den Arbeitspersonen reglementiert. Ein höherer Anteil an eigen- und fremdinitiierter Kommunikation zur Reduzierung inhaltlich-bedingter Verzögerungen (Rennecker und Godwin 2005) ist die Folge. Bestätigt wird dies durch die Arbeitsperson AP_1, die als fachlich Vorgesetzter zur projektinternen und systematischen Abstimmung Besprechungen plant und daher einen höheren Anteil (36 %) aufweist.

2. Der Anteil an eigen- und fremdinitiierten Unterbrechungen ist in der eigenen Studie höher als bei Mintzberg (1970) und Beuscher-Mackay et al. (2009). Auch dieses Ergebnis ist mit den Rollen der Arbeitspersonen – Fachreferenten für Themenfelder von FuE-Projekten – und der damit verbundenen begrenzten Anzahl an Schnittstellen zu anderen Arbeitssystemen zu erklären. Zudem bestand anders als bei den von Mintzberg (1970) untersuchten Managern keine strikte räumliche Trennung zwischen den Arbeitspersonen, sodass jederzeit die Möglichkeit bestand, in die jeweiligen Büros zu gehen.

Hypothese 4 – Bruchstückhaftigkeit der Arbeit: Die „Bruchstückhaftigkeit" der Arbeit resultiert aus der Anzahl an bearbeiteten Aufgaben je Zeitraum und der durchschnittlichen Dauer einer Bearbeitungsphase. Ermittelt wurde daher die Anzahl an Aufgabenwechseln und Unterbrechungen je Arbeitsperson und die durchschnittliche Dauer einer Bearbeitungsphase einer Aufgabe bzw. einer Unterbrechung. Hierbei wurde nicht zwischen den Aufgabeninhalten differenziert.

Die Studie ergab, dass bei einer durchschnittlichen Anzahl an 7,5 (SD = 2,4) bearbeiteten Aufgaben am Tag der durchschnittliche Arbeitsaufwand einer Aufgabe 69,29 min (SD = 10,5 min) betrug, wobei durch Aufgabenwechsel und Unterbrechungen eine mittlere Dauer einer Bearbeitungsphase für eine Aufgabe i.H.v. 24,54 Min. (SD = 5,43 Min.) resultierte. Somit unterscheidet sich die Dauer einer Bearbeitungsphase deutlich von den Ergebnissen der Studie von Beuscher-Mackay et al. (2009) mit 2,22 min und Mintzberg (1970) mit 22,19 min. Dennoch konnte der durchgeführte Kruskal-Wallis H-Test nachweisen, dass für die untersuchten Arbeitspersonen kein statistisch signifikanter Unterschied hinsichtlich der Anzahl bzw. der Dauer von Aufgabenwechseln und Unterbrechungen besteht (Abb. 10.14).

Wird der Auslöser einer Unterbrechung in die Analyse miteinbezogen, so zeigt sich, dass die Anzahl der Unterbrechungen mehrheitlich fremdinitiiert ist (55 %). Hierbei ist die Durchschnittsdauer der fremdinitiierten Unterbrechung (MW = 15,88 min, SD = 4,63 min) gegenüber der mittleren Dauer der eigeninitiierten Unterbrechung (MW = 7,3 min, SD = 2,14 min) deutlich höher. Dieser Unterschied lässt vermuten, dass die Dauer einer selbstinitiierten Unterbrechung – auch wenn diese Arbeitspersonen anderer Arbeitssysteme einbezieht – in der Regel besser gesteuert und somit schneller beendet werden kann.

Hierbei ist zu beachten, dass die erfassten Unterbrechungen nicht zwingend unproduktive Tätigkeiten darstellen müssen, da Unterbrechungen durchaus auch einen Beitrag zur vereinfachten Bearbeitung einer Aufgabe leisten können (Rennecker und Godwin 2005).

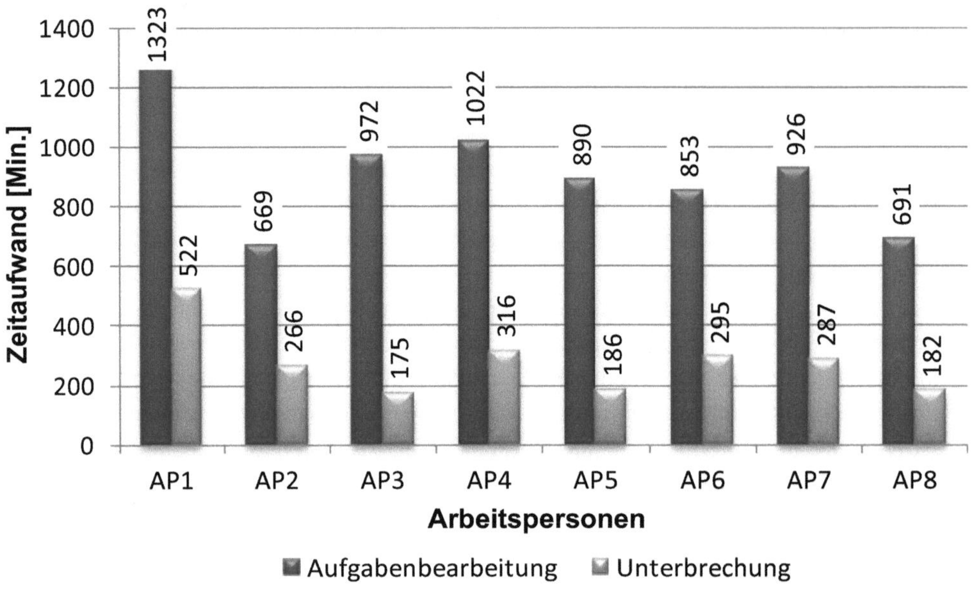

Abb. 10.14 Dauer der Aufgabenbearbeitung und Unterbrechungen je Arbeitsperson

Die identifizierten interpersonellen Unterschiede ergeben sich aus den heterogenen Aufgabeninhalten, der Lage des Arbeitsplatzes im Gebäude sowie der Anzahl an Arbeitspersonen im jeweiligen Büro.

So ergibt sich die hohe Anzahl an Unterbrechungen für AP_4 aus der Lage des Büros – zentrale Lage in der unmittelbaren Nähe zum Kopierer bei offener Tür – und der Belegung des Büros mit drei Arbeitspersonen. Dies verleitete zu Störungen durch die Kollegen im Büro sowie durch die Kollegen am Kopierer. Die Arbeitsperson AP_5 führte hingegen in dem Untersuchungszeitraum einen Versuchsaufbau in Laborräumen durch und war daher für die weiteren Arbeitspersonen nur begrenzt verfügbar, sodass es nur zu einer geringen Anzahl an Unterbrechungen kam.

Anzahl der erhobenen Daten über die Dauern der Bearbeitungsphasen von Aufgaben und der Häufigkeit der fremd- und eigeninitiierten Unterbrechungen kann ein möglicher Zusammenhang mit den Kennzahlen *„Arbeitseffizienz“*, *„Wahrgenommene Arbeitseffizienz“* und *„Relative Termintreue“* überprüft werden. Die Analyse weist hierbei die in Tab. 10.5 dargestellten Zusammenhänge nach. Kommt es demnach häufiger zu einer fremd- oder eigeninitiierten Unterbrechung, so sinkt die wahrgenommene Arbeitseffizienz der Handlungen und somit der Arbeitsorganisation. Bestätigt wird diese Aussage durch die Daten für die Arbeitspersonen AP_4 und AP_7, die beide in einem Büro mit zwei weiteren Arbeitspersonen arbeiteten und die jeweils eine hohe Anzahl an Unterbrechungen aufwiesen. Aber auch die Länge einer Bearbeitungsphase hat einen Einfluss auf die *„Arbeitseffizienz“* und die *„Wahrgenommene Arbeitseffizienz“*. So werden Arbeitsergebnisse bei längeren Bearbeitungsphasen konzentrierter und ohne die Notwendigkeit einer mehrfachen Einarbeitung bearbeitet. Eine fristgerechte Fertigstellung und eine geringere Abweichung vom geplanten Arbeitsaufwand ist die Folge.

Tab. 10.5 Korrelationen zwischen den Kennzahlen zur Bewertung der individuellen Arbeitsorganisation

	Arbeitseffizienz	wahrgenommene Arbeitseffizienz	Kontinuität der Bearbeitung	Relative Termintreue
Arbeitseffizienz	1,00	0,92[a]	−0,213	0,48[a]
wahrgenommene Arbeitseffizienz	0,92[a]	1,00	0,56[a]	0,53
Kontinuität der Bearbeitung	−0,213	0,56[a]	1,00	0,77
Relative Termintreue	0,48[a]	0,53	0,77	1,00

[a] signifikant auf 5 % Niveau ($p<0{,}05$)

Wird die durchschnittliche Anzahl an beobachteten Unterbrechungen über den Verlauf eines Arbeitstages abgetragen, so ergibt sich der Störungsverlauf in Abb. 10.15. Die Kurve bildet daher einen Indikator für die Wahrscheinlichkeit einer Unterbrechung in einer spezifischen Phase des Arbeitstages ab. So umfassen die Zeiträume 9–10 Uhr, 11–12 Uhr und 15–16 Uhr 43 % der Unterbrechungen an einem Arbeitstag. Ursachen für das Auftreten einer Unterbrechung sind in den ersten beiden Zeiträumen ein von Kollegen initiiertes Gespräch, welches zur Unterbrechung einer Aufgabenbearbeitung führt sowie das Eintreffen und kurzfristige Beantworten von E-Mails. Hingegen sind in dem Zeitraum 15–16 Uhr Unterbrechungen vorrangig durch die eigeninitiierte Kommunikation mit Kollegen, Kaffee trinken und das Rauchen von Zigaretten verursacht.

Ergänzende Erläuterungen zur Studie: Durch die Begrenzung des Untersuchungszeitraums auf drei aufeinanderfolgende Tage konnte keine Aufgabenbearbeitung beobachtet werden, die zu einer Wiedervorlage von Aufgaben und einer daran anschließenden

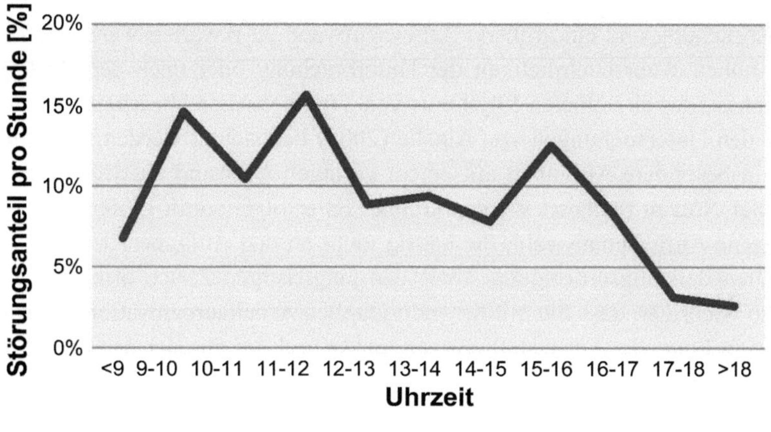

Abb. 10.15 Mittlere Häufigkeit der Unterbrechungen an einem Arbeitstag

Rückmeldung zu Arbeitsergebnissen durch eine andere Arbeitsperson geführt hat. Eine Berechnung der Kennzahlen *„Ergebnisqualität“* (*EQ*) und *„Bearbeitungseffektivität“* (*BE*) erfolgte daher nicht.

Der hohe Anteil an „Sonstigen Aufgaben“ ist ein Indiz, dass keine Vollständigkeit der Aufgabenkategorien für wissensintensive Dienstleistungen vorliegt. Weitergehende Arbeitsplatzbeobachtungen und Befragungen von Arbeitspersonen bei der Erbringung von wissensintensiven Dienstleistungen sind daher in weitergehenden Forschungsprojekten angedacht und aktuell beantragt.

10.7 Handlungsempfehlungen

Aus den Ergebnissen der vorgestellten Studie sowie aus den mit der Entwicklung und Verifizierung der *APP* verbundenen Erkenntnissen werden im Folgenden Handlungsempfehlungen für die betriebliche Praxis abgeleitet und um entsprechende Erkenntnisse und Erfahrungen aus der in Kapitel Abschn. 10.3 eingeführten Literatur ergänzt.

10.7.1 Gestaltung der Arbeitsorganisation

Die in Abschn. 10.6 vorgestellten Untersuchungen zeigen, dass bei der Erbringung von ähnlichen Arbeitsinhalten von wissensintensiven Dienstleistungen unterschiedliche Ausprägungen der individuellen Arbeitsorganisation bestehen. Dabei sind sowohl die Aufgabeninhalte und deren Einplanung als auch die jeweiligen Ausführungsbedingungen von Bedeutung, sodass beide Einflussgrößen die Effektivität und die Effizienz der Handlungen der Arbeitspersonen beeinflussen.

Die Untersuchungsergebnisse in Abschn. 10.6.4 belegen, dass die gewählten Bearbeitungszeitpunkte und die Bearbeitungsreihenfolgen der Aufgaben nicht bei allen untersuchten Arbeitspersonen effizient waren. So werden Aufgaben, für die eine höhere mentale Beanspruchung und ein größerer Arbeitsaufwand zu erwarten waren, in Zeiträumen mit einer hohen Wahrscheinlichkeit der Unterbrechung oder nach dem Mittagessen in einer Tiefphase des circadianen Rhythmus von „Tagmenschen“ bearbeitet. Ferner konnte analog zu den Untersuchungen von Ainslie (2006) beobachtet werden, dass die Arbeitspersonen insbesondere Aufgaben mit einem geringen Aufwand auswählen, da für diese ein schneller Nutzen realisiert werden konnte. Es erfolgte somit größtenteils eine situationsbezogene Aufgabenauswahl, die häufig nicht an den Aufgaben der anderen Akteure einer Dienstleistungserbringung sowie den langfristigen Zielen orientiert war. Daher ist es umso wichtiger, dass die mit der individuellen Arbeitsorganisation zu erreichenden Ergebnisse in Form der Fertigstellungszeitpunkte und des aus der Aufgabenbearbeitung resultierenden Outputs eindeutig definiert sind. Entsprechend sind aus diesen Ergebnissen die Wichtigkeit einer Aufgabenbearbeitung, der geforderte Fertigstellungszeitpunkt der Aufgabenbearbeitung und die Abhängigkeit zu weiteren Aufgaben zu definieren. Diese drei Einflussfaktoren sollten die Grundlage für die Ausgestaltung einer individuellen, auf arbeitswissenschaftlichen Erkenntnissen basierenden Arbeitsorganisation bilden.

Weist eine Aufgabe einen großen Arbeitsaufwand auf und ist diese daher über mehrere Tage einzuplanen, so sollte eine Unterteilung in mehrere Teilaufgaben erfolgen. Auf diese Weise kann eine detailliertere Einplanung vorgenommen werden und zudem kann der aus einer Aufgabenbearbeitung entstehende Nutzen schneller realisiert werden.

Die Gestaltung der räumlichen Ausführungsbedingungen, wie sie beispielsweise im Rahmen der Konzipierung von Büroflächen erfolgt, kann durch die vorliegenden Erkenntnisse zu den Tätigkeiten bei wissensintensiven Dienstleistungen und der Häufigkeit sowie der Verteilung von fremdinitiierten Unterbrechungen unterstützt werden. So hat sich gezeigt, dass bei einer Besetzung eines räumlich abgegrenzten Arbeitsbereichs mit mehr als zwei Arbeitspersonen der Zeitraum ohne Auftreten einer fremdinitiierten Unterbrechung nur 24,54 min beträgt. Aufgaben, deren Bearbeitung eine hohe mentale Verarbeitungskapazität über einen längeren Zeitraum bedarf, können in diesem Umfeld nicht effizient ohne mehrmaliges Einarbeiten aufgrund von Unterbrechungen bearbeitet werden. Diese Störungen werden von den Arbeitspersonen nach der Studie von Perlow (1999) häufig als ineffizient empfunden und erhöhen den erforderlichen Aufwand der Aufgabenbearbeitung.

Im Hinblick auf die Gestaltung von Arbeitsplätzen ist darauf zu achten, dass die Einflussfaktoren auf fremdinitiierte Unterbrechungen minimiert werden und für die Arbeitspersonen bewusst die Möglichkeit geschaffen wird, eine Ausführungsbedingung zu erzeugen, in denen ein sogenannter *„Flow"* entsteht (Csikszentmihalyi 2008). Der Begriff des *„Flow"* wird seit der Veröffentlichung von Csikszentmihalyi (2008) in der Literatur zur Arbeitsorganisation diskutiert und beschreibt ein Modell der intrinsischen Motivation bei der Ausführung von Tätigkeiten. Ein durch den Menschen wahrgenommenes *Flow*-Erlebnis bildet hierbei die zentrale Komponente der Tätigkeitsfreude (Csikszentmihalyi 2008), die das Verhalten bei der Bearbeitung einer Aufgabe determiniert.

So kann die Voraussetzung für einen *Flow* durch die Ausführungsbedingungen (Gündel et al. 2014), wie beispielsweise die Begrenzung der Anzahl der vorgesehenen Arbeitspersonen in einem Raum, die räumliche Anordnung der Arbeitsplätze sowie durch die arbeitsorganisatorischen Rahmendbedingungen, geschaffen werden. Letzteres kann durch das Konzept der von Perlow (1999) eingeführten und untersuchten *Quiet Time* realisiert werden.

10.7.2 Gestaltung von Assistenzsystemen

Aus den ermittelten Ergebnissen können unterschiedliche Gestaltungsvorschläge für die Entwicklung eines Assistenzsystems für die individuelle Arbeitsorganisation abgeleitet werden. So weisen die Ergebnisse aus der Aufnahme der Handlungen von Arbeitspersonen in Dienstleistungsunternehmen unterschiedlicher Branchen aber nach, dass der gewählte *„Design-for-All"*-Ansatz zur Erfassung der Handlungen von Arbeitspersonen für alle Formen von Wissensarbeit gut geeignet ist.

Insbesondere die gewählte Struktur und Darstellung der Benutzungsschnittstelle mit einer Aufteilung in *Aufgabenpool, Aufgabensammlung* und *Workbench* erscheint gut geeignet, da der Anwender schnell zwischen der Auswahl bestehender und neu anzulegender Aufgaben wechseln kann. In diesem Zusammenhang ist sicherzustellen, dass die Schaltflächen und deren Beschriftung ausreichend groß dargestellt sind und das Farbkonzept der einzelnen Elemente aufeinander abgestimmt ist.

Das zentrale Kriterium für die tägliche Anwendung der *APP* ist hierbei der für die Datenerhebung erforderliche Aufwand. Übersteigt dieser Aufwand den Nutzen der Datenanalyse, ist die Akzeptanz des Anwenders gering. Es muss also sichergestellt werden, dass die Anzahl der vom Anwender einzugebenden Informationen bzw. die durchzuführenden Aktionen beim Anlegen einer Aufgabe, bei einem Aufgabenwechsel oder bei einem Auftreten von Unterbrechungen möglichst gering sind. Demnach ist auf eine Struktur mit mehreren Untermenüs zu verzichten, sodass alle Aktionen vom *„Home"*-Bereich der *APP* initiiert werden können. Ferner sind zur Reduzierung des Arbeitsaufwands die Eingabefelder mit den Werten vorzubelegen, deren Eingabe durch den Anwender eine hohe Wahrscheinlichkeit aufweist. Es bedarf daher der kontextsensitiven Erfassung und Interpretation der Eingaben.

Um eine valide Datenbasis zu erhalten, muss zudem sichergestellt werden, dass dem Anwender die erhobenen Daten aufbereitet angezeigt werden und dieser die Möglichkeit erhält, diese anzupassen. Hierbei müssen Aufgaben und deren Bearbeitungszeitpunkte nachträglich angelegt und verändert werden können, ohne dass es zu inkonsistenten Datensätzen für die Berechnung der Kennzahlen kommt.

Die Datenerfassung kann durch die gewählte Hardware ortsungebunden erfolgen. Um sich diesem Vorteil aber nicht zu berauben, muss auch bei einer Datenerfassung über einen Arbeitstag sichergestellt werden, dass dies nicht durch einen erhöhten Akkuverbrauch verhindert wird. Entsprechend ist für situationsbezogene Eingaben (z. B. Aufgabenwechsel) ein schneller Wechsel aus dem „Ruhemodus" sicherzustellen. Hierbei ist auch zu gewährleisten, dass die während des Ruhemodus erfolgten Bearbeitungszeitpunkte dennoch vollständig und korrekt durch die *APP* erfasst werden.

Die Verifizierung der *APP* mit verschiedenen Smartphones führte zu der Erkenntnis, dass eine Belegung von Funktionen auf die vom Gerätehersteller bereitgestellten Hardware-Tasten (z. B. Menü-Taste) oder die vom Betriebssystem Android vorgehaltenen Standard-Schaltflächen den herstellerunabhängigen Einsatz der *APP* einschränkt. Daher sind bis auf Ausnahme der *„Home-Taste"* und der *„Zurück-Taste"* alle erforderlichen Bedienelemente softwaretechnisch realisiert worden.

10.8 Schlussbetrachtung und Fazit

Das vorgestellte Messkonzept und die realisierte *APP* beschränken sich bisher auf die methodisch geleitete Bewertung der individuellen Arbeitsorganisation einer einzelnen Arbeitsperson. Um eine realitätsnahe Bottom-Up-Bewertung der Produktivität einer wissensintensiven Dienstleistungserbringung zu erreichen, bedarf es der Erweiterung der Methode um die Berücksichtigung des kooperativen Zusammenwirkens von Personen. Ferner soll eine Möglichkeit geschaffen werden, dass die *APP* über einen Server mit den Smartphones oder Tablets der anderen Arbeitspersonen der Dienstleistungserbringung kommuniziert. Durch diese Vernetzung der *APP*-Instanzen untereinander erfolgt die Zuweisung von Aufgaben an die Arbeitspersonen und die anschließende Rückmeldung der aktuellen Bearbeitungsstände an den Server. Dieser kann basierend auf den jeweils vorliegenden Informationen eine Prognose des zukünftigen Verlaufs der Dienstleistungserbringung berechnen und basierend auf diesen Erkenntnissen eine möglichst effiziente Zuordnung von Aufgaben zu Arbeitspersonen vornehmen. Weitergehend können diese Informationen von einem in die *APP* zu integrierenden Algorithmus herangezogen werden, um entsprechend eines Assistenzsystems die individuelle Arbeitsorganisation der Arbeitspersonen zu unterstützen. Ein solches System kann dem Anwender eine Bearbeitungsreihenfolge von Aufgaben sowie die bestmöglichen Bearbeitungszeitpunkte vorschlagen. Dies würde durch die zentrale Zuweisung von Aufgaben und die Rückmeldung des aktuellen Bearbeitungsstands die Steuerung der Dienstleistungserbringung sowie ein kontinuierliches Controlling des Dienstleistungsfortschritts ermöglichen (Abb. 10.16).

Ein solches System bietet durch die kontinuierliche Erfassung der Handlungen der Arbeitspersonen und die Bewertung von deren Effektivität und Effizienz die Möglichkeit der Leistungsbewertung. Daher sind während der Konzeption und Einführung die Mitbestimmungsrechte nach § 87 BetrVG zwingend zu berücksichtigen. Je nach Ausgestaltung des

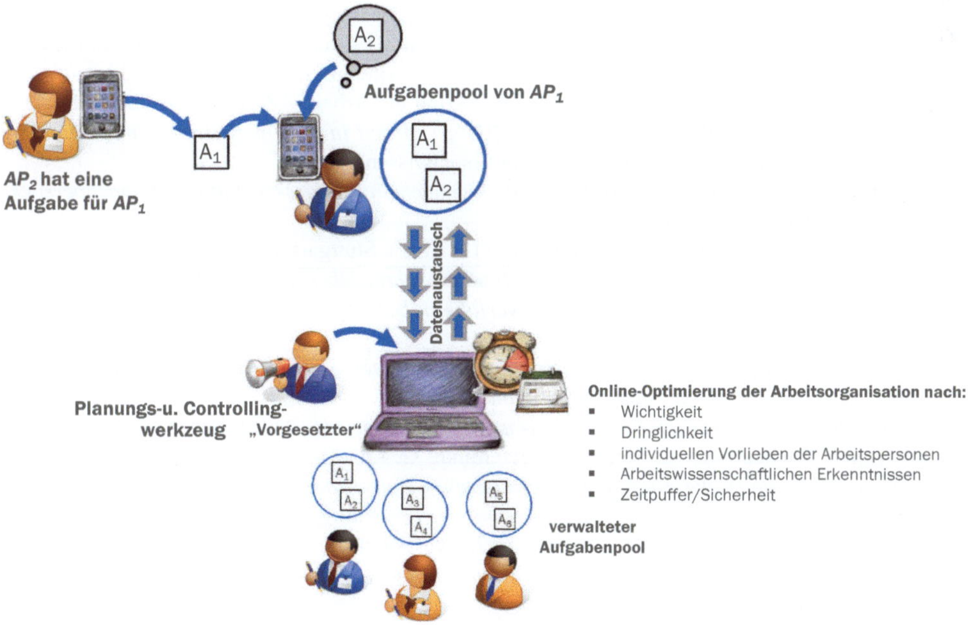

Abb. 10.16 Integratives Konzept für die personenzentrierte Steuerung der Dienstleistungsproduktivität

Systems bietet es den Vorteil, dass Mitarbeiter von Dienstleistungsunternehmen durch ein solches System befähigt werden, ihre Arbeitsorganisation zu dokumentieren und die vorhandenen Potentiale zu identifizieren. Diese Potentiale können genutzt werden, um die zur Verfügung stehende Zeit besser für die Erzeugung der eigentlichen Dienstleistungsprodukte zu nutzen. Eine so entstehende effiziente Nutzung von Arbeitszeit führt bei einer entsprechenden Abstimmung der individuellen Arbeitsorganisation der verschiedenen Arbeitspersonen zu einer höheren Dienstleistungsproduktivität. Dieser Zuwachs an Effektivität und Effizienz muss aber nicht gleichbedeutend mit einer steigenden Anzahl an Aufgaben sein. Vielmehr sollen die eigen- und fremdinitiierten Unterbrechungen reduziert werden oder gesteuert auftreten, um durch ein fokussiertes und kontinuierliches Arbeiten ohne Unterbrechungen effizienter zu arbeiten und qualitativ bessere Ergebnisse zu erzielen.

Literatur

Ainslie, G. (2006). A selectionist model of ego: Implications for self-control. In N. Sebanz & W. Prinz (Hrsg.), *Disorder of volition*. Cambridge: MIT Press.

Bain, D. (1982). *The productivity prescription. The manager's guide to improving productivity*. New York: McGraw Hill Higher Education.

Baumgärtner, M., & Bienzeisler, B. (2006). *Dienstleistungsproduktivität – Konzeptionelle Grundlagen am Beispiel interaktiver Dienstleistungen*. Stuttgart: Fraunhofer IRB Verlag.

Beuscher-Mackay, S., Jeske, T., Steiger, P., Hinrichsen, S., & Schlick, C. M. (2009). Tätigkeitsanalyse und Personalentwicklungskonzepte. In M. Schenk & C. M. Schlick (Hrsg.), *Internationale Dienstleistungen und Internationalisierung* (S. 219–265). Wiesbaden: Gabler.

Böhle, F., Brater, M., & Maurus, A. (1997). Pflegearbeit als situatives Handeln. Ein realistisches Konzept zur Sicherung von Qualität und Effizienz der Altenpflege. *Pflege, 10,* 18–22.

Böhle, F., Glaser, J., & Büssing, A. (2006). Interaktion als Arbeit – Ziele und Konzept des Forschungsverbundes. In F. Böhle & J. Glaser (Hrsg.), *Arbeit in der Interaktion – Interaktion als Arbeit* (S. 25–41). Wiesbaden: VS Verlag für Sozialwissenschaften.

Bruhn, M. (2011). *Dienstleistungsproduktivität: Management, Prozessgestaltung, Kundenperspektive*. Wiesbaden: Gabler Verlag, Springer.

Csikszentmihalyi, M. (2008). *Das flow-Erlebnis* (10. Aufl.). Stuttgart: Klett-Cotta.

Dunkel, H. (1999). *Psychologische Arbeitsanalyse: Verfahrensüberblick und Auswahlkriterien. In: Handbuch psychologischer Arbeitsanalyseverfahren* (S. 9–30). Zürich: vdf Hochschulverlag an der ETH.

Engelhardt, S. (2006). *Neue Mitarbeiter erfolgreich einarbeiten – Erfolgreiche Unternehmen investieren in ihr Humankapital*. Stuttgart: W. Kohlhammer.

Fandel, G. (2005). *Produktion I. Produktions- und Kostentheorie* (6. Aufl.). Berlin: Springer.

Garrel, von J., Tackenberg, S., Seidel, H., & Grandt, C. (2014). *Dienstleistungen produktiv erbringen: Eine empirische Analyse wissensintensiver Unternehmen in Deutschland*. Wiesbaden: Springer, Gabler.

Göbl, M., & Froschmayer, A. (2011). *Logistik als Erfolgspotenzial – The power of logistics: Von der Strategie zum logistischen Businessplan – From strategy to logistics business plan*. Wiesbaden: Gabler, Springer.

Gonzáles, V. M., & Mark, G. (2004). *„Constant, Constant, Multi-tasking Craziness": Managing Multiple Working Spheres. Proceedings of Human Factors in Computing Systems* (CHI 2004), S. 113–120.

Grönroos, C., & Ojasalo, K. (2004). Service productivity Towards a conceptualization of the transformation of inputs into economic results in services. *Journal of Business Research, 57,* 414–423.
Gündel, H., Glaser, J., & Angerer, P. (2014). *Arbeiten und gesund bleiben* (S. 1–11). Berlin: Springer.
Hacker, W. (1984). *Psychologische Bewertung von Arbeitsgestaltungsmaßnahmen: Ziele und Bewertungsmaßstäbe, Spezielle Arbeits- und Ingenieurpsychologie in Einzeldarstellungen.* (Bd. 1, 2. erw. Aufl.). Berlin: Springer-Verlag.
Hacker, W. (1986). *Arbeitspsychologie: Psych. Regulation von Arbeitstätigkeiten.* Bern: Huber.
Horne, J. H., & Lupton, T. (1965). The work activities of ‚middle' managers? An exploratory study. *Journal of Management Studies, 2*(1), 14–33.
Huber, G. (2005). *Beitrag zur Beschreibung und Analyse von Wissensarbeit.* Heimsheim: Jost-Jetter Verlag.
Hudson, J. M., Christensen, J., Kellogg, W. A., & Erickson, T. (2002). *I'd be overwhelmed, but it's just one more thing to do: Availability and interruption in research management. Proceedings of Human Factors in Computing Systems* (CHI 2002), S. 97–104.
Kamiske, G. F., & Brauer, J.-P. (2008). *Qualitätsmanagement von A bis Z: Erläuterungen moderner Begriffe des Qualitätsmanagements.* München: Hanser.
Kirsch, G. (1983). Effizienz und Effektivität: Zielbestimmung in der Sozialpolitik. In M. Pfaff (Hrsg.), *Public transfers and some private alternatives during the recession* (S. 9–26). Berlin: Duncker und Humblot.
Kurke, L. B., & Aldrich, H. E. (1983). Mintzberg was right!: A replication and extension of the nature of managerial work. *Management Science, 29*(8), 975–984.
Lasshof, B. (2006). *Produktivität von Dienstleistungen. Mitwirkung und Einfluss des Kunden.* Wiesbaden: Dt. Univ.-Verlag.
Leyer, M., & Moormann, J. (2011). Steigerung der Dienstleistungsproduktivität aus Sicht des Geschäftsprozessmanagements. In M. Bruhn & K. Hadwich (Hrsg.), *Dienstleistungsproduktivität – Management, Prozessgestaltung, Kundenperspektive.* (Bd. 1, S. 289–312). Wiesbaden: Gabler.
Markus, M. L. (1994). Electronic mail as the medium of managerial choice. *Organization Science, 5*(4), 502–527.
Markus, M. L. (1996). Finding a happy medium: Explaining the negative effects of electronic communication on social life at work. In R. Kling & K. L. Kraemer (Hrsg.), *Computerization and controversy* (S. 490–524). San Diego: Academic Press.
Mintzberg, H. (1970). Structured observation as a method to study managerial work. *The Journal of Management Studies, 7,* 87–104.
Mintzberg, H. (1971). Managerial work: Analysis from observation. *Management Science, 18*(2), B-97–B-110.
Mintzberg, H. (1973). *The nature of managerial work.* Englewood Cliffs: Prentice Hall.
Perlow, L. A. (1999). The time famine: toward a sociology of work time. *Administrative Science Quarterly, 44*(1), 57–81.
Petz, A., Duckwitz, S., Mütze-Niewöhner, S., & Schlick, C. M. (2013). Development and evaluation of a novel service productivity model. In H. Meier (Hrsg.), *Product-service integration for sustainable solutions, Proceedings of the 5th CIRP International Conference on Industrial Product-Service Systems* (S. 383–394). Berlin: Springer.
O'Conaill, B., & Frohlich, D. (1995). *Timespace in the workplace: dealing with interruptions. Paper presented at the CHI proceedings, short papers,* S. 262–263.
Rennecker, J., & Godwin, L. (2005). Delays and interruptions: A self-perpetuating paradox of communication technology use. *Information and Organization, 15,* 247–266.
Schäfer, E., Buch, M., Pahls, I., & Pfitzmann, J. (2007). *Arbeitsleben!: Arbeitsanalyse – Arbeitsgestaltung – Kompetenzentwicklung.* Kassel: Kassel University Press.

Schneyder, Wv. (2007). *Kennzahlen für die Personalentwicklung: Referenzmodellbasiertes System zur Quantifizierung erzeugter Wirkungen*. Wiesbaden: Dt. Univ.-Verlag.

Schlick, C. M., Bruder, R., & Luczak, H. (2010). *Arbeitswissenschaft* (3. Aufl.). Berlin: Springer.

Snyder, H., & Wheelen, T. L. (1981). Managerial roles: Mintzberg and the management process theorists. *Academy of Management Proceedings, 1981*(1), 249–253.

Staudt, E., Groeters, U., Hafkesbrink, J., & Treichel, H.-R. (1985). *Kennzahlen und Kennzahlensysteme: Grundlagen zur Entwicklung und Anwendung*. Berlin: E. Schmidt.

Voigt, K.-I., & Thiell, M. (2003). Beschaffung wissensintensiver Dienstleistungen – Net Sourcing als alternative Bezugsform In M. Bruhn & B. Strauss (Hrsg.), *Dienstleistungsnetzwerke* (S. 287–318). Wiesbaden: Gabler.

Zülch, G. (1997). Industrial Engineering. In H. Luczak, & W. Volpert (Hrsg.), *Handbuch Arbeitswissenschaft* (S. 183–187). Stuttgart: Schäffer-Poeschel.

Werkzeug zur simulationsbasierten Entwicklung von Angeboten für wissensintensive Dienstleistungen

11

Entwicklung von Angeboten und detaillierten Plänen für die Fabrikplanung

Sven Tackenberg, Sönke Duckwitz, Peter Steiger und Max Hoederath

So einfach wie möglich. Aber nicht einfacher (Albert Einstein).

11.1 Einleitung

Kundenindividuelle Engineering-Dienstleistungen, die ein hohes Maß an Wissen und Expertise beim Dienstleistungsanbieter erfordern, haben in Europa zunehmend an Bedeutung gewonnen. Damit gewinnt die Frage nach der Planung von schwach strukturierten, wenig standardisierten und zugleich kundenindividuellen Leistungen immer weiter an Relevanz. So gehen die Ergebnisse der Konzipierung und Planung dieser Leistungen unmit-

S. Tackenberg (✉)
Institut für Arbeitswissenschaft der RWTH Aachen University,
Bergdriesch 27, 52062 Aachen, Deutschland
E-Mail: sven.tackenberg@gmail.com

S. Duckwitz
Instituts für Arbeitswissenschaft der RWTH Aachen University,
Bergdriesch 27, 52062 Aachen, Deutschland
E-Mail: s.duckwitz@iaw.rwth-aachen.de

P. Steiger
Geschäftsführer Kohlbecker/Architekten und Ingenieure, Hildastrasse 20,
76571 Gaggenau, Deutschland
E-Mail: eiger@kohlbecker.de

M. Hoederath
Institut für Arbeitswissenschaft der RWTH Aachen University, Bergdriesch 27,
52062 Aachen, Deutschland
E-Mail: info@iaw.rwth-aachen.de

C. M. Schlick et al. (Hrsg.), *Produktivitätsmanagement von Dienstleistungen*,
DOI 10.1007/978-3-642-45071-6_11

telbar in die Angebotserstellung und somit eine Aussage über die Wettbewerbsfähigkeit der Leistung ein. Die Planung, die zu einem ersten Entwurf eines Angebots und der daran anschließenden detaillierten Ausarbeitung eines Plans für die Leistungserbringung führt, stellt eine wesentliche Voraussetzung für produktive, wissensintensive Dienstleistungen dar. Hierbei scheint der erforderliche Zeitaufwand für die Planung gerechtfertigt, da die Produktivität wissensintensiver Dienstleistungen maßgeblich von der optimalen Einbindung der involvierten Akteuren in die zugrundeliegenden Arbeitsprozesse determiniert wird. Die Gesamtproduktivität einer Dienstleistung, die letztlich auch das Leistungsversprechen an den Kunden und damit den Preis dieser Dienstleistung bestimmt, ist hierbei als das Zusammenwirken von drei im Leistungsprozess enthaltenen Teilproduktivitäten zu verstehen (Alvesson 1995):

- Die Leistung, die der Dienstleistungserbringer eigenständig erbringt.
- Die Leistung, die der Kunde, d. h. der Nachfrager der Dienstleistung eigenständig erbringt.
- Die Leistung, die Kunde und Dienstleister gemeinsam im Prozess erbringen.

Angebote für eine spezifische wissensintensive Leistungserbringung basieren demnach auf einer Vielzahl von heterogenen Einflussfaktoren, die vom Dienstleistungsanbieter direkt, indirekt oder auch gar nicht beeinflusst werden können. Die Faktoren für Leistungen, die vom Anbieter eigenständig bestimmt werden, wie beispielsweise das verfügbare Personal, der vorgesehene Zeitaufwand oder der zugrundeliegende Arbeitsprozess, lassen sich dabei relativ leicht identifizieren, quantifizieren und bewerten. Anders verhält es sich bei den Faktoren, die der Nachfrager einer Dienstleistung für die Leistungserbringung bereithält und deren Ausprägung oftmals einem situativen oder nicht-rationalen Entscheidungsverhalten der Akteure unterliegt. Bis dato fehlt es aber an Methoden zur Erzeugung einer umfassenden Datenbasis, aus der die Entwicklung von Angeboten für eine Leistungserbringung abgeleitet werden kann. Diese Fragestellung ist aber von besonderer Bedeutung, weil die Gebührenordnungen von Verbänden und anderen Interessengruppen, wie z. B. von Architekten, im Widerspruch zu den Grundsätzen des Wettbewerbsrechts der Europäischen Union stehen. Die Europäische Kommission hat deshalb die nationalen Wettbewerbsbehörden der Mitgliedsstaaten aufgefordert, derartige Wettbewerbsbeschränkungen abzuschaffen (Europäische Kommission 2005), so dass eine Angebotserstellung zukünftig anhand von Stundenaufwand und Stundensätzen zu erfolgen hat. Da deutsche Architekten, Ingenieurdienstleister und Generalplanungsunternehmen beim Angebot ihrer wissensintensiven Dienstleistungen auf dem Markt mit ihren europäischen Mitbewerbern zunehmend direkt konkurrieren, ist es auch für sie unabdingbar, sich von den starren Vorgaben der *Honorarordnung für Architekten und Ingenieure (HOAI)* zu lösen, um konkurrenzfähige Angebote zu unterbreiten. Nicht zuletzt die vielfach publizierten Verfehlungen von Kosten- und Terminvorgaben öffentlichkeitswirksamer Großprojekte verdeutlichen jedoch die Schwierigkeiten bei der Angebotserstellung eines Anbieters von wissensintensiven Dienstleistungen. So hängen Kosten- und Terminvorgaben für große Planungsprojekte von zahlreichen äußeren Einflussfaktoren ab und sind daher nur schwer exakt zu bestimmen. Unter anderem die gestiegene Komplexität der Umsetzung von sicherheitstechnischen und ökologischen Anforderungen erschwert die Vorhersage des Verlaufs der Planung und Realisierung einer Leistungserbringung erheblich und sorgt dafür, dass die im Angebot des Planungsunternehmens zugesicherten Zielvorgaben oftmals verfehlt werden. Unterbreitet hingegen ein Unternehmen ein Pauschalangebot für seine Dienstleistung, stellen die oben exemplarisch genannten Abweichungen von vertraglich vereinbarten Zielvorgaben ein betriebswirtschaftliches Risiko für den Dienstleistungsanbieter dar. Auch konnten im Verlauf der Dienstleistung ein aufgrund äußerer Einflüsse entstandener zusätzlicher Zeitaufwand und zeitliche Verzögerungen häufig nur ungenau ermittelt und vom Dienstleistungsnachfrager eingefordert werden.

Durch die bestehenden aber zukünftig entfallenden Verordnungen und die Zunahme unsicherer Umweltsituationen basieren Angebote für eine Leistungserbringung heute oftmals auf dem Erfahrungswissen der involvierten Akteure. Daher sind wir der Auffassung, dass bei der Entwicklung einer kundenindividuellen Leistungserbringung und der Erstellung des zugehörigen Angebots neue Wege abseits der klassischen Kalkulation auf Stundenbasis gegangen werden müssen, um wettbewerbsfähige und risikoarme Angebote zu realisieren. Hierbei können die Erkenntnisse und Methoden des Projektmanagements Berücksichtigung finden, werden die Dienstleistungen doch meist in Form kooperativer Projekte geplant und durchgeführt.

11.2 Entwicklung von Plänen und Angeboten

Die sich verändernden Charakteristika wissensintensiver Dienstleistungen – kundenindividuelle Leistungen in kürzester Zeit mit im internationalen Vergleich wettbewerbsfähigen, zeitlichen Aufwänden und Kosten – führen zu einer grundlegenden Verschiebung der Anforderungen an die eingesetzten Planungsverfahren. Ursächlich hierfür ist im Wesentlichen die im vorherigen Kapitel aufgeführte Immaterialität der kundenindividuellen Dienstleistung in Verbindung mit der Einbindung des Kunden in den Leistungserbringungsprozess und die damit einhergehende Unsicherheit bei deren Planung und Kalkulation. Grundlage der Angebotserstellung sind demnach nicht länger pauschalisierte, standardisierte Angebote, die ausreichend finanzielle und zeitliche Puffer aufweisen. Vielmehr gilt es, Softwarewerkzeuge für eine robuste individuelle Planung der Leistung und Angebotskalkulation zu entwickeln, die in qualitativer und quantitativer Hinsicht auf die Charakteristika wissensintensiver Dienstleistungen abgestimmt sind und folglich eine optimale und robuste Planung der Dienstleistung ermöglichen.

11.2.1 Planen einer Dienstleistungserbringung

Als wesentliche Determinanten und Spezifika einer wissensintensiven Dienstleistung werden in der Literatur die Kriterien *Integrationsgrad, Individualisierungsgrad* und

Faktordominanz aufgeführt (Alvesson 1995; Becker und Daniel 1999; Hansen 2009). Werden diese Kriterien als die auszugestaltenden Dimensionen bei der Planung einer Dienstleistungserbringung und der anschließenden Erstellung eines Angebots aufgefasst, so ergibt sich ein dreidimensionaler Quader, wie er sich bei Lasshof (Lasshof 2006) findet. Der von der Autorin vorgestellte Würfel beschreibt aber nur unzureichend die Dimensionen, die es bei der Planung und Kalkulation einer wissensintensiven Dienstleistungserbringung zu berücksichtigen gilt. Vielmehr sind die handlungstheoretischen Grundsätze von Funke und Glodowski (Funke und Glodowski 1990) zum Planen und Ausführen von Tätigkeiten für ein solches Modell zugrunde zu legen. So erscheinen die Dimensionen *„Struktur der Leistungserbringung" (Prozessdimension)*, *„Ressourcenbedingte Restriktionen" (Kapazitätsdimension)* und *„Unsicherheit der Dienstleistung"* besser geeignet, um das Problem der Planung einer Dienstleistungserbringung und einer Angebotsentwicklung zu beschreiben.

Unter dem Begriff der *Kapazitätsdimension* werden insbesondere die Arbeitspersonen beim Dienstleistungsanbieter und -nachfrager mit ihren jeweiligen Fähigkeiten und Fertigkeiten sowie ihren zeitlichen Verfügbarkeiten zusammengefasst. Je nach Art der Dienstleistung sind der Dimension auch Betriebs- und Arbeitsmittel zugeordnet, falls diese auf die Leistungserbringung restriktiv wirken bzw. deren Einsatz zu variablen Kosten führt. Ist für die Arbeitspersonen und Ressourcen ein Budget an Arbeitsstunden und monetären Aufwänden vorgesehen, stellt dieses eine bei der Planung und Angebotserstellung zu beachtende Kapazitätsgrenze dar.

Die *Struktur der Leistungserbringung* beschreibt die bei der Planung zu identifizierenden und zu bewertenden zulässigen Abfolgen von Aufgaben/Vorgängen bzw. Arbeitspaketen zur Erreichung des im Angebot zu vereinbarenden Dienstleistungsziels. Charakteristisch für die Erbringung einer Dienstleistung und somit ein wesentliches Differenzierungsmerkmal zur Sachgüterproduktion ist die geringe Standardisierung und eine damit verbundene schwache Strukturierung der Arbeitsprozesse. Liegen solche schwach strukturierten Abfolgen vor, sind die funktionalen Beziehungen nur für wenige Prozessfragmente a priori vollständig und valide beschreibbar. D. h., die Struktur gibt den Grad der Individualisierung bzw. Standardisierung der Dienstleistungserbringung an. Mit einer Abnahme der Strukturiertheit steigt somit die Anzahl an zulässigen Möglichkeiten zur Überführung von Aufgaben in Aktivitäten und letztlich in konkrete Ergebnisse. Dies sei anhand eines Beispiels kurz erläutert: Ein Mitarbeiter eines Ingenieurdienstleisters erhält die Aufgabe, ein bestehendes Konzept für ein Gebäude für eine Kundenpräsentation aufzubereiten. Diese Aufgabe kann der Mitarbeiter durch Ausführung unterschiedlicher Aktivitäten/Handlungen lösen, die jeweils verschiedene Zeitaufwände und Kosten verursachen. So kann der Mitarbeiter ein Holzmodell, ein virtuelles 3D-Modell, eine Folienpräsentation oder eine handschriftliche Skizze des Objektes erstellen. Alle vier Handlungen führen zu einer zulässigen Lösung der Aufgabe, da die Vorgehensweise bzw. die geforderte Qualität für das Problem nicht in der Aufgabenbeschreibung definiert ist. Besteht nicht nur eine Handlungsoption zur Lösung eines Problems, so sind die zulässigen Bearbeitungsstrategien zu identifizieren und hinsichtlich Effektivität und Effizienz zu bewerten.

Die Planung einer dienstleistungsbezogenen Leistungserbringung hat aufgrund von unvollständigen oder fehlerhaften Informationen über die oben dargestellten Dimensionen oftmals unter Unsicherheit zu erfolgen. Unsicherheit besteht hinsichtlich der Ausprägung der Auswirkungen von Entscheidungsspielräumen bei der Ausführung einer Dienstleistung und der Bearbeitungsergebnisse für diese Aufgaben. Daher wird in der Entscheidungslehre der Begriff der Unsicherheit als nicht eindeutig bekannter Informationsstand über unbeeinflussbare Umweltzustände wie auch als Unsicherheit der Auswirkungen einer durch Tätigkeiten gelösten Aufgabe verstanden (Bamberg und Coenenberg 2006). Die Abbildung von Unsicherheit in einem simulationsbasierten Dienstleistungsmodell erfordert aber die zwingende Quantifizierung des Auftretens der einzelnen möglichen Zustände (sogenannte Risikosituationen). Somit ist die mit einem Dienstleistungsmodell zu beschreibende Unsicherheit durch Wahrscheinlichkeiten für die auslösenden Ereignisse abzubilden, für die aber die direkten wie indirekten Auswirkungen auf die Dienstleistungserbringung nicht unmittelbar bekannt sind. Die Schwierigkeit der zu lösenden Planungsaufgabe ist somit für ein gegebenes Zielsystem als Komplexität aufzufassen, die sich aus der Struktur der Arbeitsprozesse und der Ressourcenbeschränkung in Verbindung mit der Unsicherheit über mögliche Umweltzustände ergibt.

Aus den zulässigen Ausprägungen der *Prozessdimension, Kapazitätsdimension* sowie der *Unsicherheit der Dienstleistung* können acht Typen wissensintensiver Dienstleistungen unterschieden werden. Hierbei wurden in den Verbundprojekten *„One-Stop Services" (OSS)* und *„Wissensintensive industrielle Dienstleistungen weltweit produktiv erbringen"* (WIDIPRO) die folgenden drei Typen als relevant für eine Planungsunterstützung identifiziert (s. Abb. 11.1):

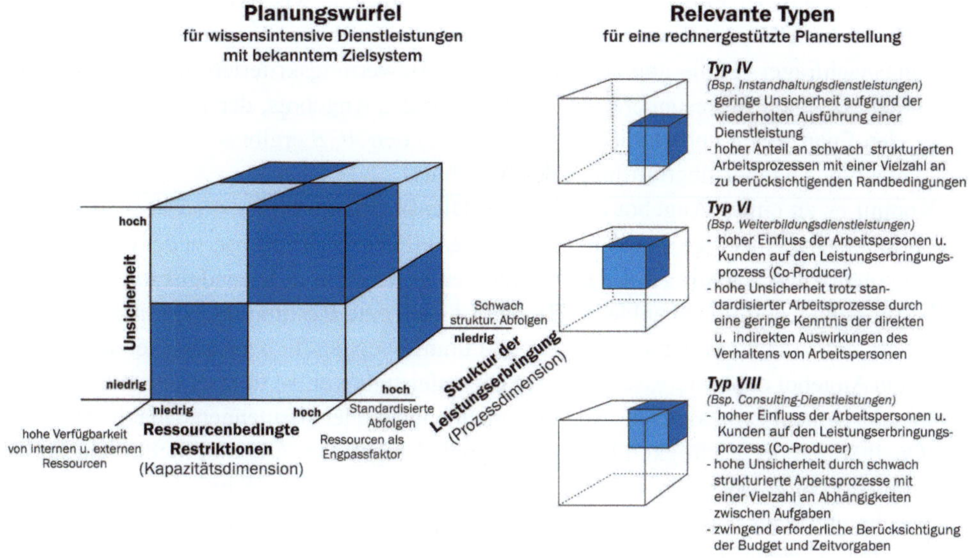

Abb. 11.1 Klassifizierung wissensintensiver Dienstleistungen

- *Typ IV:* Die Komplexität der Planungsaufgabe ergibt sich aus schwach strukturierten Arbeitsprozessen und bestehenden Ressourcenkonflikten. Da eine nahezu vollständige Kenntnis der Einflussfaktoren und deren Zusammenwirken vorliegt, kann eine optimale Lösung durch unternehmensinterne, arbeitsorganisatorische Maßnahmen erreicht werden. Hierzu sind die auf Entscheidungen der Arbeitspersonen basierenden zulässigen alternativen Aktivitätsfolgen und -ausprägungen a priori optimal auszugestalten.
- *Typ VI:* Die Standardisierung der Dienstleistungsprozesse führt zu einem zum Zeitpunkt der Planung vorbestimmten Ablauf und Ergebnis der Dienstleistungserbringung (bspw. beschrieben durch Checklisten). Die Unsicherheit resultiert aus den Entscheidungsspielräumen der Arbeitspersonen bei der Bearbeitung der einzelnen Aufgaben und der Interaktionsarbeit mit dem Kunden. Durch die simulationsgestützte Beschreibung der Auswirkungen verschiedener Ressourcenallokationen kann eine Optimierungsrichtung für arbeitsorganisatorische Maßnahmen identifiziert werden.
- *Typ VIII:* Die Aufgaben und deren sachlogisch und zeitlich bedingten Beziehungen sind a priori unvollständig und können im Vergleich zu Typ VI nicht standardisiert werden. D. h., bei der Planung sind die auf dem Entscheidungsverhalten der Akteure basierenden möglichen Dienstleistungsverläufe zu identifizieren und zu bewerten, um durch arbeitsorganisatorische Anreize einen optimalen Dienstleistungsverlauf zu erreichen, der mit einer hohen Wahrscheinlichkeit realisiert werden kann.

11.2.2 Entwicklung von Angeboten für eine Dienstleistungserbringung

11.2.2.1 Angebote für wissensintensive Dienstleistungen

Das Ergebnis aus der Entwicklung eines Angebots für eine wissensintensive Dienstleistung ist das erste Kompetenzsignal des Dienstleistungsanbieters gegenüber dem Dienstleistungsnachfrager (Stolle und Herrmann 2006). Bewertungskriterien für Angebote sind der Inhalt, der sich insbesondere aus der Struktur des Angebots, der Leistungsbeschreibung, den finanziellen und zeitlichen Angaben und den *AGB* ergibt sowie der Form (Dokumententyp, Angebotsübermittlung) des Angebots.

Kommt es zu einem Angebot durch einen Dienstleistungsanbieter, so liegt im juristischen Sinne eine einseitige, empfangsbedürftige Willenserklärung vor, in der ein Anbieter einem potentiellen Nachfrager die Erbringung eines definierten Dienstleistungsproduktes zu bestimmten Konditionen anbietet. Hierbei ist nach dem Bestimmtheitsgrundsatz gefordert, dass ein solches Angebot eindeutig und unmissverständlich ausgestaltet sein muss. Liegt ein Angebot dem Interessenten einer Dienstleistung vor, so liegt es ausschließlich in ihrem oder seinem Ermessen, das Angebot anzunehmen oder abzulehnen. Unabhängig von der Qualität und der Richtigkeit kann ein einmal abgegebenes Angebot nicht mehr durch den Anbieter zurückgezogen werden, da dieser gemäß § 145 *BGB* bei Verzicht auf eine Freizeichnungsklausel an die Angebotsinhalte gebunden ist. Begünstigt beispielsweise ein fehlerhaftes Angebot den Adressaten, kann dieser den Anbietenden auf die Leistungsinhalte verpflichten und ggf. durch eine Leistungsklage einfordern. Für wissensintensive

Dienstleister ist es daher unabdingbar, ein effektives und zugleich effizientes Angebotsmanagement zu realisieren, das zu realisierbaren Angebotsinhalten führt.

Besteht ein solches Angebot, kann dieses vom Nachfrager nur als Ganzes angenommen werden. Eine Annahme unter Bedingungen oder Einschränkungen entspricht nach § 151 BGB einer Ablehnung des Angebots und bedarf der Erstellung eines neuen, modifizierten Angebots. Die mündliche oder schriftliche Annahme des Angebots führt unmittelbar zu einem gültigen und rechtlich verbindlichen Vertrag.

Die bestehenden rechtlichen Rahmenbedingungen haben weitreichende Konsequenzen für die Konzipierung und das Anbieten von wissensintensiven Dienstleistungen. Insbesondere Dienstleistungen im Rahmen von Entwicklungs- und Engineeringprojekten sind oftmals bereits in der Initialisierungsphase von Zeitdruck geprägt, der zu einer unzureichenden Kommunikation führt. So neigen Geschäftsführung und Vertrieb häufig dazu, Angebote kurzfristig und ohne Rücksprache mit den jeweiligen Projektverantwortlichen und/oder Domainenexperten zu erstellen und nicht ausreichend abgestimmt an den Nachfrager zu versenden. Der wirtschaftliche Schaden kann neben negativen Auswirkungen auf das Unternehmensimage und -klima immens sein.

Ein solches verschicktes Angebot zielt darauf ab, dass der Nachfrager eine Entscheidungsgrundlage für die Auswahl und Beauftragung einer Dienstleistung erhält. Je nach Zielsetzung des Dienstleistungsanbieters und den Wünschen des Adressaten können der Umfang und die Transparenz eines Angebotes unterschiedlich ausfallen. Wesentliche Bestandteile eines Angebots sind jedoch stets (Stolle und Herrmann 2006):

- Anschreiben,
- eindeutige Benennung der Vertragspartner,
- Leistungsbeschreibung (Vertragsinhalt),
- Preis,
- Kaufmännische Bestimmungen,
- Bindungsfrist,
- Allgemeine Geschäftsbedingungen oder Rahmenvertrag.

Für die in diesem Beitrag fokussierte Konzipierung und Planung von wissensintensiven Dienstleistungen sind insbesondere der Aspekt der prospektiven Beschreibung der angebotenen Leistungserbringung und die daraus abgeleiteten Termine, Kapazitäten und Kosten von Relevanz, so dass sich in den folgenden Abschnitten auf diese beschränkt wird.

Demnach beantwortet die Leistungsbeschreibung die Fragestellung, welches Ergebnis oder Produkt dem Nachfrager nach Abschluss der Dienstleistung vorliegt und auf welche Art und Weise die Teilleistungen auf dem Weg zu diesem Produkt zu erbringen sind. Aufgrund der häufig vorliegenden Komplexität des zu erstellenden Produktes ist die Leistungserbringung bei wissensintensiven Dienstleistungen durch miteinander in Beziehung gesetzte Vorgänge bzw. Arbeitspakete zu beschreiben. Aus der Darstellung dieser einzelnen Vorgänge lassen sich je nach Ausgestaltung Arbeitsinhalte, Verantwortlichkeiten Zeitaufwände, Dauern und Kosten ableiten. Dies kann beispielsweise mittels eines Projektstrukturplans und/oder eines Termin- und Kapazitätsplans erfolgen.

Der Preis einer Dienstleistung ist in Verbindung mit den vereinbarten Leistungen und Terminen ein essentieller Bestandteil eines Angebots. Dieser ergibt sich unter Berücksichtigung von weiteren Einflussfaktoren, wie beispielsweise strategischen Überlegungen des Unternehmens, aus den angebotenen Arbeitsinhalten und der versprochenen Leistung sowie den für die Erbringung erforderlichen Arbeitspersonen und Ressourcen.

Die im Rahmen des Verbundprojektes WiDiPro vorgenommene Entwicklung und Optimierung von Angeboten für wissensintensive Dienstleistungen erfolgte anhand von Leistungen zur architektonischen Planung und Bauausführung von Gebäuden. Insbesondere dieser Bereich wissensintensiver Dienstleistungen ist mit der zunehmenden Abkehr von den traditionellen Ansätzen zur Honorarkalkulation aktuell einem starken Wandel unterzogen, den es methodisch zu begleiten gilt.

11.2.2.2 Preiskalkulation bei wissensintensiven Dienstleistungen am Beispiel von Architekturdienstleistungen

Ausgangspunkt für die Kalkulation von Preisen für die architektonische Planung von Gebäuden waren im 16. Jahrhundert die zu erwartenden Baukosten. Baukostenbasierte Planungshonorarkalkulationen haben somit eine lange Tradition. So liefert das Bauanschlagbuch von Penther (1736) eine Leitlinie zur Honorarkalkulation mit einem degressiven Zusammenhang zwischen Planungshonorar und Baukosten. Aber bereits im Jahr 1805 wurde eine ähnlich geartete Honorarregelung in Preußen aufgehoben und durch ein Tageshonorar ersetzt. Begründet wurde dies damit, dass ein Planer bei der vorliegenden Praxis für hohe Baukosten belohnt wird und keine Veranlassung für diesen besteht, kostengünstige Objekte zu planen und zu realisieren. Auch die Konjunkturabhängigkeit der Baukosten wird als nachteilig für eine baukostenbasierte Honorarkalkulation aufgefasst (Pfarr et al. 1989). Als Lösungsansatz wurde daher für die Vorkalkulation von Pfarr et al. eine baukostenneutrale Honorartafel mit dem Gebäudevolumen als Einflussgröße und einem degressiv steigenden Verlauf von Planungsaufwand und Gebäudevolumen vorgeschlagen (Pfarr et al. 1989). Bei diesem Ansatz fehlt jedoch die Berücksichtigung weiterer quantitativer und qualitativer Faktoren, wie die flächenmäßige Verteilung der Nutzungen, die Projektkomplexität und die Projektdauer. Aggteleky definiert daher für Gebäude die folgenden Einflussgrößen für den Planungsaufwand (Aggteleky 1987):

- die Projektgröße und -komplexität,
- die Güte der beim Planungsbeginn vorliegenden Unterlagen und
- die geografische Entfernung des Planungsunternehmens und des Bauortes.

Für die Entwicklung von Pauschalangeboten, aufwandsgerechten Angeboten und als Referenzgröße für eine Plausibilitätsprüfung führt Aggteleky zwei Methoden zur direkten Honorarschätzung an: die Schätzung nach Ingenieurtagen sowie die Schätzung anhand von Abweichungen von einem Standardprojekt (Aggteleky 1987). Hierzu ist das Projekt in zeitliche und inhaltliche Abschnitte aufzuteilen. Für diese Abschnitte wird bezogen auf ausgewählte Referenzprojekte und bei gleichzeitiger Vermeidung einer mehrfachen Erfassung inhaltlich überlappender Abschnitte der zu erwartende Aufwand geschätzt. Die Schätzgenauigkeit von ± 10–20 % sowie das Risiko von Doppelzählungen schränken die Praxistauglichkeit dieser Methode für die Generierung von Pauschalangeboten ein. So werden auch wichtige Einflussgrößen wie die Prozessdauer und das Qualifikationsniveau der Mitarbeiter nicht vollständig berücksichtigt. Zudem kann keine Aussage zum erwarteten Planungsaufwand und den Auswirkungen unsicherer Einflussfaktoren sowie zulässiger Dienstleistungsszenarien abgeleitet werden.

Die europäische Kommission kritisiert die Gebührenordnungen von Interessenverbänden. Nationale Wettbewerbsbehörden wurden daher von der Europäischen Kommission angewiesen, ebensolche zu unterbinden. Erste Alternativen zu einer ausschließlich baukostenbasierten Planungshonorarkalkulation wurden in Österreich mit der *Honorar Information Architektur (HIA)* veröffentlicht. Grundsätze dieses neuen Verfahrens für einen fairen Wettbewerb sind Kostenwahrheit der Kalkulation, ein praxisnahes und umfassendes Leistungsbild und die einfache Anwendbarkeit des zugrundeliegenden Leitfadens. Die Anwendung des Leitfadens setzt die Analyse von Stundenaufzeichnungen für Teilleistungen von bisherigen Projekten des jeweiligen Planungsunternehmens voraus, um eigene Kennwerte für zukünftige, anzubietende Leistungen zu ermitteln (Stempkowski et al. 2012a). Einflussgrößen für das Planungshonorar und somit Grundlage des Angebots sind:

- *Bauwerksgröße:* Definiert als Bruttogrundfläche (die Summe aller Grundrissgrundflächen),
- *Dauer der Teilleistungsphase:* entnommen aus dem Projektplan der Vorstudienphase,
- *Projektklassenfaktor:* ein Komplexitätsfaktor, welcher sich aus der Komplexität der Projektorganisation, der Art des Bauwerkes, der Komplexität der Projektleistung, den Projektrisiken, den Anforderungen an die Terminvorgaben und den Anforderungen an die Kostenvorgaben zusammensetzt.

Die Einflussgrößen des Projektklassenfaktors werden einvernehmlich von Planungsunternehmen und Auftraggeber unter Zuhilfenahme eines Punktesystems bewertet. Liegen keine ausreichenden unternehmensspezifischen Erfahrungswerte für die Kalkulation vor, so kann auf Zeitaufwandswerte [h/m^2 Bruttogeschossfläche] des Leitfadens zurückgegriffen werden. Um diese zu ermitteln, haben Stempkowski et al. (2012a) die Aufwandsaufzeichnungen von 86 Beispielprojekten analysiert. Aus diesen Daten konnten sie einen Streubereich der Aufwandswerte bezogen auf die geplante Bruttogrundfläche und die Leistungsphasen als 2–85 % Quantile ermitteln. Die in den Projekten verursachten Baukosten dienen lediglich der Plausibilitätsprüfung (Stempkowski et al. 2012a, b).

Kappler et al. (2007) haben eine Untersuchung und Auswertung von 896 Planungsprojekten durchgeführt, bei der die Herstellungskosten, die Bruttogeschossfläche, die Außenwandstärke, die Raumhöhe, das Gebäudevolumen und die Komplexität der Gebäudeplanung in die Angebotsentwicklung eingeflossen sind. Die Autoren konnten die Bruttogeschossfläche als besten Prädikator zur Festlegung des Planungsaufwands für Einfamilienhäuser, Wohnbauten, Bürobauten, Kindergärten und Schulen identifizieren. Im

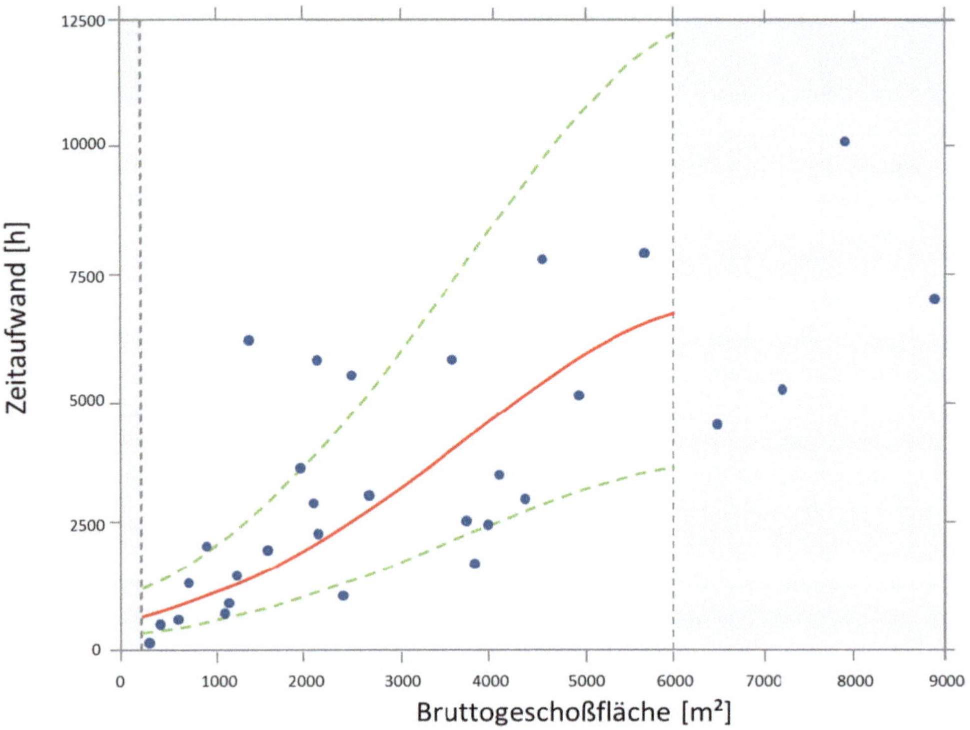

Abb. 11.2 Zusammenhang zwischen Bruttogeschossfläche und Aufwand (Kappler et al. 2007)

Industrie- und Gewerbebau erweist sich jedoch die Kubatur des Bauvorhabens als aussagekräftigste Einflussgröße. Für den Wohnbau und Einfamilienhäuser wurde von Kappler et al. (2007) anhand von 68 bzw. 78 Projekten ein progressiv steigender Zusammenhang zwischen Bruttogeschossfläche und Zeitaufwand ermittelt. Ein S-förmiger Zusammenhang zwischen Zeitaufwand und Bruttogeschossfläche mit zunächst progressiv steigendem und ab 3500 m^2 degressiv steigendem Zeitaufwand wurde hingegen für die Planung von Bürogebäuden identifiziert (Abb. 11.2).

Die von Kappler et al. (2007) eingeführte Einteilung nach Projektarten und die davon getrennte einfache Bewertung der Komplexität bietet Vorteile bei der geforderten aufwandsbasierten Kalkulation eines Projektes im Vergleich zu einem baukostenbasierten Vorgehen. Die Datenmenge ist jedoch aktuell zu gering, um verlässliche Angaben über Zusammenhänge bei der Angebotserstellung machen zu können. Besonders schwierig ist hierbei die ausreichende Berücksichtigung von kundenspezifischen Wünschen und dienstleistungsanbieterspezifischen Gegebenheiten. Konkrete Aussagen über die Korrelation von Einflussgrößen und Zeitaufwand bei der Planung von Industriebauten können daher nicht getroffen werden. Insbesondere erweisen sich die fehlende Berücksichtigung von projektspezifischen Besonderheiten und die heterogenen Kosten und Zeitaufwände für ähnliche Aufgaben als hinderlich für die Praxistauglichkeit des Ansatzes von Kappler et al. (2007).

11.2.3 Optimierung von Angeboten

Bei der Entwicklung von Angeboten für wissensintensive Dienstleistungen existiert eine Vielzahl an Einflussgrößen, die es von Dienstleistungsmanagern zu beachten und optimal auszugestalten gilt. Somit basiert die Entwicklung von Angeboten für wissensintensive Dienstleistungen auf Entscheidungen, denen i. A. ein mehrkriterielles Zielsystem zugrunde liegt. Die in diesem System aufgeführten Ziele, wie beispielsweise der zu erfüllende Fertigstellungszeitpunkt und die Kosten der Dienstleistung, stellen Anforderungen an die Plan- und Angebotsentwicklung, die es bestmöglich zu erfüllen gilt. Diese Ziele sind typischerweise konfligierend, so dass die Gesamtheit der Ziele nicht durch einen einzelnen Plan bzw. ein einzelnes Angebot erreicht werden kann.

Das Problem der Angebotsentwicklung kann formal durch einen Entscheidungsvariablenvektor $\vec{x} = (x_1, x_2, \ldots, x_n)^T$, als Element des Entscheidungsvariablenraums X und einem Zielfunktionsvektor $\vec{y} = (y_1, y_2, \ldots, y_n)^T$, als Element des Zielraums Y beschrieben werden. Der Entscheidungsvariablenraum umfasst alle Entscheidungsoptionen, wie beispielsweise Anzahl einzusetzender Arbeitspersonen, Vorgehensweise etc., die ein Dienstleistungsmanager unter Berücksichtigung der Restriktionen bei der Entwicklung bzw. Ausgestaltung einer Dienstleistung festlegen kann. Hingegen enthält der Zielraum alle Ausprägungen von Zielgrößen, die sich aus den Entscheidungsvariablen ableiten lassen und die eine Bewertungsgrundlage für die Dienstleistung bilden. Eine entsprechende Funktion $f: X \to Y$ überführt die Ausprägung von $\vec{x}$ in den Zielfunktionenraum Y (Abb. 11.3). Ein Eintrag im Zielfunktionenvektor repräsentiert den Erfüllungsgrad eines konkreten Zieles und ist definiert als Zielfunktionenwert. Durch Restriktionen kann sich der Zielraum auf eine Menge zulässiger Lösungen reduzieren, so dass gilt: $D \subseteq Y$.

Bei vielen arbeitsorganisatorischen Fragestellungen existiert oftmals keine Lösung, die die Ziele aller Stakeholder gleichermaßen effizient erfüllt. Daher gilt es einen Plan zu entwickeln, der zu einem Angebot führt, der den a priori definierten Zielfunktionen und Restriktionen bestmöglich gerecht wird. In der Literatur zur mehrkriteriellen Optimierung finden sich zur Lösung solcher Probleme überwiegend Pareto-basierte Verfahren (Stolle und Herrmann 2006). Diese gehören zu den a posteriori-Verfahren, bei denen eine Lösungsmenge aus nicht-dominierten und dominierten Plänen erzeugt wird. Ein Zielfunktionenvektor $\vec{y}^1$ dominiert einen anderen Vektor $\vec{y}^2 (\vec{y}^1 \succ \vec{y}^2)$ bei einem Maximierungsproblem, falls keine Komponente von $\vec{y}^1$ kleiner ist, als die entsprechende Komponente von $\vec{y}^2$ und mindestens eine Komponente größer ist mit: $y \subseteq \mathbb{R}^k$ und $k > 1$. Daraus folgt, dass die arbeitsorganisatorischen Einflussfaktoren $\vec{x}^1$ besser sind als die von $\vec{x}^2; f(\vec{x}^1)$ dominiert $f(\vec{x}^2)$.

Die Zielfunktionenvektoren $\vec{y}^1, \ldots, \vec{y}^l$ sind unvergleichbar, falls jeder eine Komponente mit einer höheren Ausprägung enthält als der andere. Die Vektoren $\vec{x}^1, \ldots, \vec{x}^n$ bzw. $f(\vec{x}^1), \ldots, f(\vec{x}^n)$, die bezogen auf den gesamten Zielraum nicht-dominiert werden, sind Pareto-optimal und bilden die Pareto-Front. Für die Identifizierung möglichst vieler guter Kompromisslösungen muss ein Optimierungsverfahren die Pareto-Front möglichst gut approximieren. D. h., die Approximationsmenge soll möglichst viele nicht-dominierte

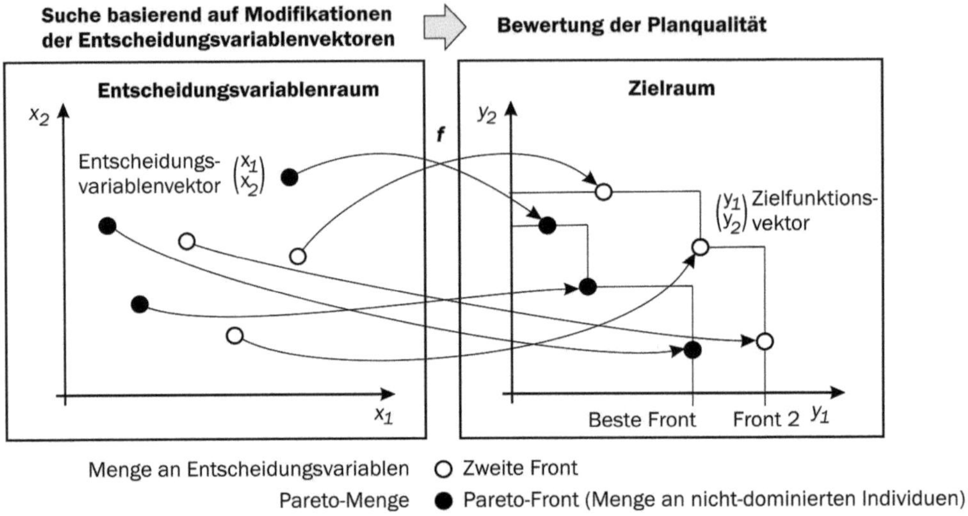

Abb. 11.3 Abbildung des Entscheidungsvariablenraums auf den Zielraum

Lösungen entlang der Pareto-Front (hohe Diversität) aufweisen, damit dem Anwender eine große Auswahl an unterschiedlichen und zudem optimalen Lösungen zur Verfügung gestellt werden kann. *Multiobjective Evolutionary Algorithm (MOEA)* haben sich dabei als leistungsfähige Verfahren zur Lösung von mehrkriteriellen Planungsproblemen bewährt (Dahal et al. 2007). Eine umfassende Übersicht über die verschiedenen *MOEA* geben (Tan et al. 2005; Stolle und Herrmann 2006).

Viele der mehrkriteriellen Optimierungsverfahren basieren auf einem primären Kriterium, das die Population in nicht-dominierte und dominierte Individuen unterteilt und einem sekundären Kriterium (z. B. Dominanzanzahl) zur weiteren Differenzierung der Lösungen. Während sich auf einer Front ausschließlich nicht gegenseitig dominierende Individuen befinden, beschreibt die Dominanzzahl eines Individuums die Anzahl an Individuen, die dieses dominieren. Demnach gilt ein Zielfunktionenvektor für einen Plan bzw. ein Angebot als schlecht bzw. verzichtbar, wenn dieser nicht auf der ersten Front liegt oder falls es viele dominierende Zielfunktionenvektoren gibt. Besteht die Population ausschließlich aus nicht-dominierten Individuen bzw. werden Individuen mit einer identischen Ausprägung des primären Kriteriums betrachtet, so kann der Beitrag eines Zielfunktionenvektors zum Hypervolumen als sekundäres Kriterium herangezogen werden, um eine Ordnung in die Menge dieser Vektoren zu indizieren. Ein solcher Beitrag ist definiert als das Hypervolumen, welches nur von einem einzigen Individuum dominiert wird und somit entfällt, falls der Zielfunktionenvektor aus der Lösungsmenge entfernt wird (Beume et al. 2008). Das kleinste Hypervolumen je Front oder die Dominanzanzahl minimiert diesen Verlust.

Abbildung 11.4 zeigt für zwei zu minimierende Zielfunktionen – beispielsweise die Dauer und die Kosten einer Leistungserbringung – die Zielfunktionenwerte für elf Angebote. Links sind die zwei dominierten Zielfunktionenvektoren $\vec{y}^1$ und $\vec{y}^2$ mit den jeweils zugehörigen Bereichen dargestellt, in denen dominierende Zielfunktionen und somit bessere Angebote liegen. Der Vektor $\vec{y}^1$ hat mit sechs dominierenden Individuen die größte Dominanzzahl und wäre daher als erstes zu verwerfen. Das sekundäre Kriterium wird herangezogen, um die Qualität der Lösungen auf der ersten Front zu ermitteln. Die eingefärbten Rechtecke in Abb. 11.4 zeigen die Hypervolumenbeiträge der Vektoren, wobei $\vec{y}^3$ den kleinsten Beitrag leistet. Der Referenzpunkt $\vec{r}$ begrenzt den dominierten Raum und dient zur Bestimmung der Beiträge der Randpunkte.

11.3 Dynamisches Modell einer Dienstleistungserbringung

11.3.1 Aktororientiertes Modell einer Dienstleistungserbringung

Die Erbringung einer wissensintensiven Dienstleistung lässt sich aufgrund des starken Einflusses der Akteure des Dienstleistungsanbieters und -nachfragers auf den Prozess und das Produkt der Dienstleistung am besten durch ein aktororientiertes Modell beschreiben. Ausgangspunkt eines solchen Modells ist die formale Beschreibung der schwach strukturierten Arbeitsprozesse durch ein semi-formales grafisches Prozessmodell (Abb. 11.5). Zu diesem Zweck werden mit einer Spezifikationstechnik – beispielsweise der *K3-Methode* (Kausch 2010) – die Arbeitssysteme, die Arbeitsprozesse sowie die verfügbaren Arbeitspersonen und Ressourcen modelliert. Zu berücksichtigende sachlogisch-bedingte Vorgänger-Nachfolger-Beziehungen zwischen Aufgaben werden hierbei nur dann angegeben, wenn diese zur Herstellung der Dienstleistung zwingend erforderlich sind. Des Weiteren werden Anforderungen an die zur Bearbeitung von Aufgaben erforderlichen Qualifikationen und Kompetenzniveaus der Arbeitspersonen, die benötigten erneuerbaren und nichterneuerbaren Ressourcen sowie die Unsicherheiten bei der Leistungserbringung definiert und die zu erwartenden zeitlichen Aufwände für die Aufgabenbearbeitung festgelegt.

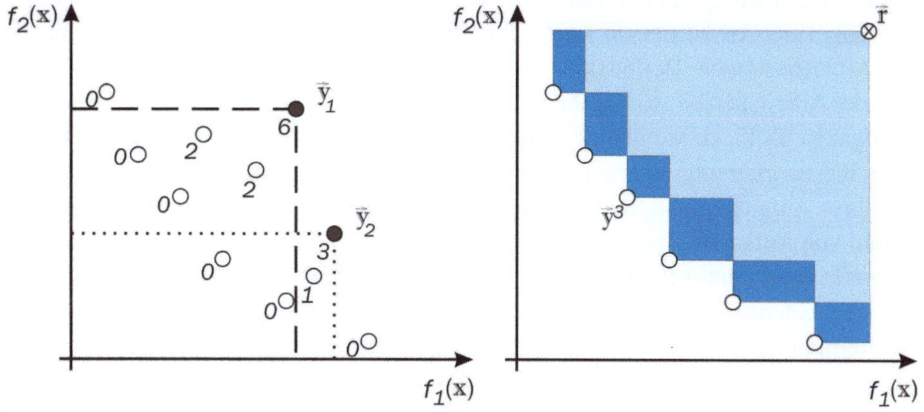

Abb. 11.4 Berechnung der Dominanzanzahl und der Hypervolumenbeiträge

Mit der Überführung des semi-formalen Prozessmodells in die vom Simulationswerkzeug geforderte formale Beschreibung erfolgt die Definition des Planungs -problems durch die Zuordnung von Aufgaben zu Organisationseinheiten des Dienstleistungsanbieters und -nachfragers (Abteilungen). Einer solchen Organisationseinheit ist eine Menge an Arbeitspersonen mit spezifischen Qualifikationen und Kompetenzniveaus zugeordnet (Abb. 11.5).

Wird ein neuer Dienstleistungsauftrag vom Unternehmen angenommen bzw. wird dieser in Erwägung gezogen, so werden die zur Realisierung des Auftrags auszuführenden Aufgaben erfasst und in den jeweiligen Aufgabenpools der Organisationseinheiten abgelegt. Bei der Analyse von solchen wissensintensiven Dienstleistungen der Unternehmen im WiDiPro-Verbund hat sich gezeigt, dass auch kundenspezifische Dienstleistungen auf einem oftmals wiederkehrenden Projektstrukturplan basieren, aus dem sich auf Prozessmodulen basierende standardisierte Workflows ableiten lassen. Ein solcher Workflow ist dann anschließend bei der Entwicklung eines Angebots kundenspezifisch zu parametrisieren. Der erforderliche Zeitaufwand für die Modellerstellung kann somit begrenzt werden und nimmt mit einer zunehmenden Modellanzahl ab.

Nach der erstmaligen Initialisierung aller Aufgabenpools der Organisationseinheiten weisen alle Aufgaben zum Start der Dienstleistungserbringung den Status *„nicht ausführbar"* auf. Die Übergänge zwischen den beiden Status *„nicht ausführbar"* und *„ausführbar"* einer Aufgabe, wie auch die Bearbeitungsreihenfolgen von Aufgaben werden im Folgenden anhand der Abb. 11.5 erläutert.

Die Simulation einer Dienstleistungserbringung startet mit der Identifizierung der Aufgaben in den Aufgabenpools der Organisationseinheiten, die keine Vorgängerbeziehung zu anderen Aufgaben aufweisen. Bei diesen Aufgaben wechselt der Status von *„nicht ausführbar"* in *„ausführbar"*, so dass diese ab diesem Zeitpunkt von allen Arbeitspersonen der Organisationseinheit bearbeitet werden könnten, die die Qualifikations- und Kompetenzanforderungen erfüllen. Die Zuordnung einer solchen Aufgabe zu einem oder zu mehreren Aufgabenpools von Arbeitspersonen erfolgt durch ein Matching der Anforderungen einer Aufgabenbearbeitung an die von den Arbeitspersonen bereitgestellten Qualifikationen und Kompetenzniveaus. Sind diese Anforderungen erfüllt, wird die Aufgabe mindestens einer Arbeitsperson zugeordnet und die Aufgabe erscheint im Aufgabenpool dieser Arbeitspersonen. Befinden sich eine oder mehrere Aufgaben in einem Aufgabenpool einer Arbeitsperson, so organisiert die Arbeitsperson selbstständig die Bearbeitung der Aufgaben. D. h., sie wählt eine Aufgabe für die Bearbeitung aus und kann auch eigeninitiiert die Bearbeitung einer Aufgabe unterbrechen, um zwischen verschiedenen Aufgaben ihres Aufgabenpools zu wechseln oder eine Nicht-Arbeitsperiode zu starten. Die Auswahl von Aufgaben aus den individuellen Aufgabenpools kann vereinfacht durch ein Regelwerk abgebildet werden. Hierbei kommt zum Tragen, dass der Mensch bei Handlungsentscheidungen sowohl den Nutzen als auch die Kosten von verschiedenen Handlungsalternativen vergleicht (Licht et al. 2006; Schlick und Licht 2005). So entscheidet ein Mensch während der Auswahl von Aufgaben nicht immer rational, da er die Auswirkungen seines Handelns auf den übergeordneten Dienstleistungsprozess nur begrenzt

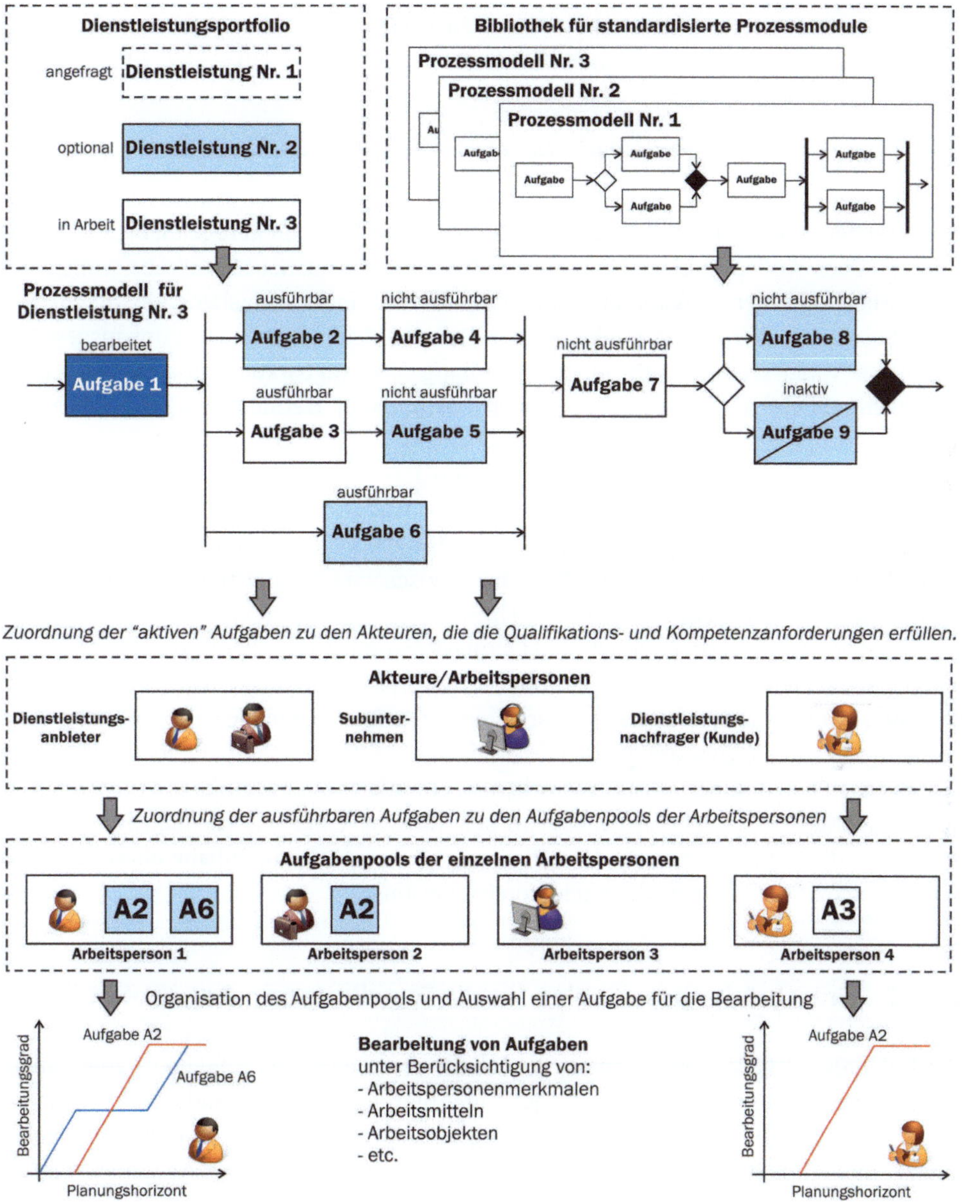

Abb. 11.5 Aktororientiertes Modell einer wissensintensiven Dienstleistungserbringung

überblickt und kurzfristige Aufgaben oftmals als wichtiger ansieht als langfristige. Erst mit einer zunehmenden Reduzierung des Zeitraums bis zur geforderten Fertigstellung der Aufgabe wächst deren Priorität, da das Verhältnis des verfügbaren Zeitraums zum erforderlichen Zeitaufwand kleiner wird.

Dieses Verhalten von Menschen wird in der Literatur als begrenzt rationales Verhalten bezeichnet (Kahneman 2003). Vereinfacht lässt sich für das Modell schreiben:

$$Priorität\,einer\,Aufgabe = \frac{Restaufwand\;x\,Wichtigkeit}{verbleibende\,Zeit}$$

Während der Bearbeitung von Aufgaben führt die Arbeitsperson in regelmäßigen Abständen oder nach Auftreten eines Ereignisses (Zuweisung einer neuen Aufgabe, vollständige Bearbeitung einer Aufgabe etc.) eine Organisation ihres Aufgabenpools durch. Von der Arbeitsperson wird die Aufgabe mit der höchsten Priorität aus dem Pool ausgewählt, sofern die Voraussetzungen für eine Bearbeitung – Verfügbarkeit von Arbeitsobjekten, Arbeitsmitteln und anderen Arbeitspersonen – erfüllt sind. Befindet sich eine Aufgabe in den Aufgabenpools von mehreren Arbeitspersonen, so verhandeln diese Personen untereinander deren kooperative, simultane Bearbeitung.

Im aktororientierten Modell werden zulässige Varianten bzw. Szenarien der Dienstleistungserbringung durch verschiedene Aufgabenausprägungen und deren Verkettung abgebildet. D. h., unterschiedliche Vorgehensweisen bei der Leistungserbringung oder verschiedene Rahmenbedingungen bzw. Umweltsituationen werden durch substituierende Aufgabeninhalte, variable Input- und Output-Relationen zwischen Aufgaben und einer damit verbundenen Anpassung der Anforderungen an eine Aufgabenbearbeitung beschrieben. Sind Informationen über die zu bearbeitenden Aufgaben und die verfügbaren Akteure bekannt, so kann die zu erbringende Dienstleistung als Planungsaufgabe formal beschrieben und die Dynamik der Leistungserbringung simuliert werden. Anhand der Ergebnisse der simulierten Leistungserbringung wird der Manager einer wissensintensiven Dienstleistung in die Lage versetzt, die Dienstleistungsprozesse und die Inhalte eines Angebots szenarienspezifisch zu entwickeln und vorab zu evaluieren.

11.3.2 Entscheidungsvariablen für die Erstellung von Angeboten

Die Ergebnisse aus der Untersuchung der Inhalte von Plänen und Angeboten abgeschlossener Dienstleistungsprojekte und aus der Durchführung von ergänzenden Experteninterviews bei Ingenieursdienstleistern haben ergeben, dass jeweils ein kombiniertes Scheduling- und Allokationsproblem zu lösen ist. Die Entwicklung eines Angebots kann so im Wesentlichen auf die Ausgestaltung von Aufgaben der Dienstleistungserbringung, die Festlegung sachlogisch und zeitlich bedingter Abfolgen zwischen diesen Aufgaben sowie auf die Festlegung von Verantwortlichkeiten für die Aufgabenbearbeitung reduziert werden. Entsprechend existieren bei der Ausgestaltung eines Plans Entscheidungsvariablen für jede einzelne Aufgabe, alternative Aufgabensequenzen und Iterationen:

- *Entscheidungsvariablen einer Aufgabe:* Die Klasse der *Aufgabenvariablen* beschreibt die Ausprägung einer einzelnen Handlung zur Bearbeitung einer Aufgabe im Rahmen der Leistungserbringung. Als wesentliche Entscheidungsvariablen zur Ausgestaltung einer Aufgabe wurden identifiziert (Tackenberg et al. 2011; 2013) und im Modell realisiert:

- *Zeitaufwand:* Der Zeitaufwand für die Bearbeitung einer Aufgabe stellt bei der Entwicklung eines Plans und der Erstellung eines darauf aufbauenden Angebots eine Entscheidungsvariable dar. So hat ein Anwender entsprechend seiner Risikopräferenz und der ihm vorliegenden Informationen eine Abschätzung des Zeitaufwands unter Unsicherheit vorzunehmen, der nach ihrer bzw. seiner Auffassung für die vollständige Bearbeitung der Aufgabe ausreicht. Ausgehend von einem mindestens erforderlichen Zeitaufwand, können die Kosten und Auswirkungen des Sicherheitsfaktors optimiert werden.
- *Anzahl an Arbeitspersonen:* Die Bearbeitung einer Aufgabe hat nicht zwingend durch eine einzelne Arbeitsperson zu erfolgen, sondern es kann abhängig von den Arbeitsinhalten sinnvoll oder sogar erforderlich sein, mehrere Arbeitspersonen für die Bearbeitung vorzusehen. Von der Ausprägung dieser Entscheidungsvariablen werden neben dem in Frage kommenden Personenkreis die Bearbeitungsdauer einer Aufgabe sowie die Kosten der Aufgabenbearbeitung determiniert.
- *Konstellation an Arbeitspersonen:* Die Konstellation an Arbeitspersonen legt die internen (Beschäftigte des Dienstleistungsanbieters) und externen Arbeitspersonen (des Dienstleistungsnachfragers) fest, die für die Bearbeitung der Aufgabe verantwortlich sind. Eine zulässige Konstellation für eine Aufgabe liegt vor, wenn die Arbeitspersonen als Gruppe die Anforderungen an die formalen Qualifikationen und Kompetenzniveaus (Fertigkeiten und Fähigkeiten) erfüllen.
- *Zeitpunkt der relativen Ausführbarkeit:* Die Variable gibt den Zeitpunkt an, an dem eine Aufgabe i erstmalig ausführbar ist und somit den Aufgabenpools der Arbeitspersonen zugeordnet wird, die für die Bearbeitung der Aufgabe vorgesehen sind. Dieser Zeitpunkt wird in Abhängigkeit vom erforderlichen Bearbeitungsgrad für alle direkten auszuführenden Vorgänger j einer Aufgabe angegeben. Der Anwender hat für jeden Vorgänger die Möglichkeit, einen fixen Wert, eine Liste von Werten, aus denen ein Wert jeweils auszuwählen ist, oder obere $z_{i,i}^{max}$ und untere Grenzen $z_{i,i}^{min}$ je Vorgänger festzulegen. Wird Letzteres gewählt, so gilt:
  - $z_{i,i}^{min} \leq z_{i,i} < 1$: Die Herstellung der Ausführbarkeit von Aufgabe i und Vorgänger j erfolgt überlappend.
  - $z_{i,i} = 1$: An die vollständige Bearbeitung von j schließt die Ausführbarkeit von i unmittelbar an.
  - $z_{i,i}^{min} \geq z_{i,i} > 1$: Zwischen der vollständigen Bearbeitung der Vorgängeraufgabe j und der Zuordnung der Aufgabe i zu den Aufgabenpools der Arbeitspersonen existiert eine Pause, die einen Zeitpuffer beschreibt.
- *geforderter Fertigstellungszeitpunkt:* Bei dieser Entscheidungsvariablen handelt es sich um den an die verantwortlichen Arbeitspersonen kommunizierten Zeitpunkt, an dem eine Aufgabenbearbeitung vollständig abgeschlossen sein muss.

  - *Wichtigkeit der Aufgabe:* Die Wichtigkeit der Aufgabe für die Dienstleistungserbringung und die Wichtigkeit der Dienstleistung, die den verantwortlichen Arbeitspersonen mitgeteilt wird.
- *Variable einer Nachfolgeentscheidung:* Die Erbringung einer wissensintensiven Dienstleistung ist durch eine Vielzahl an schwach strukturierten Arbeitsprozessen gekennzeichnet. Entsprechend ist für jeden zulässigen, alternativen Aufgabenpfad eine Entscheidung zu treffen, ob dieser zu einem Bestandteil der Leistungserbringung werden soll und in welchem Umfang dieser zu einer erfolgreichen Leistungserbringung beiträgt.
- *Variable einer Iterationsentscheidung:* Die Entscheidungsvariable bestimmt die innerhalb einer Iterationsschleife wiederholt zu bearbeitenden Aufgaben. Eine Iterationsschleife liegt vor, falls eine Aufgabe *i* mindestens zwei Vorgänger besitzt und mindestens einer dieser Vorgänger – auch ggf. indirekt über weitere Aufgaben – der Nachfolger dieser Aufgabe ist. Die Ausprägung der Entscheidungsvariablen legt exakt fest, ob es beim *n*-ten Aufruf einer Iterationsentscheidung zu einer Iteration kommt und welche Aufgaben auf dem zu iterierenden Pfad liegen. Die Entscheidung kann stochastisch oder in Abhängigkeit vom bisherigen Verlauf der Leistungserbringung erfolgen.

Entsprechend dem Dienstleistungsmodell in Abschn. 11.3.1 resultiert die Dynamik der simulierten Leistungserbringung aus dem Entscheidungsverhalten und den kooperativen Handlungen der virtuellen Arbeitspersonen. Es wurden daher gezielt Entscheidungsvariablen in das Modell aufgenommen, die das Entscheidungsverhalten der Arbeitspersonen beeinflussen und zudem durch arbeitsorganisatorische Maßnahmen gesteuert werden können. Abweichend von den *RCPSP*-Modellen in der Operations Research Literatur wurde sich bei der Ableitung von Entscheidungsvariablen für das Planungsproblem hier an der Veröffentlichung zum menschlichen Entscheidungsverhalten von orientiert (Steel und König 2006). Entsprechend sind zentrale Entscheidungsvariablen der an eine Arbeitsperson kommunizierte, geforderte Zeitpunkt einer vollständigen Aufgabenbearbeitung, die Wichtigkeit von Aufgaben für die Leistungserbringung sowie die Bedeutung der Dienstleistung für das Unternehmen.

11.3.3 Softwarewerkzeug

Die gewählte Kodierung des Planungsproblems ermöglicht eine einfache stochastische Variation der Einträge des Entscheidungsvariablenvektors, erfordert aber die nachgelagerte Überführung des Vektors in einen konkreten Plan der Leistungserbringung. Aus diesem sind die Informationen für ein Angebot abzuleiten. Effiziente Ausprägungen eines Entscheidungsvariablenvektors können für ein konkretes Problem durch eine systematische, zielgerichtete Optimierung oder durch eine stochastische Festlegung zulässiger Werte – entsprechend einer Monte Carlo Simulation – ermittelt werden.

Das entwickelte Softwareframework besteht aus einzelnen Modulen, die Funktionen für die deterministische Abbildung eines Entscheidungsvariablenvektors auf einen Zielfunktionenvektor enthalten und die durch interne sowie externe Schnittstellen miteinander verbunden sind. Über eine solche externe Schnittstelle gibt der Anwender das zu lösende Planungsproblem vor. Hierzu sind XML-Dateien zu erzeugen, die jeweils auf einem vorgegebenen XML-Schemata basieren. Die in den Dateien enthaltenen Informationen werden anschließend in einen Entscheidungsvariablenvektor überführt.

Ein einzelner Entscheidungsvariablenvektor ist im Softwareframework durch eine sogenannte *Belegungsbank* definiert. Die Struktur einer *Belegungsbank* ist problemspezifisch und weist eine durch das Problem vorgegebene Menge und Reihenfolge an stochastischen Zufallszahlen auf. D. h., existieren mehrere Entscheidungsvariablenvektoren für ein Problem, können sich ausschließlich die Werte auf der *Belegungsbank* ändern (z. B. Anzahl an einzusetzenden Arbeitspersonen). Die Relation zwischen der Position der Zufallszahl auf der *Belegungsbank* und ihrer Bedeutung, wie z. B. die Anzahl an Arbeitspersonen zur Bearbeitung der Aufgabe *„Grundriss zeichnen"*, ist aber für das Problem vorgegeben und somit für alle Entscheidungsvariablen eines Entscheidungsvariablenraums gleich. Demnach stellt ein Entscheidungsvariablenvektor bzw. eine Belegungsbank einen *Bauplan* (Blueprint) für eine zulässige Lösung des Planungsproblems dar.

Hervorzuheben ist, dass trotz der Berücksichtigung von stochastischen Einflussfaktoren im Dienstleistungsmodell, die Abbildung eines Entscheidungsvariablenvektors auf einen Zielfunktionenvektor deterministisch ist. D. h., wird ein spezifischer Entscheidungsvariablenvektor iterativ in eine konkrete Beschreibung der zu erwartenden Leistungserbringung (Projektplan) überführt, kommt es trotz der Berücksichtigung des autarken Entscheidungsverhaltens von Arbeitspersonen und ggf. unsicherer Zeitaufwände für die Aufgabenbearbeitung immer zu identischen Plänen, so dass eine eindeutige Aussage zur Güte eines Entscheidungsvariablenvektors zulässig ist. Die einzelnen Module des Softwareframeworks sind in Abb. 11.6 dargestellt.

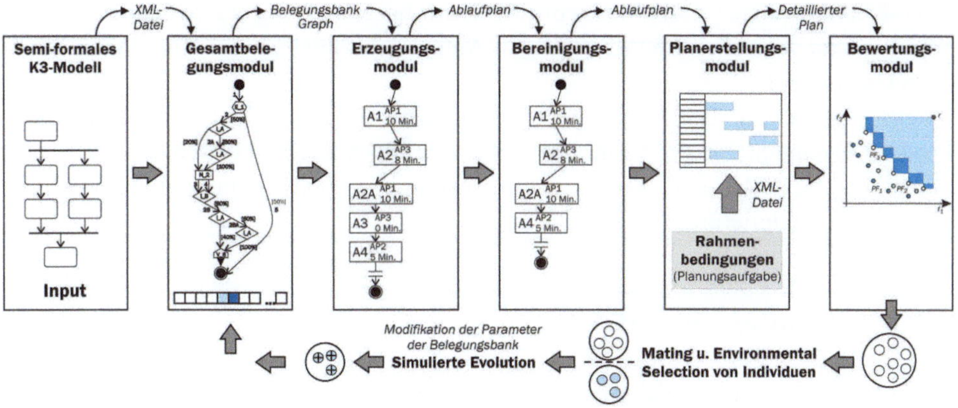

Abb. 11.6 Softwareframework für die Entwicklung von Angeboten

Das Framework besteht im Einzelnen aus:

- *Gesamtbelegungsmodul:* Das Modul erzeugt die Entscheidungsvariablenvektoren durch Einlesen der XML-Dateien für das Planungsproblem. Hierzu wählt das Modul aus der Menge an zulässigen Werten je Entscheidungsvariable eine Zufallszahl je Variable aus und speichert diese an einer fest definierten Position der *Belegungsbank.* Zur Visualisierung der obligatorischen und fakultativen Abfolgen zwischen Aufgaben wird das Dokument *Gesamtgraph* vom Modul erzeugt.
- *Erzeugungsmodul:* Das Modul entwickelt aus dem *Gesamtgraphen* und den in der *Belegungsbank* enthaltenen Informationen zu Nachfolge- und Iterationsentscheidungen das Dokument *Ablaufplan.* In den *Ablaufplan* werden nur Aufgaben übernommen, die entsprechend dem Ausfall der *Nachfolgeentscheidungs-* und *Iterationsbelegungen* während der Leistungserbringung auszuführen sind. Für diese Aufgaben werden aus den Zufallszahlen der *Belegungsbank* die Charakteristika für die Aufgabenbearbeitung abgeleitet. Somit enthält ein *Ablaufplan* alle Entscheidungsvariablenwerte für die zu bearbeitenden Aufgaben.
- *Bereinigungsmodul:* Das Modul entfernt alle Aufgaben mit einem Zeitaufwand von null Minuten aus dem *Ablaufplan.*
- *Planerstellungsmodul:* Das Planerstellungsmodul überführt die Entscheidungsvariablen des bereinigten *Ablaufplans* in einen detaillierten Plan der Dienstleistungserbringung. Hierzu wird unter Berücksichtigung der vorgegebenen Restriktionen das Entscheidungsverhalten der Arbeitspersonen bei der Auswahl von Aufgaben aus ihrem individuellen Aufgabenpool simuliert. Grundlage für die Entscheidung, welche Aufgabe als nächstes zu bearbeiten ist, ist die Priorität, die eine Arbeitsperson einer Aufgabe zu einem Zeitpunkt zuordnet. Ermittelt wird die Priorität einer Aufgabe durch den vom Anwender in der XML-Datei anzugebenden Entscheidungsalgorithmus. Die im Plan vermerkten Zeitpunkte einer Aufgabenbearbeitung sind somit das Ergebnis der simulierten Verfügbarkeit von Arbeitspersonen sowie der Auswahl von Aufgaben durch die Arbeitspersonen und basieren auf der Berechnung von Aufgabenprioritäten. Zur Beschreibung und Bewertung der geplanten Leistungserbringung erzeugt das *Planerstellungsmodul* zusätzlich CSV-Dateien mit Aufgabenparametern und Kennzahlen sowie ein Gantt-Chart.
- *Bewertungsmodul:* Das Modul generiert aus dem für einen Entscheidungsvariablenvektor erzeugten Plan die Einträge des zugehörigen Zielfunktionenvektors. Zudem übernimmt das Modul die gerichtete Optimierung der Entscheidungsvariablen im Rahmen einer Optimierungsstudie.

11.3.4 Optimierungsverfahren

Die softwaretechnische Umsetzung des Algorithmus basiert auf einem konventionellen evolutionären Algorithmus entsprechend der Norm VDI 6224 Blatt 1:2012-06 für industrielle Anwendungen. Der aus Entscheidungsvariablen- und Zielraum bestehende Suchraum enthält eine Menge an Individuen, die simulierten Veränderungen unterworfen sind. Hierbei besteht eine 1:1 Relation zwischen Individuum und *Belegungsbank*, so dass in Abhängigkeit der Qualität des erzeugten Plans jedem Individuum ein individueller Fitnesswert zugeordnet werden kann. Dieses Maß wird für die *Mating-Selection* (Auswahl von Individuen für die Veränderung durch Rekombination und Mutation) und die *Environmental-Selection* (Auswahl von Individuen für die nächste Generation) genutzt, um die Reproduktionstauglichkeit für die Weiterentwicklung einer Lösung anzugeben. Somit beeinflusst die Fitness eines Individuums unmittelbar die Wahrscheinlichkeit seiner Auswahl (Selektion) für den Fortpflanzungsprozess (Reproduktion). Durch die Fortpflanzung werden die Entscheidungsvariablen verändert und auf die Nachkommen übertragen. Während der Reproduktion werden entsprechend der biologischen Evolution die Elterninformationen (Rekombination) vermischt und die Kindinformationen (Mutation) variiert. Auf diese Weise entstehen über einen gewissen Zeitraum „gute" Lösungen. Gleichzeitig wird die Einhaltung der Variabilität (Diversität) von Lösungen durch eine heterogene Entwicklung der Individuen sichergestellt. Der Ablauf eines evolutionären Zyklus ist in Abb. 11.7 dargestellt.

Der entwickelte Optimierungsalgorithmus basiert auf der *S-Metrik-Selektion EMOA* (*SMS-EMOA*) von Emmerich et al. (2005) und wurde für das Dienstleistungsmodell weiterentwickelt. Ziel war es, die Durchsuchung des Zielraums so zu gestalten, dass die Fitness der Individuen im Suchraum maximiert wird und gute Lösungen in einem Archiv erhalten bleiben. Der modifizierte *SMS-EMOA* versucht dabei, die Parametrisierung der *Belegungsbank* systematisch zu verbessern und ist aufgrund der Variations- und Bewertungsfunktionen dem *Erzeugungs-* und *Bewertungsmodul* des Softwareframeworks zuzuordnen. Der Ablauf des *SMS-EMOA* ist durch den Algorithmus 1 beschrieben. Die Startpopulation mit μ Lösungen (Individuen) wird zufällig generiert. Eine Lösung repräsentiert eine gültige Parametrisierung der *Belegungsbank,* die deterministisch in einen detaillierten Plan überführt werden kann. Zu Beginn jeder Generation wird ein neues Individuum durch Anwendung der evolutionären Operatoren *Mutation* und *Rekombination* aus den bestehenden Lösungen erzeugt (neue Populationsgröße $\mu+1$). Hierzu sind die Evolutionsoperatoren *(Simulated Binary Crossover*; *Polynomial Mutation)* auf die Variation der *Belegungsbank* angepasst worden. Die anschließende Selektion reduziert die $\mu+1$ Lösungen einer Generation auf die Menge μ.

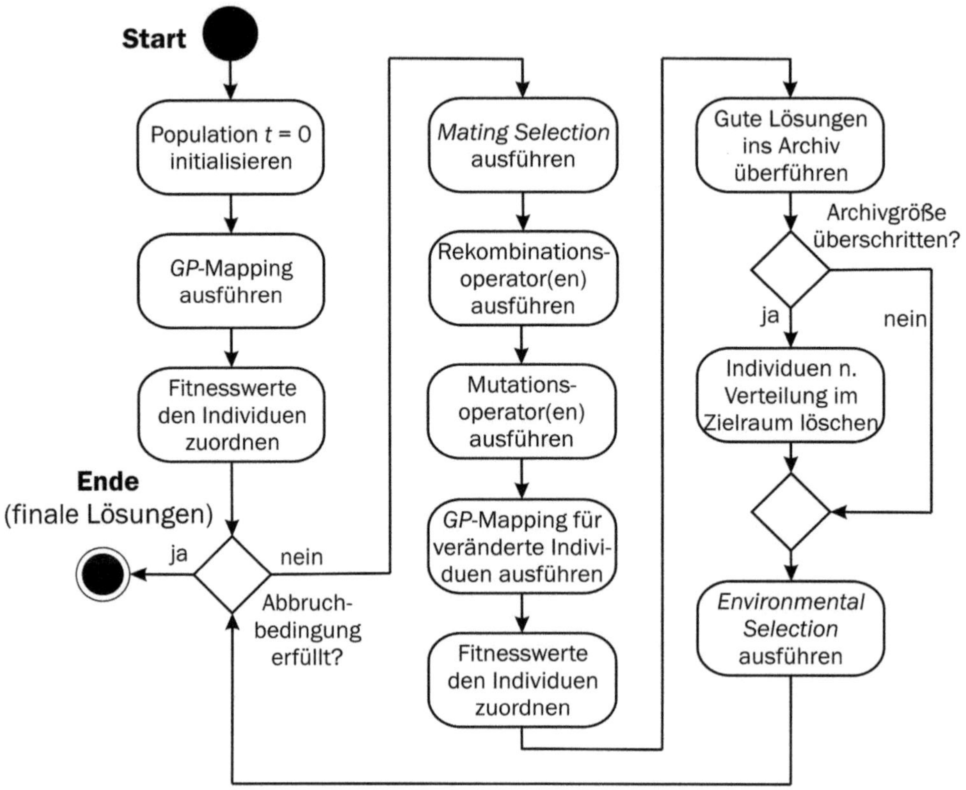

Abb. 11.7 Evolutionärer Zyklus zur Optimierung von Lösungen

Algorithmus 1: SMS-EMOA

$P_0 \leftarrow init()$ *// Erzeugen von μ Belegungsbänken (Individuen)*
$t \leftarrow 0$ *// Setze Generationszähler auf 0*
repeat
newBank ← generate P_t *// Erzeuge eine neue Belegungsbank durch Mutation und Rekombination*
$\{F_1,\ldots, F_v\}$ ← Fast Non-dominated-sort (P_t ∪ *newBank*) *// Ordne die Individuen entsprechend der Dominanzrelation einzelnen Fronten zu.*
$Bank_v{}^* \leftarrow argmin_{Bank_v \in F_v}[\Delta_S = (y, F_v)]$ *// Entferne aus der letzten Front v das Individuum bank$_v$* mit dem kleinsten Hypervolumen*
$P_{t+1} \leftarrow (P_t \cup \{newBank\} \backslash \{Bank_v^*\})$
$t \leftarrow t + 1$
until Abbruchbedingung erfüllt

Der implementierte Algorithmus basiert auf einem primären populationsbasierten Selektionskriterium und einem sekundären hypervolumenbasierten Kriterium. Die erforderliche Einteilung in nicht-dominierte und dominierte Lösungen mit einer entsprechenden Bildung von Fronten erfolgt durch den *Fast-Non-dominated Sort*-Algorithmus des *NS-GA-II* (Deb et al. 2000). Dabei werden die nicht-dominierten Lösungen der Front mit dem kleinsten Rang (1) zugeordnet. Anschließend werden die nicht-dominierten Lösungen aus der Menge entfernt und es kommt zur erneuten Suche, aus denen eine Teilmenge an Individuen resultiert, deren Lösungen die Front mit dem nächsthöheren Rang bilden. Dieser Vorgang wiederholt sich, bis alle Individuen einer Generation einer Front zugeordnet sind. Auf der Front mit dem höchsten Rang wird das Individuum mit dem kleinsten Hypervolumenbeitrag $\Delta_S = (y, F_v)$ gelöscht. Dieser Hypervolumenbeitrag $\Delta_S = (y, M) = S(M, r) - S(M\,\{y\}, r)$ einer spezifischen Belegungsbankausprägung ist definiert als die Differenz zwischen dem Hypervolumenbeitrag der Front und der Front ohne dieses Individuum. Das Entfernen des Individuums mit der kleinsten Fläche minimiert somit den Verlust an Lösungsgüte (s. Abschn. 11.2.3). Die Verifizierungsstudien haben gezeigt, dass ein Steady-state Algorithmus $(\mu + 1)$ bei der hier untersuchten Problemklasse nur langsam in Richtung bekannter Pareto-Fronten konvergiert. Daher wurde der Algorithmus in einer Weise erweitert, die es dem Anwender ermöglicht, die Anzahl an zu mutierenden und zu rekombinierenden Individuen vorzugeben.

11.3.5 Verifizierungsstudie

Die Entwicklung neuartiger Softwarewerkzeuge für Simulations- und Optimierungsstudien erfordert deren Verifizierung und Validierung. Im Rahmen einer solchen Verifizierung ist zu überprüfen, ob das implementierte Rechenmodell eine korrekte Repräsentation des konzeptuellen Modells darstellt. Hierbei ist die Frage zu beantworten, ob das Modell richtig erstellt wurde und die im Rechenmodell implementierten Funktionen den im konzeptuellen Modell definierten Zusammenhängen entsprechen. Bei der Validierung wird hingegen untersucht, ob konzeptuelles und implementiertes Modell zu einer angemessenen und zugleich zulässigen Beschreibung der beobachteten Dienstleistungserbringung führen. In diesem Zusammenhang ist der Frage nachzugehen, ob das richtige Modell erstellt wurde. Liegt eine Übereinstimmung des entwickelten Dienstleistungsmodells und der real beobachteten wissensintensiven Dienstleistungen vor, ist eine Strukturvalidität gegeben (Rabe et al. 2004). Existieren zudem ausschließlich zu vernachlässigende Unterschiede zwischen Rechenmodell und realer Dienstleistungserbringung, so kann von einer Verhaltensvalidität gesprochen werden (Rabe et al. 2004).

Die Verifizierung der Software erfolgte durch das Tracing Verfahren, bei dem das Verhalten der entwickelten und implementierten Module zu untersuchen ist. Ergänzt wurde dies durch die Analyse der Input-Output-Beziehungen zwischen Planungsaufgabe, erzeugten Plänen und Zielfunktionenvektoren (Sargent 2010). Für eine solche Verifizierungsstudie eignete sich insbesondere der von Li und Womer (2009) veröffentlichte Testfall. Das von ihnen formulierte Planungsproblem beschreibt ein Softwareentwicklungsprojekt mit neun Arbeitspersonen und fünf Aktivitäten. Die Aktivitäten können trotz Vorgänger-Nachfolgerbeziehungen teilweise überlappend ausgeführt werden. Da es sich um ein sogenanntes *MSPSP* handelt, besitzen die Arbeitspersonen unterschiedliche Qualifikationen, die zur Ausführung von Aktivitäten benötigt werden. Eine Arbeitsperson kann aber nur eine Qualifikationsanforderung je Aktivität erfüllen.

Für das von Li und Womer (2009) formulierte Planungsproblem wurden die vom Dienstleistungsmodell geforderten XML-Dateien angelegt. Aus diesen Daten erzeugte das *Gesamtbelegungsmodul* die Aktivitäten, die von den Arbeitspersonen basierend auf dem simulierten individuellen Entscheidungsverhalten auszuführen waren. Eine Unterbrechung einer Aktivität war hierbei nicht zugelassen. Waren mehrere Qualifikationen für die

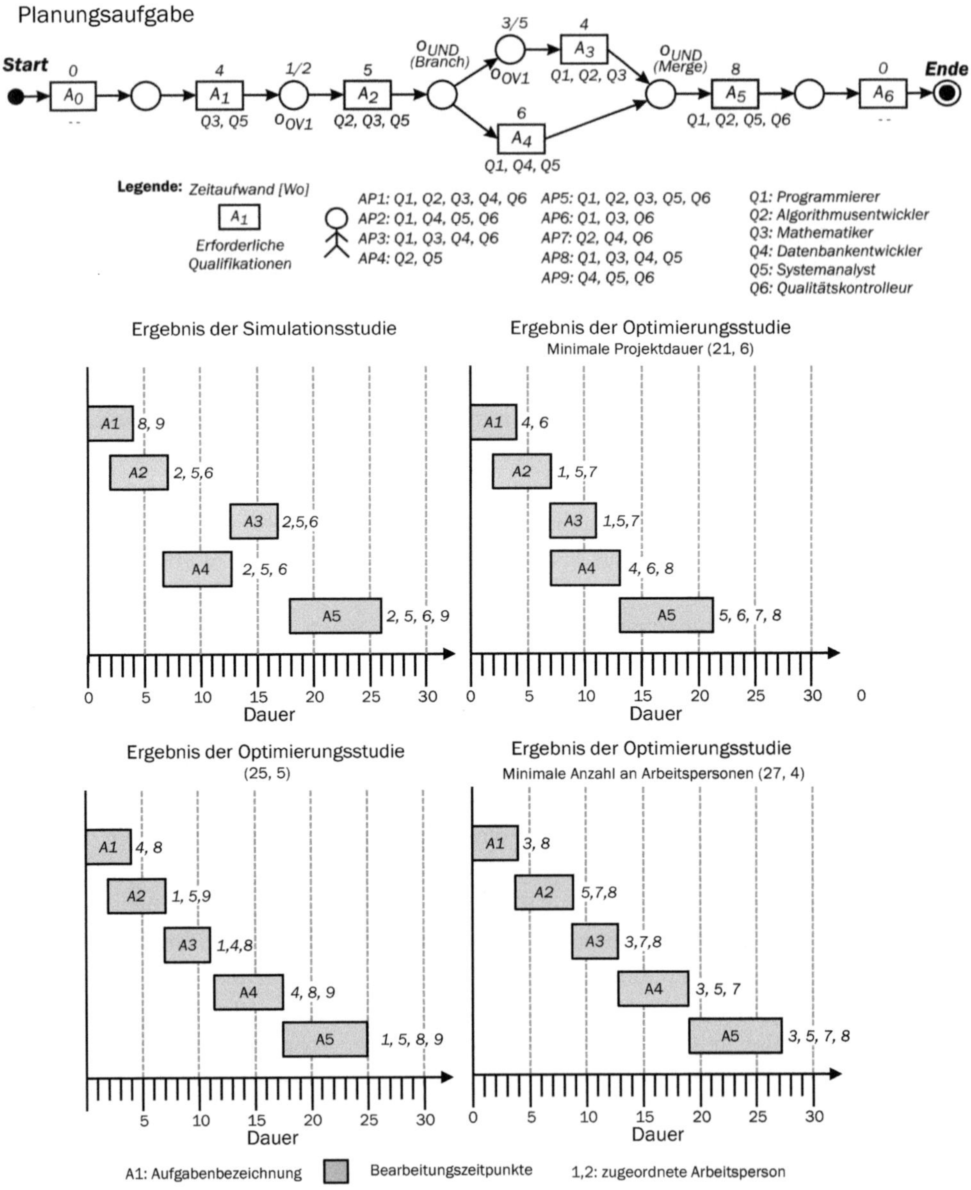

Abb. 11.8 Ergebnisse für das Planungsproblem (*MSPSP*) nach Li und Womer

Ausführung einer Aktivität erforderlich, war dies gleichbedeutend mit einer Teamaktivität, bei der alle Arbeitspersonen zu einem Zeitpunkt der Bearbeitung zustimmen mussten.

Die wiederholte stochastische Belegung des Entscheidungsvariablenvektors durch eine Monte Carlo Simulation und die anschließende Überführung in detaillierte Pläne der Leistungserbringung haben Lösungen erzeugt, die die von Li und Womer (2009) ermittelte Dauer von 26 Wochen aufweisen (Li und Womer 2009). Der evolutionäre Algorithmus identifizierte aber für die zwei zu minimierenden Ziele *Projektdauer* und *Anzahl der eingesetzten Arbeitspersonen* auch Pläne, die gegenüber der Lösung von Li und Womer (2009) eine verbesserte Erfüllung der Ziele aufweisen, da vorhandene Zeitpuffer im Plan weiter eliminiert wurden. Abbildung 11.8 zeigt das *Activity-on-Node* Netzwerk des Planungsproblems, die drei Pläne für die Zielfunktionenvektoren auf der von der Software identifizierten Pareto-Front und den mittels stochastischer Simulation erzeugten Plan. Letzterer ist identisch mit der Lösung von Li und Womer (2009). Für den Testfall liegen daher keine Hinweise auf eine fehlerhafte Variation und Abbildung des Entscheidungsvariablenvektors auf den Zielfunktionenvektor vor, so dass von einer korrekten Überführung des konzeptuellen Modells in ein Rechenmodell auszugehen ist.

11.4 Einsatz der Methode bei wissensintensiven Dienstleistern

Die Methode zur simulationsgestützten Entwicklung von Angeboten wurde bei einem Architekturbüro und Ingenieurdienstleister für Fabrikplanung erprobt. Die Daten der Fallstudie beziehen sich auf ein nationales Fabrikplanungsprojekt und basieren auf offenen Interviews mit der Geschäftsleitung und Projektleitern sowie der Analyse unternehmensinterner Unterlagen. Die erhobenen Daten wurden für die Studie verfremdet, ohne dass sich die Aussagekraft hierdurch verändert.

11.4.1 Angebotserstellung bei einem wissensintensiven Dienstleister

Der Angebotstyp richtet sich nach der durch den Bauherrn verfassten Ausschreibung. Zu unterscheiden sind Gesamtprojektangebote und Planungsangebote. Das Gesamtprojektangebot umfasst die Planung eines gesamten Projektes in allen Phasen – von der ersten Grundlagenermittlung bis hin zur Objektbetreuung und Dokumentation. Das Planungsangebot kann als Teil eines Gesamtprojektangebotes, aber auch als eigenständige Einheit auftreten. Der Prozess der Angebotserstellung gliedert sich in verschiedene Phasen, die im Folgenden kurz vorgestellt werden:

Kontaktaufnahme: Die Initiierung der Angebotserstellung erfolgt durch eine formlose Anfrage des Dienstleistungsnachfragers. Da der Prozess der Angebotserstellung mit einem hohen Aufwand für den Dienstleistungsanbieter verbunden ist und zudem nicht entlohnt wird, ist zu überprüfen, ob eine Bearbeitung der Anfrage zu einem Vertragsabschluss führen kann. Hierzu gilt es, die Ernsthaftigkeit der Anfrage zu evaluieren. Neben der Absicht ein Generalplanungsunternehmen zu beauftragen, besteht auf Seiten des Nachfragers eventuell das Ziel, ein Vergleichsangebot als Informationsgeber und Verhandlungsmasse für Verhandlungen mit einem Mitbewerber vorzuhalten. Eine weitere Möglichkeit ist, dass der Anfrager selber einem dritten Unternehmen ein Angebot unterbreiten möchte und hierfür ein Angebot als Know-How-Quelle oder sogar als Kopiervorlage benötigt. Um sich vor solchen, für den Dienstleistungsanbieter schädlichen Anfragen zu schützen, hat sich der Empfänger bei Geschäftspartnern nach Reputation, Bonität und Geschäftsaktivitäten des Dienstleistungsnachfragers zu erkundigen. Aufgrund der großen Reichweite der schädlichen Wirkung einer missbräuchlichen Anfrage wird der Empfänger im Zweifelsfall die Erstellung eines Angebotes ablehnen.

Rahmendatenermittlung und Vorverhandlung: Die Rahmendatenermittlung findet in Form von Vorgesprächen zwischen Auftraggeber und Auftragnehmer statt. Es werden grundlegende Daten über das Projekt, wie zum Beispiel die Größe, Nutzungsart und unter Umständen die Baukosten ermittelt, welche anschließend die Basis für eine erste Vorkalkulation bilden. Aus der Rahmendatenermittlung wird auch die Grundhaltung des Auftraggebers zum Projekt ersichtlich. Stellt sich beispielsweise heraus, dass der Auftraggeber unrealistische Vorstellungen hinsichtlich der Dienstleistungskosten oder der benötigten Qualifikationen der Fachplaner hat, werden die Verhandlungen unter Umständen abgebrochen, um ein langwieriges und verlustbringendes Projekt zu vermeiden.

Formelle Anfrage des Auftraggebers: Die Vorverhandlung mündet in der formellen Anfrage des potentiellen Auftraggebers, in der bereits Vertragsbedingungen und teilweise Leistungsbeschreibungen enthalten sind. Diese Anfrage wird vom möglichen Auftragnehmer zunächst auf Umsetzbarkeit und Eindeutigkeit überprüft. Kommt es zur Feststellung einseitig belastender Vertragsbestandteile mit inakzeptablen, wirtschaftlichen Risiken für den Dienstleistungsanbieter, sind diese ggf. zu verhandeln bzw. zu streichen. Entsprechend ist in dieser frühen Phase der Angebotserstellung die Bewertung der Auswirkungen von Vertragsbedingungen der zentrale Erfolgsfaktor, der den weiteren Verlauf der Dienstleistung maßgeblich determiniert.

Vorkalkulation und Bewertung der Projektkomplexität: Der Dienstleistungsanbieter reagiert auf das Vorliegen einer für ihn annehmbaren Anfrage zunächst mit einer vorläufigen Kalkulation des Zeitaufwands. Als Werkzeug wurde beim betrachteten Unternehmen Mircosoft Excel verwendet. In eine Vorkalkulation gehen Projektrahmendaten und Erfahrungswerte ein. Erstere setzen sich aus den Nutzungsarten des zu planenden Gebäudes und den korrespondierenden Flächen sowie den verlangten Leistungsphasen zusammen. Als Erfahrungswerte fließen Baukosten pro Nutzungsart und Fläche, Planungskosten bezogen auf Baukosten und Planungsdisziplin sowie Stundensätze für die jeweiligen Planungsdisziplinen ein. Aus der Vorkalkulation erhält der Dienstleistungsanbieter vorläufige Rahmendaten für sein Angebot: Baukosten, Planungskosten und Zeitaufwand für die einzelnen Planungsdisziplinen. Als letzten Schritt vor der eigentlichen Honorarkalkulation erfolgt die Bewertung der Projektkomplexität. Die zu bewertenden Faktoren können sich an dem Prüfschema der *HOAI* orientieren. Bewertet werden die Anforderungen an die Einbindung in die Umgebung, konstruktive Anforderungen, die technische Ausrüstung, die Anzahl der Funktionsbereiche und gestalterische Anforderungen. Die Bewertung der Komplexität dient sowohl der Kalkulation der Planungshonorare als auch der Kalkulation von Honorarzuschlägen.

Honorarkalkulation: Die Honorarkalkulation setzt sich aus der Kalkulation der Planungshonorare und der Bestimmung der Honorarzuschläge zusammen. Bei der Kalkulation der Planungshonorare ist nach baukostenbasierten, stundenaufwandsbasierten sowie aufwandsgerechten und pauschalen Angeboten zu unterscheiden:

- *Baukostenbasierte Honorarkalkulation*: Die Einflussgrößen der baukostenbasierten Honorarkalkulation basieren auf der *HOAI* (2009) und setzen sich zusammen aus den anrechenbaren Kosten, der Honorarzone und den geforderten Leistungsphasen. Die anrechenbaren Kosten umfassen die voraussichtlichen Baukosten des zu planenden Gebäudes oder Gebäudeteils, bereinigt um solche Posten, die keinen Einfluss auf den Zeitaufwand für die Planung haben. Die Honorarzone richtet sich nach der Komplexität der Planung. Anhand der anrechenbaren Kosten und der Honorarzone wird mittels der Honorartafel der *HOAI* ein Gesamthonorar für die Planungsdienstleistung ermittelt.
- *Stundenaufwandsbasierte Honorarkalkulation:* Einflussgrößen der stundenaufwandsbasierten Honorarkalkulation sind die Größe des zu planenden Bauwerkes (angegeben durch Nutzflächen der unterschiedlichen Nutzungseinheiten), die Modularität und Komplexität des Bauwerkes und die Stundensätze des Planungsunternehmens. Die zugrunde gelegten Stundensätze enthalten bereits alle Nebenkosten und einen Aufschlag zur Realisierung eines positiven Projektergebnisses. Für die stundenaufwandsbasierte, pauschale Honorarkalkulation ist ein Terminplan aufzustellen. In diesem werden die Zeitpunkte der zu erbringenden Arbeitsleistungen und der zu erwartende Zeitaufwand, multipliziert mit den entsprechenden Stundensätzen der vorgesehenen Arbeitspersonen, aufgeführt. Der Dienstleistungsanbieter sieht hierbei in vielen Angeboten vor, dass bei Überschreitung der kalkulierten Stunden das Honorar zur Planung/Entwicklung des Gebäudes oder des Gebäudeteils neu verhandelt werden muss.
- *Honorarzuschläge:* Zuschläge dienen der Berücksichtigung der dienstleistungsspezifischen Besonderheiten. Bei der Angebotserstellung wird daher berücksichtigt, ob ein Koordinationszuschlag, Nebenkostenzuschlag, Risikozuschlag und Verhandlungszuschlag ins Angebot aufzunehmen ist.

Erstellung und Übermittlung des Angebotes: Vor der Erstellung eines Angebots sind ggf. Planungsdienstleistungen von Subplanungsunternehmen auf Plausibilität zu prüfen, bevor diese in das Angebot integriert werden. Das finale Angebotsdokument ist ein mehrseitiges Dokument, welches dem Auftraggeber übermittelt wird und die folgenden Inhalte umfasst:

- Der *Angebotsgegenstand* basiert auf der Anfrage des Auftraggebers und umfasst die genaue Bezeichnung des zu planenden Gebäudes, vom Auftraggeber zu Verfügung gestellte Planungsgrundlagen sowie die relevanten rechtlichen Grundlagen.
- *Termine und Fristen* richten sich nach den im Zuge der Rahmendatenermittlung erhobenen Informationen. Hier wird bestimmt, in welchem Zeitrahmen der Generalplaner seine Planungsleistung zu erbringen hat.
- Die *Vorgehensweise* beschreibt bei Angeboten für die Grundlagenermittlung die Art und Weise der Zusammenarbeit von Auftraggeber und Auftragnehmer.
- Der Teil *Leistungsumfang und Vergütung* ist einer der wichtigsten Teile des Angebotes. Hier werden die durch den Auftragnehmer zu erbringenden Leistungen definiert und mit Honorarforderungen in Verbindung gebracht. Der Leistungsumfang kann sowohl aus der Anfrage des Auftraggebers als auch aus der Rahmendatenermittlung stammen. Oft werden dem Auftraggeber an dieser Stelle mehrere Optionen angeboten.
- Im Teil *Nebenkosten* wird definiert, welche zusätzlichen Aufwendungen im Honorar enthalten sind und welche gesondert abgerechnet werden. Darüber hinaus wird bestimmt, ob die gesondert abgerechneten Kostengruppen pauschal als Prozentsatz des Gesamthonorars, näherungsweise aufwandsgerecht als pauschaler Betrag pro Vorfall oder exakt aufwandsgerecht abgerechnet werden.
- Der Abschnitt *Zahlungsweise* legt fest, zu welchem Zeitpunkt und in welcher Höhe der Auftragnehmer durch den Auftraggeber zu vergüten ist.

Eine solche Struktur des Angebots beschreibt lediglich den Grundrahmen eines Generalplanungsangebots und ist projektspezifisch um zusätzliche Punkte zu erweitern. Der Erfolg eines solchen Angebots wird insbesondere bestimmt durch das Zusammenspiel von Leistungsumfang und Vergütung. So entsteht ein wirtschaftliches Risiko, wenn Zusatzleistungen, die nicht kalkuliert wurden, in der Leistungsbeschreibung nicht explizit ausgeschlossen worden sind.

Verhandlung und Vertragsabschluss: Nach Erhalt des Angebots kann der Dienstleistungsnachfrager das Angebot annehmen oder tritt mit dem Dienstleistungsanbieter in Verhandlungen. Die Verhandlung endet mit einem Vertragsabschluss oder mit der Ablehnung des Angebots durch den Auftraggeber.

Claim-Management: Auslöser für die Erstellung von Angeboten während der eigentlichen Leistungserbringung sind im Wesentlichen zwei Szenarien: Zum einen kann es zu einem Überschreiten des geplanten Aufwands, gemessen als Überschreitung der anrechenbaren Kosten oder des angebotenen Stundenbudgets um einen vertraglich festgelegten Anteil (im Regelfall 10 %) kommen. Zum anderen können sich Änderungswünsche des Auftraggebers ergeben, die zu einer Leistungsänderung führen. In letztgenanntem Fall wird grundsätzlich nachverhandelt. In den meisten Fällen ist eine stundenaufwandsbasierte Kalkulation des Mehraufwands gefordert, die sich an den zu bearbeitenden Aufgaben orientiert.

11.4.2 Vorgehensweise beim Einsatz der Methode

Die simulationsunterstützte Entwicklung von Angeboten ist das Ergebnis einer systematischen Vorgehensweise. Zu unterscheiden ist das Vorgehen bei der initialen Einführung der Methode in einem Dienstleistungsunternehmen und der wiederholten Anwendung der Methode im operativen Tagesgeschäft.

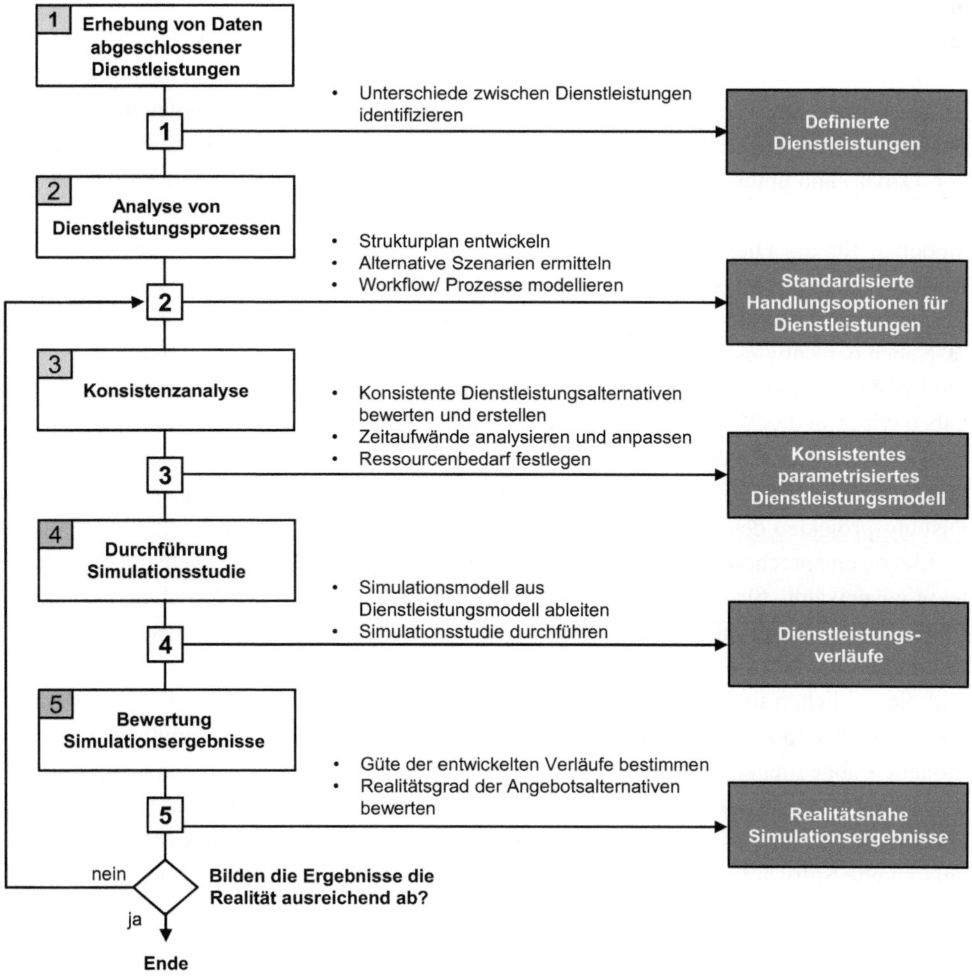

Abb. 11.9 Vorgehensweise bei der Einführung der Methode in Unternehmen

11.4.2.1 Einführung der Methode im Unternehmen

Die initiale Einführung der Methode erfordert eine ausreichende Datengrundlage auf Basis abgeschlossener Dienstleistungen, die zugleich repräsentativ für das Unternehmen ist (Abb. 11.9). Aus diesen Daten können die Aufgaben bzw. Arbeitspakete extrahiert werden, die in den Dienstleistungen des Unternehmens mehrfach vorkommen. Hierbei werden keine konkreten Handlungen bzw. Lösungswege für Aufgaben mit ihren spezifischen Charakteristika in die Datensammlung aufgenommen. Vielmehr sind die auftragsunspezifischen Aufgaben und deren Einflussfaktoren zu identifizieren, die es in Verbindung mit einer Kundennachfrage jeweils zu parametrisieren gilt. Als Darstellung der Aufgaben und der verantwortlichen internen und externen Akteure (Abteilungen, Experten, etc.) bietet sich ein Projektstrukturplan oder eine *Responsibility Assignment Matrix* an. Hierbei besteht die Herausforderung neben der Identifizierung der auftragsunspezifischen Aufgaben in der Festlegung eines aussagekräftigen Detailierungsgrades.

Basierend auf dem Projektstrukturplan werden sachlogisch-bedingte inhaltliche oder chronologische Abhängigkeiten zwischen Aufgaben identifiziert und in einem grafischen Prozessmodell dargestellt. In der Regel liegen in Dienstleistungsunternehmen die erforderlichen Informationen in Form von Checklisten und Qualitätsmanagement-Handbüchern vor. Daher kann unter zur Hilfenahme der Dokumente ein moderierter Workshop mit den Prozessexperten durchgeführt werden. Ziel des Workshops ist die Definition von Prozessmodellen für die Dienstleistungen/Dienstleistungsmodule des Unternehmens. Die Auswahl der Modellierungsmethode – gängige Methoden sind beispielsweise eEPK, BPMN, K3 – kann sich hierbei an den unternehmensspezifischen Gegebenheiten orientieren.

Neben der Entwicklung der Modelle bietet ein solcher Workshop erhebliches Potential, um Erfolgsfaktoren sowie Schwachstellen bestehender Dienstleistungen zu erkennen. So haben wir es in den Workshops häufig erlebt, dass erst durch die Definition von Aufgaben und die Modellierung von Wechselbeziehungen den Verantwortlichen die Abhängigkeiten und Freiheitsgrade zwischen Aufgaben aber auch die Gemeinsamkeiten zwischen Dienstleistungsprojekten deutlich werden.

Liegen entsprechende Prozessmodelle vor, werden abgeschlossene Dienstleistungsprojekte ausgewählt, für die eine ausreichende Datengrundlage im Unternehmen existiert. Eine solche Datengrundlage ist gegeben, falls ein Projektplan existiert, aus dem sich die Zeitpunkte der Bearbeitung von Aufgaben/Arbeitspaketen, die verantwortlichen Akteure und die zeitlichen und monetären Aufwände ableiten lassen. Der dokumentierte Verlauf der ausgewählten Dienstleistungen wird mit den entwickelten allgemeingültigen Prozessmodellen abgeglichen und daraus identifizierte Besonderheiten/Abweichungen sind mit den verantwortlichen Projektleitern bzw. -leiterinnen zu diskutieren. Basierend auf den erhobenen Daten werden für jede ausgewählte Dienstleistung die Input-Dateien für das entwickelte Softwarewerkzeug erzeugt und Simulationsstudien durchgeführt.

Ziel der Simulationsstudien ist die unternehmensspezifische Parametrisierung des Dienstleistungsmodells, um Abweichungen zwischen dokumentierten historischen und simulierten Verläufen der Leistungserbringung zu minimieren. Liegt eine ausreichend große Menge an Daten vor, kann mit Nicht-parametrischen Tests für verbundene Stichproben,

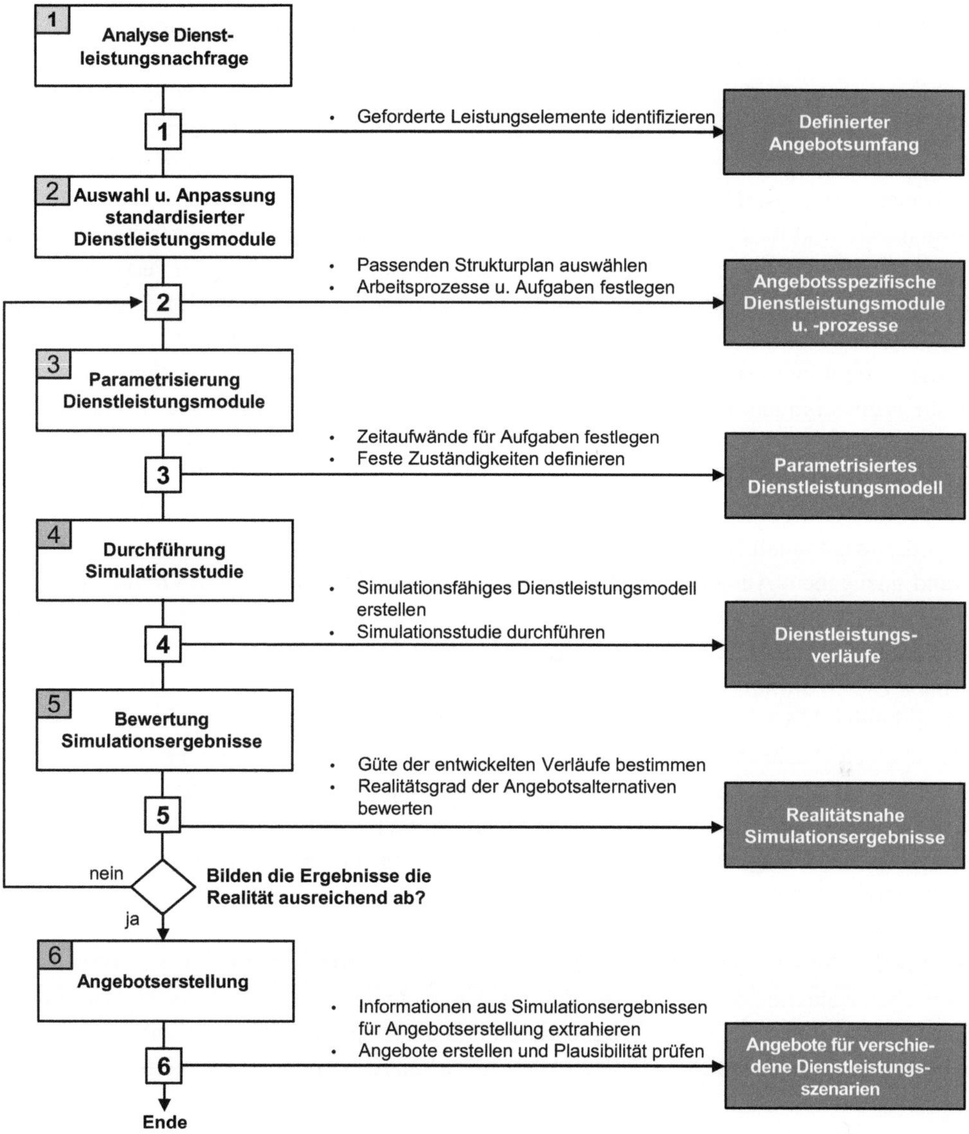

Abb. 11.10 Vorgehensweise bei der Erstellung eines initialen Angebots

wie beispielsweise dem Wilcoxon-Test, die Vorhersagegüte des Modells bestimmt werden. Als Gütekriterien für ein Modell können der Zeitaufwand für die Erbringung einer definierten (Teil-)Leistung, die Kosten und der Zeitpunkt des Vorliegens des definierten Ergebnisses herangezogen werden.

11.4.2.2 Anwendung der Methode im Tagesgeschäft zur initialen Angebotserstellung

Ausgangspunkt für die Entwicklung eines Angebotes einer wissensintensiven Dienstleistung bleibt auch bei einer simulationsunterstützten Angebotserstellung die Anfrage des Dienstleistungsnachfragers an den Dienstleistungsanbieter und die Bereitstellung von Informationen bzgl. der zu erbringenden Leistung (Abb. 11.10). Basierend auf diesen Informationen wählt der Mitarbeiter des Dienstleistungsanbieters das Prozessmodell bzw. die einzelnen Prozessmodule aus, welche dem intendierten Verlauf der anzubietenden Dienstleistung am besten entsprechen. Bestehen Abweichungen hinsichtlich der Anzahl an Aufgaben und der Aufgabeninhalte (abweichender Projektstrukturplan), so sind diese Aufgaben mit ihren sachlogischen Beziehungen in die Input-Dateien des Dienstleistungsmodells einzubinden. Zur Parametrisierung der Aufgaben ist eine Dreizeitenschätzung der Zeitaufwände je Aufgabe anzugeben, bestehend aus dem optimistischen Wert E_o, dem wahrscheinlichsten Wert E_w und dem pessimistischen Wert E_p. Des Weiteren sind vom Anwender für die Aufgaben der Bedarf hinsichtlich spezifischer Arbeitspersonen oder der erforderlichen Qualifikationen/Kompetenzniveaus sowie deren Einfluss auf den Zeitaufwand anzugeben. Aus den Eingabedaten erzeugt der Simulations- und Optimierungsalgorithmus detaillierte Pläne für die Leistungserbringung, aus denen sich auch entsprechende Performancekennzahlen ableiten lassen. Hierbei besteht aufgrund von konfligierenden Zielen oftmals nicht nur ein effizienter Plan, so dass der Algorithmus eine Menge an optimalen Vorgehensweisen zur Erbringung der geforderten Dienstleistung ermittelt. Bestehen stochastische Einflussfaktoren für die Leistungserbringung, so kann jeder Vorgehensweise eine Eintrittswahrscheinlichkeit zugeordnet werden. Der Verantwortliche für die Dienstleistung hat dann anhand der ausgewählten Gewichtung der Dienstleistungsziele und der vorliegenden Risikoeinstellung einen Plan auszuwählen und die enthaltenen Informationen in ein Angebot zu überführen.

11.4.2.3 Anwendung der Methode im Change und Claim Management

Entstehen während der Leistungserbringung Abweichungen, so können die Auswirkungen mit der entwickelten Methode prognostiziert und die abzuleitenden Maßnahmen optimiert werden. Das Modell ermöglicht auch, die Auswirkungen von Änderungen des Leistungsumfangs auf die Dienstleistungsdauer und -kosten sowie der erforderliche zusätzliche Zeitaufwand in der Verhandlungsphase kurzfristig zu ermitteln. Hierbei ist zu unterscheiden, ob sich die Änderungswünsche des Bauherrn lediglich auf zukünftig noch zu erbringende Leistungen beziehen, oder ob bereits erbrachte Arbeitsinhalte anzupassen sind. In einem solchen Fall ist das Modell um Vorgänger-Nachfolger-Beziehungen zwischen Aufgaben zu erweitern oder zu modifizieren. Sind bestehende Arbeitsinhalte anzupassen, entspricht dies einer wiederholten Aufgabenbearbeitung, die sich durch Iterationen im Prozessmodell beschreiben lässt. Da bei einer wiederholten Bearbeitung einer Planungsleistung der erforderliche Zeitaufwand häufig aufgrund bestehender Arbeitsinhalte geringer ist, wird jeder Aufgabe innerhalb einer Iterationsschleife ein anteiliger Zeitaufwand in Abhängigkeit des Iterationsaufrufes zugewiesen. Bereits vollständig bearbeitete Aufgaben

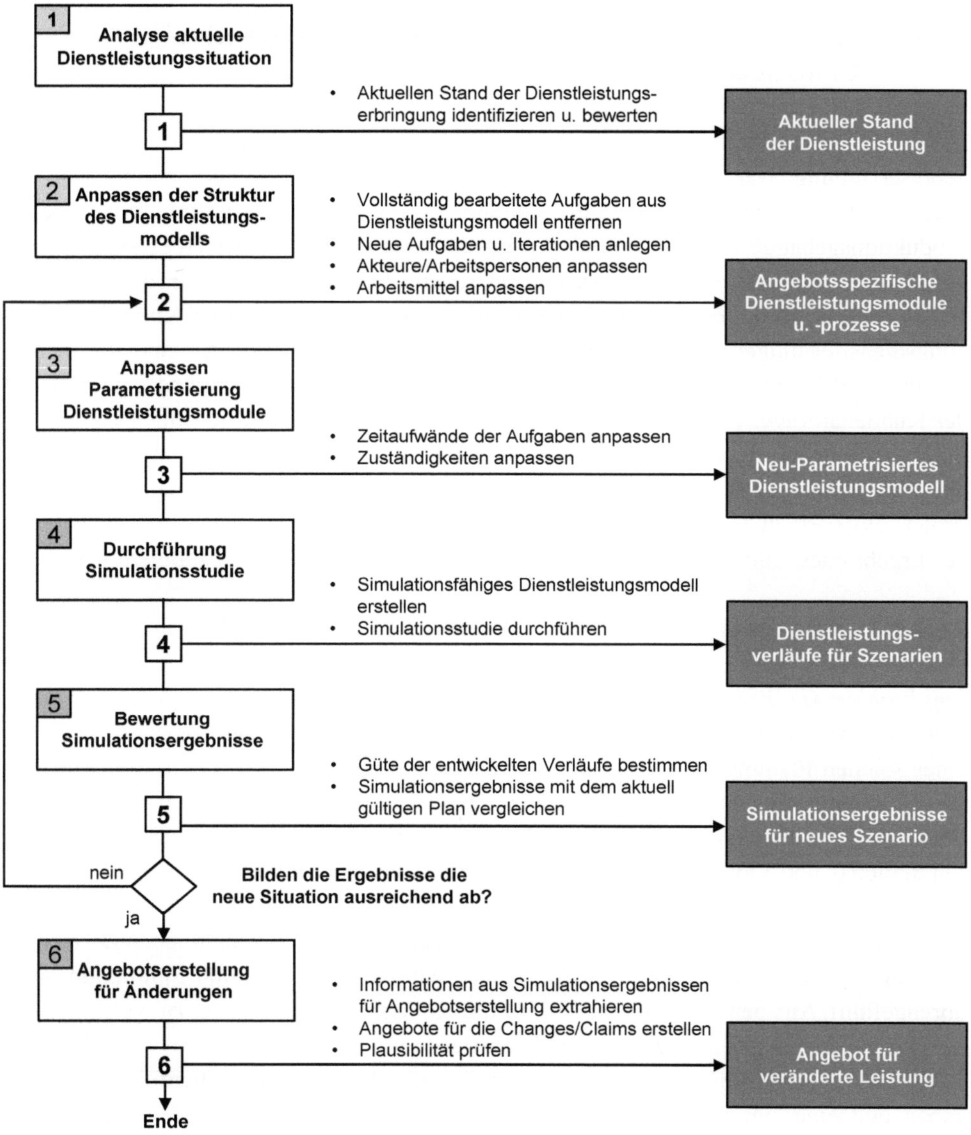

Abb. 11.11 Vorgehensweise bei der Erstellung eines Angebots im Rahmen des Claim Managements

sind aus dem Modell zu entfernen und der Restaufwand für begonnene Aufgaben ist in den Input-Dateien des Modells zu vermerken. Anschließend kann eine Simulations- und Optimierungsstudie mit dem angepassten Dienstleistungsmodell durchgeführt werden. Die aus der Studie resultierenden Zielfunktionenwerte für den zukünftigen Verlauf sind im Zusammenhang mit den aktuellen IST-Werten zu bewerten, um die Gesamtdauer und die Gesamtkosten für die Dienstleistung ermitteln zu können (Abb. 11.11).

11.4.3 Erstellung eines Angebots für eine wissensintensive Dienstleistung

Die in der Fallstudie untersuchte und mit dem Simulationswerkzeug durchgeführte Angebotserstellung war charakteristisch für das Dienstleistungsunternehmen. Bei der Dienstleistung handelte es sich um die Planung und Bauüberwachung für ein industrielles Produktionsgebäude in Deutschland. Ausgehend von einem aus der *HOAI*-Verordnung abgeleiteten Projektstrukturplan und generischen Prozessmodellen für die einzelnen *HOAI*-Phasen wurde ein generisches Dienstleistungsmodell für diese Klasse von Planungsdienstleistungen entwickelt. Dieses Modell bildete den Ausgangspunkt für die Anpassung und Parametrisierung des Modells der Dienstleistungserbringung entsprechend der Kundenanfrage. Für die Ausführung der aus 55 Aktivitäten bestehenden Dienstleistung waren neben dem Dienstleistungsnachfrager neun Inhouse-Spezialisten (Architekten, Bauingenieure, Bauzeichner etc.) in das Projekt einzubinden. Für das zu planende Projekt existierte in dem Unternehmen bereits ein erstelltes Angebot, so dass ein Vergleich des Ergebnisses konventioneller und simulationsunterstützter Planung möglich war.

11.4.3.1 Angebotskalkulation mit festen Zeitaufwänden (RCPSP)

Das zu lösende Planungsproblem entspricht einem *Resource Constrained Project Scheduling Problem (RCPSP)* mit deterministischen Zeitaufwänden und einer festen Zuordnung von Aufgaben zu internen und externen Arbeitspersonen. Freiheitsgrade bei der Lösung eines solchen Planungsproblems sind die Startzeitpunkte von Aktivitäten, die unter Berücksichtigung der vorgegebenen Vorgänger-Nachfolger-Beziehungen durch die Simulations- und Optimierungsheuristik festzulegen sind. Für dieses Planungsproblem wurden Simulations- und Optimierungsstudien mit drei unterschiedlichen Zeitaufwänden (pessimistische, optimistische Schätzung sowie Erwartungswert) für die Aufgaben durchgeführt, um neben den Randbereichen des Zielraums auch den wahrscheinlichen Bereich zu ermitteln. Für die drei Simulationsexperimente wurden jeweils 10.000 Simulationsläufe durchgeführt. Aus den Ergebnissen dieser Studien lässt sich abschätzen, zu welchen Kosten und in welchem Zeitraum sich eine Dienstleistung realisieren lässt.

Durch die Festlegung einer ressourcenoptimierten Bearbeitungsreihenfolge von Aufgaben und eine simultane Ausführung kann die Dauer der Dienstleistungserbringung verkürzt werden. In beiden Fällen ist mit einer deutlichen Reduzierung der Dienstleistungsdauer zu rechnen. Aus diesen Daten lässt sich ableiten, um welchen Prozentsatz die Dienstleistungsdauer durch das Scheduling von Aufgaben reduziert werden kann und wie sich eine optimistische, wahrscheinliche und pessimistische Planung auf die Angebotsgestaltung auswirkt. Als Eingangsgröße wurde hierzu eine Dreizeitenschätzung der Zeitaufwände je Aufgabe zugrunde gelegt: den optimistischen Wert E_o, den realen aus der Projektdokumentation abgeleiteten Wert E_r und den pessimistischen Wert E_p. Hierbei gilt:

$$E_o \leq E_r \leq E_p$$

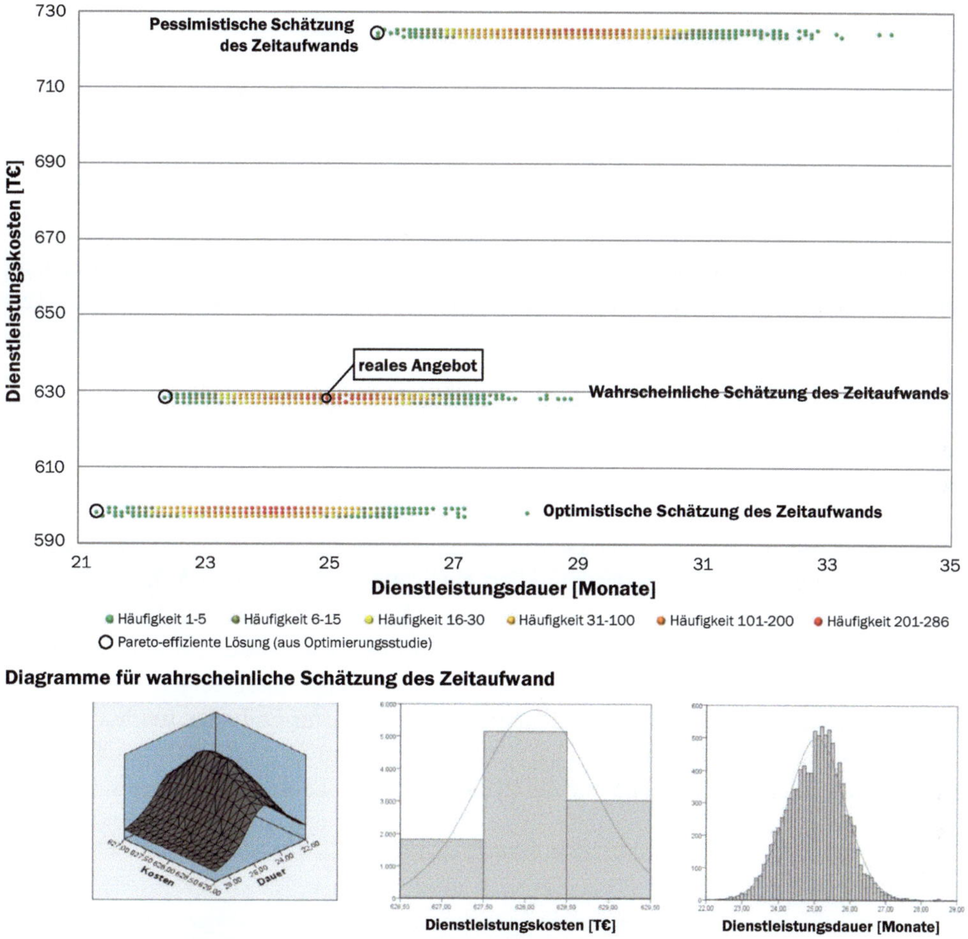

Abb. 11.12 Zielraum für deterministische Zeitaufwände von Aufgaben

Die Ergebnisse der Simulations- und Optimierungsstudie sind für die beiden Zielfunktionen Dauer und Kosten der Dienstleistungserbringung in Abb. 11.12 dargestellt. Die Simulation ergibt für die drei Klassen an Zeitaufwänden:

- *pessimistisches Angebot*: mittlere Dienstleistungsdauer: 28,83 Monate (*SD* = 0,940 Monate), mittlere Dienstleistungskosten: 724,27 T€ (*SD* = 0,75 T€), zu leistender Gesamtaufwand: 13.641 h,
- *realistisches Angebot*: mittlere Dienstleistungsdauer: 25,048 Monate (*SD* = 0,798 Monate), mittlere Dienstleistungskosten: 628,12 T€ (*SD* = 0,69 T€), zu leistender Gesamtaufwand: 11.840 h,
- *optimistisches Angebot*: mittlere Dienstleistungsdauer: 23,92 Monate (*SD* = 0,789 Monate), mittlere Dienstleistungskosten: 598,34 T€ (*SD* = 0,67 T€), zu leistender Gesamtaufwand: 11.280 h.

Der Abgleich des konventionell geplanten Angebots mit den Simulationsergebnissen zeigt für die wahrscheinlichsten Zeitaufwände eine Übereinstimmung hinsichtlich Dienstleistungsdauer und kosten. So liegt die im finalen Angebot des Unternehmens aufgeführte Dienstleistungsdauer in dem Bereich des Zielraums, der von der Simulation als sehr wahrscheinlich angegeben wird (s. Abb. 11.12). Auch der an den Dienstleistungsnachfrager kommunizierte Preis für die Dienstleistung entspricht unter Einbeziehung der anteiligen Gemeinkosten und einer Gewinnmarge dem Ergebnis der Simulation. Hingegen unterscheiden sich die Ergebnisse einer pessimistischen und optimistischen Angebotserstellung deutlich von den Werten des realen Angebots. Der durchgeführte Mann-Whitney U-Test bestätigt für die drei Simulationsstudien den signifikanten Unterschied zwischen der jeweils ermittelten Dienstleistungsdauer ($U_{opt\_pess.}=6846$, $p<0{,}001$; $U_{opt\_real.}=15844633$, $p<0{,}001$; $U_{pess\_real.}=112098$, $p<0{,}001$). So konnte auch die evolutionäre Metaheuristik für die drei Klassen an Zeitaufwänden E_o, E_r und E_p: 21,1, 22,2 bzw. 25,6 Monate als minimale Dauer der Dienstleistungserbringung identifizieren. Diese Werte bilden jeweils die linken Randpunkte der drei Cluster im Zielraum (Abb. 11.12).

Zur Prognose des Verlaufs der Dienstleistung wurde für die verschiedenen Zeitaufwandsschätzung der Aufgaben der kumuliert geleistete Zeitaufwand in Abhängigkeit der Dauer der Dienstleistungserbringung in Abb. 11.13 angegeben. Die ausgewählten Verläufe beschreiben für die drei Aufwandsklassen jeweils die kürzeste, mittlere und längste Dauer der Dienstleistungserbringung. Die Simulationsergebnisse zeigen einen nahezu deckungsgleichen Verlauf der drei Fortschrittskurven bis zum Ende des fünften Projektmonats. Erst nach Abschluss dieser Phase entsteht aufgrund der großen Unterschiede bei den Zeitaufwänden der Aufgaben und durch die Möglichkeit einer veränderten simultanen

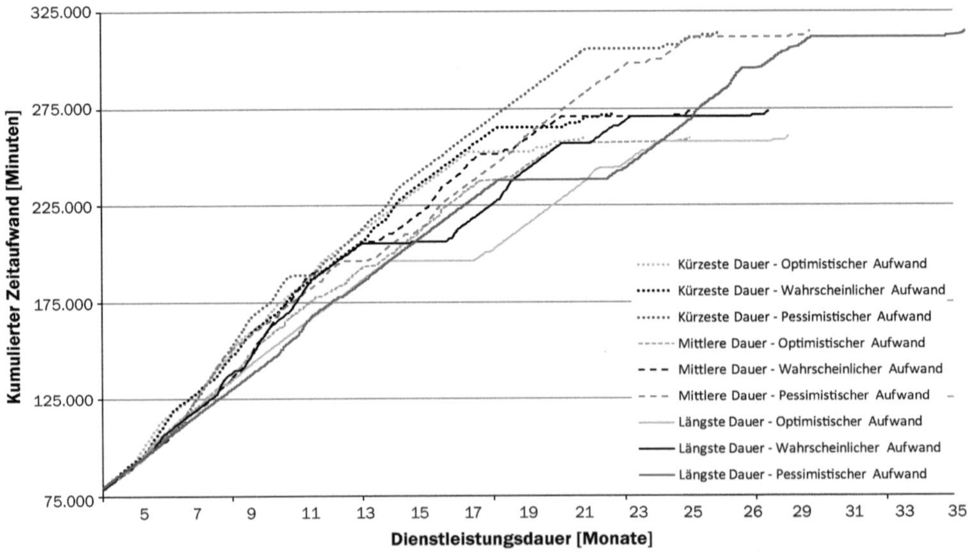

Abb. 11.13 Bearbeitungsverlauf der Dienstleistung für verschiedene Zeitaufwandsschätzungen

Bearbeitung von Aufgaben ein divergenter Verlauf. Auffällig ist zudem die starke Kurvensteigung in den frühen Leistungsphasen, der in den späteren Phasen stark abnimmt. D. h., dass kurz nach Abschluss der Initialisierungsphase der Projekte in einem kurzen Zeitraum viele Arbeitsinhalte parallel erzeugt werden, während in späteren Phasen insbesondere Wartezeiten aufgrund von fehlenden Informationen oder Entscheidungen den Prozess der Dienstleistungserbringung verlangsamen bzw. verzögern.

Als Gestaltungsempfehlung für die Angebotsentwicklung lässt sich bei Vorliegen dieser Informationen ableiten, dass der Verantwortliche für die Dienstleistung einen Preis von 630 T€ und einen Erbringungszeitraum von 25 Monaten in das Angebot aufnehmen sollte. Ein späterer Fertigstellungstermin oder ein höherer Preis verbessern die Robustheit des Angebots. Diese zusätzlichen Puffer können aber die Wahrscheinlichkeit der Annahme des Angebots durch den Kunden reduzieren.

11.4.3.2 Angebotskalkulation mit stochastischen Zeitaufwänden (SRCPSP)

Zur Erzeugung von aussagekräftigen Informationen für ein Angebot wurde das *RCPSP* in ein mehrkriterielles *Stochastic Multi Skill Project Scheduling Problem (SRCPSP)* überführt. D. h., für jede Aufgabe des Dienstleistungsmodells wurde eine Dreizeitenschätzung der Zeitaufwände vorgenommen, die den optimistischen Wert E_o, den wahrscheinlichsten Wert E_w und den pessimistischen Wert E_p einer Aufgabenbearbeitung angibt. Aus diesen drei Werten wurde eine Wahrscheinlichkeitsverteilung je Aufgabe von der Software gebildet, aus der ein Zeitaufwandswert bei jedem Simulationslauf wurde. Die Zuordnung von Aufgaben zu Arbeitspersonen erfolgte auf Basis der für eine Aufgabenbearbeitung erforderlichen Kompetenzniveaus, die von einer Arbeitsperson alleine oder von einer Gruppe von Arbeitspersonen zu erfüllen waren. Das vorhandene Erfahrungswissen oder die Fertigkeiten einer Arbeitsperson wiesen dabei einen unmittelbaren Einfluss auf den für eine Aufgabenbearbeitung erforderlichen Zeitaufwand auf. Neben der Allokation von Aufgaben bestanden Freiheitsgrade hinsichtlich des Zeitpunkts der Ausführbarkeit einer Aufgabe. Ein solcher war unter Berücksichtigung der vorgegebenen Vorgänger-Nachfolger-Beziehungen jeweils durch das Simulations- und Optimierungswerkzeug festzulegen. Signifikante Ergebnisse wurden bereits bei einer Anzahl von 10.000 Simulationsläufen oder 1000 Generationen der Optimierungsstudie erwartet. Daher lässt sich aus den Ergebnissen der Simulationsstudie eine Aussage ableiten, mit welcher Häufigkeit eine spezifische Kombination von Dienstleistungsdauer, -aufwand und -kosten bei der durchzuführenden Dienstleistung zu erwarten war (Abb. 11.14). Zudem erfolgte für die vom Dienstleistungsverantwortlichen vorgegebene Menge an Dienstleistungszielen eine systematische Entwicklung von effizienten Plänen durch den Optimierungsalgorithmus. Die durch einen solchen Plan beschriebene Dynamik der Dienstleistungserbringung resultierte aus der im Dienstleistungsmodell vorgesehenen Simulation des Verhaltens von Arbeitspersonen bei der Priorisierung, Auswahl und Bearbeitung von Aufgaben. Hierbei basierte die Priorisierung auf der Wichtigkeit und Dringlichkeit einer Aufgabe. Die simulierte Bearbeitung erfolgte unter Berücksichtigung der täglichen Arbeitszeiten der Arbeitspersonen, wobei eine Unterbrechung einer Aufgabe nur aufgrund einer Nicht-Arbeitsperiode der Personen zulässig war.

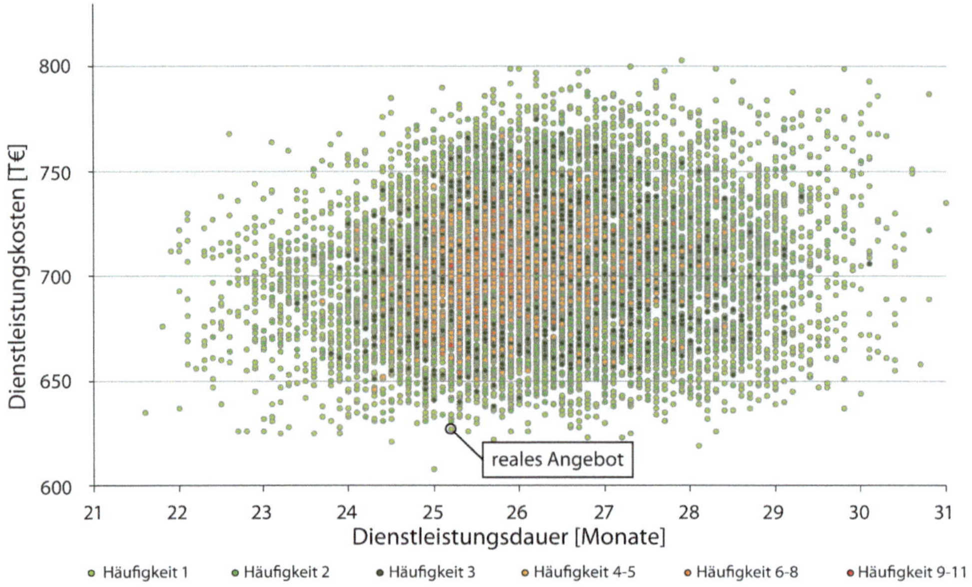

Abb. 11.14 Zielraum für stochastische Zeitaufwände von Aufgaben

Der durch eine iterative stochastische Belegung eines Entscheidungsvariablenvektors erzeugte Zielraum ist für die zentralen Kennzahlen einer wissensintensiven Dienstleistung in Abb. 11.14 dargestellt. Die farbliche Differenzierung der Zielfunktionenvektoren beschreibt die Häufigkeit, mit der ein bestimmter Vektor bei 10.000 Läufen erzeugt wurde.

Der Abgleich des konventionell geplanten Angebots mit den Simulationsergebnissen zeigt, dass das Angebot vom Unternehmen sehr riskant ausgestaltet wurde. So wurden die im Angebot aufgeführten Werte für die Dienstleistungsdauer und -kosten nur mit einer sehr geringen Häufigkeit von der Simulation erzeugt. Die durch die Simulation der Leistungserbringung ermittelten Werte für die Dienstleistungsdauer und -kosten sind (MW = 26,34 Monate, SD = 1,68 Monate, MW = 703,36 T€, SD = 36,42 T€). Aus dem Streudiagramm lässt sich als Gestaltungsempfehlung ableiten, dass ein Angebot mit einem Preis von 700 T€ und einer Dauer von 26 Monaten eine erheblich höhere Robustheit aufweisen würde.

Effiziente Pläne und daraus abgeleitete nicht-dominierte Zielfunktionenvektoren ergeben sich aus der ergänzend durchgeführten Optimierungsstudie. Der evolutionäre Algorithmus minimierte hierbei die Dauer und die Kosten der Dienstleistung und maximierte simultan die Wahrscheinlichkeit des benötigten Zeitaufwands. Nach 1000 Generationen ergab sich aufgrund der konfligierenden Ziele und der zu berücksichtigen Restriktionen eine aus mehreren effizienten Lösungen bestehende Pareto-Front. Eine Auswahl interessanter Lösungen ist als Scatterplot in Abb. 11.15 dargestellt. Da sich die drei Zielfunktionenwerte für ein Angebot immer in der gleichen Spalte bzw. Zeile der Diagramme befinden, wird eine vergleichende Bewertung der Angebote durch die *Scatterplot Matrix* vereinfacht.

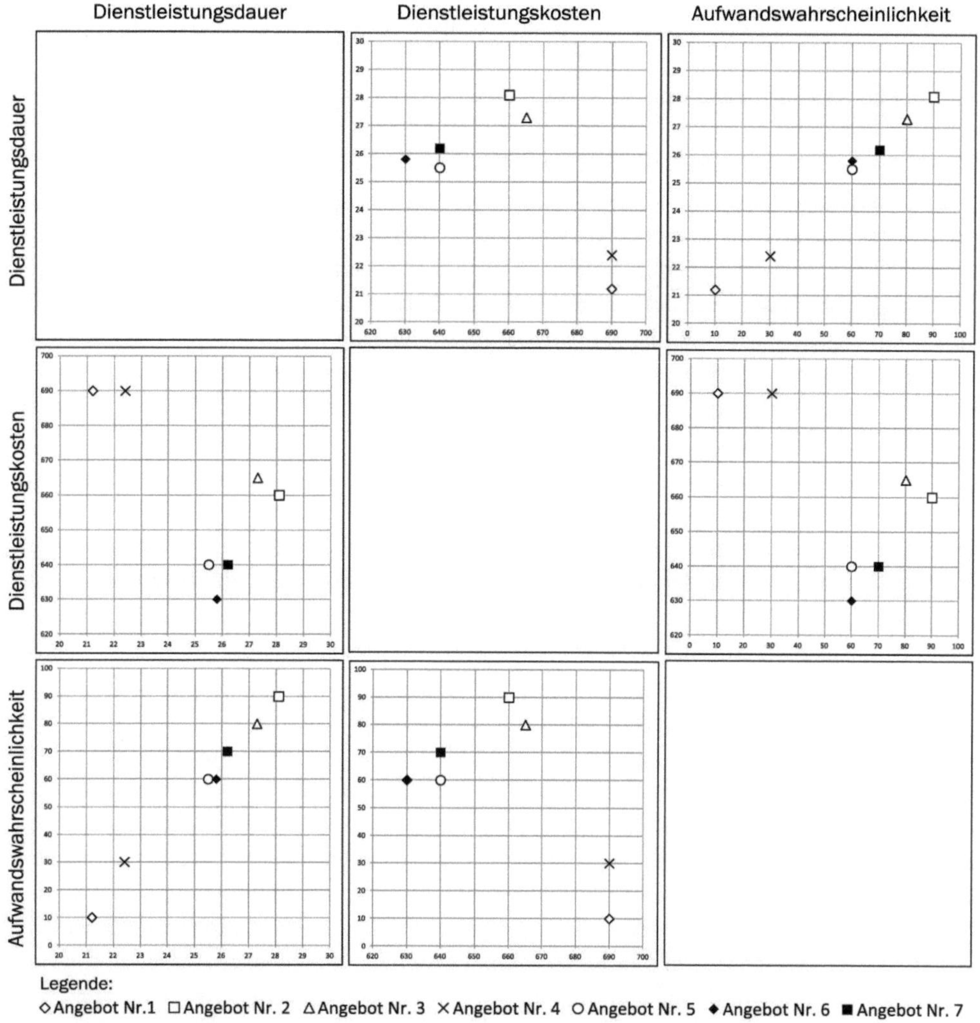

Abb. 11.15 Auswahl an effizienten Angeboten für die Dienstleistungserbringung

11.4.3.3 Angebotserstellung im Rahmen des Claim und Change Managements

Häufig werden notwendige Änderungen an einer bereits erbrachten Planungsleistung erst während der daran anschließenden Leistungserbringung identifiziert. Da zu einem solchen Zeitpunkt bereits Arbeitsinhalte vorliegen, ist mit einem zunehmenden Fortschritt der Leistungserbringung eine größere Anzahl an bereits abgeschlossenen Aufgaben durch die Änderung betroffen. Die Auswirkungen einer Änderung werden somit determiniert von deren Inhalt und deren Initiator sowie dem Zeitpunkt des Bekanntwerdens einer solchen Änderung. Im vorliegenden Fall wird die simulationsgestützte Methode zur Kalkulation von Claims und Changes herangezogen, die durch einen Fehler des Dienstleistungsanbieters und im zweiten Fall durch einen Änderungswunsch seitens des Dienstleistungsnachfragers (Bauherrn) verursacht werden. Die Claims und Changes beziehen sich hierbei jeweils auf die oben beschriebene Angebotserstellung.

11.4.3.3.1 Claims des Bauherrn (Dienstleistungsnachfrager)

Claims des Bauherrn gegenüber dem Dienstleistungserbringer werden im Verantwortungsbereich des Dienstleistungserbringers verursacht. Sind diese berechtigt, hat der Dienstleistungsanbieter die eingeforderten Arbeitsinhalte ohne zusätzliche monetäre Aufwendungen für den Dienstleistungsnachfrager zu erbringen. Eine in der Praxis gängige Ursache für eine erforderliche Nacharbeit ist die fehlerhafte Ausführung von Arbeitsinhalten durch ein vom Dienstleistungsanbieter beauftragtes Subplanungsunternehmen.

Zur Terminierung und Kalkulation der für einen solchen Fall erforderlichen Nacharbeiten wurde das initial erstellte Dienstleistungsmodell um zusätzliche Aufgaben und deren Vorgänger-Nachfolger-Beziehungen ergänzt. Zudem wurden von der Änderung nicht betroffene, bereits bearbeitete Aufgaben aus dem Modell entfernt und die ggf. erhöhten Restaufwände für bereits begonnene Aufgaben angegeben. Bei der Interpretation der aus der Simulation resultierenden Werte wurden der aktuelle Zeitpunkt, der bereits realisierte Arbeitsaufwand und die angefallenen Kosten berücksichtigt. Alternativ hätten auch nur die Leistungsphasen simuliert werden können, in denen es aufgrund des Claims zu Nacharbeiten kommt.

Ausgangspunkt für einen Claim war eine unzureichende Qualität der vom Subplaner für Technische Gebäudeausstattung (TGA) zur Verfügung gestellten Dokumente, die seitens des Kunden bemängelt wurden. Durch die erforderlichen Nacharbeiten war es zur zeitlichen Begrenzung der Verzögerung notwendig, die Leistungsphase 5 „Ausführungsplanung" und die nachfolgende Phase mit der Vorbereitung der Vergabe von Gewerken an Unternehmen simultan auszuführen. Aufgrund der fehlenden Informationen konnte dies aber zu einer Nacharbeit in den nachgelagerten Leistungsphasen führen. Die Simulation sollte daher Aufschluss geben, ob eine frühzeitige Vergabe von Leistungen hier zielführend ist.

Die durch die Simulation der Leistungserbringung ermittelten Werte für die Zielfunktionen: Dienstleistungsdauer (MW = 28,39 Monate, SD = 1,86 Monate) und Dienstleistungskosten (MW = 779,11 T€, SD = 44,42 T€) erhöhen sich erwartungsgemäß sehr deutlich (Abb. 11.16). So entspricht die Dauer der Verzögerung ungefähr dem für die Nacharbeit erforderlichen Zeitaufwand. Die Simulationsdaten zeigen, dass bei Vorliegen eines solchen Claims für den Dienstleistungsanbieter ein hohes Verlustrisiko besteht, da die mittlere Abweichung der Dienstleistungskosten vom ursprünglichen Wert 53,63 T€ beträgt. Ein durchgeführter Mann-Whitney U-Test bestätigt den signifikanten Unterschied zwischen der Dienstleistungsdauer bei einem reibungslosen Ablauf und bei Auftreten des beschriebenen Claims.

11.4.3.3.2 Änderungswunsch des Bauherrn (Dienstleistungsnachfrager)

Zur Kalkulation der Auswirkungen der vom Kunden verursachten Changes auf die Leistungserbringung war das initial erstellte Dienstleistungsmodell entsprechend anzupassen.

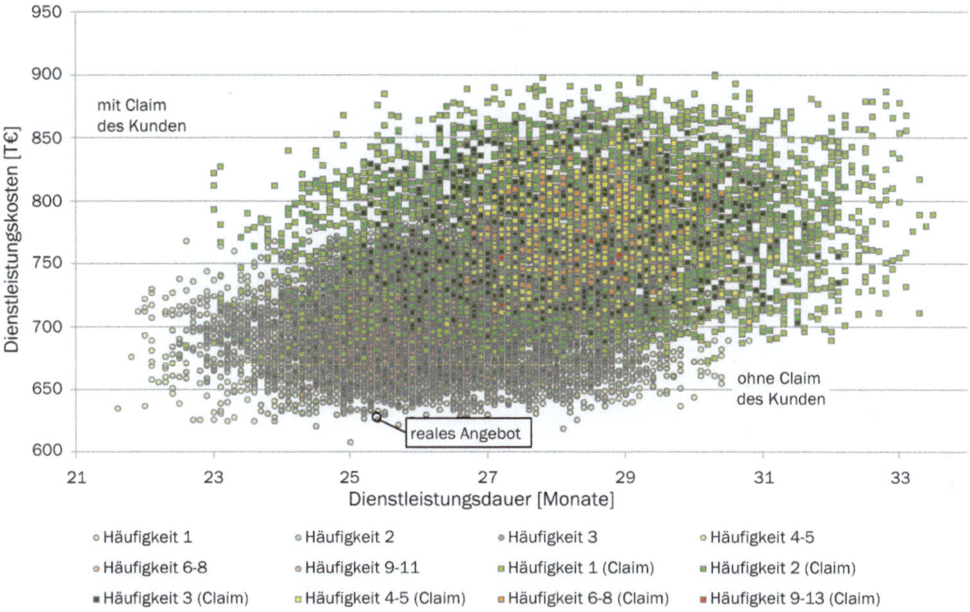

Abb. 11.16 Zielraum beim Auftreten eines Claims durch den Dienstleistungsnachfrager

Hierzu wurden die vollständig bearbeiteten Aufgaben, die von der Änderung nicht betroffenen waren, aus dem Modell entfernt, der Restaufwand für bereits begonnene Aufgaben eingegeben und aufgrund der neuen Situation hinzukommende oder veränderte Aufgaben und deren Vorgänger-Nachfolger-Beziehungen ergänzt. Die aus der Simulation resultierenden Zielfunktionenwerte für den zukünftigen Verlauf, waren um die aktuellen Werte zu ergänzen, um die Gesamtdauer und die Gesamtkosten für die Dienstleistung zu erhalten.

Ein häufiger Änderungswunsch mit geringen Auswirkungen auf den Verlauf der Dienstleistung stellt seitens des Kundens das Verschieben einer Ausbauwand dar. Die Simulation und Optimierung der modifizierten Planungsaufgabe erzeugt für die Zielfunktionen Dienstleistungsdauer (MW = 27,41 Monate, SD = 0,75 Monate) und Dienstleistungskosten (MW = 712,36 T€, SD = 29,21) trotz der zusätzlichen Aufgaben keine Veränderung des Zielraums. Die Differenz der Mittelwerte zwischen der initialen Angebotserstellung und der Neukalkulation entspricht dem Arbeitsaufwand, der sich aus dem Änderungswunsch und den hierzu neu hinzugekommenen Aufgaben ergibt. Um von dem Änderungswunsch des Kunden zu profitieren und um eine fristgerechte Bearbeitung der zusätzlichen Aufgaben sicherzustellen, sollte der Projektleiter gegenüber dem Kunden eine Fertigstellung nach dem 28. Monat und Dienstleistungskosten i. H. v. 715 T€ aufführen.

Erfolgt eine Änderung erst in der Leistungsphase 8 (Bauüberwachung) und hat diese Auswirkungen auf die Ausführungsplanung (Leistungsphase 5), so ist dieser Change-Request seitens des Bauherrn als schwerwiegend zu bewerten. Das Verschieben vollständiger Nutzungseinheiten im Gebäude und ein daraus resultierendes neues Fassadenraster ist ein Beispiel für einen solchen Änderungswunsch. Nach Bekanntwerden der Änderung

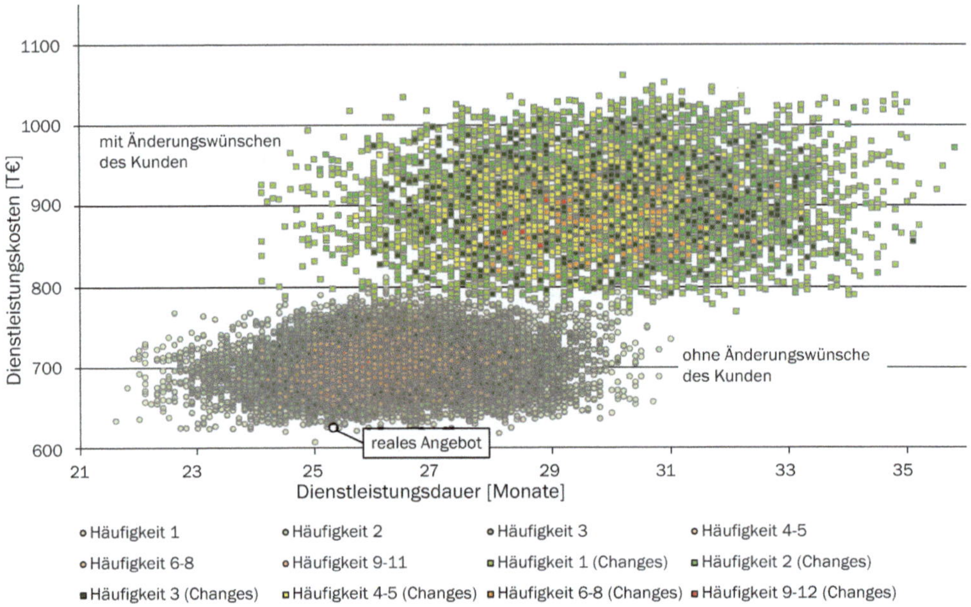

Abb. 11.17 Zielraum beim Auftreten eines Change-Requests durch den Dienstleistungsnachfrager

wurde das Modell um eine Iterationsschleife erweitert, die alle wiederholt zu bearbeitenden Aufgaben umfasst. Da es sich nur um Anpassungen bzw. Überarbeitungen von bestehenden Arbeitsinhalten handelt, wurden die zusätzlich erforderlichen Zeitaufwände je Aufgabe als Abschläge vom jeweils initial geplanten Zeitaufwand angegeben. Durch die iterative Bearbeitung mehrerer Aufgaben steigt der Gesamtaufwand für die Dienstleistung (Abb. 11.17). Die Gesamtkosten (MW = 903,73 T€, SD = 54,12 T€) steigen durch den Änderungswunsch im Mittel um 200,37 T€. Die mittlere Durchlaufzeit verlängert sich um 3,51 Monate auf eine mittlere Dienstleistungsdauer von 29,85 Monate. Bei diesen Werten wurde eine Kompensation durch Überstunden oder die Hinzuziehung weiterer Arbeitspersonen jedoch noch nicht berücksichtigt.

11.5 Schlussbetrachtung und Fazit

Aufgrund vielfältiger informationsbedingter sowie personal- und ressourcenbedingter Abhängigkeiten zwischen Aufgaben können die Dauer, der erforderliche Zeitaufwand auf Seiten des Dienstleistungsnachfragers wie -anbieters und die Kosten von wissensintensiven Dienstleistungen nicht verlässlich prognostiziert werden. Angebote, die am Anfang dieser oftmals zeitintensiven Dienstleistungen stehen, können somit nur schwer bewertet werden. Mit dem vorliegenden Ansatz wurde ein rechnergestütztes Verfahren zur Angebotsentwicklung vorgestellt, das die besonderen Charakteristika von wissensintensiven Dienstleistungen berücksichtigt und die Informationen erzeugt, die für eine Angebotserstellung von Bedeutung sind.

Im ersten Schritt wurden die Anforderungen an eine Angebotsentwicklung identifiziert und die für ein Angebot bereitzustellenden Informationen herausgearbeitet. Im Weiteren wurde ein Dienstleistungsmodell konzipiert, das zur Beschreibung der Dynamik der Leistungserbringung einen personenzentrierten Aktorenmechanismus nutzt, bei dem die virtuellen Arbeitspersonen basierend auf einem simulierten Entscheidungsverhalten Aufgaben aus ihrem Aufgabenpool für die Bearbeitung auswählen. Aufgaben bilden hierbei die semantischen Schnittstellen zwischen den verschiedenen internen und externen Akteuren einer Dienstleistung. Eine Aufgabe wird einem Aufgabenpool einer Arbeitsperson zugeordnet und somit ausführbar, falls alle Vorgänger dieser Aufgabe ausreichend bearbeitet worden sind. Die Menge der ausführbaren Aufgaben befindet sich jeweils in den Aufgabenpools der internen und externen Arbeitspersonen. Diese Aufgaben werden von den Arbeitspersonen jeweils einzeln anhand von Kriterien bewertet, die dem persönlichen Zielsystem der Arbeitsperson entsprechen. Orientiert wurde sich bei dem Algorithmus für die Aufgabenauswahl an der Temporal Motivational Theory (Steel und König 2006).

Um eine effiziente Entwicklung von Angeboten für ein mehrkriterielles Zielsystem zu erreichen, wurde ein mehrkriterieller evolutionärer Algorithmus für das Dienstleistungsmodell konzipiert und realisiert. Orientiert wurde sich an den gängigen mehrkriteriellen evolutionären Algorithmen, den sogenannten *MOEA*. Bei der anschließenden Verifizierung wurde überprüft, ob das Rechenmodell eine gültige Repräsentation des Dienstleistungsmodells darstellt. Für die Verifizierung wurden dynamische Verfahren angewendet, die theoretische Testfälle der Literatur nutzen.

Für die abschließende Validierung konnten empirische Daten aus Dienstleistungsunternehmen genutzt werden. Aus den Daten abgeschlossener Fabrikplanungsprojekte wurden entsprechende Dienstleistungsmodelle abgeleitet. Die Simulations- und Optimierungsergebnisse für diese Modelle zeigen, dass eine auf einem Projektstrukturplan und standardisierten Prozessmodulen basierende Angebotskalkulation einen wesentlichen Beitrag zu einer verbesserten und schnelleren Angebotsentwicklung leisten kann. So entsprechen die mittels Simulation erzeugten Zielfunktionenwerte den Informationen in den realen Angeboten. Diese Daten zeigen aber auch, dass die real geplanten Dienstleistungskosten zu Angeboten geführt haben, die ein erhebliches Risiko aufweisen. So war ein finanzieller und zeitlicher Puffer in diesen Angeboten nicht enthalten, so dass es bei unvorhergesehenen Ereignissen zu Verzögerungen und zu einem wirtschaftlichen Schaden für das Unternehmen hätte kommen können. Die Erstellung der Dienstleistungsmodelle ist aber bisher noch sehr zeitaufwändig. Um den Prozess der Angebotserstellung zu vereinfachen und zugleich zu beschleunigen, sollte daher eine automatische Erzeugung der Angebotsdokumente aus den Ergebnissen einer Simulations- und Optimierungsstudie möglich sein.

Zusammenfassend lässt sich feststellen, dass das entwickelte Dienstleistungsmodell in Verbindung mit dem zugehörigen Rechenmodell die Anforderungen an eine szenarienbasierte Angebotserstellung unter Unsicherheit gut erfüllt. Aufgrund des personenzentrierten Ansatzes können informationsbedingte sowie personal- und ressourceninduzierte Abhängigkeiten zwischen den Aufgaben berücksichtigt werden. Die Ergebnisse legen den Schluss nahe, dass mit dem konzipierten Dienstleistungsmodell Angebote realitätsnah entwickelt werden können, da die konstitutiven Merkmale Immaterialität und Integrativität wissensintensiver Dienstleistungen (Lasshof 2006) ebenso berücksichtigt sind, wie die Eigenschaften kundenindividueller Dienstleistungen. Das entwickelte Werkzeug ist somit geeignet, die Angebote von Dienstleistungsmanagern zu verifizieren und auf diese Weise die Angebotsentwicklung zu unterstützen.

In einem zukünftigen Forschungsvorhaben sollte das Modell der Dienstleistungserbringung weiterentwickelt werden. Dazu sollten die im Rahmen des Verbundprojektes WiDiPro entstandenen Ideen zur rechnergestützten Planung und Steuerung wissensintensiver Dienstleistungen in weitere Softwarefunktionen überführt werden. Insbesondere bei unsicheren Informationen über den zu erwartenden Verlauf einer Dienstleistungserbringung ist eine robuste Angebotsentwicklung erforderlich, die zugleich die vorgegebenen Ziele der Dienstleistung bestmöglich erfüllt. Da eine methodisch fundierte Softwareunterstützung bisher kaum existiert, erfolgt die Entwicklung von Angeboten sowie Termin- und Kapazitätsplänen erfahrungsgeleitet und stützt sich ausschließlich auf dem vorhandenen Wissen der beteiligten Akteure.

Ziel zukünftiger Forschungsarbeiten sollte daher ein Softwarewerkzeug sein, das alle Beteiligten aber insbesondere die Verantwortlichen von wissensintensiven Dienstleistungen systematisch bei der initialen Erstellung aber auch situationsbezogenen Entwicklung von Angeboten und Plänen für eine kundenindividuelle Dienstleistung unterstützt. Letzteres umfasst den Umgang mit Änderungen im Rahmen des Claim und Change Managements. Um eine situationsbezogene, rechnergestützte Planung zu erreichen, erfordert dies aber eine umfassende Darstellung der aktuellen Situation in einem Unternehmen, um basierend auf den verfügbaren Kapazitäten und gegebenen Bearbeitungsgraden von Aufgaben eine realitätsnahe Planung vornehmen zu können. Dazu müssen Aufgaben des operativen Tagesgeschäfts ebenso abgebildet werden, wie fixe Ausführungszeitpunkte für bestimmte Aktivitäten. Die zusätzliche Eingabe dieser Informationen darf aber nicht einhergehen mit einem erhöhten Aufwand bei der Parametrisierung des Dienstleistungsmodells und einer schlechteren Performance bei der Entwicklung von effizienten Lösungen. So ist bereits heute die Praxistauglichkeit des Werkzeugs sehr eingeschränkt, da es an einem Graphical User Interface fehlt, welches eine intuitive Modellierung der Planungsaufgabe und Interpretation der Ergebnisse einer Optimierungsstudie erlaubt. Somit ist ein umfassender Einsatz der Software trotz des nachgewiesenen Nutzens nicht gegeben, da der Zeitaufwand zur Definition eines Planungsproblems aktuell vielen Dienstleistungsmanagern zu hoch ist. Der nächste Entwicklungsschritt muss somit die zwingende Konzeption und Implementierung einer grafischen Benutzungsoberfläche sein, die eine benutzergeführte und schnelle Modellierung einer Dienstleistung ermöglicht.

Literatur

Aggteleky, B (1987). *Fabrikplanung – Werksentwicklung und Betriebsrationalisierung, Band. 1- Grundlagen, Zielplanung, Vorarbeiten* (2 Aufl.). München: Hanser.

Alvesson, M. (1995). *Management of knowledge-intensive companies*. Berlin: Walter de Gruyter.

Bamberg, G, & Coenenberg, G. (2006). *Betriebswirtschaftliche Entscheidungslehre* (13. Aufl.). München: Vahlen.

Becker, W., & Daniel, K. (1999). *Wissensintensive Dienstleistungen. Bamberger Betriebswirtschaftliche Beiträge*, Nr. 122. Bamberg.

Beume, N., Naujoks, B., & Rudolph, G. (2008). *SMS-EMOA – Effektive evolutionäre Mehrzieloptimierung*. at 1/2008.

Dahal, K., Tan, K., & Cowling, P. I. (2007). *Evolutionary scheduling*. Berlin: Springer.

Deb, K., Agrawal, S., Pratap, A., & Meyarivan, T. (2000). *Fast elitist non-dominated sorting genetic algorithm for multi-objective optimization: NSGA-II. Lecture Notes in Computer Science* (S. 849–858). Berlin: Springer.

Emmerich, M., Beume, N., & Naujoks, B. (2005). An EMO algorithm using the hypervolume measure as selection criterion. In C. A. Coello Coello, A. H. Aguirre, & E. Zitzler (Hrsg.), *Evolutionary multi-criterion optimization. Third international conference, EMO 2005, Guanajuato, Mexico, March 9–11, 2005*. Berlin: Springer.

Funke, F., & Glodowski, A.-S. (1990). *Planen und Problemlösen: Überlegungen zur neuropsychologischen Diagnostik von Basiskompetenzen beim Planen.* Zeitschrift für Neuropsychologie. Nr. 2 (S. 139–148).

Ganz, W., Bienzeisler, B., & Tombeil, A.-S. (2006). Dienstleistungsproduktivität – Konturen eines Forschungsfeldes. In D. Streich, & D. Wahl (Hrsg.), *Moderne Dienstleistungen – Impulse für Innovation, Wachstum und Beschäftigung* (S. 315–321). Frankfurt a. M.: Campus.

Hansen, H. (2009). *Gründungserfolg wissensintensiver Dienstleister. Theoretische und empirische Überlegungen aus Sicht der Competence-based Theory of the Firm.* Wiesbaden: Gabler.

Kahneman, D. (2003). Maps of bounded rationality: A perspective on intuitive judgment and choice. In T. Frängsmyr (Hrsg.), *Prize lecture, les prix nobel, the nobel prizes 2002*. Stockholm: Nobel Foundation.

Kappler, E., Seeber, G., & Luhan, F. (2007). *Ergebnisbericht Aufwandserhebung Architektenleistungen Umfragestand 22.02.2007. Forschungsbericht „Preisinformationen bei Dienstleistungen"*. Insbruck.

Kausch, B. (2010). *Integrative Methodik zur grafischen Modellierung und ereignisdiskreten Simulation von Entwicklungsprozessen in der Verfahrenstechnik. Dissertation RWTH Aachen*. Aachen: Shaker.

Lasshof, B. (2006). *Produktivität von Dienstleistungen. Mitwirkung und Einfluss des Kunden*. Wiesbaden Deutscher Universitäts-Verlag.

Li, H., & Womer, K. (2009). Scheduling projects with multi-skilled personnel by a hybrid MILP/CP benders decomposition algorithm. *Journal of Scheduling, 12,* 281–298.

Licht, T., Schlick, C. M., Dohmen, L., Schmidt, L., & Luczak, H. (2006). Improving multiple project management using simulation. *Proceedings of the 4th Industrial Simulation Conference. EUROSIS-ETI*, Ghent (S. 191–198).

Pfarr, K., Koopmann, M., & Rüster, D (1989). *Was kosten Planungsleistungen? Kalkulieren, aber richtig*. Berlin: Springer.

Rabe, M., Junge, M., Schmuck, T., & Wenzel, S. (2004). Verifikation und Validierung: Motivation, Aufgaben und Herausforderungen. In K. Mertins & M. Rabe (Hrsg.), *Experiences from the future – new methods and applications in simulation for production and logistics*. Stuttgart: Fraunhofer IRB.

Sargent, R. G. (2010). Verification and validation of simulation models. In B. Johansson, S. Jain, J. Montoya-Torres, J. Hugan, & E. Yücesan (Hrsg.), *Proceedings of the 2010 Winter Simulation Conference* (S. 166–183).

Schlick, C. M., & Licht, T. (2005). *A novel approach to simulate complex product development processes. Proceedings of the 12th International Conference on Industrial Engineering and Engineering Management* (S. 1–13). China: Chongqing.

Steel, P., & König, C. J. (2006). Integrating theories of motivation. *The Academy of Management Review, 31*(4), 889–913.

Stempkowski, R., Waldauer, E., & Sturm, P. (2012a) *Leitfaden zur Kostenabschätzung von Planungs- und Projektmanagementleistungen, Band. 1, Grundlagen*. Wien: Bundesinnung Bau.

Stempkowski, R., Waldauer, E., & Sturm, P. (2012b) *Leitfaden zur Kostenabschätzung von Planungs- und Projektmanagementleistungen, Band. 2, Objektplanung*. Wien: Bundesinnung Bau.

Stolle, R., & Herrmann, M. (2006). *Angebotsmanagement professionell: Erfolgreich vom Angebot bis zum Vertragsschlus*. Bielefeld: Erich Schmidt.

Tackenberg, S., Duckwitz, S., & Schlick, C. M. (2013). Simulation- and Optimization-based development of proposals for service and engineering projects. In K. Meyer & M. Thieme (Hrsg.), *Theory and practice for system services providers in complex value chains and service systems. Proceedings of the 5th International Symposium on Service Science* (S. S. 15–34). Leipzig.

Tackenberg, S., Schmitz, P., Duckwitz, S., & Schlick, C. M. (2011). Multi-criteria optimization of service productivity using evolutionary algorithm. In W. Ganz, F. Kicherer, & A. Schletz (Hrsg.), *RESER 2011 Productivity of Services NextGen – Beyond Output/Input, Programme and Abstracts*. Stuttgart.

Tan, K. C., Khor, E. F., & Lee, T. H. (2005). *Multiobjective evolutionary algorithms and applications*. London: Springer.

Toolbox zur Gestaltung wissensintensiver industrieller Dienstleistungen

12

Jörg von Garrel, Lisa Koch, Thomas Dengler, Marco Linke, Cornelia Rittler und Kerstin Heinisch

12.1 Ausgangslage und Problemstellung

Der Dienstleistungssektor, auch als „tertiärer Sektor" bezeichnet, gewinnt zunehmend an Bedeutung. Diese strukturelle Veränderung ist durch ein erhebliches Anwachsen der Erwerbstätigkeit in diesem Bereich gekennzeichnet (Statistisches Bundesamt 2011). Der zu verzeichnende steigende Anteil der Dienstleistungswirtschaft an der Beschäftigung in Deutschland beruht dabei in hohem Maße auf innovativen und vor allem wissensintensi-

Das diesem Bericht zugrundeliegende Vorhaben „WiDiPro – Wissensintensive industrielle Dienstleistungen weltweit produktiv erbringen" wurde mit Mitteln des Bundesministeriums für Bildung und Forschung (BMBF) und dem Projektträger im Deutschen Zentrum für Luft- und Raumfahrt e. V. (PT-DLR) unter dem Förderkennzeichen 01FL10008 gefördert. Die Verantwortung für den Inhalt dieser Veröffentlichung liegt beim Autor.

J. von Garrel (✉)
SRH Fernhochschule Riedlingen, Lange Straße 19, 88499 Riedlingen, Deutschland
E-Mail: joerg.vongarrel@hs-riedlingen.de

L. Koch
Ingenics AG, Headquarters, Schillerstrasse 1/15, 89077 Ulm, Deutschland
E-Mail: lisa.koch@ingenics.de

C. Rittler
Ingenics AG, Headquarters, Schillerstrasse 1/15, 89077 Ulm, Deutschland
E-Mail: cornelia.rittler@ingenics.de

T. Dengler
Fraunhofer-Institut für Fabrikbetrieb und -automatisierung IFF, Geschäftsfeld Logistik- und Fabriksysteme, Sandtorstr. 22, 39106 Magdeburg, Deutschland
E-Mail: thomas.dengler@iff.fraunhofer.de

C. M. Schlick et al. (Hrsg.), *Produktivitätsmanagement von Dienstleistungen*,
DOI 10.1007/978-3-642-45071-6_12

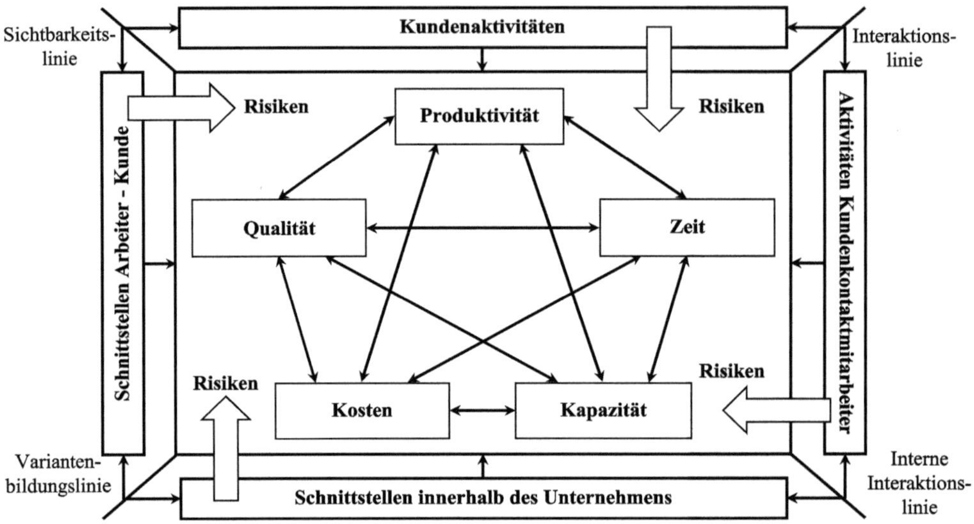

Abb. 12.1 Rahmenbedingungen in wissensintensiven Dienstleistungsprojekten. (In Anlehnung an Lasshof 2006)

ven industriellen Dienstleistungen. Diese Dienstleistungen, wie z. B. Engnieering-Dienstleistungen zeichnen sich durch einen hohen Komplexitäts- und Interaktionsgrad aus und führen im Ergebnis zu kundenspezifischen Problemlösungen, welche von Unternehmen für Unternehmen als sog. business to business-Lösungen (B2B) in Projektform angeboten werden. Die Rahmenbedingungen, denen solche Dienstleistungsprojekte ausgesetzt sind, werden zusammenfassend in Abb. 12.1 dargestellt.

Anbieter von wissensintensiven industriellen Dienstleistungen verfügen dabei in der Regel über Instrumente und Tools zur Steuerung und Regelung der Dienstleistungserstellung, das beispielsweise durch den Einsatz von webbasierten Zeiterfassungskonten unterstützt wird. Solche verfügbaren Instrumente existieren in der Praxis jedoch häufig als Insellösungen, mit denen eine ganzheitliche Abbildung (sämtlicher) relevanter Entscheidungskriterien, insbesondere qualitativer Kriterien unter Berücksichtigung von unternehmensinternen und externen Risiken heute noch nicht möglich ist. Zusätzlich ergibt sich aufgrund der erforderlichen Kunden- und Mitarbeitereinbindung häufig eine unbefriedigende Steuerbarkeit der Leistungserstellung. Dies kann in der Konsequenz zu völlig konträren Einschätzungen von Kunden und Dienstleistern bzgl. des Standes der Leistungser-

M. Linke
Fraunhofer-Institut für Fabrikbetrieb und -automatisierung IFF, Geschäftsfeld Logistik- und, Fabriksysteme, Sandtorstr. 22, 39106 Magdeburg, Deutschland
E-Mail: ideen@iff.fraunhofer.de

K. Heinisch
JH3k GmbH, Drosselweg 16, 89195 Staig, Deutschland
E-Mail: kh@essentialview.de

füllung sowie der wahrgenommenen Dienstleistungsqualität führen, was mit erheblichen Handlungsunsicherheiten und Effizienzeinbußen im Sinne einer Produktivitätsminderung einhergeht.

12.2 Grundlagen der Dienstleistungsproduktivität

12.2.1 Produktivitätsverständnis

Der Begriff der Produktivität spielt in der Betriebswirtschaft seit ihrer Begründung als Wissenschaftsdisziplin eine besondere Rolle. Seither finden sich vielfältige Ansätze zur Produktivitätsbewertung.

In der Volkswirtschaft beschreibt die Produktivität das Verhältnis von Output und Input der eingebrachten Produktionsfaktoren bzw. nach Gutenberg die „Ergiebigkeit der betrieblichen Faktorkombination“ (Gutenberg 1983). Die Produktivität steht dabei in engem Verhältnis zum Begriff der Effizienz (Backhaus et al. 2011), der als ein internes Beurteilungsmaß der Zielerreichung einer bestimmten Aktivität anzusehen ist und allgemein auf einer Gegenüberstellung von Zielerträgen und den zur Erreichung dieser Ziele erforderlichen Mitteln basiert (Cantner et al. 2007). In diesem Zusammenhang ist Effizienz eng an den unterschiedlichen Ausprägungen des Wirtschaftlichkeitsprinzips angelehnt, indem entweder mit vorgegebenem Mitteleinsatz ein größtmöglicher Zielertrag (Maximum-Prinzip) oder ein vorgegebenes Ziel mit geringstmöglichem Mitteleinsatz (Minimum-Prinzip) zu erreichen ist. (Baumgärtner und Bienzeisler 2007). Abhängig davon, wie diese Ziele und Mitteleinsätze inhaltlich spezifiziert werden, ergibt sich eine Fülle an unterschiedlichen Effizienzkonzepten. Eines dieser Effizienzkonzepte ist die Produktivität, welche auch als technische Effizienz bezeichnet wird und bei der die Gegenüberstellung von Zielen und Mitteleinsätzen in Form realer Outputs und Inputs erfolgt (Backhaus et al. 2011). In diesem Sinne handelt es sich bei der Produktivität um die quotale Verbindung mengenmäßig quantifizierter Outputs und Inputs. Dieser Zusammenhang wird auch als „Allgemeines Produktivitätskonzept“ (vgl. Abb. 12.2) bezeichnet und verdeutlicht die Nutzung von Ressourcen zur Herstellung von Gütern und Dienstleistungen (Baumgärtner und Bienzeisler 2007).

Dabei wird die Produktivität als Quotient angegeben, bei der zwei quantitativ erfasste Größen gegenübergestellt werden. Produktivität ist demzufolge als eine „spezifische inhaltliche Ausprägung von Effizienz“ (Cantner et al. 2007) zu verstehen.

Dieses „klassische Produktivitätskonzept“ impliziert, dass Input- und Outputgrößen quantitativ messbar sein müssen. Zudem müssen Zähler und Nenner im Hinblick auf die Berechen- und Vergleichbarkeit in Mengeneinheiten der gleichen Dimension vorliegen oder monetär bewertet werden.

Im Gegensatz zum Sachgutbereich weisen Dienstleistungen in ihrer Produktion aber starke Unterschiede auf (vgl. u. a. Abb. 12.3), die bei einer Produktivitätsgestaltung von Dienstleistungen berücksichtigt werden müssen.

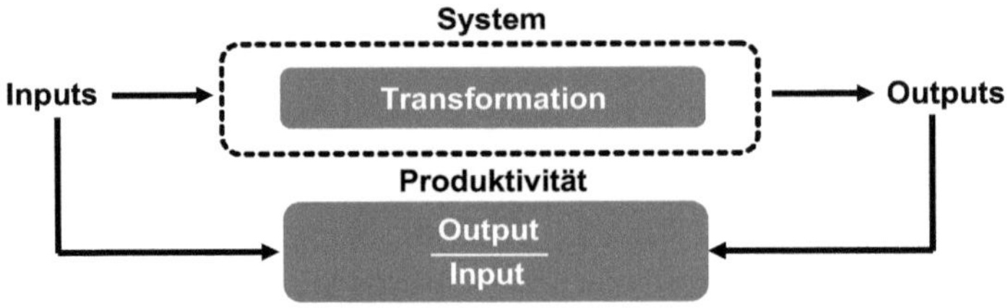

Abb. 12.2 Allgemeines Produktivitätskonzept. (Corsten und Gössinger 2007)

Insgesamt können drei wesentliche Felder identifiziert werden, durch die eine Umsetzung des sachgutorientierten Produktivitätsmanagements in Dienstleistungsorganisationen erschwert wird (Johnsten und Jones 2004).

- Die quantitative Erhebung von Inputs und Outputs erfolgt überwiegend in unterschiedlichen Einheiten bzw. Wertebereichen, wodurch der Aussagegehalt von Produktivitätsmaßen aufgrund dieser physischen Divergenzen erheblich verzerrt werden kann. (Baumgärtner und Bienzeisler 2007)
- Soll die Produktivität als Leistungsmaß in Unternehmen implementiert werden, stellt die Anzahl der möglichen Kombinationsmöglichkeiten von Input und Output ein weiteres Hemmnis dar. So müssen Entscheidungen über den Typ und die Messeinheit der Determinanten des Quotienten getroffen werden, um Zähler und Nenner bestimmen zu können. Zur Überwindung der Verrechnungsschwächen werden i. d. R partielle Produktivitäten ermittelt, deren Anzahl sinnvoll festzulegen ist, um Transparenz und Infor-

Ebene	Sachgut	Dienstleistung
Produktion & Konsum	separiert	gleichzeitig
Kunden	Geringe Integration in Prozess	Integration im Prozess
Qualität	konstant	prozessabhängig
In-/Output-Faktoren	(eher) homogen	(eher) heterogen
Nachfrage	Kein Einfluss auf Produktivität	Einfluss auf Produktivität
Ergebnis	tangibel	intangibel

Abb. 12.3 Differenzierung von Sachgut und Dienstleistung

mationsgehalt der Produktivität als Performancemaß zu gewährleisten. (Johnsten und Jones 2004)

- Weiterhin ist eine isolierte Betrachtung der Produktivität als einfache Verhältniszahl problematisch und kann den Informationsgehalt erheblich verzerren. Es bedarf internen und externen Benchmarks sowie Vergleichen mit u. a. der Sollproduktivität oder der Produktivität aus Vorperioden, um den Erfolg des Unternehmens bzw. einer Unternehmenseinheit bewerten zu können.

12.2.2 Dienstleistungsspezifische Anforderungen an die Produktivitätsmessung

Eine Operationalisierung des sachgüterwirtschaftlichen Produktivitätskonzepts im Kontext wissensintensiver industrieller Dienstleistungen wirft Probleme auf, die – wie dargestellt – in den konstitutiven Merkmalen und in den spezifischen Besonderheiten der Produktion von Dienstleistungen begründet sind (Baumgärtner und Bienzeisler 2007).

Die Intangibilität von Dienstleistungen hat unterschiedliche Auswirkungen auf die Produktivitätsmessung von Dienstleistungen. Vor allem dann, wenn Dienstleistungen überwiegend in Form von Aktivitäten, Interaktionen, Prozessen und Lösungen erbracht werden, wie dies im Bereich wissensintensiver (industrieller) Dienstleistungen der Fall ist. Im Vergleich zu physischen Sachgütern weisen diese keine oder nur eine bedingte Sicht- oder Greifbarkeit auf (Backhaus et al. 2011). Da zur Produktion intangibler Outputs vorwiegend intangible Inputressourcen genutzt werden, wird auf Seiten des Dienstleistungsanbieters die Abgrenzung der Messobjekte erschwert, da industrietypische Verfahren wie Zählen, Wiegen, Messen etc. nicht für die Quantifizierung der Input-/Outputfaktoren herangezogen werden können (Hinterhuber und Stahl 2002). Die Intangibilität führt folglich zu Schwierigkeiten der Quantifizierung und damit zu Messproblemen (Lasshof 2006). Mit Blick auf die Berechenbarkeit der Input-Output-Relation setzt das oben vorgestellte klassische Produktivitätskonzept allerdings die Messbarkeit der Input-/Outputgrößen voraus. Dieses Problem wird dadurch umgangen, dass zur Input- und Outputerfassung Surrogate bzw. Indikatoren genutzt werden. Diese stellen objektive und quantitative Leistungsmaße (Ersatzmaße) dar, können allerdings auch qualitative Urteile beinhalten (Schmidt et al. 2011).

Das zweite grundlegende konstitutive Merkmal der Integrativität zielt auf die Einbindung des Abnehmers einer Dienstleistung in den Leistungserstellungsprozess. Dabei kann der Kunde zum einen als Käufer fungieren, „[...] der seinen Bedarf in einem bestimmten Maße individuell spezifizieren kann und notwendige Vorabinformationen erteilt, [...]“ (Backhaus et al. 2011). Auf der anderen Seite kann der Kunde als Co-Creator selbst in den Leistungserstellungsprozess integriert sein und/oder stellt externe (Input-)Faktoren (Ressourcen) bereit (Lasshof 2006).

In der erstgenannten Funktion des Kunden als Käufer aktiviert der Kunde das Leistungspotential des Dienstleistungsanbieters, indem er seine Bedürfnisse genau spezifiziert. Diese Spezifikation determiniert die Festlegung, inwieweit individualisierte oder standardisierte Dienstleistungen nötig bzw. möglich sind. Wissensintensive Dienstleistungen sind kundenindividuell und damit heterogen, wodurch sich wiederum Mess- und Vergleichbarkeitsprobleme im Hinblick auf die Quantifizierung von Input- und Outputfaktoren ergeben (Backhaus et al. 2011).

Fungiert der Dienstleistungsnehmer als Co-Creator, so müssen neben den anbieterseitigen (internen) Produktionsfaktoren auch kundenseitige (externe) Produktionsfaktoren bei der Produktivitätsmessung Berücksichtigung finden. Wie bereits angesprochen, entziehen sich derartige Produktionsfaktoren der direkten Einflussnahme seitens des Anbieters und können sowohl positive als auch negative Einflüsse auf den Erstellungsprozess haben (Lasshof 2006). Der Anbieter sieht sich demzufolge einem indeterminierten Leistungserstellungsprozess gegenüber, da er sich auf den vom Leistungsnehmer erbrachten Input und folglich auf die damit verbundenen Dispositions-, Beschaffungs- und Produktionsprobleme einstellen muss. Zudem entstehen weitere Risiken bedingt durch anbieterseitige Unsicherheiten über die Erscheinungsformen und -arten der externen Faktoren und durch mögliche Abweichungen von dessen geplanter Integration (Lasshof 2006).

Des Weiteren erhält der Kunde durch seine aktive Beteiligung tiefe Einblicke in den Leistungserstellungsprozess, was zu einer intensiveren Qualitätswahrnehmung führt. Dieser Umstand führt schließlich dazu, dass der wahrgenommenen Qualität ein höheres Gewicht beizumessen ist als in der Sachgüterproduktion und dementsprechend als Outputfaktor in der Produktivitätsmessung zu berücksichtigen ist (Backhaus et al. 2011).

Die obigen Ausführungen verdeutlichen, dass aus den konstitutiven Merkmalen von Dienstleistungen spezielle Anforderungen an eine Produktivitätsmessung resultieren. Diese Anforderungen gehen über das klassische Produktivitätsverständnis hinaus, wodurch eine eigenständige Betrachtung der Produktivität von Dienstleistungen notwendig wird. Auf Basis der Immaterialität auf der einen Seite, sowie der Ausprägung der Individualität und Integration auf der anderen Seite, kann ein Raum aufgespannt werden, in dem das vollständige Spektrum zwischen klassischer Sachgüterproduktion und wissensintensiver Dienstleistung abgebildet werden kann (vgl. Abb. 12.4).

Im Vergleich zur Sachgüterproduktion stellen somit die konstitutiven Merkmale einer Dienstleistung – bspw. Intangibilität und Integravität (Bruhn 2006; Maleri und Frietzsche 2008; Edvardsson et al. 2005) – das Management respektive das Controlling vor die Herausforderung einer realitätskonformen Bewertung der Leistungserbringung. Insbesondere die vergleichsweise hohe Komplexität (Baumgärtner und Bienzeisler 2007; Ahlert et al. 2010) sowie die Individualität wissensintensiver Dienstleistungen (Nachum 1999) erschwert daher auch die Übertragung konventioneller Controlling-Konzepte. Die Komplexität wird dabei maßgeblich durch die Anzahl an Einflussfaktoren und deren Wechselwirkungen bestimmt, bspw. die Integration des Kunden in den Leistungserstellungsprozess (Martin et al. 2001; Zeithaml und Bitner 2003; Fitzsimmons und Fitzsimmons 2004; Baumgärtner und Bienzeisler 2007). Für die allgemein akzeptierten Controlling-

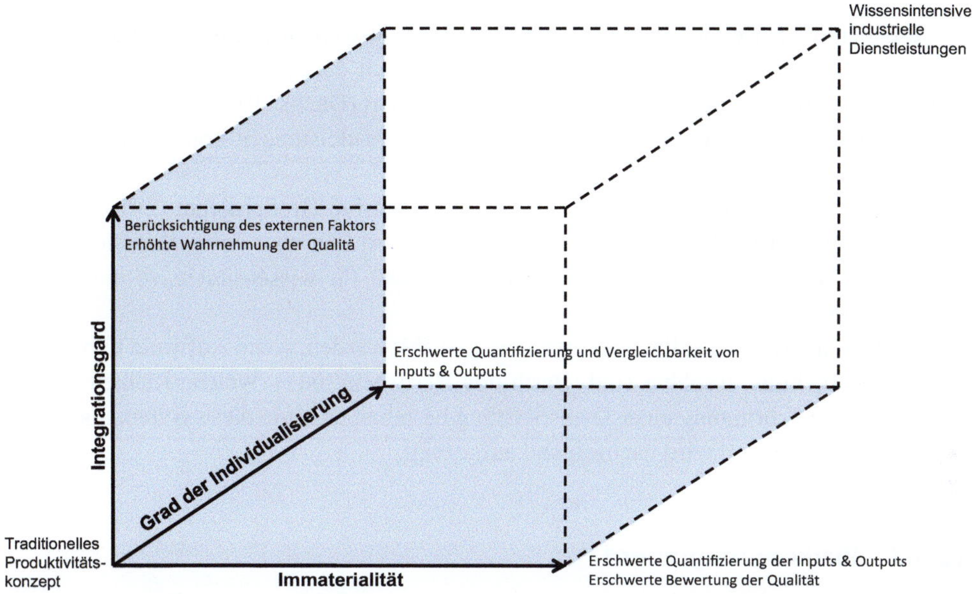

Abb. 12.4 Resultierende Produktivitätsanforderungen auf Basis der konstitutiven Merkmalen. (In Anlehnung an Backhaus et al. 2011)

Funktionen Informationsversorgung, Planung, Koordination und Kontrolle (Reichmann 2006; Horváth 2008; Weber und Schäffer 2008; Bruhn 1998) sind daher dienstleistungsspezifische Anpassungen vorzunehmen, die im Wesentlichen die Messbarkeit personal- und kundenbezogener Kennzahlen betreffen (Bruhn und Stauss 2009).

12.3 Risikomanagement bei der internationalen Erbringung von wissensintensiven Dienstleistungen

Thomas Dengler, Lisa Koch, Marco Linke

12.3.1 Ausgangslage

Eine wachsende Anzahl von Unternehmen bietet seine Dienstleistungen auch im Ausland an, denn die Internationalisierung avanciert für Unternehmen jeder Größe zu einem entscheidenden Wettbewerbsfaktor (Barth und Hertweck 2001). Schenk et al. (2009) nennen verschiedenste Gründe, welche die Internationalisierung von Dienstleistungsunternehmen vorantreiben. Neben kundeninduzierten Faktoren spielen weiterhin anbieter- und umweltbezogene Gründe eine Rolle.

Besonders dem Bereich der wissensintensiven industriellen Dienstleistungen kommt eine kontinuierlich steigende Bedeutung zu, ist er doch durch eine besondere Dynamik und ein überdurchschnittliches Wachstum charakterisiert (Dachs 2010). Als Resultat steigt die Exporttätigkeit wissensintensiver industrieller Dienstleistungen konstant an (Eickelpasch 2011).

Die Häufung von Skandalen rund um wissensintensive Großprojekte (2010 Thyssen Krupp Stahlwerk Brasilien; Flughafen Berlin) offenbart hier aber einen aktuellen Handlungsbedarf für ein systematisches Risikomanagement für wissensintensive industrielle Dienstleistungsprojekte.

Der Weg ins Ausland sollte aber erst dann gewählt werden, wenn Aufwand und Risiko für die Unternehmer absehbar sind (Barth und Hertweck 2001). Welche Risiken bei der internationalen Erbringung einer Dienstleistung bestehen und wie diese systematisch verringert werden können, wird nachfolgend aufgezeigt.

12.3.2 Risikomanagement

Begründer des Risikomanagements ist die Versicherungswirtschaft der USA. Die Aufgabe des Risikomanagements konzentrierte sich auf die bestmögliche Ausgestaltung von Versicherungsleistungen und Prämien (Mikus 2001). Die weitreichende Implementierung des Risikomanagements in Deutschland ist auf das Gesetz zur Kontrolle und Transparenz im Unternehmensbereich (KonTraG) zurückzuführen. Es bildet den gesetzlich Rahmen mit besonderem Augenmerk auf die Risikoerkennung (Hommelhoff und Mattheus 2000). Die Einführung des KonTraG hat die Einbindung von Risikomanagementsystemen in deutschen Unternehmen gefördert. Allerdings liefert das Gesetz keine eindeutige Definition, wie das Risikomanagement ausgestaltet sein soll.

Trotz unterschiedlicher Auffassungen über die Abgrenzung und Benennung der einzelnen Phasen ist man sich in der Literatur einig, dass es sich bei Risikomanagement um einen kontinuierlichen Prozess handelt (Fiege 2006). Diederichs et al. (2004) sehen den eigentlichen Risikomanagementprozess in den Phasen Identifikation, Bewertung und Steuerung. Die Risikostrategie und die darin eingebettete Risikoüberwachung und Prozessüberwachung bilden das Risikomanagement im weiteren Sinne bzw. das Risikocontrolling. Die Risikoüberwachung und die Prozessüberwachung enthalten das Berichtswesen, die Planung und Kontrolle und vor allem auch die Risikokommunikation. Nachfolgend wird der Fokus auf der Risikoidentifikation, Risikobewertung und Risikosteuerung liegen, da die Kontrolle und die Strategie eine entsprechend übergeordnete Rolle spielen. Die folgende Abb. 12.5 stellt dies dar.

Ein derartiges Risikomanagement soll demnach existierende Risiken identifizieren, diese bewerten und Strategien zur Bewältigung finden.

Die Ziele des Risikomanagements sind eng mit denen eines Unternehmens verknüpft, da jede unternehmerische Handlung das Eingehen von Risiken erfordert. Es lassen sich die Sicherung der Unternehmensexistenz und die wirtschaftliche Optimierung als überge-

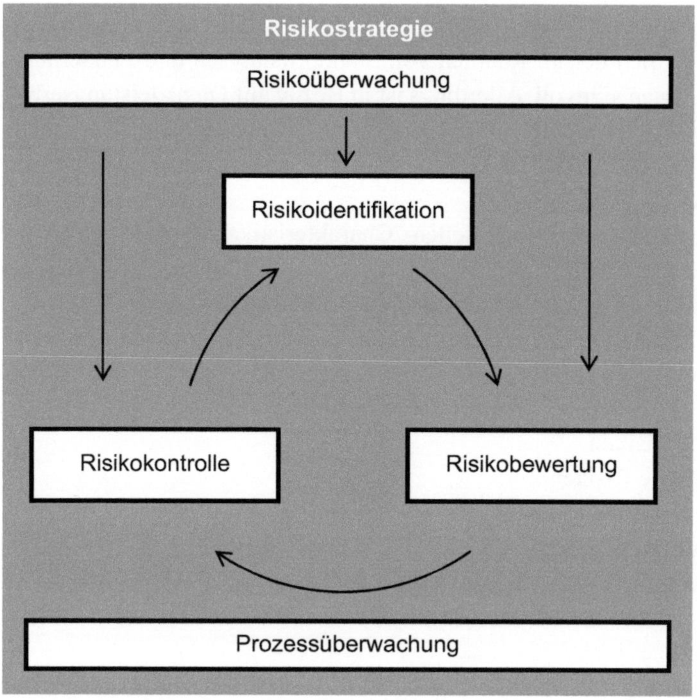

Abb. 12.5 Prozessphasen des Risikomanagement. (Diederichs 2004)

ordnete Ziele identifizieren (Neumann 2009). In diesen Zielen gehen beispielsweise auch die Steigerung des Risikobewusstseins bei Mitarbeitern und die Unterstützung dezentraler Bereiche bei deren Risikoeinschätzung auf.

12.3.3 Identifikation von Risikokategorien und Risiken

Um ein systematisches Vorgehen zu ermöglichen, müssen in einem ersten Schritt mögliche Risikokategorien für im Ausland tätige wissensintensive industrielle Dienstleister identifiziert und entsprechende Risiken abgeleitet werden. Dies soll hier in erster Linie ausgehend von den Zielen und Anforderungen eines Dienstleistungsunternehmens an den Zielmarkt und den speziellen Charakteristika solcher Unternehmen erfolgen. Ein Fokus der Risiken kann dabei auf der Interaktion zwischen verschiedenen Akteuren z. B. Dienstleister-Kunde, Dienstleister-Markt, Dienstleister-Konkurrenz, gelegt werden. Eine solche Erfassung soll an dieser Stelle nur aggregiert stattfinden und kann keinen Anspruch auf Vollständigkeit erheben, da eine Risikoidentifikation immer als unternehmensspezifischer Vorgang durchzuführen ist. Das Ziel der Erfassung ist die Erstellung einer Vorgabe bzw. von Anhaltspunkten für eine genaue, unternehmensspezifische Erfassung einzelner Risiken. Das Ergebnis kann als Checkliste, wie sie für Identifikationsverfahren verwendet wird (Keitsch 2004; Wolf und Runzheimer 2009), eingesetzt werden.

Im Zusammenhang mit der Erbringung von Dienstleistungen im Ausland scheint eine Betrachtung ähnlich der im Rahmen von Standortanalysen und Länderauswahlverfahren genutzten Kriterien sinnvoll. Allerdings ist in Bezug auf Dienstleistungserbringungen eine Makroperspektive einzunehmen und somit das gesamte Zielland oder auch eine bestimmte Region mit seinen speziellen Gegebenheiten relevant und weniger der direkte Standort in einem Land.

Zusätzlich können die speziellen Charakteristika wissensintensiver industrieller Dienstleistungsunternehmen in den Betrachtungsfokus integriert werden, um als Resultat verschiedene Anhaltspunkte für bestehende Risiken zu generieren.

Letztlich lassen sich für wissensintensive industrielle Dienstleisten sechs Risikokategorien definieren:

1. Allgemeine Risiken
2. Wirtschaftliche Risiken
3. Politisch-rechtliche Risiken
4. Sozio-kulturelle Risiken
5. Risiko Mensch
6. Risiko aus Konkurrenz & Kooperation

Für eine bessere übergeordnete Erfassung bzw. Darstellung bietet sich die nachfolgend abgebildete Visualisierung (vgl. Abb. 12.6) an, in der sowohl die Risikokategorien als auch die Einzelrisiken sichtbar werden.

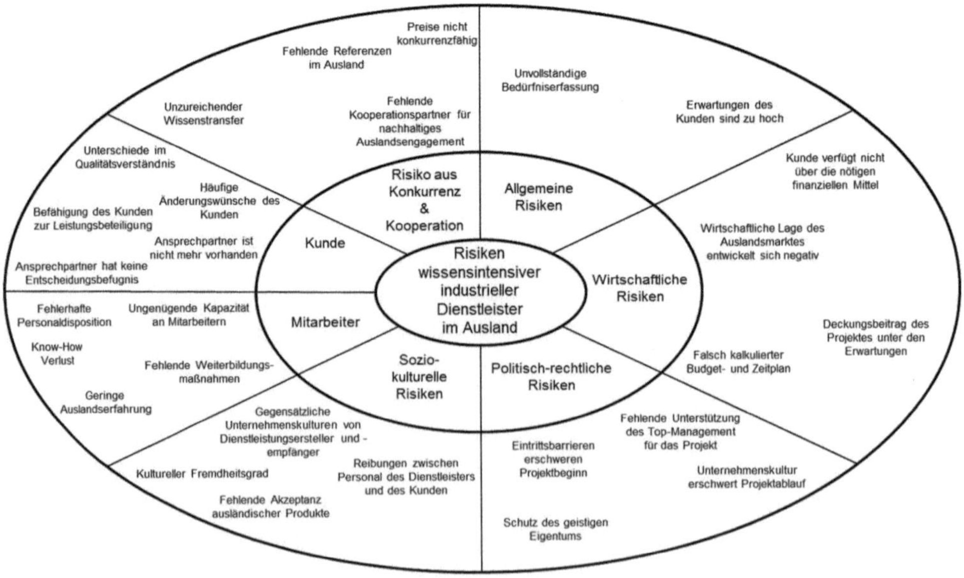

Abb. 12.6 Darstellung der identifizierten Risiken

Die identifizierten Risiken können allerdings, wie betont, lediglich den Kern einer Risikoidentifikation bilden und müssen entsprechend der unternehmensspezifischen Situation ergänzt werden. Weiterhin bietet es sich an, den Vorgang der Risikoidentifikation kontinuierlich durchzuführen, um dessen die Aktualität und Vollständigkeit zu gewährleisten.

12.3.4 Risikobewertung

Um Risiken zu bewerten, können die Dimensionen genutzt werden.

Eine Bewertung der Risiken nach Eintrittswahrscheinlichkeit und Schadensausmaß ist anderen Bewertungsinstrumenten vorzuziehen, da insbesondere die Praktikabilität und die intuitive Anwendbarkeit positiv zu beurteilen sind. Außerdem bietet die Visualisierung von Einzelrisiken die Möglichkeit, Impulse zur Risikosteuerung beizutragen (Diederichs 2004).

Die Ergänzung dieser Dimensionen um eine weitere Dimension, der Beherrschbarkeit, verspricht eine zusätzliche Genauigkeit bei der Bewertung von Risiken, da diese angibt, wie gut ein Risiko durch Maßnahmen zu beeinflussen ist (Jung und Nowitzky 2006).

Durch eine Anlehnung an das Bewertungsverfahren innerhalb der Fehlermöglichkeits- und Einflussanalyse[1] (FMEA) kann diese zusätzliche Größe integriert werden. Analog zur Risikomatrix besteht eine Einteilung in Eintrittswahrscheinlichkeit und Schadenshöhe. Die zusätzliche dritte Dimension der FMEA, die Entdeckungswahrscheinlichkeit, wird entsprechend ersetzt. Reh (2009) nutzt diese Größen zur Berechnung der Risikoprioritätskennziffer (RPZ), um eine Bewertung von Risikogruppen durchzuführen.

Die Risikoprioritätskennziffer (RPZ) berechnet sich demnach durch Multiplikation von Eintrittswahrscheinlichkeit (EW), Schadenshöhe (SD) und Beherrschbarkeit (BE).

$$\mathrm{RPZ} = \mathrm{EW} \cdot \mathrm{SD} \cdot \mathrm{BE} \tag{12.1}$$

Analog zur FMEA nehmen BE, EW und SD jeweils Werte von 1 bis 10 an und bewerten so die Risikokomponente. Für EW und SD gelten Werte von eins bis fünf als niedrige Effekte, während Werte darüber für entsprechend hohe Effekte stehen. Bei der Beherrschbarkeit bedeutet eine niedrige Zahl eine gute Beeinflussbarkeit des Risikos, während eine hohe Zahl für eine weniger gute Beeinflussbarkeit steht. Diese Bewertung der Dimensionen ist dabei der erste Schritt in diesem Vorgehen. Sie sollte durch den Risikomanager, eine Expertenrunde oder eine Expertenbefragung durchgeführt werden (Reh 2009). Durch die Formel ergibt sich die RPZ, welche die grundsätzliche Steuerungsreihenfolge der Risiken festlegt.

Problematisch ist, wenn ein Risiko mit einer Schadenshöhe von zehn erwartet wird, Eintrittswahrscheinlichkeit und Beherrschbarkeit allerdings nur niedrige Werte anneh-

[1] Diesem Verfahren widmet sich auch die Norm DIN-EN-60812 unter dem Namen Fehlzustandsart-Auswirkungsanalyse DIN Deutsches Institut für Normung e. V. 2006.

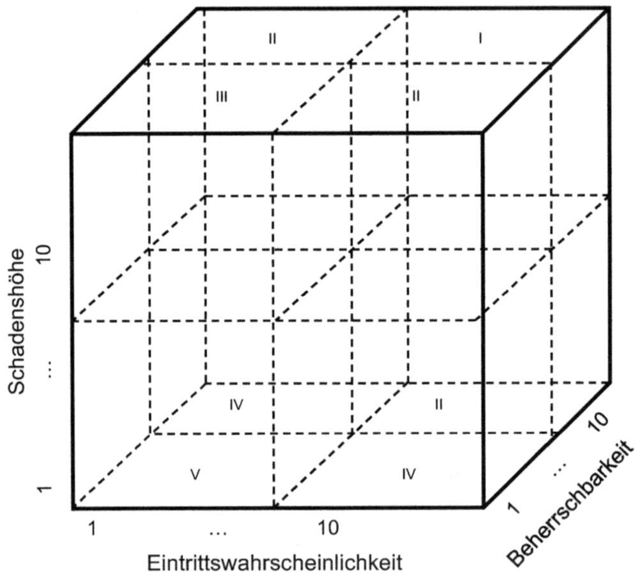

Abb. 12.7 Risikowürfel. (König 2008)

men, so dass dieses Risiko nicht beachtet wird. Existenzbedrohende Risiken sollten allerdings nie von einer Risikobetrachtung ausgeschlossen werden, sondern priorisiert in Augenschein genommen werden. Zur besseren Visualisierung eignet sich ein Risikowürfel (König 2008). (vgl. Abb. 12.7)

König (2008) wählt hier eine plausible Einteilung in 5 Gruppen. Gruppe I enthält Risiken mit höchster Relevanz, Gruppe II hat für mindestens zwei Faktoren hohe Werte, der Quadrant der Gruppe III muss aufgrund der großen Schadenshöhe der Risiken genauer betrachtet werden, in Gruppe IV befinden sich Risiken mit nur einem hohen Faktor und in Gruppe V sind die Risiken vernachlässigbar gering.

12.3.5 Risikosteuerung

Nachdem in der Phase der Risikobewertung ein Bewusstsein über den Umfang und das Ausmaß der Risiken, die auf ein Unternehmen einwirken, entstanden ist, können nachfolgend Strategien zur Risikobewältigung entwickelt und umgesetzt werden, um so Risikopotenziale aktiv zu lenken. Ziel dieser Maßnahmen muss es sein, das Gesamtrisiko systematisch zu verringern, um so den Einfluss der Risikofaktoren auf das Unternehmen zu mindern. (Diederichs et al. 2004). Nachstehende Abb. 12.8 fasst die allgemeinen Strategien zu Risikosteuerung zusammen.

Grundsätzlich stehen dabei ursachenbezogene und wirkungsbezogene Maßnahmen zur Verfügung. Ursachenbezogene Maßnahmen zielen auf die Verringerung der Intensitätsdi-

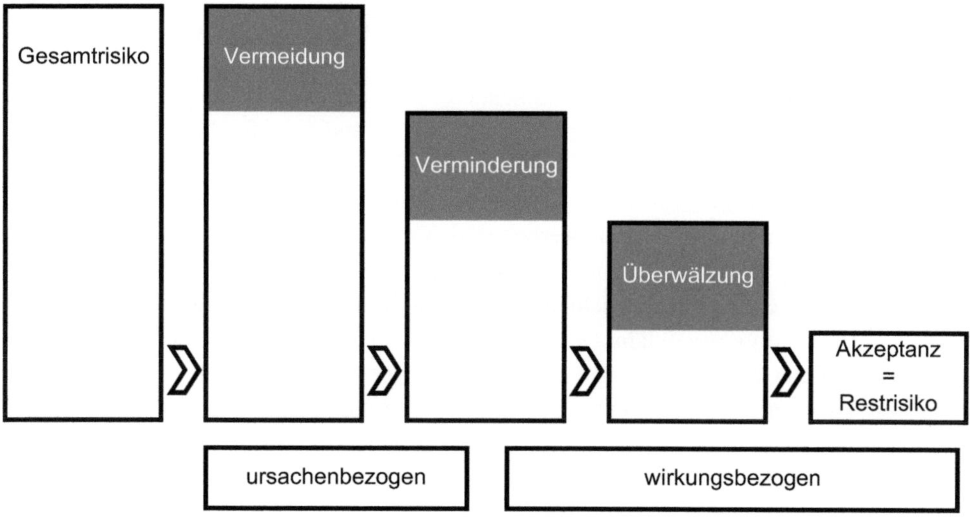

Abb. 12.8 Strategien zur Risikosteuerung. (Fiege 2006)

mension ab (u. a. Risikovermeidung, d. h. auf risikobehaftete Geschäfte wird verzichtet). Diese Maßnahme soll nach Fiege (2006) aber nur gewählt werden, wenn es sich um ein existenzbedrohendes Risiko handelt, welches mit hoher Wahrscheinlichkeit eintritt, da eine Risikovermeidung auch immer mit einer Chancenvermeidung einhergeht. Diederichs ergänzt ursachenbezogene Maßnahmen um:

> Die Intention […] die Eintrittswahrscheinlichkeit der Risiken zu minimieren, in dem man den Risikoentstehungsprozess an der Wurzel angeht. (Diederichs 2004)

Eine weitere Möglichkeit zur Risikosteuerung ist die Risikominderung. Ziel ist die Reduzierung der Eintrittswahrscheinlichkeit und der Schadenshöhe. Damit ist die Risikominderung sowohl eine ursachenbezogene als auch eine wirkungsbezogene Maßnahme. Risikopotenziale sollen dabei durch verschiedene Maßnahmen auf ein akzeptables Maß reduziert werden. Die Risikoverminderung beinhaltet auch die Risikodiversifikation. Diese auf der Portfoliotheorie basierende Maßnahme soll durch Streuung der Risiken eine Verringerung des Gesamtrisikos bewirken.

Wirkungsbezogene Maßnahmen streben die Reduzierung der Quantitätsdimension an. Darunter fällt neben der bereits erwähnten Risikominderung auch die Risikoüberwälzung. Für das Unternehmen nicht akzeptable Risiken können z.B. auf Vertragspartner übertragen werden. Häufig wird diese Möglichkeit bei Transport- und Beschaffungsrisiken genutzt. Für diese Risikoüberwälzung müssen jedoch häufig höhere Beschaffungskosten einkalkuliert werden. Weiterhin besteht die Möglichkeit der Abwälzung von Risiken auf Versicherungsunternehmen. Diese kann aber nur erfolgen, wenn es sich um versicherbare Risiken handelt, wie z. B. mögliche Schäden durch Feuer. Außerdem gilt diese Variante als eine „eher kostspielige Variante" (Diederichs 2004).

Generell gilt bei der Steuerung von Risiken, dass man sich zuerst an solchen Maßnahmen orientieren sollte, welche einfach und mit niedrigem Aufwand durchführbar sind, zeitlich am frühesten greifen und sich im Einklang mit der Unternehmensstrategie befinden (Fiege 2006).

Ergänzend zu den in Abschn. 12.3.3 identifizierten Risiken können unterschiedliche Steuerungsmaßnahmen identifiziert werden (vgl. Tab. 12.1).

Die Steuerungsstrategien können teilweise für mehrere Risiken zutreffen, da eine trennscharfe Abgrenzung der einzelnen Risiken kaum möglich ist. Außerdem dürfen die vorgestellten Steuerungsmaßnahmen nicht als vollständig betrachtet werden, da einerseits eine hohe Varietät bezüglich möglicher Situationen besteht, dass nicht jeder Fall abgedeckt sein kann und anderseits keine konkrete Bewertung vorgenommen wurde. Dies ist problematisch, da sich die Risikosteuerungsstrategie von der errechneten Risikoprioritätszahl ableitet. Gefährlichere Risiken sollten also bevorzugt mit Maßnahmen belegt werden. Dennoch bieten die vorgestellten Maßnahmen einen Einblick in die Möglichkeiten der Risikobewältigung für wissensintensive industrielle Dienstleistungsunternehmen.

Die Notation, welche in Abschn. 12.3.3 eingeführt wurde, wird für die Risikosteuerung weiterverwendet (vgl. Tab. 12.1).

12.3.6 Fazit

Das Risikomanagement wissensintensiver industrieller Dienstleistungen bedarf auf Grund seiner besonderen Komplexität besonderer Aufmerksamkeit. Zusätzlich zur Integration des externen Faktors, dem Wissen der Mitarbeiter als entscheidende Ressource sowie der notwendigen Beziehung zwischen Dienstleistungsersteller und -abnehmer müssen auch kulturelle Unterschiede bei der Erbringung im Ausland im Risikomanagement berücksichtigt werden.

Die identifizierten Risiken tragen der besonderen Komplexität Rechnung. Der Fokus wurde dabei vorwiegend auf die Interaktion der verschiedenen Akteure bei der Erbringung der Dienstleistung gelegt. Das vorgestellte Bewertungssystem orientiert sich an bekannten Systemen, und verpricht durch die zusätzlich eingeführte Dimension eine hohe Genauigkeit bei der Bewertung einzelner Risiken ermöglicht. Die anschließend vorgestellten Risikosteuerungsmaßnahmen bieten Ansatzpunkte zur Steuerung der Risiken und können in eine umfassende Risikobewältigungsstrategie implementiert werden.

Es wurde eine Möglichkeit aufgezeigt auftretende Risiken zu erfassen, zu klassifizieren und anschließend, einem standardisierbaren Risikomanagementprozess folgend, zu bewerten und die Auswirkungen der Risiken abzumildern bzw. zu eliminieren.

Tab. 12.1 Übersicht der Steuerungsmaßnahmen

Nr.	Risikokategorie	Risikobeschreibung	Vermeidung	Verminderung	Überwälzung	Risiko selbst tragen
1	Allgemeine Risiken					
1.1	Allgemeine Risiken	Unvollständige Bedürfniserfassung	Standard zur Bedürfniserfassung	Nutzung von Erfahrungswerten	Projektverzögerungen durch Kunden finanzieren lassen	Einplanung Pufferzeiten für Änderungswünsche des Kunden
				Nutzung historischer Daten		
1.2	Allgemeine Risiken	Erwartungen des Kunden zu hoch	Komplexität des Projektes analysieren	Kundenwünsche auf Machbarkeit überprüfen	Kundenansprüche überprüfen	Vertragsklauseln: z. B. Begrenzung der Gesamthaftung
			Interdisziplinäres Projektteam	Kundenbedürfnisse klar definieren		
2	Wirtschaftliche Risiken					
2.1	Wirtschaftliche Risiken	Falsch kalkulierter Budget- und Zeitplan	Zentrale Überwachung aller Projekte	Regelmäßige Projektmeetings bzgl. Kosten, Zeit und Zielerreichungsgrad	Einführung eines Projektcontrollings	Kompromiss hinsichtlich Zeit, Budget und Ziel bei der Planung eingehen
					Variables Vergütungssystem	
2.2	Wirtschaftliche Risiken	Kunde verfügt nicht über die nötigen finanziellen Mittel	Bonitätsprüfung des Kunden	Eigentumsvorbehalt	Zahlungsausfälle versichern	Rücklagen für Zahlungsausfälle
			Vorauszahlung	Zahlungsmeilensteine	Zahlungsgarantie	
2.3	Wirtschaftliche Risiken	Deckungsbeitrag des Projektes liegt unter den Erwartungen	Länderspezifische Deckungsbeitragsrechnung	Zahlungsmeilensteine	Teilweise variable Vergütung des Projektteams (Gewinnbeteiligung)	Ziele für das Projekt festlegen, z. B. Markteintrittsprojekt, Schaffung von Referenzen und geringere Deckungsbeiträge akzeptieren
			Zahlungen im Voraus	Festlegung stabiler Zahlungswährung		
				Entlassung von Personal		

Tab. 12.1 (Fortsetzung)

Nr.	Risikokategorie	Risikobeschreibung	Vermeidung	Verminderung	Überwälzung	Risiko selbst tragen
2.4	Wirtschaftliche Risiken	Wirtschaftliche Lage des Auslandsmarktes entwickelt sich negativ	Screening des eigenen Zielmarktes und des Zielmarktes potenzieller sowie bestehender Kunden	Engagement in mehreren Ländern	Lokale Partner zur Akquise	Bildung von Rücklagen zur Abfederung von Nachfragetiefs
			Alleinstellungsmerkmale	Kooperationen		
3	Politisch-rechtliche Risiken					
3.1	Politisch-rechtliche Risiken	Fehlende Unterstützung des Top-Managements für das Projekt	Frühzeitige Einbindung des Managements in den Prozess	Interne Vermarktung	–	Report über das Projekt durch Projektleiter
3.2	Politisch-rechtliche Risiken	Unternehmenskultur erschwert Projektablauf	Annahme passender Projekte	Vermarktung des Projektes	Umbau des Projektteams	Transparenz
				Transparenz	Entlassung von Mitarbeitern	
				Stabile Organisationsstruktur		
3.3	Politisch-rechtliche Risiken	Eintrittsbarrieren erschweren Projektbeginn	Präventive, proaktive Auseinandersetzung mit Zutrittsbarrieren	Aufstellung von Leitfäden für die Mitarbeiter	Konsultation von Fachverbänden	Bewältigung der Probleme, wenn sie auftreten
					Einstellung externer Berater	
					Beauftragung des Kunden	
3.4	Politisch-rechtliche Risiken	Schutz geistigen Eigentums	Ablehnung eines Projektes	Spezielle Computerzugänge für Kunden	Geheimhaltungsvereinbarung	Vertragsgestaltung
				Verbot von Kopien		

Tab. 12.1 (Fortsetzung)

Nr.	Risikokategorie	Risikobeschreibung	Vermeidung	Verminderung	Überwälzung	Risiko selbst tragen
4	Sozio-kulturelle Risiken					
4.1	Sozio-kulturelle Risiken	Reibungen zwischen Personal des Dienstleisters und seines Kunden	Teamzusammenstellung beachten	Reduzierung der Kundenintegration	Hauptversion von Verträgen festlegen	Vertraglich begründete Forderungen durchsetzen
					Professionelle Übersetzungen	Offene Kommunikationsatmosphäre
4.2	Sozio-kulturelle Risiken	Gegensätzliche Unternehmenskulturen von Dienstleistungsersteller und -empfänger	Akquise dt. Tochterunternehmen im Ausland	Schulungen zur Kultur	Zusätzliche Berater	Offene Unternehmenskultur
4.3	Sozio-kulturelle Risiken	Kultureller Fremdheitsgrad	Verzicht auf Projekte im Ausland	Nähe zum eigenen Kulturkreis	Abteilung zur Analyse kultureller Unterschiede	Teammitglied mit Kenntnissen der Geschäftskultur
4.4	Sozio-kulturelle Risiken	Akzeptanz ausländischer Produkte	–	Engagement in Verbänden, Lobbyarbeit	Finanzielle Unterstützung für Verbände	Qualität der eigenen Dienstleistung
						Referenzen schaffen
5	Risiko Mensch					
5.1	Mitarbeiter					
5.1.1	Mitarbeiter	Fehlerhafte Personaldisposition	Jeder Mitarbeiter bearbeitet maximal ein Projekt	Gemeinsame Planung der Projekte durch Projektleiter	Einführung eines Projektcontrollings	Genügend qualifiziertes Personal; Bereitstellung von Vertretern
5.1.2	Mitarbeiter	Fehlende Weiterbildungsmaßnahmen	Aufbau und Einführung eines Kompetenzmanagementsystems zur Überwachung und Erfassung eines Ist- und Soll-Zustandes	Qualifikationsmatrix für Mitarbeiter erstellen	Einstellung von Personal mit benötigten Qualifikationen	Personal eigenen Weiterbildungsbedarf bestimmen und planen lassen
					Zusätzliche Berater	

Tab. 12.1 (Fortsetzung)

Nr.	Risikokategorie	Risikobeschreibung	Vermeidung	Verminderung	Überwälzung	Risiko selbst tragen
5.1.3	Mitarbeiter	Ungenügende Kapazität an Mitarbeitern	Vorhalten von genügend Personal	Externe Vergabe von Teilaufträgen	Einbeziehung externer Personen	Präventiver Austausch von Mitarbeitern
				Einstellung von Pensionären	Anpassung der Projektziele	Große Projekte ablehnen
5.1.4	Mitarbeiter	Geringe Auslandserfahrung	Langfristige Personalentwicklung	Qualifizierungsmaßnahmen für internes Personal	Berater mit besonderer Auslandserfahrung hinzuziehen	Einstellung von Personal mit Auslandserfahrung
			Traineeprogramm		Arbeitnehmer von Partnerunternehmen	
5.1.5	Mitarbeiter	Know-how Verlust	Langfristige Personalplanung mit attraktiven Vergütungssystemen	Finanzielle Anreize	Unternehmensbeteiligung	Lange Kündigungsfristen
				Immaterielle Anreize	Einbindung in das Management	Wettbewerbsverbot
5.2	Kunde					
5.2.1	Kunde	Häufige Änderungswünsche des Kunden	Standardprodukte	Formalisierter Change Management Prozess	Vertragliche Regelung der Kernziele	Änderungsbestellungen
				Schulung für das Projektteam		
5.2.2	Kunde	Ansprechpartner ist nicht mehr vorhanden	Bereitstellung eines Portals für Projektteams des Unternehmens und des Kunden mit Kontakten aller Beteiligten	Bereitstellung einer Kontaktliste für Ansprechpartner beim Kunden	Projektleiter kümmert sich um Kontakt zum Kunden	Kontakte werden bei Bedarf gesucht
5.2.3	Kunde	Ansprechpartner hat keine Entscheidungsbefugnis	Projektportal um Hierarchie bzw. Entscheidungsbefugnis ergänzen	Kontaktliste um Hierarchie bzw. Entscheidungsbefugnis ergänzen	Projektverzögerung auf Kundenkosten	Hierarchie des Kunden verstehen

Tab. 12.1 (Fortsetzung)

Nr.	Risikokategorie	Risikobeschreibung	Vermeidung	Verminderung	Überwälzung	Risiko selbst tragen
5.2.4	Kunde	Unterschiede im Qualitätsverständnis	Qualitätsmanagementsystem	Mitarbeiter- und Kundenbefragungen Einstellung qualifizierter Mitarbeiter	Einführung einer Qualitätsmanagementabteilung	Vertragsklausel zur Zahlungsverpflichtung
5.2.5	Kunde	Befähigung des Kunden zur Leistungsbeteiligung	Angebot standardisierter Dienstleistungen	Zusammenarbeit mit Bestandskunden	Vertragliche Absicherung	Integrationsevidenz Faktorevidenz
6	Risiko aus Konkurrenz & Kooperation					
6.1	Risiko aus Konkurrenz & Kooperation	Preise nicht konkurrenzfähig	Langfristige Marktstrategie festlegen	Vergünstigungen, um Aufträge zu generieren	–	Auswahl von Märkten, welche der Preisstrategie entsprechen
6.2	Risiko aus Konkurrenz & Kooperation	Fehlende Kooperationspartner für nachhaltiges Auslandsengagement	Auswahl von Ländern, in denen Kontakte zu potenziellen Partnerunternehmen vorhanden sind	Aufbau eines Netzwerkes über Verbände	Joint-Venture	Aufbau einer eigenen Niederlassung
6.3	Risiko aus Konkurrenz & Kooperation	Unzureichender Wissenstransfer	Integration einer Wissensmanagementkultur	Aufbau eines Wiki Regelmäßige Abteilungsmeetings	Einzelne Mitarbeiter mit Wissenstransfer beauftragen	Wissenstransfer auf persönlicher Ebene
6.4	Risiko aus Konkurrenz & Kooperation	Fehlende Referenzen im Ausland	Lokale Kooperationen	Markteintrittsstrategie Ruf der Branche nutzen	Beauftragung externer Vertriebsbüros	Follow-the-Customer-Strategie

12.4 Data Envelopment Analysis zur Effizienzanalyse wissensintensiver Dienstleistungen

Jörg von Garrel, Cornelia Rittler

Neben wenigen konzeptionellen Ansätzen zur Produktivitätsbestimmung von Dienstleistungen (Corsten und Gössinger 2007) stellt insbesondere die Data Envelopment Analysis (Cooper et al. 2007) aus dem Bereich des Operations Research einen vielversprechenden Ansatz zur Messung der Dienstleistungsproduktivität dar, der die in den vorherigen Kapiteln skizzierten Verrechnungsschwächen klassischer, sachgüterbezogener Produktivitätskonzepte umgehen kann.

Bei der DEA handelt es sich um ein nicht-parametrisches Verfahren, das ebenfalls die Produktivität als Quotient aus gewichteten Outputs und Inputs als Maß für die Effizienz zugrunde legt. Die Messung der Produktivität sogenannter „decision making units" (DMUs) erfolgt dabei mit Hilfe eines mathematischen Optimierungsmodells. In diesem Zusammenhang bezeichnen DMUs die zu vergleichenden Objekte, welche im hier dargestellten Kontext vollständige Dienstleistungserstellungsprozesse oder Teilprozesse sein können (Corsten und Gössinger 2007). Die Produktivität bzw. Effizienz wird anhand mehrerer Leistungsindikatoren beurteilt (Beurteilungskriterien), welche in Inputs und Outputs unterteilt werden, so dass jede DMU durch die von ihr verwendeten Input- und erzeugten Outputeinheiten charakterisiert werden kann, wobei der technische Herstellungsprozess als „Black Box" betrachtet wird. Der Optimierungsansatz separiert nun DEA-effiziente DMUs (sog. Best-Practice-Einheiten) und bildet eine Randproduktionsfunktion, indem diese DMUs abschnittsweise durch Linear- bzw. Konvexkombinationen miteinander verknüpft werden (vgl. Abb. 12.9: DMUs A-D). Es bedarf daher keiner a priori Annahmen

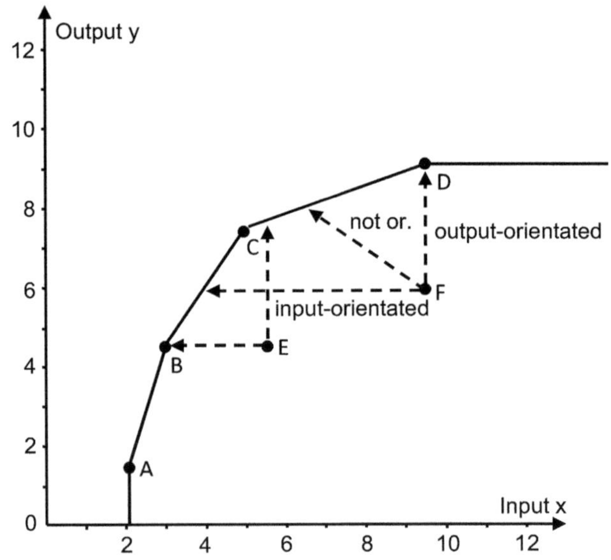

Abb. 12.9 Grundlegende Funktionsweise der Data Envelopment Analysis (Scheel 2000)

bzgl. der Form der Produktionsfunktion. Alle dominierten DMUs befinden sich nicht auf dem effizienten Rand, weisen bzgl. ihrer Input-/Output-Transformation ein geringes Produktivitätsmaß auf und werden von der konstruierten Randproduktionsfunktion „umhüllt" (vgl. Abb. 12.9: DMUs E, F).

Der Abstand der empirisch beobachteten DMUs zur effizienten Randfunktion wird nun als Maß für die Ineffizienz, in Form eines radialen, eindimensionalen Effizienzmaßes herangezogen, wobei die Optimierung input-, output-, oder unorientiert erfolgen kann.

Im Ergebnis liefert die DEA einen aggregierten Effizienzwert, wobei für jede DMU ein separates lineares Optimierungsprogramm aufgestellt und gelöst werden muss. Das Programm ermittelt den Effizienzwert der jeweils betrachteten DMU unter Einbeziehung aller übrigen DMUs. Das bedeutet, der Nachweis der Effizienz einer DMUs erfolgt stets relativ in Bezug zu den anderen DMUs. Desweiteren erfordert die Bildung des Effizienzwertes, im Unterschied zu anderen Spitzenkennzahlen, keine subjektive Gewichtung der einzelnen Beurteilungskriterien, da die DEA die Aggregationsfaktoren endogen bestimmt.

12.4.1 Vorgehensmodell und Anwendungsbeispiel

Abbildung 12.10 zeigt ein allgemeingültiges Vorgehensmodell zur Durchführung von Effizienzanalysen mit der DEA. Für beispielhafte Anwendungen innerhalb der Dienstleistungsproduktion sind insbesondere die hervorgehobenen Arbeitsschritte zu berücksichtigen.

12.4.2 Spezifikation des Analyseergebnisses

Entscheidet sich ein Unternehmen zur Durchführung einer Effizienzanalyse, so liegt diesem Entschluss im Rahmen der „Spezifikation des Analyseziels" die Aufgabenstellung zugrunde, die Produktivität einer DMU zu steigern und diese untereinander vergleichbar zu machen, um den Erfolg von Maßnahmen der Vergangenheit zu überprüfen und Hinweise für künftige Entscheidungen ableiten zu können.

In diesem Beispiel möchte ein Unternehmen die Produktivität vergangener wissensintensiver industrieller Dienstleistungsprojekte messen.

12.4.3 Auswahl der Vergleichseinheiten

Grundsätzlich können im Rahmen der DEA vollständige Erstellungsprozesse oder Teilprozesse miteinander verglichen werden, sofern diese den Anspruch der Homogenität erfüllen, d. h. sie sollten mit gleicher Input-/Outputstruktur auf identische Aufgaben und Ziele gerichtet sein (Hagenloch 2008). Die DEA fordert lediglich eine Datenstruktur, bei der ein Vergleich tendenziell vieler DMUs anhand tendenziell weniger Beurteilungskrite-

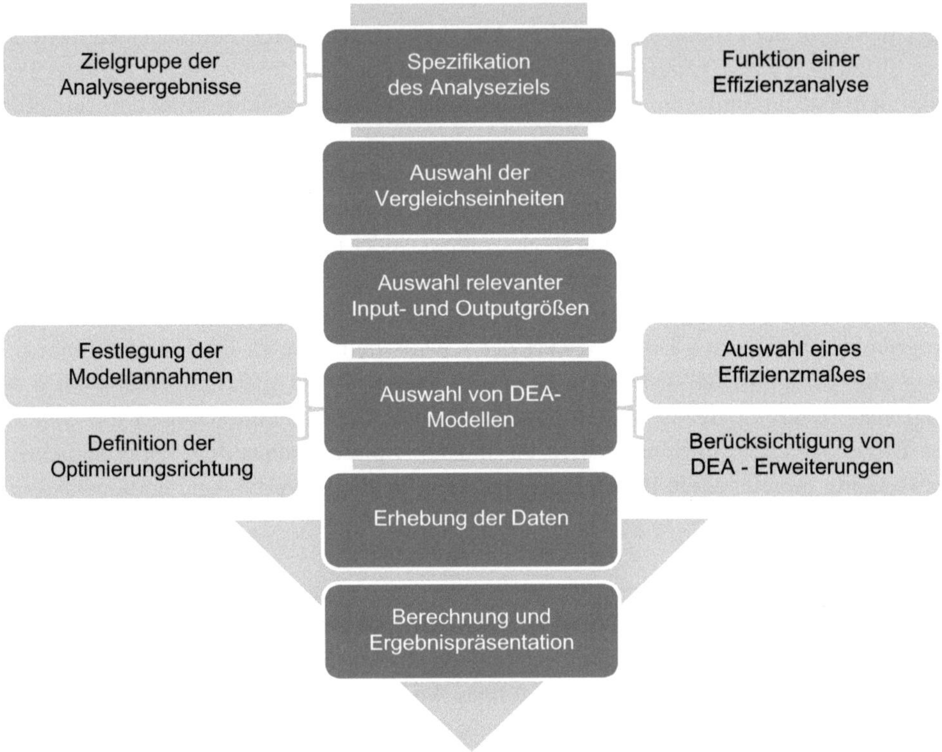

Abb. 12.10 DEA – Vorgehensmodell. (in Anlehnung an Scheel 2000)

rien (Inputs und Outputs) erfolgt. In der Literatur existieren diesbezüglich Regeln, die besagen, dass die Anzahl der DMUs mindestens doppelt so groß sein sollte wie das Produkt aus den verwendeten Inputs und Outputs (Siemens 2005).

Um dieser Restriktion mehr als nur zu genügen, werden in diesem Beispiel 14 (vgl. Kap. 12.4.6), vollständige Erstellungsprozesse wissensintensiver Dienstleistungsprojekte betrachtet (vgl. Tab. 12.2).

12.4.4 Definition der Beurteilungskriterien

Damit die zu betrachtenden Prozesse durch deren Beurteilungskriterien aggregiert werden können, muss in einem nächsten Schritt die Input-/Outputstruktur sinnvoll festgelegt werden.

Im Hinblick auf die oben dargestellten Restriktionen bzgl. der Anzahl der DMUs im Verhältnis zur Menge der Inputs und Outputs sollte die Auswahl dieser Beurteilungskriterien nach dem Prinzip „so viele wie nötig, so wenige wie möglich“ (Scheel 2000) erfolgen.

Tab. 12.2 Input- und Outputquantitäten der 14 Dienstleistungsprozesse

DMU	Input Entgelt	Output Stunden	Kundenänderungen	Umsatz (€)	Zufriedenheit
1	38037,21	654,25	1	104927,5	5
2	33162,02	622,24	3	88458,4	5
5	12595,93	240,50	1	40307,46	4
6	54516,74	987,04	2	126278,81	5
7	10144,19	180,00	0	32602,50	5
8	7558,14	130,00	0	29198,40	5
9	9274,42	159,52	1	24640,00	2
10	35576,90	798,20	2	80470,00	4
12	99225,00	1950,50	5	251035,00	5
13	14640,70	335,80	3	45000,00	4
14	2448079,44	70928,45	1	6743969,00	4

Zufriedenheit: 5-sehr gut, 1-sehr schlecht

Da sich der Fokus der vorliegenden Arbeit auf die Produktivität wissensintensiver industrieller Dienstleistungsprojekte richtet, müssen sich die in die DEA-Analyse einfließenden Beurteilungskriterien (Inputs und Outputs) auf die Projekt- bzw. Prozessebene beziehen, d. h. sie müssen sich für Vergleiche zwischen Projekten eignen. Viele Kennzahlen (bzw. Surrogate), welche zur Messung der Dienstleistungsproduktivität in der Literatur vorgeschlagen werden, eignen sich allerdings nur für abteilungs- bzw. unternehmensübergreifende Effizienzvergleiche innerhalb einer Periode (beispielsweise Kennzahlen wie „Marktanteil" oder die „Anzahl an Neukunden pro Periode" etc.) und lassen sich für Vergleiche zwischen Dienstleistungsprojekten nicht einsetzen. Zudem müssen die Beurteilungskriterien im Hinblick auf die Produktivität wissensintensiver industrieller Dienstleistungen eine entsprechende inhaltliche Relevanz aufweisen. Beispielsweise käme dem potentiellen Inputfaktor „Betriebsmittelaufwand" (bzw. Kapital) in der Sachgüterproduktion eine bedeutende Rolle zu, da Anlagen, Maschinen und sonstige Geräte entscheidend zum Unternehmenserfolg beitragen, wohingegen den Betriebsmitteln im Rahmen wissensintensiver Dienstleistungsprojekte, neben dem Produktionsfaktor Arbeit (Personalaufwand, Wissen), eher eine untergeordnete Bedeutung zukommt (Maleri und Frietzsche 2008).

12.4.4.1 Inputgrößen

Tabelle 12.3 zeigt in Anlehnung an die Ausführungen von (Bruhn und Hadwich 2011; Hinterhuber und Stahl 2002; Maleri und Frietzsche 2008) potentielle Inputfaktoren, welche für die Messung der Produktivität im Dienstleistungsbereich herangezogen werden können. Diese lassen sich weiter in unternehmens- und kundenbezogene Inputs differenzieren. Die unternehmensbezogenen potentiellen Inputs repräsentieren dabei die vom Dienstleistungsanbieter autonom disponierbaren (internen) Produktionsfaktoren. Da es sich bei Dienstleistungen um hochgradig integrative Prozesse handelt, daher müssen neben den anbieterseitigen Produktionsfaktoren auch kundenseitige externe Produktionsfaktoren bei der Produktivitätsmessung Berücksichtigung finden. Derart kundenbezogene (externe) Inputfaktoren, welche potentiell in die Analyse einbezogen werden können, sind in der rechten Hälfte der Tabelle dargestellt.

Bezugnehmend auf die obigen Ausführungen sollen die potentiellen Inputs anhand der Kriterien „Eignung für Projektvergleiche“ und „Relevanz für wissensintensive industrielle Dienstleistungen“ bezüglich ihrer Eignung für eine Effizienzmessung mittels der DEA untersucht werden. Prinzipiell werden hierbei die Inputs als geeignet angesehen, welche sich auf die Projektebene beziehen und sich für Projektvergleiche eignen, sowie inhaltlich für die Messung der Dienstleistungsproduktivität relevant sind, folglich solche Inputs die beide Kriterien erfüllen.

Ein aus Unternehmenssicht für die wissensintensive Dienstleistungsproduktion entscheidender Inputfaktor stellt die Ressource der **menschlichen Arbeitsleistung** dar. Als Indikator für die Messung der Arbeitsressource eignet sich der **Personaleinsatz**. Dieser kann insbesondere mit Hilfe der **Anzahl der Mitarbeiterstunden,** bezogen auf das entsprechende Projekt, abgebildet werden (Cantner et al. 2007).

Allerdings weist der Inputfaktor **Arbeit** große qualitative Unterschiede auf und es ist nicht möglich, die Qualität der Arbeitsressource direkt zu messen (Hinterhuber und Stahl 2002). Da im Bereich wissensintensiver Dienstleistungen das Wissen, die Intelligenz und die Erfahrung (im Gegensatz zu der klassischen Ressource Kapital) der an den Prozessen beteiligten Mitarbeiter wichtigste Inputfaktoren sind und die Qualität der Arbeitsressource determinieren, ist es sinnvoll, diese bei der Analyse zu berücksichtigen. Allerdings sind auch diese Größen nur mühevoll und in der Praxis häufig bruchstückhaft für Messungen zugänglich. Weiterhin variieren derartige Größen entsprechend des subjektiven Leistungsvermögens eines Mitarbeiters oder aufgrund unterschiedlich ausgeprägter Erfahrungen zur Erstellung einer Dienstleistung. Ein „robustes“ Surrogat, um die Erfahrungen und das intrinsische Wissen der Mitarbeiter abzubilden, bietet in diesem Zusammenhang die auf ein Dienstleistungsprojekt bezogene **Lohn- bzw. Gehaltsumme,** nachfolgend als **Arbeitsentgelt** bezeichnet, da es sowohl das Ausbildungsniveau als auch die Arbeitserfahrung der beteiligten Mitarbeiter widerspiegelt (Hinterhuber und Stahl 2002).

Um den kundenseitigen externen Faktor und somit das konstitutive Merkmal der Integrativität in die Analyse einzubeziehen, kommen vor allem die letzten vier Kennzahlen der rechten Seite der Tab. 12.3 in Betracht. Aus Sicht eines Dienstleistungsanbieters ist die Verwendung der Arbeitsressource des Kunden (Anzahl und Personaleinsatz der Mitarbeiter seitens des Kunden) nicht disponierbar. So interessiert vor allem der Einfluss des Kunden auf den Erstellungsprozess. Dieser soll mit Hilfe des Indikators **Anzahl der (vom Kunden induzierten) Kundenänderungen** während des Erstellungsprozesses der Dienstleistung abgebildet werden. Auch wenn für diesen Indikator anbieterseitig keine direkte Beeinflussbarkeit besteht, spiegelt die Anzahl der Kundenänderungen indirekt den Einfluss des Kunden während der Dienstleistungsproduktion wider und soll Hinweise für Defizite bei der Kommunikation und Planung zwischen Dienstleistungsanbieter und -nehmer generieren.

Tab. 12.3 Potentielle Inputs zur Messung der Dienstleistungsproduktivität

Unternehmensbezogene potentielle Inputs	Kriterien		Kundenbezogene potentielle Inputs	Kriterien	
	Eignung f. Projektvergleiche	Relevanz für w. i. DL		Eignung f. Projektvergleiche	Relevanz für w. i. DL
Aufwand für Betriebsmittel	+	–	Zahl der Besuche	+	–
Anzahl der Mitarbeiterstunden	+	+	Anzahl der Beschwerden	+	–
Marketingaufwand	–	–	Zahl der Arbeitsstunden des DL-Nehmers	+	+
Betreuungsaufwand	+	–	Zeitaufwand des DL-Nehmers	+	+
Vertriebsaufwand	–	–	Zahl der Mitarbeitenden des Kunden	+	+
Lohn- und Gehaltssumme	+	+	Anzahl der Kundenänderungen	+	+

Legende:
+ Kriterium erfüllt
– Kriterium nicht erfüllt
w. i. DL: Wissensintensive industrielle Dienstleistung

12.4.4.2 Outputgrößen

Analog zu der Auswahl der Inputfaktoren erfolgt die Auswahl der Outputfaktoren mit Hilfe der Tab. 12.4

Bei der Auswahl der Outputs ist darauf zu achten, dass diese „[…] nicht bereits einen Erfolgs- oder Ergebnischarakter aufweisen." (Scheel 2000) Das bedeutet, es sind bei der Auswahl der Outputs derartige Redundanzen zu vermeiden, bei denen sich ein gewählter Output aus Größen zusammensetzt, die teilweise schon auf der Seite der Inputs in die Analyse einfließen. Beispielsweise ist dem potentiellen Outputfaktor **Gewinn** der **Umsatz** vorzuziehen, da der Gewinn indirekt die Kosten, insbesondere Lohnkosten enthält, welche bereits auf der Inputseite berücksichtigt werden. Der Umsatz der Projekte erweist sich außerdem als besonders geeignet für die Effizienzmessung wissensintensiver Dienstleistungen, da dieser das Problem der Intangibilität und die damit verbundene Problematik der Messbarkeit einzelner Teildienstleistungen aufhebt (Hinterhuber und Stahl 2002). Der Vorteil besteht zudem darin, dass sich die durch qualitative Unterschiede und kleinere Variabilitäten der Inputfaktoren hervorgerufene Vielfalt der Dienstleistungen i. d. R auch im Preis widerspiegeln und somit indirekt in der Messung abgebildet werden (Vourinen et al. 1998).

Auf der Kundenseite führt die aktive Beteiligung des Kunden während des Erstellungsprozesses zu einer intensiveren Qualitätswahrnehmung. Durch die eigene Partizipation er-

Tab. 12.4 Potentielle Outputs zur Messung der Dienstleistungsproduktivität

Unternehmensbezogene potentielle Outputs	Kriterien		Kundenbezogene potentielle Outputs	Kriterien	
	Eignung f. Projektvergleiche	Relevanz für w. i. DL		Eignung f. Projektvergleiche	Relevanz für w. i. DL
Deckungsbeitrag	+	+	Gesamtanzahl an Kunden	–	–
Absatzmengen	–	–	Anzahl Neukunden	–	–
(Netto-) Gewinn	+	–	Anzahl Kundenberatungen	–	–
Profitabilität	+	–	Anzahl Vertragsabschlüsse	–	–
Bruttomenge	–	–	Bekanntheit	–	–
Umsatz	+	+	Kundenzufriedenheit	+	+
Umsatzwachstum	–	–	Wiederkauf	–	–
Marktanteil/ Bekanntheitsgrad	–	–	Weiterempfehlung	–	–
Anzahl Neuprodukte	–	–	Anzahl Kundenbeschwerden	–	–
			Wahrgenommene Qualität	+	+
			Kundenloyalität	–	–

Legende:
+ Kriterium erfüllt
– Kriterium nicht erfüllt
w. i. DL: Wissensintensive industrielle Dienstleistung

hält der Dienstleistungsnehmer weitaus tiefere Einblicke in den Produktionsprozess. „Die **wahrgenommene Qualität** erhält für Dienstleistungen einen Stellenwert, der vermutlich weit höher liegt, als in der Sachgüterproduktion.“ (Backhaus et al. 2011) Demzufolge muss die wahrgenommene Qualität der Dienstleistung neben der wirtschaftlichen Kennzahl **„Umsatz“** zusätzlich als Outputfaktor in der DEA-Analyse abgebildet werden. Die Erfüllung der Qualitätserwartungen wird durch die **Kundenzufriedenheit** determiniert (Backhaus et al. 2011), welche praktisch mit Hilfe von Likert-Skalen ordinal erfasst werden kann.

Abb. 12.11 verdeutlicht noch einmal graphisch die vorangegangenen Ausführungen. Wie im vorherigen Abschnitt erwähnt, bezieht sich die Effizienzmessung mittels der DEA auf die Endkombination, also auf die tatsächlich wertschöpfende Phase des Dienstleistungserstellungsprozesses. Es besteht für die Effizienzbewertung mit der DEA die Notwendigkeit, aufgrund der Komplexität und Heterogenität von Dienstleistungsproduktionen speziell im Bereich wissensintensiver Dienstleistungen, die reale Produktionsstruktur bzw. -technologie durch deren Input-Output-Beziehungen zu abstrahieren. Für die An-

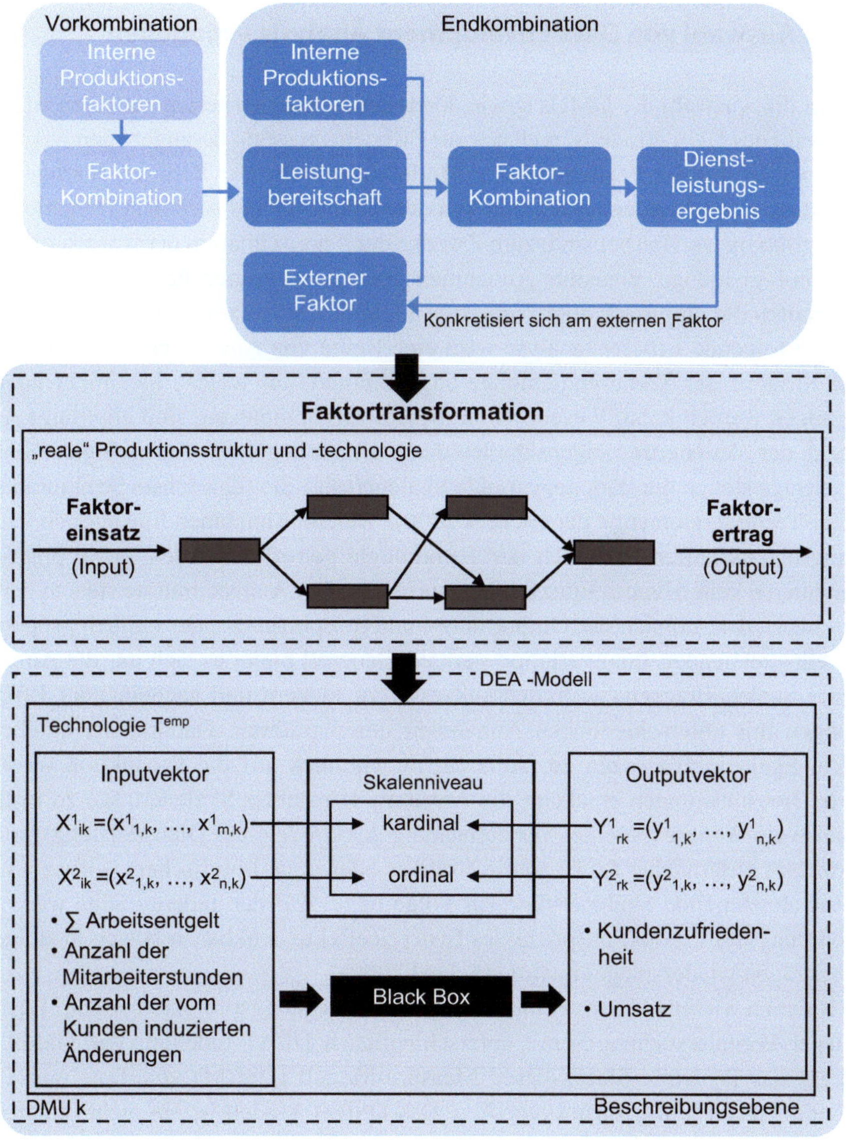

Abb. 12.11 Abstraktion der Endkombination von Dienstleistungsprozessen. (in Anlehnung an Corsten und Gössinger 2007)

wendung der DEA bedarf es keiner spezifischen Kenntnisse über die Abläufe der Prozesse innerhalb der DMUs bzw. über die „reale“ Technologie (Black Box).

Im Folgenden werden, wie beschrieben, auf der Seite der Inputs die Summe des Arbeitsentgelts, die Anzahl der Mitarbeiterstunden, die Anzahl der vom Kunden induzierten Änderungen und auf der Outputseite der Umsatz sowie die Kundenzufriedenheit für die Effizienzanalyse mit der Data Envelopment Analysis eingesetzt.

12.4.5 Auswahl von Data Envelopment Analysis – Modellen

Nachdem die Auswahl der DMUs sowie deren Beurteilungskriterien getroffen ist, erfolgt die Auswahl des DEA-Modells, welches zur Effizienzmessung herangezogen werden soll.

Zunächst ist mit der **Festlegung der Modellannahmen** der Rahmen vorzugeben, innerhalb dessen ein Vergleich mehrerer (wissensintensiver industrieller) Dienstleistungsprojekte zulässig ist. Hierbei sind, zum Zwecke der Approximation der wahren unbekannten Technologiemenge, plausible Annahmen über die zugrunde liegenden strukturellen Eigenschaften der empirisch approximierten Technologie festzulegen.

Für die folgende Effizienzanalyse wird eine Reihe von Annahmen bzgl. der grundlegenden Struktur der Technologiemenge angenommen, auf welche hier nicht im Detail eingegangen werden kann. Wesentlich in diesem Zusammenhang sind allerdings Annahmen bzgl. der Skalenertragseigenschaften der zugrundeliegenden Technologie. Konstante Skalenerträge stellen die stärkste, variable Skalenerträge die schwächste Strukturannahme bzgl. der Technologiemenge dar (Scheel 2000). Welche Annahmen hinsichtlich der Skalenertragseigenschaften bezüglich der Technologie getroffen werden, ist in praktischen Anwendungen kein triviales Entscheidungsproblem. Der Analyst müsste stets in der Lage sein zu beurteilen, ob sich der Output über-, unterproportional oder einfach proportional zu der entsprechenden Inputvariation verhält. Generell bietet es sich an, die Annahmen bzgl. der Skalenertragseigenschaften sukzessiv zu lockern und nacheinander Effizienzmessungen mit unterschiedlichen Annahmen durchzuführen. Dadurch ist es ebenfalls möglich, Skalenineffizienzen zu isolieren. Im Hinblick auf die Produktion wissensintensiver Dienstleistungen erscheint die Annahme konstanter Skalenerträge zu restriktiv. Beispielsweise könnte mit einer Vervielfachung der Größe eines Dienstleistungsproduktionsprozesses zusätzlicher (z. B. administrativer oder organisatorischer) Aufwand entstehen, was abnehmende Skalenerträge zur Folge hätte. Auf der anderen Seite wären nach Vergrößerung des Produktionsprozesses Synergieeffekte denkbar, was sich in steigenden Skalenerträgen wiederspiegeln würde (Scheel 2000).

Im Rahmen wissensintensiver industrieller Dienstleistungsprojekte wird auf Basis verschiedener Voruntersuchungen mit unterschiedlichen DEA-Modellen (von Garrel et al. 2012) auf das Dynamic Slacks-based Measure-Modell (DSBM) von Tone und Tsutsui (Tone und Tsutsui 2009) zurückgegriffen. Das DSBM-Modell ist ein nicht-radiales Modell, wodurch Inputs und Outputs unabhängig voneinander geändert werden können, und ermöglicht die Gewichtung von Inputs/Outputs abhängig von ihrer Wichtigkeit (Tone und Tsutsui 2009). Dieses Effizienzmodell ist für den Effizienzvergleich wissensintensiver industrieller Dienstleistungen von Bedeutung, da

- die Kundenzufriedenheit als Outputfaktor in der Analyse berücksichtigt werden kann und
- sowohl in- als auch outputorientierte Optimierungsrichtungen möglich sind.

12.4.6 Erhebung der Daten

Die Grundlage der Effizienzanalyse bilden 14 Dienstleistungsprojekte, wobei aufgrund der Datenlage nur 11 Projekte zur Messung herangezogen werden können. Die für die Berechnung zugrunde gelegten Input- und Outputdaten sind in Tab. 12.2 dargestellt. Das Arbeitsentgelt ergibt sich aus der Summe der Bruttogehälter in Abhängigkeit von der Anzahl der an dem Projekt beteiligten Mitarbeiter (MA) und deren Erfahrungsgrad. Die insgesamt für das Projekt aufgewendeten Mitarbeiterstunden ergeben sich als Produkt aus den für das Projekt nötigen Manntagen, den pro Tag geleisteten Stunden und der Anzahl der am Projekt beteiligten MA. Weiterhin werden die vom Kunden induzierten Änderungen sowie outputseitig der Umsatz und die Kundenzufriedenheit herangezogen.

12.4.7 Berechnung und Ergebnispräsentation

Auf Basis der oben beschriebenen Daten erfolgt die Optimierung. In Tab. 12.5 Spalte 2 sind die berechneten Effizienzwerte der zur Effizienzmessung herangezogenen DMUs dargestellt. Danach besitzen die Projekte 1, 6, 7, 8, 12 und 14 einen Effizienzwert von 1 und werden somit als effizient ausgewiesen. Die übrigen fünf Dienstleistungsprojekte weisen einen Effizienzwert kleiner 1 auf und sind somit nicht effizient im Sinne des DSBM-DEA-Modells.

Um zu überprüfen, inwiefern diese Effizienzberechnungen nun sowohl die Erfahrungen bzw. Einschätzungen der Projektleiter und -mitarbeiter widerspiegeln aber auch mit einem Messinstrument zur Dienstleistungsproduktivität (von Garrel et al. 2014) übereinstimmen und somit ein objektives Ergebnis generiert wird, erfolgen sowohl eine ergänzende empirische Untersuchung, die mittels einer ergebnisorientierten Itembatterie statis-

Tab. 12.5 Verifizierung der Ergebnisse der Effizienzmessung mittels DSBM-Modell

DMU	DEA	Messinstrument (Itembatterie) in %	Interview Eindruck
1	1	80	Gut<2,3,4,5
2	0,98	90	Gut bis Sehr Gut
5	0,73	80	1,2,3,6<Sehr Gut
6	1	85	Gut<2,3,4,5
7	1	100	Sehr gut
8	1	70	Gut
9	0,54	15	Schlecht
10	0,75	85	Gut
12	1	90	Sehr Gut, 10<12
13	0,72	85	Durchschnittlich
14	1	60	Gut

tische Aussagen zur Produktivität der jeweiligen Projekte erhebt als auch Interviews mit den Projektleitern und -mitarbeitern. Die Ergebnisse sind in Tab. 12.5 dargestellt.

Dabei wird deutlich, dass die Ergebnisse der Effizienzmessung generell mit den Auswertungen der empirischen Untersuchung und den Interviewaussagen übereinstimmen. So verfügen bspw. effiziente DMUs (lt. DSBM-Modell) über herausragende Werte bei mindestens einer Teilproduktivität (interne, externe oder kapazitative Effizienz). Einzelne abweichende Einschätzungen des Analyseergebnisses der Effizienzmessung zu den Interviews können dabei dadurch erklärt werden, dass die Mitarbeiter einen fehlenden Überblick über die analysierten DMUs bzw. Projekte haben und/oder verschiedene Maßstäbe aufgrund der unterschiedlichen Erfahrungen der Befragten bei der Projektbewertung herangezogen werden.

Zusammenfassend lässt sich festhalten, dass das DSBM-DEA-Modell (inkl. der identifizierten Kennzahlen) die dienstleistungsspezifischen Anforderungen an eine Produktivitätsmessung wissensintensiver industrieller Dienstleistungen zu adressieren vermag.

12.4.8 Fazit und Ausblick

Die vorangegangen Ausführungen haben aufgezeigt, dass die Erfassung der Produktivität von wissensintensiven Dienstleistungen mit nicht unerheblichen Problemen behaftet ist, welche hauptsächlich aus den spezifischen Charakteristika von Dienstleistungen resultieren. Diese führen dazu, dass eine Übertragung existierender Ansätze zur Produktivitätsmessung aus dem Bereich der Sachgüterproduktion auf wissensintensive Dienstleistungen nicht ohne weiteres möglich ist.

Mit der hier vorgestellten DSBM-Modellvariante der Data Envelopment Analysis und der zugrunde gelegten Input-/Outputstruktur wurde ein Ansatz vorgestellt, welcher wichtige Anforderungen, im Hinblick auf die Produktivitätsmessung wissensintensiver Dienstleistungen aufnimmt und umsetzt. Im Dienstleistungskontext zeigt sich diesbezüglich, dass zur gezielten methodischen Einbeziehung einzelner Besonderheiten von Dienstleistungen, spezifische Modellvarianten der DEA berücksichtigt werden müssen. Das vorgestellte Beispiel illustriert eine Möglichkeit, sowohl kardinal als auch ordinal skalierte Daten (input- und outputseitig) in die Produktivitätsmessung einzubeziehen, was im vorliegenden Fall durch die Integration des bedeutsamen Outputfaktors Kundenzufriedenheit umgesetzt wurde.

Weiterhin wurde aufgezeigt, wie einer der wichtigsten Inputfaktoren im Bereich wissensintensiver Dienstleistungen, namentlich das Wissen bzw. die Erfahrung der an den Prozessen beteiligten Mitarbeiter, mit Hilfe des Surrogats des Arbeitsentgelts in der Analyse berücksichtigt werden kann.

Einschränkend muss angemerkt werden, dass die ermittelte Differenzierung in effiziente und nicht-effiziente DMUs (Dienstleistungserstellungsprozesse) auf einer Reihe von Annahmen beruht, wie etwa der Annahme variabler Skalenerträge, welche für den konkreten Anwendungsfall zumindest noch einmal zu überdenken sind. Das Entfernen von bisher verwendeten Kriterien und/oder das Einbeziehen weiterer Kriterien kann in diesem Zusammenhang zu einer gänzlich anderen Differenzierung bzgl. effizienter und nicht-effizienter DMUs führen, so dass aufgrund der Heterogenität wissensintensiver Dienstleistungen eine Analyse geeigneter Beurteilungskriterien fallspezifisch erfolgen sollte. Weiterhin ist zu bemerken, dass die Abbildung des externen Faktors, neben dem Kriterium Anzahl der Kundenänderungen, gegebenenfalls um den Personalaufwand seitens des Dienstleistungsnehmers (z. B. Zeitaufwand pro Kunde, Anzahl der Arbeitsstunden des Kunden, vgl. Tab. 12.3) ergänzt werden kann. Nachteilig erweist sich zudem die Tatsache, dass die Bestimmung der Produktivität von wissensintensiven Dienstleistungsprojekten mittels der hier vorgestellten DEA-Variante lediglich statisch und ex post erfolgt. Dynamische Berechnungen mittels der hier vorgestellten DEA-Variante sind möglich. Hier muss der Anwender eine geeignete Fensterbreite wählen, d. h. die Länge des Betrachtungszeitraums, in denen Inputs und Outputs der DMUs gegenübergestellt werden. Dieser Ansatz erweist sich allerdings auf Prozess- bzw. Projektebene als schwierig umzusetzen, da die zu vergleichenden Projekte i. d. R nicht in einem Betrachtungszeitraum liegen. Dennoch wäre eine Weiterentwicklung des hier vorgestellten Ansatzes im Hinblick auf eine Dynamisierung erstrebenswert, um bereits während der Projektbearbeitung Hinweise über ggf. nicht-effiziente Teilprozesse zu erhalten. Interessant wäre in diesem Zusammenhang eine Verbindung der DEA mit der sogenannten Earned Value Analysis (EVA) aus dem Bereich des Projektcontrollings. Zur Unterstützung der Projektvorbereitung bzw. -planung könnten die geplanten Input- und Outputdaten mit den aktuellen best-practices (Frontierfunktion) mittels DEA abgestimmt werden, was dazu führen würde, dass man sich bereits während der Planung an „den Besten“ orientiert. Mit Hilfe der Plandaten und der tatsächlichen Istdaten könnte eine Fortschrittsbewertung des entsprechenden Projektes anhand der Earned Value Analysis erfolgen, um bereits während der Projektbearbeitung Hinweise über ggf. nicht-effiziente Teilprozesse zu erhalten. Nach Projektabschluss könnte das Projekt wiederum anhand der DEA mit sämtlichen vergangenen Projekten verglichen und bewertet werden. Somit entstünde über die Zeit eine sogenannte „All-Time-Best-Frontierfunktion“, d. h. eine immer exaktere Abbildung der best-practice.

12.5 Kundenorientierte Methoden zur effektiven und effizienten Dienstleistungserbringung

Jörg von Garrel, Kerstin Heinisch

12.5.1 Einleitung und Problemstellung

QFD ist ein Ansatz des Total Quality Managements, der vor allem in seinem ursprünglichen Bereich, dem industriellen Sektor, eingesetzt wird. Aber auch im Dienstleistungsbereich gewinnt die Methode zunehmend an Bedeutung. Um jedoch eine Anwendbarkeit auf den speziellen Bereich der wissensintensiven industriellen Dienstleistungen zu erlangen, ist die Problematik der Erfassung der Kundenanforderungen zu untersuchen und die, an den industriellen Sektor angelehnte klassische Vorgehensweise, zu adaptieren. Denn besonders im Bereich der wissensintensiven Dienstleistungen sind die Anforderungen der Kunden unterschiedlich und oft von hoher Komplexität. Es scheint daher schwierig für den Anbieter, ein wissensintensives industrielles Dienstleistungsportfolio zu entwickeln, das alle Wünsche, Bedürfnisse und Erwartungen der Kunden genau erfüllt. Hierbei ist es notwendig, den Entwicklungsprozess anbieterseitig zu unterstützen, um eine zielgerichtete und effiziente Realisierung der Kundenanforderungen zu gewährleisten.

Ziel des Beitrags ist es daher, einen ganzheitlichen Ansatz für wissensintensive industrielle Dienstleistungsanbieter auf Basis des QFD vorzustellen. Dieser QFD-Adaptionsansatz soll dabei der Entwicklung und Optimierung solcher Dienstleistungen dienen und somit der Erreichung der Übereinstimmung von angebotener und nachgefragter Qualität gewährleisten. Der Adaptionsansatz teilt sich in zwei Phasen auf, die zum besseren Verständnis anhand eines praktischen Beispiels angewendet und verifiziert werden.

12.5.2 Das QFD-Modell

Die Methode des QFD wurde 1966 durch Yoji Akao in Japan entwickelt. Akao (1992) berichtet von der ersten Erprobung eines „Konzepts zur Qualitätsentwicklung" 1972 auf den Schiffswerften der Mitsubishi Heavy Industries in Kobe, Japan. Später wurde QFD außerdem in der japanischen Automobil- und Zulieferindustrie eingesetzt. Eine Einführung dieser Methode in Amerika geschah 1984 durch die Ford Motor Company (Akao 1992). In Deutschland ist die QFD seit Ende der 1980er Jahre bekannt (Saatweber 2007).

Eine Übersetzung für Quality Function Deployment ins Deutsche ist in der Literatur in der Regel nicht gebräuchlich. Akao (1992) beschreibt QFD als die „Planung und Entwicklung der Qualitätsfunktionen eines Produktes entsprechend den von den Kunden geforderten Qualitätseigenschaften". Saatweber (2007) definiert die Methode wie folgt: „QFD dient der Zusammenarbeit der Funktionsbereiche im Unternehmen zur verlustfreien Transformation der Kundenanforderungen in marktführende Produkte und Dienstleistungen"(Saatweber 2007). QFD ist ein Planungs- und Kommunikationsinstrument zur systematischen Überbringung der Kundenwünsche, mit dessen Hilfe Kommunikations- und Schnittstellenverluste beseitigt werden können (Gogoll 1996). Diese Kundenwünsche werden in Form von Merkmalen in Funktionen zur durchgängigen Entwicklung attraktiver und kundenorientierter Leistungen umgewandelt. Das heißt, dass die Produkte oder Dienstleistungen so zu definieren sind, dass die Wünsche und Forderungen der Kunden voll erfüllt werden. Somit dient die QFD der „Transformation der Kundenanforderungen in unternehmensspezifische Fähigkeiten und der Mobilisierung aller Bereiche des Unternehmens zur Erfüllung dieser Kundenwünsche" (Saatweber 2007).

Der nachfolgende Ansatz des Vier-Phasen-Modells geht zurück auf das American Supplier Institute (ASI) (1989), welches 1985 durch Verbesserungen der QFD-Methode maßgeblich zur Verbreitung dieser in den USA beitrug (Saatweber 2007). Innerhalb des Ansatzes werden sukzessive vier verschieden Phasen durchlaufen, die zunächst kurz erläutert werden. Saatweber (2007) erweitert diesen Ansatz in der aktuelleren Literatur um eine vorangestellte Phase 0, die ältere Beiträge implizit voraussetzen. Außerdem ergänzt sie eine sogenannte „Post-Phase", die im Anschluss an die vierte Phase folgen soll, die im weiteren Verlauf jedoch nicht näher behandelt wird. Jede Phase dieses Modells stellt einen Planungsschritt innerhalb der gesamten Produkt- beziehungsweise Dienstleistungsentwicklung dar. Das Vier-Phasen-Modell nach ASI (1989) mit der Erweiterung nach Saatweber (2007) beinhaltet konkret:

- Phase 0 Kundenphase – Erfassung der Kundenanforderungen
- Phase I Konzeptplanungsphase – Produktdefinition
- Phase II Teile – und Komponentenplanung
- Phase III Prozessplanung
- Phase IV Prozessdurchführung – Planungsphase

In jeder Entwicklungs- oder Planungsphase werden phasenspezifische Qualitätstabellen erstellt. Mit Hilfe dieser aufeinander aufbauenden Planungspapiere soll die „Stimme des Kunden" systematisch in die „Sprache des Unternehmens" übersetzt werden. Dafür ist es notwendig, das Ziel (Was) sowie die dazugehörige Umsetzung (Wie) des Produktes beziehungsweise der Dienstleistung in den einzelnen Stufen darzustellen und miteinander in Beziehung zu setzen. Die Umsetzung (Wie) einer Phase dient der Weiterverarbeitung in der folgenden Phase und wird automatisch zur Zielvorgabe (Was). Illustriert werden die Zusammenhänge aller Phasen in Abb. 12.12. Das Ergebnis ist ein durchgängiger Quali-

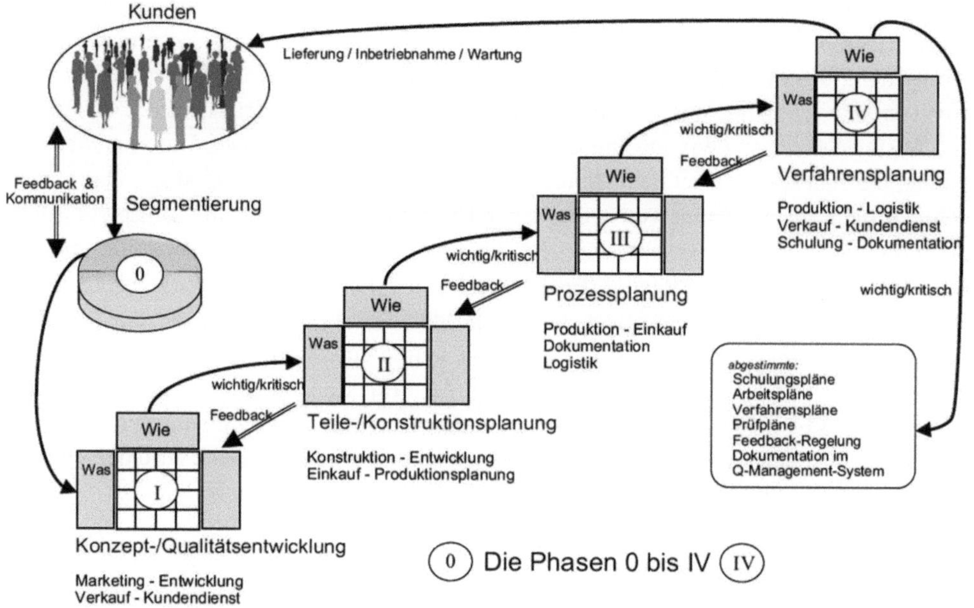

Abb. 12.12 Phasen des QFD-Prozesses. (Saatweber 2007)

tätsentwurf, der von multifunktionalen und somit abteilungsübergreifenden Teams erarbeitet wird (Saatweber 2007).

12.5.3 QFD für wissensintensive Dienstleister

Das QFD-Konzept zur Anwendung für wissensintensive industrielle Dienstleistungen umfasst zwei Phasen: Phase 0 und Phase 1, wobei weitere Phasen bei Bedarf hinzugefügt werden können, etwa um Ergebnisse zu detaillieren. Entgegen der bisher in der Literatur dargelegten Vorgehensweise zur Durchführung einer QFD-Methoden ist die Anwendung des Adaptionsansatzes nicht an die Befragung von Kunden gebunden.

Der Begriff der Phase 0 kann dabei von Saatweber (2007) übernommen werden. Diese Phase dient der Informationsbeschaffung und somit der Vorbereitung für die Arbeit im House of Quality. Sie bleibt in der Literatur weitgehend unbeachtet, ist jedoch im vorliegenden Konzept von hoher Wichtigkeit. Sie beinhaltet verschiedene Methoden und Verfahren zur Informationsbeschaffung und ist vor allem für die spezifischen Charakteristika industrieller Dienstleistungen konzipiert.

Phase 1 beschreibt die Arbeit in einem, für wissensintensive industrielle Dienstleistungen modifizierten House of Quality. Sie beinhaltet die wichtigsten Schritte der neu konzipierten Matrix; ergänzende Schritte können dem klassischen QFD-Verfahren entnommen werden. Das Hauptaugenmerk der Phase 1 liegt in der Generierung von Lösungsmerkmalen für die Neuentwicklung oder Optimierung von wissensintensiven Dienstleistungen.

Dabei wird die die Anwendung des Modells anhand eines Praxisbeispiels verdeutlicht. Ziel ist die übersichtliche und nachvollziehbare Veranschaulichung der notwendigen Phasen und Schritte. Dabei konzentrieren sich die folgenden Erläuterungen auf die prägnanten Ergebnisse einer in dieser Form praktischen Anwendung als auf den Lösungsweg. Die Anwendung des Modells geschieht anhand des QFD-Projektes eines fiktiven wissensintensiven industriellen Dienstleisters, der nachfolgend kurz vorgestellt wird:

„Wisind-Services" (Wissensintensive Industrielle Services) ist eine Unternehmensberatung, die sich speziell mit dem Bereich der Prozessoptimierung beschäftigt. Das Unternehmen dient als Lieferant von technischer Expertise in Planung und Umsetzung von organisationsinternen Prozessen. Ziel ist die Etablierung von Lean Prinzipien und die Konzentration auf wertschöpfende Tätigkeiten. Zu den Kunden zählen vorwiegend global tätige Konzerne und Mittelständler aus der produzierenden Industrie, die die Effizienz vorhandener Prozesse steigern oder neue Prozesse implementieren wollen. Wisind-Services agiert projektbezogen. Länge und Umfang der Projekte sind dabei vom Kunden, abhängig. Wisind-Services möchte das bestehende wissensintensive Leistungsportfolio für industrielle Kunden verbessern und weiterentwickeln. Zu diesem Zweck wird der Adaptationsansatz von QFD für wissensintensive industrielle Dienstleistungen genutzt.

12.5.4 Phase 0

12.5.4.1 Schritt 0 und Schritt 1: Sichtung des Kunden und seiner Anforderungen

Zunächst ist es notwendig, die Kunden des Unternehmens (im konkreten Fall: Wisind-Services) zu identifizieren und zu clustern. Das entstandene Portfolio von Kundengruppen wird anschließend analysiert und eingegrenzt. Darauffolgend sind Wettbewerber zu identifizieren und deren Dienstleistungen mit denen des Unternehmens gegenüberzustellen. Ausfindig gemachte Alleinstellungsmerkmale des eigenen Dienstleistungsportfolios werden für den weiteren Projektverlauf notiert.

Im nächsten Schritt werden mittels einer modifizierten sequentiellen Ereignismethode die potenziell verwendbaren Kundenanforderungen der eingegrenzten Zielgruppen identifiziert.

Um eine vollständige Erfassung der Kundenanforderungen ohne Befragungen der Kunden zu gewährleisten, ist es in diesem Schritt nötig, sich in den Kunden der Dienstleistung „hineinzuversetzen".

Im Rahmen des Service-QFD wendet Gogoll (2000) die sequentielle Ereignismethode an, um den Kunden das Äußern seiner Erwartungen zu erleichtern. In diesem Verfahren wird der Kunden phasenbezogen durch die einzelnen Prozessschritte der Dienstleistung geführt, um ein Übersehen von relevanten Informationen aktiv zu verhindern. Dabei ist dieses Vorgehen bei wissensintensiven industriellen Dienstleistungen 1) aufgrund der geringen Standardisierung als auch der hohen Komplexität und 2) dem Umstand, dass es sich bei dem Kunden um eine Organisation handelt, schwer möglich bzw. nicht sinnvoll.

Zur Identifizierung der Anforderungen des Kunden und somit des nachfragenden Unternehmens hinsichtlich wissensintensiver industrieller Dienstleistungen sollte daher der Kunde (als Organisation) in seiner Struktur analysiert werden. Hierzu eignen sich Ansätze des organisationalen Kaufverhaltens (Jeschke 2004). Ward und Webster (1991) definieren den Begriff des organisationalen Kaufverhaltens (englisch Original Organizational Buying Behaviour) als einen „Entscheidungsprozess, durch den Organisationen den Bedarf an zu kaufenden Gütern und Dienstleistungen feststellen, alternative Marken und Lieferanten identifizieren, bewerten und zwischen diesen auswählen" (Ward und Webster 1991). Das sogenannte „Buying-Center" umfasst alle Personen in einer Organisation, die im Rahmen der Beschaffung gemeinsam Kaufentscheidungsprozesse durchführen (Wirtz 2001). Denn um das Risiko bei Kaufentscheidungen zu reduzieren, werden im Beschaffungsprozess in der Regel multipersonelle Zusammensetzungen aus verschiedenen Fachabteilungen innerhalb eines Unternehmens verwendet.

Anhand des in Abb. 12.13 dargestellten Rollenkonzeptes von Webster und Wind (1972) können das Interesse sowie der Informationenbedarf der einzelnen Rollenträger des Buying-Centers differenziert werden. Diese fünf Rollen verzeichnen einen enormen Einfluss auf die Kaufentscheidung des Unternehmens und bestimmen somit, welche Dienstleistung beziehungsweise welcher Dienstleister den nachgefragten Auftrag erhält. (Wächter et al. 2009; Webster und Wind 1972).

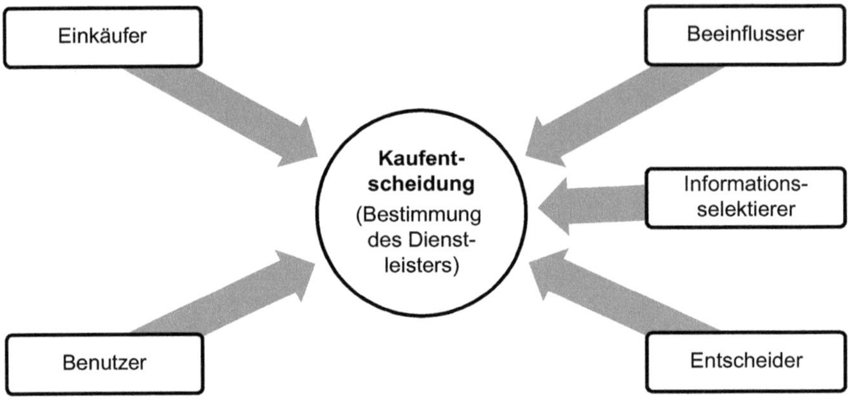

Abb. 12.13 Buying-Center-Rollenkonzept nach Webster und Wind (1972)

Eine Rolle kann von mehreren Personen wahrgenommen werden. Ebenso kann eine Person mehrere Rollen gleichzeitig ausführen (Sander 2004). Beispielhaft zeigen Webster und Wind (1972) in Tab. 12.6 den Einfluss der verschiedenen Rollen im Rahmen der einzelnen Phasen eines Kaufprozesses.

Innerhalb der Identifizierung der Kundenanforderungen ist es für den Dienstleistungsanbieter von hoher Bedeutung, die inneren Strukturen des Buying-Centers in Erfahrung zu bringen. Eine Information, die sich aus dem dargelegten Modell nicht ableiten lässt, ist die Einflussstärke der einzelnen Rollen innerhalb des Buying-Centers. Hierfür kann der sogenannte „Buying-Grid-Ansatz“ nach Bonoma (1982) Impulse zur Bearbeitung der Problematik geben.

Unter Einbeziehung des Rollenkonzeptes nach Webster und Wind (1972) können somit die Anforderungen des Kunden bzw. der Mitglieder des Buying-Centers sequentiell identifiziert werden, die in ihrer Gesamtheit den Anforderungen des Kunden einer wissensin-

Tab. 12.6 Einflüsse der Buying-Center-Mitglieder in den einzelnen Kaufphasen. (Webster und Wind 1972)

	Benutzer	Beeinflusser	Einkäufer	Entscheider	Informationsselektierer
Problemerkennung	X	X			
Spezifikation und Ablaufplanung	X	X	X	X	
Alternativen- und Lieferantensuche	X	X	X		X
Evaluierung der Alternativen	X	X	X		
Lieferantenauswahl	X	X	X	X	

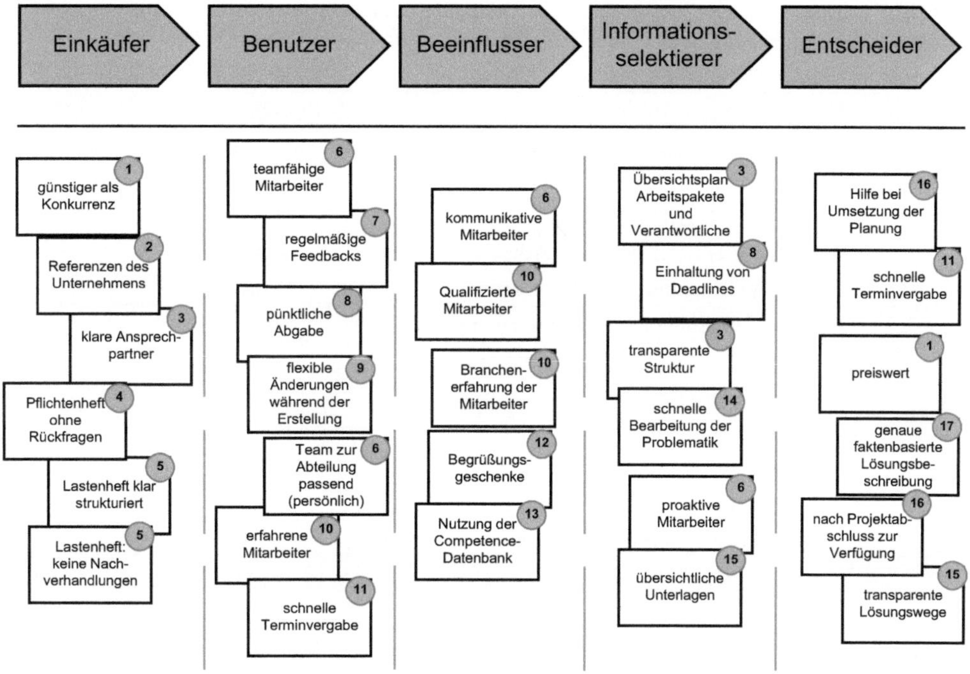

Abb. 12.14 Phase 0, Schritt 1: Identifizierung der Kundenanforderungen

tensiven industriellen Dienstleistung entsprechen. Abbildung 12.14 zeigt ein vorstellbares Ergebnis dieses Vorgehens.

Nach der Erfassung der Kundenanforderungen sind diese zu strukturieren. Zunächst werden die Kundenanforderungen nach Oberbegriffen in sogenannte „Cluster“ zusammengefasst (Gogoll 2000). Dabei können die Anforderungen unter Verwendung bestimmter Methoden konkretisiert werden (u. a. KJ-Methode, die Metaplantechnik sowie das Baumdiagramm), um so die zu Oberbegriffen zusammengefassten Cluster einzeln zu bearbeiten und zu vertiefen. Die in jedem Cluster enthaltenen Kundenanforderungen können so in mehrere Subebenen zerlegt beziehungsweise in weiteren Sitzungen konkretisiert werden. Hierbei wird die Sortierung nach primären, sekundären und tertiären Kundenanforderungen empfohlen.

Zur Beendigung dieses Schrittes sind relevante und repräsentative Anforderungen auszuwählen. Gemäß der klassischen QFD-Methode sind Kundenanforderungen zu wählen, die aus Sicht des Anbieters ein gewisses Innovationspotential aufweisen. Bei möglichen Schwierigkeiten ist das Ordnen der Anforderungen anhand der Ausprägung ihres Innovationspotentials zu empfehlen.

In unserem Praxisbeispiel entschließt sich die Wisind-Services eine Clusterbildung über alle Spalten vorzunehmen. Jede Kundenanforderung wird dazu mit einer Nummer versehen, die auf die Gruppierung hinweist. Über alle Buying-Center-Mitglieder entstehen dabei 17 Cluster potenzieller Kundenanforderungen. Von einer Detaillierung der einzelnen Cluster wird zur Vereinfachung an dieser Stelle abgesehen. Zuletzt entscheidet das Projektteam über die weitere Verwendung der Anforderungen anhand ihres Innovationspotentials. Die Kundenanforderungen 2, 4, 12 und 13 werden daraufhin ausgeschlossen,

Tab. 12.7 Phase 0, Schritt 2: Qualitative Wichtigkeiten der Erfüllung der nachfragenden Unternehmen

Nr.	Kundenanforderungen	Wichtigkeit der Erfüllung
1	Günstiger Preis	Sehr hoch
3	Transparente Projektstruktur	Mittel
5	Lückenloses übersichtliches Lastenheft	Mittel
6	Team- und Integritätsfähigkeit	Hoch
7	Regelmäßiges Feedback zum Projektstatus	Sehr hoch
8	Pünktliche Einhaltung von Deadlines	Sehr hoch
9	Flexible Änderungen im Erstellungsprozess	Sehr hoch
10	Adäquate Qualifikation und Erfahrung	Sehr hoch
11	Schnelle Terminvergabe	Gering
14	Zügige Bearbeitung der Arbeitspakete	Sehr hoch
15	Transparente Lösungsbeschreibungen	Hoch
16	Unterstützung der Umsetzung nach Projektende	Mittel
17	Konkrete Handlungsempfehlungen	Mittel

so dass sich insgesamt 14 Kundenanforderungen ergeben, die nun näher zu untersuchen sind.

12.5.4.2 Schritt 2: Ermittlung der Gewichtungsfaktoren

Die zu Ende des Schrittes 1 ausgewählten Kundenanforderungen werden in Schritt 2 gewichtet. Hierfür wird sich zu Teilen der Vorgehensweise der Nutzwertanalyse bedient. Zunächst ist eine qualitative Gewichtung der Kundenanforderungen vorzunehmen. Wichtig hierbei ist zu betonen, dass die Bewertung aus Sicht der nachfragenden Unternehmen erfolgt, die in Schritt 0 abgegrenzt wurden. Tabelle 12.7 illustriert dieses Vorgehen an unserem Praxisbeispiel:

Da die Anforderung 11 „schnelle Terminvergabe" mit einer „geringen" Wichtigkeit der Erfüllung bewertet wird, wird diese für die künftige Bearbeitung ausgeschlossen.

Obwohl der Kunde in Anlehnung an das Buying Center in fünf Teilelemente unterschieden werden kann ist hier eine „Pauschalisierung" hinsichtlich der Beantwortung folgender Fragestellung notwendig: Wie wichtig ist dem nachfragenden Unternehmen die Erfüllung der einzelnen Anforderungen?

Tab. 12.8 Bewertungsmaßstab zur Priorisierung der Kundenanforderungen

Priorität	Punkte
Kundenanforderung hat eine niedrigere Priorität	0
Prioritäten der Kundenanforderungen sind gleich	1
Kundenanforderung hat eine höhere Priorität	2

Im nächsten Schritt ist durch das QFD-Team ein Bewertungsmaßstab für die Gewichtung der Kundenanforderungen zu definieren. Tabelle 12.8 beinhaltet einen möglichen Bewertungsmaßstab.

Der Bewertungsmaßstab wird zunächst zur Ermittlung der Prioritäten der Anforderungen untereinander genutzt. Dazu sind die Anforderungen der Kunden paarweise miteinander zu vergleichen. Null Punkte erhält die jeweilige Anforderung mit der geringeren Priorität. Ein Punkt wird erteilt, wenn die Anforderungen aus Sicht des Entwicklungsteams in gleichem Maße zu priorisieren sind. Verzeichnet eine Kundenanforderung eine höhere Priorität im Vergleich zu einer anderen, werden ihr zwei Punkte zugeteilt.

Unter der Verwendung unseres Praxisbeispiels mit den Gewichtungen aus Tab. 12.7 in Verbindung mit dem Bewertungsmaßstab der Priorisierung aus Tab. 12.8 können die Gewichtungsfaktoren F_n der Kundenanforderungen n ermittelt werden. Dafür sind alle Anforderungen paarweise miteinander zu vergleichen, wie in Tab. 12.9 dargestellt.

12.5.4.3 Schritt 3: Gewichtung der Kundenanforderungen

Als nächstes wird sich im Schritt 3 zunächst der differenzierten Sichten der einzelnen Buying-Center-Mitglieder gewidmet. Der Index der Wichtigkeit gibt Auskunft über das Mitglied X des Buying-Centers und über die Kundenanforderung n. Die Gewichtung wird anhand des Bewertungsmaßstabes in Tab. 12.10 vorgenommen.

Divergenzen in der Gewichtung einer Kundenanforderung über die verschiedenen Spalten sind mit den unterschiedlichen Intentionen der einzelnen Buying-Center-Rollen zu begründen. Ziel dieses Vorgehens ist es, die qualitative Gewichtung um die konkrete Sicht der einzelnen Mitglieder des Buying-Centers mit quantitativen Werten zu erweitern. Dazu sind in einer vertieften und detaillierten Analyse die Meinungen und Erwartungen der Buying-Center-Mitglieder zu den Kundenanforderungen zu ordnen. Tab. 12.11 illustriert die quantitative Gewichtung aus Sicht der Mitglieder des Buying-Centers in unserem Praxisbeispiel.

Abschließend sind die Gewichtungen G_n der Kundenanforderungen unter Verwendung der Gewichtungsfaktoren F_n (vgl. Tab. 12.9) und der quantitativen Wichtigkeiten der Erfüllung W_{Xn} (vgl. Tab. 12.10) zu berechnen. Das Produkt der Gewichtung G_n einer Kundenanforderung n vereint:

Unternehmenssicht: Die Anforderungen der nachfragenden Organisation als eine Einheit durch die Gewichtungsfaktoren F_n,

Buying-Center-Sichten: Die Anforderungen jedes einzelnen Mitglieds des Buying-Centers durch die Wichtigkeiten der Erfüllung W_{Xn}.

Aufgrund der beschafften Informationen und Daten der Phase 0 kann nun mit der eigentlichen Arbeit im House of Quality begonnen werden.

Tab. 12.9 Phase 0, Schritt 2: Ermittlung der Gewichtungsfaktoren F_n

Kundenanforderungen n	1 Günstiger Preis	2 Transparente Projektstruktur	3 Lückenloses übersichtliches Lastenheft	4 Team- und Integritätsfähigkeit	5 Regelmäßiges Feedback zum Projektstatus	6 Pünktliche Einhaltung von Deadlines	7 Flexible Änderungen im Erstellungsprozess	8 Adäquate Qualifikation und Erfahrung	9 Zügige Bearbeitung der Arbeitspakete	10 Transparente Lösungsbeschreibungen	11 Unterstützung der Umsetzung nach Projektende	12 Konkrete Handlungsempfehlungen	Gewichtung	Gewichtungsfaktor F_n
1	X	2	2	2	1	1	1	1	1	2	2	2	17	0,1288
2	0	X	1	0	0	0	0	0	0	0	1	1	3	0,0227
3	0	1	X	0	0	0	0	0	0	0	1	1	3	0,0227
4	0	2	2	X	0	0	0	0	0	1	2	2	9	0,0682
5	1	2	2	2	X	1	1	1	1	2	2	2	17	0,1288
6	1	2	2	2	1	X	1	1	1	2	2	2	17	0,1288
7	1	2	2	2	1	1	X	1	1	2	2	2	17	0,1288
8	1	2	2	2	1	1	1	X	1	2	2	2	17	0,1288
9	1	2	2	2	1	1	1	1	X	2	2	2	17	0,1288
10	0	2	2	1	0	0	0	0	0	X	2	2	9	0,0682
11	0	1	1	0	0	0	0	0	0	0	X	1	3	0,0227
12	0	1	1	0	0	0	0	0	0	0	1	X	3	0,0227
Summe													132	1

Tab. 12.10 Bewertungsmaßstab zur quantitativen Gewichtung der Kundenanforderungen

Wichtigkeit der Erfüllung W_{Xn}	Punkte
Sehr gering	1–2
Gering	3–4
Mittel	5–6
Hoch	7–8
Sehr hoch	9–10

Tab. 12.11 Phase 0, Schritt 3: Quantitative Wichtigkeiten der Erfüllung der Buying-Center-Mitglieder

Kundenanforderung n	Einkäufer W_{Bn}	Benutzer W_{Un}	Beeinflusser W_{In}	Selektierer W_{Gn}	Entscheider W_{Dn}
1	10	8	7	6	10
2	8	5	4	9	6
3	10	3	3	7	6
4	6	10	10	8	9
5	3	8	5	6	8
6	6	8	7	9	8
7	4	9	7	7	7
8	8	10	7	7	9
9	6	8	7	9	8
10	6	8	7	8	9
11	7	7	6	5	8
12	6	9	5	7	9

12.5.5 Phase 1

Nach der Identifizierung und Erfassung der Anforderungen des industriellen Kunden in Phase 0, sind die Erwartungen und Wünsche in Phase 1 in einen Zusammenhang mit der anzubietenden wissensintensiven Dienstleistung zu bringen, um diese neu zu konzipieren bzw. zu optimieren. Hierzu dient das klassische House of Quality als Basis, welches an die Bedürfnisse wissensintensiver industrieller Dienstleistungen angepasst werden muss (vgl. Abb. 12.15).

12.5.5.1 Schritt 1: Kundenanforderungen und deren Gewichtungen

Im Schritt 1 der Phase 1 ist der „Eingang“ des modifizierten House of Quality zu befüllen. Hierfür sind die ermittelten Kennzahlen aus Schritt 3 der Phase 0 zu verwenden. Anhand der errechneten Gewichtungen G_n der Kundenanforderungen n aus Tab. 12.11 sind zunächst die relativen Gewichtungen G_{10n} zu berechnen. Die Berechnung erfolgt durch die folgende Formel:

$$G_{10n} = \left\lceil \frac{G_n \cdot 10}{max(G_n)} \right\rceil \tag{12.2}$$

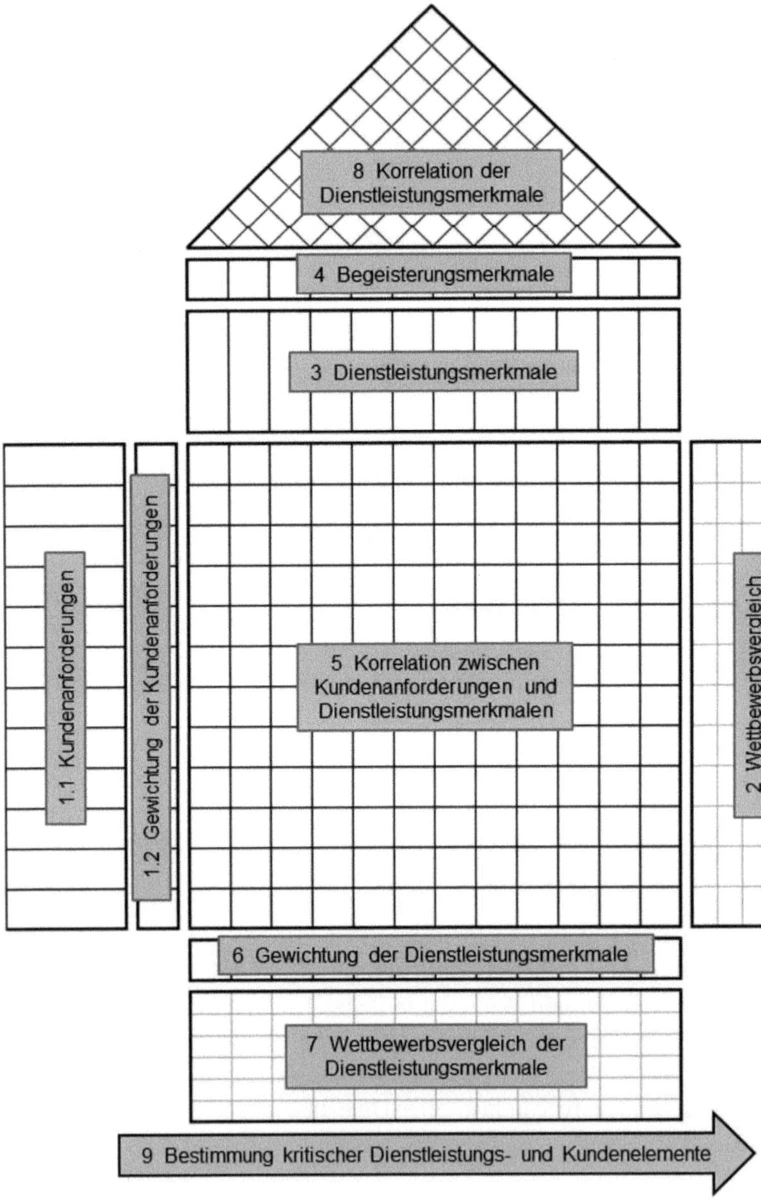

Abb. 12.15 Modifiziertes House of Quality

Die Kundenanforderung n mit der höchsten Gewichtung G_n erhält den relativen Gewichtungswert $G_{10n} = 10$. Alle anderen Kundenanforderungen werden dazu in Relation gesetzt. Die relativen Gewichtungen G_{10n} sind als ganze Zahlen einzutragen. Auf diese Weise werden allen Kundenanforderungen anhand der Ratingskala von 1 bis 10 nach Sullivan (1988) gewichtet. Möglich sind ebenfalls Bewertungen unter anderem von 1 bis 5 nach Akao (1992) oder in Prozent nach Hauser und Clausing (1988). Normative Forderungen,

Tab. 12.12 Phase 1, Schritt 1: Berechnung der relativen Gewichtungen G_{10n}

Kundenanforderungen n	G_n	G_{10n}	
Günstiger Preis	5,2808	10	(10)
Transparente Projektstruktur	0,7264	1	(1,38)
Lückenloses übersichtliches Lastenheft	0,6583	1	(1,25)
Team- und Integritätsfähigkeit	2,9326	6	(5,55)
Regelmäßiges Feedback zum Projektstatus	3,8640	7	(7,32)
Pünktliche Einhaltung von Deadlines	4,8944	9	(9,27)
Flexible Änderungen im Erstellungsprozess	4,3792	8	(8,29)
Adäquate Qualifikation und Erfahrung	5,2808	10	(10)
Zügige Bearbeitung der Arbeitspakete	4,8944	9	(9,27)
Transparente Lösungsbeschreibungen	2,5916	5	(4,91)
Unterstützung der Umsetzung nach Projektende	0,7491	1	(1,42)
Konkrete Handlungsempfehlungen	0,8172	2	(1,55)

die zwingend vom Dienstleistungsanbieter einzuhalten sind, können direkt mit einem relativen Gewichtungswert von zehn bewertet werden.

Bezüglich unseres Praxisbeispiels ist dieses Vorgehen in Tab. 12.12 dargestellt.

Falls die Höhe der Anzahl der Kundenanforderungen die weitere Bearbeitung im House of Quality erschweren sollte, kann vor der Übertragung der Kundenanforderungen in das House of Quality ein Grenzwert für die Gewichtungen definiert werden.

Im Rahmen unseres Vorgehens bei der Wisind-Services wird ein solcher Grenzwert definiert und nur die Anforderungen, die in Tab. 12.12 grau hervorgehoben sind, in das modifizierte House of Quality übertragen.

12.5.5.2 Schritt 2: Wettbewerbsvergleich der Kundenanforderungen

Im zweiten Schritt erfolgt der Wettbewerbsvergleich (aus Kundensicht) der Kunden, bei dem die Kundenanforderungen im Vergleich zu marktbedeutenden Dienstleistungen konkurrierender Unternehmen gegenübergestellt werden.

Um einen Vergleich zu bewerkstelligen, werden laut dem klassischen QFD-Konzept Kunden zu ihrer subjektiven Meinung befragt. Da dies im Bereich der wissensintensiven industriellen Dienstleistungen schwer möglich ist, kann die Informationsbeschaffung unter anderem aus den Erkenntnissen des Benchmarkings in Schritt 0 der Phase 0 oder alternativ auch anhand von Mitarbeitern, die Erfahrungen mit den ausgewählten Wettbewerbern haben, erfolgen. Saatweber (2007) zeigt außerdem die Möglichkeit auf, sonstige Mitarbeiter des Dienstleistungsanbieters nach ihrer Meinung zu befragen (Saatweber 2007). Die betreffenden Personen sind nach ihrer Beurteilung zu befragen, wie der eigene Dienstleistungsanbieter im Vergleich zu ausgewählten Wettbewerbern hinsichtlich der eingetragenen Kundenanforderungen zu bewerten ist. Hierfür wird, ebenso wie in den vorhergehenden Schritten, eine Skala von 1 bis 10 empfohlen, wobei die Punktzahl „1" einen niedrigen Leistungsgrad impliziert und „10" einen hohen Leistungsgrad.

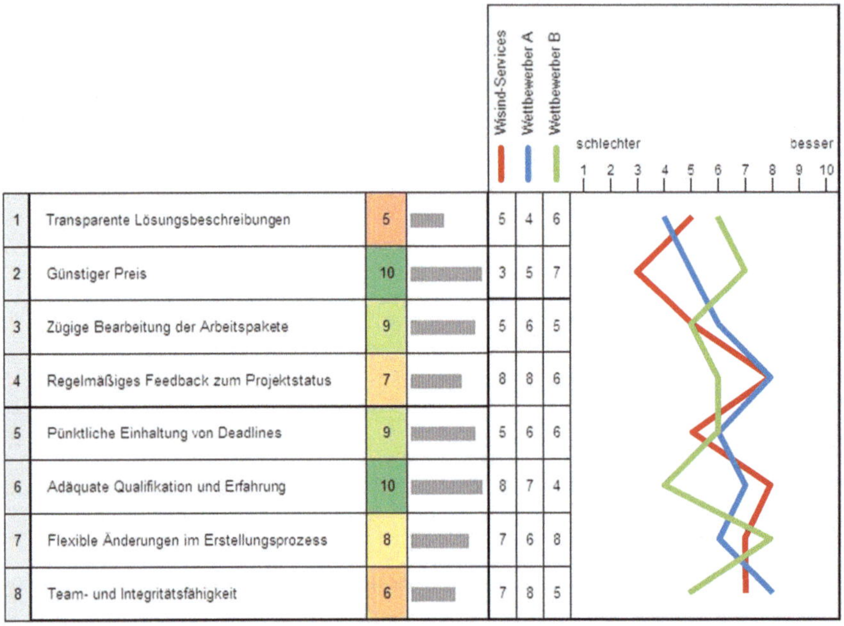

Abb. 12.16 Gewichtung und Wettbewerbsvergleich der Kundenanforderungen im House of Quality

Der Wettbewerbsvergleich aus Kundensicht befindet sich im rechten Teil des House of Quality, wie anhand unseres Praxisbeispiels in Abb. 12.16 illustriert.

Wisind-Services vergleicht sich hierbei (aus Kundensicht) hinsichtlich der Kundenanforderungen mit zwei ausgewählten Wettbewerbern, die sich als wissensintensive industrielle Dienstleister führend im Bereich der Prozessoptimierung am Markt positioniert haben.

Wichtig zu betonen ist, dass aufgrund der genannten Quellen der Informationsbeschaffung die verwendeten Beurteilungen nicht nur auf Daten und Fakten beruhen, sondern auch Erfahrungen beinhalten und somit auch subjektiven Bewertungen und emotionalen Faktoren unterliegen, die durch das Image des Wettbewerbers, durch Werbung oder durch Aussagen anderer mitgeprägt wurden (Saatweber 2007).

Anhand des Diagramms lassen sich anschließend Alleinstellungsmerkmale herausarbeiten, die die Dienstleistung des eigenen Unternehmens von Dienstleistungen des Wettbewerbs aus Sicht der Kunden abheben könnte. Weiterhin ermöglicht die Visualisierung die Identifizierung von zukünftigen Bereichen, die akutes Verbesserungspotential aufweisen. Durch die Gegenüberstellung der relativen Gewichtungen G_{10n} aus Schritt 1 und den quantitativen Beurteilungen aus dem Wettbewerbsvergleich, kann die Wichtigkeit der entsprechenden Anforderung für den Kunden im Vergleich zur Wettbewerbsfähigkeit betrachtet werden. Auf diese Weise können Aussagen zur potentiellen Marktpositionierung getroffen werden. Die Analyse kann mit zu definierenden Plan – beziehungsweise Zielwerten ergänzt werden. Ein direkter Vergleich dieser Werte mit dem momentanen Kundenbild zeigt die Verbesserungsrate auf, die bei Bedarf in die Gewichtung der Kundenanforderungen mit einfließen kann.

Dem Diagramm (vgl. Abb. 12.16) zu entnehmen, sind Schwächen in den Kategorien „Günstiger Preis“ (drei Punkte) und „Pünktliche Einhaltung von Deadlines“ (fünf Punkte), in denen Wisind-Services im Vergleich zu beiden Wettbewerbern aus Sicht der Kunden als subjektiv schlechter eingestuft wird. Beide Kundenanforderungen werden mit zehn beziehungsweise neun Punkten gewichtet und verzeichnen somit eine hohe Wichtigkeit der Erfüllung für den Kunden. Als führend wird das Unternehmen wiederum in den Anforderungen „Regelmäßiges Feedback zum Projektstatus“ (acht Punkte) und „Adäquate Qualifikation und Erfahrung“ (acht Punkte) gesehen.

12.5.5.3 Schritt 3 und 4: Dienstleistungsmerkmale und Begeisterungsmerkmale

Im Schritt 3 erfolgt die Übersetzung der „Stimmen der Kunden“ in die „Sprache des Unternehmens“. Es ist festzulegen, mit welchen Merkmalen der Dienstleistung die Kundenanforderungen erfüllt werden können. Hierbei sind vom Entwicklungsteam keine detaillierten Lösungsvorschläge auszuarbeiten, sondern Dienstleistungsmerkmale festzulegen, die die Anforderungen der Kunden in qualitativer Hinsicht beschreiben. Diese Beschreibungen enthalten die Merkmale für später folgende Lösungen. Der Dienstleister muss dabei in der Lage sein, zu jedem Dienstleistungsmerkmal einen fiktiven Zielwert zur Erfüllung einer Kundenanforderung zu definieren. Andernfalls muss das betroffene Merkmal überprüft und eventuell neu festgelegt werden.

Bei der Formulierung der Dienstleistungsmerkmale sind insbesondere die Eigenschaften wissensintensiver industrieller Dienstleistungen zu beachten. Die Immaterialität der Leistung, die Integrativität des externen Faktors und die hohe Bedeutung des Humankapitals und damit der Ressource „Wissen“ stehen dabei im Mittelpunkt der Betrachtung (Hansen 2009). Weiterhin ist der Prozesscharakter wissensintensiver industrieller Dienstleistungen in den folgenden Darlegungen des Schrittes 3 berücksichtigt. Gemäß dem Modell von Donabedian (1980) umfasst die Prozessdimension einer Dienstleistung den Leistungserstellungsprozess und alle damit einhergehenden Aktivitäten (Meyer und Mattmüller 1987). Um die Generierung von Dienstleistungsmerkmalen für wissensintensive industrielle Dienstleistungen zu ermöglichen, wird dabei in Teilen dem Dienstleistungs-QFD nach Saatweber (2007) gefolgt. Daraus folgernd sind die festgelegten Dienstleistungsmerkmale im Rahmen des Adaptionsansatzes in folgende Elemente einzuteilen:

- Leistungsmerkmale,
- Prozessmerkmale,
- Mitarbeitermerkmale.

Aufgrund des hohen Individualitätsgrades wissensintensiver industrieller Dienstleistungen variiert der Anteil der einzelnen Merkmale im Rahmen der Einteilung je nach Projekt. Im Folgenden werden die Merkmalsarten kurz erläutert.

Leistungsmerkmale beschreiben die spezifischen Inhalte der Dienstleistung. Hierzu zählen unter anderem vorhandene oder benötigte materielle Ressourcen oder die Arbeitsumgebung. Bei der Generierung der Leistungsmerkmale ist außerdem die Leistungsfähigkeit der potentiellen Dienstleistung zu berücksichtigen.

Prozessmerkmale beschreiben die Prozessabläufe beziehungsweise Prozessschritte der Dienstleistungserstellung. Hierbei kann insbesondere das Blueprinting-Verfahren nach Gogoll (1996) angewandt werden, um Transparenz im Dienstleistungserstellungsprozess zu schaffen. Aufgrund der Variabilität in der Kombination von internen und externen Faktoren im Leistungserstellungsprozess ist aber auf eine optimale Integration des Kunden im gesamten Dienstleistungsprozess zu achten.

Mitarbeitermerkmale sind bei wissensintensiven Dienstleistungen von besonderer Bedeutung. Aufgrund der hohen Komplexität der Aufgaben und der hohen Wissensintensität der Dienstleistung stellen die Mitarbeiter essentielle Merkmale der Dienstleistung dar, so dass auf die vorhandenen und benötigten Fähigkeiten der Mitarbeiter einzugehen ist. Hierzu sind unter anderem Merkmale zur Kapazitätsverteilung der Ressource „Wissen" festzulegen.

In Anlehnung an Kano et al. (1984), die zwischen Basisanforderungen, Leistungsanforderungen und Begeisterungsanforderungen differenzieren, wird diese Spezifikation der Kundenanforderungen im Schritt 4 für die Potentialbestimmung der Dienstleistungsmerkmale verwendet. Denn insbesondere Begeisterungsanforderungen sind neue Eigenschaften einer Dienstleistung, die bisher nicht vorhanden sind (Saatweber 2007). Sie lösen bei Erfüllung beim Kunden einen Überraschungseffekt aus, der den Wert beziehungsweise das Image der Dienstleistung erhöht und somit eine hohe Kundenbindung ermöglichen kann (Saatweber 2007). Um entsprechende Begeisterungsmerkmale zu identifizieren, ist es notwendig, die einzelnen Dienstleistungsmerkmale nach ihrem Innovations- und Dienstleistungspotential zu bewerten, um so „Chancen" für neue bzw. zur Verbesserung bestehender Dienstleistung offen zu legen. Hierfür enthält das modifizierte House of Quality eine separate Zeile, in der eingetragene Dienstleistungsmerkmale, die als Begeisterungsmerkmale identifiziert werden, zu kennzeichnen sind.

Bezüglich unseres Praxisbeispiels werden die Dienstleistungsmerkmale dadurch generiert, indem die Frage untersucht wird, mit welchem Merkmal der Dienstleistung die jeweilige Anforderung des Kunden beschrieben und erfüllt werden kann. Im Rahmen der wissensintensiven industriellen Dienstleistungen sind hier vor allem eine ausreichende Integrativität des Kunden und das Wissen, die Kompetenzen sowie Erfahrungen der eigenen Mitarbeiter zu nennen. In Abb. 12.17 sind die identifizierten Dienstleistungsmerkmale der Wisind-Services illustriert. Dabei identifiziert Wisind-Services bezüglich des Dienstleistungsmerkmals „Soziale Kompetenz der Mitarbeiter" das Potential, den Kunden mit ihrer Erfüllung positiv zu überraschen und somit zu begeistern, was zu einer hohen Kunden-

Begeisterungsmerkmale								★
Strukturierung	Leistungsmerkmale		Prozessmerkmale		Mitarbeitermerkmale			
Dienstleistungsmerkmale	Verständliche und nachvollziehbare Ergebnispräsentation	Adäquat gestaltete Preispolitik	Kurze Einarbeitungsphase und schneller Fortschritt im Erstellungsprozess	Proaktive Integration des Kunden in die Leistungserstellung	Professionelle reflektierbare Arbeitsweise	Expertenwissen in Branche und Fachbereich	Zeitlich schnelle Reaktion auf Veränderungen durch effiziente Anpassung der Daten	Soziale Kompetenz der Mitarbeiter

Abb. 12.17 Festlegung der Dienstleistungs- und Begeisterungsmerkmale im House of Quality

bindung führen kann. Dementsprechend wird dieses Merkmal als Begeisterungsanforderung charakterisiert. Zu begründen ist die Entscheidung mit der Darlegung des Zielwertes dieses Merkmals, der unter anderem eine regelmäßige Teamdinner-Veranstaltung mit dem Kunden als Gast, vorsieht. Auf diese Weise begegnen sich Mitarbeiter und Kunden auf sozialer Ebene, die Sozialkompetenz der Mitarbeiter wird hervorgehoben und der Kunde fühlt sich stärker integriert.

12.5.5.4 Schritt 5 und Schritt 6: Korrelationsmatrix und Gewichtung der Dienstleistungsmerkmale

Die Korrelationsmatrix bildet den Kern des House of Quality. In ihr sind die Dienstleistungsmerkmale (Leistungsmerkmale, Prozessmerkmale und Mitarbeitermerkmale) den Kundenanforderungen gegenüberzustellen. Schritt 5 erfolgt analog zur klassischen Vorgehensweise des QFD. Dabei wird der Unterstützungsgrad (auch Beziehungsstärke oder Korrelationsstärke) jedes Dienstleistungsmerkmals zu jeder Kundenanforderung ermittelt. Folgenden Fragestellungen sind innerhalb dieses Schrittes nachzugehen: „Wie stark unterstützt das Dienstleistungsmerkmal X die Kundenanforderung Y?" und „Welchen Einfluss hat die Verbesserung des Dienstleistungsmerkmals X auf die Kundenanforderung Y?" Die Bewertung der Korrelationen erfolgt dabei numerisch (z. B. 9 = hohe Beziehung, 3 = mittlere Beziehung, 1 = niedrige Beziehung). Zur Berechnung der Gewichtungen der Dienstleistungsmerkmale ist das Produkt aus der relativen Gewichtung G_{10n} der Kundenanforderung und der Korrelationsbewertung zu bilden. Unterstützt ein Dienstleistungsmerkmal mehrere Kundenanforderungen, ist die Summe aller Produktwerte der entsprechenden Spalte zu bilden (Saatweber 2007). Das Ergebnis ist die absolute Gewichtung des Dienstleistungsmerkmals.

	Kundenanforderungen	G_{10n}	1	2	3	4	5	6	7	8
	Begeisterungsmerkmale									★
			Leistungs-merkmale		Prozess-merkmale		Mitarbeitermerkmale			
	Dienstleistungsmerkmale		Verständliche und nachvollziehbare Ergebnispräsentation	Adäquat gestaltete Preispolitik	Kurze Einarbeitungsphase und schneller Fortschritt im Erstellungsprozess	Proaktive Integration des Kunden in die Leistungserstellung	Professionelle reflektierbare Arbeitsweise	Expertenwissen in Branche und Fachbereich	Zeitlich schnelle Reaktion auf Veränderungen durch effiziente Anpassung der Daten	Soziale Kompetenz der Mitarbeiter
1	Transparente Lösungsbeschreibungen	5	9			9	3	3		9
2	Günstiger Preis	10		9	3				1	
3	Zügige Bearbeitung der Arbeitspakete	9	1	9	9	1	9	9	9	
4	Regelmäßiges Feedback zum Projektstatus	7	1			9	9			1
5	Pünktliche Einhaltung von Deadlines	9			9	1	9	1	9	
6	Adäquate Qualifikation und Erfahrung	10	3		1			9		1
7	Flexible Änderungen im Erstellungsprozess	8				9	3	1	9	
8	Team- und Integritätsfähigkeit	6	3			9	3	3		9
	absolute Gewichtung		109	171	202	252	282	221	244	116
	relative Gewichtung [%]		6,83	10,71	12,65	15,78	17,66	13,84	15,28	7,26

Abb. 12.18 Ermittlung der Unterstützungsgrade in der Korrelationsmatrix und Berechnung der Gewichtungen der Dienstleistungsmerkmale im House of Quality

Anhand des Mitarbeitermerkmals „Expertenwissen in Branche und Fachbereich" unseres Praxisbeispiels soll im Folgenden die Bearbeitung der Korrelationsmatrix veranschaulicht werden: Das Dienstleistungsmerkmal korreliert äußerst positiv mit der Kundenanforderung „Adäquate Qualifikation und Erfahrung", da umfangreiches Fachwissen in der Regel zur besseren Integrität innerhalb der Mitarbeiter des nachfragenden Unternehmens beiträgt. Das Expertenwissen der Mitarbeiter von Wisind-Services kann zudem eine positive Korrelation zur Kundenanforderung „Flexible Änderungen im Erstellungsprozess" aufweisen, da es teilweise zu dessen Erfüllung beitragen kann. Somit ist ein schwacher Unterstützungsgrad zuzuteilen. Keine Korrelation besteht aber beispielsweise zur Kundenanforderung „Regelmäßiges Feedback zum Projektstatus". Abbildung 12.18 stellt die Korrelationsmatrix und die errechneten Gewichtungen bildlich dar.

Um für jedes Dienstleistungsmerkmal, wie beschrieben, einen Zielwert zu definieren, sollten keine Lösungen konzipiert, sondern erstrebenswerte Ergebnisse in Hinblick auf die Wünsche der Kunden abgebildet werden. Hierzu ist es sinnvoll, die Korrelationsmatrix im Kern des House of Quality näher zu sichten. Dienstleistungsmerkmale, die stark positive Korrelationen zu einzelnen Kundenanforderungen verzeichnen, sollten zusammen mit den entsprechenden Anforderungen im Gesamtbild der bisher bearbeiteten Matrix betrachtet werden. Merkmale mit potentiell hohen Synergieeffekten sind hierbei entsprechend herausfordernde Zielwerte zuzuweisen.

Im praktischen Fallbeispiel von Wisind-Services wird zu dem beschriebenen Prozessmerkmal „Proaktive Integration des Kunden in die Leistungserstellung" ein Zielwert formuliert, der die Erstellung eines internen Rückkopplungsplans vorsieht, der standardisierte Zeitfenster für die geforderten Rücksprachen mit dem Kunden vorsieht.

Im Anschluss an die Zielwerte hat das Projektteam den Schwierigkeitsgrad der Umsetzung eines jeden Zielwertes einzuschätzen. Hierbei ist aus Gründen der Nachvollziehbarkeit und Vergleichbarkeit innerhalb des House of Quality erneut die Ratingskala von 1 (niedriger Schwierigkeitsgrad) bis 10 (hoher Schwierigkeitsgrad) zu verwenden.

Die Formulierungen der Zielwerte mit den dazugehörigen Schwierigkeitsgraden der Wisind-Services sind Abb. 12.19 zu entnehmen.

12.5.5.5 Schritt 7 und Schritt 8: Wettbewerbsvergleich und Korrelation der Dienstleistungsmerkmale

Zur Durchführung des Wettbewerbsvergleiches aus Unternehmenssicht sind möglichst dieselben Wettbewerber wie aus Schritt 2 – dem Wettbewerbsvergleich aus Kundensicht – zu untersuchen. Ergebnisse des Benchmarkings aus Phase 0, Schritt 0 sind weiterhin in der Untersuchung zu berücksichtigen. Die im House of Quality festgelegten Dienstleistungsmerkmale sind objektiv zu überprüfen und analog zur vorherigen Wettbewerbsanalyse mit deren Leistungsgraden zu bewerten. Bei der Beurteilung des Leistungsgrades eines Dienstleistungsmerkmals sind Schwierigkeiten und Engpässe bei der eventuellen Realisierung des Merkmals zu berücksichtigen.

Als nächster Schritt ist, wie im klassischen House of Quality, die Korrelationsmatrix im Dach des Hauses, die die Beziehungen der Dienstleistungsmerkmale untereinander darstellt, zu erarbeiten. Korrelationen, die als „stark negativ" festgelegt werden, deuten dabei in der Regel auf die Notwendigkeit eines alternativen, neuen Lösungsansatzes hin (Saatweber 2007). Besonders im Bereich wissensintensiver Dienstleistungen können identifizierte Konflikte und Widersprüche zwischen Dienstleistungsmerkmalen ein hohes Innovationspotential bergen. Gründe hierfür sind die nicht vorhandenen technisch-physikalischen Grenzen aufgrund des Merkmals der Immaterialität von Dienstleistungen. Ihre Individualität und Variabilität macht sie in ihrer Struktur flexibel und modifizierbar, so dass negative Zusammenhänge zwischen zuvor erarbeiteten Dienstleistungsmerkmalen als Möglichkeiten der Dienstleistungsoptimierung zu interpretieren sind. Saatweber

	1	2	3	4	5	6	7	8
Begeisterungsmerkmale								★
Strukturierung	Leistungsmerkmale		Prozessmerkmale		Mitarbeitermerkmale			
Dienstleistungsmerkmale	Verständliche und nachvollziehbare Ergebnispräsentation	Adäquat gestaltete Preispolitik	Kurze Einarbeitungsphase und schneller Fortschritt im Erstellungsprozess	Proaktive Integration des Kunden in die Leistungserstellung	Professionelle reflektierbare Arbeitsweise	Expertenwissen in Branche und Fachbereich	Zeitlich schnelle Reaktion auf Veränderungen durch effiziente Anpassung der Daten	Soziale Kompetenz der Mitarbeiter
Zielwerte	Standardisierte Pflichtenhefte für Projektberichte nach Branchen und Fachbereichen	An Wettbewerb angepasste Preisgestaltung und Identifizierung von Einsparpotentialen	Arbeitspaketebezogene Kapazitätsberechnung und zentrale Unterstützung bei der Strukturierung	Interner Rückkopplungsplan mit standardisierten Zeitfenstern für Rücksprachen mit dem Kunden	Regelmäßige Kurse zum Thema Projektmanagement, insbesondere Time Scheduling für Projektmitarbeiter	Regelmäßige Weiterbildungen zu fachspezifischen Themen mit Anwesenheitspflicht für Mitarbeiter	Pro Mitarbeiter einmalig angebotene Schulung zum Thema Zeitmanagement und effiziente Projektarbeit	Jährliche Soft Skills-Workshops und Einladung des Kundenfachbereiches zum Abendessen am Projektbeginn
Schwierigkeitsgrade	4	9	7	8	5	9	4	2

Abb. 12.19 Festlegung der Zielwerte und Schwierigkeitsgrade der Dienstleistungsmerkmale im House of Quality

(2007) nennt zwei Innovationsmethoden, die diese Vorgehensweise unterstützen: TRIZ (Theorie des erfinderischen Problemlösens) und WOIS (Widerspruchsorientierte Innovationsstrategie) (Saatweber 2007).

Mit Bezug auf das Praxisbeispiel bewertet sich Wisind-Services bei den Dienstleistungsmerkmalen 5 „Professionelle reflektierbare Arbeitsweise" und 7 „Zeitlich schnelle Reaktion auf Veränderungen durch effiziente Anpassung der Daten" schlechter als der Wettbewerb. Führend unter den Wettbewerben positioniert sich das Unternehmen dagegen bei den Mitarbeitermerkmalen 6 „Expertenwissen in Branche und Fachbereich" und 8 „Soziale Kompetenz der Mitarbeiter".

Bei der Ermittlung der Korrelationen der Dienstleistungsmerkmale werden zwei stark negative Korrelationen zwischen dem Leistungsmerkmal „Adäquate Preispolitik“ und den Mitarbeitermerkmalen „Expertenwissen in Branche und Fachbereich“ und „Soziale Kompetenz der Mitarbeiter“ identifiziert. Zu begründen sind diese negativen Korrelationen hauptsächlich mit dem Zielkonflikt zwischen Kosten und Qualität. Die Zielwerte beider Mitarbeitermerkmale beziehen sich u. a. auf Qualifikationen, die für das Unternehmen zusätzliche finanzielle Aufwände bedeuten. Währenddessen verlangt der Zielwert der adäquaten Preispolitik unter anderem die Aufdeckung von Kostenpotentialen. So ist weiterführend zu beobachten, dass dieses Dienstleistungsmerkmal mit vier der acht Merkmale negativ korreliert, nämlich mit allen Mitarbeitermerkmalen, die zur Erhöhung der Dienstleistungsqualität zwangsläufig Kosten verursachen. (vgl. Abb. 12.20)

12.5.5.6 Schritt 9: Kritische Elemente

Ziel des Schrittes 9 ist die Auswertung der Matrix, um Handlungsprioritäten für das weitere Vorgehen zu ermitteln. Kritische Elemente können Kundenanforderungen, Dienstleistungsmerkmale, Begeisterungsmerkmale oder Schlussfolgerungen auf Unternehmenshandlungen sein. Saatweber (2007) definiert verschiedene Auswahlkriterien, die bei der Identifizierung von kritischen Merkmalen unterstützen können (vgl. Abb. 12.21).

Diese Kriterien geben einen Eindruck, auf welche Eigenschaften besonderer Wert gelegt werden soll.

Das oberste Ziel ist die Zufriedenstellung des Kunden. Zur Erreichung dieses Ziels sind die am stärksten gewichteten Kundenanforderungen zu erfüllen und zu priorisieren. Nun ist zu prüfen, wie diese Kundenwünsche im Vergleich zum Wettbewerb bewertet wurden. Verzeichnet eine Anforderung eine hohe Gewichtung und wurde in Schritt 2 (Wettbewerbsvergleich der Kundenanforderungen) mit einem niedrigen Leistungsgrad bewertet, deutet dies auf die Notwendigkeit der Erfüllung und Verbesserung hin. Ist der Dienstleistungsanbieter bezüglich dieser Kundenerwartung führend am Markt vertreten, ist es denkbar, der Erfüllung der Anforderung eine eher geringe Priorität zuzuweisen. Jedoch kann dem Dienstleistungsanbieter empfohlen werden, mit die Marktposition nach weiteren Untersuchungen zu werden.

Im nächsten Schritt ist die Korrelationsmatrix zu untersuchen. Unter besonderer Beachtung sollen Dienstleistungsmerkmale stehen, die eine hohe Gewichtung erhalten und mit besonders vielen Kundenanforderungen korrelieren, wobei wiederum auf die Einzelgewichtungen der Kundenanforderungen zu achten ist. An dieser Stelle ist die Prüfung der zuvor beschriebenen Schritte notwendig, um hohe Gewichtungen von Kundenanforderungen aufgrund des Vergleiches zum Wettbewerb relativieren zu können. Ebenso ist die Bestätigung denkbar kritischer Dienstleistungsmerkmale im Wettbewerbsvergleich zu suchen. Ergibt die Analyse des Benchmarkings für den Wettbewerbsvergleich der Dienstleistungsmerkmale, dass ein Widerspruch zwischen diesen und den stark korrelierenden Elementen in Verbindung mit dem Wettbewerbsvergleich der Kundenanforderungen existiert, kann dies auf ein Imageproblem des Dienstleistungsanbieters hindeuten. In diesem Fall würde der Optimierung der Dienstleistung durch die Umsetzung von wichtigen

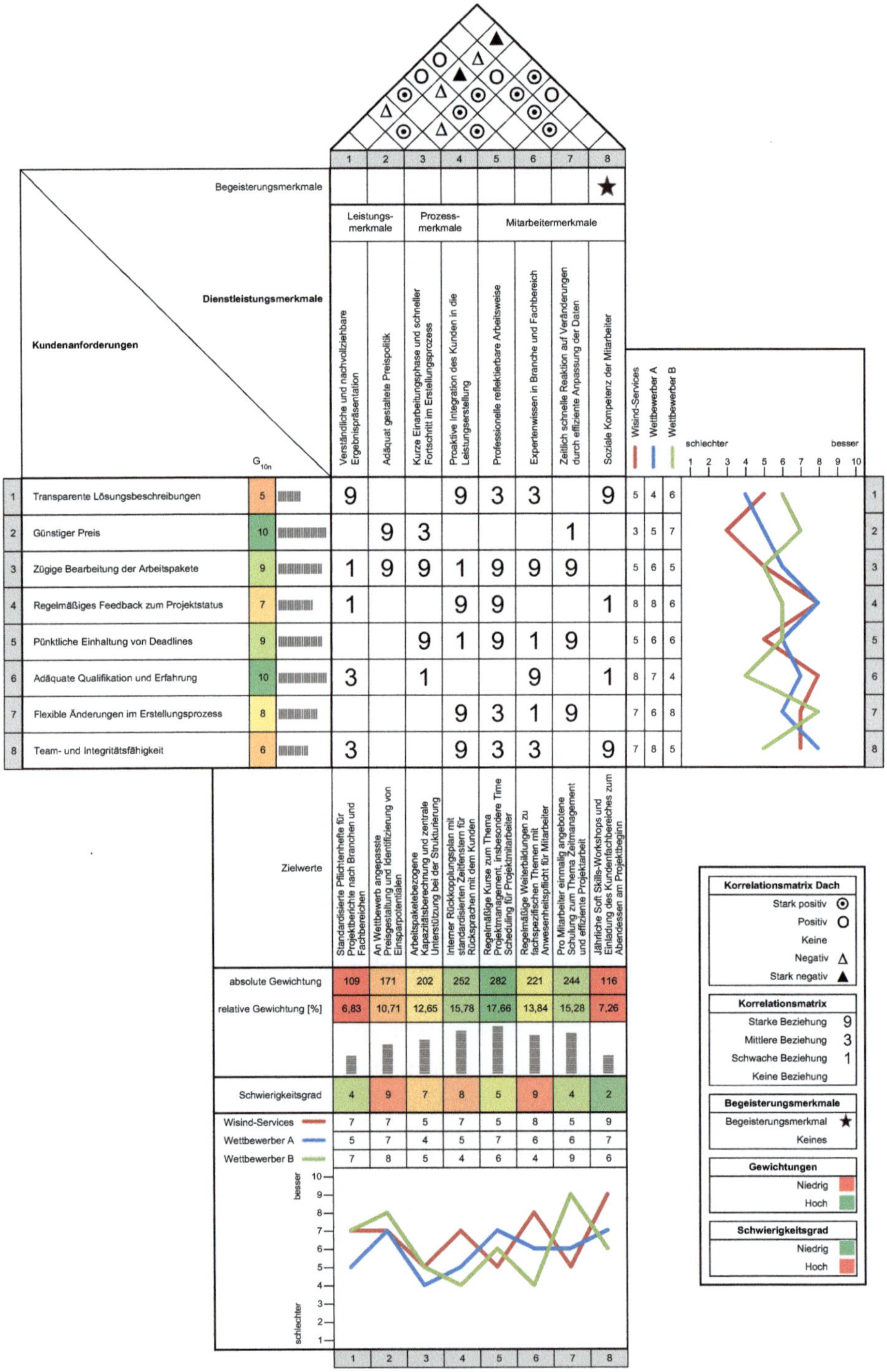

Abb. 12.20 Bearbeitetes modifiziertes House of Quality des Anwendungsbeispiels

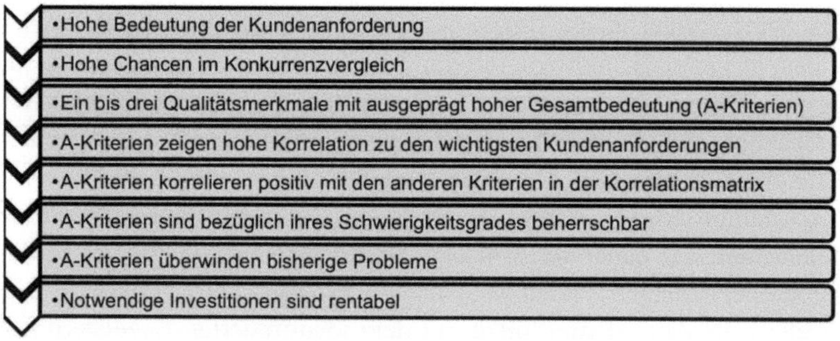

Abb. 12.21 Auswahlkriterien kritischer Elemente nach Saatweber (2007)

Dienstleistungsmerkmalen zur Erfüllung von Kundenanforderungen nur ein geringes Maß an Besserung folgen. Neben der Beachtung der quantitativen Werte ist folglich die strukturierte Betrachtung aller Zusammenhänge wichtig. So können Dienstleistungsmerkmale mit geringen Gewichtungen als Begeisterungsmerkmale identifiziert worden sein, die bei der Untersuchung der Gegebenheiten zu einem höheren Kundenerfolg führen könnten als stärker gewichtete Merkmale.

Im nächsten Schritt sind fundierte Aussagen über die Umsetzbarkeit der einzelnen Dienstleistungsmerkmale zu treffen. Bereits in der Korrelationsmatrix im Dach des House of Quality sind Zielkonflikte unter den Merkmalen illustriert. Wie in Schritt 8 beschrieben, können diese Konflikte die Notwendigkeit von Innovationen verdeutlichen oder einzelne Dienstleistungsmerkmale als kritische Elemente ausschließen.

Nach der Auswahl der kritischen Elemente ist das weitere Vorgehen zu definieren; kritische Kundenanforderungen und Dienstleistungsmerkmale können als Grundlage für weitere House of Quality dienen, in denen die Parameter und Kennzahlen von Seiten des Kunden und der Unternehmung vertieft untersucht werden.

Im Rahmen der Auswertung des House of Quality bei Wisind-Services zeigt sich, dass die Kundenanforderung „Günstiger Preis“ mit den meisten Kriterien negativ korreliert, da mit deren Erfüllung Ausgaben und somit Kosten verbunden sind. Von einer erneuten Aufnahme dieser Kundenanforderung in weiterführende Matrizen ist somit abzuraten. Vielmehr sollten die Kosten im Fall des Anwendungsbeispiels in separaten Schritten oder mit anderen Qualitätswerkzeugen untersucht werden. Denkbar ist auch eine erneute Bearbeitung des House of Quality ohne die Betrachtung des Kostenfaktors.

Weiterhin verzeichnet das Leistungsmerkmal „Adäquate Preispolitik“, auf welches bereits in Schritt 8 eingegangen wurde, vier negative Korrelationen in der Korrelationsmatrix im Dach des Hauses. Zudem sind Widersprüche in der Bewertung beider Elemente in ihrer jeweiligen Situation im Wettbewerbsvergleich vorhanden. Das heißt, dass die Erfüllung der Kundenanforderung des günstigen Preises aus Kundensicht als gering bewertet wurde, während die Wettbewerber mit fünf und sieben Punkten deutlich höhere Werte erzielen. Auf der anderen Seite wird dem Leistungsmerkmal der adäquaten Preispolitik eine Punktzahl von sieben zugewiesen, womit Wisind-Services – gemeinsam mit Wettbewerber A – nur einen Punkt vom führenden Wettbewerber B mit acht Punkten entfernt liegt. Dieser Widerspruch in der Beleuchtung des Kostenfaktors im Rahmen des QFD kann mit einem ungenau definierten Fremdbild aus Kundensicht begründet werden. Daher entscheidet sich Wisind-Services, diesen Sachverhalt abgegrenzt zu untersuchen. Aus den genannten Gründen, sind die Kundenanforderung 2 und das Dienstleistungsmerkmal 2 als kritische Merkmale zu erfassen.

Die Kundenanforderung „Zügige Bearbeitung der Arbeitspakete" steht zu jedem Dienstleistungsmerkmal, außer der „Sozialen Kompetenz der Mitarbeiter" in Korrelation. Fünf der sieben Beziehungen weisen den Unterstützungsgrad einer starken Beziehung auf. Jedoch korreliert die Anforderung nicht mit dem identifizierten Begeisterungsmerkmal. Diese Kundenanforderung sollte im besonderen Maße berücksichtigt werden, da ihre Erfüllung, gemeinsam mit Wettbewerber B, aus Kundensicht schlechter als Wettbewerber A empfunden wird. Eine Erfüllung dieser Anforderung könnte daher eine potentielle Steigerung der Wettbewerbsfähigkeit von Wisind-Services bewirken und ist daher als weiteres kritisches Merkmal auszuwählen.

Das Dienstleistungsmerkmal „Soziale Kompetenz der Mitarbeiter" ist im Vergleich zu den Wettbewerbern führend. Zudem ist es lediglich mit zwei Punkten gewichtet, da es im Vergleich zu den weiteren Dienstleistungsmerkmalen nur mit wenigen Kundenanforderungen korreliert. Starke Beziehungen in der Korrelationsmatrix im Kern des Hauses bestehen zu den Anforderungen „Transparente Lösungsbeschreibung" und „Team- und Integritätsfähigkeit", die jeweils geringe Gewichtungen erfuhren und deren Erfüllung im Wettbewerbsvergleich als mittelmäßig eingestuft wurde. Jedoch wurde das Mitarbeitermerkmal als Begeisterungsmerkmal identifiziert und der Schwierigkeitsgrad der Umsetzung ist der niedrigste unter den Merkmalen. Infolge dessen erachtet es Wisind-Services als ratsam, dieses Dienstleistungsmerkmal als kritisch auszuwählen mit dem Ziel einer zukünftigen Umsetzung. Auf diese Weise wird ein potentieller Begeisterungsfaktor geschaffen, dessen Umsetzung und Implementierung verhältnismäßig leicht zu realisieren ist und zum Ausbau der Führungsposition am Markt beitragen kann. Weiterhin könnte sich das Kundenbild der Team- und Integrationsfähigkeit der Mitarbeiter von Wisind-Services durch eine Realisierung des Merkmals verbessern. Zwar korreliert das Merkmal stark negativ mit dem Leistungsmerkmal der adäquat gestalteten Preispolitik, jedoch ist dies aus den oben beschriebenen Gründen der separaten Untersuchung jeglicher Kostenelemente zu vernachlässigen.

Das Mitarbeitermerkmal „Professionelle reflektierbare Arbeitsweise" verzeichnet keine negativen Korrelationen mit anderen Dienstleistungsmerkmalen im Dach des House of Quality. Somit ist es das einzige Merkmal, welches keine Zielkonflikte zu anderen Merkmalen aufweist. Es erhält weiterhin die höchste absolute Gewichtung aller Dienstleistungsmerkmale. Das deutet auf eine notwendige hohe Priorisierung dieses Mitarbeitermerkmals hin. Die starken Unterstützungsgrade in der Korrelationsmatrix bestehen zu den Kundenanforderungen „Zügige Bearbeitung der Arbeitspakete", „Regelmäßiges Feedback zum Projektstatus" und Pünktlich Einhaltung von Deadlines". Wie oben beschrieben, wird die mit neun Punkten gewichtete Anforderung der zügigen Bearbeitung der Arbeitspakete bereits als kritisches Element erfasst. Zudem wurde die

Erfüllung der Kundenanforderung der pünktlichen Einhaltung von Deadlines aus Kundensicht im Wettbewerbsvergleich als Schlusslicht gegenüber den Wettbewerbern A und B bewertet. Infolge dessen kann eine Umsetzung des Dienstleistungsmerkmals 5 eine nachhaltige Verbesserung der Dienstleistung bewirken, da Synergien mit niedrig bewerteten Anforderungen entstehen. Im Wettbewerbsvergleich der Dienstleistungsmerkmale wurde das Mitarbeitermerkmal außerdem mit einer geringen Bewertung an letzter Stelle positioniert. Zugleich verheißt der Schwierigkeitsgrad der Umsetzung mit einem Wert von fünf Punkten machbare und mögliche Realisierung. Aus dieser Untersuchung folgend, ist das Dienstleistungsmerkmal „Professionelle reflektierbare Arbeitsweise" als kritisches Element bestimmen.

Das Dienstleistungsmerkmal „Zeitlich schnelle Reaktion auf Veränderungen durch effiziente Anpassung der Daten" verzeichnet ebenfalls den höchstmöglichen Unterstützungsgrad in der Korrelation mit der Kundenanforderung der pünktlichen Einhaltung von Deadlines. Zudem korreliert es mit einer „starken Beziehung" zur Anforderung der zügigen Bearbeitung der Arbeitspakete. Dieses wurde als kritisches Element erfasst, unter anderem aufgrund der unzureichenden Wettbewerbssituation aus Sicht der Kunden. Das Mitarbeitermerkmal 7 erhielt außerdem mit über 15 % eine hohe relative Gewichtung. Unter Betrachtung des zugehörigen Schwierigkeitsgrades von niedrigen vier Punkten, lässt sich eine zügige und ressourcenarme Umsetzung ableiten. Ferner ist eine Realisierung dieses Merkmals notwendig, da es im Wettbewerbsvergleich aus Sicht des Unternehmens das Schlusslicht unter den ausgewählten Mitbewerbern bildet und der Abstand zum Marktführer zudem mit vier Punkten als kritisch anzusehen ist.

Das Prozessmerkmal „Proaktive Integration des Kunden in die Leistungserstellung" korreliert mit sechs der acht eingetragenen Kundenanforderungen, jedoch bestehen die starken Beziehungen lediglich zu den Anforderungen 1, 4, 7 und 8, die verhältnismäßig geringe Gewichtungen erfahren. Zudem besteht bei keinem der genannten Anforderungen akuter Handlungsbedarf im Sinne einer schlechten Einschätzung aus Kundensicht im Wettbewerbsvergleich. Alle vier Kundenanforderungen wurden im Mittelfeld oder höher platziert. Die hohe absolute Gewichtung des Dienstleistungsmerkmals ist daher zu relativieren, vor dem Hintergrund, dass der Schwierigkeitsgrad der Umsetzung mit acht Punkten auf Probleme bei der Realisierung schließen lässt. Zuletzt befindet sich das Prozessmerkmal auf einer führenden Marktposition, weshalb Ressourcen zur Optimierung und Weiterentwicklung der bestehenden Dienstleistungen von Wisind-Services anderweitig genutzt werden sollten.

Der Kundenanforderung „Adäquate Qualifikation und Erfahrung" wurde zu Beginn der Phase 1 die höchste Gewichtung G_{10n} zugewiesen. Weiterführend ist Wisind Services bei dieser Anforderung aus Kundensicht Marktführer im direkten Vergleich zu den in Wettbewerbern. Die einzige stark positive Korrelation verzeichnet die Kundenanforderung mit dem Dienstleistungsmerkmal „Expertenwissen in Branche und Fachbereich". Dieses Mitarbeitermerkmal verzeichnet eine stark negative Korrelation im Dach des House of Quality mit dem Leistungsmerkmal „Adäquat gestaltete Preispolitik", welches als kritisches Element für die weitere Bearbeitung zu vernachlässigen ist, da kostenseitige Widersprüche die Beziehungen der Elemente untereinander verfälschen können. Somit folgt dieser Negativkorrelation keine Handlungsempfehlung.

12.5.6 Schlussbetrachtung und Fazit

Ziel des Beitrags war es, die Methodik des Quality Function Deployment auf wissensintensive industrielle Dienstleistungen zu übertragen und mittels eines Beispiels darzustellen.

Dabei verdeutlicht das Anwendungsbeispiel, dass die als kritisch erfassten Elemente einer wissensintensiven industriellen Dienstleistung stark mitarbeiterbezogen sind. Weiterhin legt die praktische Anwendung nahe, dass eine Einbeziehung der Kosten in das House of Quality nicht zu empfehlen ist, da dies zu Verfälschungen der Korrelationen und somit zu fehlerhaften Ergebnissen führen kann.

Zu beachten ist, dass – entgegen der klassischen QFD-Methode – sowohl die Kundenanforderungen als Basis für weiterführende Bearbeitungen im House of Quality als auch beide Wettbewerbsvergleiche ohne direktes Einwirken der Kundenseite generiert werden können. Diese Vorgehensweise wurde bewusst gewählt, da es im Bereich industrieller Dienstleistungen in der Regel nicht möglich ist, die Sichtweisen aller entscheidungsrelevanten Mitglieder einer Unternehmung (im Sinne des Buying-Centers) zu berücksichtigen. Aufgrund dessen sind jedoch getätigte Entscheidungen in diesen Bereichen kritisch zu hinterfragen und möglicherweise detaillierter zu untersuchen. Bei offensichtlichen Fehlinformationen oder bestätigten Verfälschungen sind klassische Befragungsmethoden zu verwenden, um aufgetretene Diskrepanzen zu bereinigen.

Literatur

Ahlert, D., Backhaus, C., Blut, M., & Michaelis, M. (2010). Erfolgsfaktoren der Internationalisierung wissensintensiver Dienstleistungen. In H. Krcmar (Hrsg.), *Export und Internationalisierung wissensintensiver Dienstleistungen* (1. Aufl., S. 45–75). Lohmar: Eul.

Akao, Y. (1992). *QFD: Quality Function Deployment – Wie die Japaner Kundenwünsche in Qualitätsprodukte umsetzen*. Landsberg: Moderne Industrie Verlag.

Backhaus, K., Bröker, O., & Wilken, R. (2011). Produktivitätsmessung von Dienstleistungen mit Hilfe von Varianten der DEA. In M. Bruhn & K. Hadwich (Hrsg.), *Dienstleistungsproduktivität: Management, Prozessgestaltung, Kundenperspektive* (S. 226–245). Wiesbaden: Gabler Verlag.

Barth, T., & Hertweck, A. (2001). Strategische Handlungsoptionen für die Internationalisierung von kleinen und mittelständischen Dienstleistungsunternehmen. In H.-J. Bullinger, H. Krcmar, & E. Zahn (Hrsg.), *Fit for Export: Strategien für kleine und mittelständische Dienstleister: Konzepte, Fallbeispiele und Handlungsempfehlungen* (S. 11–23). Stuttgart: Fraunhofer-Inst. Arbeitswirtschaft und Organisation.

Baumgärtner, M., & Bienzeisler, B. (2007). *Dienstleistungsproduktivität: Konzeptionelle Grundlagen am Beispiel interaktiver Dienstleistungen*. Stuttgart: Fraunhofer IRB Verlag.

Bonoma, T. V. (1982). Major sales: Who really does the buying? *Harvard Business Review, 60,* 111–119.

Bruhn, M., & Stauss, B. (2009). Kundenintegration im Dienstleistungsmanagement. Eine Einführung in die theoretischen und praktischen Problemstellungen. In M. Bruhn & B. Stauss (Hrsg.), *Kundenintegration* (S. 3–34). Wiesbaden: Gabler Verlag.

Bruhn, M., & Hadwich, K. (Hrsg.). (2011). *Dienstleistungsproduktivität: Management, Prozessgestaltung, Kundenperspektive*. Wiesbaden: Gabler Verlag.

Bruhn, M. (1998). *Wirtschaftlichkeit des Qualitätsmanagements*. Heidelberg.

Bruhn, M. (2006). Gegenstand und Besonderheiten des Dienstleistungsmarketings. *Wirtschaftspolitische Blätter, 53*(3), 331–342.

Cantner, U., Hanusch, H., & Krüger, J. (2007). *Produktivitäts- und Effizienzanalyse: Der nichtparametrische Ansatz*. Berlin: Springer-Verlag.

Charnes, A., Cooper, W. W., & Rhodes, E. (1978). Measuring the efficiency of decision making units. *European Journal of Operational Research, 2*(6), 429–444.

Corsten, H., & Gössinger, R. (2007). *Dienstleistungsmanagement* (5., vollst. überarb. Aufl.). München: Oldenbourg.

Dachs, B. Sectoral Innovation Foresight Knowledge Intensive Business Services Sector: Final Report (Aktualisierungsdatum: Dezember 2010). http://www.europe-innova.eu/c/document_library/get_file?folderId=148690&name=DLFE-13625.pdf. Zugegriffen: Mai 2016.

Diederichs, M. (2004). *Risikomanagement und Risikocontrolling: Risikocontrolling – ein integrierter Bestandteil einer modernen Risikomanagement-Konzeption* (1. Aufl.). München: Vahlen.

Diederichs, M., Form, S., & Reichmann, T. (2004). Standard zum Risikomanagement: Arbeitskreis Risikomanagement. *Controlling: Zeitschrift für erfolgsorientierte Unternehmenssteuerung, 16*(4/5), 189–198.

DIN EN, 60812. (2006). *Analysetechniken für die Funktionsfähigkeit von Systemen – Verfahren für die Fehlzustandsart- und -auswirkungsanalyse* (FMEA).

Donabedian, A. (1980). *The definition of quality and approaches to its assessment* (Explorations in Quality Assessment and Monitoring, Bd. 1). Ann Arbor: Health Administration Press Verlag.

Edvardsson, B., Gustafsson, A., & Roos, I. (2005). Service portraits in service research: A critical review. *International Journal of Service Industry Management, 16*(1), 107–121.

Eickelpasch, A. (2011). *Ingenieurbüros, Berater und IT-Unternehmen immer aktiver im Ausland: Export bei wissensintensiven Dienstleistern wächst. Wochenbericht//DIW* (Wissenschaft 78, Nr. 10, S. 2–11). Berlin: Wirtschaft.

Expertenkommission Forschung und Innovation. (2008). *Berlin: Gutachten zu Forschung, Innovation und technologischer Leistungsfähigkeit Deutschlands*.

Fiege, S. (2006). *Risikomanagement- und Überwachungssystem nach KonTraG: Prozess, Instrumente, Träger* (1. Aufl.). Wiesbaden: Deutscher Universitäts-Verlag.

Fitzsimmons, J., & Fitzsimmons, M. (2004). *Service management: Operations, strategy, and information technology* (4. Aufl.). New York: McGraw-Hill.

Gogoll, A. (2000). Service-QFD: Quality function deployment im dienstleistungsbereich. [Buchverf.]. In M. Bruhn & B. Strauss (Hrsg.), *Dienstleistungsqualität. Konzepte-Methoden-Erfahrungen*. Wiesbaden: Gabler Verlag.

Gogoll, A. (1996). *Untersuchung der Einsatzmöglichkeiten industrieller Qualitätstechniken im Dienstleistungsbereich*. Berlin: Zugl.

Gutenberg, E. (1983). *Grundlagen der Betriebswirtschaftslehre*. Erster Band, Die Produktion, 24., unveränderte Aufl. Berlin: Springer-Verlag.

Hagenloch, T. (2008). Effizienzbewertung mit der Data Envelopment Analysis (I). *WISU, 10,* 1372–1382.

Hansen, H. (2009). *Gründungserfolg wissensintensiver Dienstleister*. Wiesbaden: Gabler Verlag.

Hauser, J. R., & Clausing, D. (1988). *The house of quality* (S. 63–73). Harvard Business Review.

Hinterhuber, H. H., & Stahl, H. K. (2002). *Erfolg durch Dienen?: Beiträge zur wertsteigernden Führung von Dienstleistungsunternehmen mit 9 Tabellen*. Renningen: expert-Verl.

Hommelhoff, P., & Mattheus, D. (2000). Gesetzliche Grundlagen: Deutschland und international. In D Dörner, P. Horváth, & H. Kagermann (Hrsg.), *Praxis des Risikomanagements: Grundlagen, Kategorien, branchenspezifische und strukturelle Aspekte* (S. 5–40). Stuttgart: Schäffer-Poeschel.

Horváth, P. (2008). *Controlling* (11. Aufl.). München: Vahlen Verlag.

Jeschke, K. (2004). *Marketingmanagement der Beratungsunternehmung*. Wiesbaden: Deutscher Universitäts-Verlag.

Johnsten, R., & Jones, P. (2004). Towards understanding the relationship between operational and customer productivity. *International Journal of Productivity and Performance Management, 53*(3), 201–213.

Jung, K.-P., & Nowitzky, I. (2006). Das besondere Risikopotential in der Logistik. In B. Hector (Hrsg.), *Riskmanagement in der Logistik*: [Finanzrisiken, Krisenmanagement, Haftungsfragen, Schadenmanagement, rechtliche Rahmenbedingungen, Vertragsgestaltung, Versicherungsfragen, die neuen Logistik-AGB] ((DVZ-Praxis), S. 61–69). Hamburg: Dt. Verkehrs-Verl.

Kano, N., et al. (1984). Attractive quality and must-be quality (Bd. 2). *Hinshitsu – Journal of the Japanese Society for Quality Control, 14,* 39–48.

Keitsch, D. (2004). *Risikomanagement* (2. Aufl.). Stuttgart: Schäffer-Poeschel (Praxis Creditreform).

König, R. (2008). Management betrieblicher Risiken bei produzierenden Unternehmen. Aachen, RWTH Aachen, Fakultät für Maschinenwesen. Dissertation. http://darwin.bth.rwth-aachen.de/opus3/volltexte/2008/2253/pdf/Koenig_Roland.pdf. Zugegriffen: Mai 2016.

Lasshof, B. (2006). *Produktivität von Dienstleistungen: Mitwirkung und Einfluss des Kunden*. Wiesbaden: Dt. Univ.-Verlag.

Maleri, R., & Frietzsche, U. (2008). *Grundlagen der Dienstleistungsproduktion* (5., vollst. überarb. Aufl.). Berlin: Springer.

Martin, C. R., Horne, D. A., & Chan, W. S. (2001). A perspective on client productivity in business-to-business consulting services. *International Journal of Service Industry Management, 12*(2), 137–149.

Meyer, A., & Mattmüller, R. (1987). Qualität von Dienstleistungen – Entwurf eines praxisorientierten Qualitätsmodells (Bd. 3). *Marketing Zeitschrift für Forschung und Praxis, 9,* 187–195.

Mikus, B. (2001). Risiken und Risikomanagement – ein Überblick. In U. Götze, K. Henselmann, & B. Mikus (Hrsg.), *Risikomanagement* (S. 4–28). Heidelberg: Physica-Verlag. ISBN 3790814156.

Nachum, L. (1999). The productivity of intangible factors of production – Some measurement issues applied to Swedish management consulting firms. *Journal of Service Research, 2*(2), 123–137.

Neumann, L. (2009). *Risikomanagement bei der Gestaltung von Unternehmenskooperationen: Untersucht am Beispiel der Investitionsgüterindustrie*. Hamburg: Technische Universität Hamburg-Harburg, Institut für Produktionsmanagement und -technik. Dissertation.

Reh, D. (2009). *Entwicklung einer Methodik zur logistischen Risikoanalyse in Produktions- und Zuliefernetzwerken*. Stuttgart: Fraunhofer-Verl.

Reichmann, T. (2006). *Controlling mit Kennzahlen und Management-Tools – Die systemgestützte Controlling-Konzeption* (7. Aufl.). München: Verlag Vahlen.

Richter, A., & Thiele, M. (2007). Was unterscheidet innovative von nicht innovativen Dienstleistungsunternehmen? Ein Überblick zum aktuellen Stand der Forschung. [Buchverf.]. In K. Schmidt, R. Gleich, & A. Richter (Hrsg.). *Innovationsmanagement in der Serviceindustrie: Grundlagen, Praxisbeispiele und Perspektiven*. Freiburg: Haufe-Lexware Verlag.

Saatweber, J. (2007). *Kundenorientierung durch quality function deployment*. Düsseldorf: Symposion Verlag.

Sander, M. (2004). *Marketing-Management*. Stuttgart: UTB Verlag.

Scheel, H. (2000) *Effizienzmaße der Data-Envelopment-Analysis*. Wiesbaden: Dt. Univ.-Verl.

Schenk, M., & Christopher, M. (Hrsg.). (2009). *Industrielle Dienstleistungen und Internationalisierung: One-Stop Services als erfolgreiches Konzept*. Wiesbaden: Gabler Verlag.

Schenk, M., Reh, D., & von Garrel, J. (2009). Fabrikplanug. In M. Schenk & C. M. Schlick (Hrsg.), *Industrielle Dienstleistungen und Internationalisierung: One-Stop Services als erfolgreiches Konzept*. Wiesbaden: Gabler Verlag.

Schmidt, K.-H., Fuhrmann, H., Lange, I., & Diestel, S. (2011). Messung und Bewertung von Dienstleistungen als Grundlage für die Produktivitätssteigerung. In M. Bruhn & K. Hadwich (Hrsg.), *Dienstleistungsproduktivität: Management, Prozessgestaltung, Kundenperspektive* (S. 205–223). Wiesbaden: Gabler Verlag.

Siemens, F. (2005). *Vorgehensmodell zur Auswahl einer Vairante der Data Envelopment Analysis*. Arbeitsbericht Nr. 26. Essen.

Statistisches Bundesamt. (2011). Statistisches Bundesamt Deutschland – Arbeitsmarkt. https://www.destatis.de/DE/ZahlenFakten/Indikatoren/Konjunkturindikatoren/Arbeitsmarkt/arb510.html. Zugegriffen: Mai 2016.

Statistisches Bundesamt. (Hrsg.). (2009). *Der Dienstleistungssektor: Wirtschaftsmotor in Deutschland. Ausgewählte Ergebnisse von 2003 bis 2008*. Wiesbaden: SFG Servicecenter Fachverlage.

Sullivan, L. P. (1988). *Quality Function Deployment, in der deutschen Übersetzung von Bläsing, Jürgen P. Praxishandbuch Qualitätssicherung*. Baustein B3, 1986, Bd. 4.

Tone, K., & Tsutsui, M. (2009). Dynamic DEA: A slacks-based measure approach. *Omega, 38*(3–4), 145–156.

von der Grün, K. H., Wächtler, J., & von Garrel, J. (2009). Bestimmung relevanter Zielmärkte. In M. Schenk, C. M. Schlick (Hrsg.), *Industrielle Dienstleistungen und Internationalisierung: One-Stop Services als erfolgreiches Konzept* (S. 49–68). Wiesbaden: Gabler Verlag.

von Garrel, J., Johnson, K., & Fuß, M. (2012). *Data Envelopment Analysis (DEA) of the Efficiency of Knowledge-Intensive Service Project, 2012 International Conference on Management and Service Science*. IEEE Catalog Number: CFP1241H-ART (Xplore), ISBN 13: 978-1-61284-875-4 (Xplore). IEEE Catalog Number: CFP1241H-CDR (CD), ISBN 13: 978-1-61284-874-7 (CD).

von Garrel, J., Tackenberg, S., Seidel, H., & Grandt, C. (Hrsg.). (2014). *Dienstleistungen produktiverbringen. Eine empirische Analyse wissensintensiver Unternehmen in Deutschland.* Berlin: *Springer Gabler Verlag (in Druck).*

Vourinen, I., Järvinen, R., & Lehtinen, U. (1998). Content and measurement of productivity in the service sector A conceptual analysis with an illustrative case from the insurance business. *International Journal of Service Industry Management, 9*(4), 377–396.

Wächter, J., Rottkämper, G. & von der Grün, K. H. (2009). Operatives Marketing eines OSS-Netzwerkes. [Buchverf.]. In M. Schenk & C. Schlick (Hrsg.), *Industrielle Dienstleistungen und Internationalisierung*. Wiesbaden: Gabler Verlag.

Ward, S., & Webster, F. E. (1991). Organizational buying behavior. [Buchverf.]. In S. R. Thomas & H. K. Harold (Hrsg.), *Handbook of consumer behavior*. New Jersey: Prentice-Hall Verlag.

Weber, J, & Schäffer, U. (2008). *Einführung in das Controlling* (12. Aufl.). Stuttgart: Schäffer Poeschel Verlag.

Webster, F. E., & Wind, Y. (1972). *Organizational Buying Behavior* (Foundations of Marketing). New Jersey: Prentice-Hall Verlag.

Wirtz, B. W. (2001). *Electronic business*. Wiesbaden: Gabler Verlag.

Wolf, K., & Runzheimer, B. (2009). *Risikomanagement und KonTraG: Konzeption und Implementierung* (5. Aufl.). Wiesbaden: Gabler Verlag.

Zeithaml, V. A., & Bitner, M. J. (2003). *Services marketing – integrating customer focus across the firm* (3. Aufl.). New York: McGraw-Hill.

Simulation und Optimierung komplexer Dienstleistungsprojekte 13

Christina Schmalz, Andreas Petz, Sönke Duckwitz,
Peter Lehmacher, Oliver Manz and Christopher M. Schlick

13.1 Engineeringdienstleistungen bei der InfraServ GmbH & Co. Knapsack KG

Peter Lehmacher (ISK), Christina Schmalz (DPOR), Andreas Petz (IAW)

InfraServ Knapsack ist ein Dienstleister mit einem breiten Portfolio an Dienstleistungen für die Prozessindustrie. Die vielfältigen Bereiche umfassen die Beratung bei prozesstechnischen Fragestellungen, Planung und Bau von Anlagen sowie Dienstleistungen für den Betrieb industrieller Standorte (Infrastruktur, Energie- und Medienversorgung sowie Fertigung- und Instandhaltung). Dabei stehen Tätigkeiten von der Konzeption, dem Basic

C. Schmalz (✉)
Deutsche Post
Lehrstuhl für Optimierung von Distributionsnetzwerken, Kackertstraße 7,
52072 Aachen, Deutschland
E-Mail: schmalz@dpor.rwth-aachen.de

A. Petz
Institut für Arbeitswissenschaft der RWTH Aachen, Bergdriesch 27,
52062 Aachen, Deutschland
E-Mail: a.petz@iaw.rwth-aachen.de

S. Duckwitz
Institut für Arbeitswissenschaft der RWTH Aachen University,
Bergdriesch 27, 52062 Aachen, Deutschland
E-Mail: s.duckwitz@iaw.rwth-aachen.de

P. Lehmacher
InfraServ GmbH & Co. Knapsack KG, Chemiepark Knapsack,
50351 Hürth, Deutschland
E-Mail: peter.lehmacher@infraserv-knapsack.de

C. M. Schlick et al. (Hrsg.), *Produktivitätsmanagement von Dienstleistungen*,
DOI 10.1007/978-3-642-45071-6_13

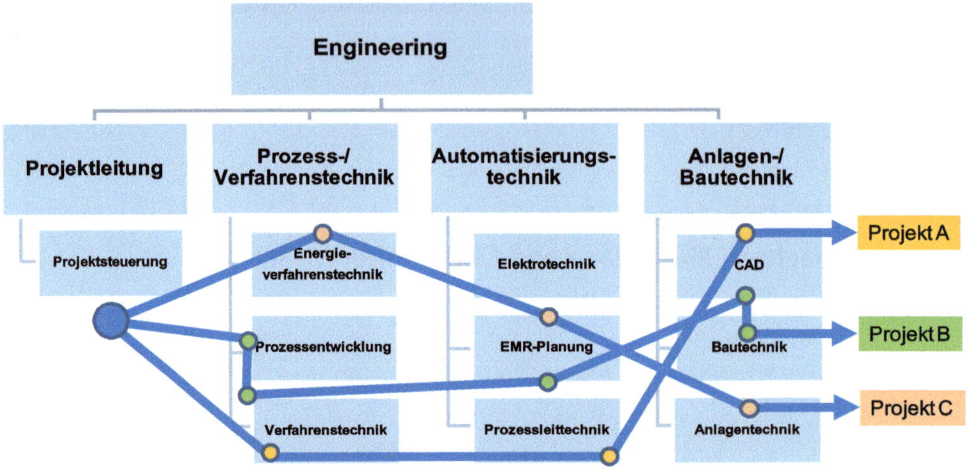

Abb. 13.1 Organigramm Engineering InfraServ GmbH & Co. Knapsack KG

Engineering, dem Bau und der Inbetriebnahme bis hin zum Betrieb und zur Optimierung der Anlage im Vordergrund. Diese Tätigkeiten werden in der Regel in Projektform in Auftrag eines externen Kunden abgewickelt.

Für eine nähere Betrachtung im Rahmen des Projektes ProLoDi wurden Planungsprojekte aus dem Bereich der Anlagenplanung sowie des Anlagenbaus in der Geschäftseinheit Engineering ausgewählt und analysiert. Die Auswahl erfolgte basierend auf den Ergebnissen der explorativen Befragung (Kap. 2). Bei diesen Dienstleistungsarten hat die Planungsphase einen sehr hohen Einfluss auf den Erfolg, sodass eine Unterstützung dieser Phase mit neuartigen, maßgeschneiderten Methoden und Werkzeugen einen wesentlichen Mehrwert darstellt.

Abbildung 13.1 zeigt die funktionale Organisation von InfraServ Knapsack. Typische Dienstleistungsprojekte kombinieren einzelne Aufgaben, die in unterschiedlichen Fachabteilungen bearbeitet werden. In der Regel beginnt ein Projekt mit der Darstellung und Berechnung des zugrunde liegenden verfahrenstechnischen Prozesses. In der Abteilung Verfahrenstechnik werden Anlagenkonzepte und wesentliche Komponenten weiter verfeinert und ausgelegt. Im nächsten Schritt werden die elektrische Versorgung, die Automatisierung und die Instrumentierung der Anlage spezifiziert. Die Bau- und Anlagentechnik entwickelt die konstruktive Umsetzung mit Aufstellung der Maschinen und Apparate, Rohrleitungen und sonstigem Equipment sowie erforderlichen Bauwerken. Das Projekt

O. Manz
QLEO Science GmbH,
Theaterstr. 58–60, 52062 Aachen, Deutschland
E-Mail: oliver.manz@qleo.de

C. M. Schlick
Institut für Arbeitswissenschaft der RWTH Aachen,
Bergdriesch 27, 52062 Aachen, Deutschland
E-Mail: c.schlick@iaw.rwth-aachen.de

wird vom ersten Konzept bis zur Inbetriebsetzung in mehrere Phasen unterteilt. Je nach Projektphase sind die Fachbereiche in unterschiedlichem Umfang beteiligt. Dabei werden nicht alle Phasen in jedem Projekt bearbeitet. Häufig gibt es zwischen den Projektphasen Wartezeiten durch den Kunden (z. B. für die Freigabe von Budgets).

Die projektspezifische Abwicklung erfolgt ebenfalls in mehreren Schritten. Bereits für die Erstellung eines Angebotes muss das Projekt grob vorgeplant und kalkuliert werden. Für die Preisfindung werden die erwarteten Chancen, mögliche Risiken und Erfahrungen aus der Vergangenheit berücksichtigt. Nach der Beauftragung erfolgen die verbindliche Festlegung der Projektorganisation, der Arbeitspakete und die Zuordnung von Personal und weiteren Ressourcen. Für die Projektsteuerung werden Instrumente der Kapazitätsplanung, der Zeiterfassung und des Projektcontrollings genutzt. Hierbei wird nach Möglichkeit auf vorhandene Standards zurückgegriffen. Während der Projektabwicklung spielen die Kommunikation unter den Beteiligten, der Austausch von Wissen und Erfahrungen und die Qualitätssicherung eine zentrale Rolle für den Projekterfolg.

13.1.1 Abstrahierte Beschreibung des Planungsvorgangs einer komplexen Dienstleistung

Die in Kap. 2 identifizierten Einflussfaktoren können während der Planung auf unterschiedliche Weise, sowohl implizit als auch explizit, berücksichtigt werden. Die Planungsaufgabe kann hierbei in einer abstrahierten Form beschrieben werden, die den Einsatz von Methoden des Operations Research zur Lösung des Planungsproblems ermöglicht:

Die Projektplanung auf Einzelprojektebene erfolgt in Form einer Aufgliederung der Dienstleistung in mehrere Arbeitspakete. Für die erfolgreiche Bearbeitung dieser Arbeitspakete wird eine personenunabhängige Funktion den Arbeitspaketen zugeordnet (z. B. **Projektleiter, Verfahrenstechniker, Kunde** usw.). Diese Funktionen sind personenneutral definierte Rollen mit projektspezifischen Anforderungen, Befugnissen und Pflichten zur Durchführung bestimmter Aufgaben im Unternehmen. Die Rollen können von einer Menge von Personen mit einer bestimmten Qualifikation und Kompetenz (Erfahrung) ausgefüllt werden. Für die Rollenverteilung können somit ggf. mehrere Mitarbeiterinnen und Mitarbeiter eingeplant werden. Arbeitspakete werden häufig in einzelne Aktivitäten untergliedert (im Projektmanagement wird auch von Vorgängen gesprochen). Der Projektplaner quantifiziert den Aufwand pro Aktivität auf Grundlage seines Erfahrungswissens unter Berücksichtigung weiterer Einflussfaktoren wie bspw.:

- personenunabhängige, aufgabenspezifische Arbeitsinhalte,
- Kompetenz und Fertigkeit der eingeplanten Personen,
- Anzahl und Häufigkeit der Kontakte mit Dritten,
- Nacharbeit aufgrund von Rücksprüngen im Bearbeitungsstand, z. B. durch Änderungswünsche des Kunden.

Dabei ist zu beachten, dass der Planer zwischen Aufwand und Dauer einer Aktivität bzw. eines Arbeitspakets unterscheidet. Durch Parallelisierung bestimmter Aktivitäten kann die

Bearbeitungsdauer verkürzt werden. Im Vergleich zu einer sequenziellen Bearbeitung bleibt aber der Aufwand gleich oder kann aufgrund der erforderlichen Koordinationsprozesse höher ausfallen. Als personenunabhängiger, aufgabenspezifischer Aufwand wird ein Einheitsaufwand für die Bearbeitung einer Aufgabe festgelegt, der sich bei einer Bearbeitung der Aufgabe durch genau einen Mitarbeiter mit durchschnittlicher Kompetenz sowie durchschnittlichen Fertigkeiten ergibt. Da die Bearbeitung einer Aufgabe oftmals nur eingeschränkt auf mehrere Arbeitspersonen aufgeteilt werden kann, beeinflussen zudem die Kommunikation und Koordination der Personen innerhalb eines Teams sowie die teamübergreifende Kommunikation den Gesamtaufwand eines Arbeitspakets. Je mehr Arbeitspersonen einer Aktivität zugeordnet werden, umso größer wird der Kommunikationsbedarf zwischen ihnen, um die Bearbeitung der Aktivität zu koordinieren (interne Schnittstellen). Dadurch entsteht ein erheblicher Mehraufwand, der abhängig von der Anzahl der Schnittstellen und der Dauer der Aktivität ist, und oft einen erheblichen Teil des Gesamtaufwands darstellt. Für externe Schnittstellen entsteht ebenfalls ein solcher Mehraufwand. So kann auch die **Kommunikation** bei der Planung als wichtiger Einflussfaktor implizit berücksichtigt werden.

Zwischen einigen Aktivitäten können fachliche Abhängigkeiten bestehen, d. h. bevor eine Aktivität erfolgreich bearbeitet werden kann, werden die Ergebnisse der Vorgängeraktivität(en) benötigt. Auch in der Sachgüterindustrie existieren diese Vorrangbeziehungen. Hier müssen typischerweise alle Vorgängeraktivitäten erfolgreich bearbeitet werden, bevor die nachfolgenden Aktivitäten starten können. Im Dienstleistungsbereich gibt es aber eine Besonderheit bzgl. dieser Beziehungen. Einige Aufgaben können, aufgrund der Erfahrungen aus früheren Projekten, schon vorab unter bestimmten Annahmen gestartet werden. So kann eine Nachfolgeraktivität zeitgleich mit oder einige Zeiteinheiten nach dem Start ihrer Vorgänger starten und parallel bearbeitet werden, d. h. die Bearbeitung der Aktivitäten überlappt sich zeitlich. Dabei ist der frühestmögliche Start der Nachfolgeraktivität abhängig vom Mindest-Fertigstellungsgrad der Vorgängeraktivität. Es besteht jedoch das Risiko, dass bei wesentlichen Änderungen der Arbeitsinhalte eine komplette Neubearbeitung der Aktivität erfolgen muss. Dieser Unsicherheitsfaktor wird bei der Planung meist vernachlässigt oder zu optimistisch eingeschätzt. So werden Aktivitäten aufgrund unterschiedlicher Einflussfaktoren und Störgrößen oft mehrmals iteriert.

Erschwert wird die Planung nicht nur durch die Berücksichtigung der vielfältigen Kombinationsmöglichkeiten der Vorgänger/Nachfolger-Beziehungen, der Anzahl an tätigen Personen zwecks Reduzierung der Bearbeitungsdauer, sondern auch von den Kombinationsmöglichkeiten bei der Zuordnung der Personen unterschiedlicher Kompetenzen und Entgeltgruppen zu den Aktivitäten. Diese Zuordnung muss einerseits die Fähigkeiten und Fertigkeiten der Arbeitspersonen als auch deren Kosten und Verfügbarkeit berücksichtigen. Des Weiteren kann es im Laufe einer Projektdurchführung auch zu Fluktuationen des Personals kommen; dies sollte jedoch innerhalb der Projektlaufzeit möglichst vermieden werden. Die Verfügbarkeit der Arbeitspersonen ist im Allgemeinen bekannt. Dies bezieht sich allerdings zumeist nur auf die Abwesenheit durch Urlaub oder Schulungen sowie die wöchentliche Verteilung der Arbeitszeit. Projektübergreifende Verpflichtungen sind oftmals nur ungenau vorhersehbar. Bei ISK wird davon ausgegangen, dass Werkzeuge (z. B. Entwurfssoftware), die für eine erfolgreiche Bearbeitung des Projektes benötigt werden und einen potenziellen weiteren Einflussfaktor darstellen, uneingeschränkt verfügbar sind. Diese Werkzeuge können über die Verfügbarkeit der Mitarbeiter abgebildet werden, denn sie können nicht eigenständig/unabhängig von den Personen eingesetzt werden.

Für die Bearbeitung einer Aktivität kann zudem eine bestimmte Mindestdauer erforderlich sein. Diese Dauer beruht auf Erfahrungswerten aus früheren Projekten (z. B. dauert das Einholen einer Genehmigung eine Woche, die Bearbeitung der Aktivität kann aber ohne Genehmigung begonnen werden und benötigt nur zwei Tage).

Einen weiteren wichtigen Einflussfaktor für das erfolgreiche Erbringen einer Engineering-Dienstleistung stellt der **Kundeneinfluss** dar. Die Zusammenarbeit mit den Kunden kann dabei sehr unterschiedlich ausfallen und sollte daher bei der Planung berücksichtigt werden. Es gibt z. B. Kunden, mit denen die Kommunikation mühelos verläuft und die mit einem wenig ausdetaillierten Dokument (z. B. technische Zeichnung ohne Kommentierung) zufrieden sind. Dagegen gibt es andere Kunden, die für eine ähnliche Aufgabe detailliertere Dokumente fordern, deren Erstellung mehr Zeit in Anspruch nimmt. Dieser Kundeneinfluss kann bei der Planung über eine **tolerierte Unvollständigkeit** (0–100 %) berücksichtigt werden. Der Wert gibt den Anteil des Gesamtaufwands einer Aktivität an, der nicht bearbeitet werden muss, um die Aktivität abschließen zu können und gleichzeitig dem Kunden ein zufriedenstellendes Ergebnis liefert. Eine weitere Planungsrestriktion stellen Zeitfenster für eine Aktivität dar, d. h. eine bestimmte Zeitspanne des Planungshorizonts, an dem die Bearbeitung dieser Aktivität nur möglich ist.

Ziele, die ISK u. a. bei der Planung einer komplexen Dienstleistung verfolgt, sind die Minimierung der Projektkosten durch einen möglichst geringen Personal- und Sachaufwand und die Minimierung der Projektdauer. Die Einhaltung von Meilensteinterminen ist zudem ein entscheidendes Zielkriterium. Darüber hinaus wird eine gleichmäßige Auslastung des Personals angestrebt. Ebenso stellt die Kundenzufriedenheit ein wichtiges Ziel dar, welches durch die Erfüllung der Kundenanforderungen erreicht werden soll.

13.2 Exakte Optimierung

Christina Schmalz

Die komplexen Prozessstrukturen der Dienstleistungserbringung bei ISK erschweren die Planung der Dienstleistungserbringung. Die Dauer einer Aktivität kann aufgrund des Einflusses der eingeplanten Arbeitspersonen (Qualifikation, Anzahl, Verfügbarkeit der „Bearbeiter"), Mehraufwand für interne Schnittstellen (Kommunikation zwischen den „Bearbeiter(n)") und für externe Schnittstellen (Kommunikation zwischen den „Bearbeiter(n)" und „Mitwirkenden"), Mehraufwand für Nacharbeit, mögliche Parallelbearbeitung und Aktivitätsunterbrechung nur schwer vorhergesagt werden. Der Planungsprozess wird durch diese Unsicherheit komplex, sodass eine händische Planung nicht zu empfehlen ist. Die Optimierung bietet die Möglichkeit, unter den gegebenen Rahmenbedingungen, einen optimalen Projektplan hinsichtlich eines oder mehrerer Ziele (z. B. Kosten und Dauer) und den gegebenen Eingabeparametern zu ermitteln. Somit kann der Dienstleister a priori die Dienstleistungsproduktivität systematisch verbessern.

Um allgemein Dienstleistungsplanungsprozesse detailliert abbilden zu können, eignen sich spezielle Modelle aus dem Bereich der Projektplanung und -steuerung. Als Basis für die Modellierung des Dienstleistungsplanungsprozesses als mathematisches Optimierungsmodell kann das Resource-Constrained Project Scheduling Problem (RCPSP) herangezogen werden. Dieses Problem verfolgt das Ziel, unter Beachtung von Restriktionen, einen Projektplan aufzustellen und hinsichtlich einer speziellen Zielfunktion zu optimieren. Um das in Abschn. 13.1.1 verbal formulierte Modell in ein mathematisches Modell abbilden zu können, reicht das RCPSP in seiner Grundform jedoch nicht aus. Eine Betrachtung der in der Literatur bekannten RCPSP-Varianten ist somit notwendig.

Im Abschn. 13.2.1 wird ein Literaturüberblick über das RCPSP und seine für die Abbildung des Dienstleistungsplanungsprozesses relevanten Varianten gegeben. Die Präsentation des mathematischen Modells erfolgt in Abschn. 13.2.3. Mögliche Erweiterungen des Modells können in Abschn. 13.2.4 und die Erläuterung der Aufwandsberechnung in Abschn. 13.2.5 nachgelesen werden.

13.2.1 Das RCPSP und seine Varianten – ein Überblick

Projektplanungsprobleme lassen sich nach **Aktivitäten, Ressourcen, Vorrangbeziehungen** zwischen den Aktivitäten sowie nach **Zielsetzungen** klassifizieren.

Bei den Aktivitäten handelt es sich um zeitbeanspruchende Elemente eines Projektes, die für den Projektabschluss erfolgreich bearbeitet werden müssen. Für die Bearbeitung dieser Aktivitäten werden i. d. R. Ressourcen benötigt. Neben den so genannten **erneuerbaren Ressourcen,** die zu jedem Planungszeitpunkt in gleichbleibender Kapazität vorhanden sind (z. B. Mitarbeiter, Werkzeuge), können auch **nicht-erneuerbare Ressourcen** eingeplant werden. Für diesen Ressourcentyp ist die Kapazität über den gesamten Planungshorizont beschränkt (z. B. das Budget). Eine Kombination beider Ressourcentypen sind die sogenannten **„doubly-constrained" Ressourcen**. Hierbei handelt es sich um Ressourcen, die sowohl für jeden Planungszeitpunkt, als auch für den gesamten Planungshorizont begrenzt sind. Ein Beispiel ist die Beschränkung der Arbeitszeit eines Mitarbeiters für einen Tag und gleichzeitig für die gesamte Projektlaufzeit. Ist die Verfügbarkeit der Ressource abhängig vom Zeitpunkt, können auch zeitabhängige Ressourcenprofile eingesetzt werden. Ist die Ressourcenkapazität pro Zeiteinheit gleich eins oder gleich null, so spricht man von einer **disjunktiven Ressource** (z. B. Berücksichtigung von Urlaubstagen oder Schulungen der Mitarbeiter zu bestimmten Zeitpunkten) (Brucker und Knust 2006). Existiert in einem Projektplanungsproblem mindestens eine beschränkte Ressource, wie es in der in Abschn. 13.1 beschriebenen Problemstellung der Fall ist, so wird das Projektplanungsproblem als „Resource-Constrained Project Scheduling Problem" (RCPSP) bezeichnet. In den letzten Jahrzehnten ist das RCPSP ein Standardproblem für Projektplanungsprobleme geworden (Hartmann und Briskorn 2010; Kolisch und Padman 2001; Zimmermann et al. 2006).

Im Folgenden wird auf das RCPSP in seiner Grundform und auf die für die Modellierung des mathematischen Modells wichtigen Verallgemeinerungen eingegangen.

13.2.1.1 Das RCPSP (Grundmodell)

Das RCPSP lässt sich nach Brucker und Knust (2006) wie folgt beschreiben: Gegeben sind n Aktivitäten $i = 1, \ldots, n$ mit einer Bearbeitungsdauer p_i. Des Weiteren sind r erneuerbare Ressourcen $k = 1, \ldots, r$ mit Kapazität R_k gegeben. Aktivität i benötigt zu jedem Zeitpunkt, an dem sie bearbeitet wird, r_{ik} Einheiten der Ressource k. Mit Hilfe der Starzeitpunkte S_i und der Dauern p_i der Aktivitäten lassen sich die Fertigstellungszeiten durch $C_i = S_i + p_i$ berechnen. Eine Aktivitätsunterbrechung ist folglich nicht erlaubt. Zwischen zwei Aktivitäten i und j kann eine Vorrangbeziehung der Form $i \rightarrow j$ existieren. Dabei handelt es sich um eine Ende-Start-Beziehung, d. h. Aktivität i muss beendet sein, bevor die Bearbeitung der Aktivität j beginnen kann. Gesucht ist nun ein Projektplan S, welcher die Starzeitpunkte S_i der Aktivitäten enthält und der die Eigenschaft der Zulässigkeit aufweist, d. h. dass die Ressourcen- und Vorrangrestriktionen erfüllt sind. Ziel des RCPSP ist es, diesen zulässigen Plan bzgl. einer bestimmten Zielfunktion zu minimieren, z. B. die Minimierung des Makespan.

$$C_{\max} = \max_{i=1}^{n} \{C_i\}.$$

Der ermittelte Plan S lässt sich als Gantt-Chart darstellen und das RCPSP kann als binäres lineares Programm formuliert werden.

13.2.1.2 Zielfunktionen

Neben der Minimierung des Makespan existieren in der Literatur weitere zeitbasierte Zielfunktionen, die von der Beendigungszeit der Aktivitäten abhängen. Beispiele sind die Gesamtdurchlaufzeit $\sum_{i=1}^{n} C_i$ oder die gewichtete Durchlaufzeit $\sum_{i=1}^{n} w_i C_i$ mit Gewicht $w_i \geq 0$. Ein Überblick über verschiedene Zielfunktionen ist bei Brucker und Knust (2006) zu finden. Die Projektkostenminimierung wird ebenfalls als Zielfunktion in der Literatur betrachtet. Möhring et al. (2001) betrachten Kosten w_{it}, die von den Startzeitpunkten der Aktivitäten abhängen.

Häufig werden bei den RCPSP-Modellen einzelne Zielfunktionen der oben beschriebenen Form eingeführt, während alle anderen Eigenschaften der Projektplanung als Restriktionen modelliert werden. In der Praxis müssen jedoch oft gleichzeitig mehrere, konfligierende Ziele berücksichtigt werden (Multi-Criteria Analyse). Dazu bietet sich die weitverbreitete Formulierung als gewichtete Summe an. Hierbei werden die einzelnen Zielfunktionen gewichtet und additiv verknüpft. Ein anderer Ansatz ist die Bildung Pareto-optimaler Pläne. Im Folgenden soll kurz auf die Multi-Criteria Analyse eingegangen werden.

Multi-Criteria Analyse

Ausgangspunkt ist ein Optimierungsproblem mit k Zielen, die alle minimiert werden sollen und gleichwichtig sind. Solch ein Optimierungsproblem kann durch einen Entscheidungsvektor $(x_1, x_2, \ldots, x_n)$ im Entscheidungsraum X beschrieben werden. Eine Funktion $f : X \rightarrow Y$ bewertet die Lösung durch die Zuweisung des Zielfunktionsvektors $(y_1, y_2, \ldots, y_k)$ im Zielfunktionsraum Y. Für $k > 1$ ist der Vergleich zweier Lösungen x^1 und x^2 sehr komplex. Basierend auf dem Konzept der Pareto-Dominanz, dominiert ein

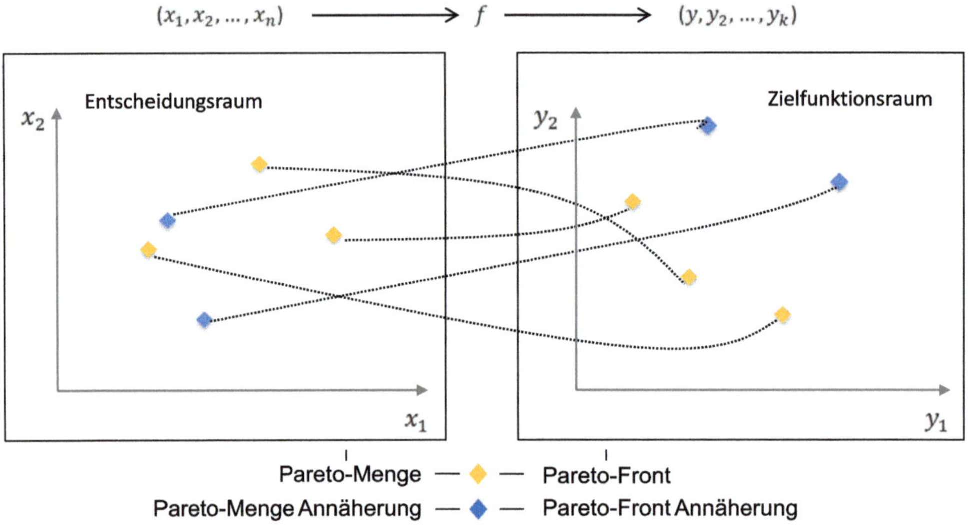

Abb. 13.2 Multi-Criteria Optimierungsproblem in Anlehnung an Zitzler et al. (2004)

Zielfunktionsvektor y^1 einen Vektor $y^2(y^1 < y^2)$, falls keine Komponente von y^1 größer als die entsprechende Komponente von y^2 und mindestens eine Komponente kleiner ist. Entsprechend gilt, dass eine Lösung x^1 eine Lösung x^2 dominiert $(x^1 < x^2)$, falls $f(x^2)$ von $f(x^1)$ dominiert wird. Es können verschiedene optimale Zielfunktionsvektoren existieren, die Trade-offs zwischen den unterschiedlichen Zielen repräsentieren. Die Menge der Pareto-optimalen Lösungen wird als Pareto-Menge $X^* \subseteq X$ und $Y^* = f(X^*) \subseteq Y$ als Pareto-Front bezeichnet (Zitzler et al. 2004) (siehe Abb. 13.2).

13.2.1.3 Multi-Mode RCPSP

Das RCPSP-Grundmodell setzt voraus, dass für eine Aktivität eine deterministische Dauer und ein festgelegter Ressourcenverbrauch gegeben sind. Das Multi-Mode RCPSP (MRCPSP) ist eine Erweiterung dieses Modells um Modi $m = 1, \dots, M_i$ (Ausführungsalternativen der Aktivitäten) (Kolisch und Drexl 1997). Sowohl die Ausführungsdauer p_{im} der Aktivität i als auch der Ressourcenverbrauch r_{ikm} sind abhängig vom gewählten Modus m. Eine zulässige Lösung des Problems ordnet jeder Aktivität einen Modus m zu, sodass alle Vorrang- und Ressourcenbeziehungen eingehalten werden. Eine Unterbrechung der Aktivitäten und ein Modus-Wechsel sind nicht erlaubt.

Mit Hilfe von Modi kann z. B. eine Situation modelliert werden, bei der die Modi eine unterschiedliche Anzahl Mitarbeiter mit unterschiedlicher Produktivität darstellen (Brucker und Knust 2006).

13.2.1.4 Multi-Skill Project Scheduling Problem

Das Multi-Skill Project Scheduling Problem (MSPSP) wurde erstmalig von Néron und Baptista (2002) präsentiert. Die Besonderheit dieses Modells und der Unterschied zum RCPSP ist die Betrachtung der Ressourcenart. Im MSPSP werden nur Mitarbeiter betrachtet, bei denen es sich um eine erneuerbare, disjunktive Ressource handelt. Jedem Mitarbeiter sind zusätzlich unterschiedliche **Qualifikationen (skills)** zugeordnet, die sie beherrschen. Für die Bearbeitung jeder Aktivität werden ein oder mehrere *skill(s)* benötigt. Des Weiteren ist die Anzahl an Mitarbeitern gegeben, die für die Bearbeitung der Aktivität-Skill-Kombinationen benötigt wird. Folglich müssen alle möglichen Teilmengen der Mitarbeiter identifiziert werden, die diese Qualifikationsanforderungen erfüllen können. Während der Bearbeitung einer Aktivität dürfen die zugeordneten Mitarbeiter nicht wechseln (Bellenguez-Morineau und Néron 2008).

Das MSPSP kann auch als Multi-Mode RCPSP betrachtet werden. Für jede Aktivität müssen alle zulässigen Teilmengen der Mitarbeiter, die die Aktivitätsanforderungen erfüllen, aufgezählt werden. Jede Teilmenge entspricht dann einem Modus (Bellenguez-Morineau und Néron 2008).

Li und Womer entwickelten ein Mixed Integer Linear Programm (MILP), um das MSPSP zu lösen. Eine Unterbrechung der Aktivitäten ist dabei nicht erlaubt (Li und Womer 2009). Das **Weighted Multi-Skill Project Scheduling Problem** von Al-Anzi et al. (2010) berücksichtigt bei den Mitarbeitern nicht nur Skills, sondern auch unterschiedliche Leistungsniveaus der Skills. Die Bearbeitungsdauer einer Aktivität ist abhängig vom Leistungsniveau der eingeplanten Mitarbeiter.

13.2.1.5 Unterbrechungen einer Aktivität

Im RCPSP-Grundmodell sind keine Aktivitätsunterbrechungen zugelassen. Für die Modellierung eines realen Planungsproblems kann es jedoch erforderlich sein, eine Unterbrechung der Aktivitäten zuzulassen, um die Projektdauer weiter reduzieren zu können. Demeulemeester und Herroelen (1996) und Debels und Vanhoucke (2008) führen Aktivitätsunterbrechungen zu ganzzahligen Zeitpunkten ein. Zusätzlich erweitern Debels und Vanhoucke (2008) das RCPSP-Modell mit Unterbrechungen um eine „fast-tracking" Variante. Dabei dürfen die einzelnen Aktivitätsabschnitte, die durch eine Unterbrechung entstehen, parallel bearbeitet werden. Buddhakulsomsiri und Kim (2006, 2007) kombinieren ein Multi-Mode RCPSP mit Unterbrechungen. Die Wahl des Aktivitäten-Modus bestimmt die Dauer und den Ressourcenverbrauch von einer oder mehreren erneuerbaren Ressourcen. Unterbrechungen sind aufgrund von unterschiedlichen zeitabhängigen Ressourcenverfügbarkeiten erlaubt, sodass z. B. die Nichtverfügbarkeit der Ressource „Mensch" aufgrund von Urlaub oder Schulungen berücksichtigt werden kann.

13.2.1.6 Zeitabstände und Überlappung zwischen Aktivitäten

Im RCPSP-Grundmodell wird die Annahme getroffen, dass mit der Bearbeitung einer Aktivität j erst dann begonnen werden darf, falls die Bearbeitung aller ihrer Vorgängeraktivitäten i, für die eine Vorrangbeziehung der Form $i \rightarrow j$ vorliegt, beendet wurde. Neben der Ende-Start-Beziehung können drei weitere Anordnungsbeziehungen betrachtet werden: Ende-Ende, Start-Ende oder Start-Start-Beziehungen. Für eine vollständige Beschreibung der Zeitbeziehungen zwischen zwei Vorgängen werden neben den Anordnungsbeziehungen noch Zeitabstände benötigt. Hier unterscheidet man zwischen Mindest- und Höchstabständen. Ein Mindestzeitabstand („minimal time lag") $d_{ij}^{\min} \in Z_{\geq 0}$ zwischen dem Start S_i einer Aktivität i und dem Start S_i einer anderen Aktivität j kann mit Hilfe der Restriktion $S_i + d_{ij}^{\min} \leq S_j$ modelliert werden. Der Mindestabstand besagt, dass mit einer Ausführung von Aktivität j frühestens $d_{ij}^{\min}$ Zeiteinheiten nach dem Beginn von Aktivität i gestartet werden kann. Falls $d_{ij}^{\min} < p_i$ gilt, können sich die beiden Aktivitäten überlappen. Ein zeitlicher Höchstabstand („maximal time lag") $d_{ij}^{\max} \in Z_{\geq 0}$ zwischen den beiden Startzeitpunkten der Aktivitäten i und j besagt, dass Aktivität j spätestens $d_{ij}^{\max}$ Zeiteinheiten nach dem Beginn von Aktivität i gestartet werden muss. Die Restriktion $S_i + d_{ij}^{\max} \geq S_j$ modelliert einen Höchstabstand. Falls eine Aktivitätsunterbrechung nicht erlaubt ist, kann eine Start-Start-Beziehung mit Zeitabständen leicht in die anderen drei Anordnungsbeziehungen überführt werden (Brucker et al. 1999; Zimmermann et al. 2006).

Drexl et al. (2000) betrachten Multi-Mode Probleme mit zeitlichen Mindestabständen. Die Mindestabstände sind vom Modus der Vorgänger-Aktivität abhängig. Mit Mindest- und Höchstabständen in Kombination mit Multi-Mode Problemen beschäftigen sich Sabzehparvar und Seyed-Hosseini (2008).

Berthaut et al. (2011a, b) befassen sich mit Projektplänen, welche überlappende Aktivitäten berücksichtigen. Für die Modellierung der Überlappungsmöglichkeiten führen sie Modi ein. Des Weiteren berücksichtigen sie einen Mehraufwand für Nacharbeit, welcher abhängig vom gewählten Modus ist und die Bearbeitungsdauer der Aktivität verlängert. Eine Aktivitätsunterbrechung ist jedoch nicht erlaubt.

13.2.1.7 Darstellung des RCPSP

Für die graphische Repräsentation des RCPSP-Grundmodells bietet sich ein Vorgangsknotennetz $G = (V, A)$ an. Bei dieser Darstellungsart repräsentiert die Knotenmenge $V := \{0, 1, \ldots, n, n+1\}$ die Aktivitäten und die Menge der gerichteten Kanten $A = \{(i, j) \mid i, j \in V; i \rightarrow j\}$ die Anordnungsbeziehungen zwischen den Aktivitäten. Für einen eindeutigen Projektstart und ein eindeutiges Projektende werden die Dummy-Aktivitäten 0 und $n+1$ der Knotenmenge hinzugefügt. Aktivitäten ohne Vorgänger oder Nachfolger werden durch Kanten mit diesen Dummy-Aktivitäten verbunden. Dummys benötigen weder Ressourcen noch liegt eine Bearbeitungszeit für sie vor. Bei einer Start-Start-Beziehung wird für einen Mindestabstand das Kantengewicht $\delta_{ij} = d_{ij}^{\min}$ und für einen Maximalabstand das Gewicht $\delta_{ij} = -d_{ij}^{\max}$ eingefügt (Brucker und Knust 2006; Brucker et al. 1999). Ein Beispiel ist in Abb. 13.3 gegeben. Aktivität *1* hat eine Dauer von *5* Zeiteinheiten (ZE). Die nachfolgende Aktivität *3* darf frühestens *2* ZE und muss spätestens 4 Zeiteinheiten nach dem Start von Aktivität 1 starten.

13.2.2 Bewertung der verschiedenen RCPSP-Varianten im Hinblick auf die mathematische Modellierung eines Dienstleistungsplanungsprozesses

In Abschn. 13.2.1 wurden verschiedene in der Literatur bekannte RCPSP-Varianten vorgestellt. Im Folgenden wird die Anwendbarkeit dieser Varianten auf die mathematische Modellierung der in Abschn. 13.1 beschriebenen Problemstellung aufgezeigt.

Abb. 13.3 Beispiel eines Vorgangsknotennetzes mit Start-Start-Beziehung und Mindestabständen

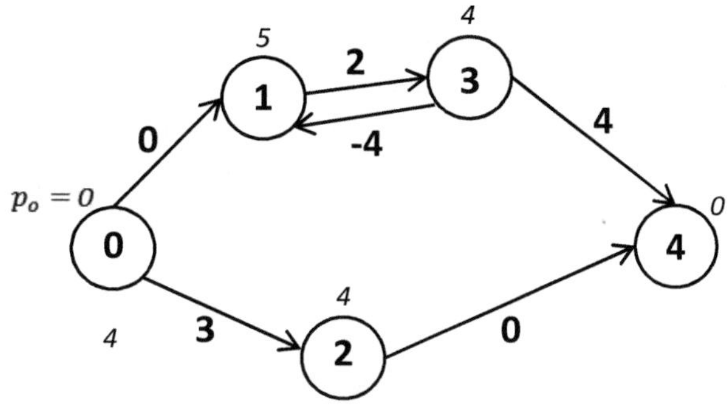

Die Dienstleistungserbringung lässt sich in mehrere Aktivitäten unterteilen, zwischen denen aufgrund von technischen und organisatorischen Anforderungen Vorrangbeziehungen bestehen. Diese Aktivitäten werden von Arbeitspersonen bearbeitet. Um die hohe Abhängigkeit der Dienstleistungserbringung von der Verfügbarkeit des Dienstleisters, des Kunden und ggf. der Fremddienstleister beschreiben zu können, bieten sich disjunktive Ressourcen an. Jede Arbeitsperson kann pro Zeiteinheit also maximal eine Aktivität bearbeiten.

Jeder Aktivität ist genau eine Bearbeiterrolle und ggf. eine (oder mehrere) Mitwirkenderolle(n) (externe Schnittstelle), also **Skills** zugeordnet. Hier ist die Ähnlichkeit zum MSPSP zu erkennen. Zusätzlich wird im Unternehmen ISK den Mitarbeitern pro Aktivität (bzw. Bearbeiterrolle) ein Eignungswert zugeordnet, der den unterschiedlichen Leistungsniveaus im „Weighted MSPSP" (Al-Anzi et al. 2010) entspricht. Im Unterschied zum MSPSP soll bei der Modellierung der Problemstellung für die Bearbeitung einer Aktivität (bzw. Rolle) keine feste Anzahl an Mitarbeitern vorgegeben werden. Es ist die optimale Anzahl aus der Menge der Mitarbeiter, die eine Aktivität bearbeiten können, gesucht. Für die Modellierung der Rolleneigenschaften bietet sich eine Kombination aus MSPSP (Darstellung der Mitwirkenderollen) und Multi-Mode RCPSP (Darstellung der Bearbeiterrollen) an. Da für jede Aktivität nur eine Bearbeiterrolle vorliegt, können mit Hilfe von Modi die unterschiedlichen Mitarbeiterkombinationen abgebildet und somit unterschiedliche Ausführungsalternativen geliefert werden. Da der Aufwand für eine Aktivität (Bearbeiterrolle) u. a. abhängig vom Einheitsaufwand, der Eignung und der Anzahl der eingeplanten Mitarbeiter ist, kann mit Hilfe der Modi der mögliche Einfluss der Arbeitspersonen auf den Aufwand einer Aktivität beschrieben werden.

Bei ISK arbeiten Mitarbeiter gleichzeitig an unterschiedlichen Projekten, sodass sie möglicherweise für das zu planende Projekt nicht an jedem Zeitpunkt zur Verfügung stehen. Daher muss bei der Planung der Dienstleistungserbringung eine Aktivitätsunterbrechung zugelassen werden. Zusätzlich dürfen die eingeplanten Mitarbeiter den auf sie gleichmäßig aufgeteilten Gesamtaufwand einer Aktivität parallel bearbeiten. Diese Modellierung ähnelt der „fast-tracking" Variante von Debels und Vanhoucke (2008).

Eine weitere wichtige Eigenschaft bei der Planung einer Dienstleistungserbringung ist die Berücksichtigung von Aktivitätsüberlappungen, durch die die Projektdauer verkürzt werden kann. Ähnlich wie in den von Berthaut et al. (2011a, b) vorgestellten Modellen kann eine Aktivitätsüberlappung bei ISK in unterschiedlichen Modi ausgeführt werden.

Bei Berthaut et al. wird zwischen zwei Aktivitäten i und j die Überlappungsdauer als ein Anteil der Aktivitätsdauer der Aktivität j (abhängig vom gewählten Modus) bestimmt. Aus diesem Anteil lässt sich der Überlappungsstartzeitpunkt ermitteln. In unserem Modell ist jedoch der Fertigstellungsgrad der Aktivität i als Startzeitpunkt für eine Überlappung interessant, d. h. der bereits abgearbeitete Aufwand. Verschiedene Fertigstellungszeitpunkte können mit Hilfe von Modi im Modell dargestellt werden. Ein wesentlicher Unterschied zu Berthaut et al. ist bei ISK die erlaubte Unterbrechung und Parallelbearbeitung einer Aktivität, sodass sich der Fertigstellungszeitpunkt nicht einfach anhand einer gegebenen Dauer bestimmen lässt. Weiterhin plant ISK bei einer Überlappung einen Mehraufwand für Nacharbeit ein, ähnlich wie bei Berthaut et al. (2011a, b).

Für die mathematische Modellierung einer realistischen Dienstleistungserbringung bei ISK reicht es also nicht aus, sich auf das RCPSP oder eine seiner Varianten zu beschränken. Es muss ein auf die Dienstleistungsplanung ausgerichtetes Modell entwickelt werden, welches ein Multi-Mode RCPSP und ein Multi-Skill Project Scheduling Problem mit Aktivitätsunterbrechungen und Überlappungen kombiniert und disjunktive Ressourcen berücksichtigt. Eine zusätzliche Erweiterung des Modells um die Mindestdauer einer Aktivität, den Kundeneinfluss (durch die „tolerierte Unvollständigkeit") und den für eine Dienstleistungserbringung charakteristischen Kommunikationsaufwand (durch interne und externe Schnittstellen) sind erforderlich, um einen Dienstleistungsprozess in einem Modell komplett beschreiben zu können. In Anlehnung an die Bezeichnung RCPSP soll das neu zu entwickelnde Dienstleistungsplanungsproblem mit **RCSSP (Resource-Constrained Service Scheduling Problem)** bezeichnet werden. Das RCSSP wird dem Dienstleistungsunternehmen als Entscheidungsunterstützung dienen und die Planung einer komplexen Dienstleistung verbessern.

13.2.3 Resource-Constrained Service Scheduling Problem (Grundmodell)

Der folgende Abschnitt beschreibt das mathematische Modell der Planung einer komplexen Dienstleistung, welches die in Abschn. 13.1 beschriebene Problemstellung der Firma InfraServ Knapsack abbildet. Alle Mengen und Parameter, die im mathematischen Modell verwendet werden, sind in Tab. 13.1 und 13.2 aufgelistet.

Tab. 13.1 Mengen (RCSSP-Grundmodell)

Mengen	Definition
T	Menge der Zeitpunkte (Stunden) ($t, b \in T$)
I	Menge der Aktivitäten ($i, j \in I$)
K	Menge der Ressourcen (Bearbeiter) ($k, l \in K$)
S	Menge der Mitwirkenderollen (externe Schnittstellen) ($s \in S$)
M	Menge der Modi (für die Teilmengen der Ressourcen) ($m \in M$)
A	Menge der Projekttage (ein Projekttag entspricht 8 h) ($a \in A$)

Tab. 13.2 Parameter (RCSSP-Grundmodell)

Parameter	Definition
η_{imk}	$\begin{cases} 1, & \text{falls Ressource } k \text{ im Modus } m \text{ für Aktivität } i \text{ eingeplant werden muss,} \\ 0, & \text{sonst} \end{cases}$ $\forall i \in I, m \in M, k \in K$
r_{im}	Anzahl an Ressourcen, die für Aktivität i im Modus m eingeplant werden müssen (=0, falls Aktivität i nicht im Modus m bearbeitet werden kann), $\forall i \in I, m \in M$
re_{is}	Bedarf an Ressourcen, die für die Bearbeitung der externen Schnittstelle (Mitwirkende) s der Aktivität i benötigt werden, $\forall i \in I, s \in S$
R_{kt}	$\begin{cases} 1, & \text{falls Ressource } k \text{ zum Zeitpunkt } t \text{ verfügbar ist,} \\ 0, & \text{sonst} \end{cases}$ $\forall k \in K, t \in T,$
κ_{im}	Eignungsaufwand für Aktivität i im Modus m (pro Bearbeiter), $\forall i \in I, m \in M$
p_{im}	Interner Schnittstellenaufwand für Aktivität i im Modus m (pro Bearbeiter), $\forall i \in I, m \in M$
pe_{im}	Externer Schnittstellenaufwand für Aktivität i im Modus m (pro Bearbeiter), $\forall i \in I, m \in M$
ae_{is}	Aufwand der für die Bearbeitung der externen Schnittstelle s der Aktivität i für jeden eingeplanten Mitwirkenden anfällt, $\forall i \in I, s \in S$
c_k	Kosten der Ressource k für die Bearbeitung einer Zeiteinheit, $\forall k \in K$
qa_{ik}	$\begin{cases} 1, & \text{falls Ressource } k \text{ die Aktivität } i \text{ als Bearbeiter bearbeiten kann,} \\ 0, & \text{sonst} \end{cases}$ $\forall i \in I, k \in K$
qe_{sk}	$\begin{cases} 1, & \text{falls Ressource } k \text{ die Schnittstelle } s \text{ bearbeiten kann} \\ 0, & \text{sonst} \end{cases}$ $\forall s \in S, k \in K$
ζ_{ka}	Anzahl Stunden, die Ressource k am Projekttag a maximal arbeiten darf, $\forall k \in K, a \in A$
γ_i	Tolerierte Unvollständigkeit der Aktivität i,∈ [0,1], $\forall i \in I$
BM	$\gg 0$

Für die Modellierung des mathematischen Modells werden die folgenden binären Entscheidungsvariablen benötigt:

$$g_{ik} = \begin{cases} 1, & \text{falls Aktivität } i \in I \text{ durch Ressource } k \in K \text{ bearbeitet wird} \\ 0, & \text{sonst} \end{cases}$$

$$y_{im} = \begin{cases} 1, & \text{falls Aktivität } i \in I \text{ im Modus } m \in M \text{ bearbeitet wird} \\ 0, & \text{sonst} \end{cases}$$

$$h_{isk} = \begin{cases} 1, & \text{falls die Schnittstelle } s \in S \text{ der Aktivität } i \in I \text{ von Ressource } k \in K \text{ bearbeitet wird} \\ 0, & \text{sonst} \end{cases}$$

$$w_{ist} = \begin{cases} 1, & \text{falls die Schnittstelle } s \in S \text{ der Aktivität } i \in I \text{ zur Zeit } t \in T \text{ bearbeitet wird} \\ 0, & \text{sonst} \end{cases}$$

$$x_{ikt} = \begin{cases} 1, & \text{falls Aktivität } i \in I \text{ zur Zeit } t \in T \text{ eine Ressource } k \in K \text{ benötigt} \\ 0, & \text{sonst} \end{cases}$$

$$z_{ikt} = \begin{cases} 1, & \text{falls Aktivität } i \in I \text{ zur Zeit } t \in T \text{ die eingeplante Ressource } k \in K \text{ beansprucht} \\ 0, & \text{sonst} \end{cases}$$

$$z_{ikt} = x_{ikt} \cdot g_{ik}, \forall i \in I, k \in K, t \in T$$

$$v_{iskt} = \begin{cases} 1, & \text{falls die Schnittstelle } s \text{ der Aktivität } i \in I \text{ zur Zeit } t \in T \text{ die Ressource } k \in K \text{ benötigt} \\ 0, & \text{sonst} \end{cases}$$

$$v_{iskt} = h_{isk} \cdot w_{ist}, \forall i \in I, s \in S, k \in K, t \in T$$

$$u_{ik} \in \{0,1\} \quad \text{Hilfsvariable}, i \in I, k \in K$$

Des Weiteren werden folgende Entscheidungsvariablen eingeführt:

$a_i \geq 0$: Gesamtaufwand der Aktivität $i \in I$ (pro Ressource)

$b_i \geq 0$: Startzeitpunkt der Aktivität $i \in I$

$f_i \geq 0$: Endzeitpunkt der Aktivität $i \in I$

Das MIP Problem **(mixed integer programming problem)** kann wie unten angegeben formuliert werden:

a) $\min b_{i_{end}} - 1$

b) $\min \sum_{\substack{i \in I, \\ t \in T, k \in K}} c_k \cdot z_{ikt} + \sum_{\substack{i \in I, \\ s \in S \setminus Kunde, \\ t \in T, k \in K}} c_k \cdot v_{iskt}$

sodass

$$\sum_{m \in M, r_{im} > 0} y_{im} = 1 \quad \forall i \in I \tag{13.1}$$

$$\sum_{m \in M, r_{im} > 0} \eta_{imk} \cdot y_{im} = g_{ik} \quad \forall i \in I, k \in K \tag{13.2}$$

$$(1 - \gamma_i)\left(\sum_{m \in M, r_{im} > 0} y_{im} \left(\kappa_{im} + p_{im} + pe_{im} \right) \right) \le a_i \quad \forall i \in I \tag{13.3}$$

$$0{,}99 + (1 - \gamma_i)\left(\sum_{m \in M, r_{im} > 0} y_{im} \left(\kappa_{im} + p_{im} + pe_{im} \right) \right) \ge a_i \quad \forall i \in I \tag{13.4}$$

$$\sum_{t \in T} x_{ikt} = a_i \quad \forall i \in I, k \in K, qa_{ik} > 0 \tag{13.5}$$

$$z_{ikt} - x_{ikt} \le 0 \quad \forall i \in I, k \in K, t \in T, qa_{ik} > 0 \tag{13.6}$$

$$z_{ikt} - g_{ik} \le 0 \quad \forall i \in I, k \in K, t \in T, qa_{ik} > 0 \tag{13.7}$$

$$x_{ikt} + g_{ik} - z_{ikt} \le 1 \quad \forall i \in I, k \in K, t \in T, qa_{ik} > 0 \tag{13.8}$$

$$\sum_{k \in K, qe_{sk} > 0} h_{isk} = re_{is} \quad \forall i \in I, s \in S \tag{13.9}$$

$$\sum_{t \in T} w_{ist} = ae_{is} \quad \forall i \in I, s \in S \tag{13.10}$$

$$v_{iskt} - h_{isk} \le 0 \quad \forall i \in I, s \in S, k \in K, t \in T, qe_{sk} > 0 \tag{13.11}$$

$$v_{iskt} - w_{ist} \le 0 \quad \forall i \in I, s \in S, k \in K, t \in T, qe_{sk} > 0 \tag{13.12}$$

$$h_{isk} + w_{isk} - v_{iskt} \le 1 \quad \forall i \in I, s \in S, k \in K, t \in T, qe_{sk} > 0 \tag{13.13}$$

$$z_{ikt} \cdot t + BM(1 - z_{ikt}) \geq b_i \quad \forall i \in I, k \in K, t \in T \tag{13.14}$$

$$v_{iskt} \cdot t + BM(1 - v_{iskt}) \geq b_i \quad \forall i \in I, s \in S, k \in K, t \in T \tag{13.15}$$

$$z_{ikt} \cdot t \leq f_i \quad \forall i \in I, k \in K, t \in T \tag{13.16}$$

$$v_{iskt} \cdot t \leq f_i \quad \forall i \in I, s \in S, k \in K, t \in T \tag{13.17}$$

$$f_i \leq b_j - 1 \quad \forall (i, j) \in V \tag{13.18}$$

$$\sum_{i \in I} z_{ikt} + \sum_{i \in I, s \in S} v_{iskt} \leq R_{kt} \quad \forall k \in K, t \in T \tag{13.19}$$

$$\sum_{\substack{i \in I, t \in T, \\ 8 \cdot a - 7 \leq t \leq 8 \cdot a}} z_{ikt} + \sum_{\substack{i \in I, s \in S, t \in T, \\ 8 \cdot a - 7 \leq t \leq 8 \cdot a}} v_{iskt} \leq \zeta_{ka} \quad \forall k \in K, a \in A \tag{13.20}$$

$$\sum_{t \in T} z_{ikt} + BM \cdot u_{ik} - 1 \geq 0 \quad \forall i \in I, k \in K, qa_{ik} > 0 \tag{13.21}$$

$$\sum_{s \in S, t \in T} v_{iskt} - BM \cdot u_{ik} \leq 0 \quad \forall i \in I, k \in K \tag{13.22}$$

$$\sum_{t \in T} z_{ikt} - BM(1 - u_{ik}) \leq 0 \quad \forall i \in I, k \in K, qa_{ik} > 0 \tag{13.23}$$

$$\sum_{s \in S, t \in T} v_{iskt} - BM(1 - u_{ik}) \geq 0 \quad \forall i \in I, k \in K \tag{13.24}$$

$$a_i, b_i, f_i \geq 0 \quad \forall i \in I \tag{13.25}$$

$$g_{ik}, y_{im}, h_{isk}, w_{ist}, x_{ikt}, z_{ikt}, v_{iskt} \in \{0,1\} \quad \forall i \in I, s \in S, k \in K, t \in T \tag{13.26}$$

Die Zielfunktion a) minimiert die Gesamtprojektdauer, wobei es sich bei der zu betrachtenden Aktivität i_{end} um eine Dummy-Aktivität handelt. Für die Minimierung der Projektkosten kann Zielfunktion b) gewählt werden. Kosten entstehen für alle eingeplanten Mitarbeiter, die die Rolle eines Bearbeiters oder eines Mitwirkenden einnehmen. Die Rolle des Kunden wird dabei nicht berücksichtigt.

Für die Bearbeitung einer Aktivität stehen ggf. mehrere Mitarbeiter zur Verfügung, die die Aufgabe einzeln oder gemeinsam bewältigen können. Für die Modellierung dieser unterschiedlichen Mitarbeiterkombinationen wurden im Modell Modi eingeführt. Ein Beispiel ist in Tab. 13.3 gegeben: Für Aktivität A1 sind zwei und für Aktivität A2 drei Mitarbeiter verfügbar. Betrachtet man alle möglichen Mitarbeiterkombinationen dieser

Tab. 13.3 Darstellung der Kombinationen verfügbarer Mitarbeiter pro Aktivität mit Hilfe von Modi

Aktivität\Modus	m1	m2	m3	m4	m5	m6	m7
A1	MA1	MA2	MA1, MA2				
A2	MA1	MA2	MA3	MA1, MA2	MA1, MA3	MA2, MA3	MA1, MA2, MA3

Aktivitäten, so werden für die Modellierung 3 (für A1) bzw. 7 (für A2) Modi benötigt. Allgemein bedarf es bei n Mitarbeitern also $2^n - 1$ verschiedene Modi. Restriktion (13.1) gewährleistet, dass jede Aktivität i nur in einem, für sie möglichen Modus m ausgeführt wird. Bedingung (13.2) garantiert, dass alle für den gewählten Modus m vorgesehenen Ressourcen bei der Planung berücksichtigt werden.

Der Gesamtaufwand a_i einer Aktivität i, der pro eingeplanter Ressource zu bearbeiten ist, wird mit Hilfe der Restriktionen (13.3) und (13.4) berechnet. Dieser Aufwand, der gleichmäßig auf alle eingeplanten Mitarbeiter aufgeteilt wird, setzt sich aus dem Eignungsaufwand, dem internen und dem externen Schnittstellenaufwand zusammen und ist abhängig vom erwählten Modus m. Zusätzlich wird die tolerierte Unvollständigkeit γ_i mit berücksichtigt. Um einen ganzzahligen Gesamtaufwand zu erhalten, sind die zwei sich sehr ähnlichen Restriktionen (13.3) und (13.4) notwendig. Restriktion (13.5) stellt sicher, dass für eine Aktivität i die Gesamtbearbeitungszeitpunkte einer Ressource k dem Gesamtaufwand (pro Ressource) dieser Aktivität i entsprechen. Dabei ist eine Bearbeitungsunterbrechung der Aktivität erlaubt.

Um für die in Restriktion (13.2) ausgewählten Ressourcen die Bearbeitungszeitpunkte einer Aktivität i festzulegen, wird die binäre Entscheidungsvariable $z_{ikt} = x_{ikt} \cdot g_{ik}$ eingeführt. Die Variable z_{ikt} nimmt nur dann einen Wert gleich eins an, falls die Entscheidungsvariablen x_{ikt} und g_{ik} ebenfalls einen Wert gleich eins annehmen. Da diese Variable ein Produkt zweier Binärvariablen und somit nichtlinear ist, muss eine Linearisierung durchgeführt werden. Dazu dienen die Restriktionen (13.6) bis (13.8).

Für eine Aktivität werden ggf. externe Schnittstellen **(Mitwirkende)** benötigt. Restriktion (13.9) ordnet diesen externen Schnittstellen s Ressourcen entsprechend dem Bedarf re_{is} zu. Dabei werden nur Ressourcen berücksichtigt, die für eine Bearbeitung als Mitwirkende befähigt sind (ein Bearbeiter darf nicht zeitgleich Mitwirkender sein). Der benötigte Aufwand für die Bearbeitung der externen Schnittstellen wird durch Bedingung (13.10) den Zeitpunkten des Planungshorizonts zugeteilt. Um die gewählten Ressourcen und die Bearbeitungszeitpunkte der externen Schnittstellen zusammenzuführen, wird die binäre Variable $v_{iskt} = h_{isk} \cdot w_{ist}$ eingeführt. Die Linearisierung dieser Variablen wird durch die Restriktionen (13.11) bis (13.13) beschrieben.

Zwischen einigen Aktivitäten können Vorrangbeziehungen vorliegen. Eine Einhaltung dieser Ende-Start-Beziehungen (eine Überlappung ist nicht erlaubt) berücksichtigt die Bedingung (13.18). Dazu werden die Start- und Endzeitpunkte einer Aktivität benötigt. Die Restriktionen (13.14) und (13.15) gewährleisten, dass der Startzeitpunkt spätestens mit dem ersten Bearbeitungszeitpunkt einer Aktivität beginnt. Der Endzeitpunkt kann frühestens mit dem letzten Bearbeitungszeitpunkt einer Aktivität eintreten (13.16 und 13.17). Sowohl für die Bestimmung des Start- als auch des Endzeitpunktes werden Bearbeiter und externe Schnittstellen berücksichtigt.

Jede Ressource darf pro Zeiteinheit maximal eine Aktivität bearbeiten. Restriktion (13.19) stellt dies sicher, indem jede Ressource k nur zu den Zeitpunkten t als Bearbeiter einer Aktivität oder einer externen Schnittstelle eingeplant wird, an denen sie auch zur Verfügung steht. Mit Hilfe der Bedingung (13.20) kann für jede Ressource zusätzlich noch die maximal mögliche Anzahl an Arbeitsstunden pro Tag (ein Tag entspricht 8 Arbeitsstunden) eingeschränkt werden. Ist z. B. für eine Ressource k am Tag a die Stundenanzahl auf $\zeta_{ka} = 4$ beschränkt und ist diese Ressource 8 h verfügbar, werden maximal 4 Arbeitsstunden aus den 8 verfügbaren ausgewählt.

Um zu verhindern, dass eine Ressource k, die als Bearbeiter einer Aktivität i eingeplant wurde gleichzeitig auch als Bearbeiter der externen Schnittstelle s dieser Aktivität i eingesetzt wird, werden die Restriktionen (13.21) bis (13.24) benötigt. Ist $\sum_{t\in T} z_{ikt} \geq 1$, muss die binäre Entscheidungsvariable u_{ik} auf null gesetzt werden damit Restriktion (13.23) erfüllt ist. Daraufhin wird mit Hilfe der Bedingung (13.22) die $\sum_{s\in S,t\in T} v_{iskt}$ auf null gesetzt. Gilt $\sum_{t\in T} z_{ikt} = 0$, kann $\sum_{s\in S,t\in T} v_{iskt}$ beliebig gewählt werden. Der Wertebereich der Entscheidungsvariablen wird mit Hilfe der Restriktionen (13.25) und (13.26) festgelegt.

13.2.4 Erweiterungen des RCSSP-Grundmodells

Abschnitt 13.2.3 beschreibt ein Grundmodell, welches nur teilweise die in Abschn. 13.1 beschriebene reale Problemstellung der Dienstleistungserbringung bei ISK abbildet. Daher wird im Folgenden auf die noch fehlenden Aspekte eingegangen. Die Erweiterungen können getrennt voneinander mit dem RCSSP-Grundmodell kombiniert werden.

Zeitlich parallele Bearbeitung einer Aktivität bei mehreren eingeplanten Ressourcen
Normalerweise muss die Bearbeitung einer Aktivität durch die eingeplanten Mitarbeiter (Anzahl> 1) nicht zeitlich parallel erfolgen. Ist jedoch eine parallele Ausführung explizit erwünscht, so kann die Restriktion (13.27) dem Grundmodell hinzugefügt werden. Als Beispiel kann eine Aktivität betrachtet werden, die ein „Kick-off" Treffen darstellt. Dabei sollten alle teilnehmenden Mitarbeiter zeitgleich eingeplant werden.

$$x_{ikt} = x_{ilt} \quad \forall i \in Q; t \in T; l \in K; k \neq l \tag{13.27}$$

Bedingung (13.27) stellt sicher, dass die zugeordneten Mitarbeiter innerhalb einer Aktivität ihre Aufgabe komplett zeitgleich bearbeiten. Entsprechende Aktivitäten sind in der Menge $Q \subset I$ enthalten.

Zeitfenster

Liegt für eine Aktivität ein Zeitfenster innerhalb des Planungshorizonts vor, so muss gewährleistet werden, dass eine Bearbeitung der Aktivität nur innerhalb dieses Zeitfensters erfolgt. Eine Berücksichtigung von Zeitfenstern erfolgt im Modell, indem in entsprechenden Restriktionen $t \in T$ durch $t \in T_i$ ersetzt wird. Dabei enthält T_i alle Zeitpunkte, die innerhalb des Zeitfensters der Aktivität i liegen.

Mindestdauer einer Aktivität

Die Mindestdauer einer Aktivität gibt den Zeitraum zwischen dem Start- und dem Endzeitpunkt einer Aktivität an. Der Start tritt zu dem Zeitpunkt ein, an dem eine (oder mehrere) Ressource(n) zum ersten Mal mit der Bearbeitung der Aktivität beginnen. Der Endzeitpunkt muss sich nicht mit dem letzten Bearbeitungszeitpunkt der Aktivität decken, sondern kann auch später eintreten, sofern die Mindestdauer noch nicht erreicht wurde. Diese Eigenschaft der Dienstleistungserbringung beruht auf der Erfahrung der Planer. So wird z. B. die Einholung einer Genehmigung bei einer Behörde länger andauern als die Bearbeitung der Aktivität selbst, die unabhängig von der Genehmigung erfolgen kann. Das Dokument wird lediglich zum erfolgreichen Abschluss der Aktivität und ggf. für die Durchführung nachfolgender Aktivitäten benötigt. Für Nachfolger spielt der Endzeitpunkt also eine Rolle.

Um die Mindestdauer δ_i einer Aktivität i im Modell zu berücksichtigen, wird eine weitere Restriktion benötigt:

$$f_i - b_i \geq \delta_i \quad \forall i \in I, i \neq i_{end} \tag{13.28}$$

Die Entscheidungsvariable b_i, deren Wert durch die Restriktionen (13.14) und (13.15) ermittelt wird, muss nicht zwangsläufig den „echten" Startzeitpunkt einer Aktivität i angeben. Z. B. bei Aktivitäten ohne Vorgänger könnte das Grundmodell $b_i = 1$ wählen, d. h. der Startzeitpunkt ist der erste Zeitpunkt des Planungshorizontes, obwohl der erste Bearbeitungszeitpunkt bei $t = 4$ liegt. Gilt weiterhin $f_i = 5$ und $\delta_i = 4$ ist die Restriktion (13.28) für $b_i = 1$ erfüllt, die Einhaltung der gewünschten Mindestdauer vom tatsächlichen Bearbeitungsbeginn bis zum Aktivitätsende jedoch nicht. Für eine Modellierung der Mindestdauer wird daher noch der „echte" Startzeitpunkt der Aktivität benötigt. Die Schwierigkeit bei der Bestimmung des Startzeitpunktes sind die erlaubten Bearbeitungsunterbrechungen einer Aktivität. Dadurch existieren mehrere Startzeitpunkte, aus denen der „echte" Zeitpunkt ermittelt werden muss. Im Folgenden wird ein Ansatz zur Ermittlung dieses Startzeitpunktes vorgestellt.

Für jede Aktivität i wird eine binäre Folge der Länge t betrachtet, wobei $\hat{x}_t^i \in \{0,1\} \forall 1 \leq t \leq T$. Eine Eins gibt an, dass die Aktivität i zum Zeitpunkt t von mindestens einer Arbeitsperson bearbeitet wird, ansonsten wird der Wert gleich null gesetzt. Addiert man für jeden Zeitpunkt t die Einträge der binären Folge $\hat{x}_t^i$ vom Zeitpunkt $b = 1$ bis zu t auf, so erzielt man eine neue Folge $\beta_t^{i'}$. Durch das Summieren enthält diese Folge $\beta_t^{i'}$

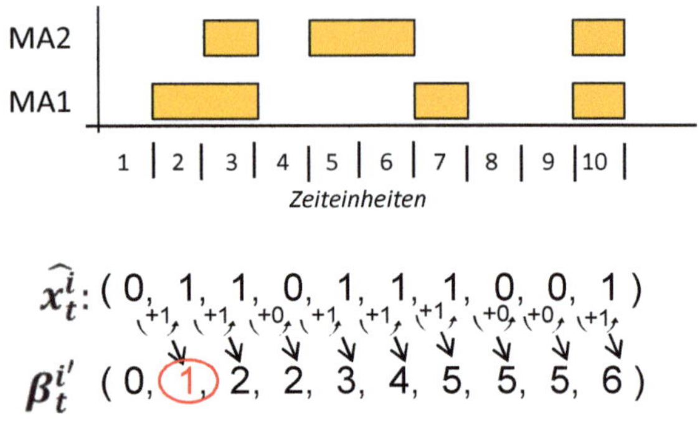

Abb. 13.4 Ermittlung des ersten Bearbeitungszeitpunktes einer Aktivität

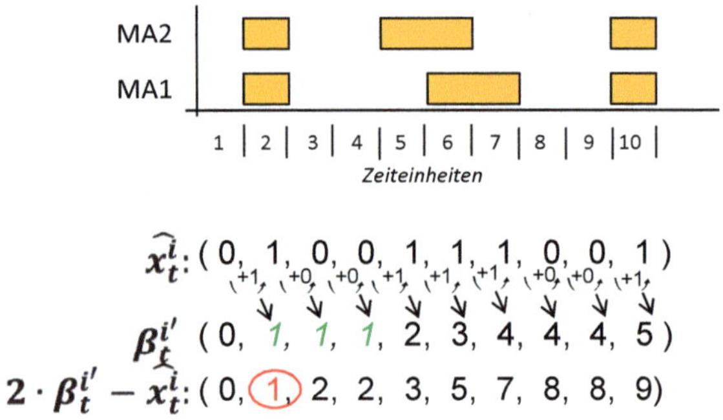

Abb. 13.5 Ermittlung des ersten Bearbeitungszeitpunktes einer Aktivität (Variante 2)

nur zu einem Zeitpunkt t eine Eins, welcher dem Startzeitpunkt der Aktivität i entspricht. Ein Beispiel ist in Abb. 13.4 dargestellt.

Hier wird eine Aktivität von 2 Mitarbeitern bearbeitet. Zum Zeitpunkt $t = 1$ arbeitet kein Mitarbeiter, zum Zeitpunkt $t = 2$ nur Mitarbeiter 1 und zum Zeitpunkt $t = 3$ arbeiten beide Mitarbeiter an der Aktivität (usw.). Entsprechend nimmt $\hat{x}_t^i$ die Werte Null oder Eins an und mit $\beta_2^{i'} = 1$ erhält man den Startzeitpunkt $t = 2$ der Aktivität. Wird die Aktivität jedoch schon nach der ersten Bearbeitungszeiteinheit von allen Bearbeitern unterbrochen, enthält $\beta_t^{i'} \geq 0$ mehr als eine Eins wie in Abb. 13.5 zu erkennen ist. Mit einer weiteren Berechnung $2\beta_t^{i'} - \hat{x}_t^i$ lassen sich jedoch die irrelevanten Einsen eliminieren.

Für die Modellierung des oben beschriebenen Ansatzes zur Bestimmung des ersten Bearbeitungszeitpunktes einer Aktivität i muss das Grundmodell aus Abschn. 13.2.3 um einige Restriktionen erweitert werden. Folgende Entscheidungsvariablen werden dabei benötigt:

$\alpha_t^i \geq 0$ Bearbeiteter Aufwand von Aktivität $i \in I$ zum Zeitpunkt $t \in T$

$\beta_t^{i'} \geq 0$ Hilfsvariable zur Ermittlung des Startzeitpunktes der Aktiviät $i \in I$ („eine Eins")

$$\hat{x}_t^i = \begin{cases} 1, & \text{falls Aktivität } i \in I \text{ zum Zeitpunkt } t \in T \text{ bearbeitet wird} \\ 0, & \text{sonst} \end{cases}$$

$$\hat{y}_t^i = \begin{cases} 1, & \text{falls die Bearbeitung der Aktivität } i \in I \text{ zum Zeitpunkt } t \in T \text{ startet} \\ 0, & \text{sonst} \end{cases}$$

$$\hat{u}_t^i \in \{0,1\}, \hat{v}_t^i \in \{0,1\}, \hat{w}_t^i \in \{0,1\} \quad \text{Hilfsvariablen,} \quad \forall i \in I,\ t \in T$$

In einem ersten Schritt werden die Werte der Entscheidungsvariablen $\hat{x}_t^i$ bestimmt. Dazu bedarf es der Restriktionen (13.29) bis (13.32). Restriktion (13.29) ermittelt zu jedem Zeitpunkt t den Gesamtaufwand einer Aktivität i, der bis zu diesem Zeitpunkt bearbeitet wird. Da pro Zeiteinheit mehrere Ressourcen für eine Bearbeitung eingeplant sein können, nimmt die Entscheidungsvariable α_t^i entsprechend einen Wert > 1 an. Um wie oben beschrieben eine binäre Folge $\hat{x}_t^i$ zu erhalten, die angibt ob zu einem Zeitpunkt t gearbeitet wurde oder nicht, muss die Bedingung „$if(\alpha_t^i > 0)$ *then* $(\hat{x}_t^i = 1)$" modelliert werden, was mit Hilfe der Restriktionen (13.30) bis (13.32) erfolgt. Beträgt der Wert der Entscheidungsvariablen $\alpha_t^i > 0$ zum Zeitpunkt t, so wird die Hilfsvariable u_t^i durch Restriktion (13.31) auf null gesetzt, womit $\hat{x}_t^i$ durch Bedingung (13.32) den Wert Eins annehmen muss.

$$\sum_{k \in K, qa_{ik} > 0} z_{ikt} + \sum_{s \in S, k \in K, qe_{sk} > 0} v_{iskt} = \alpha_t^i \quad \forall i \in I, t \in T, i \neq i_{end} \tag{13.29}$$

$$1 - \hat{u}_t^i \leq \alpha_t^i \quad \forall i \in I, t \in T, i \neq i_{end} \tag{13.30}$$

$$BM(1 - \hat{u}_t^i) \geq \alpha_t^i \quad \forall i \in I, t \in T, i \neq i_{end} \tag{13.31}$$

$$1 - \hat{u}_t^i = \hat{x}_t^i \quad \forall i \in I, t \in T, i \neq i_{end} \tag{13.32}$$

Um nun mit Hilfe der $\hat{x}_t^i$ eine Folge zu erhalten, die nur einmal einen Wert gleich eins enthält, wird die Berechnung in Restriktion (13.33) benötigt (vgl. Abb. 13.5).

$$2 \sum_{1 \leq b \leq t} \hat{x}_b^i - \hat{x}_t^i = \beta_t^i \quad \forall i \in I, t \in T, i \neq i_{end} \tag{13.33}$$

Für die Bestimmung des ersten Bearbeitungszeitpunktes einer Aktivität i wird die binäre Entscheidungsvariable $\hat{y}_t^i$ benötigt, die nur dann den Wert Eins annimmt, falls t der gesuchte Startzeitpunkt ist. In einem letzten Schritt muss daher noch die Bedingung „*if*

$(\beta_t^i = 1)$ *then* $(\hat{y}_t^i = 1)$" modelliert werden. Hierzu dienen die Restriktionen (13.34) bis (13.38).

$$BM(1 - \hat{w}_t^i + \hat{v}_t^i) - 1 \geq \beta_t^i - 1 \quad \forall i \in I, t \in T, i \neq i_{end} \tag{13.34}$$

$$BM\ (\hat{w}_t^i + \hat{v}_t^i) - 1 \geq 1 - \beta_t^i \quad \forall i \in I, t \in T, i \neq i_{end} \tag{13.35}$$

$$\hat{v}_t^i \leq \beta_t^i \quad \forall i \in I, t \in T, i \neq i_{end} \tag{13.36}$$

$$1 + BM(1 - \hat{v}_t^i) \geq \beta_t^i \quad \forall i \in I, t \in T, i \neq i_{end} \tag{13.37}$$

$$\hat{v}_t^i = \hat{y}_t^i \quad \forall i \in I, t \in T, i \neq i_{end} \tag{13.38}$$

Nimmt die Entscheidungsvariable β_t^i für eine Aktivität i zum Zeitpunkt t den Wert Eins an, so sind die Restriktionen (13.34) bis (13.37) nur dann alle erfüllt, falls die Hilfsvariablev $\hat{v}_t^i = 1$ ist. Demzufolge erhält die Entscheidungsvariable $\hat{y}_t^i$ durch die Bedingung (13.38) den Wert Eins zugewiesen. Gilt jedoch $\beta_t^i \neq 1$, muss $\hat{v}_t^i = 0$ gelten, um die Zulässigkeit des Modells zu gewährleisten und $\hat{y}_t^i$ wird auf null gesetzt. Mit Hilfe der Restriktion (13.39) kann abschließend der erste Bearbeitungszeitpunkt der Aktivität i ermittelt werden. Des Weiteren werden noch die Restriktionen (13.40) und (13.41) benötigt, um die Wertebereiche der Entscheidungsvariablen festzulegen.

$$\sum_{t \in T} \hat{y}_t^i \cdot t = b_i \quad \forall i \in I, i \neq i_{end} \tag{13.39}$$

$$\alpha_t^i, \beta_t^i \geq 0 \quad \forall i \in I, t \in T \tag{13.40}$$

$$\hat{u}_t^i, \hat{v}_t^i, \hat{w}_t^i, \hat{x}_t^i, \hat{y}_t^i, \in \{0,1\} \quad \forall i \in I, t \in T \tag{13.41}$$

Die Mindestdauer einer Aktivität lässt sich also mit Hilfe der Restriktionen (13.28) bis (13.41) modellieren. Um die Mindestdauer bei der Planung einer komplexen Dienstleistung berücksichtigen zu können, müssen diese Bedingungen in das Grundmodell aus Abschn. 13.2.3 integriert werden. Die Restriktionen (13.14) und (13.15), die für die Bestimmung des Startzeitpunktes im Grundmodell benötigt wurden, sind nun obsolet.

Erlaubte Überlappung der Aktivitäten

Im RCSSP-Grundmodell aus Abschn. 13.2.3 wurde eine Vorrangbeziehung $(i, j) \in V$ zwischen zwei Aktivitäten i und j durch die Restriktion (13.18) berücksichtigt. Dabei handelt es sich um eine Ende-Start-Beziehung, d. h. die Bearbeitung der Aktivität j darf erst starten, wenn Aktivität i vollständig bearbeitet wurde. Durch die Modellierung der erlaubten Überlappung **(overlapping)** wird ein früherer Bearbeitungsbeginn der Aktivität j zugelassen, sodass eine (teilweise) parallele Ausführung der beiden Aktivitäten zulässig ist.

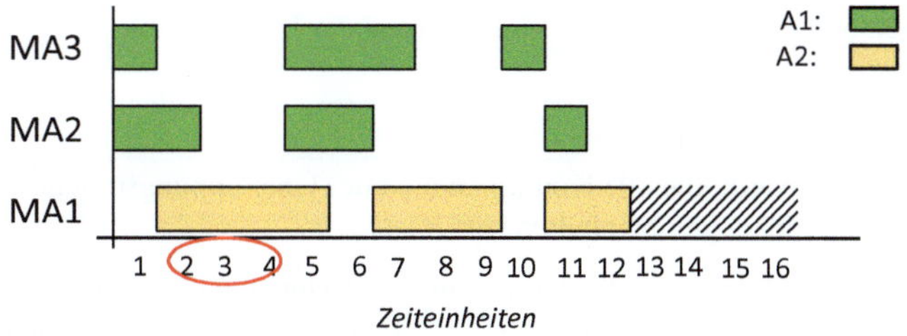

Abb. 13.6 Überlappung zwischen zwei Aktivitäten bei einem Fertigstellungsgrad von 30 % und korrespondierendem Mehraufwand (schraffierte Fläche)

Eine Aktivitätsüberlappung ist bei den betrachteten komplexen Dienstleistungsprojekten abhängig vom Fertigstellungsgrad der Vorgängeraktivität. Bei der Planung der Dienstleistungserbringung können verschiedene Fertigstellungsgrade und dementsprechend verschiedene Überlappungsalternativen betrachtet werden, die einen unterschiedlichen Mehraufwand (z. B. für Nacharbeit) zur Folge haben. Daher soll durch die Optimierung für jede Vorrangbeziehung der „optimale Fertigstellungsgrad" bestimmt werden.

Für die Modellierung der Überlappungsalternativen wird die Modi-Menge O eingeführt. Jeder Modus $o \in O$ gibt einen Anteil des Gesamtaufwands der Vorgängeraktivität an (den Fertigstellungsgrad), der erreicht sein muss, bevor die nachfolgende Aktivität starten kann. Aus der Menge der zur Verfügung stehenden Modi, wird für jede Vorrangbeziehung $(i, j) \in V$ genau ein Modus ausgewählt. Der Modus „0" (Null) kennzeichnet dabei eine Ende-Start-Beziehung zwischen den Aktivitäten, d. h. eine parallele Bearbeitung ist bei dieser Moduswahl unzulässig. Der bei einer Überlappung zusätzlich anfallende Mehraufwand μ_{ijo} für die nachfolgende Aktivität j ist abhängig vom gewählten Modus o. Je kleiner der Fertigstellungsgrad ist, desto größer ist der Mehraufwand, der dem Gesamtaufwand der Aktivität j aus dem RCSSP-Grundmodell hinzugerechnet wird.

Für die Modellierung der Überlappung müssen also alle Zeitpunkte ermittelt werden, an denen der jeweilige anteilige Aufwand der Aktivität i entsprechend dem Modus o erreicht wird. Nach Wahl eines Modus, liefert dieser Zeitpunkt den (Überlappungs-)Startzeitpunkt der Aktivität j. Aufgrund der erlaubten Aktivitätsunterbrechung können aber mehrere dieser möglichen (Überlappungs-) Startzeitpunkte vorliegen, siehe Abb. 13.6.

Im Beispiel aus Abb. 13.6 wird für die Bearbeitung der Aktivität 1 ein Gesamtaufwand von 10 ZE benötigt. Bei zwei eingeplanten Mitarbeitern entfällt auf jeden Mitarbeiter ein Bearbeitungsaufwand von 5 ZE. Nach einem Fertigstellungsgrad von 30 % des Gesamtaufwands der Aktivität 1 (d. h. nach 3 ZE Aufwand) soll in diesem Beispiel eine Überlappung durch die Aktivität 2 stattfinden. Wie aus dem Gantt-Chart ersichtlich, wird dieser anteilige Aufwand erstmalig zum Zeitpunkt $t = 2$ erreicht. Durch die erlaubte Aktivitätsunterbrechung sind aber auch die Zeitpunkte $t = 3$ und $t = 4$ denkbar (siehe roter Oval). Eine Überlappung soll jedoch immer zum frühestmöglichen Zeitpunkt (Zeitpunkt $t = 2$) starten, sodass die Aktivitätsbearbeitungen mindestens eine ZE zeitlich parallel erfolgen (im *Beispiel:* MA2 und MA1). Es muss also der erste mögliche Überlappungs-Startzeitpunkt je Modus o und Vorrangbeziehung $(i, j) \in V$ ermittelt werden. Für die Modellie-

Tab. 13.4 Mengen und Parameter für die Modellierung der Überlappung

Menge	Definition
O	Menge der Überlappungsmodi ($o \in O$)
N	Menge der Modi, die alle Kombinationen der Überlappungsmöglichkeiten bei allen Vorrangbeziehungen beinhalten ($n \in N$)
P	Menge der Aktivitäten, die als Vorgängeraktivitäten auftreten ($i, j \in P \subseteq I$)
μ_{ijo}	Mehraufwand für Aktivität j, falls j die Aktivität i im Überlappungsmodus o überlappt, $\forall i, j \in I, o \in O$
φ_o	Fertigstellungsgrad im Modus o, bei dem eine Aktivitätsüberlappung beginnen kann, $\in [0,1], \forall o \in O$
τ_{ijo}	Gibt an, ob Aktivität i und j im Modus o überlappen dürfen oder nicht (im Modus „0" immer gleich null setzen, hier findet keine Überlappung statt!), $\in \{0,1\}, \forall i, j \in I, o \in O$
λ_{ijo}	Gibt an, ob Aktivität i und j im Modus o überlappen dürfen oder nicht, $\in \{0,1\}, \forall i, j \in I, o \in O$
kh_{ijno}	Gibt an, ob Aktivität j die Aktivität i im Kombinationsmodus n im Überlappungsmodus o überlappt, $\in \{0,1\}, \forall i, j \in I, n \in N, o \in O$
ε_i	Maximale Anzahl an Ressourcen, die eine Aktivität i gemeinsam bearbeiten können, $\forall i \in I$

rung der Aktivitätsüberlappung bietet sich eine ähnliche Formulierung wie die oben beschriebene Modellierung der Mindestdauer an (vgl. Abb. 13.4 und 13.5). Alle Mengen und Parameter, die für die mathematische Beschreibung dieser RCSSP-Erweiterung benötigt werden, sind Tab. 13.4 zu entnehmen.

Folgende binäre Entscheidungsvariablen werden zusätzlich für die Modellierung der Überlappung benötigt:

$$\overline{x}_{to}^{i} = \begin{cases} 1, & \text{falls für Aktivität } i \in I \text{ zur Zeit } t \in T \text{ der anteilige Aurwand} \\ & \text{im Modus o} \in O \text{ erreicht wurde} \\ 0, & \text{sonst} \end{cases}$$

$$\overline{x}l_{ijmo} = \begin{cases} 1, & \text{falls eine Überlappung zwischen Aktivität } i \in I \text{ und } j \in I \text{ im} \\ & \text{Modus } m \in M \text{ und Überlappungsmodus } o \in O \text{ ausgeführt wird} \\ 0, & \text{sonst} \end{cases}$$

$$\overline{y}_{to}^{i} = \begin{cases} 1, & \text{falls } t \in T \text{ der erste Zeitpunkt der Aktivität } i \in I \text{ im Modus } o \in O \text{ ist, wo der} \\ & \text{anteilige Aufwand erreicht wurde} \\ 0, & \text{sonst} \end{cases}$$

$$\tilde{y}_n = \begin{cases} 1, & \text{falls der Modus } n \in N \text{ gewählt wird} \\ 0, & \text{sonst} \end{cases}$$

$$\overline{u}_{ij} = \begin{cases} 1, & \text{falls sich die Aktivitäten } i \in I \text{ und } j \in I \text{ überlappen} \\ 0, & \text{sonst} \end{cases}$$

$$\overline{z}_{ijo} = \begin{cases} 1, & \text{falls Aktivität } j \in I \text{ im Modus } o \in O \text{ die Aktivität } i \in I \text{ überlappt} \\ 0, & \text{sonst} \end{cases}$$

$$\overline{h}_{ijto} = \begin{cases} 1, & \text{falls für Aktivität } j \in I \text{ im Modus } o \in O \text{ die Überlappung mit der} \\ & \text{Aktivität } i \in I \text{ zur Zeit } t \in T \text{ startet} \\ 0, & \text{sonst} \end{cases}$$

$$\overline{h}_{ijto} = \overline{y}_{to}^{i} \cdot \overline{z}_{ijo}, \forall\ i, j \in I, t \in T, o \in O$$

$$\overline{v}_{to}^{i}, \overline{w}_{to}^{i}, \overline{ve}_{to}^{i}, \overline{we}_{to}^{i} \in \{0,1\} \quad \text{Hilfsvariablen}, i \in I, t \in T, o \in O$$

Des Weiteren sind die folgenden Entscheidungsvariablen relevant:

$\overline{\vartheta}_{o}^{i} \geq 0$ Anteiliger Aufwand des Gesamtaufwands der Aktivität $i \in I$ entsprechend dem Modus $o \in O$ (Fertigstellungsgrad)

$\overline{\varsigma}_{t}^{i} \geq 0$ Aufsummierter Aufwand der Aktivität $i \in I$ vom ersten Zeitpunkt bis zu $t \in T$

$\overline{\beta}_{to}^{i} \geq 0$ Hilfsvariable zur Ermittlung des Überlappungszeitpunktes der Aktivität $i \in I, t \in T, o \in O$

Die Erweiterung des Grundmodells um die Überlappung kann nun wie unten angegeben formuliert werden:

$$\sum_{\substack{1 \leq b \leq t \\ k \in K, qa_{ik} > 0}} z_{ikb} = \overline{\gamma}_{t}^{i} \quad \forall i \in P, t \in T \tag{13.42}$$

$$\varphi_o \sum_{k \in K, t \in T, qa_{ik} > 0} z_{ikt} \leq \overline{\vartheta}_{o}^{i} \quad \forall i \in P, o \in O \tag{13.43}$$

$$0{,}99 + \varphi_o \sum_{k \in K, t \in T, qa_{ik} > 0} z_{ikt} \geq \overline{\vartheta}_{o}^{i} \quad \forall i \in P, o \in O \tag{13.44}$$

Restriktion (13.42) ermittelt zu jedem Zeitpunkt t vom Beginn des Planungshorizonts bis zu diesem Zeitpunkt t den bereits geplanten Aufwand der Aktivität i. Hierbei wird der Aufwand, der durch eine externe Schnittstelle geleistet wird, nicht betrachtet. Bevor der Zeitpunkt einer möglichen Überlappung im Modus o bestimmt werden kann, muss der Anteil des Gesamtaufwands einer Aktivität i im Modus o entsprechend dem Wert des Parameters φ_o (Fertigstellungsgrad) berechnet werden. Fällt für eine Aktivität z. B. ein Gesamtaufwand von 15 ZE an und gilt $\varphi_1 = 0,3$ (entspricht einem Fertigstellungsgrad von 30 % im Modus „1"), so erhält man einen anteiligen Aufwand von 4,5 ZE. Für diese Rechnung dient die Restriktion (13.43). Um einen ganzzahligen Wert für die Entscheidungsvariable $\overline{\vartheta}_o^i$ zu erhalten, wird zusätzlich Bedingung (13.44) benötigt. Mit Hilfe der Restriktionen (13.45) bis (13.49) lassen sich alle Zeitpunkte t bestimmen, an denen der Fertigstellungsgrad im gewählten Modus o erreicht wird (vgl. Abb. 13.6, ZE $t = 2, t = 3, t = 4$).

$$BM(\overline{ve}_{to}^i + 1 - \overline{we}_{to}^i) - 1 \geq \overline{\gamma}_t^i - \overline{\vartheta}_o^i \quad \forall i \in P, t \in T, o \in O \tag{13.45}$$

$$BM(\overline{ve}_{to}^i - \overline{we}_{to}^i) - 1 \geq \varepsilon_i + \overline{\vartheta}_o^i - \overline{\gamma}_t^i \quad \forall i \in P, t \in T, o \in O \tag{13.46}$$

$$\overline{ve}_{to}^i = \overline{x}_{to}^i \quad \forall i \in P, t \in T, o \in O \tag{13.47}$$

$$\overline{\vartheta}_o^i - BM\left(1 - \overline{ve}_{to}^i\right) \leq \overline{\gamma}_t^i \quad \forall i \in P, t \in T, o \in O \tag{13.48}$$

$$\varepsilon_i + \overline{\vartheta}_o^i + BM\left(1 - \overline{ve}_{to}^i\right) \leq \overline{\gamma}_t^i \quad \forall i \in P, t \in T, o \in O \tag{13.49}$$

Arbeiten mehrere Mitarbeiter zeitgleich an einer Aktivität, kann es vorkommen, dass der für Modus o berechnete Aufwandsanteil zu keinem Zeitpunkt *genau* erreicht wird. Exemplarisch kann Abb. 13.6 herangezogen werden: Angenommen wird ein Fertigstellungsgrad von 10 % im Modus „1" für Aktivität 1, d. h. $\varphi_1 = 0,1$. Der anteilige Aufwand für diesen Modus entspricht 1 ZE. Zum Zeitpunkt $t = 1$ arbeiten Mitarbeiter 2 und Mitarbeiter 3 parallel an der Aktivität. Dadurch wird bereits zu $t = 1$ ein Gesamtaufwand von 2 ZE abgearbeitet und somit lässt sich kein Zeitpunkt für den Aufwand von 1 ZE ermitteln. Daher wird bei der Modellierung (Restriktionen (13.45) bis (13.49)) nicht nur $\overline{\vartheta}_o^i$, sondern das Intervall $[\overline{\vartheta}_o^i; \overline{\vartheta}_o^i + \varepsilon_i]$ betrachtet. Dabei gibt ε_i die maximale Anzahl der gemeinsam einplanbaren Mitarbeiter an. Liegt der Wert der Entscheidungsvariablen $\overline{\gamma}_t^i$ (d. h., der für eine Aktivität i bis zum Zeitpunkt t eingeplante Aufwand) in dem Intervall $[\overline{\vartheta}_o^i; \overline{\vartheta}_o^i + \varepsilon_i]$, so sind die Restriktionen (13.45) bis (13.49) nur dann alle erfüllt, falls die Hilfsvariable $\overline{ve}_{to}^i = 1$ ist. Demzufolge wird der binären Entscheidungsvariablen $\overline{x}_{to}^i$ durch Bedingung (13.47) der Wert Eins zugewiesen.

Da das Problem auftreten kann, dass (wie oben beschrieben) zu mehreren Zeitpunkten t die Entscheidungsvariable $\overline{x}_{to}^i$ einen Wert gleich eins annehmen kann, muss in einem nächsten Schritt durch eine geeignete Modellierung (vgl. Abschnitt „Mindestdauer einer

Tab. 13.5 Kombinationen der Überlappungsmöglichkeiten vorhandener Vorrangbeziehungen

Vorrangbeziehung/Modus	(A1,A3)	(A2,A3)	(A3,A4)	(A3,A5)
n1	0	0	0	0
n2	1	2	1	0
n3	0	2	2	0
n4	2	0	1	0
n5	2	2	2	0

Aktivität") der „erste" Zeitpunkt ermittelt werden. Dazu dienen die folgenden Restriktionen (13.50) bis (13.55). Eine Folge, die nur einmal einen Wert gleich eins enthält, wird durch Restriktion (13.50) bestimmt.

$$2\sum_{1\le b\le t} \overline{x}^i_{bo} - \overline{x}^i_{to} = \overline{\beta}^i_{to} \quad \forall i\in P, t\in T, o\in O \tag{13.50}$$

$$BM(1-\overline{w}^i_{to}+\overline{v}^i_{to})-1 \ge \overline{\beta}^i_{to}-1 \quad \forall i\in P, t\in T, o\in O \tag{13.51}$$

$$BM(\overline{w}^i_{to}+\overline{v}^i_{to})-1 \ge 1-\overline{\beta}^i_{to} \quad \forall i\in P, t\in T, o\in O \tag{13.52}$$

$$\overline{v}^i_{to} \le \overline{\beta}^i_{to} \quad \forall i\in P, t\in T, o\in O \tag{13.53}$$

$$1+BM(1-\overline{v}^i_{to}) \ge \overline{\beta}^i_{to} \quad \forall i\in P, t\in T, o\in O \tag{13.54}$$

$$\overline{v}^i_{to} \le \overline{y}^i_{to} \quad \forall i\in P, t\in T, o\in O \tag{13.55}$$

Nachdem der Zeitpunkt t der Aktivität i festgelegt wurde, bei dem im Modus o eine Überlappung starten kann, wird im Folgenden die Modellierung der eigentlichen Überlappung präsentiert. Hierzu wird ein neuer Modus n eingeführt, der eine Kombination der Überlappungsmöglichkeiten aller Vorrangbeziehungen beinhaltet. In Tab. 13.5 sind exemplarisch 5 Kombinationsmodi für die vier Vorrangbeziehungen dargestellt. Im Modus $n1$ ist keine Überlappung erlaubt („0"-Modus). Wird Modus $n2$ gewählt, muss Aktivität 3 die Aktivität 1 im Modus $o=1$ und die Aktivität 2 im Modus $o=2$ überlappen. Des Weiteren wird die Aktivität 3 von Aktivität 4 im Modus $o=1$ überlappt. Für die Vorrangbeziehung (A3, A5) ist in allen Kombinationsmodi eine Überlappung unzulässig und die Beziehung (A2, A3) darf niemals im Modus $o=1$ ausgeführt werden (z. B. entspricht Modus $o=1$ einem Fertigstellungsgrad von 30 % und $o=2$ entspricht 60 %).

Die Restriktion (13.56) gewährleistet, dass nur ein Modus n gewählt wird. Durch den Parameter $kh_{ijno} \in \{0,1\}$ ist festgelegt, in welchem Überlappungsmodus o die Aktivität j die Aktivität i überlappt, falls der Modus n ausgewählt wird. Entsprechend nimmt in Restriktion (13.57) die Entscheidungsvariable $\overline{z}_{ijo}$ den Wert Eins oder Null an. Dürfen sich zwei Aktivitäten im Modus o überlappen ($\tau_{ijo}=1$), wird mit Hilfe der Bedingung (13.58) die Entscheidungsvariable $\overline{u}_{ij}=1$ gesetzt. Die binäre Entscheidungsvariable $\overline{h}_{ijto} = \overline{y}^i_{to}\cdot\overline{z}_{ijo}$

ist ein Produkt zweier Binärvariablen. Sie nimmt nur dann einen Wert gleich eins an, falls die Entscheidungsvariablen $\overline{y}_{to}^{i}$ und $\overline{z}_{ijo}$ ebenfalls einen Wert gleich eins annehmen. Mit Hilfe dieser Variablen wird der Zeitpunkt festgelegt, an dem die Aktivität j mit der Überlappung der Aktivität i im Modus o startet. Für die Linearisierung dienen die Restriktionen (13.61) bis (13.63). Der Startzeitpunkt der Aktivität j wird durch Bedingung (13.59) determiniert. Wird für die Vorrangbeziehung $(i,j)\in V$ der Modus „0" gewählt ($\overline{z}_{ijo}=1$), ist keine Überlappung erlaubt und somit muss der Startzeitpunkt der Aktivität j nach dem Zeitpunkt $\overline{h}_{ijto}\cdot t$ liegen. Da für zwei überlappbare Aktivitäten $\overline{u}_{ij}=1$ gilt, liefern die Restriktionen (13.59) und (13.60) einen eindeutigen Anfangspunkt der Aktivität j. Bei Wahl des Modus „0" ist die Bedingung (13.60) nicht beschränkend und Aktivität j darf auch viel später als der Endzeitpunkt der Aktivität i starten.

$$\sum_{n\in N}\tilde{y}_n=1 \tag{13.56}$$

$$\sum_{n\in N}\tilde{y}_n\cdot kh_{ijno}=\overline{z}_{ijo}\quad \forall (i,j)\in V, o\in O, \lambda_{ijo}>0 \tag{13.57}$$

$$\sum_{o\in O,\lambda_{ijo}>0}\tau_{ijo}\cdot\overline{z}_{ijo}\le\overline{u}_{ij}\quad \forall (i,j)\in V \tag{13.58}$$

$$\sum_{o\in O,t\in T,\lambda_{ijo}>0}\overline{h}_{ijo}\cdot t\le b_j-\overline{z}_{ij0}\quad \forall (i,j)\in V \tag{13.59}$$

$$\sum_{o\in O,t\in T,\lambda_{ijo}>0}\overline{h}_{ijo}\cdot t\le b_j-BM\cdot(1-\overline{u}_{ij})\quad \forall (i,j)\in V \tag{13.60}$$

$$\overline{h}_{ijto}-\overline{z}_{ijo}\le 0\quad \forall (i,j)\in V, t\in T, o\in O, \lambda_{ijo}>0 \tag{13.61}$$

$$\overline{h}_{ijto}-\overline{y}_{to}^{i}\le 0\quad \forall (i,j)\in V, t\in T, o\in O, \lambda_{ijo}>0 \tag{13.62}$$

$$\overline{z}_{ijto}-\overline{y}_{to}^{i}-\overline{h}_{ijto}\le 1\quad \forall (i,j)\in V, t\in T, o\in O, \lambda_{ijo}>0 \tag{13.63}$$

Um eine Überlappung bei der Planung einer komplexen Dienstleistung berücksichtigen zu können, müssen die Restriktionen (13.42) bis (13.63) in das Grundmodell aus Abschn. 13.2.3 integriert werden. Die Bedingung (13.18), die die Einhaltung der Vorrangbeziehung gewährleistet, wird durch Restriktion (13.64) ersetzt, da nun eine mögliche Überlappung berücksichtigt werden muss.

$$f_i\le b_j-1+BM(1-\overline{z}_{ij0})\quad \forall (i,j)\in V \tag{13.64}$$

Die Berücksichtigung der Vorrangbeziehung zwischen jeder Aktivität i und der Dummy-End-Aktivität wird durch Restriktion (13.65) garantiert.

$$f_i \leq b_{i_{end}} - 1 \quad \forall i \in I, i \neq i_{end} \tag{13.65}$$

Des Weiteren muss gewährleistet werden, dass (auch bei einer Überlappung) der Fertigstellungszeitpunkt einer nachfolgenden Aktivität j mindestens eine Zeiteinheit hinter dem Beendigungszeitpunkt der Vorgängeraktivität i liegt (13.66).

$$f_i \leq f_j - 1 \qquad \forall (i,j) \in V \tag{13.66}$$

Eine Überlappung zwischen zwei Aktivitäten $(i,j) \in V$ ruft einen Mehraufwand für die Aktivität j hervor. Dieser zusätzliche Mehraufwand $\propto_{ijo}$ wird gleichmäßig auf alle eingeplanten Mitarbeiter im Modus m aufgeteilt. Eine Modellierung erfolgt mit Hilfe der Restriktionen (13.67) bis (13.71). Dabei ersetzen die Bedingungen (13.67) und (13.68) die Restriktionen (13.3) und (13.4). Für die Linearisierung der binären Entscheidungsvariablen $\overline{xl}_{ijmo}$ dienen die Bedingungen (13.69) bis (13.71).

$$(1-\gamma_i) \cdot \left(\sum_{m \in M, r_{im} > 0} y_{im} \cdot (k_{im} + p_{im} + pe_{im}) + \sum_{j \in I, o \in O, \lambda_{ijo}} \mu_{jio} \cdot \sum_{m \in M, r_{im} > 0} \frac{\overline{xl}_{jimo}}{r_{im}} \right) \leq a_i \quad \forall i \in I \tag{13.67}$$

$$0{,}99 + (1-\gamma_i) \cdot \left(\sum_{m \in M, r_{im} > 0} y_{im} \cdot (k_{im} + p_{im} + pe_{im}) + \sum_{j \in I, o \in O, \lambda_{jio} > 0} \mu_{jio} \cdot \sum_{m \in M, r_{im} > 0} \frac{\overline{xl}_{jimo}}{r_{im}} \right) \geq a_i \quad \forall i \in I \tag{13.68}$$

$$\overline{xl}_{ijmo} - \overline{z}_{ijo} \leq 0 \quad \forall (i,j) \in V, m \in M, o \in O, \lambda_{ijo} > 0, r_{jm} > 0 \tag{13.69}$$

$$\overline{xl}_{ijmo} - y_{jm} \leq 0 \quad \forall (i,j) \in V, m \in M, o \in O, \lambda_{ijo} > 0, r_{jm} > 0 \tag{13.70}$$

$$\overline{z}_{ijo} - y_{jm} - \overline{xl}_{ijmo} \leq 1 \quad \forall (i,j) \in V, m \in M, o \in O, \lambda_{ijo} > 0, r_{jm} > 0 \tag{13.71}$$

Die Wertebereiche der Entscheidungsvariablen werden durch die Restriktionen (13.72) bis (13.74) festgelegt.

$$\overline{\vartheta}_o^i, \overline{\gamma}_t^i, \overline{\beta}_{to}^i \geq 0 \quad \forall i \in I, t \in T, o \in O \tag{13.72}$$

$$\overline{x}_{to}^i, \overline{xl}_{ijmo}, y_n, \overline{y}_{to}^i, \overline{z}_{ijo}, \overline{h}_{ijto}, \overline{u}_{ij} \in \{0,1\} \quad \forall i,j \in I, t \in T, o \in O, m \in M, n \in N \tag{13.73}$$

$$\overline{v}_{to}^i, \overline{w}_{to}^i, \overline{ve}_{to}^i, \overline{we}_{to}^i \in \{0,1\} \quad \forall i \in I, t \in T, o \in O \tag{13.74}$$

13.2.5 Berechnung der unterschiedlichen Aufwandswerte einer Aktivität

In Abschn. 13.1 wurde beschrieben, aus welchen Faktoren sich der Gesamtaufwand einer Aktivität berechnen lässt. Im RCSSP-Grundmodell und seinen Erweiterungen wurden Parameter für die Modellierung der unterschiedlichen Aufwände definiert. Dieser Abschnitt soll nun einen allgemeinen Überblick über die Berechnung der einzelnen Aufwände einer Aktivität i geben, die für jede als Bearbeiter eingeplante Ressource k anfallen.

Eignungsaufwand κ_{im} je eingeplanter Ressource k

Für die Berechnung des Eignungsaufwands κ_{im} werden die Eignungen der im Modus m eingeplanten Mitarbeiter k sowie der Einheitsaufwand $norm_i$ der Aktivität i berücksichtigt. Die Eignungswerte eig_{ik} liegen im Intervall $[0,\infty[$ wobei der Wert 1 für durchschnittlich, <1 für unterdurchschnittlich und >1 für überdurchschnittlich steht. Der Eignungsaufwand berechnete sich wie folgt:

$$\kappa_{im} = \frac{norm_i}{\sum_{k \in K | \eta_{imk} > 0} eig_{ik}} \quad \forall i \in I, m \in M \tag{13.75}$$

Die Summe der Eignungen ist abhängig von den für diese Aktivität i im Modus m eingeplanten Mitarbeitern k (vgl. Parameter $\eta_{imk} > 0$ im RCSSP-Grundmodell). Beispielrechnungen für den Eignungsaufwand bei ein bis drei eingeplanten Mitarbeitern mit unterschiedlichen Eignungen und einem Einheitsaufwand von $norm_i = 10$ sind in Tab. 13.6 zu finden.

Interner Schnittstellenaufwand p_{im} je eingeplanter Ressource k

Um die Bearbeitung einer Aktivität erfolgreich abschließen zu können, müssen (bei mehr als einem eingeplanten Mitarbeiter) die Personen die Arbeitsaufgabe gemeinsam bewältigen. Dadurch entsteht Kommunikationsbedarf. Es ist davon auszugehen, dass, je mehr Arbeitspersonen zusammen an der Bearbeitung einer Aktivität beteiligt sind, der Kommunikationsbedarf zwischen ihnen desto größer wird. Dieser Kommunikationsaufwand wird als interner Schnittstellenaufwand bezeichnet. Neben der Anzahl der eingeplanten Mitarbeiter r_{im} (vgl. RCSSP-Grundmodell) hat die Dauer einer Aktivität einen Einfluss auf den internen Schnittstellenaufwand. Für jede Bearbeitungswoche wird ein identischer Aufwand einkalkuliert. Da die Dauer aufgrund von möglichen Aktivitätsunterbrechungen vor der Optimierung bzw. Simulation nicht bekannt ist, wird die Anzahl möglicher Bearbeitungswochen in Abhängigkeit vom Einheitsaufwand $norm_i$ bzw. von der Mindestdauer δ_i der Aktivität i und einer 40 h Arbeitswoche geschätzt.

Tab. 13.6 Eignungsaufwand bei ein bis drei eingeplanten Mitarbeitern mit unterschiedlichen Eignungen

	m1	m2	m3
eig_{i1}	0,8	1,0	1,2
eig_{i2}	–	1,0	1,0
eig_{i3}	–	–	1,0
K_{im}	$\frac{10}{0,8}=12,5$	$\frac{10}{1,0+1,0}=5$	$\frac{10}{1,2+1,0+1,0}=3,125$

$$p_{im} = (r_{im} - 1) \cdot 0,5h \cdot \left\lceil \frac{\max(norm_i, \delta_i)}{40} \right\rceil \quad \forall i \in I, m \in M \tag{13.76}$$

Restriktion (13.76) liefert den internen Schnittstellenaufwand für eine Aktivität i im Modus m je eingeplanter Person. Dabei wird ein Aufwand von 0,5 h pro Woche angesetzt.

Externer Schnittstellenaufwand pe_{im} je eingeplanter Ressource k (Bearbeiter):
Der externe Schnittstellenaufwand wird für die Abbildung des Kommunikationsbedarfs zwischen den Bearbeitern einer Aktivität und den externen Schnittstellen (Mitwirkende) benötigt. Dieser Aufwand ist, wie der interne Schnittstellenaufwand, abhängig von der Anzahl der eingeplanten Mitarbeiter r_{im} und der Dauer der Aktivität (in Wochen), welche wie oben beschrieben approximiert werden kann. Für jede externe Schnittstelle $s \in S$ der Aktivität i (wobei $re_{is} > 0$, vgl. RCSSP-Grundmodell) ist der Aufwandswert b_{is} in Stunden gegeben. Als Standardwert wird hier $b_{is} = 0,5\text{h} \; \forall i \in I, s \in S$ gewählt (Restriktion (13.77)).

$$pe_{im} = \frac{\sum_{s \in S | re_{is} > 0} b_{is}}{r_{im}} \cdot \left\lceil \frac{\max\left(norm_i, \delta_i\right)}{40} \right\rceil \quad \forall i \in I, m \in M \tag{13.77}$$

Mehraufwand für Nacharbeit μ_{ijo} (bei Aktivitätsüberlappung) je eingeplanter Ressource k (Bearbeiter)
Ein Mehraufwand für Nacharbeit μ_{ijo} entsteht, wenn eine Aktivität j die Vorgängeraktivität i im Überlappungsmodus o (Fertigstellungsgrad der Vorgängeraktivität) überlappt, d. h. die beiden Aktivitäten werden (teilweise) parallel ausgeführt. Die Höhe des Mehraufwands ist abhängig vom Fertigstellungsgrad der Vorgängeraktivität und kann mit Hilfe einer linearen Funktion $f_{ij}(x_{ijo})$ abgebildet werden, wobei $x_{ijo} \in [0,1]$ der Fertigstellungsgrad der Aktivitäten i im Modus o bei Überlappung mit Aktivität j ist. Je geringer der Fertigstellungsgrad, desto höher ist der Mehraufwand. Um die Funktion aufstellen zu können, wird noch ein Mindest-Fertigstellungsgrad $minFer_{ij}$ der Aktivität i benötigt, d. h. der frühest mögliche Fertigstellungsgrad bei dem eine Überlappung mit Aktivität j starten kann. Des Weiteren ist die beim $minFer_{ij}$ maximal anfallende Mehrarbeit $maxMehr_{ij}$ (in Prozent) als Anteil des Einheitsaufwands (ggf. reduziert um die tolerierte Unvollständig-

keit) der Aktivität j gegeben. Dann lassen sich der y-Achsenabschnitt b und die Steigung m der linearen Funktion (13.80) mit Hilfe der Restriktionen (13.78) und (13.79) bestimmen.

$$b = \frac{maxMehr_{ij} \cdot norm_j \cdot (1-\gamma_j)}{1 - minFer_{ij}} \tag{13.78}$$

$$m = -b \tag{13.79}$$

$$f_{ij}(x_{ijo}) = m \cdot x_{ijo} + b \quad \forall (i,j) \in V, o \in O, \lambda_{ijo} > 0 \tag{13.80}$$

Im Folgenden wird beispielhaft die Berechnung einer Mehraufwandsfunktion für Überlappungsmöglichkeiten zwischen den Aktivitäten i und j vorgestellt. Gegeben ist ein Mindest-Fertigstellungsgrad von $minFer_{ij} = 0{,}2$ mit einem maximalen Mehrarbeitsanteil von $maxMehr_{ij} = 0{,}6$. Für Aktivität j liegt ein Einheitsaufwand von $norm_j = 12$ ZE vor, wobei keine tolerierte Unvollständigkeit betrachtet wird. Somit erhält man für den y-Achsenabschnitt den Wert

$$b = \frac{0{,}6 \cdot 12}{(1-0{,}2)} = 9$$

und für die Steigung den Wert $m = -9$, Die entsprechende Funktion $f_{ij}(x_{ijo}) = -9 \cdot x_{ijo} + 9$ ist in Abb. 13.7 dargestellt. Für die Überlappung der beiden Aktivitäten stehen also neun verschiedene Überlappungsmöglichkeiten zur Verfügung. Findet eine Überlappung bei einem Fertigstellungsgrad von 30% statt, so wird ein Mehraufwand von $\mu_{ij2} = 6{,}3$ Zeiteinheiten eingeplant, der gleichmäßig auf alle eingeplanten Mitarbeiter aufgeteilt wird (vgl. Restriktion (13.67–13.71).

Der Gesamtaufwand einer Aktivität i je eingeplanter Ressource k lässt sich wie schon in den Restriktionen (13.67) und (13.68) beschrieben, modellieren.

13.2.6 Fallbeispiel Engineeringprojekt „Rohrleitung- und Instrumentenschema entwickeln"

Das zu optimierende Dienstleistungsprojekt ist ein Ausschnitt eines Produktentwicklungsprozesses aus dem verfahrenstechnischen Anlagenbau. In dem Projektabschnitt sollen ein CAD-Modell von Rohrleitungen und das dazugehörige Prozessfließschema entworfen werden. Die Planungsdetails als Inputdaten für die Optimierung werden in den Tab. 13.7 bis Tab. 13.10 dargestellt. Die Matrixmodellierung entspricht der Design Structure Matrix Modellierungsmethode, welche im fortfolgenden Kapitel (Abschn. 13.3.4) ausführlich dargestellt ist. Darauf aufbauend werden 10 unterschiedliche Szenarien gemäß Tab. 13.11 der Optimierung zugeführt.

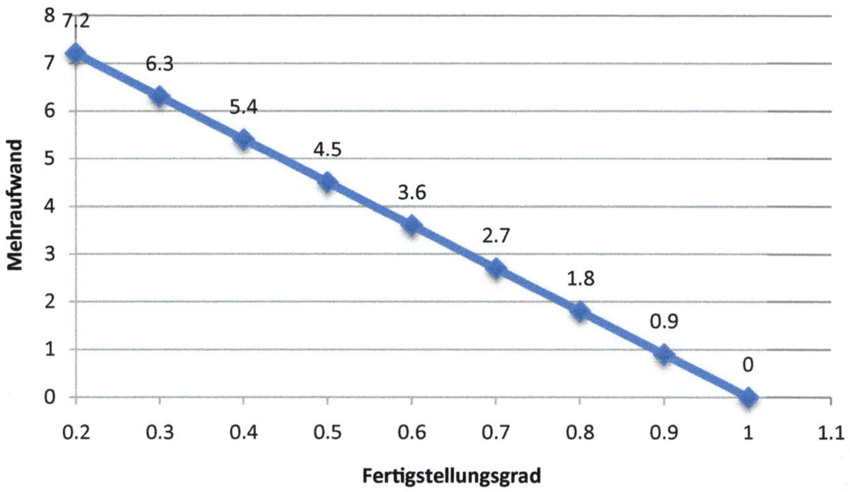

Abb. 13.7 Mehraufwandsfunktion bei Überlappung zweier Aktivitäten bei einem Mindest-Fertigstellungsgrad von 20 % und einer maximalen Mehrarbeit von 7,2 ZE

Tab. 13.7 Inputdaten Fallbeispiel: Vorrangbeziehungen zwischen den Aktivitäten

#	Prozessschritt	Einheitsaufwand [Stunden]	tolerierte Unvollständigkeit [%]		Aktivität								
					1	2	3	4	5	6	7	8	9
1	Aktivität 1	5	0	Mindestfertigstellungsgrad	5								
				Mehraufwand									
2	Aktivität 2	13	0	Mindestfertigstellungsgrad	1	13							
				Mehraufwand									
3	Aktivität 3	10	0	Mindestfertigstellungsgrad			10						
				Mehraufwand									
4	Aktivität 4	12	20	Mindestfertigstellungsgrad		0,2	0,4	12					
				Mehraufwand		0,6	0,3						
5	Aktivität 5	9	0	Mindestfertigstellungsgrad				1	9				
				Mehraufwand									
6	Aktivität 6	10	20	Mindestfertigstellungsgrad					0,2	10			
				Mehraufwand					0,8				
7	Aktivität 7	4	0	Mindestfertigstellungsgrad					0,6		4		
				Mehraufwand					0,5				
8	Aktivität 8	4	0	Mindestfertigstellungsgrad							0,5	4	
				Mehraufwand							0,5		
9	Aktivität 9	4	0	Mindestfertigstellungsgrad								1	4
				Mehraufwand									

Grob lässt sich das Fallbeispiel wie folgt beschreiben: Auf Grundlage einer verbindlichen Auftragsvergabe erfolgt zum Projektstart die Spezifizierung der Aufgabenstellung. Im ersten Schritt werden Regeln und spezifische Parameter für die erste Konzeption des Prozessfließbildes aufgestellt. Darauf aufbauend wird ein Groblayout gefolgt von einem Feinlayout erstellt. Diese CAD-Layouts werden anschließend sowohl intern als auch extern (vom Kunden) geprüft und freigegeben. In der Optimierung unberücksichtigt und erst in den fortfolgenden Kapiteln thematisiert werden die notwendigen Änderungsschleifen mit dem Kunden. Es ist davon auszugehen, dass nach Rücksprache mit dem Kunden

Tab. 13.8 Überlappungsmodi der Vorrangbeziehungen

Modus $o \in O$	Fertigstellungsgrad	Vorrangbeziehungen				
		(A2,A4)	(A3,A4)	(A5,A6)	(A5,A7)	(A7,A8)
0	1	X	X	X	X	X
1	0,2	X		X		X
2	0,4	X	X	X		
3	0,6	X	X	X	X	X
4	0,8	X	X	X	X	

Änderungen eingearbeitet werden müssen. Erst im Anschluss wird die Dokumentation finalisiert und der Entwicklungsprozess abgeschlossen.

Das Fallbeispiel besteht aus 9 Aktivitäten. Mögliche Vorrangbeziehungen zwischen diesen Aktivitäten sind in Tab. 13.7 durch einen Matrixeintrag aufgeführt. Je Vorrangbeziehung können zwei Werte in die Matrix eingetragen werden, der **Mindestfertigstellungsgrad** und der **Mehraufwand**. Der Mindestfertigstellungsgrad gibt an, wie viel Prozent der Vorgängeraktivität abgeschlossen sein muss, bevor die nachfolgende Aktivität starten kann. Im Fallbeispiel darf die Aktivität 2 erst starten, wenn 100 % der Vorgängeraktivität 1 bearbeitet wurde, bei Aktivität 4 dagegen ist ein Bearbeitungsstart schon bei einem Fertigstellungsgrad von 20 % der Aktivität 2 zulässig. Zwischen den Aktivitäten 2 und 4 kann somit eine Aktivitätsüberlappung eintreten. Für die Berechnung des Überlappungsmehraufwands wird der Matrixeintrag „Mehraufwand" benötigt (vgl. Aufwandsberechnung Abschn. 13.2.5). Der Einheitsaufwand einer Aktivität ist auf der Hauptdiagonale zu finden. Des Weiteren muss Aktivität 4 und 6 nur zu 80 % bearbeitet werden (tolerierte Unvollständigkeit). In Tab. 13.8 sind die möglichen Überlappungsmodi pro Vorrangbeziehung aufgelistet. Mit den Daten lässt sich die Menge N der Kombinationen aller Überlappungsmöglichkeiten erstellen ($|N| = 900$).

Im Fallbeispiel stehen für die Planung der Dienstleistungserbringung fünf Personen zur Verfügung. Die Zuordnung zu den eingeführten Standardfunktionen „Bearbeiter" oder „Mitwirkender" (externe Schnittstelle) zu den Aktivitäten ist in Tab. 13.9 angegeben. Die Mitarbeiter 4 und 5 können jede Aktivität als Bearbeiter ausführen, jedoch nicht als Mitwirkende eingeplant werden. Für jede Aktivität gibt es bis zu drei verschiedene externe Schnittstellenrollen (vgl. mathematische Modellierung). Die Bearbeitung dieser Schnittstellen erfolgt jeweils durch nur einen Mitarbeiter („Mitwirkender"), für den ein entsprechender Aufwand von 1 h anfällt. Mitarbeiter MA001 kann nur Rolle s01, MA002 nur die Rolle s02 und MA003 Rolle s03 ausführen. Im Fallbeispiel benötigt z. B. die Aktivität 5 die Mitwirkendenrollen s01 und s02 (nicht in den Abbildungen dargestellt).

Die Eignungen pro Aktivität, der Stundensatz sowie die maximal mögliche Anwesenheit pro Tag (in Stunden) sind in Tab. 13.10 für jeden Mitarbeiter dargestellt. Weiterhin wird angenommen, dass jeder Mitarbeiter zu jeder Stunde verfügbar ist (d. h. $R_{kt} = 1 \forall k \in K, t \in T$).

Tab. 13.9 Inputdaten Fallbeispiel: Rollenzuordnung der Mitarbeiter zu den Aktivitäten

#	Identifikation	Aktivität 1	2	3	4	5	6	7	8	9
1	MA001	Bearbeitend	Bearbeitend			Mitwirkend		Mitwirkend	Mitwirkend	Mitwirkend
2	MA002	Mitwirkend	Mitwirkend	Mitwirkend	Bearbeitend	Mitwirkend	Bearbeitend	Mitwirkend	Mitwirkend	Bearbeitend
3	MA003	Mitwirkend		Bearbeitend		Bearbeitend	Mitwirkend	Bearbeitend	Bearbeitend	Mitwirkend
4	MA004	Bearbeitend	Bearbeitend	Bearbeitend	Bearbeitend	Bearbeitend	Bearbeitend	Bearbeitend	Bearbeitend	Bearbeitend
5	MA005	Bearbeitend	Bearbeitend	Bearbeitend	Bearbeitend	Bearbeitend	Bearbeitend	Bearbeitend	Bearbeitend	Bearbeitend

Tab. 13.10 Inputdaten Fallbeispiel: Eignungen, Stundensatz und Anwesenheit je Mitarbeiter

#	Identifikation	Arbeitsstunden pro Tag [Vollzeit/Teilzeit]	Stundensatz [Euro]	Anwesenheit [Stunden pro Tag]	1	2	3	4	5	6	7	8	9
1	MA001	8	80	2	1,0	1,0							
2	MA002	8	95	6				1,0		1,0			1,0
3	MA003	8	75	4			1,0		1,0		1,0	1,0	
4	MA004	8	80	8	0,8	0,7	0,7	0,8	0,8	0,7	0,9	0,8	0,6
5	MA005	8	80	8	0,9	0,8	0,7	0,8	0,8	0,8	0,7	0,8	0,9

Tab. 13.11 Mögliche Szenarien des Fallbeispiels

Szenario	Mitarbeiter	Tolerierte Unvollständigkeit	Arbeitszeitbeschränkung	Mindestdauer	Eignung
1	MA001 bis MA003	JA	Nein	Nein	Siehe Tab. 13.10
2	MA001 bis MA004	JA	Nein	Nein	Siehe Tab. 13.10
3	MA001 bis MA005	JA	Nein	Nein	Siehe Tab. 13.10
4	MA001 bis MA003	Nein	Nein	Nein	Siehe Tab. 13.10
5	MA001 bis MA004	Nein	Nein	Nein	Siehe Tab. 13.10
6	MA001 bis MA003	JA	JA (MA001-MA003: 4h/8h/6h)	Nein	Siehe Tab. 13.10
7	MA001 bis MA003	JA	JA (MA001-MA003: 6h/8h/4h)	Nein	Siehe Tab. 13.10
8	MA001 bis MA004	JA	JA (MA001-MA004: 4h/8h/6h/8h)	Nein	Siehe Tab. 13.10
9	MA001 bis MA004	JA	Nein	Nein	Alle MA Eignung = 1.0
10	MA001 bis MA004	JA	Nein	JA (A1:8ZE/ A2:12 ZE/ A3:8ZE)	Siehe Tab. 13.10

Aus den gegebenen Inputdaten wurden verschiedene Szenarien definiert (siehe Tab. 13.11). Zur Lösung wurde das RCSSP und die Erweiterungen „Überlappung" und „Mindestdauer" verwendet. Das mathematische Modell wurde dazu in AIMMS 3.13 implementiert und mit CPLEX 12.5 optimal gelöst. Als Ziele wurden zum einen die Projektdauer (in Stunden) und zum anderen die Projektkosten (in Euro) optimiert.

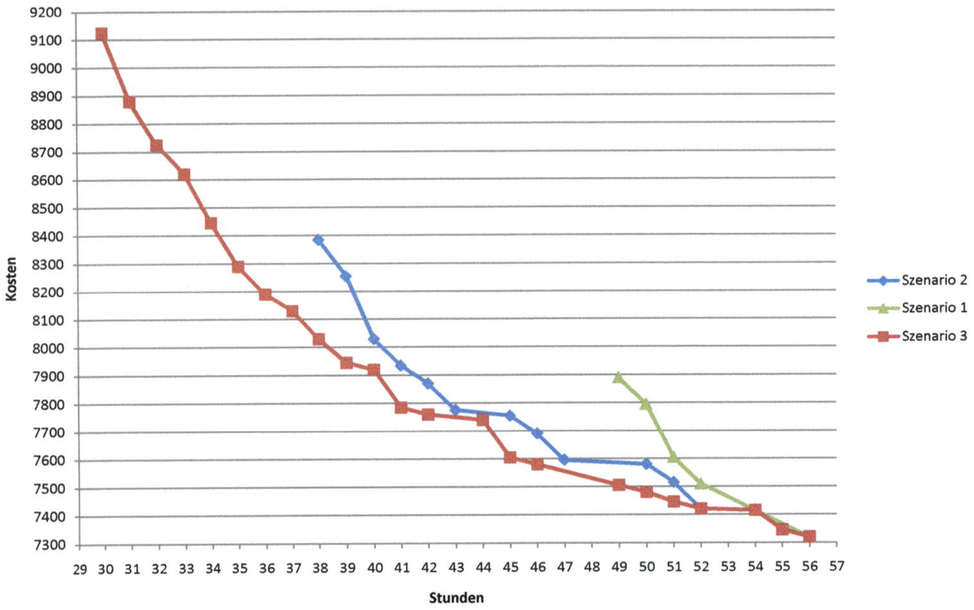

Abb. 13.8 Variation der Anzahl verfügbarer Mitarbeiter (3, 4 und 5 Mitarbeiter)

Die Berechnung der unterschiedlichen Aufwandswerte für die Szenarien erfolgt mit Hilfe der in Abschn. 13.2.5 vorgestellten Berechnungsvorschriften. Für die Szenarien 1,4,6 und 7 liegt pro Aktivität nur ein Modus m vor, da jeder Aktivität maximal ein Mitarbeiter zugeteilt werden kann. Für die Szenarien mit vier verfügbaren Mitarbeitern (2,5,8,9 und 10) besteht die Modi-Menge M pro Aktivität aus drei Elementen, da maximal zwei Mitarbeiter jeder Aktivität zugeteilt werden können (Aktivität 1 kann z. B. von MA001 alleine ($m = 1$), von MA004 alleine ($m = 2$) oder von MA001 und MA004 zusammen ($m = 3$) bearbeitet werden, siehe Tab. 13.9). Um alle Mitarbeiterkombinationen betrachten zu können, müssen für Szenario 3 insgesamt sieben Modi eingeführt werden (d. h. maximal sind pro Aktivität drei Arbeitspersonen verfügbar, siehe Tab. 13.9).

Optimierungsergebnisse in Abhängigkeit vom gewählten Szenario

Im Folgenden werden unterschiedliche Auswertungen der optimierten Szenarien präsentiert. Dabei wird ein Trade-off zwischen der Projektdauer und den Projektkosten beobachtet.

Abbildung 13.8 zeigt drei Pareto-Fronten für Szenarien mit unterschiedlicher Anzahl verfügbarer Mitarbeiter. In Szenario 1 steht pro Aktivität nur ein Mitarbeiter zur Verfügung, in Szenario 2 sind es 2 Mitarbeiter und in Szenario 3 können pro Aktivität maximal 3 Mitarbeiter eingeplant werden. Aus der Darstellung wird ersichtlich, dass je mehr Arbeitspersonen zur Verfügung stehen (unter Berücksichtigung der gegebenen Kostensätze), die Projektdauer von 49 auf 30 h verkürzt werden kann. Ein Kostenanstieg ist dabei jedoch unumgänglich.

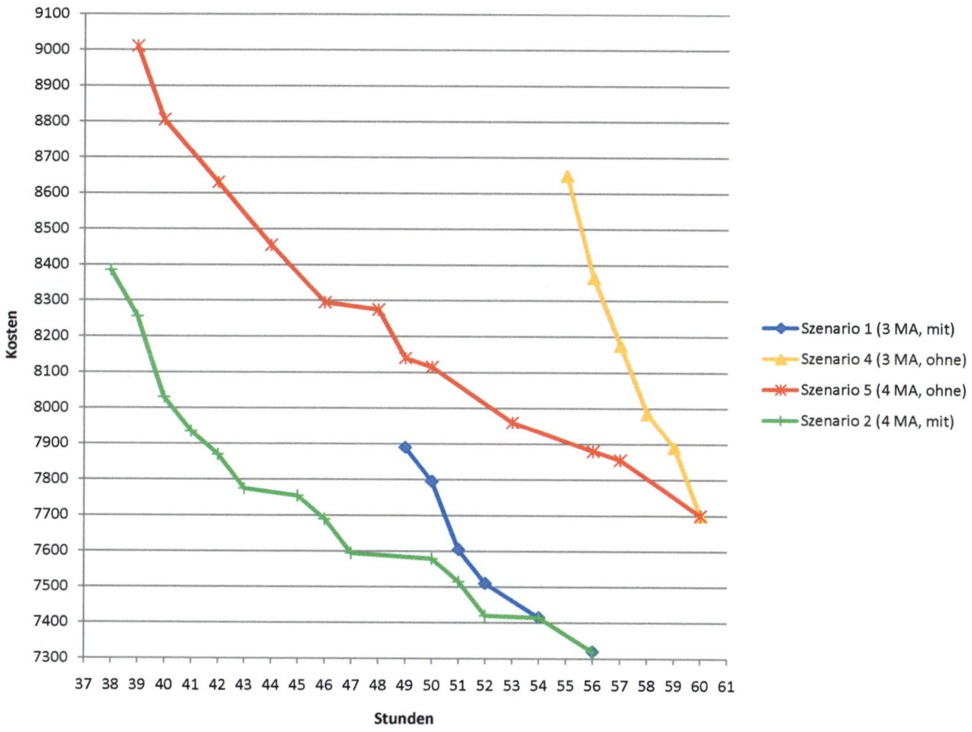

Abb. 13.9 Variation der Anzahl verfügbarer Mitarbeiter (3 und 4) mit und ohne tolerierter Unvollständigkeit von 20 % der Aktivitäten 4 und 6

Ferner wurde der Einfluss der tolerierten Unvollständigkeit von 20 % (Kundeneinfluss) bei 3 oder 4 verfügbaren Mitarbeitern untersucht (Abb. 13.9). Dem Dienstleister wird aufgezeigt, wie viel Zeit und Geld er bei Berücksichtigung einer tolerierten Unvollständigkeit der Aktivitäten 4 und 6 im Gegensatz zu einer Dienstleistungserbringung ohne tolerierte Unvollständigkeit einsparen kann. Jedoch sollte dem Dienstleister dabei die darauf folgende mögliche Unzufriedenheit eines Kunden bewusst sein.

Die Auswirkungen unterschiedlicher Mitarbeitereignungen sind in Abb. 13.10 dargestellt. In Szenario 5 hat Mitarbeiter MA004 für alle Aktivitäten die in Tab. 13.10 angegebenen Eignungen (<1.0 für alle Aktivitäten). Da er für alle Aktivitäten einen kleineren Eignungswert als die Mitarbeiter MA001 bis MA003 hat, benötigt er für die Durchführung der Aktivität mehr Zeit. In Szenario 9 wurde dem Mitarbeiter MA004 für jede Aktivität ein maximaler Eignungswert von 1.0 zugeteilt. Die Grafik macht deutlich, dass der Dienstleister mit besser qualifizierten Mitarbeitern die Dienstleistung zeit- und kostengünstiger erbringen kann.

Die für eine Dienstleistungserbringung zur Verfügung stehenden Mitarbeiter arbeiten in ihrem Unternehmen ggf. parallel an unterschiedlichen Aufgaben bzw. müssen mehrere Dienstleistungen simultan erbringen. Das führt dazu, dass die Mitarbeiter an einem 8 h Arbeitstag nur beschränkt für die Planung einer neuen Dienstleistungserbringung zur

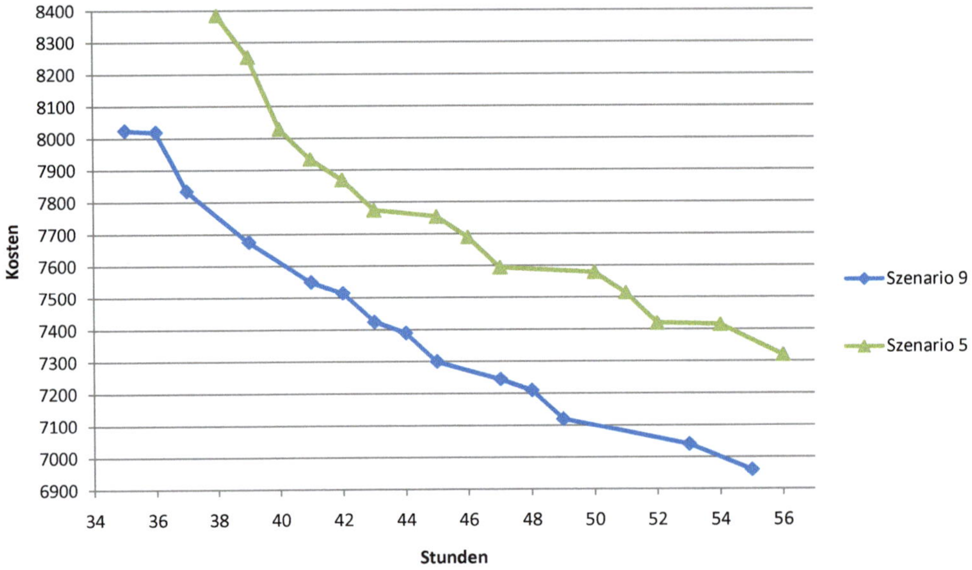

Abb. 13.10 Variation der Eignungswerte bei 4 verfügbaren Mitarbeitern

Verfügung stehen. In Abb. 13.11 sind drei Szenarien dargestellt, bei denen die täglichen verfügbaren Arbeitsstunden von 3 Mitarbeitern variieren. In Szenario 1 sind alle Arbeitspersonen acht Stunden, d. h. einen vollen Arbeitstag verfügbar. In Szenario 6 darf z. B. Mitarbeiter MA001 nur vier Stunden und in Szenario 7 nur sechs Stunden für die Bearbeitung der Aktivitäten (pro Tag) eingeplant werden. Die Grafik verdeutlicht, dass das Unternehmen mit 100 % verfügbaren Mitarbeitern die zu planende Dienstleistung in kürzerer Zeit erbringen kann als mit zeitlich eingeschränkten Personen.

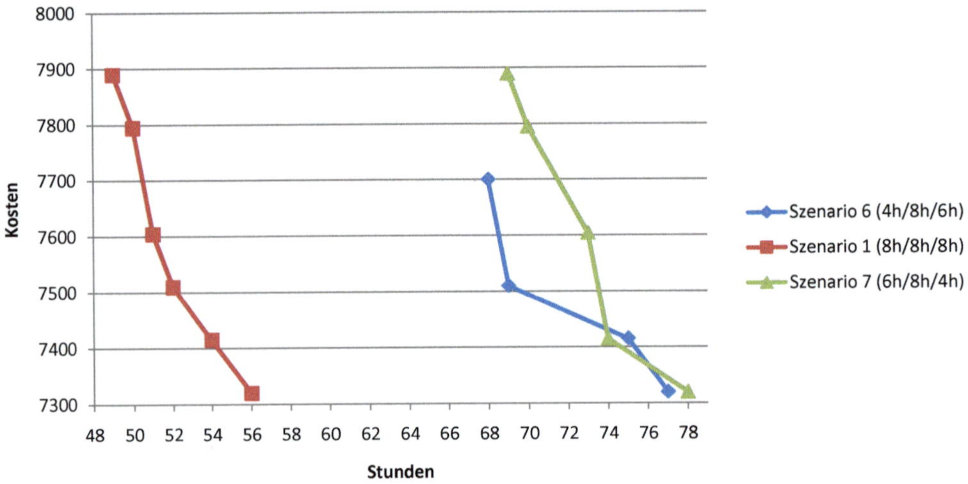

Abb. 13.11 Variation der Verfügbarkeit bei 3 Mitarbeitern

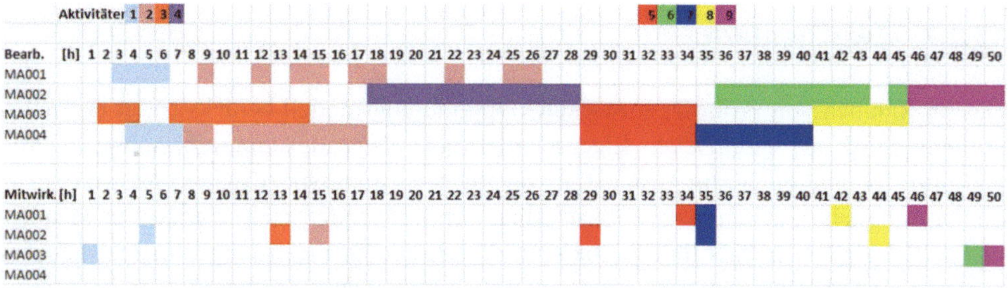

Abb. 13.12 Pareto-Lösung Szenario 8

In Abb. 13.12 wird beispielhaft eine Pareto-Lösung von Szenario 8 als Gantt-Chart präsentiert. Die Dienstleitungserbringung dauert 50 h und es entstehen Kosten in Höhe von 8180 Geldeinheiten. Der obere Teil zeigt die Planung der Rolle „Bearbeiter" bei vier verfügbaren, aber zeitlich eingeschränkten Mitarbeitern. Im unteren Teil sind anfallende Arbeitsstunden der „Mitwirkenden" abgebildet. Mitarbeiter MA001 darf an einem 8 h Arbeitstag nur maximal vier Stunden eingeplant werden. Eine Berücksichtigung der Aktivitätsunterbrechung im Modell ist wichtig, um die unterschiedliche Mitarbeiterverfügbarkeit abbilden zu können.

Für einige oder alle Aktivitäten kann eine Mindestbearbeitungsdauer bei der Planung der Dienstleistungserbringung angesetzt werden. Diese Mindestdauer beruht auf der Erfahrung des Dienstleisters. Abbildung 13.13 stellt den Einfluss der Mindestdauer auf die Projektkosten und die Projektdauer dar. Dafür wurde in Szenario 10 für Aktivität 1 eine Mindestdauer von 8 ZE, für Aktivität 2 eine Dauer von 12 ZE und für Aktivität 3 eine Mindestdauer von ebenfalls 8 ZE angenommen.

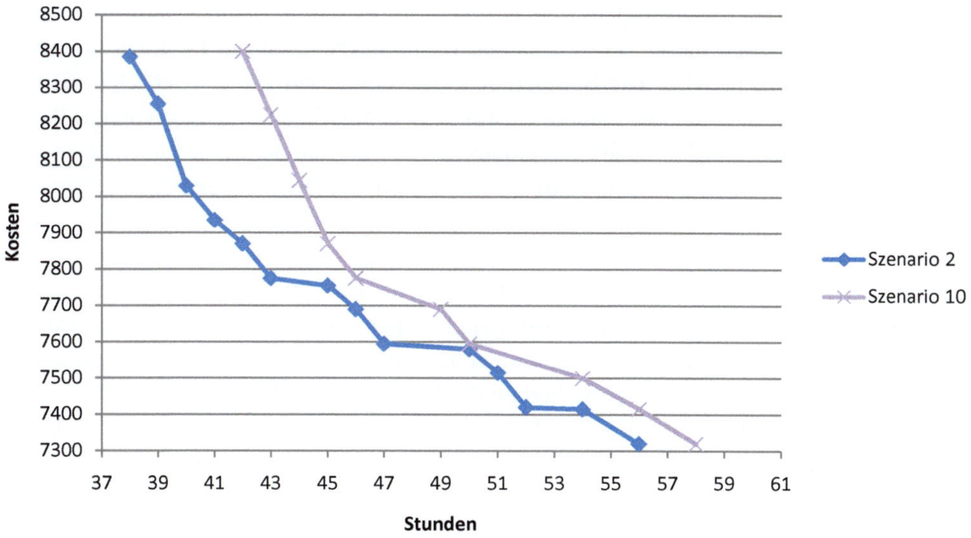

Abb. 13.13 Einfluss der Mindestdauer bei 4 verfügbaren Mitarbeitern

13.2.7 Zwischenfazit

Das im Rahmen von ProLoDi entwickelte Optimierungsmodell berücksichtigt erstmalig vollumfänglich die essenziellen Eigenschaften einer Dienstleistungserbringung in Projektform. Es ermöglicht auf Grundlage von (dienstleistungsspezifischen) Restriktionen, die bestmögliche Planalternative hinsichtlich konfligierender Zielsetzungen zu identifizieren. Es zeigte sich, dass für die Abbildung des realen Dienstleistungsprojektes in einer geeigneten Modellierungssprache und -umgebung Expertenwissen erforderlich ist. Außerdem steigt die Dauer der Optimierung exponentiell mit zunehmender Komplexität der Dienstleistungsprozesse.

13.3 Simulation von komplexen Dienstleistungsprojekten mit Hilfe von Design Structure Matrizen

Andreas Petz, Sönke Duckwitz, Peter Lehmacher, Christopher M. Schlick

13.3.1 Einleitung und Motivation

Aufgrund der inhärent komplexen Problemstellung und der notwendigen mathematischen Formalisierung stellt sich aus Sicht der Dienstleistungsmanagerin bzw. des Dienstleistungsmanagers die Frage nach einer Möglichkeit einer einfachen und intuitiven Planerstellung und -bewertung für Dienstleistungen, die in Projektform angeboten und abgewickelt werden. Zu diesem Zweck wurde im Rahmen des ProLoDi-Forschungsprojektes eine Modellierungs- und Simulationsmethodik zur Planungsunterstützung von wissensintensiven Dienstleistungsprojekten entwickelt und erprobt. Die Methodik berücksichtigt die spezifischen Charakteristika dieser Dienstleistungsart, die überwiegend in flexiblen Gruppenarbeitsformen erbracht wird. Die Simulation wurde ergänzend zur exakten Optimierung (Abschn. 13.2) gewählt, um den Planern ein aus dem technischen Bereich gewohntes Werkzeug bereitzustellen, welches auch bei komplexen Vorhaben einfach zu benutzen ist, jedoch eine Planung unter Unsicherheit mit Hilfe von Monte-Carlo-Rechnungen und ereignisdiskreten Simulationen ermöglicht. Ziel war es, eine wiederverwendbare Planerstellung sowie das „Durchspielen" von Projektalternativen auch ohne Expertenkenntnisse in statistischer Modellierung von Dienstleistungsprozessen zu ermöglichen. Im Gegensatz zu der exakten Optimierung, die zwar eine optimale Lösung findet, aber von deterministischen Aufwänden und Abhängigkeiten zwischen den Aktivitäten ausgeht, berücksichtigt das entwickelte Simulationskonzept die inhärente Unsicherheit des Prozesses mit Hilfe von Zufallsvariablen.

Aufbauend auf den im Abschn. 13.1 beschriebenen Planungsaufgaben der Firma InfraServ Knapsack und der dreidimensionalen Definition von wissensintensiven Dienstleistungen nach Donabedian (1980) und Hilke (1989) (siehe Kap. 3) werden zuerst etablierte Modellierungssprachen und Simulationsmethoden analysiert. Die Systematik der Modellerstellung folgt in Anlehnung an die Modellierungsempfehlungen von Stachowiak (1973) und wird durch die VDI (2010) Norm 3633 zur Simulation ergänzt.

Generell können Modelle demnach durch drei spezifische Merkmale charakterisiert werden:

1. Abbildungsmerkmal: Als Untersuchungsgegenstand wird das Modell eines wissensintensiven Dienstleistungssystems abgebildet.
2. Verkürzungsmerkmal: Fortfolgend werden nur diejenigen Merkmale von wissensintensiven Dienstleistungen im Modell berücksichtigt, die für den Zweck der Untersuchung relevant sind. Neben den konstitutiven Merkmalen von Dienstleistungen werden insbesondere die identifizierten Erfolgsfaktoren aus Kap. 2 und Kap. 3 berücksichtigt.
3. Pragmatisches Merkmal: Das entwickelte Modell ist zweckgebunden. Zur prospektiven Analyse und Bewertung der Produktivität sollen unterschiedliche Planalternativen erstellt und bewertet werden.

Eine Fokussierung auf die wesentlichen Merkmale wissensintensiver Dienstleistungen zur Vollständigkeit und Sicherstellung der Allgemeingültigkeit des Modells ist von entscheidender Bedeutung. Aufbauend auf den theoretischen Grundlagen aus Kap. 3 sind im Hinblick auf die Simulation insbesondere die kundeninduzierte Komplexität sowie die latente Unsicherheit in Strukturen und Prozessen von Bedeutung.

Durch den hohen Immaterialitätsgrad der Leistungserstellung und teilweise auch der erbrachten Leistung selbst (Bauzeichnungen, verfahrenstechnische Prozesspläne o. ä. in digitaler Form) besteht (auch aufgrund der Qualifikation) eine Informationsasymmetrie zwischen Kunde und Dienstleister (Meffert und Bruhn 2012). Aufgrund dieser Asymmetrie fällt es dem Kunden schwer, die erwartete Leistung im Voraus exakt zu definieren und Ergebnisse der Leistungserbringung objektiv zu bewerten und zu beurteilen. Für den Dienstleister hingegen besteht die Schwierigkeit darin, eine exakte Aussage über das Ergebnis der Dienstleistung zu machen. Dies wird insbesondere durch den prozessualen und interaktiven Charakter der Dienstleistung verstärkt, da während der Erbringung getroffene Entscheidungen den geplanten Verlauf der Dienstleistung ändern, sodass Vorhersagen über zukünftige Zustände nur unter Unsicherheit getroffen werden können (Gausemeier et al. 1996).

13.3.2 Etablierte Modellierungsmethoden

Die Anforderungen an die Abbildung des Systemverhaltens der operativen Dienstleistungserbringung leiten sich einerseits aus der Problemstellung (Abschn. 13.1) und andererseits aus den theoretischen Überlegungen sowie empirischen Befunden (Kap. 2 und 3) ab. Basierend auf der dreidimensionalen Definition von Dienstleistungen lassen sich die wesentlichen Einflussfaktoren auf die Produktivität wie folgt einordnen:

Bei wissensintensiven Dienstleistungen steht der Mensch im Mittelpunkt. Wissensintensive Dienstleistungen stützen sich vor allem auf das Fach- und Methodenwissen der beteiligten Akteure, denn Wissen entsteht erst anhand intensiver Reflexion, Erklärung und

Synthese zugrunde liegender Zusammenhänge (Caspers und Bickhoff 2004). Weitere Einsatzfaktoren wie klassische Arbeitsmittel und Software-Werkzeuge spielen eine untergeordnete Rolle. Vereinfachend wird deshalb davon ausgegangen, dass eine Arbeitsperson jederzeit die zur Verfügung stehenden Arbeitsmittel benutzen kann. Eine ausschließlich durch Softwaresysteme durchgeführte, also automatisierte wissensintensive Dienstleistungserbringung (z. B. durch computergestützte Expertensysteme) ist (noch) nicht möglich.

Als Grundlage für die Modellierung der Dienstleistungsorganisation werden die Anzahl, die Kompetenz sowie die Verfügbarkeit der Arbeitspersonen betrachtet. Unter der Kompetenz werden sowohl die Qualifikation, überwiegend als Fachkompetenz über einen Ausbildungsabschluss dokumentiert, als auch die Erfahrung, Methodenkompetenz bzw. soziale Fähigkeiten der Arbeitspersonen subsumiert. Zusätzlich werden die Zuständigkeiten und Verantwortlichkeiten der Akteure berücksichtigt, sodass die Informations- und Kommunikationswege für alle Beteiligte transparent werden. Zusammenfassend sollte in der Potenzialdimension (siehe Kap. 3.2) die Aufbauorganisation ganzheitlich abgebildet werden. Diese sollte insbesondere die Arbeitspersonen und deren Zuständigkeiten und Verantwortlichkeiten überschneidungsfrei berücksichtigen, sodass eine effiziente und flexible Personaleinsatzplanung ermöglicht wird.

In der Prozessdimension wird die Dienstleistung in Zusammenarbeit mit dem Kunden erbracht. Durch zielgerichtete und friktionsarme Prozesse kann eine effiziente und gleichzeitig effektive Leistungserbringung sichergestellt werden. Bedingt durch die domänenübergreifende Zusammenarbeit unterschiedlicher Akteure, die kundeninduzierte Unsicherheit und den Termin- und Kostendruck werden Aufgaben häufig parallel bearbeitet, wobei Reihenfolge, Beginn und Dauer der Aktivitäten im Voraus nicht exakt vorhergesagt werden können (Kausch 2010). Somit besteht die Herausforderung darin, sogenannte **schwach strukturierte Arbeitsprozesse** abzubilden, welche neben der inhärenten Unsicherheit auch nicht genau vorhersagbare Vorgangsfolgebeziehungen abbilden können. Solche Arbeitsprozesse sind auch für die Produktentwicklung typisch. Zudem bestimmt der Kunde die Vollständigkeit der erbrachten Leistung, sodass unterschiedliche Kundentypen unterschiedliche Ansprüche insbesondere an die Qualität der Leistung haben und unterschiedlichen Aufwand (z. B. Dokumentation) bei Dienstleister verursachen.

In Produktentwicklungsprozessen treten häufig ungeplante Iterationen auf (Gärtner 2011; Geckler 2002). Diese wirken sich negativ auf den Entwicklungsaufwand aus und sollten daher bei der Modellbildung berücksichtigt werden. Dabei unterliegen Überarbeitungen – also die Ausführung von Iterationen – einem Lernprozess, sodass davon ausgegangen werden kann, dass der Aufwand beim erneuten Ausführen der gleichen Tätigkeit, abnimmt.

Ebenso wie das immaterielle Ergebnis der Dienstleistung kann die Produktivität – operationalisiert durch die Zielgrößen Zeit, Kosten und Leistung – oftmals nicht exakt vorhergesagt werden. Entgegen gängiger Planungsmethoden sollte die Modellierung von wissensintensiven Dienstleistungen auch die Zielgrößen der Produktivität in Form stochastischer Indikatoren abbilden können.

Für die vorliegende Aufgabenstellung eignen sich per se Modellierungssprachen für Produkt- oder Softwareentwicklungsprojekte. Zu dieser Kategorie gehören etablierte Modellierungssprachen wie die Aktivitätsdiagramme der Unified Modeling Language (UML), die Business Process Model and Notation (BPMN) oder die erweiterte ereignisgesteuerte Prozesskette (eEPK) (EABPM 2014).

Ziel dieser Modellierungsmethoden ist es, eine eindeutige und konsistente Prozessbeschreibung zu etablieren. Dies fördert die domänenübergreifende Kommunikation (z. B. Anwendungsfälle für das Lastenheft) und trägt zur Qualitätssicherung durch Referenzmodelle bei. Die Schwachstelle der etablierten Sprachen liegt in der fast ausschließlich statischen Modellbetrachtung. Wenngleich sie über die Möglichkeiten verfügen, die dynamische Perspektive mit abzubilden, so können sie die gestellten Anforderungen bezüglich der Abbildung relevanter Merkmale (siehe Tab. 13.12) nicht vollumfänglich erfüllen. Insbesondere sind die Möglichkeiten begrenzt, dynamische und statische Sichtweisen zielgerichtet zu verknüpfen. D. h., dass insbesondere multiple Abhängigkeiten zwischen Arbeitspersonen, Organisationseinheiten und Aktivitäten nicht vollumfänglich abgebildet werden können.

Tabelle 13.12 zeigt relevante Merkmale der Modellierung wissensintensiver Dienstleistungen im Kontext des Projektes ProLoDi. Dabei zeigt sich, dass etablierte Modellierungssprachen zwar viele relevante, aber nicht alle für die Simulation notwendigen Parameter berücksichtigen. So bleiben sowohl spezifische Eigenschaften der Arbeitsperson, wie z. B. Eignung und Verfügbarkeit, als auch der Personalkapazitätsbedarf der Aktivitä-

Tab. 13.12 Merkmale relevanter Modellierungssprachen zur Abbildung wissensintensiver Prozesse

	– nicht erfüllt; 0 teilweise erfüllt; + erfüllt	UML Aktivitäts-diagramm	BPMN	eEPK
Potenzial	Abbildung unterschiedlicher Attribute der Arbeitsperson und Aufbauorganisation auf der Mikro-Ebene	0	0	0
	Kooperationsbeziehungen zwischen den Arbeitspersonen und in Organisationseinheiten (Schnittstellenaufwand)	–	–	–
Prozess	Merkmalsspezifische Zuordnung von Arbeitspersonen zu Aktivitäten	0	0	0
	Unsicherheiten bzgl. Ablaufalternativen (OR)	–	0	0
	Unsicherheiten bzgl. Aufwand und Verfügbarkeit	–	–	–
	Überlappungen von Aktivitäten	–	–	–
	Iterationen	0	+	0
	Unterschiedliche Vorgangsfolgebeziehungen (Ende-Anfang; Ende-Ende etc.)	–	–	–
Ergebnis	Ableitung von Kennzahlen	–	–	–

ten unberücksichtigt. Des Weiteren werden die Schnittstellen, also die Kommunikationsbeziehungen sowohl innerhalb einer Organisation als auch organisationseinheitsübergreifend nicht vollumfänglich berücksichtigt. Die Zuordnung der Personen zu den Aktivitäten erfolgt auf rein formaler Ebene, zeitliche und fachliche Besonderheiten können nicht berücksichtigt werden. Insbesondere die spezifischen Merkmale schwach strukturierter Arbeitsprozesse wie Unsicherheiten im Ablauf (wahrscheinliche Projektverläufe), Überlappungen, Iterationen und unterschiedliche Vorgangsfolgebeziehungen können die etablierten Modellierungssprachen nicht vollumfänglich abbilden (Heß et al. 2013; List und Korherr 2006; Nielen et al. 2010; Preiß und Kaffenberger 2013).

Im Hinblick auf die Abbildung schwach strukturierter Arbeitsprozesse existieren Bestrebungen, die BPMN zu flexibilisieren und in eine adaptive Geschäftsprozessmodellierung mit Hilfe des Adaptive-Case-Managements zu überführen (Swenson 2010). Vorgehensmodelle, die u. a. von der BITKOM vorgeschlagen wurden, existieren zwar, jedoch sind Werkzeuge und Methoden, welche die Modellierung in eine simulationsfähige Form überführen können, nur prototypenhaft implementiert worden und sind nicht standardisiert (Dorst 2013; List und Korherr 2006; Mendling und Nüttgens 2006).

PERT und GERT Netzplantechniken sind die einzigen stochastischen Projektmanagementmethoden, die die wesentlichen Anforderungen an die Abbildung von schwach strukturierten Arbeitsprozessen erfüllen. Sie weisen aber einen entscheidenden Nachteil auf, denn sie berücksichtigen weder Arbeitspersonen noch Ressourcen und sind daher nur bedingt für die vorliegende Aufgabenstellung geeignet.

Mendling et al. postulieren, dass bei komplexen Prozessen mit über 50 Aktivitäten grafische Modelle den Nachteil haben, dass sie schnell unübersichtlich werden. Inhaltliche Zusammenhänge und Kaskadenstrukturen im Verlauf können nicht einfach nachvollzogen werden. Es wird empfohlen, grafische Modelle mit mehr als 50 Aktivitäten in kleinere Modelle aufzuteilen, was aber dem globalen Analyse- und Optimierungsbestreben widerspricht. Zusammenfassend können etablierte grafische Modellierungssprachen die gesetzten Anforderungen an die Modellierung von wissensintensiven Dienstleistungssystemen nicht vollumfänglich erfüllen. Eine Lösung stellen daher matrizenbasierte Ansätze dar, die eine tabellarische und zugleich einfach skalierbare Möglichkeit zur Abbildung eines Prozesses anbieten.

13.3.3 Simulationskonzepte

Die Simulation ermöglicht komplexe Problemstellungen systematisch abzubilden und zu analysieren sowie mit relativ geringem Aufwand noch vor der tatsächlichen operativen Umsetzung die Lösung zu bewerten. Insbesondere im Falle komplexer, dynamischer Wechselwirkungen sind Menschen aufgrund kognitiver Einschränkungen nicht in der Lage, diese vollumfänglich zu erfassen (Dörner 1974). Im vorliegenden Anwendungsfall unterstützt die Simulation einerseits die getreue Abbildung eines wissensintensiven Dienstleistungssystems, anderseits ermöglicht sie die Bewertung und Optimierung auf

Grundlage von replizierbaren Simulationsstudien. So kann durch den Vergleich von simulierten, alternativen Projektplänen sowie der Auswertung von Ergebnisindikatoren (Kosteneinhaltung, Termineinhaltung etc.) im Voraus eine Entscheidung z. B. über den Personaleinsatz oder über die Aufgabenreihenfolge und den Arbeitsumfang getroffen werden.

Unverkennbar ist eine gewisse Analogie zu klassischen Simulationsansätzen im Bereich der Fertigung und Logistik (Eley 2012). Beim Vorgehen zur Modellentwicklung und Datenerhebung gibt es jedoch einige Unterschiede zwischen diesen Anwendungsbereichen. Die Unterschiede sind vor allem auf die inhärenten Eigenschaften von wissensintensiven Dienstleistungen zurückzuführen. Aufgrund der relativ detaillierten Berücksichtigung von Entitäten auf operativer Ebene (stochastische Prozesse, stochastische Verfügbarkeit der Ressourcen) sowie der komplexen Zusammenhänge (Kommunikations- und Kooperationsbeziehungen) zwischen den Entitäten wird eine dynamische, ereignisdiskrete Simulation mit stochastischen Eingangs- und Zustandsvariablen für die vorliegende Aufgabenstellung als geeignet angesehen.

Die identifizierten Einflussfaktoren sowie die komplexen Wechselwirkungen auf die Produktivität von Dienstleistungen können auf einer höheren Abstraktionsebene (strategisches Management) über die System Dynamics Methodik abgebildet und simuliert werden (siehe Kap. 5). Diese Analyse unterstützt strategische Entscheidungen im Hinblick auf z. B. die Marktsegmentierung. Aufgrund des geringen Detaillierungsgrades ist es aber nur schwer möglich, auf Grundlage der System Dynamics Analyse operative Entscheidungen im Bereich des Einzelprojektmanagements zu treffen.

Weniger wissensintensive Dienstleistungssysteme, die typischerweise in der Logistik und Warenwirtschaft anzutreffen sind, können mit Hilfe von mathematischen Modellen auf Basis der Warteschlangentheorie abgebildet werden (Eley 2012; Hedtstück 2013; Winkelmann 2007). Grundvoraussetzung ist, dass die Tätigkeiten eine gewisse Wiederholbarkeit aufweisen und sich ein stationärer Zustand einstellt. Beispielhaft können solche Modelle mit Hilfe der Petri-Netz-Methodik entwickelt werden. Im virtuellen System wird der Objekt- oder Subjektfluss (z. B. Kunden am Schalter) simuliert. Anschließend werden typische Indikatoren, wie die Auslastung der bedienenden Personen, die Wartedauer oder die Warteschlangenlänge im Rahmen von Monte-Carlo-Studien analysiert und beurteilt. Bei bestimmten Verteilungsfunktionen der Zwischenankunfts- und Bedienzeiten, z. B. der Exponentialfunktion, können auch analytische Lösungen genutzt werden. Darauf aufbauend werden das System und dessen Parameter solange optimiert, bis ein im Sinne der Zielsetzung akzeptables Ergebnis vorliegt. Die Methodik eignet sich insbesondere für einfache und strukturierte Arbeitsabläufe. Schwach strukturierte Arbeitsprozesse mit Änderungsschleifen und statistischen Abhängigkeiten sind hingegen nicht ohne Weiteres abbildbar (Winkelmann 2007). Des Weiteren können unterschiedliche Topologien der Aufgabennetze nicht untersucht werden.

Um die unter der Problemformulierung (Abschn. 13.1) gestellten Anforderungen zu erfüllen, bedarf es einer geeigneter Modellierungsmethodik und eines an die Problemformulierung angepassten Simulationsalgorithmus. Fortfolgend werden daher die Design

Structure Matrix (DSM)-Methode als Modellierungstechnik sowie ein neu entwickeltes und prototypenhaft in Matlab implementiertes Simulationsalgorithmus vorgestellt.

13.3.4 Modellierung wissensintensiver Dienstleistungssysteme mit DSM

Zur quantitativen Analyse der systemischen Komplexität und zur Erstellung übergreifender Modelle eignen sich insbesondere matrizenbasierte Methoden. Ein in der Literatur weit verbreiteter Ansatz wurde erstmalig von Steward (1981) formalisiert und von Eppinger und Browning (2012) als Methode zur Analyse und Verbesserung des Informationsflusses in Produktentwicklungsprojekten angewandt. Die Grundidee dabei ist, die informatorischen Abhängigkeiten zwischen den Aktivitäten in einer sogenannten Design Structure Matrix (DSM) festzuhalten. Eine Matrizendarstellung ist deshalb vorteilhaft, weil sie dabei unterstützt das System numerisch zu analysieren und zu optimieren.

Diese Methodik wurde kontinuierlich weiterentwickelt und angepasst. Domänenübergreifend wird sie zur Verbesserung der Produkt- und Organisationsentwicklung angewandt (Eppinger und Browning 2012). Dabei stellt die DSM eine quadratische $n \times n$ Matrix zur Verbindung der domäneninternen Elemente dar. Grundsätzlich wird zwischen statischen und dynamischen DSM-Arten differenziert, siehe Abb. 13.14. Dabei beschreibt eine statische DSM Abhängigkeiten zwischen konstituierenden Elementen eines Systems (z. B. Produktfunktionen, Einheiten einer Organisation), wohingegen die dynamische DSM Pro-

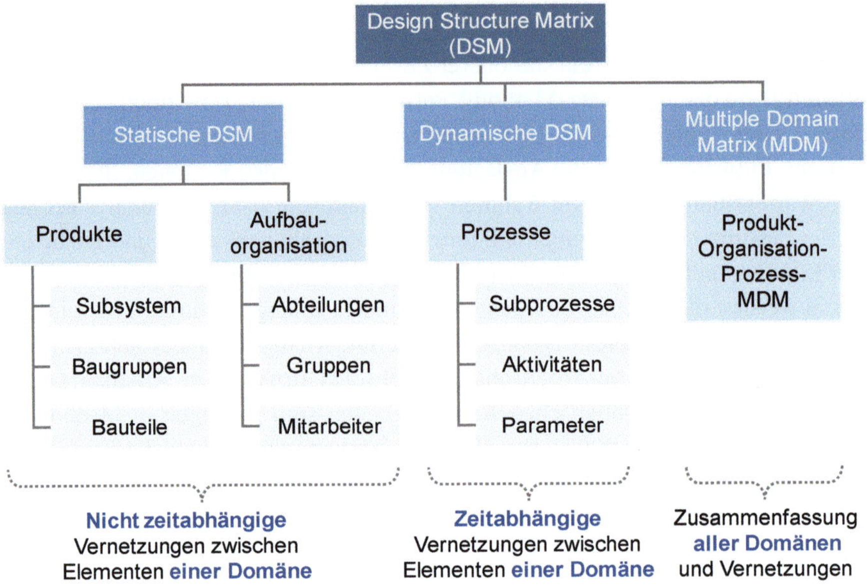

Abb. 13.14 Klassifikation unterschiedlicher DSM Arten

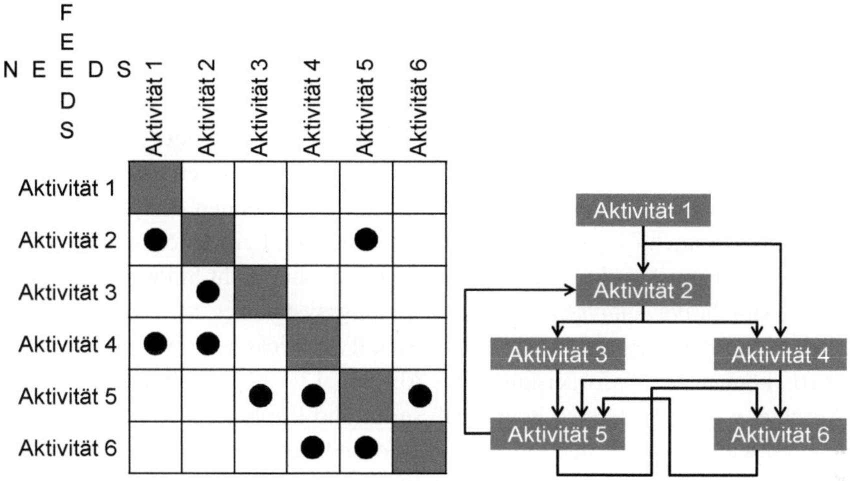

Abb. 13.15 Darstellung der Abhängigkeiten in einer dynamischen DSM (links) und einem korrespondierenden Funktionsdiagramm (rechts) in Anlehnung an Gärtner (2011)

zesse bzw. Abhängigkeiten zwischen den Aktivitäten eines Prozesses abbildet. Die jeweiligen Matrizen können in der sogenannten Multi Domain Matrix (MDM) integriert erfasst werden (Eppinger und Browning 2012).

Beispielhaft zeigt Abb. 13.15 eine DSM mit sechs Aktivitäten. Die Abhängigkeiten zwischen den Aktivitäten werden qualitativ durch die Markierungen in der Matrix symbolisiert. Sie beschreiben den Informationsfluss in einem Arbeitsprozess und können anhand der Art des Flussprinzips und des Grades der Abhängigkeiten bewertet werden. Die Markierungen unterhalb der Hauptdiagonalen weisen auf vorwärts gerichtete informatorische Abhängigkeiten hin, wohingegen rückwärts gerichtete Abhängigkeiten oberhalb der Diagonalen zu finden sind (IR/FAD Konvention) nach Eppinger und Browning 2012. Das bedeutet, dass in vertikaler Richtung die Elemente informatorisch beeinflusst (FEEDS) werden, wohingegen in horizontaler Richtung die Elemente Beeinflussung erfahren (NEEDS). Die Modellierung der Aktivitäten erfolgt zeilenweise sequenziell, in Reihenfolge der tatsächlichen Bearbeitung. Dadurch wird eine kompakte und skalierbare Darstellung unterschiedlicher Abhängigkeitsstrukturen ermöglicht. Diese Darstellung beinhaltet sowohl sequenzielle (Aktivität 1–2) als auch parallele (Aktivität 3–4) Strategien zur Bearbeitung. Die teilweise oder vollständig parallele Bearbeitung führt zwar zur verkürzten Prozessdauer setzt aber gleichzeitig voraus, dass die Aktivitäten voneinander unabhängig und ausreichend Personal und Ressourcen vorhanden sind. Weiterhin können sowohl vollständig voneinander abhängige (sog. interdependente) Aktivitäten (Aktivität 5–6) als auch einfache Iterationen (Aktivität 5–2) modelliert werden. Die interdependenten Aktivitäten entsprechen der betrieblichen Praxis des Simultaneous bzw. Concurrent Engineerings, bei der fortfolgende Aktivitäten mit unvollständigem Informationsbestand starten, um entsprechend eine Prozessdauerverkürzung zu realisieren. Dieser Detaillierungsgrad der inhaltlichen Informationsabhängigkeit kann in den üblichen Ablauf- und Funktionsdiagrammen nicht dargestellt werden.

Die gewählte Darstellung besitzt unter anderem den Vorteil, Matrixalgebra zur Optimierung der Bearbeitungsreihenfolge durch **Sequenzierung** der Aktivitäten anwenden zu können. Durch die Reduzierung des Umfangs und der Häufigkeit von Iterationen kann die Prozessdauer verkürzt werden (Browning 2001; Gebala und Eppinger 1991).

Weiterhin besteht die Möglichkeit, durch Zuhilfenahme numerischer Werte den Abhängigkeiten zusätzliche Eigenschaften zu verleihen. So können beispielsweise sowohl Überlappungen als auch Eintrittswahrscheinlichkeiten von Iterationen abgebildet werden. Diese Modellierungsmöglichkeit ist eine notwendige, aber nicht hinreichende Voraussetzung für die simulative Analyse eines Dienstleistungssystems.

Existierende, überwiegend in der Wissenschaft entwickelte Simulationsmodelle auf DSM-Basis können die Anforderungen aus Abschn. 13.1 nicht vollumfänglich erfüllen. Erste Ansätze in diesem Bereich gehen auf Smith und Eppinger (1997) zurück. Wesentlich weiterentwickelt wurde der Ansatz von Cho und Eppinger (2005). In ihrem Modell berücksichtigen die Autoren sowohl den Effekt von Überlappungen als auch Ressourcenbeschränkungen sowie den Lerneffekt bei iterationsbedingter Nacharbeit. Diese Arbeiten sowie der Ansatz von Gärtner (2011) bilden die Grundlage des im ProLoDi-Forschungsprojekt entwickelten Simulationsmodells. Dabei berücksichtigt der entwickelte Simulationsalgorithmus im Gegensatz zum Modell von Cho und Eppinger (2005) sowie von Gärtner (2011) sowohl unterschiedliche Überlappungsmodi als auch unterschiedliche, den Anforderungen angepasste Beschränkungen beim Personaleinsatz anhand von Kompetenzprofilen durch einen aktivitätsorientierten-personenzentrierten Simulationsansatz.

Modellierung von wissensintensiven Dienstleistungen mit DSM

Aufbauend auf der dreidimensionalen Definition von Dienstleistungen (Donabedian 1980; Hilke 1989) wird das Dienstleistungssystem entsprechend modellhaft in unterschiedlichen, miteinander verbundenen Matrizen hinterlegt. In der Abb. 13.16 ist die MDM der konstituierenden Systemelemente dargestellt.

In der Potenzialdimension wird die Aufbauorganisation durch die Arbeitspersonen und deren Eignung für bestimmte Funktionen im Unternehmen abgebildet. Die Prozessdimension beschreibt den Prozessablauf durch die Abbildung der wechselseitigen Abhängigkeiten der zeilenweisen modellierten Aktivitäten in der dazugehörigen DSM. Das Ergebnis der Simulation wird mit Hilfe von spezifischen Kennzahlen in der Ergebnisdimension bewertet.

Potenzialdimension

Konzeptionell bildet die Potenzialdimension die Aufbauorganisation des Unternehmens ab. Sie beschreibt die Gliederung der Organisationseinheiten und deren Beziehung zueinander sowie die spezifischen Rollen und einzusetzenden Arbeitspersonen (Schlick et al. 2010). Durch die Matrixabbildung wird eine flexible und skalierbare Darstellung ermöglicht.

Eine flexible, personenunabhängige Zuordnung von Arbeitspersonen zu den jeweiligen Aktivitäten wird über ein Rollenkonzept gewährleistet. Rollen stellen dabei funktionale

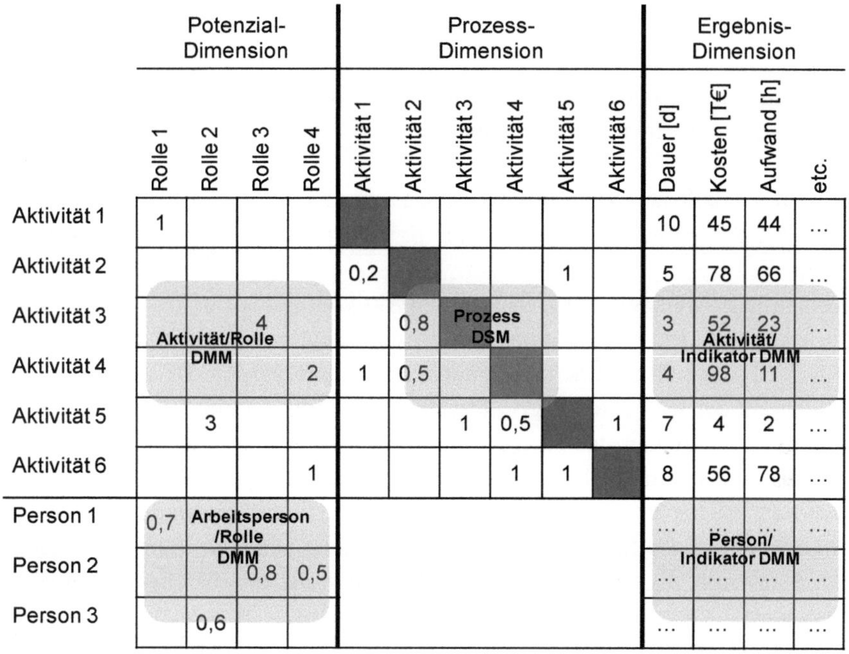

Abb. 13.16 Beispielhafte Darstellung der Zusammenhänge in einer Multi-Domänen-Matrix einer wissensintensiven Dienstleistung

Instanzen in der Dienstleistungsorganisation dar, die projektspezifisch besetzt werden. Die Rolle ist definiert als kleinste personenneutrale Organisationseinheit, die bestimmte Weisungs- und Entscheidungsbefugnisse innehat und gleichzeitig mit der Durchführung von Aktivitäteten betraut wird (DIN 2009; Schlick et al. 2010).

Ein weiterer Vorteil des Rollenkonzeptes ist es, Arbeitspersonen dynamisch nach bestimmten Kriterien zuordnen zu können. Diese Kriterien leiten sich aus der Zielsetzung der Optimierung ab und sind abhängig von den zu berücksichtigenden Merkmalen der Arbeitsperson. Die wichtigsten Merkmale wurden hierbei aus der explorativen Befragung der Projektpartner (Kap. 2) entnommen und um weitere, für die Simulation wichtige Aspekte angereichert. So wird die Qualifikation über einen Eignungsfaktor (auf einer Skala von 0-ungeeignet bis 1-perfekt geeignet) berücksichtigt. Weiterhin fließen sowohl der monetäre Aufwand als auch die zeitliche Verfügbarkeit in das Modell ein. Abbildung 13.16 veranschaulicht den beschriebenen Sachverhalt wie folgt: die Arbeitsperson/Rollen DMM beinhaltet die ermittelten Zahlenwerte zur Eignung der jeweiligen Arbeitspersonen, wohingegen die Aktivität/Rolle DMM die mengenmäßige Zuordnung der Arbeitspersonen einer Rolle zu den jeweiligen Aktivitäten abbildet. Aus Gründen der Übersichtlichkeit wurden die weiteren Eigenschaften in Abb. 13.16 nicht bildhaft dargestellt.

Prozessdimension

In der Prozessdimension wird die Ablauforganisation des Dienstleistungssystems abgebildet. Sie regelt insbesondere die Reihenfolge der Aktivitäten, indem sie die räumlichen, zeitlichen und inhaltlichen Zusammenhänge spezifiziert. Dabei stellt die Aktivität die kleinste Einheit eines Prozesses dar (Schlick et al. 2010). Die Aktivität wird von einer oder mehreren Arbeitspersonen zweckgebunden durchgeführt. Zur Bearbeitung der Aktivität müssen die Personen nach bestimmten Kriterien den jeweiligen Aufgaben zugeordnet werden.

Die inhaltliche Abhängigkeit zwischen den Aktivitäten wird in der Prozess DSM festgehalten (Abb. 13.16). Mittels einer numerisch belegten Matrix können verschiedene Wechselwirkungen zwischen den Aktivitäten modelliert werden. Beispielhaft stellen die Werte unterhalb der Diagonalen den Zeitpunkt der „Freischaltung" der Aktivität zur Bearbeitung in Abhängigkeit der Fertigstellungsgrade der Vorgängeraktivitäten dar. Oberhalb der Diagonalen sind die Eintrittswahrscheinlichkeiten für Iterationen angegeben. So wird insbesondere der integrierten und zeitparallelen Durchführung der Aktivitäten nach dem Concurrent Service Engineering Prinzip Rechnung getragen. Beispielhaft startet die Aktivität 5 aus Abb. 13.16 erst, wenn die Aktivität 4 zu 50 % bearbeitet worden ist. Im Anschluss wird die Aktivität 2 noch einmal durchgeführt.

Die Lernrate ist ein weiterer, jedoch in der Matrix aufgrund der Übersichtlichkeit nicht direkt dargestellter Parameter bei der iterativen Bearbeitung der jeweiligen Aktivitäten. Sie wird durch die Abnahme der Iterationswahrscheinlichkeit pro Iterationszyklus operationalisiert. Ein weiterer ablauforganisationsspezifischer Faktor ist die Anzahl der Schnittstellen, welche sich in Abhängigkeit der sachlogischen Verknüpfungen der Aktivitäten ergibt.

Ergebnisdimension

Im Sinne der simulativen Bewertung verschiedener Dienstleistungskonstellationen werden in der Ergebnisdimension unterschiedliche Kennzahlen zur proaktiven Beurteilung des Dienstleistungssystems zugrunde gelegt. Dabei bilden die simulierten (Gesamt-)Aufwände, die Dauer des Prozesses und dessen Kosten sowie die Auslastung der Personen die Grundlage der statistischen Auswertung der Ergebnisse. Die Ausprägung dieser Faktoren ist wiederum abhängig von den jeweiligen Prozessparametern und -variablen des modellierten Dienstleistungssystems.

Die Auswertung erfolgt einerseits durch spezifische statistische Variablen wie Mittelwerte, Standardabweichungen etc., anderseits grafisch in Form von Boxplots, Histogrammen, Gantt-Charts etc. So können unterschiedliche Dienstleistungssettings sowohl mit einer bestimmten Zielvorgabe, als auch untereinander systematisch verglichen und evaluiert werden. In Abhängigkeit der Anforderungen und Wünsche des Kunden werden alternative Projektpläne quantitativ auch über ein multikriterielles Zielsystem (z. B. Kosten/Dauer) verglichen und der optimale Plan ausgewählt.

13.3.5 Simulationsalgorithmus für die Analyse von wissensintensiven Dienstleistungssystemen mit DSM

Abbildung 13.17 stellt in vereinfachter Form den in Matlab (R2013a) implementierten Simulationsalgorithmus dar. Matlab ist eine Software der Firma The Mathworks, die

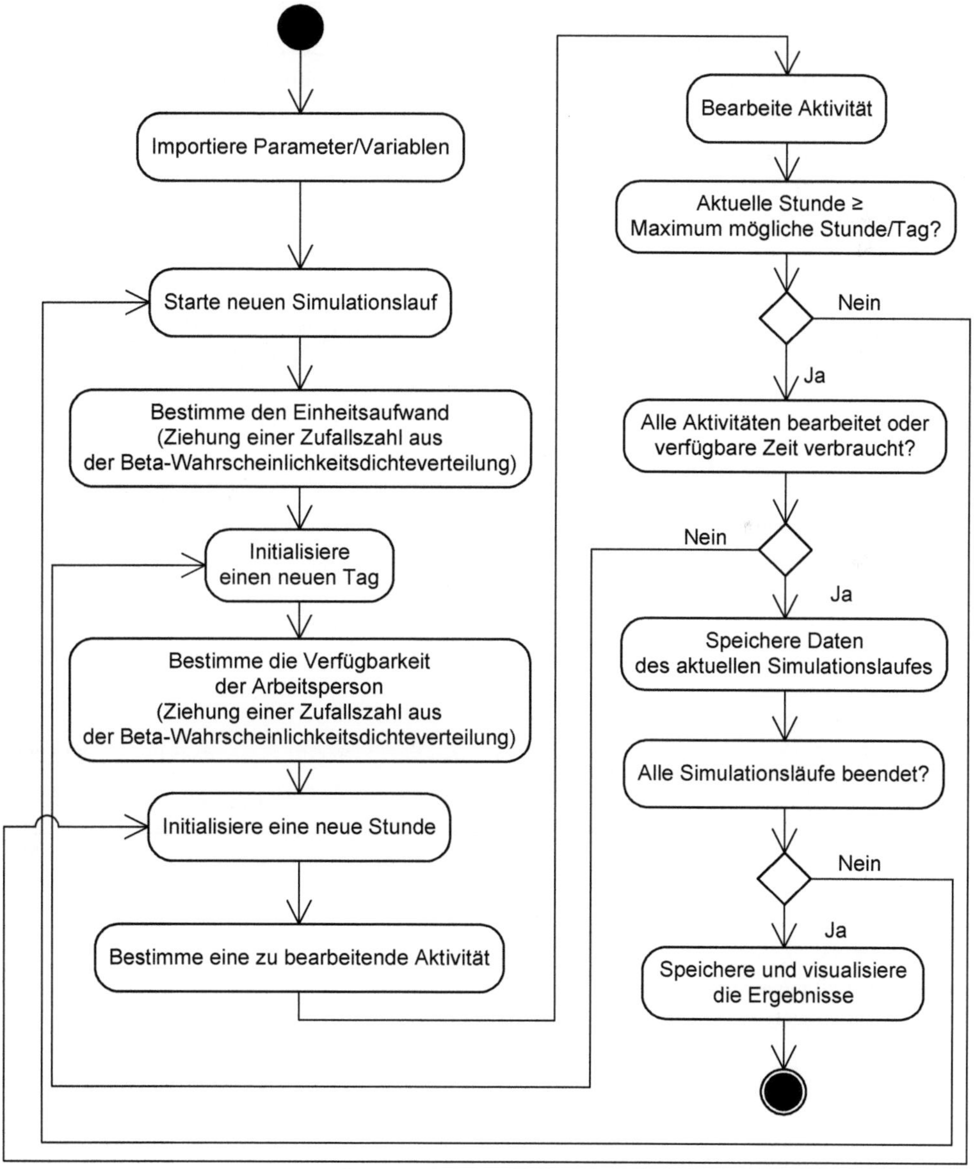

Abb. 13.17 Vereinfachte Ablauflogik des Simulationsalgorithmus für die Analyse von wissensintensiven Dienstleistungssystemen mit Design Structure Matrix

speziell für Matrizenrechnungen entwickelt wurde und somit eine ideale Umgebung für die prototypische Umsetzung des Simulationskonzeptes bietet.

Zu Beginn eines Simulationslaufes erfolgt der Datenimport der Prozess-, Personal- und Ressourcenvariablen sowie der Simulationsparameter. Im ersten Schritt wird für den aktuellen Simulationslauf der Einheitsaufwand aller Aktivitäten bestimmt. Unsicherheiten bedingt durch Informationsasymmetrien oder begrenzter Personal- oder Ressourcenverfügbarkeit werden über eine Drei-Punkt-Schätzung des Einheitsaufwandes sowie der prozentualen Verfügbarkeit der Arbeitsperson berücksichtigt. Zur Bestimmung der Zufallsvariablen wird die Beta-Wahrscheinlichkeitsdichteverteilung zugrunde gelegt (eine ausführliche Darstellung ist in Banks (1998) zu finden). Zur Parametrisierung der Wahrscheinlichkeitsdichteverteilung schätzt der Planer nach der PERT-Methodik (siehe z. B. Shtub et al. 2005) den optimistischen (e_o), wahrscheinlichen (e_w) und pessimistischen (e_p) Wert des Aufwandes jeder Aktivität sowie die Verfügbarkeit jeder Arbeitsperson ab.

Abbildung 13.18 zeigt die Dichtefunktion der verschiedenen Beta-Verteilungsarten. Diese lassen sich analytisch mit folgenden Formeln bestimmen:

$$f_\beta(e) = \frac{1}{B(e_o, e_p, \alpha, \beta)}(e - e_o)^{\alpha-1}(e_p - e)^{\beta-1} \tag{13.81}$$

$$B(e_o, e_p, \alpha, \beta) = \frac{\Gamma(\alpha)\Gamma(\beta)}{\Gamma(\alpha+\beta)}(e_p - e_o)^{\alpha+\beta-1} \tag{13.82}$$

$$\alpha = \frac{(e_\mu - e_o)(2e_w - e_o - e_p)}{(e_w - e_\mu)(e_p - e_o)} \tag{13.83}$$

$$\beta = \frac{\alpha(e_p - e_\mu)}{(e_\mu - e_o)} \tag{13.84}$$

$$e_\propto = \frac{e_o + 4e_w + e_p}{6} \tag{13.85}$$

$$e_\sigma = \frac{e_p - e_o}{6} \tag{13.86}$$

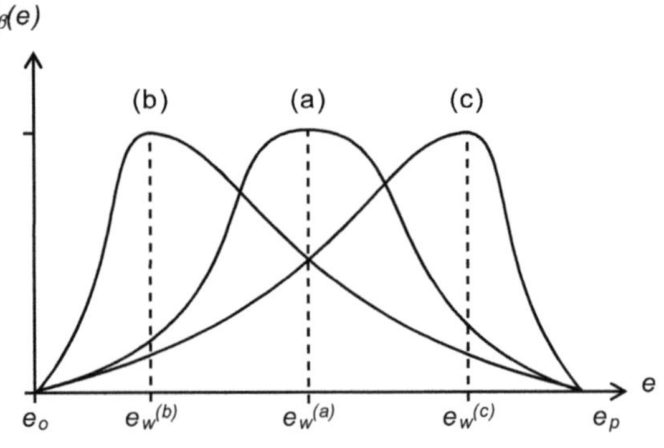

Abb. 13.18 Dichtefunktion der Beta-Verteilung **a** symmetrisch, **b** rechtsschief, **c** linksschief

Aus der Dreipunkteschätzung lassen sich der zu erwartende Einheitsaufwand (e_μ) sowie die Standardabweichung (e_σ) über die gegebenen Formeln (13.85) respektive (13.86) approximieren. Bei der analytischen Bestimmung der Beta-Verteilung wird der zu erwartende Einheitsaufwand auch für die Parametrisierung der Beta-Funktion benötigt. Je nachdem, welche Schätzwerte vorliegen, nimmt die Verteilung eine symmetrische (a), rechts- (b) oder linksschiefe (c) Form an.

Mit Hilfe der Monte-Carlo-Simulation lässt sich der zu erwartende Einheitsaufwand auch direkt aus der Beta-Verteilung bestimmen und muss nicht im Voraus analytisch berechnet werden. Zur Bestimmung der Aufwandswerte aus der parametrisierten Wahrscheinlichkeitsdichtefunktion wird eine Zufallszahl mit der in Matlab implementierten betarnd-sampling Funktion generiert. Auf die gleiche Art und Weise wird auch die Verfügbarkeit der Mitarbeiter für den laufenden Arbeitstag bestimmt. Ein Arbeitstag hat dabei 8 Stunden, eine Woche 5 Arbeitstage, wobei diese Parameter auch spezifisch angepasst werden können. Die Stunde wurde als kleinste Zeiteinheit gewählt, sodass ein relativ feiner Detaillierungsgrad gegeben ist, wobei auch Tage und Wochen als Basis-Zeiteinheit angenommen werden können.

Wenn die Vorgängeraktivitäten den in der Matrix vorgegebenen Mindestfertigstellungsgrad erreicht haben, werden im zweiten Schritt inaktive, noch nicht bearbeitete Aktivitäten aktiviert. Daraufhin können einer Aktivität Arbeitspersonen zugeordnet werden. Diese Zuordnung erfolgt in Abhängigkeit der Rollenangehörigkeit, der Verfügbarkeit sowie der Eignung. In Bezug auf das Eignungsniveau kann der Planer ein dynamisches Zuordnungsregime wählen: 1) in der Reihenfolge geringer werdender Eignung, 2) in einer gewünschten, vorherbestimmten Reihenfolge oder 3) zufällig.

Bevor eine Aktivität bearbeitet werden kann, muss der Gesamtaufwand einer Aktivität bestimmt werden. Dieser Aufwand hängt von der Aufgabenstellung, von den Eigenschaften der zugeordneten Arbeitsperson(en) und von der Ablauforganisation ab. Abbildung 13.19 veranschaulicht diesen Sachverhalt.

Der Aufwand einer Aktivität wird durch den inhaltlichen Einheitsaufwand bestimmt. Der Gesamtaufwand ergibt sich aus dem Einheitsaufwand sowie den Zu- oder Abschlägen aufgrund weiterer Einflussfaktoren.

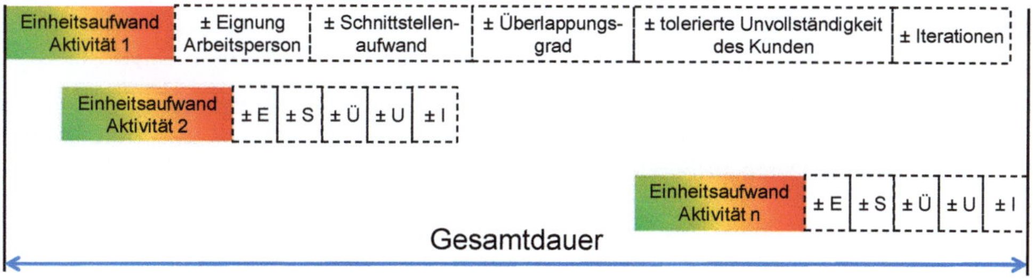

Abb. 13.19 Berücksichtigte Einflussfaktoren bei der Berechnung des Gesamtaufwandes

Der Gesamtaufwand ist invers proportional zur Qualifikation und wird über einen Koeffizienten, der die Eignung relativ zur Rolle abschätzt, operationalisiert. Der Mehraufwand durch eine überlappende Bearbeitung wird über einen zusätzlichen Koeffizienten, der Mehraufwandsrate, operationalisiert. Diese beziffert den maximal möglichen Mehraufwand vom Einheitsaufwand bei maximal möglicher Überlappung. Der Mehraufwand nimmt direkt proportional mit Verringerung des Überlappungsgrades ab. Der Gesamtaufwand kann zudem in Abhängigkeit der Kundenanforderungen mit einem bestimmten Prozentsatz, der sogenannten tolerierten Unvollständigkeit verringert werden. Dieser Gesamtaufwand wird anschließend gleichmäßig den bearbeitenden Personen zugeteilt (siehe hierzu Abschn. 13.2.5).

Der Gesamtaufwand nimmt mit jeder auftretenden Iterationsschleife zu. Zur vollständigen Beschreibung von Iterationen ist auch die maximale Iterationshäufigkeit zu berücksichtigen. Diese kann als Lerngeschwindigkeit im Dienstleistungssystem verstanden werden, die die Anzahl der Iterationen steuert (Gärtner 2011). Im Modell wird dies über die Abnahme der Iterationswahrscheinlichkeit bei jeder Iteration parametrisiert. Im Sinne des Concurrent-Engineerings können so überlappende Aktivitäten und häufige Rücksprünge bereits während der Planung berücksichtigt werden. Weiterhin wird auch der Kommunikationsaufwand berücksichtigt. Dieser wird in Abhängigkeit der Anzahl der aktivitätsinternen und -externen Schnittstellen und einem spezifischen Aufwand pro Schnittstelle quantifiziert.

Der Kundeneinfluss auf die Dienstleistungserbringung wird neben den Iterationen zudem über einen weiteren Parameter berücksichtigt. Über die genannte tolerierte Unvollständigkeit können unterschiedliche Kundentypen in Abhängigkeit vom Anspruch an das Ergebnis abgebildet werden. So verursachen weniger anspruchsvolle Kunden, z. B. im Hinblick auf die Vollständigkeit der Dokumentation, weniger Aufwand, während besonders penible Kunden einen höheren Aufwand für die Aktivitätsbearbeitung bedingen. Beispielsweise ist für einige Kunden eine technische Zeichnung auch ohne zusätzlichen Erklärungen und Annotationen lesbar, wohingegen anspruchsvolle Kunden eine detaillierte Beschriftung und Begründung benötigen (siehe auch Abschn. 13.1.1).

Im dritten Schritt wird die Aktivität bearbeitet und der Bearbeitungsaufwand der Arbeitsperson um die entsprechende Dauer der Bearbeitung im jeweiligen Prozessschritt reduziert. Im Falle einer Iteration wird analog vorgegangen. Die Aktivität wird bis zu einem Abbruchkriterium, z. B. 8 Stunden/Tag; Aufgabe vollständig bearbeitet etc., bearbeitet.

Die Aktivität gilt als vollständig bearbeitet, wenn der um die tolerierte Unvollständigkeit reduzierte Soll-Bearbeitungsgrad erreicht ist. Wurden alle Aktivitäten bearbeitet, wird der aktuelle Simulationslauf gespeichert und ein neuer Simulationslauf gestartet. Im Anschluss werden die Daten aufbereitet und visualisiert.

13.3.6 Fallbeispiel Engineeringprojekt „Rohrleitung- und Instrumentenschema entwickeln"

Hintergrund

Der im Abschn. 13.2.6 vorgestellte Ausschnitt eines Dienstleistungsprozesses aus dem verfahrenstechnischen Anlagenbau dient auch hier als Grundlage für die Simulationsstudie. Der Fokus liegt auf dem Entwurf eines CAD-Schaubildes von Rohrleitungen und des dazugehörigen Prozessfließschemas. Der Ausschnitt besteht aus neun Aktivitäten. Es wurden zwei unterschiedliche Szenarien modelliert und analysiert.

Der Ablauf des Entwicklungsprozesses ist wie folgt: Zuerst erfolgt der Projektstart mit der Klärung der Aufgabenstellung. Zur Spezifizierung des Prozessfließbildes werden Regeln und spezifische Parameter festgelegt. Darauf aufbauend kann erst das Groblayout und danach das Feinlayout des Prozessschaubildes erstellt werden. Dieses muss anschließend geprüft und freigegeben werden. Zudem muss auch noch die Mess- und Regelungstechnik grob spezifiziert werden. Nach Rücksprache mit dem Kunden (ggf. vor Ort) kann es zu Änderungen im Design kommen. Nachdem alle Änderungen berücksichtigt und freigegeben wurden, ist der Prozess mit einem finalen Release abgeschlossen. Der vorliegende Prozessausschnitt wird in Form einer DSM modelliert (siehe Tab. 13.13).

Das Fallbeispiel betrachtet und vergleicht zwei Szenarien analog zu den Szenarien 3 und 4 aus Abschn. 13.2.6. Im ersten Szenario (entspricht Szenario 4 aus Abschn. 13.2.6) werden zwei Prozessingenieure und ein Techniker mit der Projektbearbeitung betraut, im zweiten Szenario (analog zu Szenario 3 aus Abschn. 13.2.6) werden die drei Ingenieure von zwei zusätzlichen Personen unterstützt. Die zwei Szenarien stellen alternative Planungsmöglichkeiten dar und können somit bezüglich ihrer Leistungsindikatoren miteinander verglichen werden.

Simulationsmodell und -parameter

Tabelle 13.13 stellt den Prozessverlauf in der selbst entwickelten DSM-Notation dar. Auf der Diagonale sind die Drei-Zeiten-Schätzungen des Einheitsaufwandes aufgetragen. Beispielhaft dauert die erste Aktivität mit hoher Wahrscheinlichkeit 5 h, wobei die kürzeste Dauer auf 4,5 h und die längste Dauer auf 6 h geschätzt werden. Die Einträge unterhalb der Diagonale stellen die dynamischen Aktivierungsbedingungen des Prozessablaufes dar. Zur Aktivierung der vierten Aktivität müssen die zweite Aktivität zu 20 % und die dritte Aktivität zu 40 % fertiggestellt sein. Dabei entsteht im Falle der überlappenden Bearbeitung ein zusätzlicher Aufwand in einer Höhe von 60 % des Initialaufwands (Einheitsaufwand).

Oberhalb der Diagonale gibt die Iterationswahrscheinlichkeit erster Ordnung mögliche Rücksprünge (Schleifen) im Prozessverlauf wieder. Der Wert von 0,1 bei der Iterationswahrscheinlichkeit von Aktivität 3 beschreibt beispielsweise eine 10 %-Wahrscheinlichkeit dafür, dass die dritte Aktivität nach Fertigstellung der vierten Aktivität erneut bearbeitet werden muss. Diese Iterationsschleife verursacht einen Mehraufwand von 20 % des Einheitsaufwandes von Aktivität 3. Die Iterationswahrscheinlichkeit nimmt mit jeder

Tab. 13.13 Integriertes Prozessmodell des Fallbeispiels

#	Prozessschritt		Aktivität								
			1	2	3	4	5	6	7	8	9
1	Aktivität 1	Mindestfertigstellungsgrad	4,5 5 6								
		Mehraufwand									
		Iterationswahrscheinlichkeit									
		Abnahme der Iterationsw.									
2	Aktivität 2	Mindestfertigstellungsgrad	1	11,7 13 15,6							
		Mehraufwand	1								
		Iterationswahrscheinlichkeit									
		Abnahme der Iterationsw.									
3	Aktivität 3	Mindestfertigstellungsgrad			9 10 12						
		Mehraufwand				0.2	0.2				
		Iterationswahrscheinlichkeit				0.1	0.2				
		Abnahme der Iterationsw.				0.5	0.5				
4	Aktivität 4	Mindestfertigstellungsgrad		0.2	0.4	10,8 12 14,4					
		Mehraufwand		0.6	0.3		0.2		0.2		
		Iterationswahrscheinlichkeit					0.5		0.5		
		Abnahme der Iterationsw.					0.5		0.5		
5	Aktivität 5	Mindestfertigstellungsgrad				1	8,1 9 10,8				
		Mehraufwand				1					
		Iterationswahrscheinlichkeit									
		Abnahme der Iterationsw.									
6	Aktivität 6	Mindestfertigstellungsgrad					0.2	9 10 12			
		Mehraufwand					0.8				
		Iterationswahrscheinlichkeit									
		Abnahme der Iterationsw.									
7	Aktivität 7	Mindestfertigstellungsgrad					0.6		3,6 4 4,8		
		Mehraufwand					0.5				
		Iterationswahrscheinlichkeit									
		Abnahme der Iterationsw.									
8	Aktivität 8	Mindestfertigstellungsgrad							0.5	3,6 4 4,8	
		Mehraufwand							0.5		
		Iterationswahrscheinlichkeit									
		Abnahme der Iterationsw.									
9	Aktivität 9	Mindestfertigstellungsgrad								1	3,6 4 4,8
		Mehraufwand								1	
		Iterationswahrscheinlichkeit									
		Abnahme der Iterationsw.									

weiteren Schleife um 50 % ab. Des Weiteren können auch unterhalb der Diagonalen Iterationswahrscheinlichkeiten zweiter Ordnung angegeben werden. Diese berücksichtigen den Fall, dass nach einer Iteration aufgrund veränderter Rahmenbedingungen und Informationen fortfolgende Aktivitäten teilweise oder gänzlich erneut bearbeitet werden müssen (z. B. Anpassung der Dokumentation).

Zur Berücksichtigung unterschiedlicher Personalzuordnungen wurden im Abschn. 13.2.3 sogenannte Modi eingeführt. Analog dazu berücksichtigt das Rollenkonzept eine dynamische Zuordnung nach bestimmten Regeln. Im vorliegenden Beispiel wird jeder Arbeitsperson einer von drei Rollen zugeordnet. Tabelle 13.14 veranschaulicht die Zuordnung.

Tab. 13.14 Rollenverteilung und Mitarbeiteranzahl der zwei betrachteten Szenarien

Aktivität	1	2	3	4	5	6	7	8	9	1	2	3	4	5	6	7	8	9
min. Anzahl	1	1								1	1							
max. Anzahl	1	1								1	1							
Schnittstellenaufwand	1	1								1	1							
min. Anzahl					1		1	1	1					1		1	1	1
max. Anzahl					1		1	1	1					1		1	1	1
Schnittstellenaufwand					1		1	1	1					1		1	1	1
min. Anzahl				1		1			1				2		2			2
max. Anzahl				1		1			1				2		2			2
Schnittstellenaufwand				1		1			1				1		1			1
min. Anzahl	1	1	1		1		1	1		1	2	2		2		2	2	
max. Anzahl	1	1	1		1		1	1		1	2	2		2		2	2	
Schnittstellenaufwand	1	1	1		1		1	1		1	1	1		1		1	1	
min. Anzahl			1		1		1	1				2		2		2	2	
max. Anzahl			1		1		1	1				2		2		2	2	
Schnittstellenaufwand			1		1		1	1				1		1		1	1	
min. Anzahl	1					1			1	1					2			2
max. Anzahl	1					1			1	1					2			2
Schnittstellenaufwand	1					1			1	1					1			1

Die gesamte Fachverantwortung des Teilprojektes liegt bei einem Projektleiter (Arbeitsperson 1 mit einem Kostensatz von 95-€/Stunde). Der Verfahrensingenieur in der Rolle des Fachplaners (Arbeitsperson 2 mit einem Kostensatz von 90-€/Stunde) ist für den Entwurf und die CAD-Umsetzung zuständig. Der Verfahrensingenieur wird im zweiten Szenario von einem Technischen Zeichner (Arbeitsperson 4 mit einem Kostensatz von 80-€/Stunde) unterstützt. Der Technische Zeichner wird dementsprechend mit einer geringeren Eignung von 0,8 der Fachplaner-Rolle zugeordnet. Weiterhin wird auch ein Grobentwurf der Mess- und Regelungstechnik benötigt. Dafür ist ein Techniker zuständig (Arbeitsperson 3 mit einem Kostensatz von 75-€/Stunde). Auch dieser wird im zweiten Szenario von einem weiteren Techniker unterstützt (Arbeitsperson 5 mit einem Kostensatz von 75-€/Stunde und einer Eignung für die Rolle des Technikers in Höhe von 0,8). Der auftretende zusätzliche Kommunikationsaufwand (Schnittstellenaufwand) wird bei jeder in die Aufgabenbearbeitung involvierten Person mit einer Stunde Mehraufwand pro Arbeitswoche (5 Arbeitstage) berücksichtigt. Die Arbeitspersonen sind alle in Vollzeit tätig.

Die in Tab. 13.15 dargestellten Schaubilder und Kennwerte beruhen auf 10.000 Simulationsläufen der beschriebenen Dienstleistungsszenarien in Form von Monte-Carlo-Rechnungen. Es wurden jeweils die arithmetischen Mittel der Dauer, Aufwände und Kosten bestimmt. Des Weiteren wird die Auslastung der Arbeitspersonen über einen Boxplot veranschaulicht. Die Eintrittshäufigkeit von gleichen Ausprägungen einer Kosten-Dauer-Konstellation wird zudem in einem Wolkendiagramm visualisiert.

Simulationsergebnisse

Aus diesen Ergebnissen lassen sich erste Rückschlüsse auf die jeweiligen Gütekriterien der zugrunde liegenden Arbeitsprozesse ableiten. Die Dauer der Projektbearbeitung lässt sich erwartungskonform durch Hinzunahme von weiteren Personen unter der Annahme

Tab. 13.15 Simulationsergebnisse der zwei unterschiedlichen Dienstleistungssettings

	Szenario 1 (3 Arbeitspersonen)	Szenario 2 (5 Arbeitspersonen)
Mittelwert der Gesamtdauer (Standardabweichung)	7,7 Tage (0,2 Tage)	5,8 Tage (0,18 Tage)
Mittelwert des Gesamtaufwandes (Standardabweichung)	112,7 h (2,5 h)	150 h (3,0 h)
Mittelwert der Gesamtkosten (Standardabweichung)	9678 € (210 €)	12.453 € (247 €)

Boxplot der Auslastung der Arbeitspersonen

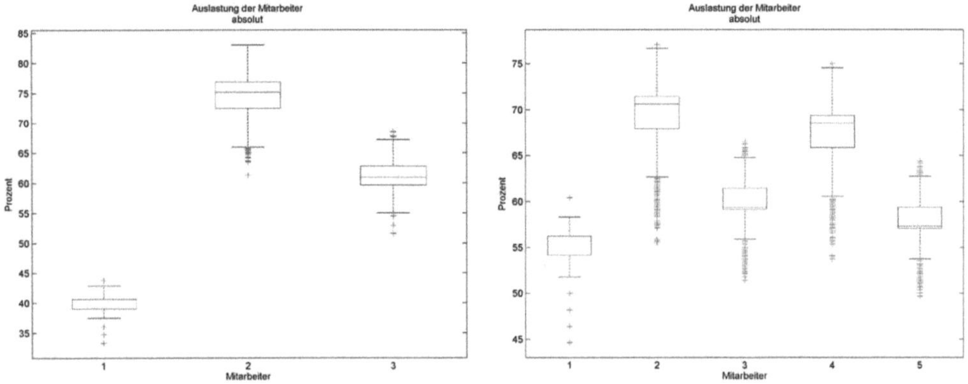

Häufigkeitsverteilung der Kosten und Dauer

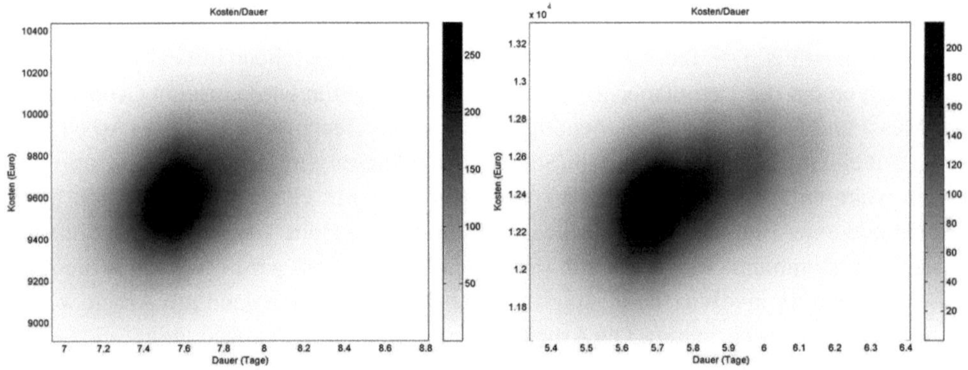

reduzieren, dass die Aktivitäten eine Arbeitsteilung zulassen. Die mittlere Projektdauer reduziert sich hierbei um zwei Arbeitstage.

Bedingt durch den höheren Kommunikations- und Koordinationsaufwand, steigen im zweiten Szenario die Kosten und der Aufwand. Gleichzeitig verändert sich aber auch die Auslastung aufgrund der unterschiedlichen Personalbelastung und des zusätzlichen Mehraufwands.

Der Projektleiter (AP 1) ist im ersten Szenario mit durchschnittlich 40 % nur gering ausgelastet. Im zweiten Szenario reduziert sich die Gesamtdauer und dem entsprechend die verfügbare Arbeitszeit des Projektleiters. Dementsprechend aber auch aufgrund des zusätzlichen Kommunikationsaufwandes steigt seine Auslastung auf 55 %. Entsprechend reduzieren sich die Auslastungen des Verfahrensingenieurs (AP 2) und des Technikers (AP 3) im zweiten Szenario zum Teil deutlich. Diese Zahlenwerte ermöglichen eine Beurteilung der Effektivität des Personaleinsatzplanes. Demnach könnte der Projektleiter im ersten Szenario ohne hohes Risiko auch in einem zweiten, vergleichbaren Projekt eingesetzt werden. Im zweiten Szenario wäre dies nicht ohne einen negativen Einfluss (z. B. Verzögerung der Bearbeitung) auf den Projektverlauf möglich. Mit Hinblick auf eine gleichmäßige Verteilung der Belastung (und damit korrespondierend auch der Beanspruchung) ist die Aufgabenzuordnung ggf. auch zu hinterfragen.

Die Standardabweichung der Dauer und Kosten ist in beiden Szenarien gering und auf gleichbleibendem Niveau. Dies deutet auf eine robuste Gestaltung des Prozesses hin. Die Erhöhung der Anzahl an Schnittstellen wirkt sich also nicht erkennbar negativ auf die Varianz der Dauer und Kosten aus. Einzig die vielen Ausreißer der Auslastungen der Arbeitspersonen im zweiten Szenario deuten auf eine steigende Anzahl von besonders schlecht laufenden Projekten mit einer relativ langen Dauer hin. In Relation zu der Anzahl an Simulationsläufen ist die Eintrittswahrscheinlichkeit gering. Größere Zielabweichungen von den simulierten Mittelwerten der Zeit, Dauer und des Aufwandes sind nicht zu erwarten.

Zusammenfassend dauert der Prozess im ersten Szenario mit 3 Arbeitspersonen länger als im zweiten Szenario mit 5 Personen. Dieser Unterschied erweist sich bei der Signifikanzprüfung mittels eines unabhängigen t-Tests (zweiseitig) als signifikant auf einem Niveau von $\alpha = 0{,}01$ (t (19998) = 643,952, $p = 0{,}000$). Die Kosten sind hingegen im ersten Szenario signifikant geringer t (19998) = −855,274, $p = 0{,}000$). Ebenfalls ist der Aufwand im ersten Szenario signifikant geringer als der Aufwand im zweiten Szenario (t (19998) = −962,213, $p = 0{,}000$). Die Personen sind im zweiten Szenario gleichmäßiger ausgelastet, wobei auch hier noch Optimierungspotenzial vorhanden ist. Der Prozess ist robust gegenüber Änderungen der Personalkapazität.

13.3.7 Schlussbetrachtung und Fazit

Im Beitrag wurde die Modellierungsmethodik der DSM für wissensintensive Dienstleistungen adaptiert, konzeptionell mit einem Simulationsmodell verknüpft und an einem Fallbeispiel veranschaulicht. Durch die matrizenbasierte, intuitive Erfassung relevanter Prozessparameter ermöglicht die Methode eine rechengestützte Analyse und Bewertung sowie Optimierung von komplexen Dienstleistungssystemen.

Mit Hilfe der für wissensintensive Dienstleistungen entwickelten Simulationslogik wird ereignisdiskret die inhärente Dynamik von Dienstleistungen nachgebildet, sodass alternative Projektverläufe noch vor der Implementierung durchgespielt werden. Die Ergebnisse der Simulation wurden systematisch auf Grundlage etablierter statistischer Analyseverfahren untersucht und interpretiert. Sie bieten einem Projektplaner auf methodisch nachvollziehbare Weise eine Entscheidungsunterstützung und tragen maßgeblichen zu einem erweiterten Projektverständnis aller Beteiligten bei. Dem Planer des Projektes liegen somit objektive, intern valide und reliable Daten vor, auf deren Basis eine gute Projektaufbau- und -ablauforganisation ausgewählt werden kann.

Zukünftige Arbeiten fokussieren die Erhebung weiterer Anwendungsfälle bei Industriepartnern und deren Simulation mit dem Ziel, das zugrunde liegende Modell sowie den Simulationsalgorithmus auch extern zu validieren. Insbesondere werden Sensitivitätsanalysen bei der Variation bestimmter Parameter durchgeführt und ausgewertet sowie die Vorhersagen der Simulationsrechnungen mit realen Verläufen der Dienstleistungserbringung verglichen.

Literatur

Al-Anzi, F. S., Al-Zamel, K., & Allahverdi, A. (2010). Weighted multi-skill resources project scheduling. *International Software Engineering & Applications, 3,* 1125–1130.

Banks, J. (1998). *Handbook of simulation: Principles, methodology, advances, applications, and practice*. New York: Wiley Co-published by Engineering & Management Press. Norcross, Ga., ISBN: 0471134031 (cloth alk. paper).

Bellenguez-Morineau, O., & Néron, E. (2008). Multi-mode and multi-skill project scheduling problem. In C. Artigues, S. Demassey, & E. Néron (Hrsg.), *Resource-constrained project scheduling. Models, algorithms, extensions and applications* (S. 149–160). New York: Wiley.

Berthaut, F., Grèze, L., Pellerin, R., Perrier, N., & Hajji, A. (2011a). *Optimal resource-constraint project scheduling with overlapping modes*. CIRRELT Centre interuniversitaire de recherche sur les réseaux d'entreprise, la logistique et le transport. Montréal: Université de Montréal.

Berthaut, F., Pellerin, R., Perrier, N., & Hajji, A. (2011b). *Time-cost trade-offs in resource-constraint project scheduling problems with overlapping modes*. CIRRELT Centre interuniversitaire de recherche sur les réseaux d'entreprise, la logistique et le transport. Montréal: Université de Montréal.

Browning, T. R. (2001). Applying the design structure matrix to system decomposition and integration problems: A review and new directions, engineering management. *IEEE Transactions, 48*(3), 292–306.

Brucker, P., & Knust, S. (2006). *Complex scheduling*. Berlin: Springer.

Brucker, P., Drexl, A., Möhring, R., Neumann, K., & Pesch, E. (1999). Resource-constrained project scheduling: Notation, classification, models, and methods. *European Journal of Operational Research, 112,* 3–41.

Buddhakulsomsiri, J., & Kim, D. S. (2006). Properties of multi-mode resource-constrained project scheduling problems with resource vacations and activity splitting. *European Journal of Operational Research, 175,* 279–295.

Buddhakulsomsiri, J., & Kim, D. S. (2007). Priority rule-based heuristic for multi-mode resource-constrained project scheduling problems with resource vacations and activity splitting. *European Journal of Operational Research, 178,* 374–390.

Caspers, R., Bickhoff, N., Bieger, T. & Roland Berger Strategy Consultantsebrary, Inc. (2004). *Interorganisatorische Wissensnetzwerke*. Berlin: Springer. ISBN: 97836421711309783642620737.

Cho, S. H., & Eppinger, S. D. (2005). A simulation-based process model for managing complex design projects. *IEEE Transactions on Engineering Management, 52*(3), 316–328.

Debels, D., & Vanhoucke, M. (2008). The impact of various activity assumptions on the lead time and resource utilization of resource-constrained projects. *Computers and Industrial Engineering, 54,* 140–154.

Demeulemeester, E. L., & Herroelen, W. S. (1996). An efficient optimal solution procedure for the preemptive resource-constrained project scheduling problem. *European Journal of Operational Research, 90,* 334–348.

DIN 69901. (2009). *69901, Projektmanagement – Projektmanagementsysteme.* Berlin: Beuth Verlag.

Donabedian, A. (1980). *The definition of quality and approaches to its assessment.* Ann Arbor: Health Administration Press. ISBN: 0-914904-47-7.

Dörner, D. (1974). *Die kognitive Organisation beim Problemlösen.* Bern: Huber. ISBN: 3456305958.

Dorst, W. (2013). *Adaptive-Case-Management: Leitfaden und Nachschlagewerk.* Berlin: BITKOM (Bundesverband Informationswirtschaft, Telekommunikation und neue Medien e. V.).

Drexl, A., Nissen, R., Patterson, J. H., & Salewski, F. (2000). ProGen/πx – An instance generator for resource-constrained project scheduling problems with partially renewable resources and further extensions. *European Journal of Operational Research, 125,* 59–72.

EABPM. (2014). *Business process management. BPM common body of knowledge – BPM CBOK®.* Gießen: Schmidt.

Eley, M. (2012). *Simulation in der Logistik.* Berlin: Springer Gabler. ISBN: 9783642273735.

Eppinger, S. D., & Browning, T. R. (2012). *Design structure matrix methods and applications, engineering systems.* Cambridge: MIT Press. ISBN: 9780262017527 (hardcover).

Gärtner, T. (2011). *Simulationsmodell für das Projekt- und Änderungsmanagement in der Automobilentwicklung auf Basis der Design Structure Matrix.* Aachen: Lehrstuhl und Institut für Arbeitswissenschaft der RWTH Aachen, RWTH Aachen.

Gausemeier, J., Fink, A., & Schlake, O. (1996). *Szenario-Management Planen und Führen mit Szenarien* (2., bearb. Aufl.). München: Hanser. ISBN: 3-446-18721-9.

Gebala, D. A., & Eppinger, S. D. (1991). *Methods for analyzing design procedures.* Massachusetts: Sloan School of Management, Massachusetts Institute of Technology.

Geckler, D. (2002). *Änderungsschleifen in Fahrzeugprojekten: Simulation, Projektmanagement, Prozessgestaltung.* Aachen: Shaker. ISBN: 3832207236.

Hartmann, S., & Briskorn, D. (2010). A survey of variants and extensions of the resource-constrained project scheduling problem. *European Journal of Operational Research, 207,* 1–14.

Hedtstück, U. (2013). *Simulation diskreter Prozesse.* Berlin: Springer. ISBN: 9783642348716.

Heß, M., Schlieter, H., & Täger, G. (2013). Modellierung komplexer Entscheidungssituationen in Prozessmodellen – Anwendung am Beispiel der Tumorklassifikation bei Weichteilsarkomen. In O. Thomas & M. Nüttgens (Hrsg.), *Dienstleistungsmodellierung 2012* (S. 268–290). Berlin: Springer Fachmedien Wiesbaden.

Hilke, W. (1989). *Dienstleistungs-Marketing.* Wiesbaden: Betriebswirtschaftlicher Verlag.

Kolisch, R., & Drexl, A. (1997). Local search for nonpreemptive multi-mode resource-constrained project scheduling. *IIE Transactions, 29,* 987–999.

Kausch, B. (2010). *Integrative Methodik zur grafischen Modellierung und ereignisdiskreten Simulation von Entwicklungsprozessen in der Verfahrenstechnik.* Aachen: Lehrstuhl und Institut für Arbeitswissenschaft der RWTH Aachen, RWTH Aachen.

Kolisch, R., & Padman, R. (2001). An integrated survey of deterministic project scheduling. *The International Journal of Management Science, Omega, 29,* 249–272.

Li, H., Womer, K. (2009). *Scheduling projects with multi-skilled personnel by a hybrid MILP/CP benders decomposition algorithm. Journal of Scheduling, 12,* 281–298.

List, B., & Korherr, B. (2006). An evaluation of conceptual business process modelling languages. Proceedings of the 2006 ACM symposium on Applied computing, Dijon, France. ACM, 1532–1539, 1141633.

Meffert, H., & Bruhn, M. (2012). *Dienstleistungsmarketing Grundlagen – Konzepte – Methoden* (7., überarb. und erw. Aufl.). Wiesbaden: Springer Gabler. ISBN: 978-3-8349-3442-0.

Mendling, J., & Nüttgens, M. (2006). EPC markup language (EPML): An XML-based interchange format for event-driven process chains (EPC). *Information Systems and e-Business Management, 4*(3), 245–263.

Mendling, J., Reijers, H. A., & van der Aalst, W. M. P. (2010). Seven process modeling guidelines (7PMG). *Information and Software Technology, 52*(2), 127–136.

Möhring, R. H., Schulz, A. S., Stork, F., & Uetz, M. (2001). On project scheduling with irregular starting time costs. *Operations Research Letters, 28,* 149–154.

Néron, E., & Baptista, D. (2002). *Heuristics for the multi-skill project scheduling problem.* Paris: International Symposium on Combinatorial Optimization (CO'2002).

Nielen, A., Jeske, T., Arning, K., & Schlick, C. M. (2010). Prozessmodellierungssprachen für kleine und mittlere Unternehmen, 56. Kongress der Gesellschaft für Arbeitswissenschaft vom 24. bis 26. März 2010. Dortmund.

Preiß, H., & Kaffenberger, C. (2013). Modellierung von Sensornetz-basierten Logistikdienstleistungen – Evaluierung von drei Modellierungssprachen anhand des Projekts ALETHEIA. In O. Thomas & M. Nüttgens (Hrsg.), *Dienstleistungsmodellierung 2012* (S. 228–249). Berlin: Springer Fachmedien Wiesbaden.

Sabzehparvar, M., & Seyed-Hosseini, S. M. (2008). A mathematical model for the multi-mode resource-constrained project scheduling problem with mode dependent time lags. *Journal of Supercomputing, 44,* 257–273.

Schlick, C. M., Bruder, R., & Luczak, H. (2010). *Arbeitswissenschaft.* Berlin: Springer. ISBN: 3540783334.

Shtub, A., Bard, J. F., & Globerson, S. (2005). *Project management: Processes, methodologies, and economics* (2. Aufl.). Prentice-Hall international series in industrial and systems engineering. Upper Saddle River: Pearson Prentice Hall. ISBN: 0130413313.

Stachowiak, H. (1973). *Allgemeine Modelltheorie.* Wien: Springer. ISBN: 3-211-81106-00-387-81106-0.

Steward, D. V. (1981). The design structure system: A method for managing the design of complex systems. *IEEE Transactions on Engineering Management, 28,* 71–74.

Swenson, K. D. (2010). *Mastering the unpredictable: How adaptive case management will revolutionize the way that knowledge workers get things done.* Tampa: Meghan-Kiffer Press. ISBN: 978-0-929652-12-2.

VDI. (2010). *Simulation von Logistik-, Materialfluss- und Produktionssystemen 3633, VDI, Grundlagen.* Düsseldorf: Verein Deutscher Ingenieure.

Winkelmann, K. (2007). *Prospektive Bewertung der kooperativen Erbringung industrieller Dienstleistungen im Maschinenbau durch Simulation mit Petri-Netzen.* Dissertation. Aachen: Forschungsinstitut für Rationalisierung e. V. an der RWTH Aachen, RWTH Aachen.

Zimmermann, J., Stark, C., & Rieck, J. (2006). *Projektplanung.* Berlin: Springer.

Zitzler, E., Laumanns, M., & Bleuler, S. (2004). A tutorial on evolutionary multiobjective optimization. In X. Gandibleux, M. Sevaux, K. Sörensen, & V. T'kindt (Hrsg.), *Metaheuristics for multiobjective optimisation* (S. 3–38). Berlin: Springer.

Sachverzeichnis

C. M. Schlick et al. (Hrsg.), *Produktivitätsmanagement von Dienstleistungen,*
DOI 10.1007/978-3-642-45071-6

MIX
Papier aus verantwortungsvollen Quellen
Paper from responsible sources
FSC® C105338
www.fsc.org

If you have any concerns about our products,
you can contact us on
ProductSafety@springernature.com

In case Publisher is established outside the EU,
the EU authorized representative is:
Springer Nature Customer Service Center GmbH
Europaplatz 3, 69115 Heidelberg, Germany

Printed by Libri Plureos GmbH
in Hamburg, Germany